U0182346

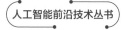

人工智能前沿技术丛书

神经机器翻译

基础、原理、实践与进阶

Neural Machine Translation

Foundations, Principles, Practices and Frontiers

熊德意 李良友 张檬◎著

电子工业出版社

Publishing House of Electronics Industry

北京·BEIJING

内 容 简 介

机器翻译是计算机科学与语言学交叉形成的最早的研究方向，是自然语言处理技术的重要发源地。本书聚焦新一代机器翻译技术——神经机器翻译，系统梳理和介绍神经机器翻译的核心方法和前沿研究课题。全书分为基础篇、原理篇、实践篇和进阶篇，覆盖神经机器翻译的基础知识、经典框架、原理技术、实践方法与技巧，以及无监督神经机器翻译、多语言神经机器翻译、语音与视觉多模态机器翻译等前沿研究方向。全书理论与实践相结合，基础与前沿相交映。

除此之外，本书的一个特色是在每一章均附有一篇短评，针对相应章节的主题，介绍和评论神经机器翻译技术背后的历史、故事、思想、哲学、争议和规范等。短评与全书内容相交错，使读者对神经机器翻译技术不仅知其然，而且知其所以然。

本书适合高等院校计算机专业高年级本科生，以及人工智能、自然语言处理方向的研究生阅读，也可供机器翻译研究者、实践者、使用者，以及机器翻译行业的管理者、人工翻译研究人员等对机器翻译技术感兴趣的读者参考。

图书在版编目（CIP）数据

神经机器翻译：基础、原理、实践与进阶 / 熊德意，李良友，张檬著.
—北京：电子工业出版社，2022.7
（人工智能前沿技术丛书）
ISBN 978-7-121-43752-6

Ⅰ. ①神⋯ Ⅱ. ①熊⋯ ②李⋯ ③张⋯ Ⅲ. ①自动翻译系统 Ⅳ. ①TP391.2

中国版本图书馆 CIP 数据核字（2022）第 102165 号

责任编辑：宋亚东
印　　刷：天津千鹤文化传播有限公司
装　　订：天津千鹤文化传播有限公司
出版发行：电子工业出版社
　　　　　北京市海淀区万寿路 173 信箱　　　邮编：100036
开　　本：720×1000　1/16　印张：32　字数：714 千字
版　　次：2022 年 7 月第 1 版
印　　次：2022 年 7 月第 1 次印刷
定　　价：208.00 元

凡所购买电子工业出版社图书有缺损问题，请向购买书店调换。若书店售缺，请与本社发行部联系，联系及邮购电话：（010）88254888，88258888。

质量投诉请发邮件至 zlts@phei.com.cn，盗版侵权举报请发邮件至 dbqq@phei.com.cn。

本书咨询联系方式：（010）51260888-819，faq@phei.com.cn。

机器翻译：科学 vs. 技术

老友钱跃良嘱我为其同事熊德意新作写个序，按说我不从事这个领域的研究，并不合适。但是，出于两个原因，我还是接受了：一是新世纪初，我刚进入国家"863 计划"计算机主题专家组时的首个任务，就是担任人机接口专题的责任专家，曾在较长时间内和机器翻译领域的学者频繁交流，算是学习了该领域的一些基本知识；二是当前正处于人工智能的热潮中，而自然语言处理被誉为人工智能"皇冠上的明珠"，机器翻译则是自然语言处理领域极具挑战性的研究方向，我也想从计算机学科这个大同行的视角谈一些认识和思考。

使用自然语言进行交流是人类区别于动物的重要标志。随着智人走出非洲，在漫长的"全球化"进程中诞生了无数种语言。农业革命后，人类开启了现代意义的全球化。工业革命后，全球化更是明显加速，其中需要解决的难题之一就是语言交流障碍！解决途径无外乎二，一是靠时间、靠融合，在这个过程中，很多语言退出了历史舞台；二是靠语言翻译，长期以来依赖掌握"双语"或"多语"的人才。

能否用机器来实现语言间的自动翻译？我没有去查文献做详细的调研，但我相信一定有不少古人产生过这种"梦想"，在早期的科幻小说中也出现过这种"机器"。20 世纪初，有科学家开始了这种研究尝试，但直到计算机诞生，才使得利用机器进行语言自动翻译的想法具备了现实可行性。从 1949 年机器翻译思想的正式提出，迄今已七十余年，众多学者在此领域做出了艰辛的探索，机器翻译经历了一条曲折的螺旋式上升的发展道路。从早期的过分乐观、过度承诺，到 20 世纪 60 年代中期开始的 10 年遇冷；从 20 世纪 70 年代中期研究的恢复及其成果的成功商用，到 20 世纪 80 年代末统计机器翻译方法的兴起；再到新世纪深度学习方法带来的翻译质量的大幅跃升及随后的"井喷式"发展，这实际上也是观察人工智能几度兴衰的一个视角。可喜的是，"热度"在变，方法在变，但梦想未变；需忧的是，跟风仍在，"过度"仍在，应避免"极化"！

机器翻译是一个多学科交叉领域，面临的既有技术问题，也有科学问题，一方面需要依赖语言学、认知科学等学科关于语言表示、理解与生成的科学发现和科学理论，另一方面也需要在技术和工程上设计和实现高效的机器模型、算法及系统。规律和原理的发现是技术突破的基础，在追求技术突破和规模化发展的同时，不能忘记探究其后的科学问题，二者的平衡才是学科健康发展的前提。

机器翻译在 70 多年的发展过程中，形成了两大技术途径：基于规则的方法和基于数据的方法，也称规则驱动和数据驱动。规则驱动方法偏重于语言的抽象表示、语言学理论、知识表示等原理性探索，分别出现了提供自然语言抽象表示的中间语言途径、语言学理论指导的基于转换的途径，以及基于语义和知识的途径等。数据驱动方法则依赖语料库和计算力，发展出基于实例的机器翻译、统计机器翻译，以及现在的神经机器翻译等模式。统计机器翻译从早期的不被认可，到随计算力的不断提高及平行语料规模的不断增长，逐步成为机器翻译的主要模式。最近 10 年，深度学习技术提升了机器翻译模型从数据中获取知识的能力，深度学习驱动的神经机器翻译也因此成为新一代主流机器翻译技术，其生成的译文质量与人工译文质量之间的距离不断缩小，应用场景和范围不断扩大，如在线机器翻译，已成为人们在互联网上交流不可或缺的工具。

深度学习方法的显著成效带来了新一轮人工智能热潮，热潮中更多呈现的是现有方法的应用。不可回避的是，深度学习模型的强表达能力及高计算特性，使得包括机器翻译在内的很多人工智能领域的研究在科学与技术、理性主义与经验主义之间出现了向技术、经验主义一端"极化"的态势。然而，我们也都认识到，当前的深度学习技术本身存在着诸多问题，如不可解释、鲁棒性差、耗能高等，人工智能的未来发展应该是何走向？我以为，还是应该保持开放的思维，保持研究探索的多样性。规则驱动是否可能随认知科学、语言学等相关学科研究的深入再次螺旋回归？数据驱动结合规则驱动是否能体现

"科学"和"技术"的平衡？类脑途径能否成为实现人工智能的通用模式？如此等等。作为非该领域专家，我不敢妄言，只是从科研的基本规律出发，谈自己的期望。

本书介绍的是当前的主流——神经机器翻译技术。全书按两条主线组织，内容主线分四篇，覆盖神经机器翻译的基础知识、神经网络模型原理、引擎实现和部署以及若干前沿研究主题，理论和实践相结合；短评主线交织穿插于内容主线网络中，将相关内容与更广泛的主题关联，如机器翻译的发展历史、自然语言处理研究范式、软件开源、数据驱动、技术创新、实验可复现性、人工智能伦理等。可贵的是，书中的某些短评探讨了被机器翻译技术快速发展掩盖的机器翻译背后的科学问题，并呼吁机器翻译研究需在科学与技术间再平衡；在技术创新发展的同时，机器翻译研究需与其他学科交叉融合，使得相关科学理论可以支撑机器翻译未来更大的发展和突破。同时，作者也从科学研究范式的本源上深入思考了机器翻译的未来。

本书作者熊德意等长期从事机器翻译领域的研究工作，熟悉统计机器翻译和神经机器翻译技术，书中不少思想和观点来源于作者长期的研究、观察、实践及思考。

本书可作为计算机科学及相关专业，对自然语言处理和机器翻译感兴趣的高年级本科生和研究生的学习教材，也可供自然语言处理、机器翻译领域的研究人员和工程技术人员参考。希望读者通过阅读本书，能够了解自然语言处理、机器翻译技术的发展和现状，并对其中乃至人工智能中的科学问题有更深入的思考。

是为序。

梅宏
中国计算机学会理事长
壬寅孟春于北京

前言

PREFACE

本书对神经机器翻译技术进行了全面梳理和系统探讨，按内容分为基础篇、原理篇、实践篇及进阶篇，合计 20 章。

- **基础篇**：从机器翻译历史发展角度阐述了神经机器翻译的诞生过程，探讨了神经机器翻译与上一代机器翻译技术——统计机器翻译的关系，并进行了多维度对比，系统介绍了与神经机器翻译相关的神经网络、自然语言处理基础知识。

- **原理篇**：按照神经机器翻译技术发展的脉络，依次介绍了经典神经机器翻译模型、神经机器翻译注意力机制、基于卷积神经网络的神经机器翻译及基于自注意力的神经机器翻译，对神经机器翻译技术发展过程中面临的主要问题进行了探讨，如集外词、深度模型、快速解码和领域适应等问题，并介绍了相应的解决方案。

- **实践篇**：按照完整实现一个神经机器翻译系统的主要步骤，依次介绍了数据的准备、模型的训练、系统的测试及最后的实际部署，并对如何设计和实现一个神经机器翻译软件系统进行了详细探讨。

- **进阶篇**：对目前神经机器翻译领域正在研究的前沿课题进行了介绍，包括语篇级神经机器翻译、低资源及无监督神经机器翻译、融合知识的神经机器翻译、鲁棒神经机器翻译、多语言神经机器翻译、语音与视觉多模态神经机器翻译六大主题，梳理了目前在这六大方向上的主要技术路线及开放问题。

我们希望本书不仅仅是一本介绍机器翻译新技术的书。如果对神经机器翻译的介绍仅仅停留在技术的形式化上，只有算法、模型、公式等，那么难免会让读者觉得枯燥乏味。相反，本书力求可以承载更多有意思的内容，如技术背后的思想、技术发展的脉络等。为此，在写作本书过程中，我们始终站在历史发展的角度，对比不同机器翻译范式，希望从对比中窥见技术发展的内在原因。同时，为了能够串联不同技术及同一技术的不同发展阶段，更好地介绍技术背后的思想、争议及发展原因，本书的每一章均附有一篇与该章主题相关的短评。

这些短评少则一两页，多则六七页，共计 20 篇，串起了神经机器翻译技术背后的历史、故事、思想、哲学、争议和规范等，如"统计与规则的竞争""自然语言处理之经验主义与理性主义""卷积神经机器翻译——实用性倒逼技术创新""超参数设置——自动优化与实验可复现性""机器翻译工业部署""神经机器翻译达到人类同等水平了吗？""神经机器翻译是疯子吗？兼谈其'幻想'""预训练技术争议与语言符号奠基问题"等，有些评论内容已超出神经机器翻译甚至机器翻译的范畴，涉及自然语言处理乃至人工智能等更广泛的议题。这些短评既可以结合相应技术章节阅读，也可以单独阅读。它们不仅包含本书作者的观点，也涉及许多其他机器翻译、自然语言处理研究人员的发现、观察及思考等。因此，这些短评可为机器翻译研究者、实践者、使用者、爱好者和旁观者等不同读者提供一个理解机器翻译技术的新视角。受限于本书作者水平，短评及书中观点难免存在错漏，敬请读者批评指正！

机器翻译是计算机科学与语言学交叉形成的最早的研究方向，计算语言学最初以机器翻译技术研究为中心，在机器翻译初期研究遇到困难之后（AL-PAC 报告），其他分支开始广泛发展起来。机器翻译本身的高难度及历史发展原因，使机器翻译成为自然语言处理技术的集大成者及发源地。一方面，很多自然语言处理技术在机器翻译中得到广泛应用，如词法分析、句法分析、语义分析、语篇分析、知识图谱和信息检索等；有些自然语言处理技术即使没有直接应用于机器翻译，它们与机器翻译仍然存在诸多交叉重叠之处，如自然语言生成、对话和问答等。另一方面，自然语言处理的很多技术源自机器翻译，如深度学习驱动的自然语言处理，很多底层技术最初是在机器翻译领域提出或最先应用于机器翻译的，如序列到序列编码器-解码器框架、Transformer 等。这些技术最早应用于机器翻译，后来拓展到自然语言处理的其他任务上；有些技术甚至应用到自然语言处理之外的其他领域，如 Transformer 应用于计算机视觉、语音等。

鉴于此，本书在介绍机器翻译技术时，尽可能兼顾自然语言处理，对技术的介绍希望从更广的角度展开，如：

- 第 16 章介绍的融合知识的方法，对其他自然语言处理任务融合知识具有一定启发意义；
- 第 17 章介绍的鲁棒性技术，不仅仅面向神经机器翻译，也面向其他自然语言处理模型；

- 第 18 章介绍的大规模多语言神经机器翻译模型的设计及训练方法，也适用于其他自然语言处理大模型，如预训练语言模型。

此外，本书还涉及并讨论了自然语言处理相关的大量概念，如语篇、常识、低资源、语言类型学和语法性别等。

因此，虽然本书的主题是机器翻译，但是对自然语言处理技术感兴趣的读者，也可以将本书作为参考书使用。

熊德意

2021 年 6 月 1 日

源、目标语言平行句对相关符号

x	源语言
y	目标语言
$\boldsymbol{x}$	源语言句子
$\boldsymbol{y}$	目标语言句子
$\lvert\boldsymbol{x}\rvert$ / L_{x}	源语言句子长度
$\lvert\boldsymbol{y}\rvert$ / L_{y}	目标语言句子长度
$(\boldsymbol{x},\boldsymbol{y})$	平行句对
$\mathcal{D}$	平行语料库
$\mathcal{X}$	源语言样本空间
$\mathcal{Y}$	目标语言样本空间
$\tau(\boldsymbol{x})$	源语言句子对应的所有可能译文集合
ϕ	$(\boldsymbol{x},\boldsymbol{y})$ 单个推导
$\varphi(\boldsymbol{x},\boldsymbol{y})$	$(\boldsymbol{x},\boldsymbol{y})$ 所有可能的推导
$\boldsymbol{x}_{\mathrm{s}}$	源语言文本对应的语音
$\boldsymbol{y}_{\mathrm{s}}$	目标语言文本对应的语音

文档相关符号

$\boldsymbol{d}_{\mathrm{x}}$	源语言文档
$\boldsymbol{d}_{\mathrm{y}}$	目标语言文档
$\boldsymbol{d}_{\mathrm{x}}^{(i)}$	源语言文档第 i 个句子
$\boldsymbol{d}_{\mathrm{y}}^{(i)}$	目标语言文档第 i 个句子
$\boldsymbol{C}$	文档上下文
C	文档上下文编码后向量表示

词汇表相关符号

$\mathcal{V}$	词汇表
$\mathcal{V}_{\mathrm{x}}$	源语言词汇表
$\mathcal{V}_{\mathrm{y}}$	目标语言词汇表
$\boldsymbol{E}$	词嵌入矩阵

模型相关符号

P	概率
$\mathcal{L}$	损失函数
$\mathcal{J}$	联合损失函数
$\boldsymbol{W}/\boldsymbol{w}$	神经网络权重矩阵或向量
$\boldsymbol{u}/\boldsymbol{v}$	神经网络权重矩阵或向量
$\boldsymbol{\theta}$	模型参数

编码器–解码器相关符号

$\boldsymbol{c}$	上下文向量
$\boldsymbol{h}$	编码器隐状态
$\boldsymbol{z}$	解码器隐状态
$\mathcal{C}$	覆盖向量

图相关符号

$\mathcal{G} = \{\mathcal{V}, \mathcal{E}\}$	图
v	图节点
$\boldsymbol{h}_v$	图节点向量
$\mathcal{N}(v)$	节点邻居

读者服务

微信扫码回复：43752

- 加入本书读者交流群，与更多读者互动。
- 获取【百场业界大咖直播合集】（持续更新），仅需 1 元。

目录
CONTENTS

推荐序

前言

数学符号

第 1 章 绪论 1

1.1 引言 2

1.2 基本思想 6

    1.2.1 基于规则的机器翻译 ... 6

    1.2.2 统计机器翻译 7

    1.2.3 神经机器翻译 10

    1.2.4 模型设计 11

1.3 解码 12

    1.3.1 统计机器翻译解码 ... 12

    1.3.2 神经机器翻译解码 16

    1.3.3 搜索错误与模型错误 ... 17

1.4 神经机器翻译与统计机器
翻译对比 18

    1.4.1 表示 18

    1.4.2 参数 20

    1.4.3 模型存储 21

    1.4.4 模型假设或约束 21

    1.4.5 端到端 22

    1.4.6 译文生成 23

    1.4.7 训练方式 23

    1.4.8 鲁棒性 24

    1.4.9 可解释性 24

    1.4.10 可干预性 25

    1.4.11 低资源适应性 26

    1.4.12 对比总结 26

1.5 发展历史 27

    1.5.1 机器翻译发展历史 ... 27

    1.5.2 神经机器翻译发展历程 .. 28

1.6 应用现状 29

    1.6.1 维度 1：通用领域 vs. 垂
直领域 30

    1.6.2 维度 2：多语种 vs. 单语种 31

    1.6.3 维度 3：云端 vs. 终端 31

    1.6.4 维度 4：在线 vs. 离线 .. 31

    1.6.5 维度 5：B 端 vs. C 端 .. 31

    1.6.6 维度 6：纯文本 vs. 多模态 31

    1.6.7 维度 7：人机结合 vs. 人
机分离 32

    1.6.8 维度 8：机器翻译 + vs.
纯机器翻译 32

    1.6.9 应用现状总结 32

1.7 本书组织 33

    1.7.1 基础篇 33

    1.7.2 原理篇 34

    1.7.3 实践篇 34

    1.7.4 进阶篇 34

1.8 阅读材料 35
1.9 短评：统计与规则的竞争 .. 36

第 I 部分　基础篇

第 2 章　神经网络基础　41
2.1 神经网络 42
　2.1.1 神经元 42
　2.1.2 激活函数 45
　2.1.3 神经元组织：层 46
2.2 神经网络训练 48
　2.2.1 损失函数 49
　2.2.2 随机梯度下降 52
　2.2.3 计算图 56
　2.2.4 训练优化 57
　2.2.5 正则化 59
2.3 常用神经网络简介 61
　2.3.1 前馈神经网络 61
　2.3.2 卷积神经网络 62
　2.3.3 循环神经网络 64
2.4 阅读材料 70
2.5 短评：神经网络与自然语
　言处理关系演变 71

第 3 章　自然语言处理基础　75
3.1 语言模型 76
　3.1.1 n-gram 语言模型 77
　3.1.2 神经语言模型 78
　3.1.3 预训练语言模型 80
3.2 词嵌入 82
　3.2.1 分布表示与分布式表示 .. 82
　3.2.2 静态词嵌入 84
　3.2.3 语境化词嵌入 86
　3.2.4 跨语言词嵌入 88
3.3 对齐 90
　3.3.1 文档对齐 91
　3.3.2 句对齐 91

3.3.3 词对齐 92
3.4 语言分析 93
　3.4.1 词法分析 93
　3.4.2 句法分析 94
　3.4.3 语义分析 97
　3.4.4 语篇分析 98
3.5 阅读材料 99
3.6 短评：自然语言处理之经
　验主义与理性主义 100

第 II 部分　原理篇

第 4 章　经典神经机器翻译　105
4.1 编码器–解码器结构 106
　4.1.1 编码器 108
　4.1.2 解码器 110
4.2 序列到序列学习 112
4.3 训练 114
4.4 解码 114
4.5 阅读材料 116
4.6 短评：神经机器翻译之独
　立同发现——编码器–解
　码器 vs. 序列到序列 . . . 117

**第 5 章　基于注意力的神经
　机器翻译　119**
5.1 经典神经机器翻译模型的
　瓶颈 120
5.2 注意力机制 120
5.3 注意力机制的改进 124
　5.3.1 全局注意力机制和局部
　　　注意力机制 124
　5.3.2 注意力覆盖 125
　5.3.3 注意力引导训练 126
　5.3.4 其他改进方法 126
5.4 基于注意力的多层神经机
　器翻译模型 GNMT 127

5.4.1　整体结构 127

5.4.2　残差连接 128

5.4.3　双向编码器 128

5.4.4　模型并行 128

5.5　阅读材料 128

5.6　短评：注意力机制与认知
　　注意 129

第 6 章　基于卷积神经网络的神经机器翻译模型　131

6.1　卷积编码器 132

6.2　全卷积序列到序列模型 133

6.2.1　位置编码 134

6.2.2　卷积层结构 134

6.2.3　多步注意力 135

6.2.4　训练 136

6.3　ByteNet 137

6.3.1　编码器—解码器堆叠 . . . 137

6.3.2　动态展开 138

6.3.3　空洞卷积 139

6.3.4　字符级神经机器翻译 . . . 139

6.4　阅读材料 139

6.5　短评：卷积神经机器翻译
　　——实用性倒逼技术创新 . . 140

第 7 章　基于自注意力的神经机器翻译　142

7.1　自注意力机制 143

7.2　Transformer 模型 144

7.2.1　Transformer 模型总体
　　　架构 144

7.2.2　多头注意力 146

7.2.3　位置编码 147

7.2.4　正则化 148

7.2.5　优点分析 148

7.3　自注意力改进方法 149

7.3.1　相对位置编码 149

7.3.2　平均注意力网络 151

7.4　阅读材料 152

7.5　短评：Transformer 带来的
　　自然语言处理技术革新 . . . 153

第 8 章　神经机器翻译若干基础问题及解决方案　156

8.1　开放词汇表 157

8.2　深度模型 161

8.3　快速解码 162

8.3.1　非自回归神经机器翻译 . . 163

8.3.2　浅层解码器 166

8.4　模型融合 166

8.5　领域适应 169

8.6　阅读材料 172

8.7　短评：再谈神经机器翻译
　　新思想新技术的诞生 173

第 III 部分　实践篇

第 9 章　数据准备　176

9.1　平行语料 177

9.2　语料获取 179

9.2.1　平行语料爬取 180

9.2.2　公开数据集 182

9.3　数据过滤与质量评估 183

9.3.1　噪声类型 183

9.3.2　噪声过滤 185

9.4　数据处理 186

9.4.1　Tokenize 186

9.4.2　子词化 187

9.5　阅读材料 188

9.6　短评：浅谈数据对机器翻
　　译的重要性 188

第 10 章　训练　191

10.1 mini-batch 设置 192

    10.1.1 小批量样本选择 192

    10.1.2 小批量大小 194

10.2 学习速率设置 195

10.3 随机梯度下降算法选择 ... 197

    10.3.1 Momentum 197

    10.3.2 AdaGrad 198

    10.3.3 AdaDelta 199

    10.3.4 Adam 199

10.4 其他超参数选择 200

    10.4.1 参数初始化 200

    10.4.2 随机失活 201

    10.4.3 模型容量 201

    10.4.4 梯度裁剪 202

10.5 分布式训练 202

    10.5.1 模型并行与数据并行 ... 203

    10.5.2 同步更新与异步更新 ... 204

    10.5.3 参数服务器与环状全规约 205

    10.5.4 分布式训练开源框架 ... 206

10.6 Transformer 训练设置 207

    10.6.1 训练数据相关设置 207

    10.6.2 模型容量 208

    10.6.3 小批量大小 208

    10.6.4 学习速率 208

    10.6.5 分布式训练 209

10.7 阅读材料 209

10.8 短评：超参数设置——自
动优化与实验可复现性 210

第 11 章 测试   213

11.1 解码 214

    11.1.1 解码算法 214

    11.1.2 译文评分 215

    11.1.3 检查点平均 217

11.2 解码和训练不一致 218

11.3 机器翻译评测方法 ... 220

    11.3.1 人工评测 220

    11.3.2 自动评测 222

11.4 错误分析 223

11.5 阅读材料 225

11.6 短评：评测驱动机器翻译
研究 225

第 12 章 部署   233

12.1 GPU 环境下的部署 234

    12.1.1 压力测试 235

    12.1.2 负载均衡 235

    12.1.3 请求合并 236

12.2 CPU 环境下的部署 237

    12.2.1 候选词表 237

    12.2.2 量化运算 238

    12.2.3 结构优化 240

12.3 智能终端部署 240

    12.3.1 知识蒸馏 241

    12.3.2 剪枝 242

    12.3.3 参数共享 243

    12.3.4 矩阵分解 244

12.4 模型压缩与计算加速 ... 244

12.5 阅读材料 245

12.6 短评：机器翻译工业部署 .. 246

第 13 章 系统设计与实现   251

13.1 总体设计 252

    13.1.1 可扩展性 252

    13.1.2 易用性 252

    13.1.3 系统效率 253

13.2 功能设计 254

    13.2.1 数据 254

    13.2.2 模型 254

    13.2.3 训练 255

    13.2.4 推理 256

13.3　开源系统 257
　　13.3.1　FAIRSEQ 257
　　13.3.2　OpenNMT 258
　　13.3.3　Marian 258
13.4　FAIRSEQ 解析 259
　　13.4.1　注册机制 259
　　13.4.2　训练流程 261
　　13.4.3　混合精度训练 263
13.5　阅读材料 264
13.6　短评：机器翻译开源之路 . . 264

第 IV 部分　进阶篇

**第 14 章　语篇级神经机器
　　　　　翻译　　　　　　　271**
14.1　什么是语篇 272
14.2　语篇级机器翻译面临的挑战 274
　　14.2.1　语篇级依存关系建模 . . . 274
　　14.2.2　文档级平行语料稀缺 . . . 274
　　14.2.3　高计算需求 274
　　14.2.4　语篇级机器翻译评测 . . . 275
14.3　语篇级机器翻译形式化定义 275
14.4　语篇级神经机器翻译方法 . . 276
　　14.4.1　拼接当前句子与上下文 . 276
　　14.4.2　额外的上下文编码器 . . . 278
　　14.4.3　基于缓存器 280
　　14.4.4　基于语篇分析 281
　　14.4.5　基于衔接性 282
　　14.4.6　优化训练目标函数 . . . 284
　　14.4.7　学习句子级语境化表示 . 285
14.5　面向语篇现象的机器翻译
　　　评测数据集 288
14.6　语篇级机器翻译评测方法 . . 288
14.7　未来方向 289
14.8　阅读材料 290
　　14.8.1　语篇级统计机器翻译 . . . 290

14.8.2　语篇级神经机器翻译 . . . 291
14.9　短评：神经机器翻译达到
　　　人类同等水平了吗 292

**第 15 章　低资源及无监督
　　　　　神经机器翻译　　296**
15.1　低资源语言与资源稀缺挑战 297
15.2　低资源神经机器翻译 298
　　15.2.1　数据增强 300
　　15.2.2　基于枢纽语言 301
　　15.2.3　利用单语数据 304
15.3　无监督机器翻译 305
　　15.3.1　无监督跨语言词嵌入 . . . 306
　　15.3.2　无监督神经机器翻译 . . . 308
15.4　未来方向 311
15.5　阅读材料 312
15.6　短评：无监督机器翻译之
　　　美及挑战 312

**第 16 章　融合知识的神经
　　　　　机器翻译　　　　315**
16.1　知识与机器翻译 316
　　16.1.1　内部知识 316
　　16.1.2　外部知识 317
16.2　语言学知识融合 318
　　16.2.1　句法知识融合 318
　　16.2.2　语义角色知识融合 320
　　16.2.3　指称知识融合 322
16.3　非语言学知识融合 324
　　16.3.1　常识知识 324
　　16.3.2　知识图谱融合 326
16.4　双语知识融合 328
　　16.4.1　双语词典融合 328
　　16.4.2　翻译记忆库融合 330
16.5　内部知识迁移 332
　　16.5.1　知识蒸馏 332

16.5.2 预训练模型知识迁移 . . . 335

16.6 未来方向 337

16.7 阅读材料 337

16.8 短评：浅谈基于知识的机
器翻译 338

第 17 章　鲁棒神经机器翻译 342

17.1 鲁棒性概述 343

17.2 对抗鲁棒性 346

17.3 对抗样本生成 347

17.3.1 白盒攻击 348

17.3.2 黑盒攻击 351

17.4 对抗训练 355

17.5 数据集 356

17.5.1 自然噪声数据集 356

17.5.2 人工噪声数据集 357

17.6 未来方向 358

17.6.1 对抗攻击 358

17.6.2 对抗训练 358

17.6.3 后门攻击与数据投毒 . . . 358

17.6.4 分布之外鲁棒性 359

17.7 阅读材料 359

17.8 短评：神经机器翻译是疯
子吗？兼谈其"幻想" . . . 360

**第 18 章　多语言神经机器
翻译** 363

18.1 基本思想与形式化定义 . . . 364

18.2 多语言机器翻译 vs. 双语
机器翻译 365

18.2.1 双语机器翻译面临的挑战 365

18.2.2 多语言神经机器翻译的
优势 366

18.3 多语言神经机器翻译模型 . . 367

18.3.1 共享 367

18.3.2 部分共享方法 369

18.3.3 完全共享方法 374

18.4 训练数据采样方法 375

18.5 大规模多语言神经机器翻译 376

18.5.1 大规模平行语料数据获取 377

18.5.2 模型设计 379

18.5.3 模型训练 381

18.6 多语言神经机器翻译向双
语神经机器翻译迁移 384

18.7 未来方向 386

18.7.1 如何处理数据不平衡问题 387

18.7.2 如何建模不同语言之间
的关系 387

18.7.3 如何在不同语言间有效
共享模型参数 388

18.7.4 如何有效构建多语言神
经机器翻译大模型 388

18.8 阅读材料 389

18.9 短评：多语言机器翻译之美 390

**第 19 章　语音与视觉多模
态神经机器翻译** 393

19.1 文本模态之外的机器翻译 . . 394

19.2 端到端语音翻译 395

19.2.1 面临的挑战 398

19.2.2 模型与方法 398

19.2.3 数据集 406

19.2.4 未来方向 406

19.3 视觉引导的多模态神经机
器翻译 407

19.3.1 面临的挑战 409

19.3.2 模型与方法 410

19.3.3 数据集 415

19.3.4 未来方向 416

19.4 阅读材料 417

19.4.1 端到端语音翻译额外阅
读材料 417

19.4.2 视觉引导的多模态神经
机器翻译额外阅读材料 . . 418

19.5 短评：预训练技术争议与
符号奠基问题 419

第 20 章 发展趋势与展望 427

20.1 展望 428

20.2 本书未覆盖内容 429

20.2.1 数据伦理与安全 430

20.2.2 偏差 431

20.2.3 翻译风格 431

20.2.4 翻译腔 431

20.2.5 音译 432

20.2.6 对话翻译 432

20.2.7 非参数与半参数机器翻译 432

20.3 短评：科幻中的机器翻译
与未来机器翻译 433

参考文献 439

索引 482

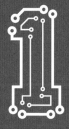

第 1 章

绪论

　　为了对神经机器翻译诞生的背景及概貌进行清晰的介绍，本章将神经机器翻译投射到两个维度上：机器翻译历史发展的纵向维度，以及不同机器翻译思想对比的横向维度。1.1 节介绍机器翻译的诞生。1.2 节概述机器翻译的基本思想，包括基于规则的机器翻译、统计机器翻译及神经机器翻译，简要介绍其建模翻译过程的基本思路及出发点。1.3 节进一步介绍统计机器翻译和神经机器翻译如何从模型定义的指数级的搜索空间中搜索解码最佳译文。这两节主要从较高的角度对神经机器翻译的概貌进行粗略勾勒。以基本思想和解码为基础，本章进一步对神经机器翻译和统计机器翻译两代机器翻译技术进行多维度对比（1.4 节），以窥探机器翻译技术的发展的规律和特点。神经机器翻译的出现，既有外部技术（深度学习）力量的推动，同时也是统计机器翻译技术发展到瓶颈阶段拥抱技术变革的产物。通过对比，可以清晰地看到哪些不适应发展趋势的技术被抛弃，哪些新的技术应运而生，哪些原来旧技术中的精华部分被保留或适当调整。除以上内容外，本章还对神经机器翻译的发展历程（1.5 节）及应用现状（1.6 节）进行概述，1.7 节介绍本书的总体组织、覆盖的主要内容及阅读方式。

One important aspect of the translational situation is that language, whether in the form of live speech or in the form of written text, is not apart from the rest of life, but forms a part of life.

——Yuen Ren Chao （赵元任）

1.1 引言

翻译，是将某种源语言（Source Language）的书面文本（纯文本或视觉形态文本）或口语的语义信息以一种目标语言（Target Language）的形式对等表示出来。按照实施主体的不同，翻译可分为人工翻译（Human Translation）和机器翻译（Machine Translation）。现代机器翻译的概念和雏形，一般认为是由机器翻译先驱 Warren Weaver 在其著名的题为"翻译"的备忘录[1]中提出和定义的。1949 年 7 月，Weaver 给他熟悉的朋友发送了一份备忘录，在其中提出和探讨了利用电子计算机实现自动翻译的想法。该备忘录以下面这些文字开头：

> 随附的备忘录探讨了一种语言到另外一种语言的翻译，以及利用高速、大容量及具有逻辑灵活性的现代计算设备实现这个过程的可能性。我怀着一种希望写下这份备忘录：希冀它能以某种方式启发那些具有技术、知识和想象力的人，去开启这一领域。
>
> 我曾经很担心这些想法的朴素和简单，但在我看来，这个主题是如此重要，我愿意暴露我的无知，希望我的真实意图可以稍许掩盖这些无知。

从 Weaver 谦虚严谨的开场白中，可以明显看到他对机器翻译这一新概念、新技术充满了憧憬和想象。在这份备忘录里，他对机器翻译提出了四个建议。这四个建议，如同四盏探照灯，射进了广阔未知的技术空间，它们不仅开启了机器翻译的早期研究，指引了机器翻译的后续发展，而且即使放在 70 多年后的今天，也仍然具有重要的启发意义。

提议一：关于意义与上下文。 Weaver 提到，如果用一个不透明的掩膜遮盖一本书，在掩膜中挖一个洞，每次只显示一个单词，由于看不到单词的上下文，我们不知道这个多义单词的具体义项。如果把掩膜的口子拉大一些，可以看到这个单词左右两边 N 个单词，如果 N 足够大，我们就能很快确定它的意思。这个提议与 20 世纪 50 年代语言学中关于语义的分布假设（Distributional

Hypothesis）密切相关，分布假设认为一个单词是由与其共同出现的其他单词定义的。不仅如此，该提议的基本思想还广泛应用于 40 年后出现的统计机器翻译，用于歧义消解。在某种程度上，它甚至与近年来推动自然语言处理技术快速发展的掩码语言模型（Masked Language Model，MLM）也存在关联①。

提议二：关于语言与逻辑。Weaver 假设语言中存在逻辑元素。受逻辑证明的计算可行性启发，Weaver 认为机器翻译可以看成一个逻辑推理过程，即从源语言的"前提"出发，推导出目标语言的"结论"。这个提议与后来基于规则的机器翻译思想存在一定关联，基于规则的机器翻译本质上可以看成采用逻辑规则进行推导的过程。

提议三：关于翻译与密码学。这个提议可能是 4 个提议中对机器翻译影响力最大并获得实际应用的一个提议。Weaver 在给诺伯特·维纳（控制论发明者）的信中写道，一本中文书可以看作原本是英文书，英文被加密编码成了中文，如果密码学能提供解码破译的方法和工具，则中文与英文之间的翻译也可以得到解决。该想法此后很快被认为是错误的，因为它混淆了翻译与密码破译 [2]。但受克劳德·香农（信息论发明者）信息论影响，Weaver 在更广泛意义上将翻译与信息论关联起来，指出了翻译的统计特性，并建议研究"统计语义"，这些思想显然对后来的统计机器翻译产生了重要的影响，尤其是基于噪声信道模型的统计机器翻译（1.2 节将简要介绍）。

提议四：关于语言与不变性。在这个提议中，Weaver 构思了一个思想实验，如图 1-1 所示。他假设，每个人类个体都生活在各自封闭的塔楼里，所有塔楼都建立在共同的地基之上。当他们尝试沟通时，就在塔楼里大声呼喊，但是塔楼密闭且隔音性能非常好，以至距离最近的塔楼上的两个人，呼喊的声音也难以穿透塔楼外墙传到对方耳中，因此交流是非常困难的（塔楼的封闭与隔离性用来类比语言间的巨大鸿沟）。但如果走到塔楼的底部，他们就会发现所有塔楼共享一个宽敞的地下室，因此不需要呼喊就可以自由沟通。Weaver 用共享的地下室类比不同语言最深层的共性（通用性或不变性），这种通用性与 Weaver 的第二个提议（关于语言和逻辑）也相关。在 Weaver 看来，语言深层的逻辑结构展现了不同语言的通用性。除了语言不变性，Weaver 还提到通用语言（Universal Language），该思想在机器翻译中的直接影响便是 20世纪七八十年代开展研究的中间语言（Interlingua）机器翻译方法，即把源语言转化成一种中间语言或通用语言表示，然后由该中间语言表示再生成目标

---

① 掩码语言模型的基本思想是将某个位置的单词掩盖起来，根据其周围的单词预测该单词。Weaver 这里提到的思想是根据周围单词预测当前词的义项，即进行词义消歧（Word Sense Disambiguation，WSD）。前者预测单词，后者预测词义；前者掩盖当前单词，后者掩盖当前单词的上下文。

语言。中间语言机器翻译的最大优点是将 n 种语言间的机器翻译系统数量从 $O(n^2)$ 降至 $O(n)$。虽然基于中间语言的机器翻译没有成功大规模应用，但与其相关的基于枢纽语言（Pivot Language）的机器翻译应用广泛，尤其是在资源稀缺语言的机器翻译中（见第 15 章）。通用语言的思想也与多语言神经机器翻译相关，即用一个机器翻译系统实现多种不同语言之间的自动翻译（见第 18 章）。多语言机器翻译系统由于共用同一个源端编码器和目标端解码器，因此有可能学到了不同语言内部的语义和句法等方面的共性，这也是 Weaver 在他的思想实验中希望机器能找到的语言不变性。

图 1-1　Weaver 关于语言不变性的思想实验

Weaver "翻译" 备忘录中的观点，从现在角度看，有些是不太准确甚至错误的，比如他认为没有多少名词、动词或形容词是有歧义的，但实际上，歧义在机器翻译及自然语言处理中是无处不在的。他关于机器翻译与通用语言的提议乍看起来似乎有点 "乌托邦"，但延伸出来的一些方法或理论得到了严肃的研究。本节详细介绍 "翻译" 备忘录中的观点，一方面是对机器翻译思想进行追根溯源，以便读者更好地理解机器翻译；另一方面，更重要的是，Weaver 的四个提议具有超时代性，对机器翻译乃至自然语言处理影响深远，不仅与目前某些获得广泛应用的思想或方法具有关联性，同时由于涉及很多现在仍然开放和未解的问题，因此对未来机器翻译和自然语言处理研究也具有很大的启发性。

自从 Weaver 提出用电子计算机实现自动翻译的思想之后，机器翻译的研究在全世界范围内得到支持和重视。在过去 70 多年的发展历史中（1.5 节具体介绍），虽然机器翻译的方法论发生了几次大的变革，科研机构和企业对机器翻译研究的投入，以及普通大众对机器翻译的认识与期望，也多次发生变化，但学术界对机器翻译技术本身的研究始终没有中断过。一方面是因为机器翻译一直存在大量的现实需求。根据 Ethnologue 的统计，世界上的语言有几千种，分属 100 多个不同语系。人工翻译虽然可以为跨语言交流提供高质量服务，但其成本高昂，而且很多时候难以随时、实时获取。以计算机等多种电子设备为计算基础的机器翻译因此具有很大的应用空间。另一方面，探寻不同语言内部差异与共性，建立更好的算法和模型，实现全自动高质量机器翻译以打破语言交流障碍，一直是各国机器翻译研究人员孜孜以求的目标，从某种程度上看，也是对 Weaver 关于机器翻译"乌托邦"思想的不断审视和重新定义。虽然现在的机器翻译技术比 1949 年要强大得多，相关的研究深入得多，机器翻译技术应用广泛得多，但是距离机器翻译的远景目标仍然有很长的路要走，尤其需要在以下几个方面大力发展。

首先，机器翻译的研究需要更多的思想碰撞和不同领域的交叉。回顾机器翻译过去 70 多年的研究历程，可以发现两个明显的技术发展特点。第一个特点是不同思想的不断碰撞。这里既有自顶向下的机器翻译思想设计、问题剖析、路线可行性分析，如早期 Weaver 的机器翻译备忘录、Bar-Hillel 的机器翻译调研与机器翻译主要问题梳理、ALPAC 报告对现状审视及对未来技术研究的建议（详见 1.5 节）、20 世纪初在"Corpora-List"邮件列表上开展的关于不同机器翻译范式（基于规则的机器翻译、基于实例的机器翻译、统计机器翻译）的大讨论（见 1.4 节）等，也有在不同阶段以自底向上方式提出和研究的大量不同的机器翻译模式及方法，如基于知识的机器翻译、基于实例的机器翻译。虽然有些提出的机器翻译模式和方法并没有发展成为某个阶段的主流技术或研究热点，但是它们的提出仍然丰富了机器翻译研究的可选路线。第二个特点是领域交叉。领域交叉既体现在每个时期技术的平稳发展中，如 20 世纪七八十年代基于规则的机器翻译就是语言学与计算机科学的紧密结合与交叉，也体现在不同时期、不同方法论的更替与技术变革中，如从基于规则的机器翻译发展到基于语料库的机器翻译，统计学、密码学、统计方法在语音识别中成功应用的启示及经验，都对这两种技术的交替起到了很大的推动作用。神经机器翻译的出现也可以看成深度学习等机器学习技术在机器翻译中交叉应用的结果。基于这两个特点，我们可以预见，未来机器翻译技术的发展和变革，将仍然由不断的思想碰撞和领域交叉驱动，包括与更广泛的人工智能技术、认知科学和神经科学进行交叉和思想碰撞。

其次，机器翻译的发展需要相关资源的建设和支撑。早期机器翻译需要电子词典，基于规则的机器翻译离不开语言学家编写的规则，统计机器翻译和神经机器翻译则离不开大量的平行语料。虽然我们在不断研究和推进小样本、零资源技术在机器翻译中的应用，但是在可预期的未来，机器翻译的发展和应用仍然离不开各种资源的支持。第一，平行语料资源需要在不同语言、不同领域和应用场景上进一步拓展和建设，尤其是资源稀缺的小语种和垂直领域。平行语料建设是一个浩大工程，需要各方持续地投入和积累。第二，针对机器翻译主要问题建立多种基准数据集，如机器翻译的语篇翻译问题（详见第 14 章）、鲁棒性问题（详见第 17 章）等。第三，除一般数据外，未来机器翻译需要融入更多的知识，包括领域知识、先验知识、常识知识等，知识与数据资源建设，将推动机器翻译向知识与数据双轮驱动方向发展。

最后，机器翻译研究需要学术界和工业界携手合力推动。工业界的参与和贡献是不可或缺的，一方面，机器翻译技术的实际落地及服务社会，必须由工业界作为主要力量推动。近几年，可以明显看到工业界对机器翻译技术研究、推动及落地的贡献越来越大，机器翻译技术服务社会及更接近于普通大众，也离不开工业界的持续投入和支持。另一方面，机器翻译应用于不同场景，进一步开拓了机器翻译研究的范围和疆域，为机器翻译研究提供了更多的技术和科学问题。

机器翻译正在经历技术变革和快速发展，机器翻译研究人员亲身经历和亲眼目睹着这一近在眼前的史诗级技术突破，对未来机器翻译发展充满了期待，并憧憬更大的技术变革。本书希望能够描绘正在进行的机器翻译技术浪潮，吸引更多对机器翻译感兴趣的读者加入这一领域，实现技术冲浪，推动机器翻译技术的进一步发展！

1.2　基本思想

除非特别提到语音翻译或口语翻译，本书主要围绕书面文本探讨和介绍机器翻译。正如在引言中的介绍，机器翻译的基本思想是将一种语言（源语言）的文本序列自动转化为另一种语言（目标语言），两者在语义上是对等的。要实现语义对等的自动转换，机器翻译通常需要做到：

- 对源语言进行**分析**，理解源语言结构及语义，获得源语言的某种表示；
- 将该表示**转换**为目标语言的表示，传递源语言的语义；
- 基于目标语言表示，**生成**符合目标语言语法的序列。

1.2.1　基于规则的机器翻译

不同机器翻译方法对上述三个任务的分解及采用的建模思想和工具可能都不一样。在基于规则的机器翻译主导的时期，分析、转换和生成均基于规则实现，规则是当时机器翻译的基本工具和思想。进一步，根据对上述三个任务分解与组织的不同，尤其是根据对源语言分析的深度、得到表示的抽象及语言无关程度的不同，又可以将基于规则的机器翻译分为直接翻译（Direct Translation）、基于转换的机器翻译（Transfer-Based Machiine Translation）和中间语言机器翻译（Interlingua Machine Translation）。这些方法可以投射到著名的 Bernard Vauquois[①]金字塔（也称为机器翻译金字塔）上，如图 1-2 所示。

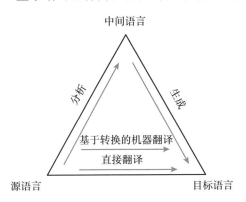

图 1-2 机器翻译金字塔

直接翻译方法基本上不对源语言作分析，直接利用转换规则将源语言的单词映射到目标语言上；基于转换的机器翻译则可以明显看到以上 3 个步骤：分析、转换及生成；中间语言机器翻译对源语言进行更深入的分析，得到某种抽象、通用且与语言无关的语义表示，即中间语言表示，然后直接基于中间语言表示生成目标语言序列。在中间语言机器翻译中，分析与生成是主要任务，转换则被中间语言取代。在直接翻译中，转换与生成合为一体，分析则被忽略。

1.2.2 统计机器翻译

区别于基于规则的机器翻译采用人工编写规则的方式进行分析、转换和生成，以实现源语言到目标语言的语义对等转换，统计机器翻译及神经机器翻译直接从平行语料库中训练统计模型，使其学习如何将源语言映射到目标语言。因此，这两种方法可以统一归类为基于语料库的机器翻译（Corpus-Based Machine Translation）或数据驱动的机器翻译（Data-Driven Machine Translation）。从更高层面看，基于规则与基于语料库的机器翻译的本质思想分别是

---

① Bernard Vauquois 在 20 世纪 70 年代对基于规则的机器翻译做出了重要贡献。

理性主义（以融合人类先验知识编写逻辑规则为基本原则）与经验主义（以从数据中训练机器学习模型为基本原则）在机器翻译上的具体体现。

统计机器翻译（Statistical Machine Translation，SMT）的基本思想是利用从平行语料库中学习到的概率模型，将源语言序列转换生成概率最高的目标语言序列。早期的统计机器翻译以单词为基本翻译单元，即 Brown 等人提出的 IBM 模型 [3]，其本质思想是对 Weaver 关于翻译与密码及通信提议的重新审视和基于统计模型的再定义。采用的噪声通道模型（Noisy Channel Model）将目标语言 y 看成经过一个有噪声的通道，被噪声干扰或加密成源语言 x，机器翻译的任务是要从可见的 x 解码出最有可能的 y^*，如图 1-3 所示。

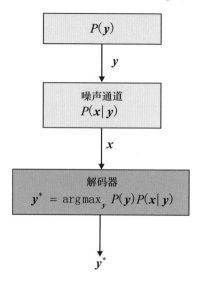

图 1-3　噪声通道机器翻译模型

如果用概率模型表示，就是要计算 $P(y|x)$（给定 x，计算对应 y 的概率），基于贝叶斯原理，可以进一步得到：

$$P(y|x) = \frac{P(y, x)}{P(x)} = \frac{P(x|y)P(y)}{P(x)} \tag{1-1}$$

由于 $P(x)$ 对于不同的 y 均是不变的，因此可以忽略，于是上式变为 $P(y|x) \propto P(x|y)P(y)$，其中 $P(x|y)$ 为翻译模型，$P(y)$ 为语言模型。前者估算 x 到 y 的反向翻译概率（或者 y 在噪声通道里加密成 x 的概率），后者则估算生成 y 的合理程度。

继 IBM 的统计模型之后，统计机器翻译进一步发展为基于短语的统计机器翻译（Phrase-Based Statistical Machine Translation）和基于句法的统计机器翻译（Syntax-Based Statistical Machine Translation），翻译的基本单元从单词变为短语（连续的单词序列，非语言学意义上的短语）和句法规则。前者主要是建模相邻单词的局部依赖和语序关系，以及解决源语言与目标语言间的多种单词对应关系（一对多、多对一、多对多）问题。如图 1-4 所示，图中虚线表示短语内部源语言–目标语言间的词对齐关系，实线则表示两种语言间的短语对齐关系。

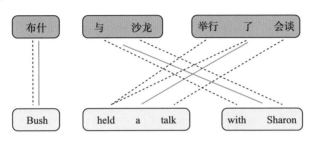

图 1-4　基于短语的统计机器翻译

后者则主要是引入句法约束信息。根据在源端还是目标端引入句法的不同，基于句法的统计机器翻译又可分为树到串（Tree-to-Sequence）、串到树（Sequence-to-Tree）、树到树（Tree-to-Tree）等。采用的句法树，既可以是依存句法树，也可以是短语结构树。以上统计机器翻译方法也可以投射到 Vauquois 金字塔上，如图 1-5 所示。

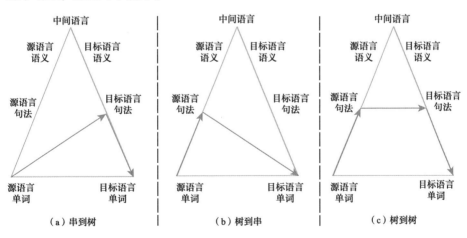

图 1-5　基于句法的统计机器翻译

除了翻译单元的变化，概率模型也从噪声通道模型升级为对数线性模型，以融合更多的翻译特征，如词汇化翻译概率、语言模型、重排序模型、目标语言句子单词数量、短语数量等。这些特征也被称为子模型（Submodel），复杂的子模型通常需要单独训练，在所有子模型训练完成后，再由对数线性模型相应的训练算法，如 MERT（Minimal Error Rate Training），训练各个子模型的权重系数。

要完成整个统计机器翻译模型的训练，通常需要经历一个很长的步骤级联（Pipeline），如图 1-6 所示。

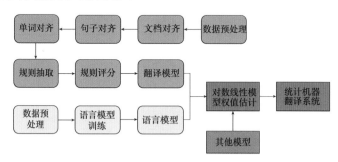

图 1-6　统计机器翻译采用的级联模式

1.2.3 神经机器翻译

神经机器翻译（Neural Machine Translation，NMT）是一种基于神经网络的端到端（End-to-End）的机器翻译模式，基于神经网络与端到端是神经机器翻译区别于其他机器翻译模式的两大基本特点。神经机器翻译延续了统计机器翻译的概率建模思想，即仍然从平行语料库 $\mathcal{D}$ 中训练概率模型 $P(\boldsymbol{y}|\boldsymbol{x},\mathcal{D})$，但在目标语言序列概率的计算方法、步骤等方面都与统计机器翻译有明显的不同。其基本思想是利用神经网络对源语言和目标语言进行编码和解码，编码器将源语言序列映射到实数向量上，获得源语言序列的语义表示，解码器从编码器中获得源语言序列信息并计算目标语言表示，然后从该表示中计算目标语言序列每个位置的单词概率分布，基于单词概率分布，解码算法采样出合适的目标语言单词。与统计机器翻译将概率模型分解为多个子模型并采用多个步骤级联的方式分开估算各子模型参数截然不同，神经机器翻译的整个编码解码过程是在同一个神经网络中实现的，我们只需要输入源语言句子，就能直接输出目标语言序列。这种端到端模式使概率模型可以一次性整体训练，而不需要像级联模式一样分开训练再串联合并，大大降低了模型训练和部署的烦琐程度。1.4 节将对这两种基于语料库的机器翻译模式进行更全面的对比。

神经机器翻译早期采用循环神经网络，如长短时记忆网络（Long Short
Term Memory，LSTM），作为编码器、解码器。为了进一步提升神经机器翻译，
尤其是多层神经机器翻译训练的并行性，继基于循环神经网络的编码器-解码
器架构之后，神经机器翻译又发展出基于卷积神经网络和基于自注意力的神
经架构。虽然编码解码过程具有一定差异性，但是编码器-解码器的端到端总
体架构没有发生本质上的变化，内部的向量表示学习、单词分布计算等也没
有发生大的改变。

1.2.4　模型设计

从上面对统计机器翻译和神经机器翻译的基本思想介绍可以看到，以概
率估算 $P(\boldsymbol{y}|\boldsymbol{x},\mathcal{D})$ 为基础的机器翻译通常包括 3 个基本部分：

- 概率模型 $P(\boldsymbol{y}|\boldsymbol{x},\mathcal{D})$ 设计：设计机器翻译模型，使其尽可能接近真实分
  布，即 $P(\boldsymbol{y}|\boldsymbol{x},\mathcal{D})$ 接近真实概率分布 $P^{\text{truth}}(\boldsymbol{y}|\boldsymbol{x})$。
- 模型训练：在训练数据 $\mathcal{D}$ 上优化模型的目标函数（最小化损失函数或最
  大化奖励函数）以训练模型获得最优参数。
- 搜索求解：对给定的源语言句子 $\boldsymbol{x}$，从已经训练好的模型 $P(\boldsymbol{y}|\boldsymbol{x},\mathcal{D})$ 定
  义的假设空间中搜索最有可能的目标语言序列 $\boldsymbol{y}^*$：

$$\boldsymbol{y}^* = \arg\max_{\boldsymbol{y}} P(\boldsymbol{y}|\boldsymbol{x},\mathcal{D}) \tag{1-2}$$

模型设计、模型训练及搜索解码对机器翻译都有很大的影响。模型设计
大体可以分为 3 个层次（如图 1-7 所示），顶层的模型设计是机器翻译大思想
的具体体现，代表着机器翻译范式的设计，通常决定了某段时期机器翻译的
整体水平。从机器翻译过去的发展历史看，顶层模型设计经历了几次大的机
器翻译思想的变革，本章的发展历史部分（1.5 节）将对此进行简要介绍。在
中间层上，即在同一种机器翻译范式下面开展的模型设计，则代表着这一范
式的不同架构或模式，比如基于规则的机器翻译中的直接翻译、基于转换的
机器翻译及中间语言机器翻译，统计机器翻译范式下诞生的基于单词、基于
短语及基于句法的统计机器翻译；神经机器翻译范式下的基于循环神经网络
（第 4 章）、基于卷积神经网络（第 6 章）、基于自注意力（第 7 章）的神经机
器翻译。在底层上，模型设计主要是对不同机器翻译模式的加强或不同模式
的组合，以增强模型的表达能力、泛化能力，或者针对某种特定应用场景的模
型适应，比如语篇级机器翻译模型设计、低资源机器翻译模型设计等。

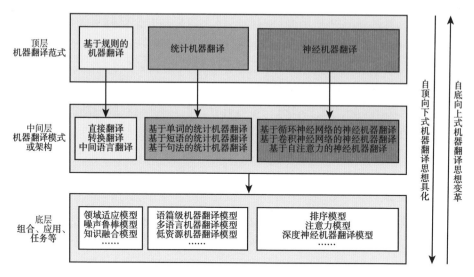

图1-7 机器翻译模型设计的3个层次及机器翻译思想演变

中间层和底层的模型设计在不同机器翻译范式下都会或多或少以某种方式开展。基本上，顶层的模型思想决定了中间层、底层模型设计的总体框架，体现了一种自顶向下的机器翻译思想的具化过程。而顶层机器翻译思想的变革可以由不同方式推动：

- 由外部力量引起，比如其他领域方法与思想的引入；
- 自底向上由底层与中间层的模型设计从内部打破顶层思想框架；
- 来自机器翻译研究内部对机器翻译思想与发展的总结及反思。

上层机器翻译思想的变革通常在某种机器翻译范式进入平台期时发生。从整个机器翻译研究与发展的历史可以明显看到，这三个层次的力量在不断交替出现。

1.3 解码

本节将简要介绍搜索求解，以理解如何从指数级的目标语言译文空间中搜索给定源语言句子的最优译文，或者说机器翻译究竟是如何基于概率模型将源语言句子翻译到目标语言的。这个搜索求解的过程称为解码（Decoding）。

1.3.1 统计机器翻译解码

在统计机器翻译中，实现解码的算法称为解码器（Decoder）。对于一个给定的源语言句子 x，所有可能的译文 $\tau(x)$，以及由 x 到译文 y 的所有可能推导（Derivation）组成的空间即为搜索空间（Search Space）。推导是指将源语言句子转成目标语言译文的一系列操作，比如在基于句法的统计机器翻译中，推导可能是一棵 x 与 y 之间的同步树（Synchronous Tree），如图 1-8 所示。在基于单词与短语的统计机器翻译中，推导一般是句子的单词或短语分割，以及源语言与目标语言之间的单词或短语对齐关系。

可以想象，同一个译文，可以通过多个不同的推导得到。所以，解码公式 (1-2) 可以进一步写成：

$$
\begin{aligned}
\boldsymbol{y}^* &= \underset{\boldsymbol{y} \in \tau(\boldsymbol{x})}{\arg \max} P(\boldsymbol{y}|\boldsymbol{x}, \mathcal{D}) \\
&= \underset{\boldsymbol{y} \in \tau(\boldsymbol{x})}{\arg \max} \sum_{\phi \in \varphi(\boldsymbol{x}, \boldsymbol{y})} P(\boldsymbol{y}, \phi|\boldsymbol{x}, \mathcal{D})
\end{aligned}
\tag{1-3}
$$

所有可能的译文集合 $\tau(\boldsymbol{x})$ 和推导集合 $\varphi(\boldsymbol{x}, \boldsymbol{y})$ 的规模均随句子长度 $|\boldsymbol{x}|$ 的增长而呈指数增长。原因大致有两种：首先，一个源语言单词、片段或子结构可能以多种方式翻译成目标语言对等物（Translation Equivalent）；其次，翻译对等物在目标语言句子中的位置也存在多种可能性，这种源语言–目标语言位置顺序的变化称为重排序（Reordering），是由语言间的语序不一致导致的。不受约束的重排序解码问题已经证实是 NP--难问题[4]。

为了降低搜索复杂度，避免从指数级空间中搜索译文，统计机器翻译解码器通常会引入一些假设，比如在 Viterbi 搜索中，我们只考虑概率最大的推导，式 (1-3) 变为

$$
\begin{aligned}
\boldsymbol{y}^* &= \underset{\boldsymbol{y} \in \tau(\boldsymbol{x})}{\arg \max} P(\boldsymbol{y}|\boldsymbol{x}, \mathcal{D}) \\
&= \underset{\boldsymbol{y} \in \tau(\boldsymbol{x})}{\arg \max} \sum_{\phi \in \varphi(\boldsymbol{x}, \boldsymbol{y})} P(\boldsymbol{y}, \phi|\boldsymbol{x}, \mathcal{D}) \\
&= \underset{\boldsymbol{y} \in \tau(\boldsymbol{x})}{\arg \max} \underset{\phi \in \varphi(\boldsymbol{x}, \boldsymbol{y})}{\max} P(\boldsymbol{y}, \phi|\boldsymbol{x}, \mathcal{D}) \\
&= \mathbf{Y}(\underset{\phi \in \varphi(\boldsymbol{x})}{\arg \max} P(\boldsymbol{y}, \phi|\boldsymbol{x}, \mathcal{D}))
\end{aligned}
\tag{1-4}
$$

这里假设用最有可能推导的概率近似 $(\boldsymbol{x}, \boldsymbol{y})$ 所有推导 $\varphi(\boldsymbol{x}, \boldsymbol{y})$ 的概率之和，解码过程从而简化成搜索最有可能的推导，并从最有可能的推导中直接导出译文（即式 (1-4) 中的函数 $\mathbf{Y}$），这个译文不一定是概率最大的译文，但是避免了穷尽所有推导并求和的过程，使得解码变得可行（Tractable）。还有一些其他的近似方法，更多可以参考文献 [5]。

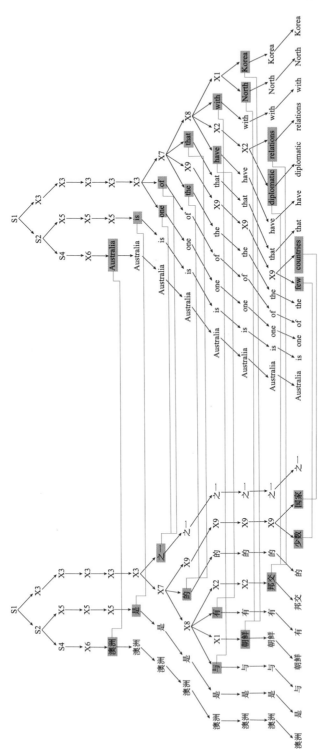

图 1-8 基于句法的统计机器翻译推导过程示例

基于以上 Viterbi 搜索，统计机器翻译可以采用不同的算法搜索最优推导，比如堆栈解码算法（Stack Decoding），该算法最先由 Jelinek 引入语音识别[6]，后在统计机器翻译中得到广泛应用。通常情况下，目标译文是按照某种顺序（比如从左向右，或者自底向上）逐步生成的，我们将生成的部分译文及其覆盖的源语言部分合称为翻译假设或假设（Hypothesis），假设可视为搜索过程中找到的局部解（Partial Solution）。堆栈解码算法从一个空假设（Empty Hypothesis）开始，既没有任何译文单词，也没有覆盖 x 中的任何单词，不断进行假设扩展（Hypothesis Expansion）操作，即从一个假设中延展出新的假设，比如通过添加新的单词或短语等。扩展出的新假设放到对应的堆栈中，重复假设扩展操作，直到找到完整假设（覆盖源语言句子 x 中所有单词的假设）。

堆栈可以采用不同方法组织。如果将堆栈中的假设按照优先队列组织，每次扩展最好的假设，那么堆栈解码算法就是最佳优先搜索解码，如算法 1.1 所示。

算法 1.1 最佳优先堆栈解码

1. 初始化：用空假设初始化优先队列
2. **while** 优先队列非空 **do**
3. 　　从优先队列中弹出估值最高的假设
4. 　　**if** 该假设为完整假设 **then**
5. 　　　　输出该假设
6. 　　　　结束解码
7. 　　**else**
8. 　　　　对该假设进行所有可能的扩展操作，生成新的假设，放入队列
9. 　　**end**
10. **end**

如果把堆栈里的假设数量控制在一定规模，在假设扩展的同时进行剪枝操作，比如堆栈只存放最好的 n 个假设，即直方图剪枝（Histogram Pruning），或者仅保留 score 值比 $\alpha \times s_{\text{best}}$（$s_{\text{best}}$ 为最优假设的 score 值）大的假设，即堆栈剪枝（Stack Pruning），那么堆栈解码就是启发式的柱搜索（Beam Search），如算法 1.2 所示。柱搜索将搜索聚焦在一个有限的空间里，剪掉了启发式评估函数值低的假设，大大提升了搜索效率，但其本质上是一种贪心搜索算法，因此不能保证找到最优解。

算法 1.2 柱搜索堆栈解码

---

1. 初始化：用空假设初始化

2. **for** 所有的堆栈 **do**

3. 　　**for** 堆栈中的所有假设 **do**

4. 　　　　扩展该假设，生成新的假设

5. 　　　　将该假设放入堆栈

6. 　　　　对堆栈进行剪枝操作

7. 　　**end**

8. **end**

　　除了搜索过程不一样，堆栈的构建方法也不尽相同，比如基于短语的统计机器翻译可以按照假设包含的目标语言单词数量来构建堆栈，即目标语言单词数量一样的假设都放在同一个堆栈中；而在基于句法的统计机器翻译中，常采用 CKY 算法自底向上解码，将覆盖源语言句子同一区间的所有假设放在同一个堆栈中。

1.3.2 神经机器翻译解码

　　与统计机器翻译解码相比，神经机器翻译的解码一般采用自回归的逐词生成方式，相对来说比较明确，因此也更容易理解。一方面归因于神经机器翻译不需要像统计机器翻译那样需要找到一个从 x 生成 y 的路径，即上文提到的推导，推导可以让我们清楚地看到源语言是如何翻译到目标语言的，具有很强的模型解释性，但是也使解码搜索变得复杂。另一方面，统计机器翻译中生成译文的基本单元也相对多样化，既可以是单词、短语，也可以是带有非终结符的规则序列，翻译基本单元的多样性使得解码算法需要采用不同的应对策略。

　　在神经机器翻译中，最优译文的搜索可以形式化为

$$y^* = \arg\max_{y} P(y|x)$$

$$= \arg\max_{y} \prod_{j=1}^{J} P(y_j|y_1^{j-1}, x) \tag{1-5}$$

式中，y_j 是从目标语言所有可能的词汇中采样出来的。假设目标语言的词汇表大小为 $|\mathcal{V}|$，解码生成一个长度为 J 的译文，搜索空间的大小为 $|\mathcal{V}|^J$。如果词汇表大小为 32000，句子长度为 20，神经机器翻译解码器需要从 32000^{20}（$\gg 10^{82}$）种可能性中找到最优译文，搜索空间的大小比已知可观测宇宙的所

有原子的数量还要大，因此穷尽所有可能译文是不可能的。因此神经机器翻译的解码通常也采用柱搜索算法，如算法 1.3 所示，该算法采用直方图剪枝，每个目标语言位置的假设集的大小设置为 n，也就是柱的大小为 n。

算法 1.3 神经机器翻译柱搜索堆栈解码

---

1. 初始化：用空假设初始化初始假设集 $\mathcal{H}_{\text{init}}$
2. 当前位置假设集 $\mathcal{H}_{\text{cur}}$:= 初始假设集 $\mathcal{H}_{\text{init}}$
3. **repeat**
4. 　　将下一位置假设集 $\mathcal{H}_{\text{next}}$ 置空
5. 　　**for** 当前位置假设集 $\mathcal{H}_{\text{cur}}$ 的所有假设 $\mathcal{H}_{\text{cur}}^{i}$ **do**
6. 　　　　**if** 该假设为完整假设，即 $\mathcal{H}_{\text{cur}}^{i}$ 译文最后一个单词为句子结束符 \</s\>
　　　　　　then
7. 　　　　　　将该假设直接放到下一位置假设集 $\mathcal{H}_{\text{next}}$ 里
8. 　　　　**else**
9. 　　　　　　根据该位置 Softmax 输出概率从词汇表中采样单词 w，将 w 拼接到
　　　　　　　$\mathcal{H}_{\text{cur}}^{i}$ 后面生成新假设 $\mathcal{H}_{\text{next}}^{j}$，更新 $\mathcal{H}_{\text{next}}^{j}$ 分值
10. 　　　　　将新假设 $\mathcal{H}_{\text{next}}^{j}$ 放到 $\mathcal{H}_{\text{next}}$ 中
11. 　　　**end**
12. 　　**end**
13. 　　$\mathcal{H}_{\text{cur}}$:= 从 $\mathcal{H}_{\text{next}}$ 假设集中选出分值最高的 n 个假设
14. 　　找到当前假设集 $\mathcal{H}_{\text{cur}}$ 分值最高的假设，将其译文赋给 y^{*}
15. **until** y^{*} 最后一个单词为句子结束符 \</s\>
16. 输出 y^{*}

1.3.3　搜索错误与模型错误

从统计机器翻译与神经机器翻译解码算法中可以看到，机器翻译的搜索空间非常庞大，为了使搜索求解可行，解码算法通常会做一些限制，进行近似搜索（Approximate Search）而不是精确搜索（Exact Search），近似搜索不可避免地会带来搜索错误（Search Error）。机器翻译通常包含两种类型的错误：模型错误（Model Error）和搜索错误[7, 8]。

在定义这两类错误之前，先明确定义机器翻译的搜索空间。在统计机器翻译中，所有翻译规则（短语或句法规则）、重排序距离限制、翻译单元可供选择的翻译选项（Translation Option）的数量共同定义了搜索空间；在神经机器翻译中，搜索空间是由词汇表定义的，即为 $\mathcal{V}^{*}$。模型错误是指根据概率模型计算的搜索空间中概率最大的假设并不是最好的翻译，这说明模型在概率

估计或假设的分值估计方面出了问题。搜索错误则是指解码算法搜索到的最优假设并不是模型定义的最好假设，或者说搜索过程中丢失了模型概率最高的假设。

模型错误通常是由模型本身设计导致或在训练中产生的，主要包括 3 种类型：近似错误（Approximate Error）、估计错误（Estimation Error）及优化错误（Optimization Error）[9]。近似错误主要是机器翻译模型做了过多独立性假设或过度简化了翻译过程，比如用有限状态自动机模拟翻译过程。估计错误主要是机器翻译模型中参数估计不准确，可能是训练数据太少导致的，也可能是因为使用了伪数据或不准确的数据估计参数，比如神经机器翻译使用反向翻译（详见 15.2.3 节）扩充训练数据，统计机器翻译的短语翻译概率通常在不准确的单词对齐数据上估计得到等。优化错误主要是因为采用了近似的优化算法或目标函数导致的。

搜索错误通常是由近似搜索中采用的搜索策略或剪枝导致的，比如式 (1-4) 中的 Viterbi 搜索用最大概率推导近似所有推导的概率和，会引起虚假歧义（Spurious Ambiguity），搜索到的假设的概率并不是其真正的概率，因此会丢失真正概率最大的假设。而柱搜索中采用的直方图或堆栈剪枝，在搜索求解中显然也有可能剪掉当前不是最优但整体上计算是最优的路径。

在机器翻译中，探索模型错误与搜索错误，不仅有助于理解现有模型与解码算法的边界，而且有助于设计更好的模型、更好的训练算法及更好的搜索解码算法。

1.4 神经机器翻译与统计机器翻译对比

从上面机器翻译基本思想和解码的介绍中已经看到，神经机器翻译与统计机器翻译存在许多相同的地方，比如都是基于语料库训练模型参数，都存在模型设计、参数训练及搜索解码的大致类似框架；但也存在本质上的不同，如对翻译过程的建模、模型架构和译文生成方法等。本节更多探讨的是两者的不同点，这些不同点可以看成统计机器翻译与神经机器翻译本质思想与内在基础不同的外在延伸和体现，具体如表 1-1 所示。

1.4.1 表示

表示（Representation）指的是机器翻译模型以何种方式表示输入的源语言句子、输出的目标语言译文、基本翻译单元和翻译过程所需的翻译知识等。

表 1-1　神经机器翻译与统计机器翻译在 11 个维度上的对比

对比维度	统计机器翻译	神经机器翻译
表示	符号表示	分布式表示
参数	各种特征权值	词嵌入、神经网络权值和偏差
模型存储	符号存储（可转二进制存储）、相对较大、可压缩	数值存储、相对较小、可压缩
模型假设或约束	语言模型马尔可夫假设、重排序约束	词汇集假设
端到端	否，多个子模型 Pipeline 模式	是
译文生成	可按单词、短语和句法规则形式生成	逐词生成
训练方式	整批训练	小批量训练
鲁棒性	噪声鲁棒性强	噪声敏感
可解释性	强	弱
可干预性	强	弱
低资源适应性	相对好	中，掌握训练技巧可提升低资源适应性

1. 统计机器翻译：符号表示

统计机器翻译沿用了基于规则的机器翻译的符号表示方法，即源语言、目标语言及基本翻译单元均采用符号表示。符号包括终结符（即具体的单词）和非终结符（具有共性的符号或符号序列的抽象表示）。与基于规则机器翻译不同的是，统计机器翻译对所有符号或符号序列赋予概率或分值，模型的训练可以看成通过优化目标函数学习这些概率或分值，模型推导（Inference）即基于学习到的概率或分值解码最有可能的译文。

2. 神经机器翻译：分布式表示

神经机器翻译则采用分布式表示（Distributed Representation），即低维实数向量（Low-Dimensional Real-Valued Vector）。分布式表示通常对应一个具体概念，如"黄色的小花朵"、一张图片里的"黄色乒乓球"等，如果将分布式表示向量的每一维想象成一个神经元，则分布式体现了神经元与概念之间的多对多关系：每个概念由多个神经元表示，每个神经元参与表示多个概念。如果将某个神经元只与某个单一概念关联，则类似独热表示（One-Hot Representation），即一个高维向量每次仅激活某几维以表示几个概念，既造成大量维度大部分时候都没有被激活而浪费存储空间（即稀疏性），也不利于表示概念间的复杂语义组合关系（指数级）。分布式表示低维的特点避免了维数灾难问题，实数向量值则既保证了表示的精确性，也便于计算。神经机器翻译采用分布式表示方法表示源语言／目标语言单词、短语或句子，甚至源语言输入与目标语言译文之间的对应关系也是用向量表示的。这些分布式表示向量将符号概念映射到某个空间的一个点，在这个空间中，神经网络可以进行多种操作，如各种线性和非线性操作，以捕捉概念间的复杂组合关系。采用分布式表示也利于模型的存储，不同于统计机器翻译需要存放大量的各种符号的组合序列，神经机器翻译只需要存储少量的词嵌入（Word Embedding），以及实现模型所需的各种向量计算的神经元之间的连接权重及偏差。我们将在"模型存储"不同点中对此作进一步说明。

1.4.2 参数

显然，上面提到的表示方法，从某种程度上，也决定了统计机器翻译与神经机器翻译模型学习的参数是不同的。但从大的方面而言，两种机器翻译模型均包含两大类参数：超参数（Hyperparameter）和参数（Parameter）。

1. 超参数

超参数是模型外部的参数，需要在模型训练之前确定，一般可根据经验事先确定，当然也可以通过自动化方法搜索最优值确定，如格搜索（Grid Search）。

- 统计机器翻译的超参数一般包括抽取的短语或句法规则的长度、重排序跳转距离及根据模型本身特点确定的参数等；
- 神经机器翻译的超参数通常包括：与神经网络相关的超参数，如词嵌入维数、堆叠层数、多头注意力的头数量等；模型在训练时的超参数，如学习率、mini-batch 大小、epoch 数量等；解码相关的超参数，如柱搜索的柱大小等。

2. 参数

参数主要是指模型从数据中训练估计的内部参数。

- 对统计机器翻译而言，模型估计的参数既包括稠密特征（Dense Feature）的权值，如在对数线性模型中语言模型、重排序模型、单词惩罚模型等子模型的权重系数，也包括稀疏特征（Sparse Feature）的权值，比如特定短语或句法规则的计数器特征，还包括稠密特征内部的权值，比如语言模型 n-gram 条件概率、短语翻译模型内部的短语翻译概率及词汇化概率等。统计机器翻译模型参数训练可以采用极大似然法、EM 算法、最小错误率等方法估计。

- 对神经机器翻译而言，模型内部参数主要包括源语言的词嵌入、目标语言的词嵌入、神经网络权值和偏差等。通常情况下，一旦确定模型的神经网络架构，并且与该架构相关的超参数亦确定，就可以明确计算出对应的神经机器翻译模型的参数总量。神经机器翻译模型的参数一般通过随机梯度下降法训练估计。

1.4.3 模型存储

经过训练的机器翻译模型需要物理存储，以实现跨平台、跨设备系统部署。

1. 统计机器翻译模型存储

统计机器翻译需要存放大量的符号组合序列，这些序列既包括单语的单词组合序列，比如 n-gram 语言模型中的 n 元序列，如"黄色 的 小 花朵"，也包括双语的符号序列，如"X 的 小 花朵 → little X flowers"。除了这些符号组合序列，统计机器翻译还需要学习这些组合序列的概率权值等。所有这些都需要存放在模型中。由于单词组合的可能性是呈指数级的，在统计机器翻译中，通常采用限定序列长度的硬剪枝及基于概率的软剪枝去除不太可能的序列组合。即使如此，如果训练数据很大，统计机器翻译训练的模型也将非常庞大。为了便于存储模型，可以将文本形态的序列组合转成二进制存储。当解码时，为了节省解码对整个模型存储序列的检索时间，一般在解码前预先将与当前句子相关的序列组合读入内存中。

2. 神经机器翻译模型存储

神经机器翻译模型主要存储的是模型的数值类型参数，如果采用深度模型，神经机器翻译的参数规模可能急剧增长，参数总量可能达到十亿规模甚至更多。即便如此，与在大规模数据上训练的统计机器翻译模型相比，所需存储空间仍然要小得多。类似地，神经机器翻译也可以进一步压缩，比如采用低精度浮点数存储实数值参数，用知识蒸馏方法将大模型蒸馏到小模型等。

1.4.4 模型假设或约束

为保证模型训练或解码是可行的，机器翻译通常需要建立在某些假设或约束条件下。

1. 统计机器翻译模型假设

在统计机器翻译中，语言模型是非常重要的子模型，直接决定了生成的译文是否通顺且符合目标语言语法。传统的 n-gram 语言模型由于存在数据稀疏问题，通常采用马尔可夫假设（Markov Assumption），即当前单词的预测只依赖于前面 $n-1$ 个单词。该假设使得统计机器翻译远距离依赖关系建模能力受限，也是统计机器翻译译文通常不太通顺的主要原因。相比之下，神经机器翻译模型虽然整体上可视为一个条件语言模型，但在生成译文时，并没有采用任何马尔可夫假设。无论是用循环神经网络还是自注意力神经网络作为解码器，对已生成译文的任意远距离依赖都在其建模范围内。

除了语言模型，统计机器翻译重排序模型也引入了各种限制，前文提到，任意的重排序是 NP-难问题，所以统计机器翻译经常引入 IBM 限制、ITG 限制 [10] 来约束重排序搜索空间。相比之下，神经机器翻译仍然没有对目标语言单词的重排序进行任何约束。正是由于没有语言模型的马尔可夫假设及重排序约束，神经机器翻译在生成译文的流畅度及语序符合目标语言语法方面，都比统计机器翻译好得多。

2. 神经机器翻译模型假设

对神经机器翻译而言，一个主要的硬性限制来自词汇集大小的限制，包括源端和目标端，但主要影响在目标端。1.3.2 节提到，神经机器翻译需要在每个目标语言位置上计算在预先定义的词汇表上单词的概率分布，因此词汇表的大小在很大程度上决定了解码可行性及复杂度。通常来说，神经机器翻译定义一个常用词词汇表，词汇表大小根据训练语料规模进行适当调整，不在常用词表的、出现频率较低的单词用一个特殊符号"UNK"代替，即未见词（Unknown Word）。虽然这个限制使得解码可行，但是带来了新问题：低频词的翻译与生成。我们将在后续章节中讨论具体解决方法。

1.4.5 端到端

1.2 节提到，统计机器翻译系统通常采用串联方式构建，这个串联框架可能是统计机器翻译最广受诟病的缺点之一，它不仅增加了统计机器翻译系统部署的工作量和难度，而且使统计机器翻译内部存在大量的错误传播。虽然统计机器翻译也可以实现端到端翻译 [11]，避免串联翻译，但是在统计机器翻译的基本框架内，实现端到端翻译，无论是参数估计还是解码，都存在不少挑战。而神经机器翻译具有天然的端到端特性。神经机器翻译模型所有的子网络统一训练，统一参与解码，只需要训练一个模型，就可以实现整个机器翻译系统。

1.4.6　译文生成

从 1.3 节中可以看到，虽然两者都可以采用柱搜索解码，但是在解码时生成的基本单元存在不同之处。统计机器翻译解码的生成方式灵活，既可以是单词、短语，也可以按照语法规则生成目标语言的句法树。相比而言，神经机器翻译译文的生成方式较单一，虽然有些研究工作扩展了神经机器翻译译文的生成方式，如增强短语生成能力[12]、句法引导生成[13] 等，但仍以逐词生成为主。上文提到的神经机器翻译长距离依存关系建模能力、语序调整的无约束性及深层神经网络的句法捕捉能力，这些优势使得神经机器翻译即使采用逐词生成，仍有强大的译文生成能力。神经机器翻译译文生成主要的问题是自回归生成方式带来的曝光偏差（Exposure Bias）问题，即训练和解码时生成当前单词所看到的前文单词属性不一致，训练时看到的是真实译文（Ground-Truth Translation），而解码时则是基于系统生成的部分译文。对该问题的进一步讨论详见 11.2 节。

1.4.7　训练方式

在许多机器翻译应用场景中，训练数据是随时间逐步累积的，并不是一次性就绪的，如机器辅助翻译、交互式机器翻译、译后编辑等。如何利用新增数据进一步优化已经训练的机器翻译模型，即如何利用它们更新模型参数，统计机器翻译与神经机器翻译也存在截然不同之处。

1. 统计机器翻译训练方式

统计机器翻译的主要训练方式是**整批训练**（Full Batch Training），即在训练前，要求所有的训练数据就位，然后训练模型。如果有新增加的数据，通常需要与原有数据混合，形成新的数据集，然后在新数据集上重新训练统计机器翻译系统。在有持续数据更新或不断生产新数据的应用场景中，整批训练虽然可以最大限度地保证参数估计的准确性，但是显著增加了训练时间和模型更新及部署难度。在线学习（Online Learning）可以缓解统计机器翻译增量学习（Incremental Learning）的挑战[14]，但是统计机器翻译的参数类型众多，难以设计参数更新规则，同时训练实例的排序方式对在线训练效果有较大影响。

2. 神经机器翻译训练方式

类似于其他神经网络，神经机器翻译一般采用小批量训练（Mini-Batch Training）方式，即将训练数据分成多个小批量（Mini-Batch），用小批量数据计算的梯度近似真实梯度，不断更新模型参数（具体算法可参阅 2.2 节）。因此，神经机器翻译具有天然的增量学习能力，可以很好地适应数据随时间增加的应用场景，对于新增数据，只需要将它们分成小批量继续更新原有模型参数，不需要像统计机器翻译那样从头训练。当然，为了获得更好的梯度估计，避免小批量数据带来的随机性，神经机器翻译在如何组织小批量方面存在一些经验方法，我们将在实践篇的训练章节中具体介绍。

1.4.8 鲁棒性

机器学习系统的鲁棒性是指系统应对不确定性时性能的稳定程度。这里讨论的机器翻译鲁棒性主要是指机器翻译系统在噪声环境下性能的稳定性。一些研究工作 [15-17] 发现，神经机器翻译对输入数据、训练数据中的自然噪声、人工噪声均很敏感，相比之下，统计机器翻译则具有较好的噪声鲁棒性 [18]。神经机器翻译应对噪声的鲁棒性，本质上是神经网络应对噪声鲁棒性的具体案例体现，因此，其鲁棒性与其他深度学习系统类似。本书将在进阶篇（详见第 17 章）中进一步探讨神经机器翻译的鲁棒性。

1.4.9 可解释性

可解释性是深度学习方法与传统机器学习方法相比的一个比较明显的特点，神经机器翻译可解释性远不如统计机器翻译。对机器翻译而言，可解释性的本质是可以追踪译文是如何生成的，如果译文出现了错误，我们可以知道错误产生的源头（概率估计不准确、训练数据存在噪声或其他原因）。

1. 统计机器翻译可解释性

在统计机器翻译中，我们很容易反推出目标译文是如何生成的。在对其解码的介绍中提到了推导，解码的过程可以近似为寻找概率最大的推导的过程。当解码完成时，我们不仅输出译文，同时也记录了生成该译文的最优推导。这个推导既可以是基于句法统计机器翻译中的一棵同步句法树，也可以是基于短语统计机器翻译中的短语切割及对齐。根据这个推导，可以知道译文的生成采用了模型中的哪些双语短语，哪些句法规则。在推导的每一步，可以根据模型计算出该步的概率，以及从第一步到当前步的推导概率。如果译文中出现了翻译错误或重排序错误，也可以根据推导确定是统计机器翻译哪个子模型或特征出现了问题。

2. 神经机器翻译可解释性

在神经机器翻译中，目标译文通常是逐词生成的，每次单词生成时，都会有成千上万个神经元被激活，每个激活神经元可能只贡献非常微小的信号，它们合在一起，在一个庞大的网络里形成某种模式。现有技术还难以从神经机器翻译内部庞大的神经网络里根据神经元激活模式导出一条明确的从源语言输入到目标语言输出译文的推理链条。因此，通常不知道译文单词的生成到底和哪些元素有关，虽然神经机器翻译的注意力网络可以告诉我们译文单词和哪些源语言单词有关联，但是仍然很难理解这些关联到底是怎么形成的。往下，我们希望能追踪到具体的神经元；往上，我们希望可以理解众多神经元是如何通过互联合作协力产生某种模式的。

1.4.10 可干预性

可干预性或者可控性，指的是模型在多大程度上可以被干预，多大程度上能够以我们希望的方式、可控地产生模型的输出。具体到神经机器翻译，可干预性指的是译文在多大程度上可以按照我们希望的方式生成。神经机器翻译的可干预性与端到端、可解释性密切相关。由于采用端到端方式生成译文，模型赋予我们对译文进行干预的选项并不是很多，基本上集中在输入端前处理和输出端后处理。在中间模型端，我们干预的选项较少，通常需要在深刻理解神经机器翻译机理之后，精心设计合适的机制或子网络才能达到一定程度上的译文可干预性。相比之下，统计机器翻译可干预的选项就比较多，比如干预调序模型调序窗口的大小、在短语表中加入干预的翻译规则、在对数线性模型框架下调整各子模型权重等。

在某种程度上，神经机器翻译的低干预性与低解释性相关。如果我们能够很好地解释神经机器翻译译文生成的机理，能够追溯译文错误的源头，或许就可以找到纠正错误的方法，找到干预神经机器翻译生成过程的方法。同时，神经机器翻译的可干预性提高了，其鲁棒性有可能也会得到提高。鲁棒性代表的是神经机器翻译模型在不确定情况下（包括噪声环境）稳定表现的能力。如果我们能够设置一些干预触发器，一旦某个可预知的不确定情况出现（比如翻译域外句子），自动触发干预器实施干预，以引导模型向预定方向生成译文，模型的表现就会更加稳定，鲁棒性因而得到提高。

1.4.11 低资源适应性

通常认为，深度神经网络模型需要用大量数据训练。一些对比实验发现，在低资源条件下，神经机器翻译性能会急剧下降，译文质量低于基于短语的统计机器翻译[19]。但是近年来也有新的研究发现，如果训练方法得当、训练超参数设置合理，在低资源条件下，神经机器翻译性能也可以优于统计机器翻译[20]。我们将在进阶篇中对低资源条件下的神经机器翻译研究工作进行更多的探讨。

1.4.12 对比总结

以上从 11 个维度对比了神经机器翻译和统计机器翻译，如果仔细思考这11 个方面，就会发现它们或多或少都与两个翻译模式背后的基本思想有关，简单来说，和神经网络／概率化的翻译规则有关，或者说是它们的某种外在体现。从这些对比中可以看到，神经机器翻译既有相对统计机器翻译天然的优势，如向量表示、端到端、增量训练和长距离建模等，也有天然的劣势，如鲁棒性、可解释性和可干预性等。我们在后续章节中会继续探讨最新的研究工作，介绍它们如何弥补神经机器翻译的劣势，如何借鉴统计机器翻译的精华思想进一步优化神经机器翻译。

在机器翻译研究的历史中，尤其在多种机器翻译技术并存或更替的时期，经常看到学术界对不同机器翻译技术的深入思考与对比，甚至重新定义。在统计机器翻译发展为主流机器翻译技术初期，自然语言处理领域的著名邮件列表 Corpora-List 上曾经讨论究竟该如何定义统计机器翻译、基于实例的机器翻译（Example-Based Machine Translation）。香港科技大学的吴德凯教授、反向转录语法（Inversion Transduction Grammar，ITG）的提出者，将自己对该讨论的观点发表在了 *Machine Translation* 上。在文中[21]定义了具有 3 个维度的机器翻译模型空间：逻辑 vs. 统计维度、词汇 vs. 组合维度、模式 vs. 实例维度。然后将统计机器翻译、基于规则的机器翻译及基于实例的机器翻译这三种机器翻译思想投射到这个三维空间中。他认为，在这个三维空间中，三种机器翻译思想之间并没有清晰的边界，它们都或多或少横跨这三个维度。比如，概率论是建立在集合论和命题逻辑基础上的，因此他认为，以概率论为基础的统计机器翻译本质上是逻辑的，与基于规则的机器翻译一样，内在都是以符号为基础的。

我们这里仅仅是介绍吴德凯关于三种机器翻译思想的观点，并不是讨论其观点的合理性或与其他观点进行对比。本节从 11 个不同维度对比神经机器翻译与统计机器翻译，实际上也是想激发读者去思考神经机器翻译思想与统计机器翻译思想的本质，以及它们的共同点与不同之处。对此进行反思、讨论，不仅可以更好地理解机器翻译思想，而且有助于寻找和开辟机器翻译新的思想疆域。

1.5　发展历史

本节先简要介绍整个机器翻译的发展历史，然后梳理神经机器翻译诞生与发展的时间线。

1.5.1　机器翻译发展历史

在 1.1 节中，我们提到了现代机器翻译概念和思想的奠基人 Weaver 及其备忘录，正如该备忘录所说，它的确启发了一些人开始从事机器翻译研究。1951 年，麻省理工学院给 Yehoshua Bar-Hillel 提供了可能是机器翻译领域的第一个正式职位，该职位主要是对机器翻译技术、问题和研究进行系统化调研。Bar-Hillel 于 1952 年在 MIT 组织了第一次机器翻译会议。在该会议上，Bar-Hillel 发表了他的调研报告，阐述了机器翻译的主要问题及解决这些问题的原则和建议。1954 年，IBM 与乔治城大学研究人员联合研发了一个机器翻译系统，将简单的俄语翻译成英语（词汇表仅含 250 个单词），当时的媒体对该系统大为赞叹，称之为"大脑"。受此鼓舞，机器翻译研究在全世界范围内不断得到重视。1958 年底至 1959 年初，Bar-Hillel 受美国海军研究办公室聘请，对当时资助的美国和英国机器翻译研究进行评估，他在 1959 年初撰写的初版评估报告中，实际上否定了当时机器翻译研究追求的全自动高质量翻译目标，该报告引发了当时机器翻译研究领域的恐慌，但是没有引起对报告中主要观点的足够重视，如 Bar-Hillel 在报告中批评了通用语言方案的可行性，指出机器翻译缺乏常识推理能力。1964 年，美国政府成立了由 John R. Pierce 领导的自动语言处理咨询委员会（Automatic Language Processing Advisory Committee，ALPAC），该委员会于 1966 年发表了 ALPAC 报告，报告对当时的机器翻译研究持怀疑态度，并建议开展计算语言学的基础研究。受 ALPAC 报告影响，美国政府大幅减少了对机器翻译研究的资助。机器翻译研究因此在 20 世纪 60 年代末 70 年代初跌入谷底。

20 世纪 70 年代至 80 年代，机器翻译研究又开始逐步恢复，这个时期的研究主要采用基于规则的方法，基于转换、中间语言及基于知识的机器翻译等得到了广泛的研究。20 世纪 80 年代末至 90 年代初，基于语料库的机器翻译伴随自然语言处理中的经验主义范式兴起，成为机器翻译研究的主流技术，这一时期的主要方法包括日本 Makoto Nagao 提出的基于实例的方法、IBM 研究人员开创的统计机器翻译。1999 年，在约翰斯·霍普金斯大学举办的机器翻译暑期研讨会上，研究人员将 IBM 于 1993 年提出的多个模型 [3] 进行重新实现并开源，极大地推动了统计机器翻译的发展。2000 年至 2010 年间，统计机器翻译得到了飞速的发展，由基于单词的模式逐渐发展成基于短语和基于句法的统计机器翻译，成为这个时期机器翻译的主流技术。2014 年，研究人员提出了基于神经网络的端到端神经机器翻译模型，并于 2015 年引入注意力机制，神经机器翻译实现了比统计机器翻译更快速的迭代更新与发展。在 2016 年 WMT 的机器翻译评测中，神经机器翻译在多个语言对上的译文质量超过统计机器翻译，由此成为主流的机器翻译技术。

1.5.2 神经机器翻译发展历程

将神经网络应用于机器翻译的基本思想可以追溯到神经网络的上一次研究热潮中（20 世纪八九十年代）。Robert Allen 在第一届神经网络国际会议上发表了将神经网络应用于自然语言处理的论文 [22]。在该论文中，Allen 构建了一个多层的前馈神经网络，将词汇表大小为 31 的英语句子翻译到词汇表大小为 40 的西班牙语。该神经网络的输入层含有 50 个二进制比特编码位，编码英语句子的最大长度为 10 个单词，每个单词用 5 比特编码，输出层含有 66 个编码位，输出的最长西班牙语句子长度为 11 个单词，每个单词用 6 比特编码；除此之外，还包含 1 ~ 3 层的 150 个单元的隐藏层。总计 3327 个英语–西班牙语句对用于训练该前馈神经网络，在 33 个句子组成的测试集中，平均每句翻译错误率为 1.3 个单词。

Castano 和 Casacuberta 在 1997 年为机器翻译提出了一个联结主义方法 [23]，该方法利用简单循环网络（Simple Recurrent Network）实现英语–西班牙语的双向翻译，在神经网络结构上已经很接近现代的神经机器翻译了。但是无论是 Allen 的方法，还是 Castano 和 Casacuberta 的方法，都只是在非常小的数据集上训练，词汇表规模也非常小，当时的计算能力远不能实现在大规模和大词汇表上开展基于神经网络的机器翻译的训练。

因此在 20 世纪 90 年代到 2010 年，对计算能力要求相对较低的统计机器翻译发展成为主流的机器翻译方法。从统计机器翻译发展到神经机器翻译，中间存在一个较短的技术交替或过渡时期，这个时期仍然以统计机器翻译为主流方法，但是已经有一些研究工作开始利用神经网络训练统计机器翻译的某个子模型，然后集成到统计机器翻译框架中，如利用神经网络训练语言模型 [24]、构建重排序模型 [25] 等。

受深度学习在其他领域（如语音识别）成功应用的影响，完全摈弃统计机器翻译框架并构建纯粹基于神经网络的机器翻译新框架的想法开始出现。2013 年，Kalchbrenner 和 Blunsom 提出了一个端到端基于神经网络的循环连续翻译（Recurrent Continuous Translation）模型 [26]，完全依赖神经网络学习单词、短语、句子的连续表示。2014 年，Sutskever 等人提出了序列到序列的模型 [27]，用一个长短时记忆网络（LSTM，详见 2.3.3 节）编码源语言输入，用另外一个 LSTM 生成目标语言译文。同年，Cho 等人提出基于循环神经网络构建编码器–解码器用于机器翻译 [28]。这两个研究工作可以视为现代神经机器翻译的奠基性工作，但是它们都将不定长的源语言句子编码到一个定长的实数向量，然后完全由该向量指导目标译文的生成。对于长句子，定长的实数向量可能不足以包含所有的源语言语义信息和细节，因此翻译性能随句子长度的增加而急剧下降。

2015 年，Bahdanau 等人进一步提出注意力机制 [29]，允许神经机器翻译模型搜索与当前译文单词相关的源语言单词，显著提升了长句子的翻译性能。此后，神经机器翻译进入快速发展阶段。2015 年，在 WMT 机器翻译公开评测中，出现首个神经机器翻译参评系统。2016 年，Google 提出多层的神经机器翻译系统 GNMT[30]，在大规模数据上训练该系统，译文质量相比统计机器翻译有显著提升，Google 论义 [30] 称翻译质量开始接近人类译员的平均翻译水平；同年的 WMT 评测中，90% 的神经机器翻译系统获得最好的成绩。2017 年，为了加快神经机器翻译的并行训练速度，Facebook 人工智能研究院团队提出了完全基于卷积神经网络的神经机器翻译模型 ConvS2S[31]，翻译性能不仅优于 Google 基于循环神经网络的 GNMT 模型，而且 GPU 环境下的解码速度要比 GNMT 快 9 倍多。同年晚些时候，Google Brain 团队提出了基于自注意力的神经机器翻译模型 Transformer[32]，不仅提升了翻译质量，相比 ConvS2S，训练和解码速度也得到了显著提升。2018 年之后，Transformer 成为最广泛使用的神经机器翻译模型。

1.6　应用现状

全面调研目前神经机器翻译的应用情况超出了本节的范围，这里仅从几个不同维度对机器翻译现阶段应用情况和场景进行描述，具体维度如图 1-9 所示。

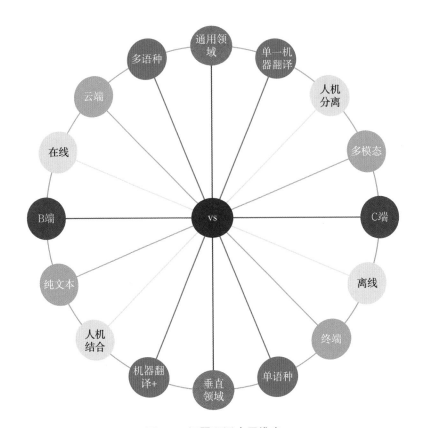

图 1-9　机器翻译应用维度

1.6.1　维度 1：通用领域 vs. 垂直领域

　　按照训练语料所属领域的不同，可以将机器翻译分为面向通用领域的机器翻译和面向特定领域（垂直领域）的机器翻译。在线机器翻译系统通常属于通用领域机器翻译，一个较好的通用领域机器翻译系统通常需要几千万到上亿的平行语料训练，因此训练通用领域机器翻译系统的数据成本是非常高昂的。而垂直领域由于其词汇量往往没有那么丰富，语言表述的风格比较一致，共性比较强，因此相对不需要那么多的平行语料，比如百万级的平行语料，甚至几十万句对平行语料，也可以帮我们训练出较好的神经机器翻译系统。当然，通用领域与垂直领域也不是完全对立的，如果有大量的通用领域语料，可以用这些语料先训练一个通用领域神经机器翻译系统，然后采用领域适应方法将该系统适应到垂直领域中；如果有多个垂直领域的语料，也可以把它们合并在一起，以某种方式训练一个面向多个领域的机器翻译系统。

1.6.2　维度 2：多语种 vs. 单语种

与领域维度一样，语言维度也是机器翻译应用中需要考虑的重要维度。我们既可以训练单一翻译方向的神经机器翻译系统，也可以构建能翻译多种语言的神经机器翻译系统。正如 1.1 节提到的，如果有 n 种不同语言，要实现它们之间的互相翻译，通常需要构建 $O(n^2)$ 个不同的机器翻译系统，但是多语言神经机器翻译可以帮助我们实现基于单一模型和系统的多语种机器翻译，节省机器翻译系统的部署成本。我们将在进阶篇中对多语言神经机器翻译进行具体介绍。

1.6.3　维度 3：云端 vs. 终端

大部分互联网在线机器翻译服务部署在云端。要支撑大规模的并发翻译请求，通常需要部署几十、几百甚至几万台服务器同时运行机器翻译系统。当然，在没有那么多并发翻译请求的情况下，也可以在单台机器或智能终端设备上部署机器翻译系统。

1.6.4　维度 4：在线 vs. 离线

与云端 vs. 终端维度相关的另一个维度是在线 vs. 离线。运行在智能终端设备上提供机器翻译服务的 App 既可以是在线的，也可以是离线的。前者通过网络接入机器翻译服务云端，将终端用户的翻译请求远程发送给云端系统，在云端系统完成翻译后，再将结果返回给终端用户，通常只能在具备网络连接的情况下使用；后者在智能终端设备本地运行机器翻译系统，因此对终端设备的计算、存储能力有较高的要求，但优点是可以离线运行，没有网络也可以使用。

1.6.5　维度 5：B 端 vs. C 端

按照机器翻译服务请求的主体是企业还是个人，可以将机器翻译应用分为面向 B 端和面向 C 端。在线机器翻译服务可以同时面向 B 端和 C 端客户，服务提供商可以在服务请求量和付费模式上进行区分。

1.6.6　维度 6：纯文本 vs. 多模态

按照翻译的对象是文本、语音、图像或文本、语音、图像的组合，可以将机器翻译分为面向文本的机器翻译和多模态机器翻译。我们将在进阶篇中介绍多模态神经机器翻译。

1.6.7 维度 7：人机结合 vs. 人机分离

虽然多项研究显示神经机器翻译接近或达到人类译员水平，但是在实际应用中远非如此（详见 14.9 节）。很多语种、很多领域都存在平行语料资源稀缺的挑战，在这种情况下，机器翻译译文的质量急剧下降。因此，在机器翻译的实际应用中，尤其是需要高质量译文的应用场景中，如何实现高效的人机结合显得尤为重要，这里既包括以人为主的机器辅助翻译，也包括以机器翻译为主的交互式翻译、人在回路机器翻译或两者互相分工且独立工作的机器翻译 + 人工后编辑模式。

1.6.8 维度 8：机器翻译 + vs. 纯机器翻译

机器翻译系统既可以作为基本服务单独存在，也可以嵌入其他人工智能系统作为整个系统的一部分存在，还可以为某些创新应用提供核心支撑技术，形成机器翻译 + 应用生态。

1.6.9 应用现状总结

以上从 8 个不同维度展示了机器翻译的应用情形，显然这些维度不是互相独立的，它们可以组合、交叉，从而形成丰富的机器翻译应用模式和场景。

机器翻译已经发展成为一个具有广泛应用的人工智能技术。2016 年的 Google 在线翻译报告 [33] 称，Google 在线翻译每天翻译的单词量超过 1400 亿，用户数超过 5 亿。2017 年，《新一代人工智能发展规划》将与机器翻译相关的自然语言处理技术列为人工智能的八项关键共性技术之一，《促进新一代人工智能产业发展三年行动计划（2018—2020 年）》将机器翻译技术本身列为八项重点培育的智能技术之一。

机器翻译的广泛应用带动了机器翻译产业的快速发展。按照 2018 年市值计算，全球市值最大的八家公司，其中有七家均部署了自研的机器翻译，如 Apple、Google、Microsoft、Amazon、腾讯、阿里巴巴等。近几年，我们也看到很多机器翻译初创企业诞生并快速发展，如 Unbabel、DeepL、Lilt、Kantan 等。机器翻译相关的服务、软件系统、硬件产品的市场也在不断培育和快速发展中，据 Vasijevs 等人的研究 [34]，全球机器翻译市场的年均增长率接近 20%。

1.7 本书组织

本书主要围绕神经机器翻译的核心技术和开放问题讨论。全书共分为 4 篇——基础篇、原理篇、实践篇和进阶篇，如图 1-10 所示。

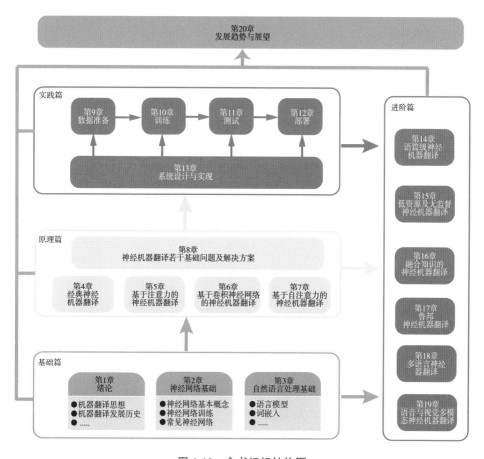

图 1-10 全书组织结构图

1.7.1 基础篇

基础篇主要介绍与神经机器翻译相关的先导性知识，包括神经网络的基础知识，以及与机器翻译相关的自然语言处理基础知识。神经网络基础知识部分涵盖神经网络的基本概念、元素和训练方法等，并对自然语言处理领域常用的神经网络进行介绍。自然语言处理基础知识部分包括与机器翻译密切相关的语言模型（传统语言模型、神经语言模型、预训练语言模型）、词嵌入、句对齐与词对齐技术，同时也对自然语言处理基本的层级分析（如词法分析、句法分析等）进行介绍。虽然有些自然语言处理基础技术在神经机器翻译中已不再大规模使用，但是这些技术在神经机器翻译之前的机器翻译方法中被广泛应用，了解这些技术有助于更好地理解神经机器翻译中引入的新方法。

1.7.2 原理篇

原理篇对神经机器翻译的基本原理、模型和方法进行系统介绍。按照神经机器翻译的发展脉络，依次介绍主要核心技术，先介绍经典的神经机器翻译模型（早期的序列到序列模型和编码器–解码器模型），在此基础上介绍基于注意力机制的神经机器翻译方法。然后逐一介绍基于卷积神经网络的神经机器翻译和基于自注意力的神经机器翻译。最后，汇总神经机器翻译的若干基础性问题，包括集外词、深度模型、快速解码、模型融合及领域适应等，介绍各自相关的解决方案。原理篇基本上覆盖了神经机器翻译的主要思想和方法。掌握该篇内容，也就意味着基本完成了对神经机器翻译整体技术的理论认识。

1.7.3 实践篇

实践篇将带领读者近距离接触和构建实际的神经机器翻译系统。如果说原理篇内容是神经机器翻译大厦的设计图纸，实践篇就是建造神经机器翻译大厦的具体实施方案。从原材料训练数据的准备，到神经机器翻译系统的训练，再到系统的真实解码测试，最后到神经机器翻译系统的实际部署，实践篇引导机器翻译技术爱好者完成一整套神经机器翻译技术的冲浪动作及流程。不仅如此，该篇单独安排一章介绍如何设计和编程实现一个自己的神经机器翻译程序系统。

1.7.4 进阶篇

进阶篇主要探讨神经机器翻译的开放问题，梳理与开放问题相关的最新前沿研究工作，并展望神经机器翻译未来的发展趋势。该篇涵盖神经机器翻译的六大开放问题：语篇级（文档）神经机器翻译、低资源及无监督神经机器翻译、知识融合的神经机器翻译、鲁棒神经机器翻译、多语言神经机器翻译、语音与视觉多模态神经机器翻译。如果说实践篇是为神经机器翻译工程师准备的，那么进阶篇则是为有志于进一步研究神经机器翻译或者关注神经机器翻译现阶段面临的挑战以及未来发展趋势的读者量身定做的。

以上四篇的内容可以按照需要阅读，不需要逐篇阅读，具有相关基础的读者可跳过基础篇内容直接进入原理篇。读者如果了解神经机器翻译原理，则可以直接选择阅读实践篇或进阶篇。

1.8 阅读材料

对机器翻译早期发展的历史、思想及相关研究工作感兴趣的读者，可以参阅 John Hutchins 编著的 *Early Years in Machine Translation: Memoirs and Biographies of Pioneers*[35]，该书详细介绍了机器翻译的诞生、主要思想，以及欧美等国的机器翻译的早期研究工作。文献 [36] 按照 5 个时期简要介绍了机器翻译的发展历史：先驱与开拓期（1933–1956 年）、热情高涨与幻灭期（1956–1966 年）、寂静十年期（1967–1976 年）、研究复苏及商业运行期（1976–1989 年），以及 1989 年之后的基于语料库的机器翻译时代。如果从现在的角度看，最后一个时期可以细分为两个时期：统计机器翻译主导时期（1989–2013 年）和神经机器翻译主导期（2014 年至今）。

文献 [37] 及 ALPAC 报告 [38] 对机器翻译早期遇到的问题和挑战进行了思考和总结，其中某些问题，对神经机器翻译而言，仍然是很大的挑战，比如 Yehoshua Bar-Hillel 提出的著名的 "The box is in the pen" 的机器翻译常识理解问题。文献 [39] 对机器翻译需要解决的跨语言差异挑战进行了系统梳理，如词汇差异、句法结构差异等。文献 [19] 总结了神经机器翻译早期面临的主要挑战，如低频词、长句子和领域不匹配等，有些挑战目前已得到较好的解决，如低频词翻译、长句子翻译等。

文献 [40] 对 20 世纪 90 年代及之前的多个机器翻译研究范式进行了总结和梳理，将机器翻译研究范式分为三大类：基于语言学的，即基于语言学理论或属性，如基于规则的机器翻译、基于知识的机器翻译；基于非语言学的，即并非建立在语言学理论上的，如基于统计的机器翻译、基于实例的机器翻译和基于神经网络的机器翻译；以及混合的机器翻译研究范式。除了吴德凯对基于规则的机器翻译、基于实例的机器翻译及统计机器翻译进行了深入对比 [21]，Andy Way 和 Nano Gough 也详细对比了基于实例的机器翻译与统计机器翻译 [41]。

Philipp Koehn 在其编写的教科书 *Statistical Machine Translation*[42] 中对统计机器翻译技术进行了详细的介绍。

1.9 短评：统计与规则的竞争

从某种角度看，机器翻译发展史也是一部机器翻译思想的竞争与变革史。在过去 30 多年中，机器翻译技术经历了两次重大的主流思想变革，一次发生在 20 世纪 80 年代末 90 年代初，基于规则的机器翻译的主导地位被统计机器翻译取代；另一次则是 2014 年开始的神经机器翻译与统计机器翻译新旧技术之间的交替。我们对比一下这两次技术的变革过程，以史为鉴，从而为未来机器翻译领域可能出现的新技术变革做好准备。

Andy Way 在统计机器翻译评论 [43] 一文中，完整清楚地记录了基于规则的机器翻译思想与统计机器翻译思想竞争与交替的过程，因此，关于第一次技术变革的讨论我们以 Andy Way 的论文为基础，并以故事的形式再现当时的情景。

统计机器翻译的思想最早可以追溯到 Weaver 的"翻译"备忘录，但真正明确的统计机器翻译数学定义，则是在 40 年之后由 IBM 一个研究组提出的。1988 年，在第二届关于机器翻译理论与方法论问题的国际会议 TMI 上，IBM 研究组在一篇论文中提出了统计机器翻译思想。虽然作为一种与当时主流机器翻译方法（基于规则的机器翻译）完全不同的新生事物和概念，作者在论文 [44] 中依然以一种与主流机器翻译思想相调和的语气探讨统计机器翻译，并说明该提议可能看起来激进（"the proposal may seem radical"）。在提到为什么不使用传统语法时，作者论述，对语法的忽略仅表示他们不确定将语法引入统计机器翻译框架的复杂程度，但对此持开放态度（"We are keeping an open mind!"）。

这篇论文在 TMI 的一个主题为"机器翻译范式"的座谈会（Panel）中由论文第一作者 Peter Brown 宣讲。与论文调和的语气截然不同，Peter Brown 在座谈会中始终保持一种挑衅的姿态。著名机器翻译专家 Pierre Isabelle 后来回忆说，Peter Brown 在台上演讲时，面对满屋的献身于基于规则的机器翻译研究的听众，极具挑衅地强调，统计方法将会根除基于规则的机器翻译研究（满屋听众的"黄油和面包"），就像它已经根除了基于规则的语音研究一样。可想而知，底下的听众是何等的目瞪口呆。他们不停地摇头，不相信甚至充满了愤怒。后面的问答环节也是一团糟，没有人真正听懂了 Peter Brown 的报告，因而不能提出技术性问题或反驳意见，也没有人能够把对统计方法的怀疑组织成合理的语言对抗 Peter Brown 难以置信的论断。同在座谈会台上并坐在 Peter Brown 旁边的 Harold Somers 也回忆说，听众的反应要么是难以置信，要么是嗤之以鼻。

Peter Brown 后来自己回忆，虽然承认了自己的挑衅风格，但是认为关于"根除基于规则的机器翻译"的论断仅仅是对抗性的，并非挑衅，之所以抛出争议性论断，目的是要激起争论和讨论。他继续说道，他一直相信，"虽然语言学在翻译中有众多角色，但是翻译本身应该以一种数学上一致的框架来完成。我们的目标是提出那个框架，以展示只需最少的语言学知识我们能走多远，然后激发人们去想象我们还可以走多远，如何在一个数学上一致的系统里集成更多的语言学知识。"

IBM 关于统计机器翻译的研究工作继续投稿到同年在布达佩斯召开的 COLING 会议上（Peter Brown 为第一作者），相比于 TMI 会议上机器翻译主流派听众的毫无准备，该论文的审稿人则准备了满满的基于规则的机器翻译主流派的评论火药。

COLING 1988 年 SMT 论文评审意见

The validity of statistical (information theoretic) approach to MT has indeed been recognized, as the authors mention, by Weaver as early as 1949. And was universally recognized as mistaken by 1950. (cf. Hutchins, MT: Past, Present, Future, Ellis Horwood, 1986, pp 30 ff. and references therein).

The crude force of computers is not science. The paper is simply beyond the scope of COLING.

该评审意见直译就是，机器翻译统计方法 Weaver 在 1949 年就提出来了（言下之意，并非你们最先提出来的），但 1950 年就被普遍认为是错误的（即 Weaver 关于翻译与密码学的提议）。利用计算机蛮力计算并不是科学，这篇论文超出了 COLING 的范围（意思是，不是主流认可的方法，不适合接受）。

经常投论文的读者是不是对上面的审稿意见似曾相识？即使是如此负面的评价意见，当时 COLING 的程序委员会主席 Eva Hajicova，以及作为大会机器翻译领域顾问（共 5 位顾问）的著名机器翻译专家 Makoto Nagao 教授（基于实例的机器翻译思想的提出者）最后仍然决定录用这篇论文 [45]，他们的开放心态显然对统计机器翻译这一新范式的开启具有很大的推动作用。

作为机器翻译新旧思想激烈碰撞的另一个佐证，这篇被 COLING 录用的统计机器翻译论文共同作者之一的 Frederick Jelinek 曾经说，"每当我解雇一名语言学家，语音识别器的性能就会提升"，这句话广为流传，存在多个版本，其中一个流传的故事 [46] 似乎是，有一天，一位语言学家辞职了，Frederick Jelinek 并没有招聘另外一位语言学家，而是雇佣了一位工程师来填补空位。过了一段时间，Frederick Jelinek 意识到系统性能显著提升了，于是他又鼓励另外一名语言学家另寻高就，系统的性能再一次提升。当然，这只是一个传说和故事，这里并不是说语言学在机器翻译或自然语言处理中并不重要，实际上它们的地位和作用是无从替代的①，这里只是借这个故事说明当时新旧思想竞争之激烈。

实际上，基于规则的机器翻译即使在统计机器翻译思想出现后，在 20 世纪 90 年代仍然继续得到广泛的研究，直到 1999 年由 Kevin Knight 等人参加的一个 JHU Workshop 重现了 IBM 研究组 10 年前提出的统计机器翻译模型（更加具体的 IBM 统计机器翻译思想的介绍于 1993 年发表在 *Computational Linguistics* 期刊上 [3]）并将其开源之后，统计机器翻译的研究才走入快速上升通道。

对比上一次机器翻译不同思想竞争的时间跨度与激烈程度，神经机器翻译与统计机器翻译交替过程则显得相对平静且快速②，这可能是由下面几方面原因导致的。

第一，统计机器翻译与神经机器翻译均是数据驱动且基于平行语料库训练模型估计翻译概率的，因此，统计机器翻译研究人员在理解、消化和接受神经机器翻译时，都没有类似基于规则的机器翻译研究人员接受统计方法时存在的重大障碍，有些研究者甚至认为神经机器翻译实际上也是统计机器翻译。

第二，当神经机器翻译出现时，深度学习已经在其他领域获得很大成功，尤其是在语音识别上，因此机器翻译研究人员在思想上对接受神经机器翻译已经有所准备。深度学习在语音上获得成功然后应用于机器翻译，这一点与统计方法先在语音中得到验证然后应用于机器翻译相似，似乎印证了历史喜欢以某种方式重演，两次机器翻译范式的更替具有一定相似性。

---

① Frederick Jelinek 本人后来专门撰写论文 [47] 解释这句话，论文的标题便是"一些我最好的朋友是语言学家"。在论文中，Frederick Jelinek 提到，起初他怀疑这句话是他说的，后来有确证他在 1988 年一个会议报告 [48] 中说过这句话，但即使如此，他从来没有解雇任何一个人，尤其是语言学家，并在论文中写道，他和他在 IBM 的同事从来没有对语言学家或语言学有任何敌意，从来没有不愿意将语言学知识或直觉引入系统中，如果没有成功，那是因为还没有找到有效的融合方法。

② 这里并不是说完全没有阻力，只是相对于统计与规则机器翻译思想的竞争与交替，阻力相对较小，交替过程相对较快。从统计机器翻译到神经机器翻译转变的阻力主要来自两方面，一是对神经机器翻译背后的技术——神经网络——的质疑（详见 2.5 节短评），二是神经机器翻译初期性能不如统计机器翻译，且不具有可解释性。但随着深度学习在自然语言处理中的广泛应用以及神经机器翻译性能的显著提升，这两方面的阻力在 2015 年迅速消失。

第三，统计机器翻译技术在 2013 年之后逐步进入瓶颈期，句法的利用在统计机器翻译中已经出现疲态，基于句法的统计机器翻译从树到串、串到树发展至树到树，再发展至森林到森林的转换模型。虽然模型越来越复杂，但是性能提升的空间却越来越小。ACL 会议上关于机器翻译的投稿也开始减少。一些统计机器翻译研究者开始向更高的语义层寻求灵感和方法，而神经机器翻译本身与语义密切相关，因此，神经机器翻译的出现，从某种程度上呼应了统计机器翻译的困境及语义突围。

第四，在神经机器翻译出现之前，已有部分统计机器翻译研究人员借助神经网络方法改进统计机器翻译，如将神经网络模型用作统计机器翻译的某个子模型。一个很好的例子便是 2014 年 ACL 的最佳论文[49]，将神经网络应用于统计机器翻译的语言模型和翻译模型，显著提升了翻译性能。另外一个更激进的例子则是，2013 年统计机器翻译研究人员完全抛弃统计机器翻译框架提出的纯粹基于神经网络的机器翻译模型[26]。

第五，神经机器翻译大量开源代码进一步推动了其本身的快速发展。这一点与统计机器翻译早期缓慢发展截然不同，统计机器翻译大规模开源是在其思想提出十年之后才出现的。

第六，对于神经机器翻译的出现，早期的推动力量主要来自深度学习领域的研究人员，并且统计机器翻译的大量研究人员迅速拥抱了神经机器翻译，进而与深度学习领域的研究者建立起广泛的合作，成为神经机器翻译的主要推动力量。

如果对过去 30 年间出现的两次机器翻译的技术变革与范式更替进行深度观察和总结，我们认为至少有两点值得思考与借鉴：

第一，机器翻译研究人员需要理解机器翻译历史，了解机器翻译过去的众多思想，尤其是刚进入这个领域的年轻研究者；

第二，对各种机器翻译思想持开放态度，学会接受新思想的同时，要善于从原来机器翻译思想中汲取营养，比如统计机器翻译后来的发展采用了基于规则的机器翻译的句法思想，神经机器翻译的发展也大量采用了统计机器翻译的精华思想，如词对齐、翻译覆盖和句法等。

基础篇

You shall know a word by the company it keeps.

—John R. Firth

第 2 章

神经网络基础

本章介绍神经网络的基础知识，主要包括三大部分：神经网络、神经网络的训练及常用神经网络。从深度学习角度重新审视神经网络，在介绍神经网络相关概念和算法时，尽可能从深度学习的实践中总结经验，形成新的认识和理解。首先介绍神经网络的基本概念、神经元及其不同类型、激活函数及神经元的组织等。然后着重介绍损失函数及其选择、损失函数与激活函数的关联性、梯度下降算法和计算图等，并从深度学习的实践角度，介绍如何优化神经网络的训练及防止神经网络训练过拟合的正则化方法。最后介绍三种常用的神经网络——前馈神经网络、卷积神经网络及循环神经网络，着重介绍在自然语言处理和机器翻译中广泛使用的循环神经网络，包括基本特点、训练方法，以及训练中的梯度消失或爆炸问题、解决该问题的门控循环神经网络等。

2.1 神经网络

神经网络（Neural Network），更确切地说，人工神经网络（Artificial Neural Network），是一类机器学习方法的统称。受生物神经网络的启发，人工神经网络将大量信息处理单元或节点（神经元）连接起来进行信息处理和计算，每条连接都有相应的权重（Weight）。训练神经网络的过程，就是不断调整连接权重以优化某个目标函数的过程。经过训练的神经网络，不仅可以将输入 x 映射到相应的输出 $y = f(x)$，同时还能够学习到数据中潜在的模式（Pattern）及语义表示（Representation）。

本节首先介绍神经网络的基本单元——神经元，然后介绍神经元的激活函数，最后探讨神经元如何聚合成层（Layer）以形成不同的神经网络拓扑结构。

2.1.1 神经元

神经元（Neuron）是神经网络的基本构成单元。通常情况下，一个神经元通过外部的输入连接接受多个其他神经元的输入信息（数值），经过内部激活函数处理后，将得到的输出输送到其他神经元，如图 2-1 所示。

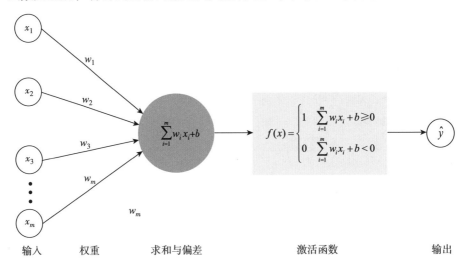

$$f(x) = \begin{cases} 1 & \sum_{i=1}^{m} w_i x_i + b \geqslant 0 \\ 0 & \sum_{i=1}^{m} w_i x_i + b < 0 \end{cases}$$

输入　　　权重　　　求和与偏差　　　　　　激活函数　　　　　　　输出

图 2-1　神经元

上面的过程可以用数学公式形式化表示为

$$\text{output} = f\left(\sum_i w_i x_i + b\right) \tag{2-1}$$

式中，x_i 是第 i 个输入；w_i 是对应第 i 个输入的连接权重；b 是偏差，可以看成用来调节神经元是否激活的阈值[①]；f 是神经元的激活函数。如果把输入看成一个向量 $\boldsymbol{x}$，权重也相应为一个向量 $\boldsymbol{w}$，上面公式可以写为[②]

$$\text{output} = f(\boldsymbol{w} \cdot \boldsymbol{x} + b) \tag{2-2}$$

除了把神经元看成函数，也可以将其视为某种基于加权证据进行决策的装置，比如输入的是一个单词的向量表示（第 3 章将具体介绍），输出可以是判断该单词是实词还是虚词的决策概率。

1. 感知机

作为人工神经元的一个早期代表，我们先介绍 20 世纪五六十年代由 Frank Rosenblatt 提出并发展的感知机（Perceptron）模型。感知机神经元的输出只有两种——0 或 1，其数学形式为

$$\text{output} = \begin{cases} 0 & \sum_i w_i x_i + b < 0 \\ 1 & \sum_i w_i x_i + b \geqslant 0 \end{cases} \tag{2-3}$$

感知机模型虽然看似简单，但功能却十分强大，可以实现逻辑运算中与、或及非等逻辑运算。例如，设定合适的权重和偏差，感知机可以实现与非门（与门、或门和非门都可以通过与非门来实现），如表 2-1 所示。

表 2-1　与非门的感知机运算

x_1	x_2	感知机	输出	与非门真值
0	0	$-3 \times 0 + -3 \times 0 + 4 = 4$	1	1
0	1	$-3 \times 0 + -3 \times 1 + 4 = 1$	1	1
1	0	$-3 \times 1 + -3 \times 0 + 4 = 1$	1	1
1	1	$-3 \times 1 + -3 \times 1 + 4 = -2$	0	0

感知机虽然具有强大的逻辑运算能力，但单层感知机本质上是一个线性分类器，无法学习非线性的模式分类问题。1969 年，Marvin Minsky 和 Seymour Papert 在他们著名的《感知机》一书中阐述了感知机不能建模异或问题。其简单证明如表 2-2 所示，如果感知机要实现异或计算，则必须符合表 2-2 中第二～第五行条件，但是这些条件显然是矛盾的。

[①] 如在下面介绍的感知机模型中，加权输入 $\sum_i w_i x_i$ 需要大于或等于 $-b$ 才能激活神经元。

[②] 如果将偏差看作输入为 1，对应的权重为 $w_0(b)$，神经元的输出可简写为 $f(\boldsymbol{w} \cdot \boldsymbol{x})$。

表 2-2　异或门的感知机运算

x_1	x_2	异或（OR）	感知机
0	0	0	$w_1 \times 0 + w_2 \times 0 + b < 0 \Rightarrow b < 0$
0	1	1	$w_1 \times 0 + w_2 \times 1 + b \geqslant 0 \Rightarrow w_2 \geqslant -b$
1	0	1	$w_1 \times 1 + w_2 \times 0 + b \geqslant 0 \Rightarrow w_1 \geqslant -b$
1	1	0	$w_1 \times 1 + w_2 \times 1 + b < 0 \Rightarrow w_1 + w_2 < -b$

2. Sigmoid 神经元

除了上面提到的无法学习线性不可分模式，感知机还存在另一个问题：如果对连接权重或偏差进行微小调整，感知机的输出可能完全反转，即从 1 变成 0 或从 0 变成 1。这种参数的微小变化带来输出的剧烈变化，使感知机的参数很难通过逐步微调的方式进行训练和优化。相比之下，sigmoid 神经元（S 型神经元）不存在此问题，能够适应逐步微小变化的方式学习参数（即微小的权重和偏差调整导致微小的输出变化）。

sigmoid 神经元和感知机最大的不同在于神经元的激活函数为 sigmoid 函数，sigmoid 函数定义如下：

$$\sigma(z) = \frac{1}{1 + \mathrm{e}^{-z}} \tag{2-4}$$

sigmoid 神经元的输出为

$$\text{output} = \sigma(\boldsymbol{w} \cdot \boldsymbol{x} + b) = \frac{1}{1 + \mathrm{e}^{-\sum_i w_i x_i - b}} \tag{2-5}$$

而感知机采用的是线性阶梯函数作为激活函数，与此对比，sigmoid 函数是非线性的，如图 2-2 所示。在某种程度上，sigmoid 函数可以看成阶梯函数的平滑形式，在式 (2-5) 中，如果 $\sum_i w_i x_i + b$ 趋向 $+\infty$，则 sigmoid 函数的输出接近 1；反之，如果 $\sum_i w_i x_i + b$ 趋向 $-\infty$，则 sigmoid 函数的输出接近 0。

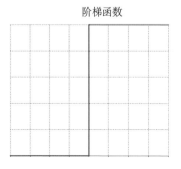
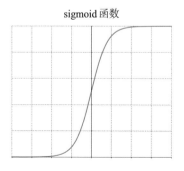

阶梯函数　　　　　　　　　　　　sigmoid 函数

图 2-2　感知机神经元与 sigmoid 神经元激活函数

sigmoid 神经元的名字即来源于其 S 型激活函数（也称为柔化的阶梯函数）。

2.1.2　激活函数

激活函数（Activation Function）是神经元的关键部分，直接决定了神经元输入和输出之间的对应关系。从数学角度看，激活函数可以从以下几个维度进行区分和理解。

1. 是否非线性

这是激活函数非常重要的一个特性，上文提到，阶梯函数是线性函数，因此无法学习非线性分类问题。如果一个神经网络的所有神经元都采用线性激活函数，则这个神经网络（线性函数的线性组合）仍然是线性的。引入非线性（Nonlinearty）可以显著增强神经元的学习能力及处理非线性问题的能力。下文会提到，如果采用非线性激活函数，理论上可以证明神经网络可以逼近任意数学函数。

2. 是否连续可导

如果需要通过逐步微小变化的方式学习神经网络的连接权重 w 和偏差 b，则激活函数的连续可导性是一个非常重要且值得具备的特性。线性阶梯函数由于在 0 处发生阶跃，因此在此处不可导，且其他地方的导数均为 0，所以采用阶梯函数的神经元无法通过逐步微小变化方式（即 2.2 节介绍的基于梯度的神经网络训练方法）学习参数。

3. 是否单调

如果激活函数是单调的，则单层神经网络的误差曲面是凸的。因此，单调的激活函数可以保证神经网络训练具有较好的收敛性。但这并不意味着单调激活函数的性能一定优于非单调函数，或者说采用非单调激活函数的神经网络不能通过梯度进行训练。

4. 取值范围

激活函数的取值范围可以是无穷的，如卷积神经网络常采用的激活函数——线性整流函数 ReLU——是单向无穷大的 $[0, \infty)$；也可以是有限的，如 sigmoid 函数取值 $(0, 1)$。对于取值无穷的激活函数，在下面介绍的梯度训练中，通常可以采用较小的学习率进行训练。

构建神经网络时，有多种激活函数可供选择，表 2-3 列出了常用的几种激活函数，包括激活函数的曲线、数学形式、导数、取值范围、非线性及单调性等特征。

表 2-3　常用激活函数（SELU：$\lambda = 1.0507, \alpha = 1.67326$）

名字	曲线	数学形式	导数	取值范围	非线性	单调性
阶梯函数		$f(x) = \begin{cases} 0 & x < 0 \\ 1 & x \geqslant 0 \end{cases}$	$f'(x) = \begin{cases} 0 & x \neq 0 \\ ? & x = 0 \end{cases}$	$\{0,1\}$	线性	是
sigmoid		$f(x) = \sigma(x) = \dfrac{1}{1 + \mathrm{e}^{-x}}$	$f'(x) = f(x)(1 - f(x))$	$(0,1)$	非线性	是
Tanh		$f(x) = \tanh(x) = \dfrac{\mathrm{e}^x - \mathrm{e}^{-x}}{\mathrm{e}^x + \mathrm{e}^{-x}}$	$f'(x) = 1 - f(x)^2$	$(-1,1)$	非线性	是
ReLU		$f(x) = \max\{0, x\} = \begin{cases} 0 & x \leqslant 0 \\ x & x > 0 \end{cases}$	$f'(x) = \begin{cases} 0 & x \leqslant 0 \\ 1 & x > 0 \end{cases}$	$[0, \infty)$	非线性	是
SoftPlus		$f(x) = \ln(1 + \mathrm{e}^x)$	$f'(x) = \dfrac{1}{1 + \mathrm{e}^{-x}}$	$(0, \infty)$	非线性	是
SELU		$f(\alpha, x) = \lambda \begin{cases} \alpha(\mathrm{e}^x - 1) & x < 0 \\ x & x \geqslant 0 \end{cases}$	$f'(x) = \lambda \begin{cases} \alpha \mathrm{e}^x & x < 0 \\ 1 & x \geqslant 0 \end{cases}$	$(-\lambda\alpha, \infty)$	非线性	是

sigmoid 函数常用于二元分类，如果有多个类别，且这些类别互斥，则可以用 softmax 函数作为激活函数预测多个类的概率：

$$f(x_i) = \frac{\mathrm{e}^{x_i}}{\sum_j \mathrm{e}^{x_j}} \tag{2-6}$$

选择一个好的激活函数，不仅要考虑激活函数本身的数学特性，也要考虑激活函数与神经网络目标损失函数之间的关系（具体可见 2.2.1 节）。如果在所有条件都满足或相似的情况下，可以通过实验手段选择与具体任务最匹配的激活函数，如文献 [50] 对多种不同的激活函数在自然语言处理不同任务中的表现进行了较全面的对比；也可以通过自动搜索方法寻找最优的激活函数 [51]。

2.1.3　神经元组织：层

单个神经元学习复杂模式的能力有限，因此通常需要将多个神经元组织成神经网络。在神经网络中，具有类似功能的神经元聚合成层（Layer）。层可以看成具有类似性质的神经元的容器，同一层中的神经元，执行类似的操作，不同层之间通过某种方式连接。一个神经网络通常有输入层和输出层，输入层神经元接受数据的输入，输出层根据具体任务要求生成相应的输出，输入层和输出层之间的层称为隐藏层（Hidden Layer）。图 2-3 显示了一个带有一个隐藏层的神经网络。

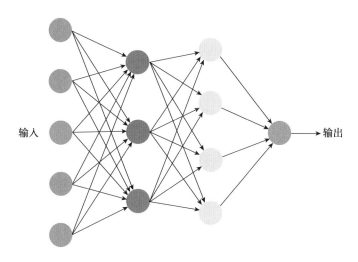

图 2-3　多层神经网络

1. 输入层

神经网络的第一层，接受外部数据，并将数据传给隐藏层。

2. 隐藏层

介于输入层和输出层之间，如果神经网络是黑盒子，则隐藏层处于不透明的黑盒子里面。隐藏层可以是 0 层也可以是多层，信息经过输入层后在隐藏层中进行处理，然后传递给输出层输出。

3. 输出层

接受隐藏层信息，通过神经元转化为预定类型的输出。输出层既可以只包含一个神经元，如 sigmoid 神经元，进行二元分类预测；也可以包含多个神经元，如进行多个类别的预测。如果这些类别是互斥的，比如预测一张图片是苹果、梨、桔子或者其他水果，可以采用 softmax 层，即利用式 (2-6) 计算各个类别的概率，输出层所有输出神经元的输出值的和为 1，输出神经元具有全局关联性，即任何输出神经元的输出与所有其他输出神经元都相关。如果多个类别不互斥，可以相容，比如预测一张图片中有哪些物体，那么输出层也可以由多个 sigmoid 神经元构成，每个 sigmoid 神经元只预测指定物体，因此各个 sigmoid 神经元互相独立，具有局部性。

除了上面提到的输入层、隐藏层、输出层等一般性质的神经网络层，还有一些具有特殊性质或进行特殊操作的神经网络层，如卷积层（Convolution Layer）、池化层（Pooling Layer）、循环层（Recurrent Layer）、执行归一化操作的归一化层（Normalization Layer）、所有神经元与后一层所有神经元全部连接的全连接层（Fully Connected Layer）等。全连接层又称为稠密层（Dense Layer）或仿射层（Affine Layer）。

当设计一个新神经网络时，可以将不同功能的层进行叠加或者连接，例如，同一个神经网络可以包含卷积层、规范化层和全连接层等。在某种意义上，层是构建神经网络的基本功能单位。层具有如下特点：

- 信息传播和转换：每层所有神经元合力实现对该层接收到的信息进行某种转换（Transformation），并将转换的信息传给下一个神经层。
- 表征及模式学习：经过训练的深度神经网络，不同网络层学习输入对象的不同语义表征及模式，比如在深度卷积神经网络中，浅层通常学习基本线条或形状，中间层学习具体的物体，深层学习图像的整体语义；类似地，在多层 Transformer 神经网络中，浅层通常学习句子的词法特征，中间层学习语法表示，深层则学习句子的整体语义表示。
- 训练和优化：神经网络的训练通常按照层进行组织和展开。

在设计神经网络时，还需要考虑不同神经网络层的功能，还需要考虑两个定量指标——层数及每层的神经元数量。层数越大，神经网络越深；单层神经元数量越多，神经网络宽度越大。因此，层数以及单层神经元数量很大程度上决定了神经网络的复杂程度、表示能力及训练难度。

2.2 神经网络训练

在上一节中，我们从神经网络最基本的神经元开始，介绍如何设计一个神经网络，包括激活函数选择，以及如何组织神经元形成不同功能的神经网络层。设计好的神经网络要完成预定的任务，还必须经过训练这一重要环节，通过有监督学习、无监督学习或者强化学习，在数据上训练优化神经网络模型参数。在本节中，我们主要针对有监督学习方式介绍神经网络的训练。与其他机器学习模型的训练类似，神经网络的训练也是通过特定算法寻找最合适的参数，使得神经网络模型在给定的训练数据上的目标函数最优。

本节将介绍神经网络模型常用的损失函数、梯度下降训练算法以及用于神经网络训练的多种优化策略。

2.2.1 损失函数

神经网络的训练，可以看成在一个庞大的模型空间中搜索最优的参数配置（如连接权重 w、偏差 b），使得神经网络模型对应的目标函数（Objective Function）最优。如果我们要最小化目标函数，则这个目标函数也可称为代价函数（Cost Function）或损失函数（Loss Function）。由损失函数计算得到的值称为损失（Loss）。

给定 N 个训练样本 $\{x_i, y_i\}_1^N$，在其上训练神经网络学习一个映射函数 $f : \mathcal{X} \to \mathcal{Y}$。为了评估学习到的模型函数 f 的好坏，需要定义一个损失函数 $\mathcal{L}$。对样本 (x_i, y_i)，损失 $\mathcal{L}(y_i, \hat{y_i})$ 表示模型预测值 $\hat{y_i}$ 与真实值 y_i 之间的差异。模型的整体损失可以定义为所有训练样本上损失的平均：

$$\text{Loss} = \frac{1}{N} \sum_{i=1}^{N} \mathcal{L}(y_i, \hat{y_i}) \tag{2-7}$$

模型的训练，本质上是要找到使损失最小的参数 $\hat{\boldsymbol{\theta}}$：

$$\hat{\boldsymbol{\theta}} = \arg\min_{\boldsymbol{\theta}} \frac{1}{N} \sum_{i=1}^{N} \mathcal{L}(y_i, \hat{y_i}) \tag{2-8}$$

由于模型空间 $\{\boldsymbol{\theta}\}$ 庞大，通常需要从一个初始点（一般随机初始化）沿着某个方向逐步搜索，使神经网络模型在训练数据中的损失不断降低，直到趋于平稳不再降低，处于收敛状态[①]。这个搜索的方向就是本节后面要介绍的损失降低的方向，即梯度方向。

由此可见，损失函数对神经网络模型非常重要，损失函数将模型的各个方面特质归纳到一个标量值上，这个值越小，代表模型越好、越接近我们的目标。因此，损失函数的选择对神经网络模型的训练至关重要。

损失函数的选择与多个因素有关，例如，是否可导、梯度计算的效率、采用的训练算法等，都会影响损失函数的选择。我们主要从两个因素介绍如何为神经网络模型训练选择合适的损失函数：问题性质（分类 vs. 回归）以及输出层神经元的激活函数。

1. 分类 vs. 回归

大部分预测问题可以归结为两大类：分类（Classification）和回归（Regression）。分类是模型预测一个离散的类别标签，回归则是模型预测一个连

[①] 训练有时并不收敛，导致模型训练不收敛的原因有很多，比如学习步长太大导致搜索时跳过了损失函数的极小值、其他超参设置存在问题、数据噪声太多、训练代码存在错误或模型设置不合理等。

续的值。两者之间的界限有时比较模糊：例如，分类模型也可以预测出连续的值，这个值表示归属某个类别的概率值；回归模型也可以预测离散的值，该值是回归模型要拟合的整数值。

首先我们看分类问题对应的损失函数。神经网络用于分类，通常是预测样本属于某个类别的概率，或者说模型学习一个类别的概率分布 $\hat{P}$，该分布与真实的类别分布 P 越接近越好，因此通常用交叉熵（Cross-Entropy）作为损失函数。交叉熵来源于信息论，用于衡量两个概率分布 P 与 $\hat{P}$ 之间的差异度：

$$\mathrm{H}(P,\hat{P}) = -\sum_i P_i \log \hat{P}_i \tag{2-9}$$

交叉熵与 KL-散度（Kullback–Leibler Divergence，也称为相对熵）$D_{\mathrm{KL}}(P|\hat{P})$ 之间的关系为

$$\mathrm{H}(P,\hat{P}) = -\sum_i P_i \log \hat{P}_i = H(P) + D_{\mathrm{KL}}(P|\hat{P}) \tag{2-10}$$

我们将分类问题进一步大致分为下面三种情形：

- 二元分类（Binary Classification），即预测 $y \in \{0,1\}$。神经网络输出层只需要一个 sigmoid 神经元即可实现二元分类，可以采用二元交叉熵损失（Binary Cross-Entropy Loss），其定义为

$$\mathcal{L} = -\frac{1}{N}\sum_{i=1}^{N} y_i \log \hat{P}(y_i) + (1-y_i)\log(1-\hat{P}(y_i)) \tag{2-11}$$

- 多类分类（Multiclass Classification），即将样本分至 C 个类别中的某一个，输出层采用 C 个神经元，激活函数为 softmax 函数，对应的交叉熵损失为类别交叉熵损失（Categorical Cross-Entropy Loss），又称为 softmax 损失。训练数据中每个 y_i 的标签为一个独热向量（One-Hot Vector），即对应的正确类别概率为 1，其他均为 0。类别交叉熵损失定义为

$$\mathcal{L} = -\frac{1}{N}\sum_{i=1}^{N}\sum_{i=1}^{C} y_{i,c} \log \hat{P}(y_{i,c}) = -\frac{1}{N}\sum_{i=1}^{N} y_{i,c+} \log \hat{P}(y_{i,c+}) \tag{2-12}$$

由于是独热向量，只有正确类别 $y_{i,c+}$ 为 1，其他均为 0，因此上面公式只需要计算真实类别处的交叉熵损失即可。

- 多标签分类（Multilabel Classification），即一个样本可以归属于多个类别。输出层仍然包含 C 个神经元，每个神经元执行独立的二元分类，即判断样本是否属于类别 C_j，训练数据 y_i 的标签为多热向量，所有对应的

归属类别为 1，其他为 0。输出层神经元采用的激活函数通常为 sigmoid 函数。

当神经网络用于回归问题时，输出层含有一个神经元，神经元输出即为要预测的连续值，可以采用均方误差（Mean Square Error，MSE）作为损失函数：

$$\mathcal{L} = \frac{1}{N} \sum_{i=1}^{N} (y_i - \hat{y}_i)^2 \tag{2-13}$$

也可以采用平均绝对误差（Mean Absolute Error，MAE）作为损失函数：

$$\mathcal{L} = \frac{1}{N} \sum_{i=1}^{N} |y_i - \hat{y}_i| \tag{2-14}$$

在分类问题中，极小化交叉熵损失实际上等同于极大化对数似然。神经网络模型计算训练数据 $\{x_i, y_i\}_1^N$ 的似然度（Likelihood）为

$$\prod \hat{P}_i^{\#} = \prod \hat{P}_i^{NP_i} \tag{2-15}$$

式中，# 表示对应的样例在训练数据中出现的次数。对数似然度除以 N 等于：

$$\frac{1}{N} \log \prod \hat{P}_i^{NP_i} = \sum P_i \log(\hat{P}_i)) = -\mathbf{H}(P, \hat{P}) \tag{2-16}$$

上面公式即为式 (2-9) 计算的负的交叉熵，因此极小化交叉熵损失的模型参数估计等同于极大化似然度估计。

2. 与激活函数的关联性

损失函数的选择除了与问题本身的性质有关，还与采用的激活函数存在某种程度的关联，这种关联对神经网络模型的训练有时存在很大的影响。上面提到，神经网络的训练是不断对参数 w 及 b 进行逐步微调以最小化损失函数的过程，具体的算法我们在下文会详细介绍，这里只需要知道调整的幅度和方向由目标函数对 w 及 b 的梯度 $\nabla\mathcal{L}(w, b)$ 决定：

$$\nabla\mathcal{L}(w, b) = \begin{bmatrix} \dfrac{\partial \mathcal{L}}{\partial w} \\ \dfrac{\partial \mathcal{L}}{\partial b} \end{bmatrix} \tag{2-17}$$

上面的梯度向量可以认为定义了损失函数沿 w 和 b 下降最快的方向及速度，其中梯度的大小决定了损失函数下降有多快，也决定了参数每次调整的幅度。这些梯度是损失函数对参数的偏导数决定的，而偏导数计算是由损失函数以及每层神经元激活函数通过链式法则逐步推导得到的。这里举一个例子，

假设损失函数采用均方误差（式 (2-13)），输出层神经元激活函数为 sigmoid 函数（式 (2-5)），即预测值 $\hat{\boldsymbol{y}} = \sigma(\boldsymbol{z}), \boldsymbol{z} = \boldsymbol{wx} + \boldsymbol{b}$，则梯度为

$$\nabla \mathcal{L}(\boldsymbol{w}, \boldsymbol{b}) = \begin{bmatrix} \dfrac{\partial \mathcal{L}}{\partial \boldsymbol{w}} \\ \dfrac{\partial \mathcal{L}}{\partial \boldsymbol{b}} \end{bmatrix} = \begin{bmatrix} (\hat{\boldsymbol{y}} - \boldsymbol{y})\sigma'(\boldsymbol{z})\boldsymbol{x} \\ (\hat{\boldsymbol{y}} - \boldsymbol{y})\sigma'(\boldsymbol{z}) \end{bmatrix} \tag{2-18}$$

根据 sigmoid 激活函数的形状，如果 $\sigma(\boldsymbol{z})$ 趋近于 $\boldsymbol{1}$，sigmoid 激活函数将非常平缓，$\sigma'(\boldsymbol{z})$ 将变得非常小，由上式可知，$\boldsymbol{w}$ 和 $\boldsymbol{b}$ 的梯度也将非常小，训练速度因此将变得异常缓慢。

如果采用交叉熵（式 (2-9)）作为损失函数，类似上面，可以得到权重 w_j 的梯度为

$$\frac{\partial \mathcal{L}}{\partial w_j} = \frac{1}{N} \sum_x x_j(\sigma(z) - y) \tag{2-19}$$

显而易见，该梯度与预测值和真实值的差呈正比关系，误差越大，梯度值越大，学习速率越大，训练速度也越快。

早期神经网络的损失函数常采用均方误差，对于激活函数采用 sigmoid 或 softmax 函数的神经网络，式 (2-18) 表明，采用均方误差作为损失函数训练神经网络，训练速度缓慢，交叉熵损失函数更合适。

上面只介绍了一些基本的、常用的神经网络训练损失函数，还有很多其他的损失函数可以选择，例如 Huber Loss、Hinge Loss 等。另外，模型如果采用了多任务学习或者需要优化多个目标，则可以引入多个目标函数，并对这些目标函数进行插值，形成最后模型要优化的总体目标函数。除此之外，有时也采用模型性能的评测指标直接作为优化的目标函数，比如机器翻译评测常用的 BLEU 值。

2.2.2 随机梯度下降

因为神经网络本质上是一个数学函数，将来自输入层神经元对应的输入映射到输出层神经元对应的输出，所以通常这个函数比较复杂，拥有大量的参数。

神经网络的训练，就是要从庞大的参数空间中找到一组参数 $\boldsymbol{\theta} = (\boldsymbol{w}, \boldsymbol{b})$，使神经网络对应的损失函数 $\mathcal{L}(\boldsymbol{w}, \boldsymbol{b})$ 最小。为了聚焦这个最小化优化问题，我们将不再考虑神经网络的结构（神经元如何连接，有多少层神经元等）及损

失函数的具体形式，可以把问题抽象为

$$\boldsymbol{\theta}^* = \arg\min_{\boldsymbol{\theta}} \mathcal{L}(\boldsymbol{\theta}) \tag{2-20}$$

如果 $\mathcal{L}(\boldsymbol{\theta})$ 具有全局极小值，且参数不太多的情况，从数学上或许可以找到一种方法直接得到该问题的最优解。但是神经网络的参数 $\boldsymbol{\theta} = \{\theta_i\}_1^M$ 的规模通常非常庞大。例如 OpenAI 发布的 GPT-3 预训练语言模型，参数数量 M 达到 1750 亿。要找到这么多参数的最优值，我们需要一个算法可以在参数空间中快速搜索。这里介绍一个适合计算机算法实现且在机器学习中广为应用的一个优化思想——梯度下降（Gradient Descent）。

我们先来回顾之前提到的通过不断微小调整权重使神经网络不断逼近真实输出值的方法，我们类似地调整 $\boldsymbol{\theta}$，对每个参数进行微小调整 $\Delta\theta_i$，根据微积分，损失函数的变化为

$$\Delta\mathcal{L} = \frac{\partial\mathcal{L}}{\partial\theta_1}\Delta\theta_1 + \frac{\partial\mathcal{L}}{\partial\theta_2}\Delta\theta_2 + \cdots + \frac{\partial\mathcal{L}}{\partial\theta_M}\Delta\theta_M \tag{2-21}$$

由于损失函数的梯度 $\nabla\mathcal{L}$ 为

$$\nabla\mathcal{L} = \left(\frac{\partial\mathcal{L}}{\partial\theta_1}, \frac{\partial\mathcal{L}}{\partial\theta_2}, \cdots, \frac{\partial\mathcal{L}}{\partial\theta_M}\right) \tag{2-22}$$

因此式 (2-21) 可重写为

$$\Delta\mathcal{L} = \nabla\mathcal{L} \cdot \Delta\boldsymbol{\theta} \tag{2-23}$$

在训练过程中，我们希望损失函数是不断减小的，因此 $\Delta\boldsymbol{\theta}$ 应该带来 $\mathcal{L}$ 的负增长，即 $\Delta\mathcal{L}$ 为负值，式 (2-23) 告诉我们如何调整参数，如果沿着梯度的相反方向调整 $\boldsymbol{\theta}$：

$$\Delta\boldsymbol{\theta} = -\eta\nabla\mathcal{L} \tag{2-24}$$

则损失函数变化为

$$\Delta\mathcal{L} = -\eta\nabla\mathcal{L} \cdot \nabla\mathcal{L} = -\eta\|\nabla\mathcal{L}\|^2 \tag{2-25}$$

如果 η 为正，则 $\Delta\mathcal{L}$ 为负，即如果参数沿着梯度相反方向每次以正的学习速率 η 进行调整，损失函数将会不断减小，直至收敛：

$$\boldsymbol{\theta} \to \boldsymbol{\theta}' = \boldsymbol{\theta} - \eta\nabla\mathcal{L} \tag{2-26}$$

由于函数某点的梯度方向代表函数在该点处变化最快的方向（变化率即为梯度的模），因此沿着梯度方向对参数进行调整，在固定调整幅度 $\|\Delta\boldsymbol{\theta}\|$ 情况下，梯度方向的调整可以最大化 $\Delta\mathcal{L}$。

那么梯度下降方法如何应用到神经网络的参数训练上来呢？由于神经网络主要的参数是连接权重 $\boldsymbol{w}$ 和偏差 $\boldsymbol{b}$，因此依据梯度下降法，即式 (2-26)，我们可以得到：

$$
\begin{aligned}
w_i \to w_i' = w_i - \eta \frac{\partial \mathcal{L}}{\partial w_i} \\
b_j \to b_j' = b_j - \eta \frac{\partial \mathcal{L}}{\partial b_j}
\end{aligned}
\tag{2-27}
$$

如果将上面两个公式（即参数更新规则）不断用于权重 $\boldsymbol{w}$ 和偏差 $\boldsymbol{b}$ 的调整，我们可能找到最优的参数，使得神经网络的损失函数最小。

因此，现在主要的问题变成如何计算损失函数对相应的参数的偏导数 $\frac{\partial \mathcal{L}}{\partial \theta_i}$，从上一节中可以看到，无论是均方误差，还是交叉熵损失函数，它们计算的损失都是在所有训练样本上的某种累加值：

$$
\mathcal{L} = \frac{1}{N} \sum_{i=1}^{N} \mathcal{L}_{x_i}
\tag{2-28}
$$

因此，要计算损失函数在整个训练数据上的梯度，我们需要计算损失函数在每个数据样本上的梯度：

$$
\nabla \mathcal{L} = \frac{1}{N} \sum_{i=1}^{N} \nabla \mathcal{L}_{x_i}
\tag{2-29}
$$

通常情况下，训练数据样本的数量是非常庞大的，如果每次更新参数都需要在所有训练数据上计算梯度，可以想象，训练过程将非常缓慢。为了加快梯度下降训练过程，人们又提出了随机梯度下降（Stochastic Gradient Descent，SGD）算法。该算法随机选取一小批量训练样本，假设为 m 个训练样本 $\{x_1, \cdots, x_m\}$，在这 m 个样本上计算梯度然后求平均。当 m 足够大时，所求的平均梯度可以近似为在所有训练数据上计算的梯度：

$$
\frac{1}{m} \sum_{i=1}^{m} \nabla \mathcal{L}_{x_i} \approx \frac{1}{N} \sum_{i=1}^{N} \nabla \mathcal{L}_{x_i} = \nabla \mathcal{L}
\tag{2-30}
$$

上面的小批量（mini-batch）与全批量参数更新公式 (2-27) 不同，小批量更新规则如下：

$$w_i \rightarrow w_i' = w_i - \frac{\eta}{m} \sum_{k=1}^{m} \frac{\partial \mathcal{L}_{x_k}}{\partial w_i}$$

$$b_j \rightarrow b_j' = b_j - \frac{\eta}{m} \sum_{k=1}^{m} \frac{\partial \mathcal{L}_{x_k}}{\partial b_j} \tag{2-31}$$

当完成一个小批量更新后，算法随机选择另外一个小批量，继续更新参数，如此不断迭代，直到所有训练样本全部被选择，我们称为完成一轮（Epoch）训练。如果算法没有收敛，则开始新的一轮训练。随机梯度下降算法具体如算法 2.1 所示，该算法如果将 m 设置为 1，则变为在线随机梯度下降（Online SGD）算法。

算法 2.1 小批量随机梯度下降训练算法

---

1. 输入：$f(\boldsymbol{x}, \boldsymbol{\theta})$（神经网络待拟合的函数，即神经网络的数学表示）
2. 输入：训练样本 $\{x_i, y_i\}_1^N$
3. 输入：损失函数 $\mathcal{L}$
4. **while** 算法停止条件未达到 **do**
5.   从训练数据中随机抽样一个小批量 $\{x_i, y_i\}_1^m$
6. $\tilde{\nabla} \leftarrow 0$
7.   **for** $i = 1$ 到 m **do**
8.   计算小批量第 i 个训练样本损失 $\mathcal{L}(f(x_i, \boldsymbol{\theta}), y_i)$
9. $\tilde{\nabla} \leftarrow \tilde{\nabla} + \frac{1}{m} \frac{\partial \mathcal{L}_{x_i}}{\partial \boldsymbol{\theta}}$
10.   **end**
11. $\boldsymbol{\theta} \leftarrow \boldsymbol{\theta} - \eta \tilde{\nabla}$
12. **end**

随机梯度下降算法是神经网络训练最常用的算法，但即使如此，随机梯度下降算法也存在诸多挑战，如难以选择合适的学习速率（Learning Rate）η：如果 η 太小，则算法收敛缓慢；如果 η 太大，随机梯度下降算法可能难以收敛，在损失函数极小值附近抖动；是否每个参数都需要采用相同的学习速率，如果不同又该如何选择？另外，对非凸损失函数，随机梯度下降算法容易困在局部极小值或者鞍点[①]（Saddle Point）上。因此，为了使随机梯度下降算法可以更好、更快地收敛到极小值，多种改进算法也相继被提出。比如适应性学习速率算法（Adaptive Learning Rate Algorithm）AdaGrad、AdaDelta、Adam 等，这些算法通常都包含在常用的深度学习平台中，因此在训练神经网络模型时，可以尝试多种不同的随机梯度下降训练算法，以选择效果较好的训练算法。

---

① 曲面上的点有些梯度向上倾斜，有些则向下。

2.2.3 计算图

从梯度下降算法中可以看到，神经网络的训练包含两个过程。

- 前向过程（Forward Pass）：从神经网络的输入层开始，沿着神经网络拓扑结构，计算训练样本对应的损失（即算法 2.1 中的第 8 行）。
- 反向过程（Backward Pass）：从神经网络输出层开始，反向沿着神经网络拓扑结构，计算每个参数相对损失函数的梯度（即算法 2.1 中的第 9 行）。

前向过程相对较简单，按照神经网络拓扑结构逐层计算，前一层的输出即为下一层的输入，直至输出层。反向过程涉及梯度计算和传播，相对复杂。下面介绍如何采用计算图（Computational Graph）方式以直观的方式自动计算各参数相对损失函数的梯度。

神经网络的损失函数和神经网络的最终输出有关，而神经网络的输出是由输入以及神经网络的参数决定的，因此损失函数可以看成神经网络参数的复合函数。针对复合函数计算各参数的偏导数需要用到链式法则（Chain Rule），反向传播本质上就是链式法则在神经网络训练中的体现。

我们可以利用计算图将参数和损失函数的关系进行显式定义。计算图是一个有向非循环图（Directed Acylic Graph），每个非叶子节点代表一个算子（Operator），叶子节点通常代表我们想要计算的参数，节点之间的有向边则代表节点之间的运算关系或者依赖关系，每个非叶子节点 n^p 知道如何从指向它的边对应的尾节点 $\{n_{c1}^p, \cdots, n_{ck}^p\}$（也称为孩子节点）根据其对应的算子 f 正向计算得到该叶子节点的值：

$$n^p = f(n_{c1}^p, \cdots, n_{ck}^p) \tag{2-32}$$

也知道如何反向计算各孩子节点相对该节点的偏导数：

$$\left\{ \frac{\partial n^p}{\partial n_{c1}^p}, \cdots, \frac{\partial n^p}{\partial n_{ck}^p} \right\} \tag{2-33}$$

下面的函数关系，对应的计算图如图 2-4(a) 所示。

$$c = w_1 + b$$

$$d = w_2 \times a$$

$$e = w_3 \times a$$

$$f = d \times c$$

$$g = e + f$$

$$L = 3 - g \qquad (2\text{-}34)$$

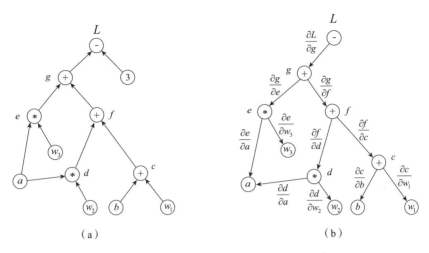

（a）   （b）

图 2-4 式 (2-34) 对应的计算图

上面计算图对应的偏导数计算如图 2-4(b) 所示，每条边对应父节点对相应孩子节点的偏导数。如果要计算某个节点相对于损失函数的偏导数，可以从计算图中追踪从损失函数节点到该节点的所有路径，然后将每条路径中所有边对应的偏导数相乘（链式法则）。如果有多条路径，则将每条路径先相乘然后再将所有路径相加，如图 2-4(b) 中 a 的偏导数 $\dfrac{\partial L}{\partial a}$ 计算如下：

$$\frac{\partial L}{\partial a} = \frac{\partial L}{\partial g} \times \frac{\partial g}{\partial e} \times \frac{\partial e}{\partial a} + \frac{\partial L}{\partial g} \times \frac{\partial g}{\partial f} \times \frac{\partial f}{\partial d} \times \frac{\partial d}{\partial a} \qquad (2\text{-}35)$$

计算图是一个强大的工具，一方面，它可以将简单的算子和变量（张量、矩阵、向量、标量等）组合成复杂的函数，因此可以表示各种复杂神经网络的运算；另一方面，它清晰地展现了复杂神经网络的计算依赖关系，提供了基于链式法则的自动求导方法，避免了程序开发时烦琐的手动求导。

2.2.4 训练优化

由于很多神经网络损失函数都是高维空间中的非凸函数，存在很多鞍点、值急剧变化的悬崖（Cliff），采用随机梯度下降算法训练一个较好的神经网络模型是非常有挑战的，很多因素都对神经网络的训练有很大影响，面对这些因素，需要针对具体问题进行优化。下文简要介绍几个对神经网络模型训练有重要影响的因素，更全面的介绍可以参考文献 [52] 第 8 章内容。

1. 初始化

随机梯度下降训练一般是从某个初始点开始，沿着损失函数梯度方向对神经网络参数进行迭代训练。由于训练可能陷进高维空间中的鞍点或者局部极小值，不同初始值可能导致模型训练得到不同的结果。因此，模型通常要进行多次训练，并根据开发集的性能选择最好的模型。

除此之外，初始值选择的重要性还体现在：

- 初始值可以决定神经网络训练是否收敛，比如基于 Transformer 的深度神经机器翻译模型训练通常难以收敛，文献 [53] 提出了一种参数初始化方法，以保证训练的收敛性；
- 如果模型训练收敛，初始值可以决定训练收敛的速度以及收敛值是高还是低；
- 初始值还可以决定收敛模型的泛化能力。

目前对初始值如何影响模型的泛化能力，以及如何初始化模型可以赋予模型更好的特质，均没有理论指导，因此，通常采用随机或者启发式（Heuristic）的参数初始化方法。在神经机器翻译模型训练中，可以基于预训练模型的参数初始化神经机器翻译模型参数，或者用通用领域训练的神经机器翻译模型参数初始化特定领域的模型，或者用资源丰富语言对的神经机器翻译模型参数初始化资源稀缺语言模型参数。

2. 小批量大小

大部分神经网络训练采用小批量（mini-batch）随机梯度下降算法，每次随机选择 m 个样本，m 可以是几十、几百、几千，也可以是几百万（如 GPT-3 在 5000 亿个 token 的语料上训练，小批量的大小为 3.2M），小批量大小的选择不仅与训练语料规模有一定关系，同时也需要考虑以下几个因素：

- 根据式 (2-30)，小批量越大，计算的梯度越逼近真实梯度、越准确，训练得到的模型性能也往往越好。
- 通常，小批量中的所有样本是并行处理的，也就是说 m 个样本都会读入显存同步计算，因此 GPU 显存的大小决定了小批量的最大尺寸。
- 有研究发现，小的小批量可以带来较好的正则化效果 [54]，可能的原因是梯度估计不准确迫使模型更加鲁棒，但采用小的小批量将增加训练时间。

3. 打乱样本数据

在训练一轮之后，通常需要将训练数据打乱顺序（Shuffling），这样做的好处包括：

- 可以帮助训练跳出局部极小值或者鞍点。如果数据的顺序始终不变，那么每次计算的梯度方向变化不大，训练可能陷进局部极小值或者鞍点出不来。
- 可以避免某些训练数据顺序导致的偏差（Bias），比如训练神经网络用于文本分类，如果文本数据的顺序是经济类文本在一起，娱乐类文本在一起，那么训练可能使模型在一段时间倾向于将文本分成经济类文本，另一段时间分成娱乐类文本。
- 可以避免模型记住训练数据的顺序，提高模型的泛化能力。

4. 学习速率

上文提到学习速率 η 的重要性：如果 η 太小，则算法收敛缓慢；如果 η 太大，随机梯度下降训练不稳定、难以收敛。因此，应根据具体问题选择合适的学习速率。通常可以初始选择一个大的学习速率，然后逐步对学习速率进行适应性调整。

2.2.5　正则化

上文介绍了神经网络的训练以及如何优化训练算法使其能快速收敛到最优解上，这些都只是针对神经网络在训练数据上进行优化的操作。我们在训练数据上训练神经网络模型的最终目的是利用训练好的神经网络在训练数据之外的新样本上进行推理、预测，因此除了考虑神经网络模型在训练数据上的性能，还要关注模型在训练数据之外样本上的性能，也即神经网络模型的泛化能力（Generalization）。训练数据之外的样本集合通常包括开发集（Development Set，简称 dev set），有时也称为验证集（Validation Set），以及正式测试集（Test Set）。开发集除了用于调整和选择模型的超参数（Hyperparameter），如学习速率、何种神经网络架构，还有一个重要功能是监测和防止模型在训练数据上过拟合（Overfitting）：模型能够很好地适应和拟合训练集中的样本数据，但是在训练集之外样本数据上的泛化能力差。正则化（Regularization）是防止训练过拟合采用的一系列方法和技术的统称。在字面意义上，正则化是使模型变得正常（Regular）、可接受、可使用。本节简要介绍几种神经网络训练常用的正则化方法。更全面的介绍可以参考文献 [52] 第 7 章内容。

1. 早停法

基于验证集的早停法（Early Stopping）是神经网络训练常采用的一种防止过拟合的正则化方法，基本步骤如下：

- 将训练数据分为训练集和验证集；
- 在训练集上训练神经网络模型，每隔若干轮次，在验证集上测试训练模型的性能；
- 一旦模型在验证集上的性能出现饱和状态或者下降，立即终止模型在训练集上的训练。

早停法是一种直接监控和防止模型过拟合的正则化方法，由于模型在验证集上的性能并不是一直上涨或者下降，而是呈现抖动趋势的，因此可以采用将训练数据以不同方式划分成多种训练集-验证集对进行交叉验证（Cross-Validation）。

2. 调整模型复杂度的正则化方法

直观上，为了防止模型过拟合，可以采用的方式包括：

- 采用更多的训练数据，增加训练数据显然直接降低了模型过拟合训练数据的概率。
- 降低模型的复杂度，神经网络模型过拟合训练数据，本质上是模型有足够的能力能做到充分适应训练数据，如果降低模型的复杂度，也相应降低了过拟合的能力。

对于第一种方法，通常情况下，训练数据是有限且事先准备好的，获取新的训练数据会增加相应的成本。一个相对低成本的方法是基于数据增强（Data Augmentation）构造伪数据，例如本书后面章节将介绍的神经机器翻译常用的反向翻译方法生成大量伪平行句对，也可以采用白盒或黑盒方法生成对抗样本，或者采用其他方式增加训练数据的噪声。扩充的数据与原始训练数据混合，增加了模型过拟合数据的难度。

在第二种方法中，模型复杂度主要体现在两个方面：一个是模型的结构复杂性，可以根据神经元、神经网络层的数量衡量；另一个是模型的参数复杂性，可以根据连接权重衡量。相应地，调整模型复杂度也可以从这两个方面进行：一是控制模型的结构复杂度，二是控制模型的参数值。

控制模型的结构复杂度可以采用随机失活（Dropout）方法，即在训练过程中概率化地去除某些神经元节点；控制模型的参数值可以在训练模型的目标函数中添加正则项（Regularization Term），一种常用的正则项为权值衰减（Weight Decay），也称为权值正则化，在训练过程中控制模型的权重取值范围。

3. 混合正则化方法

由于以上正则化方法从不同角度调整模型防止训练过拟合，因此可以同时使用不同的正则化方法，形成组合型正则化方法，以最大限度地降低模型训练的过拟合性。例如，对多层感知机和卷积神经网络，常采用的正则化组合形式包括早停法 + 权值衰减、早停法 + 随机失活 + 权值约束等，循环神经网络常采用的正则化组合包括早停法 + 权值噪声 + 权值约束、早停法 + 随机失活 + 权值约束等。

2.3　常用神经网络简介

本节将简要介绍几种常用的神经网络，以展示神经元是如何组织在一起形成具有特定结构和功能的神经网络的。通过理解和借鉴这些经典的神经网络，我们希望可以做到以下两点。

（1）面向具体问题设计合适的神经网络架构。将经典神经网络作为基本构件（Building Block）或者基本骨架，通过堆叠、组合等方式，设计面向具体问题的神经网络架构（Neural Architecture）；

（2）设计新型、通用的神经网络构件。可以借鉴经典神经网络的设计模式（神经元组织、激活函数、反馈方式等），设计新型通用的神经网络构件（如在第 7 章将介绍的自注意力网络，已发展成为神经网络重要的基本构件）。

2.3.1　前馈神经网络

前馈神经网络（Feedforward Neural Network）是一种信息在网络中单向流通、神经元连接不存在循环或者回路的神经网络，如图 2-3 所示。前馈神经网络通常由输入层、若干隐藏层及输出层构成，上一层的输出作为下一层的输入，信息从输入层经隐藏层逐层传递至输出层。与循环神经网络显著不同的是，前馈神经网络不存在回馈连接（Feedback Connection）。前馈神经网络又称为多层感知机（Multi-layer Perceptron，MLP），但我们这里尽量不用多层感知机称呼前馈神经网络，因为从前面介绍的感知机神经元中可以看到，它们采用的是线性激活函数，无法解决 XOR 问题，而前馈神经网络并不要求每层的神经元必须是线性感知机神经元。

前馈神经网络在人工神经网络的发展中起到了很大的作用，早期关于人工神经网络的一个很重要的数学定理——通用近似定理（Universal Approximation Theorem）——是建立在前馈神经网络基础上的。通用近似定理描述了多层前馈神经网络可以无限度逼近任意连续函数，这个定理存在两种情况：任意宽度和任意深度。早期任意宽度的通用近似定理证明了，一个含有线性输入层和输出层以及至少一个隐藏层的前馈神经网络，只要隐藏层有足够但数量有限的神经元，这个前馈神经网络就是任意连续函数的逼近器。而近期任意深度的通用近似定理则证明了在每层神经元数量一定的情况下，拥有足够但数量有限隐藏层的前馈神经网络是任意连续函数的逼近器。

前馈神经网络与深度学习的概念也密切相关，在某种意义上，深度学习中的深度概念来自前馈神经网络的深度（即层数）。在通常情况下，神经网络层数越多，也就是网络越深，神经网络训练的难度也就越大：深度神经网络对应的高维空间函数非常复杂，梯度计算挑战大；梯度在反向传播时经过多层神经网络，存在梯度消失或梯度爆炸的问题。但是深度神经网络也具有很多优点和吸引人的地方，比如神经网络的学习能力和表示能力随深度增加而增强。

2.3.2 卷积神经网络

卷积神经网络（Convolutional Neural Network，CNN）又称为卷积网络（Convolutional Network），是一种特殊类型的神经网络，该神经网络中至少有一层的矩阵相乘被卷积操作替换。

从前面介绍的前馈神经网络中可以看到，信息从上一层 m 个神经元传输到下一层 n 个神经元，由于下一层的每个神经元都与 m 个输入神经元相连，信息传递在数学上可表示为

$$L_{i+1} = f(\boldsymbol{L}_i \times \boldsymbol{M}_{m \times n}) \tag{2-36}$$

式中，$\boldsymbol{L}_i$ 为相应层的神经元表示；f 为激活函数。如果我们不考虑激活函数，上面的全连接层就是通过矩阵 $\boldsymbol{M}_{m \times n}$ 将信息传至下一层。

与全连接层中矩阵相乘不同，卷积操作中下一层神经元只需要与上一层的 k 个神经元相连（k 可以远小于 m）。一个典型、完整的卷积层通常包括（如图 2-5 所示）。

- **卷积子层**（Convolution Sublayer）：即通过卷积运算实现线性仿射变换（Affine Transformation）；
- **探测器子层**（Detector Sublayer）：将卷积仿射变换得到的结果进一步传给非线性激活函数（一般采用 ReLU 激活函数）；
- **池化子层**（Pooling Sublayer）：将探测器子层各个位置的输出转换为该位

置周围输出的某种统计量，比如最大池化（Max Pooling）选择周围区域最大的输出作为最后输出。

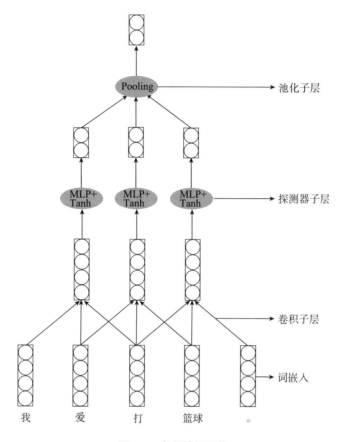

图 2-5　卷积神经网络

由于池化子层进行某种统计操作，因此并不需要与探测器子层节点一一对应，通常采用下采样方法（Downsampling），使得池化子层节点数少于探测器子层节点数，如图 2-5 所示。

1. 为什么使用卷积层

卷积神经网络既可以由多层卷积层叠加构成，也可以由多层卷积层与全连接层或者其他神经网络层组合叠加而成。引入卷积层的原因包括：

（1）**稀疏交互（Sparse Interaction）**。下层神经元不需要与上层所有神经元直接交互，下层每个神经元仅连接上层的 k 个神经元，因此计算次数从稠密矩阵的 $O(m \times n)$ 变成 $O(k \times n)$，由于 k 通常比 m 小几个数量级，稀疏交互显著提升了计算效率。

（2）**参数共享（Parameter Sharing）**。卷积矩阵中的参数在每个下层神经元与上层 k 个神经元的卷积操作中是共享的，也就是说，权值参数规模从稠密矩阵的 $O(m \times n)$ 变成 $O(k)$，显然极大地降低了模型需要存储的参数数量。

（3）**平移同变性（Translation Equivariance）**。由于采用了参数共享，卷积操作的另一个好处是平移同变性，比如在图像中，如果我们移动了一个物体，那么这个物体的表示在输出中也做出相应量的变化。

2. 为什么使用池化层

在卷积网络中采用池化层的好处包括：

（1）**平移不变性（Translation Invariance）**。平移不变性与卷积操作的平移同变性不同，池化算子具有相对于局部平移的不变性，比如图像中的某个物体发生了平移，则池化算子的结果不发生变化①。

（2）**能够处理大小不定的输入**。由于池化操作通常和下采样一起使用，因此，即使输入的大小（size）发生了变化，也可以使池化算子的输出大小保持不变。

卷积神经网络通常用于网格状输入，比如 2D 网格的图像，1D 网格的文本序列。文本序列建模通常要考虑模型是否有能力捕捉到序列元素之间的长距离依赖关系，上面提到的卷积操作具有稀疏交互性质，这个性质决定了卷积具有局部性，如果要捕捉文本序列中任意距离单词的交互，则需要构建多层的卷积神经网络，远距离间隔的单词可以在高层神经元中实现间接交互（例如图 2-5 中单词"我"和"篮球"之间的交互）。

2.3.3 循环神经网络

循环神经网络（Recurrent Neural Network，RNN）同上面介绍的 CNN 类似，也是一种特殊类型的神经网络，常被用于处理具有时序特性的数据，因此在自然语言处理领域有广泛的应用。这里先介绍循环神经网络的基本思想，然后介绍几个具体的循环神经网络及如何训练循环神经网络模型。

给定一个输入向量序列 $x = \{x^{(1)}, x^{(2)}, \cdots, x^{(n)}\}$ 和初始状态 $h^{(0)}$，在前向过程中，循环神经网络计算得到一个隐状态向量序列 $h = \{h^{(1)}, h^{(2)}, \cdots, h^{(n)}\}$ 和一个输出向量序列 $o = \{o^{(1)}, o^{(2)}, \cdots, o^{(n)}\}$，从输出向量序列中进一

---

① 如果变换（Transformation）的效果在算子的输出中是可侦测到的，那么该算子相对于该变换是同变（Equivariance）的；如果变换的效果在算子的输出中是不可侦测的，则该算子相对于该变换是不变（Invariance）的。图像中物体的变换通常包括平移（Translation）、旋转（Roation）和缩放（Scaling）等。

步得到一个预测向量序列 $\hat{\boldsymbol{y}} = \{\hat{\boldsymbol{y}}^{(1)}, \hat{\boldsymbol{y}}^{(2)}, \cdots, \hat{\boldsymbol{y}}^{(n)}\}$，$t$ 时刻循环神经网络的计算过程如下：

$$\boldsymbol{h}^{(t)} = f(\boldsymbol{w} \cdot \boldsymbol{x}^{(t)} + \boldsymbol{u} \cdot \boldsymbol{h}^{(t-1)} + \boldsymbol{b}) \qquad (2\text{-}37)$$

$$\boldsymbol{o}^{(t)} = o(\boldsymbol{v} \cdot \boldsymbol{h}^{(t)} + \boldsymbol{c}) \qquad (2\text{-}38)$$

$$\hat{\boldsymbol{y}}^{(t)} = g(\boldsymbol{o}^{(t)}) \qquad (2\text{-}39)$$

式中，$\boldsymbol{w}$ 为输入到隐状态（Input-to-Hidden）的连接权重；$\boldsymbol{u}$ 为隐状态到隐状态（Hidden-to-Hidden）的连接权重；$\boldsymbol{v}$ 为隐状态到输出（Hidden-to-Output）的连接权重；f, o, g 为相应的非线性函数，这些函数的不同定义导致不同的循环神经网络及特性、计算和训练复杂度。

一个未展开的循环神经网络通常如图 2-6(a) 示，可以采用展开操作（Unfolding）将循环神经网络展开成一个前馈神经网络，如图 2-6(b) 所示。

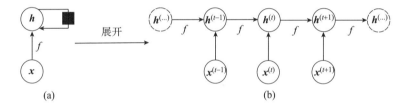

(a)　　　　　　　　　　　　　　　　(b)

图 2-6　循环神经网络及其展开

任意时刻的隐状态可以表示为

$$
\begin{aligned}
\boldsymbol{h}^{(t)} &= f(\boldsymbol{h}^{(t-1)}, \boldsymbol{x}^{(t)}; \boldsymbol{\theta}) \\
&= f(f(\boldsymbol{h}^{(t-2)}, \boldsymbol{x}^{(t-1)}; \boldsymbol{\theta}), \boldsymbol{x}^{(t)}; \boldsymbol{\theta}) \\
&= r^{(t)}(\boldsymbol{x}^{(1)}, \boldsymbol{x}^{(2)}, \cdots, \boldsymbol{x}^{(t)}; \boldsymbol{\theta})
\end{aligned} \qquad (2\text{-}40)
$$

可以看到，t 时刻的隐状态实际上是编码了过去的所有输入，隐状态 $\boldsymbol{h}^{(n)}$ 以及对应的预测 $\hat{\boldsymbol{y}}^{(n)}$ 编码了整个输入序列。展开操作相当于把 $r^{(t)}$ 分解为函数 f 在过去所有时刻的重复应用。展开操作使循环神经网络具有以下特点：

- 参数共享。参数（即式 (2-37) 和式 (2-38) 中的 $\boldsymbol{w}, \boldsymbol{u}, \boldsymbol{v}, \boldsymbol{b}, \boldsymbol{c}$）在循环神经网络的不同时刻都是共享的，类似卷积神经网络中的卷积核参数共享。参数共享同样也增强了循环神经网络的泛化能力，使其能够处理在训练数据中未见的输入，同时也有利于循环神经网络捕捉时间序列中的重复出现的模式。

- 可处理变长序列。循环神经网络可以处理不同长度的序列，这一点也与卷积神经网络处理可变输入类似。
- 输入向量维度大小一致。输入 $\boldsymbol{x}^{(t)}$ 的向量维度大小是在状态迁移函数中具体化的，不会随 t 变化而发生改变。

1. 循环神经网络训练

循环神经网络展开后就变成一个复杂的、具有深层结构的前馈神经网络。若要训练一个循环神经网络，需要先对每个给定的输入序列展开循环神经网络，构建一个展开的计算图，并在计算图中添加相应的损失函数节点，然后在反向过程中采用之前的反向传播算法回传损失函数对不同参数的梯度，再更新参数，该计算过程称为随时间反向传播（Backpropogation Through Time，BPTT）算法。

根据循环神经网络用于处理的任务不同，在计算图中添加损失函数节点的方法也不一样。根据文献 [55]，这里介绍几种常见的添加方式。

（1）**接收器（Acceptor）**。损失函数节点添加在循环神经网络的最后一个节点上，如图 2-7 所示。损失函数计算如下：

$$\mathcal{L} = \text{Loss}(\hat{y}^{(n)}, y) \tag{2-41}$$

式中，y 为序列真实的输出。比如对一个序列进行分类，可以把循环神经网络作为接收器使用，接收器对序列进行编码，然后在最后状态预测序列的类别（比如将单词的字母逐一输入循环神经网络中，然后基于最后状态预测单词的词性）。

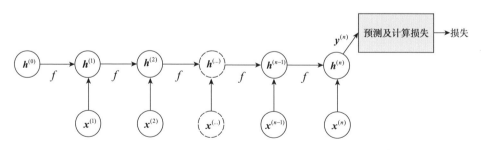

图 2-7　接收器 [55]

（2）**转化器（Transducer）**。循环神经网络将一个输入序列转换成另一个序列，比如将单词序列映射为词性序列，转换器循环神经网络在每个时刻都有一个预测输出，与真实输出之间就会形成一个局部的损失，整个序列的损失可以定义为序列上所有局部损失的和、平均或最大等，比如求和计算如下：

$$\mathcal{L}(\{\boldsymbol{x}^{(1)}, \boldsymbol{x}^{(2)}, \cdots, \boldsymbol{x}^{(n)}\}, \{\boldsymbol{y}^{(1)}, \boldsymbol{y}^{(2)}, \cdots, \boldsymbol{y}^{(n)}\}) = \sum_{t=1}^{n} \mathrm{Loss}(\hat{\boldsymbol{y}}^{(t)}, \boldsymbol{y}^{(t)}) \quad (2\text{-}42)$$

（3）编码器-解码器（**Encoder-Decoder**）。自然语言处理序列到序列的建模通常采用编码器-解码器架构。例如，以循环神经网络为基础的编码器-解码器架构，一个循环神经网络用作编码器对源序列进行编码，另一个循环神经网络用作解码器对目标序列进行解码。预测的目标序列与真实的目标序列之间可以计算一个损失，该损失函数梯度可以在反向传播中沿着编码器-解码器计算图拓扑结构，一直反向传播到编码器中，如图 2-8 所示。

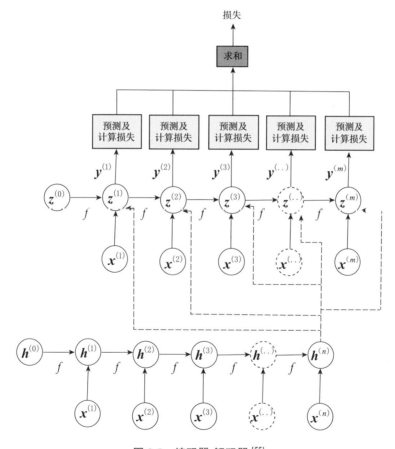

图 2-8　编码器-解码器 [55]

当循环神经网络应用于自然语言处理时，除了建立隐藏层到隐藏层之间连接的循环（Recurrence），还通常将当前的输出反馈到下一步的隐状态中，形成输出层到隐藏层的循环连接，如图 2-9 所示。

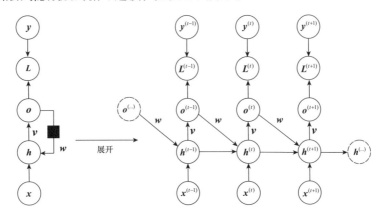

图 2-9　带输出回馈的循环神经网络

对于含有此类循环连接的循环神经网络，在训练过程中，除了使用 BPTT 算法，通常也需要采用一种称为**教师强制**（Teacher Forcing）的训练策略。Teacher Forcing 的基本思想是，在训练时，我们将真实的输出 $\boldsymbol{y}^{(t)}$ 作为输入传给下一步的隐状态 $\boldsymbol{h}^{(t+1)}$，而不是该状态的预测输出 $\hat{\boldsymbol{y}}^{(t)}$，以加快训练收敛速度。

采用 Teacher Forcing 训练循环神经网络的缺点在于其导致了曝光偏差问题（Exposure Bias）：模型在训练阶段采用真实输出 $\boldsymbol{y}^{(t)}$ 计算下一隐状态，而在部署使用阶段，由于真实输出不可得，只能采用预测输出 $\hat{\boldsymbol{y}}^{(t)}$。

循环神经网络的训练除了上面提到的曝光偏差问题，一个更常见的问题是梯度消失或梯度爆炸（Vanishing/Exploding Gradient），即在梯度反向传播时，在循环神经网络展开的计算图中，经过多个时间步的不断累积，或者逐渐变小消失（大部分时候），或者爆炸（很少见）。梯度消失问题使得循环神经网络难以捕捉和学习长距离依赖关系。

有多种方法可以用来减少梯度消失（Vanishing Gradient）或梯度爆炸（Exploding Gradient）问题。一种是加入跳接（Skip Connection），即将远距离的历史状态与当前状态连接起来，使得它们之间的依赖关系可以直接通过该连接进行传递；另一种是加入线性的自连接（Self-Connection）：

$$\boldsymbol{h}^{(t)} \leftarrow \alpha\boldsymbol{h}^{(t-1)} + (1-\alpha)\boldsymbol{h}^{(t)} \tag{2-43}$$

通过调节 α 使得梯度传播路径的偏导数乘积接近 1，从而避免梯度消失或梯度爆炸。如果 α 接近 1，则过去的历史信息就会倾向于保留和传递下去，如果 α 接近 0，则过去的信息就会被删除。

2. 门控循环神经网络

解决循环神经网络长距离依赖问题最有效和最广泛的方法是门控机制，相应的循环神经网络称为门控循环神经网络（Gated RNN）。门控方法是上面提到的自连接的方法的延伸和泛化：

- 门控循环神经网络的自连接权重，在每步都自动调整；
- 除了能将信息保留一段时间，门控循环神经网络还增加了一个遗忘门（Forget Gate），以自动确定何时该遗忘掉过去对当前无用的信息。

常用的门控循环神经网络包括两类：长短时记忆网络（Long Short-Term Memory，LSTM）和门控循环单元（Gated Recurrent Unit，GRU）

（1）**LSTM**。如图 2-10 所示，LSTM 的输入和输出与普通的循环神经网络类似，最大的不同在于 LSTM 中隐状态变成了 "cell"，每个 cell 里含有输入门（Input Gate）i、输出门（Output Gate）o 以及遗忘门（Forget Gate）f，计算如下：

$$i^{(t)} = \sigma(\boldsymbol{W}_i \boldsymbol{h}^{(t-1)} + \boldsymbol{U}_i \boldsymbol{x}^{(t)}) \tag{2-44}$$

$$o^{(t)} = \sigma(\boldsymbol{W}_o \boldsymbol{h}^{(t-1)} + \boldsymbol{U}_o \boldsymbol{x}^{(t)}) \tag{2-45}$$

$$f^{(t)} = \sigma(\boldsymbol{W}_f \boldsymbol{h}^{(t-1)} + \boldsymbol{U}_f \boldsymbol{x}^{(t)}) \tag{2-46}$$

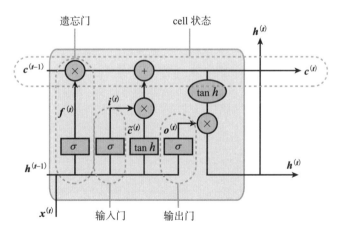

图 2-10　LSTM 示意图

cell 里面的状态计算如下：

$$\tilde{\boldsymbol{c}}^{(t)} = \tanh(\boldsymbol{W} \boldsymbol{h}^{(t-1)} + \boldsymbol{U} \boldsymbol{x}^{(t)}) \tag{2-47}$$

$$\boldsymbol{c}^{(t)} = f^{(t)} \odot \boldsymbol{c}^{(t-1)} + i^{(t)} \odot \tilde{\boldsymbol{c}}^{(t)} \tag{2-48}$$

$$h^{(t)} = o^{(t)} \odot \tanh(c^{(t)}) \tag{2-49}$$

可以看到，输入门控制输入中有多少信息保存在 cell 状态中，遗忘门控制历史信息的保留和传递，输出门则控制有多少状态信息最后输出。

（2）GRU。如图 2-11 所示，门控循环单元可看成 LSTM 中 cell 的简化版本，将门的数量缩减到两个，即更新门（Update Gate）z 和重置门（Reset Gate）r，计算如下：

$$r^{(t)} = \sigma(\boldsymbol{W}_r \boldsymbol{h}^{(t-1)} + \boldsymbol{U}_r \boldsymbol{x}^{(t)}) \tag{2-50}$$

$$z^{(t)} = \sigma(\boldsymbol{W}_z \boldsymbol{h}^{(t-1)} + \boldsymbol{U}_z \boldsymbol{x}^{(t)}) \tag{2-51}$$

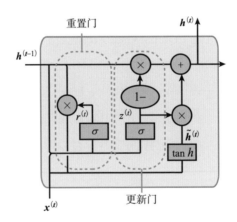

图 2-11　GRU 示意图

GRU 状态更新的计算方法：

$$\tilde{\boldsymbol{h}}^{(t)} = \tanh(\boldsymbol{W}(r^{(t)} \odot \boldsymbol{h}^{(t-1)}) + \boldsymbol{U}\boldsymbol{x}^{(t)}) \tag{2-52}$$

$$\boldsymbol{h}^{(t)} = (1 - z^{(t)}) \odot \boldsymbol{h}^{(t-1)} + z^{(t)} \odot \tilde{\boldsymbol{h}}^{(t)} \tag{2-53}$$

2.4　阅读材料

本章系统介绍了与神经机器翻译相关的神经网络前导知识，以下阅读材料为本章提供了主要参考：

- 关于神经网络及深度学习更详细的介绍可以阅读神经网络在线书籍[①]及深度学习经典书籍 *Deep Learning*[52]。

---

① http://neuralnetworksanddeeplearning.com/。

- 关于神经网络在自然语言处理中的应用及相关知识，可以阅读 *Primer on Neural Network Models for Natural Language Processing*[55]。
- 除此之外，*Machine Learning Mastery* 网站①上提供了很多机器学习、深度学习技术的讲解，值得查阅。

2.5　短评：神经网络与自然语言处理关系演变

在上一章的短评中，我们主要介绍了机器翻译研究范式的变化以及不同范式之间的激烈碰撞。在本章的短评中，我们扩大一下视野，回顾在过去几十年中，神经网络与自然语言处理之间关系的演变。

神经网络大规模应用于自然语言处理早在 20 世纪八九十年代就开始了，神经网络代表的连接主义（Connectionism）与当时自然语言处理的主流方法——理性主义（Rationalism）——在基本思想上存在巨大分歧。理性主义采用符号和规则（词法规则、语法规则等）描述语言，通过有限规则的无限运用满足语言的无限性，符号和规则均是离散的。在纯正的理性主义者看来，语言规则是内生在大脑中的，而不是后天习得的。乔姆斯基把"刺激的贫乏"（Poverty of the Stimulus）②作为普遍语法（Universal Grammar）存在的重要证据。而连接主义使用连续的向量空间表示，描述大脑中语言分布的连续性，并认为能依靠神经网络强大的表征能力（如多层感知机是任意函数的近似器）从数据中学习向量空间表示和语言规则。

将神经网络方法应用于自然语言处理，早期主要存在两方面的质疑：变量联编（Variable Binding）和系统性（Systematicity）[56]。前一个质疑主要来自神经科学，即一个向量如何同时编码多个信息，比如"红色三角形中间的黄色圆圈"，如果用符号主义方法，可以表示为

$$\text{red}(x) \wedge \text{triangle}(x) \wedge \text{middle}(x, y) \wedge \text{yellow}(y) \wedge \text{circle}(y)$$

上面多个变量实现了同时联编。显然，这个问题用现在的分布式表示学习很容易理解，神经网络通过分布式表示学习可以同时表征多个信息。

系统性问题或者系统组构性（Systematic Compositionality）问题，主要是指神经网络在将已知的概念根据系统规则组构成新概念的泛化能力不足，而自然语言一个很重要的特点就是通过规则组合已知概念或语言单元，从而形成无限的新概念或新语言表达。近年来，系统性问题在深度学习中得到重新

---

① https://machinelearningmastery.com/。
② 儿童在学习语言期间没有足够的数据帮助他们理解语言的所有方面。

重视，很多研究工作在这一领域中开始不断涌现。

理性主义与连接主义在自然语言处理中的碰撞实际上也代表理性主义与经验主义的碰撞。乔姆斯基将语言和语法重新定义为外化语言（Externalized Language，E-langauge）和内化语言（Internalized Language，I-language），他认为，内化语言（即语法）代表大脑的物理机制，是语言学家应该关注和研究的，外化语言只不过是内化语言的外在表现形式，是大脑思想的间接证据。与理性主义者截然不同，经验主义者更看重和关注外化语言的利用和研究。在20世纪90年代神经网络难以向更深层进展之后，作为经验主义的典型代表，基于语料库的统计方法在自然语言处理中获得了更广泛的应用（如统计机器翻译、统计句法分析等），并取代了理性主义成为自然语言处理的主流方法。支持向量机（SVM）、最大熵（Maximum Entropy）等通用机器学习方法在自然语言处理的各个任务中得到成功应用，这个阶段的统计自然语言处理以特征工程（Feature Engineering）为主要特点，即在给定的机器学习框架中寻找和设计合适的语言特征。

到了20世纪初，Yoshua Bengio等人在2001年提出将前馈神经网络应用于语言模型，构建了第一个神经语言模型（Neural Language Model），用实数向量表示语言模型中的单词。2008年，Collobert和Weston提出了基于神经网络的自然语言处理多任务学习模型。在该模型中，多个自然语言处理任务，如词性标注、命名实体识别、语义角色标注等共享神经网络参数。2013年，Mikolov等人提出了Word2Vec，词向量或者词嵌入（Word Embedding）学习为深度学习在自然语言处理中的应用构建了更坚实的基础。2014年，基于循环神经网络的序列到序列、编码器-解码器模型开始应用于机器翻译。2015年，注意力机制被提出并得到广泛应用。

同年，国际计算语言学学会年会ACL首次在中国（北京）召开，此次会议形成了深度学习方法和传统统计方法在自然语言处理发展中的分水岭。从这次会议录取论文的数量上看，神经网络方法还没有形成压倒性的优势，但是神经网络方法在此次会议中，无论是正式会议报告、研讨会Panel，还是会议间隙期间自然语言处理研究人员私底下的讨论，都是最热烈和最激烈的话题。

当年的ACL主席、斯坦福教授Christopher D. Manning在《计算语言学》期刊2015年的后序（Last Words）中发表"计算语言学与深度学习"的评论[57]，开篇即以"海啸"来形容深度学习对自然语言处理的冲击，并将2015年视为深度学习海啸全力冲击自然语言处理各大会议的元年。同年，在国际机器学习年会（ICML）的一个深度学习研讨会上，在研讨会讨论环节，Neil Lawrence

说，自然语言处理如同深度学习机器大灯下的一只兔子，等着被碾平（"NLP is kind of like a rabbit in the headlights of the Deep Learning machine, waiting to be flattened."）[57]。

2015 年之后，在自然语言处理各大主要会议上，深度学习方法迅速取代传统统计方法，成了主流方法。2017 年，研究者提出了完全基于注意力的 Transformer 模型，并将其应用于机器翻译，该模型不仅迅速成为机器翻译的主流神经网络架构，而且也成了自然语言处理的主要框架，尤其是在基于 Transformer 架构的预训练语言模型得到广泛应用之后，Transformer 继续攻城略地，在语音和图像视觉中也得到广泛应用。

2018 年，预训练语言模型（Pretrained Language Model）成为自然语言处理技术发展的重要里程碑，BERT、GPT 及其各种变体（XLNet、RoBERTa、ALBERT、GPT-2）等陆续得到广泛应用。这些预训练语言模型训练的数据规模、所需的计算量在不断增加。

2020 年，OpenAI 发布了预训练语言模型 GPT-3[58]，在 5000 亿单词的海量语料上训练了一个带有 1750 亿个参数的神经网络，通过大量学习各种语言的文本，GPT-3 形成了强大的语言表示能力（通用语言智能）、迁移学习能力、小样本学习能力，可以进行多种任务，比如自动翻译、故事生成、常识推理、问答等，甚至可以进行加减法运算，比如两位数加减法 100% 正确，五位数加减法正确率接近 10%。这么庞大的神经网络，如果用单精度浮点数存储，就需要 700GB 的存储空间；除此之外，模型训练一次就需要花费 460 万美元。即使如此，拥有强大算力的大公司仍然没有在预训练语言模型的研究中停止脚步。

2021 年，单体稠密模型（Monolithic Dense Model）和基于 MoE 的稀疏模型（Sparse Model）双双向超大规模化继续发展。前者采用稠密神经网络构建，训练和推理时模型所有参数都会被激活和使用，计算量随参数量增加而增加；后者则采用稀疏网络构建，训练和推理时只有一部分模型参数会被激活和使用，计算量不随参数量成比例增加（关于稀疏模型与稠密模型的对比详见 18.5 节）。

在单体模型方面：

- 2021 年 4 月，华为发布了"盘古-α"，参数规模 2000 亿，采用大规模中文语料训练；
- 2021 年 9 月，浪潮发布了"源 1.0"，中文预训练模型，参数规模 2450 亿；
- 2021 年 10 月，微软和英伟达联合发布了"Megatron-Turing NLG"，迄今

最大规模的单体模型，参数规模高达 5300 亿，是 GPT-3 规模的 3 倍多；

- 2021 年 12 月，DeepMind 发布了"Gopher"，模型参数 2800 亿；
- 2021 年 12 月，鹏程实验室与百度联合发布了"鹏城-百度·文心"知识增强预训练模型，模型参数量 2600 亿，是迄今最大的中文单体模型。

在稀疏模型方面：

- 2021 年 1 月，Google 发布了"Switch-C"，参数规模 1 万 5710 亿，拉开了 2021 年超大规模预训练模型竞赛的序幕；
- 2021 年 6 月，北京智源人工智能研究院发布了"悟道 2.0"，中文预训练模型，参数规模 1.75 万亿，是迄今最大的稀疏型预训练模型。

虽然超大规模预训练模型的发展受到了很多争议（详见 19.5 节），但以上大模型的激烈竞争在未来还将持续。有人预测，GPT-4 参数规模可能高达百万亿，实现如此庞大的模型，显然，在模型架构、算法、硬件、软件等方面均存在大量的技术挑战需要攻关。

从以上的发展中可以开出，自然语言处理显然已远不是深度学习大灯下的小兔子，而是反过来以其自身问题的特性和挑战性，迫使深度学习发展出新的模型和方法，引领和进一步推动了深度学习的发展。

第 3 章

自然语言处理基础

本章介绍与机器翻译相关的自然语言处理基础知识，包括语言模型、词嵌入、对齐及语言分析。在语言模型部分，我们既介绍传统的 n-gram 语言模型，也探讨神经语言模型以及自 2018 年快速发展起来的预训练语言模型；词嵌入部分涵盖静态词嵌入、语境化词嵌入及与神经机器翻译相关的跨语言词嵌入；对齐部分讨论文档对齐、句对齐及词对齐相关的概念及方法；语言分析部分介绍词法分析、句法分析、语义分析及语篇分析，同时探讨了各个层级的语言分析与机器翻译的关系。

限于篇幅，本章对自然语言处理基础知识进行有选择性的介绍。从机器翻译的角度出发，节选相关内容，主要围绕其基本概念和基本原理介绍，为读者构建机器翻译相关的自然语言处理基础。阅读材料部分向希望全面了解自然语言处理技术的读者推荐了三本自然语言处理方面的教材。

3.1 语言模型

语言模型（Language Model）本质上是一个函数，通过对语言的统计特性（如单词的分布特性、单词与上下文的依赖关系等）建模，将输入的语言序列映射到一个概率数值上，并可以根据序列上已经见过的元素预测下一个元素。其中的元素可以是单词、子词、字符或其他语言学元素，不失一般性，在下文中，我们统一以单词序列为研究对象介绍语言模型。具体而言，对给定的单词序列 $x = \{x_1, x_2, \cdots, x_m\}$，语言模型对其建模并估算其概率 $P(x_1, x_2, \cdots, x_m)$。

语言模型是自然语言处理中最基础的模型之一，广泛应用于多个自然语言处理任务中，例如，统计机器翻译利用语言模型定量化衡量生成的目标语言译文符合目标语言语法、语义和语序等要素的程度。

构建和训练一个好的语言模型并不是一件容易的事情，语言模型面临的挑战包括但不限于以下几点：

（1）语言模型需要建模句子序列内部各种语言学上的依赖关系。它既需要考虑局部依赖关系，也需要建模远距离依赖关系；既需要考虑语法约束（例如英语句子的主谓单复数一致），也需要建模语义约束（例如可以"吃饭"，但是不能"吃桌子"），同时还需考虑世界知识、领域知识对单词序列的影响。总而言之，语言模型需要评判一个句子是否符合各种语言规范并给出定量性的数值指标。

（2）语言模型需要具有泛化能力。语言模型建模的序列来自一个无穷集合，没有一个语言模型可以在训练时看见所有可能的序列，因此语言模型需要具有建模未见语言序列的泛化能力。

（3）语言模型需要适应到不同领域、不同风格的文本中。不同领域、不同风格文本中的单词及其依赖关系的分布是不一样的，同一个单词在不同领域的文本中表达的意思、具备的语法功能也可能不一样，因此语言模型需要适应到相应领域、风格上，以更好地建模特定领域、风格的文本序列。

语言模型大致可以分为两大类——基于 n-gram 的统计语言模型和在连续空间中计算概率的神经语言模型（Neural Language Model），前者也可称为 **n-gram 语言模型**（N-gram Language Model）。下文对这两类语言模型进行具体的介绍，并把预训练语言模型作为一种特殊的神经语言模型进行单独介绍。

3.1.1 n-gram 语言模型

一般而言，给定单词序列 $\boldsymbol{x} = \{x_1, x_2, \cdots, x_m\}$，语言模型的概率可以按照以下方式计算：

$$
\begin{aligned}
P(\boldsymbol{x}) &= P(x_1, x_2, \cdots, x_m) \\
&= P(x_1)P(x_2|x_1) \cdots P(x_k|x_1, x_2, \cdots, x_{k-1}) \cdots P(x_m|x_1, x_2, \cdots, x_{m-1}) \\
&= P(x_1)\prod_{i=2}^{m} P(x_i|x_1, x_2, \cdots, x_{i-1})
\end{aligned}
\tag{3-1}
$$

可以从训练数据中估计式 (3-1) 中的条件概率 $P(x_i|x_1, x_2, \cdots, x_{i-1})$：

$$
P(x_i|x_1, x_2, \cdots, x_{i-1}) = \frac{\text{count}(x_1, x_2, \cdots, x_i)}{\text{count}(x_1, x_2, \cdots, x_{i-1})}
\tag{3-2}
$$

式中，count(·) 表示对应序列在训练数据中出现的次数。假设词汇表大小为 $|\mathcal{V}| = 30000$，长度为 10 的所有可能的序列数量为 30000^{10}，显然，没有训练数据可以覆盖如此多的序列。就式 (3-2) 而言，如果分母中的序列过长，该序列在训练数据中可能就不会出现，对应的次数为 0，因此相应的条件概率也将无法计算。

为解决以上问题，n-gram 语言模型采用以下两个策略：

- 马尔可夫假设，仅对近距离的上下文进行建模；
- 平滑技术，应对数据稀疏性（Data Sparseness）问题。

从式 (3-1) 可以看出，语言模型计算的序列概率可以分解为每个位置上单词概率的乘积，因此语言模型实际上也可以看成对语言序列生成过程进行建模。n-gram 语言模型将这个过程视为马尔可夫过程（Markov Process），采用马尔可夫假设，即当前单词 x_i 的出现仅依赖于前 $n-1$ 个单词。基于该假设，当前单词出现的概率可按下式计算：

$$
P(x_i|x_1, x_2, \cdots, x_{i-1}) \approx P(x_i|x_{i-n+1}, \cdots, x_{i-1})
\tag{3-3}
$$

我们将 "$x_{i-n+1}, \cdots, x_i$" 称为 n-gram，"$x_{i-n+1}, \cdots, x_{i-1}$" 称为当前元素 x_i 的历史（History）或者条件上下文（Conditional Context）。

引入马尔可夫假设后，n-gram 语言模型相当于 $n-1$ 阶的马尔可夫模型，语言序列的整体概率计算变为

$$
P(\boldsymbol{x}) = P(x_1)\prod_{i=2}^{m} P(x_i|x_1, x_2, \cdots, x_{i-1})
$$

$$\approx P(x_1) \prod_{i=2}^{m} P(x_i|x_{i-n+1}, \cdots, x_{i-1}) \tag{3-4}$$

即使引入马尔可夫假设计算语言模型概率，仍然有很多 n-gram（所有 n-gram 的数量为 $|\mathcal{V}|^n$）在训练语料中没有出现，这个问题称为数据稀疏问题。为解决数据稀疏问题，n-gram 语言模型进一步采用平滑（Smoothing）方法，如加 1 法、古德-图灵平滑（Good-Turing Smoothing）方法、回退（Backoff）法、插值（Interpolation）法等。由于篇幅有限，这里不作具体介绍，感兴趣的读者可以参考阅读材料部分推荐的自然语言处理方面的教材。

n-gram 语言模型的优点是模型简单，数学原理容易理解。但也存在不足的地方，马尔可夫假设的引入限制了 n-gram 语言模型建模远距离依赖关系的能力，但当 n 变大时，又容易出现数据稀疏性问题。

3.1.2　神经语言模型

神经语言模型是基于神经网络构建的语言模型，与 n-gram 语言模型显著不同的是，神经语言模型借助神经网络的分布式表示（详见 3.2.1 节）学习能力，将语言序列中的符号映射到连续的低维实数向量空间中。符号的分布式表示可以看成一系列分布式特征构成的元组或向量，这些特征并不互斥，可能存在交叉或重叠的区域。一般认为：每一维的特征可以认为反映了符号某方面的属性，如语法属性、语义属性等。神经语言模型的基本思想是首先将离散符号的语言序列映射为连续的实数向量序列（分布式表示序列），然后利用神经网络在实数向量空间中建模语言的统计特性，形成对语言序列概率分布的整体刻画。例如，可根据已见序列预测下一个单词的概率。

相比于 n-gram 语言模型，神经语言模型具有如下优点。

（1）减少了维数灾难（Curse of Dimensionality）的影响。维数灾难问题是指维度的增加导致指数级空间的形成，使得现有数据在空间中变得稀疏，也即上面提到的数据稀疏问题。以 n-gram 的数据稀疏性为例，来自规模为 $|\mathcal{V}|$ 的词汇表中的单词组成的所有可能 n-gram 的数量为 $|\mathcal{V}|^n$，假设 $|\mathcal{V}|$ =3 万，3 元 n-gram 的数量就有 27 万亿，显然没有一个数据集可以覆盖所有的 3-grams 并体现它们的真实分布。与 n-gram 语言模型不同的是，神经语言模型学习词汇表中单词的分布式表示，并不显式建模单词的 n-gram 组合，因此避免了直接计算所有 n-gram 分布时面临的数据稀疏问题。

（2）具有泛化能力。由于神经语言模型将所有符号映射到一个低维的实数向量空间中，因此即使某些序列在训练数据中未见，但只要其分布式表示与训

练数据中已有数据在某个维度上具有相似性，神经语言模型就可以很好地泛化到这些序列上。例如，假设神经语言模型要估计概率 $P(\text{甜的}|\text{红},\text{苹果},\text{是})$，且"红苹果是甜的"在训练语料中未出现，但是在训练数据中包含单词序列"青苹果是酸的"，且神经网络已经学习到"青"和"红"有类似的分布式表示，"甜的"与"酸的"也有类似的表示，基于此，神经语言模型可以泛化到未见序列"红苹果是甜的"，并预测未见 n-gram 的概率。

（3）具有较强的表征能力。虽然符号序列组合的数量庞大，但在神经语言模型中，具有类似分布特性的符号序列都被映射到低维空间中的相邻点上，因此，神经语言模型可以用较少的参数适应大规模的训练语料。而 n-gram 语言模型的大小会随着训练语料规模的增大而增大，因为训练数据变多了，n-gram 的数量也变多了。

神经语言模型可以通过多种神经网络实现，例如，早期用前馈神经网络 [59]、循环神经网络 [60] 等构建神经语言模型。而现在，神经语言模型通常采用多层 LSTM、基于自注意力机制的 Transformer（具体介绍见第 7 章）等擅长建模序列的神经网络实现。这里我们定义一个神经语言模型的通用框架，其主要任务仍然是根据已见序列预测当前单词的概率分布：

$$P(x_1, x_2, \cdots, x_m) = \prod P(x_i | \boldsymbol{x}_{<i}) \tag{3-5}$$

神经语言模型采用一个特征提取函数 f 从已见序列中提取相关特征，形成神经网络当前时刻的内部状态：

$$\boldsymbol{h}_{i-1} = f(x_1, x_2, \cdots, x_{i-1}) \tag{3-6}$$

基于该状态，神经语言模型预测下一个单词的概率为

$$P(x_i | \boldsymbol{x}_{<i}) = g(\boldsymbol{h}_{i-1}) \tag{3-7}$$

式中，g 为 softmax 函数，用于计算词汇表上所有单词在下一位置上的概率分布。假设下一个单词为 w，则其概率可以按如下方式计算：

$$\begin{aligned} P(x_i = w | \boldsymbol{x}_{<i}) &= g_w(\boldsymbol{h}_{i-1}) \\ &= \frac{\exp(\boldsymbol{E}(w)^\top \boldsymbol{h}_{i-1} + b_w)}{\sum_{j=1}^{|\mathcal{V}|} \exp(\boldsymbol{E}(x_j)^\top \boldsymbol{h}_{i-1} + b_j)} \end{aligned} \tag{3-8}$$

式中，$\boldsymbol{E}$ 是词嵌入矩阵；$\boldsymbol{E}(w)^\top \boldsymbol{h}_{i-1}$ 计算单词 w 表征与状态 $\boldsymbol{h}_{i-1}$ 之间的相容性。对式中的分母进行归一化（Normalization）操作，使得词汇表里所有单词在该位置的概率之和等于 1。

假设训练数据集为 $\mathcal{D} = \{\boldsymbol{x}^{(1)}, \boldsymbol{x}^{(2)}, \cdots, \boldsymbol{x}^{(|\mathcal{D}|)}\}$，神经语言模型的训练目标函数是极大化对数似然度：

$$\mathcal{L}(\mathcal{D}, \boldsymbol{\theta}) = \frac{1}{|\mathcal{D}|} \sum_{k=1}^{|\mathcal{D}|} \sum_{i=1}^{|\boldsymbol{x}^{(k)}|} \log P(x_i^{(k)} | \boldsymbol{x}_{<i}^{(k)}) \tag{3-9}$$

式中，$x_i^{(k)}$ 表示第 k 个句子中的第 i 个单词。模型的参数包括神经网络的连接权重、偏差及单词的向量表示，这些参数可以采用梯度下降算法进行训练。

3.1.3 预训练语言模型

预训练语言模型（Pretrained Language Model）是自 2018 年快速发展起来的一类特殊的神经语言模型，其基本思想是在超大规模的训练语料上采用自监督方式训练一个多层的大规模神经语言模型，然后将该预训练的语言模型适应到下游的多个自然语言处理任务上。其主要特点包括：学习语境化词嵌入、采用自监督学习方式训练及借助迁移学习适应到下游任务。

1. 学习语境化词嵌入

神经语言模型不仅可以预测下一个单词的概率，同时作为一个副产品，还学到了单词的分布式表示，即词嵌入或词向量。词嵌入在下游的多个自然语言处理任务中有广泛的应用，大多数神经网络都有一个嵌入层（Embedding Layer），在该层中，离散的符号形态的单词被连续的词嵌入取代。嵌入层的词嵌入既可以通过其他神经网络模型（如神经语言模型）预先训练，也可以与当前模型一同训练。传统的神经语言模型输出的词嵌入通常为一个词型（Word Type）对应一个唯一的向量，无论这个单词出现在什么样的语境中，该词嵌入都不变，因此称为静态词嵌入（Static Word Embedding）。而预训练语言模型输出的词嵌入是语境化词嵌入（Contextualized Word Embedding），与具体的语境相关，3.2 节将详细地介绍这两种词嵌入的不同点。

2. 采用自监督学习方式训练

自监督学习（Self-Supervised Learning）是一类特殊的机器学习模式，不同于监督学习需要专门标注的数据，在自监督学习中，数据本身提供了监督信号，因此不需要额外的人工标注。预训练语言模型普遍采用自监督学习方式进行训练。

（1）自监督模式。大致可分为两类，一类是保持原始数据不变，采用自回归模式预测下一个单词（即标准的语言模型）；另一类是对原始数据进行某种操作，然后训练语言模型预测或者恢复原始数据。若自监督模式不同，则预训练模型对应的训练目标函数也不同。

（2）操作。在第二类自监督模式中，采用的操作通常包括遮掩单词、添加噪声单词、替换为噪声单词、删除单词、打乱单词或句子顺序等。

（3）神经网络模型。可以采用编码器（如 BERT[61]）、解码器（如 GPT-3[58]）、或者编码器-解码器（如 BART[62]）等神经网络构建预训练语言模型。

3. 借助迁移学习适应到下游任务

预训练语言模型通常基于多层的大规模神经网络构建，并在海量语料数据上进行训练。普遍认为，预训练语言模型从数据中学习了大量的知识。这些知识可以基于不同的迁移学习方式适应到下游具体任务中。

（1）特征提取（Feature Extraction）。不改变预训练语言模型内部架构及参数，从预训练语言模型中提取多层特征（如语境化词嵌入）输入下游任务的定制模型中，如 ELMo[63]。

（2）适配器（Adapter）。在预训练语言模型各层之间添加下游任务相关的适配器，下游任务训练过程中固定预训练语言模型参数，只训练适配器参数，如文献 [64, 65]。

（3）微调（Fine-Tuning）。在预训练语言模型的上面堆叠简单的下游任务模块，以监督方式在下游任务训练数据上微调模型参数，如 BERT[61]。

（4）零样本学习（Zero-Shot Learning）/小样本学习（Few-Shot Learning）。将自然语言处理下游任务以隐式的方式包含到预训练过程中，语言模型预训练的同时也进行了多任务学习；或者将下游任务转换成类语言模型表示，如将情感分析等文本分类任务表示成语言模型的填词模式 [66]。无论哪种方式，预训练语言模型通常被认为学习到了完成这些下游任务所需的信息，因此可以采用零样本、小样本（提供给预训练语言模型少量样例）学习方式将预训练语言模型适应到下游任务中。这种只需要提供几个下游任务样例、不需要更新预训练模型参数或对预训练模型进行微调便能适应到下游任务中的学习方式，在 GPT-3 原始论文中 [58] 被称为语境中学习（In-Context Learning）。

提示（Prompting）技术是目前研究非常火热且广泛的一种基于预训练语言模型的零样本 / 小样本学习技术，其基本模式是将下游任务的输入通过某种模板转换成适合预训练语言模型的提示语 [67]，如将待翻译句子"他今天飞北京"转换成"ZH：他今天飞北京 EN：[Z]"，然后通过预训练语言模型寻找最优的 Z，得到的答案 Z 便是中文句子的英文翻译。提示技术被广泛认为是将大规模预训练模型迁移到下游任务的非常有潜力的技术，且具有很多优点，如所需下游任务的标注样本少、模型参数少、下游任务推理与语言模型预训练目标一致等。

以上 4 种迁移学习方式，适应到下游任务所需的定制工作量、额外参数规模、训练数据量及训练时间都不一样，在以上 4 种因素上，大致零样本 / 小样本学习 ⋈ 微调 ⋈ 适配器 ⋈ 特征提取 [68]，⋈ 表示优于。但是下游任务性能需要根据具体情况具体确定，在以上方面有优势，不代表性能也存在优势。

3.2 词嵌入

词嵌入是符号形态单词的向量化表示，学习词嵌入的模型一般基于分布语义学（Distributional Semantics）中的分布假设（Distributional Hypothsis）学习单词与上下文的关系，通过对单词与上下文关系的统计建模，定量刻画单词的表示。**分布假设**认为具有类似分布的语言元素具有相似的语义，该假设可追溯至著名的语言学家 John Rupert Firth 在 20 世纪 50 年代的一句名言：

"You shall know a word by the company it keeps."

即一个单词的语义由其周围的上下文定义。

将离散的语言学符号转换成实数的向量化表示，至少给自然语言处理带来两个好处。首先，向量化的表示使得符号之间的关系变得更容易计算，计算机程序很容易在向量空间计算不同词嵌入的距离、相似度或其他的语义关系。其次，向量化表示避免了维数灾难和数据稀疏性问题，语言学意义上更大尺度的元素，如短语、句子等，都是由较小的语言学元素组合而成的，在 n-gram 语言模型的介绍中提到，离散符号的组合是呈指数级增长的，容易导致数据稀疏问题。

词嵌入并不是神经网络方法在自然语言处理中得到大规模应用之后出现的产物，它一直是分布语义学研究的对象。由分布语义模型（Distributional Semantic Model）获得的词嵌入通常称为单词的**分布表示**（Distributional Representation），而经由神经网络学习得到的单词表示则称为**分布式表示**（Distributed Representation）。

3.2.1 分布表示与分布式表示

虽然分布表示与分布式表示的名字看起来很相似，但它们名称的由来、表示的获取方法都存在不同之处。

1. 名称来源不同

分布表示来源于分布假设,而分布式表示则主要是相对于稀疏表示(Sparse Representation)或者局部表示(Local Representation)而言的。这里以形状的表示为例解释分布式表示,假设我们有一个水平方向的长方形、垂直方向的长方形、水平方向的椭圆形、垂直方向的椭圆形。如果采用局部表示方法,则直接用上面的名称表示每个形状,可以看到每个名称只能表示一个形状,且名称表示之间没有直接的关系,整个表示的矩阵是稀疏的、各自为阵的(局部性)。现在假设我们有一个新形状,圆形或者正方形,如果继续采用上面的局部表示方法,则不得不新增两个新名称——圆形、正方形。现在让我们换一种表示方法,这个表示体系有 4 个维度:[水平的、垂直的、长方形的、椭圆形的],原来的水平方向长方形可以表示为 [1,0,1,0](1 表示相应的维度为真,0 表示为假),新增的圆形可以表示为 [1,1,0,1],即水平方向和垂直方向都是椭圆形,正方形可以表示为 [1,1,1,0],即水平方向和垂直方向都是长方形。可以看到,每个维度可以表示多个形状(概念),每个形状(概念)也可以由多个维度表示,这里的维度可以理解为某种特征。分布式表示最大的特点是特征和概念之间是多对多的关系,每个概念分布在多个特征维度上,每个特征维度可以用来表示多个不同概念。从这里也可以看出为什么向量化表示可以有效避免维数灾难问题。与词汇表对应的独热向量(One-Hot Vectors)表示就是一种典型的非分布式的稀疏表示,由于每个单词仅只有其相应维度为 1,其他维度均为 0,因此独热表示不能表示单词之间的关系。

2. 学习方法不一样

分布表示一般通过无指导的基于计数的方法获得,而分布式表示一般通过有监督或自监督的基于预测的方式学习。

(1)基于计数(Counting)。学习分布表示时,通常先构建一个不同单词与其上下文共现次数的矩阵,这个矩阵的每行可以看成一个"生的"词嵌入(Raw Embedding)。生词嵌入在实际应用中的效果并不好,一般需要对该矩阵进行某种变换,例如,根据上下文信息量对共现次数进行权重评估和平滑,或者采用矩阵分解算法、降维技术等变换矩阵。这些变换通常以无指导方式进行,如采用潜在语义索引(Latent Semantic Index)、LDA 方法等。由于这些方法都是从共现计数开始的,因此通常称这类方法为基于计数的方法,它们是获得分布表示的主要方法。

(2)基于预测(Predicting)。单词的分布式表示通常是利用神经网络对自然语言序列进行建模时预训练获得或者与下游任务共同训练获得。不管哪种方式，神经网络都是进行某种预测任务（分类或者回归），例如，预训练语言模型根据上下文预测下一个单词以及预测下游任务的输出等。单词分布式表示中的每个维度特征及权重大小在自监督或者有监督训练中通过最大化目标函数进行学习和优化。

虽然分布表示和分布式表示名称由来和学习方法不同，但它们存在如下的内在的联系。

- 两者都是基于分布假设，通过建模单词与上下文关系获得单词的表示。
- 已有研究表明 [69]，通过神经网络预测方法学习词嵌入表示，如 Word2Vec 方法（见 3.2.2 节），本质上是对某种单词-上下文矩阵进行分解，因此基于预测的方法与基于计数的方法在理论上具有一定的等价性。
- 多项研究发现 [70, 71]，基于计数的向量表示学习方法与基于预测的向量表示学习方法在不同任务上的性能各有千秋，总体上，基于预测的方法优于基于计数的方法。

无论采用哪种方法学习词嵌入表示，下面两个问题都是值得关注和研究的。

- 一词多义。很多单词都有多个不同义项，比如"我今天给他打电话了"与"我今天给他打酱油了"中的"打"，显然意思是不一样的，用同一个同样的向量表示两者可能不合适。义项表示（Sense Representation）可能是比单词表示（Word Representation）更好的一个方案。
- 语境化与静态。更进一步，每个单词在不同上下文中都应该有不同的向量表示，如果不管单词出现在什么样的上下文中，都仅用同一个向量表示它，那么该向量就是上文提到的静态词嵌入；如果单词在不同上下文中都有不同的向量表示，那么该向量称为语境化词嵌入。传统的神经语言模型学习的一般是静态词嵌入，而预训练语言模型则可以学习语境化词嵌入。

我们将在下文中具体介绍静态词嵌入和语境化词嵌入。

3.2.2 静态词嵌入

在介绍静态词嵌入之前，我们先区分词例（Word Token）和词型（Word Type）。词例是单词在文本中的具体表现形式，也可以认为是语料库中每处出现的单词；词型是抽象化的不同的词，等价于词汇表中的词。以下面的句子为例：

实例 3.1 我们$_1$ 过$_2$ 了$_3$ 江$_4$ ，$_5$ 进$_6$ 了$_7$ 车站$_8$ 。$_9$

经过分词之后，该句中每个有下角标的单词都是一个词例，共 9 个，但是词型只有 8 个，因为"了$_3$"和"了$_7$"来自同一个词型"了"。

静态词嵌入（Static Word Embedding）是词型的词嵌入，具有以下特点。

- 低维稠密的实数向量：向量维度远小于词汇表大小；
- 与词例无关：静态词嵌入不区分同一个词型的不同词例，即使在不同上下文中出现的词例具有不同的语义，例如，"River Bank"和"Bank of China"中的"Bank"具有相同的静态词嵌入；
- 通常假设词汇表的大小是固定的：因此需要使用"UNK"表示词汇表之外的单词。

在本节中，我们以 Word2Vec[60,72] 为例简单介绍静态词嵌入的学习方法。Word2Vec 是第一个大规模使用的静态词嵌入技术，本质上可以看成一个简化版的神经语言模型。Word2Vec 模型架构分为两种：CBOW（Continunous Bag-of-Words）和 Skip-Gram，如图 3-1 所示。CBOW 利用上下文中的单词预测当前单词（模型忽略了上下文的词序，因此称为词袋（Bag-of-Words））；Skip-Gram 利用当前单词预测上下文中的单词，两者均利用单词的连续分布式表示

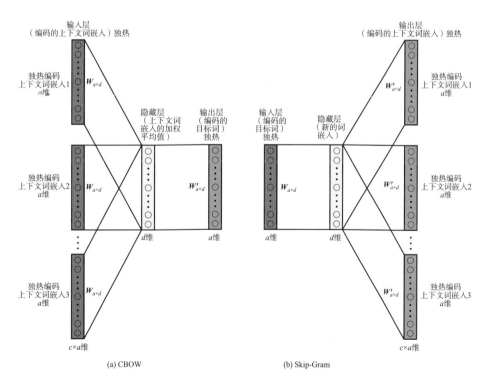

图 3-1 Word2Vec 模型架构

预测目标单词。

以 Skip-Gram 为例，神经网络模型分为三层。

- 输入层：输入当前单词的独热向量表示；
- 隐藏层：将输入单词的独热向量乘以一个矩阵，映射到一个 d-维的稠密向量上，该映射矩阵在所有位置上共享；
- 输出层：利用 softmax 函数预测每个上下文单词，上下文单词是以当前单词为中心的前后各 c 个单词。

模型训练的目标函数为

$$\frac{1}{N} \sum_{i=1}^{N} \sum_{-c \leqslant j \leqslant c, j \neq 0} \log P(x_{i+j} | x_i) \tag{3-10}$$

由当前单词 x_i 预测上下文单词 x_{i+j} 的概率采用 softmax 函数计算：

$$P(x_{i+j} | x_i) = \frac{\exp(\boldsymbol{e}_{i+j} \boldsymbol{e}_i)}{\sum_{k=1}^{|\mathcal{V}|} \exp(\boldsymbol{e}_k \boldsymbol{e}_i)} \tag{3-11}$$

式 (3-11) 中分母的计算复杂度正比于词汇表大小 $|\mathcal{V}|$，因此计算代价是非常高昂的。为了降低计算复杂度，可以采用层次化 softmax 和噪声对比估计（Noise Contrastive Estimation，NCE）方法。前者将词汇表中的单词组织成一棵二叉树，从而使得式 (3-11) 分母计算复杂度变为 $\log_2(|\mathcal{V}|)$；后者是前者的一种替代方法，可以将其简化为负采样（Negative Sampling）方法，具体介绍可见文献 [73]。

从上面的介绍中可以看到，Skip-Gram 神经网络模型存在两个映射矩阵，一个是从输入层到隐藏层的矩阵，另一个是从隐藏层到输出层的矩阵，这两个矩阵分别代表输入层到隐藏层的神经元连接权重和从隐藏层到输出层神经元的连接权重。输入层到隐藏层的权重矩阵的列向量代表每个当前词的输入向量，隐藏层到输出层的权重矩阵的行向量代表每个上下文单词的输出向量，而最终 Word2Vec 计算的静态词嵌入采用的是前者。

3.2.3 语境化词嵌入

与静态词嵌入显著不同的是，语境化词嵌入是词例的向量表示，而不是词型的向量表示，换一句话说，语境化词嵌入是把单词的表示建立在该单词所在的具体上下文环境的条件下：

$$\boldsymbol{c}_i = f(t_1, t_2, \cdots, t_m) \tag{3-12}$$

式中，c_i 为词例 t_i 的语境化词嵌入；f 为语境化词嵌入表示函数。

这里以 ELMo（**E**mbeddings from **L**anguage **Mo**del）[63] 为例简单介绍语境化词嵌入的学习方法。ELMo 的神经网络架构如图 3-2 所示，其基本思想如下。

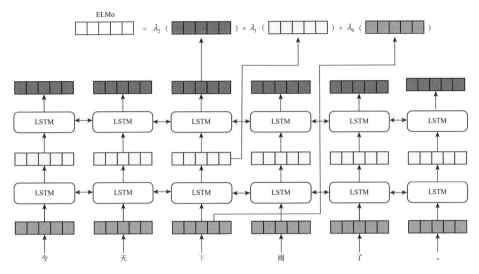

图 3-2　ELMo 模型架构[63]

1. 预训练深度语言模型

在大规模语料库上训练双向语言模型（Bidirectional Language Model，BiLM），即一个正向及一个反向的 L 层 LSTM 语言模型。正向语言模型概率计算如下：

$$P(t_1, t_2, \cdots, t_m) = \prod_{i=1}^{m} P(t_i | t_1, t_2, \cdots, t_{i-1}) \tag{3-13}$$

在每个位置 i，对应的词例具有一个上下文无关的静态词嵌入 t_i^{LM}，以及第 k 层 LSTM 计算的一个上下文相关的向量表示 $\overrightarrow{h}_{i,k}^{\text{LM}}$。最上层的 LSTM 输出 $\overrightarrow{h}_{i,L}^{\text{LM}}$ 将被输入 softmax 中预测下一个单词。同理，反向语言模型概率计算如下：

$$P(t_1, t_2, \cdots, t_N) = \prod_{i=1}^{m} P(t_i | t_{i+1}, t_{i+2}, \cdots, t_m) \tag{3-14}$$

第 i 位置第 k 层 LSTM 计算的上下文相关的表示为 $\overleftarrow{h}_{i,k}^{\text{LM}}$。正反两个语言模型联合训练，最大化目标函数：

$$\sum_{i=1}^{m}(\log P(t_i|\boldsymbol{t}_{<i};\boldsymbol{\Theta}_t;\overrightarrow{\boldsymbol{\Theta}}_{\text{LSTM}};\boldsymbol{\Theta}_s) + \log P(t_i|\boldsymbol{t}_{>i};\boldsymbol{\Theta}_t;\overleftarrow{\boldsymbol{\Theta}}_{\text{LSTM}};\boldsymbol{\Theta}_s)) \qquad (3\text{-}15)$$

式中，正反两个方向的 LSTM 语言模型共享单词表示（$\boldsymbol{\Theta}_t$）以及 softmax 层的参数（$\boldsymbol{\Theta}_s$），LSTM 内部参数各自优化。

2. 获得语境化词嵌入

利用预训练 LSTM 语言模型的隐状态计算词例的语境化词嵌入。在训练好的 BiLMs 中，每个词例拥有 $2L+1$ 个向量表示：

$$\begin{aligned}R_i &= \{t_k^{\text{LM}}, \overrightarrow{\boldsymbol{h}}_{i,k}^{\text{LM}}, \overleftarrow{\boldsymbol{h}}_{i,k}^{\text{LM}}|k \in [1,L]\}\\&= \{\boldsymbol{h}_{i,k}^{\text{LM}}|k \in [0,L]\}\end{aligned} \qquad (3\text{-}16)$$

这些向量可以拼接，或者通过某个函数合并成一个语境化词嵌入。也可以根据具体任务选择加权求和方式计算最后的语境化词嵌入：

$$\text{ELMo}_i^{\text{task}} = \alpha^{\text{task}} \sum_{k=0}^{L} \beta_k^{\text{task}} \boldsymbol{h}_{i,k}^{\text{LM}} \qquad (3\text{-}17)$$

式中，α 表示相应任务的权重，可对 ELMo 语境化词嵌入整体缩放，$\sum_k \beta_k^{\text{task}} = 1$。

语境化词嵌入不仅可以解决静态词嵌入遇到的一词多义问题，而且使词的表示依赖于词例所在的上下文，因此更能准确地表示词例在上下文中的语义。除了学习方法、原理及表示能力的不同，语境化词嵌入与静态词嵌入还存在哪些关系呢？一些研究工作对此进行了深入的分析，例如文献 [74]。由于语境化词嵌入与 3.1.3 节介绍的预训练语言模型密切相关，语境化词嵌入的性质、使用方式、与下游任务的关系等，与预训练语言模型一样，都是值得探索的。

3.2.4 跨语言词嵌入

前面介绍了静态词嵌入与语境化词嵌入的获取方法及代表模型，它们的共同之处都是针对单一语言的词嵌入，因此也可以称它们为单语言词嵌入（Monolingual Word Embedding）：每种语言的词嵌入在各自单语语料上独立学习，学习到的单语词嵌入分布在各自的语义空间中。世界上有很多语言，有没有可能在同一个语义空间学习不同语言的词嵌入呢？单语言词嵌入在语义空间分布的距离代表相应单词的语义相似度，那有没有可能把不同语言中语义相似的单词在同一个语义空间中关联起来呢? 跨语言词嵌入(Cross-Lingual Word Embedding)正是要解决以上问题。

学习跨语言词嵌入的一个关键是如何实现不同语言词嵌入的对齐,或者如何将两种不同语言的词嵌入映射到同一语义空间中,如图 3-3 所示。映射和对齐的模型可以通过有监督的方式学习,也可以通过无监督的方式获得。所需要的训练数据可以分为以下两大类。

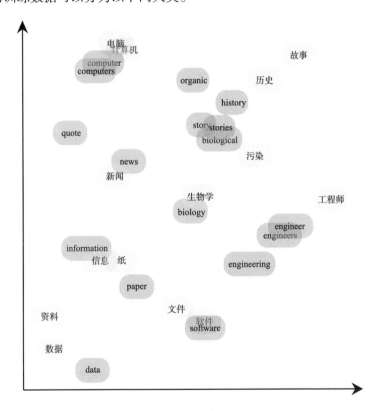

图 **3-3**　跨语言词嵌入示例图

1. 对齐数据

对齐数据是指语义相同的不同语言数据成对出现,按对齐粒度大小可以分为:

- 词对齐:单词级别的对齐数据,如果有单词对齐关系,学习跨语言词嵌入的一个方法是先分开单独学习不同语言的词嵌入,然后按照词对齐关系训练一个映射矩阵将一种语言的词嵌入映射到另一种语言的词嵌入空间中。

- 句对齐：句子级别的对齐数据，比如机器翻译中常用的平行句对。
- 文档对齐：相对于前两种对齐数据，文档级别的对齐数据在跨语言词嵌入学习中使用较少。

2. 可比数据

数据在语义上不是严格对齐的，但是它们具有相关可比性，例如，关于同一个体育赛事的新闻报道，分别由不同语言为母语的记者独立写出。

所使用的数据不一样，跨语言词嵌入的学习方式也不一样。

除了具备将不同语言的词嵌入映射到同一语义空间的特点，跨语言词嵌入还有一个重要作用：实现跨语言模型迁移，尤其是将富资源语言模型迁移到低资源语言模型上，跨语言词嵌入为模型迁移提供了统一的表示空间。因此，跨语言词嵌入不仅可以应用到机器翻译上（15.3.1 节介绍了用于无监督神经机器翻译的无监督跨语言词嵌入学习技术），而且对很多其他跨语言、多语言任务都有很重要的应用价值，如跨语言问答、跨语言文本摘要和跨语言对话等。近几年，随着跨语言、多语言任务研究兴趣的兴起，使得跨语言词嵌入的研究越来越受重视。

跨语言词嵌入也可以称为双语词嵌入（Bilingual Word Embedding），显然，双语词嵌入可以延伸至多语言词嵌入（Multilingual Word Embedding），即在同一语义空间的不同语言词嵌入，比如多语言预训练语言模型 mBERT 通过使用同一词汇集以及同一个神经网络，在不同语言上进行训练学习到的多语言词嵌入。

3.3 对齐

对齐（Alignment）在机器翻译中是非常重要的一个概念，3.2.4 节在介绍跨语言词嵌入也提到对齐，对齐是指语言不同但语义等价的语言单元之间的对应关系。按语言单元粒度大小可以分为文档对齐、句对齐和词对齐。机器翻译模型通常需要在句子级对齐的语料上（即平行语料）进行训练，训练机器翻译模型的同时一般也可以获得语料上的词对齐关系。因此，相对于机器翻译来说，文档对齐、段落对齐、句对齐相关技术主要是为了构建机器翻译训练所需的平行语料库，词对齐技术则一般是构建单词级别的对应关系，为训练翻译模型或单词级别的跨语言模型（如跨语言词嵌入模型）服务。

3.3.1 文档对齐

文档对齐（Document Alignment）指的是将互为翻译或近似翻译的不同语言的文档对应起来，通常是两种不同语言文档之间的配对，也可以是多种语言文档之间的多向对齐（Multi-Way Alignment）。对齐的文档可以用于为下游机器翻译构建平行语料，也可以用于多种不同的跨语言任务，比如跨语言问答、检索、摘要生成或者上文介绍的跨语言词嵌入学习等。

文档对齐的原始数据可以是已经收集但是没有进行对齐的多语言数据，比如联合国大会决议文本数据，含有联合国六种工作语言版本（汉语、英语、法语、俄语、阿拉伯语、西班牙语）；也可以是互联网中的多语言网站。对多语言网站的网页数据进行文档对齐，一般先要从网站中爬取网页，并对网页进行纯文本内容提取，然后进行文档对齐。常见的网页的文档对齐方法包括以下几种。

（1）**基于网页元数据**。利用网页的元数据，如网页 URL、时间标记等信息，构建相应的对齐规则，比如 URL 后缀是 zhX（X 为数字），具有相同数字后缀的 enX 对应的网页可能与 zhX 网页相匹配。这种基于元数据的方法需要人工编写大量的规则，由于元数据在不同网站中有不同的编排方式，且易于发生变化，因此基于元数据的对齐方法需要耗费大量的人工。

（2）**基于文档内容与结构**。通过比对网页的页面结构、网页所含文本的内容，如含有的 n-gram 等，计算它们的相似度，通过内容与结构相似度计算对齐网页文档。

（3）**基于文档向量**。近年来出现了采用神经网络进行文档对齐的方法，例如，利用神经网络编码器计算不同语言文档的层次化向量（Hierarchical Document Embedding），然后在向量空间中计算不同文档的语义匹配度进行文档对齐。可以采用上文介绍的跨语言词嵌入或者多语言词嵌入作为不同语言文档建模的词嵌入输入，使得经编码器得到的不同语言文档向量表示在同一语义空间中。

3.3.2 句对齐

句对齐（Sentence Alignment）技术是构建机器翻译语料库的关键技术，其基本任务是从候选的双语句对中获得两两互为翻译的句对，这些句对在语义上是对称的，因此也称为**平行句对**（Parallel Sentence Pair），由平行句对构成的语料库，称为**平行语料库**（Parallel Corpus）。假设源语言文本句子集合为 $\mathcal{D}_x = \{x^{(1)}, x^{(2)}, \cdots, x^{(m)}\}$，目标语言文本句子集合为 $\mathcal{D}_y = \{y^{(1)}, y^{(2)}, \cdots, y^{(n)}\}$，由两个语言文本对应的句子集合进行笛卡儿乘积即可构成 $n \times m$ 对候选的双语句对，为了减少搜索的候选句对数量，通常上述句子集合来自已经对齐的文档或者段落。

句对齐的方法可以大致分为三类：基于特征的统计建模方法、基于神经网络的有监督句对齐方法及基于神经网络的无监督句对齐方法。

（1）**基于特征的统计建模方法**。在统计机器翻译时期，句对齐研究主要从对齐句子的显性特征出发，构建基于显性特征的统计模型评估候选句对对齐的可能性。可用的特征包括句子长度（长度比、长度差）、不同语言的同源词（Cognate Word）、双语词典、双语词组、简单的语言学特征（如词性）等，基于人工筛选的带有先验知识的特征建立统计模型，以计算候选句对的相似度。为了提高句对齐模型的准确率，可以将多个特征混合在一起使用。

（2）**基于神经网络的有监督句对齐方法**。句对齐本质上是计算两个不同语言句子的语义相似度，因此，如果可以得到两种不同语言句子在同一个语义空间的句子向量表示，那么计算它们的相似度将是一件简单的事情。早期研究主要采用多语言词嵌入加权求和或者平均得到相应句子的向量表示，后续研究进一步采用神经机器翻译模型，比如多语言神经机器翻译模型，学习不同语言的句子向量表示，或者采用多编码器方法，将不同语言句子编码到同一语义空间。这些方法需要相应的句对齐平行语料进行模型的训练。

（3）**基于神经网络的无监督句对齐方法**。该类方法可以使用无监督神经机器翻译模型，或在多个单语语料库上预训练多语言语言模型（如 mBERT），以无监督的方式获得不同语言的句子向量，然后计算它们的相似度。

3.3.3 词对齐

词对齐（Word Alignment）是在平行句对或者可比语料上找到互为翻译的不同语言单词的对应关系，由于语言间存在词汇、句法等差异，单词对齐呈现一对一、一对多、多对一和多对多等不同形式。词对齐技术对统计机器翻译非常重要，无论是基于单词的统计机器翻译，还是基于短语或者句法的统计机器翻译，它们都依赖单词对齐构建相应的翻译模型，单词对、短语对或者翻译规则对的提取及概率计算，都需要单词对齐确定对应关系及框定对齐边界。

单词对齐一般采用无监督方法学习，使用最广泛的单词对齐模型为 IBM 模型，该模型也是基于单词的统计机器翻译的经典模型，采用期望-最大化方法以迭代的方式寻找单词对应关系。也有一些研究将有监督技术引入单词对齐中，通过融入更多的语言学特征，获得更准确的单词对齐。

常用的单词对齐工具包括：

- GIZA++。使用最广泛的单词对齐工具，基于 IBM 的 5 个经典模型。
- Berkeley Word Aligner。基于判别模型构建的单词对齐模型。

在神经机器翻译中，由于模型是采用端到端的方式进行训练的，虽然神经机器翻译的注意力子网络可以学习到源语言-目标语言单词之间的对应关系，但是单词对齐已经不再是一个独立的任务，更多情况下，单词对齐只在对神经机器翻译模型性能的分析中使用到。

3.4 语言分析

本节介绍与机器翻译相关的语言分析任务，包括词法分析、句法分析、语义分析和语篇分析，主要介绍它们的基本概念以及与机器翻译的关系。

3.4.1 词法分析

在进行机器翻译训练或解码之前，通常需要对训练数据（源语言端和目标语言端）或输入源语言句子进行词法分析（Lexical Analysis）。词法分析主要研究如何将一个字符序列转变成一个单词序列，以及研究单词的词性（Part-of-Speech）等。不同语言进行机器翻译时，可能需要进行不同形式的词法分析，比如汉语、日语等语言需要进行分词（Word Segmentation），英语、法语等语言需要进行相应的 Tokenize。

1. 分词

分词解决的问题是如何将一个句子切分成一个单词序列。对于没有显式界定单词的语言（如汉语）①，通常需要进行分词之后再进行机器翻译。分词可以看成一个序列标记（Sequence Labeling）任务，即在每个位置上预测该位置的标记是单词的开始位置、中间位置还是结束位置，或者是该切分的位置还是不该切分的位置。每个位置的标记预测与整个序列都存在关联，分词模型的任务是从所有可能的标记组合中搜寻一个最优的划分序列。通常情况下，分词模型采用监督方式学习，即需要人工构建一个分词语料库用于分词模型的训练。语言学家定义单词的规范标准不一样，人工标注的分词语料库也不一样，训练的分词模型自然也不一样。在统计机器翻译方法占主导的时期，有

---

① 根据维基百科，英语、德语等语言书写时就已经采用空格显式划分了单词的边界；汉语和日语则只是用标点符号界定了句子的边界，但没有对单词进行显式界定；泰语和老挝语也没有对单词界定范围，但是对短语和句子界定了范围；越南语则是对音节而不是单词界定了边界。可见，显式界定边界的语言单元粒度可能因语言不同而有所不同。

相关研究工作对分词标准以及分词准确率对机器翻译性能的影响进行了研究。

2. Tokenize

英语等语言因为已经用空格对单词进行显式的划分边界，因此这些语言的 Tokenize 主要是将单词与标点符号、特殊符号等进一步分隔开，比如对于句子"It wasn't easy for Dier, as he had 3,600 books to sell.", tokenize 之后的结果为

[It], [wasn], ['t], [easy], [for], [Dier], [,], [as], [he], [had], [3,600], [books], [to], [sell], [.]

这里的逗号和句号都与前面的单词分隔开，但是数字里面的逗号与数字不分隔开。

汉语和日语等语言的分词也可以统称为 Tokenize。即使对于同一种语言，也存在不同的 tokenizer（不同版本、不同标准、不同方法等导致）。为了保持一致，机器翻译模型的训练语料及测试数据需采用同一个 tokenizer 进行词法分析。机器翻译模型生成译文后需要采用相对应的 detokenizer 将目标译文序列恢复到其原本书写的模式，比如汉语需要将空格去掉。

一种语言含有的不同单词的数量一般都比较大，有些单词出现的频率高，有些单词出现的频率低。一般而言，单词出现频率的分布符合 Zipf 规则（Zipf's Law）[75]，即任何单词出现的频率反比于它在词频表中的排序。对于罕见词（Rare Word），在机器翻译词表中通常以"<UNK>"代替，称为集外词或未登录词。为解决集外词翻译问题，通常会把 tokenized 后的单词进一步切分成子词（Subword），词与词之间可以共享一些共同的子词，低频词可以通过某些经常出现的子词组合而成。由于子词经常被不同单词共享，因此不同子词的数量规模一般要远小于不同单词的数量规模。

3.4.2 句法分析

句法分析（Syntactic Analysis/Parsing）研究句子的内部结构，即单词是如何构成句子的。图 3-4 中的短语结构树（Phrase-Structure Tree）和依存树（Dependency Tree）是两种常用的句法树，用于刻画句子的内部结构。专门进行句法分析的程序称为**句法分析器**（Parser），以短语结构句法树为例，分析器既可以自底向上，也可以自顶向下为输入句子构建相应的**句法分析树**（Parse Tree）。

统计句法分析器是建立在统计模型之上的句法分析器，通常可以在人工构建的树库（Treebank）上进行有监督训练得到。基于树库训练统计句法分析

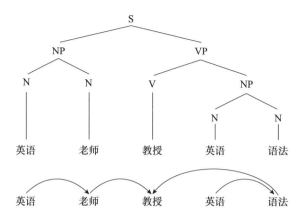

图 3-4　句法分析树：短语结构树（上），依存树（下）

器，一般需要先从树库中抽取文法，比如上下文无关文法（Context-Free Grammar, CFG）。然后估计抽取文法的概率，形成概率上下文无关文法（Probablistic Context-Free Grammar, PCFG）。基于 PCFG，统计句法分析器可以采用 CKY 算法为输入的句子找到一个概率最大的推导树（Derivation）。CKY 算法通常假设抽取的 PCFG 文法为乔姆斯基范式（Chomsky Normal Form，CNF），该范式的文法可以形式化定义为一个四元组 $G = (N, T, R, S)$，且满足以下条件：

- N 是非终结符的集合，非终结符可以进一步推演成终结符和非终结符的组合，句法分析中的非终结符也可称为句法范畴（Syntactic Category），如名词短语 NP、动词短语 VP 等；
- T 是终结符的集合，即单词或者特殊符号等；
- R 即是具有 CNF 形式的产生式规则集合：$X \to AB$，或者 $X \to a$，其中 $X, A, B \in N, a \in T$；
- $S \in N$ 是特殊的开始符号。

CKY 算法如算法 3.1 所示。P 为相应语法规则的概率，$c(i, j, X)$ 用来存放在 $[i, j]$ 单词序列上推导出的句法成分 X 的最大概率。CKY 算法本质上是一种动态规划算法，时间复杂度为 $n^3 |N|^3$。

上面介绍的只是一种最基本的统计句法分析算法，为提高句法分析的准确性，可以对 PCFG 进行词汇化，形成词汇化的 PCFG（Lexicalized PCFG），并引入更多的语言学知识及句法特征等。神经网络也可以应用于句法分析，比如采用递归神经网络（Recursive Neural Network）进行句法分析，通过词嵌入获得成分短语的向量表示。

算法 3.1 CKY 算法

---

1. 输入：句子 $\boldsymbol{x} = (x_1, x_2, \cdots, x_n)$，PCFG 文法 $G = (N, T, R, S, P)$

2. **for** $1 \leqslant i \leqslant n$ **do**

3.   **for** 所有的 $X \in N$ **do**

4. $c(i, i, X) = P(X \to x_i)$

5.   **end**

6. **end**

7. **for** $1 \leqslant i \leqslant n - 1$ **do**

8.   **for** $i + 1 \leqslant j \leqslant n$ **do**

9.   **for** $i \leqslant k \leqslant j - 1$ **do**

10.   **for** 所有的 $X \in N$ **do**

11. $c(i, j, X) = \max_{(X \to AB) \in R} P(X \to AB) \times c(i, k, A) \times c(k + 1, j, B)$

12.   **end**

13.   **end**

14.   **end**

15. **end**

基于规则的机器翻译与句法分析具有密切的关系，基于转换的机器翻译第一步就是进行源语言的句法分析，然后进行句法树的转换，最后从转换的句法树生成目标语言句子。基于句法的统计机器翻译（Synatx-Based SMT）也建立在句法分析树的基础上。按照所用的句法树是来自源语言端还是目标语言端，基于句法的统计机器翻译可以分为源语言句法树到目标语言串（Tree-to-Sequence）、源语言串到目标语言句法树（Sequence-to-Tree）、源语言句法树到目标语言句法树（Tree-to-Tree）等类型。

神经机器翻译也可以利用句法分析树，但是相对而言，对句法分析的利用没有基于规则的机器翻译及基于句法的统计机器翻译那么普遍，可能的原因包括：

- 神经网络并行化处理句法树的技术挑战：由于不同输入对应的句法树差异通常非常大，因此很难对同一个小批量中的句子的句法树采用统一的方式并行化处理。一种简单的应对方法是把句法树线性化，变成线性序列后，再输入到擅长处理序列的神经网络中（如循环神经网络），然而，这种方法有可能丢失句法分析树中原有的层次结构信息。

- 神经网络内部隐式地学到了句法知识：很多研究工作发现，多层编码器的中间层隐状态通常可以导出句法分析树，这表明多层神经网络以一种隐式的方式学习句子的句法结构。

3.4.3 语义分析

语义分析（Semantic Parsing）是将自然语言表达映射到相应的语义表示（Semantic Representation）上，按照语义分析得到语义结构的深度可以将语义分析分为浅层语义分析（Shallow Semantic Parsing）和深层语义分析（Deep Semantic Parsing）。**浅层语义分析**主要将自然语言表达中的单词或者短语打上语义角色（Semantic Roles）标签，因此又称为**语义角色标注**（Semantic Role Labeling）或者槽填充（Slot Filling）。当执行语义角色分析时，通常先定位句子中的谓词（Predicate），然后定位谓词相关的论元（Argument），最后采用分类器预测每个论元的语义角色，形成句子的谓词-论元结构（Predicate Argument Structure）。**语义角色**又称为主题角色（Thematic Role），按照文献 [76]，常见的主题角色如表 3-1 所示。

表 3-1　常见的主题角色

主题角色	说明	例子
AGENT	事件具有意志力的引起者、实施者	服务员打开了一瓶酒
EXPERIENCER	事件的感受者、受事者	张三摔了一跤
FORCE	事件非意志力引起者	脚手架倒了，砸伤了很多人
THEME	事件的最直接受影响者	李四不小心打破了玻璃杯
RESULT	事件的最终结果	建筑工人鏖战七天七夜，盖起了这座大楼
CONTENT	命题事件的命题或内容	曹鹏向图书馆馆员询问"这本书是否可外借?"
INSTRUMENT	事件中使用的工具	他用弹弓把玻璃打了一个洞
BENEFICIARY	事件的受益者	小李给李总预订了一张机票
SOURCE	转移事件的源端	他今天晚上从上海飞北京
GOAL	转移事件的目的端	他今天晚上从上海飞北京

深层语义分析构建比谓词-论元结构更抽象的语义结构表示，如逻辑表达式（Logical Form）、抽象意义表示（Abstract Meaning Representation）或组合范畴语法（Combinatory Categorial Grammar）结构等。以"所有张三的孩子也是王四的孩子"为例，如果基于一阶谓词逻辑（First Order Logic）进行深层语义分析，则该句的语义可以表示为 $\forall x.\text{child}(张三, x) \rightarrow \text{child}(王四, x)$。

以上的浅层语义分析和深层语义分析均可以采用有监督方法、无监督方法训练相应的分析模型。如果采用有监督分析模型，就需要人工构建相应的语义标注语料库，比如用于语义角色分析的 PropBank。人工构建的语义标注语料库，既可以用于构建传统的统计语义分析模型，也可以训练基于神经网络的语义分析模型。

深层语义分析在早期基于知识的机器翻译（Knowledge-Based Machine Translation，KBMT）中得到广泛应用。我们将在第 16 章中对此进行具体介绍。

3.4.4　语篇分析

从上文介绍的句法分析和语义分析中可以看到，句子内部的单词在语义和语法上形成依赖和约束关系，正是这些关系使得句子通顺且有逻辑。如同句子内部单词存在依存关系，语篇内部的句子也存在逻辑关系，它们不是随机排列的。语言学把分析句子组织关系、句子间如何自然衔接等称为**语篇分析**（Discourse Analysis/Parsing），从更高层面上说，语篇分析研究句子信息如何组织成段落以及最后如何形成有结构、逻辑的文章。

Beaugrande 等人 [77] 认为语篇具有 7 个基本特征：衔接性（Cohesion）、连贯性（Coherence）、意图性（Intentionality）、可接受性（Acceptability）、信息性（Informativity）、情景性（Situationality）和跨语篇性（Intertextuality）。其中，衔接性和连贯性是两个最基本的特征，在语篇分析中也研究最多。Winddowson[78]将衔接性定义为语篇内部句子之间明显的结构性链接，这些链接可以通过语法或者词汇等语言装置（Linguistic Device）构建。Halliday 和 Hasan[79] 定义了 5 种不同的衔接装置（Cohesion Device）：指代（Reference）、替换（Substitution）、省略（Ellipsis）、连接（Conjunction）和词汇衔接（Lexical Cohesion）。相对于最后一种词汇衔接，前四种可以归为**语法衔接**（Grammatical Cohesion）。词汇衔接主要通过词汇的选择来获得，比如同一个词在不同句子里重复出现，或者它的近义词、上下位词在后续句子中出现。在语篇中，使用这些语法或者词汇衔接装置可以使语篇具有凝聚性（Cohesive）。相对于衔接性，连贯性更注重于语篇内部深层的语义，它指的是语篇的句子在意思上是相互联系的，围绕同一个主题展开，这些句子不是随机选择的。Beaugrande 等人 [77] 认为连贯性的根基就是意义连续性（Continuity of Senses）。

如果仅仅聚焦分析句子之间的逻辑关系，那么该任务称为**语篇关系识别**（Discourse Relation Recognition，DDR）。语篇关系识别可以分为显式语篇关系识别（Explicit DRR）和隐式语篇关系识别（Implicit DRR），前者主要是在存在连接词的情况下分析句子的语篇关系，后者则是在没有连接词情况下的语篇关系识别。如果进行有监督的语篇关系识别模型训练,则需要人工构建相应的语篇关系标注语料库。如宾州语篇关系语料库(Penn Discourse Treebank,PDTB)定义了三个层级的语篇关系,并依据该体系进行了人工标注。

上文介绍的词法分析、句法分析及语义分析,一般是在句子级别展开的。大部分机器翻译模型也是在句子级别进行翻译的,即逐句翻译,因此忽视了语篇内部句子间的依赖关系。另外,不同语言在语篇结构方面存在差异,因此句子级的机器翻译需要升级到语篇级机器翻译:将源语言语篇翻译到目标语言语篇。因而语篇分析对机器翻译尤其是文档级机器翻译具有重要的价值。我们将在语篇级机器翻译中详细讨论语篇与机器翻译的融合。

3.5 阅读材料

本章介绍了与机器翻译密切相关的自然语言处理技术,由于篇幅有限,对相关内容的介绍主要围绕基本概念、基本原理展开。如果需要全面、深入地探索自然语言处理技术,可以参考下面几部自然语言处理教材:

(1)《统计自然语言处理基础》(*Foundations of Statistical Natural Language Processing*[80])。该教材由斯坦福大学 Chris Manning 和慕尼黑大学 Hinrich Schütze 教授联合撰写,1999 年出版。全书分为四篇:基础知识、词法、语法、应用与技术,系统介绍了统计自然语言处理的相关知识,包括统计自然语言处理所需要的概率统计及语言学基础、搭配、词义消歧、n-gram 语言模型、句法分析、机器翻译和信息检索等内容。教材的两位原作者都曾担任过国际计算语言学学会(ACL)的主席。

(2)《语音和语言处理》(*Speech and Language Processing*[76])。该教材由斯坦福大学 Daniel Jurafsky 和科罗拉多大学博尔德分校 James H. Martin 教授共同撰写,全书共包括 28 章,涵盖语音与自然语言处理的核心技术,包括语言模型、词性标注、成分句法分析、机器翻译、摘要、语篇连贯性、对话和语音识别等内容,该书目前正在更新第三版本,补充了基于深度学习的自然语言处理内容。

(3)《自然语言处理导论》(*Introduction to Natural Language Processing*[81])。该教材由 Google 研究院的 Jacob Eisenstein 撰写,2019 年出版,全书分为四篇:学习、序列与树、语义和应用,由于该教材是在深度学习成为自然语言处理主流技术后撰写的,因此内容比较贴近和反映目前自然语言处理技术的发展。类似于前两部教材,该书也涵盖了自然语言处理的语言学基础和传统的统计方法。

3.6 短评：自然语言处理之经验主义与理性主义

在前面两章的短评中，我们分别从统计机器翻译与基于规则的机器翻译思想的碰撞，以及神经网络与自然语言处理关系的演变两个角度，展现了自然语言处理中的两种研究范式——经验主义与理性主义——及范式变迁（Paradigm Shift）。"研究范式"是由哲学家 Thomas S. Kuhn 在 1962 年《科学革命的结构》[82]一书中首先提出的。Kuhn 认为，科学进步并不是累积式发展的，他提出一种新的发展模型，在该模型中，科学连续性的累积发展（Kuhn 将其定义为"正常科学"时期）会被"革命科学"打断，革命科学发现的"异常"（即显著不同于正常科学时期的思想、方法等）会直接导致新的范式。Kuhn 因此将研究范式定义为学科内"科学家关于应该如何理解和解决问题的一套共同的信念与共识"。

Lincoln 和 Guba[83]认为一个研究范式包括四个部分：本体论（Ontology）、认识论（Epistemology）、方法论（Methodology）和价值论（Axiology）。**本体论**主要是学术共同体关于学科内事物、现实和存在等本质的理解与假设；**认识论**涉及我们如何知道事物、事实或现实，即知识；**方法论**即研究所采用的方法、过程、工具和实验设计等；**价值论**是指与研究相关的伦理问题。

表 3-2 从上面 4 个维度对比了自然语言处理研究中的经验主义范式与理性主义范式。乔姆斯基是理性主义的代表性人物，他的普遍语法理论认为人脑天生具有语法知识，关键的支持证据是"刺激的贫乏性"，即儿童在接受有限的语言刺激条件下仍然可以学会复杂的语法系统。经验主义认为大脑并没有先验语言知识，知识来源于经验，因此自然语言处理模型需要从数据中学习知识，而不是依赖于语言学家手动编写的语言规则。

表 3-2 理性主义与经验主义研究范式对比

研究范式	本体论	认识论	方法论	价值论
理性主义	大脑具有先天的语言知识，如乔姆斯基提出的普遍语法理论	知识来源于推理	基于符号规则	自然语言处理技术造福社会、人类等
经验主义	语言知识是后验的，基于经验发展而来，大脑并没有先天语言知识	知识来源于经验	数据驱动、基于语料库	自然语言处理技术造福社会、人类，消除因数据带来的模型偏见、歧视等

在自然语言处理过去几十年的发展历史中，我们可以看到经验主义和理性主义研究范式交替出现，Kenneth Church 认为，自然语言处理研究是在 [84]：

> "经验主义与理性主义之间振荡，像钟摆一样，每隔二十多年来回振荡一次：
>
> - 20 世纪 50 年代：经验主义（香农、斯金纳、弗斯和哈里斯等）；
> - 20 世纪 70 年代：理性主义（乔姆斯基、明斯基等）；
> - 20 世纪 90 年代：经验主义（IBM 语音团队、AT & T 贝尔实验室）；
> - 21 世纪初：回归到理性主义了吗？"

虽然深度学习方法将经验主义钟摆推得更远（目前仍然没有回归理性主义），但是大多数研究人员认为自然语言处理的发展需要理性主义与经验主义共同推进，尤其需要语言学理论、语言学知识支撑。

在自然语言处理前深度学习时代，Frederick Jelinek 与 Kenneth Church 等人便呼吁自然语言处理要结合语言学理论与洞见。

- Frederick Jelinek 在题为"一些我最好的朋友是语言学家"[47] 的论文中提到，语言学家研究语言现象，就像物理学家研究物理现象，正如工程师需要物理洞见，自然语言处理研究人员的任务就是研究如何使用语言学洞见。
- Kenneth Church 呼吁自然语言处理年轻学者和学生需要了解、学习更多的语言学理论 [85]。Kenneth Church 在其"钟摆"论文 [85] 结论章节之前，专门留有一小节，标题为"教育计算语言学学生普通语言学及语音学知识"。在该小节中，Kenneth Church 提到，现在的学生通常对特定、狭窄的子领域（如机器学习、统计机器翻译①）拥有丰富的知识，但是可能没听说过语言学家 Joseph Greenberg 的语言共性理论②、孤岛制约（Island Constraints）等。并指出，当容易摘到的果实（Low Hanging Fruit）都被摘完之后，也许是好的机会为计算语言学学生提供更广泛的教育，以获得更多主题的研究空间。

在当下深度学习驱动的自然语言处理时代，当我们看到越来越多的论文

---

① Kenneth Church "钟摆"论文是在 2011 年撰写的，如果放在现在，狭窄领域的典型例子可能是深度学习、神经机器翻译。

② Joseph Greenberg 基于 30 种语言，分析提出了一组语言共性准则，涵盖词法、句法、语序等，共计 45 条，如"所有以 VSO 为优势语序的语言，都可以把 SVO 作为可能的或唯一的一种替换性基本语序""除了偶然出现的情况外，优势语序为 VSO 的语言绝大多数是形容词居于名词之后"。

聚焦低垂果实以及刷榜和片面追求 SOTA 结果时，更需要反思，深度学习驱动的自然语言处理应该如何从语言学中汲取营养，以行驶在正确的方向上，避免进入误区。在第 19 章短评中，我们会再次对该问题进行探讨。在这里，我们主要从经验主义与理性主义相结合的角度讨论该问题，或者更具体地，哪些语言学或者与语言学交叉的学科，可以为深度学习驱动的自然语言处理提供洞见，指明方向。

- **认知语言学与自然语言理解**。虽然深度学习驱动的自然语言处理技术在很多任务上，如机器阅读理解[86, 87]、自然语言推理[88]、情感识别[89]等，逼近甚至超过人类水平，但深度学习模型仍然没有真正"理解"自然语言文本[90]，自然语言理解仍然是未解的难题，并且是自然语言处理最主要的挑战之一[91]。未来，认知语言学可能为自然语言理解提供新的洞见和解决方案，如具身认知语言学（Embodied Cognitive Linguistics）[92]。
- **语言类型学与多语言自然语言处理**。自然语言处理研究通常涵盖三个维度：任务维度，即不同自然语言处理任务，如词法分析、句法分析、共指消解、摘要和问答等；领域维度，即模型训练数据所处的不同领域，如新闻、小说和社交媒体等；语言维度，即任务和领域所依托的语言，如富资源语言、低资源语言等。不同语言在发音、词汇、语法和语篇结构等多个层面上常常存在显著差异，多语言自然语言处理便是在语言维度上应对语言差异性、多样性给自然语言处理带来的挑战，将自然语言处理研究延展到三维空间，使自然语言处理研究内涵更加丰富，应用更加广泛。近 10 年来，自然语言处理一个很重要的趋势是多语言自然语言处理的研究和应用正在不断加强，从早期主要以英语为研究对象，2010 年左右扩展到 20 种左右资源丰富的语言（如汉语、法语、德语和日语等），再到最近几年向 40+、100+ 种语言发展[93–95]。语言类型学（Linguistic Typology）正是对不同语言、语系在词汇、语法、语序等方面的共性和差异性进行定性和定量研究的语言学分支，因此，与多语言自然语言处理具有天然的契合性。
- **语言哲学与意义**。根据维基百科，语言哲学（Philosophy of Language）研究语言的本质，研究语言、语言使用者、世界三者之间的关系，系统性探讨意义、意图、提及的本质。这些问题显然也是自然语言处理不可回避的问题，尤其是意义，语言哲学的相关研究成果和思路，是否可应用于自然语言处理？或启发新的自然语言处理研究思路？
- **发展语言学与语言建模**。发展语言学（Developmental Linguistics）研究人类的第一语言和第二语言习得问题，尤其是孩童时代的第一语言习得。探视人类语言习得过程、语言对人脑神经网络的影响，有可能帮助机器构建类人语言学习模型。

- **高阶语言学理论与语篇语用建模。** 自然语言处理经过几十年的发展，在低阶语言层次的处理上，如词法分析、句法分析等，得到了长足发展；但在高阶层次处理上，如语义、语篇、对话和语用等层次的自动分析与建模，仍然存在诸多挑战和开放问题，且性能有待进一步提高。在低阶层次处理上，我们看到大量语言学理论得到广泛应用，如各种语法理论、语法框架等。但在高阶语言层次上，相应的语言学理论，使用相比较少，且以这些语言学理论为支撑构建的语言资源也相对较少。

以上简要列举了语言学或者与语言学交叉的学科的相关知识和理论可能对自然语言处理的启示作用，除直接使用这些语言学及相关学科的理论、框架之外，它们的方法论、思想体系等也值得借鉴，以启发自然语言处理研究开展自顶向下模式的反思及确认总体方向是否正确（详见 19.5 节）。

原理篇

务得事实，每求真是也。

——颜师古（唐）

第 4 章

经典神经机器翻译

本章介绍早期经典的神经机器翻译架构，即编码器−解码器结构。该结构实际上成了构建神经机器翻译模型的基本骨架，后续神经机器翻译的发展基本上都以此结构为基础。不仅如此，编码器−解码器结构的普适性使其在机器翻译以外的许多自然语言处理任务（可统称为序列到序列任务）中也得到了广泛应用。除探讨该结构外，本章还将介绍神经机器翻译训练与解码的基本方法，这些方法具有通用性，因此也适用于后续章节介绍的神经机器翻译模型。

4.1 编码器-解码器结构

在 1.1 节中提到，翻译的本质是将源语言文本的语义通过目标语言对等表示出来，这里面隐含两个关键步骤：第一步，将源语言文本转换为某种语言无关的意义表示；第二步，将此意义表示以目标语言的形式呈现出来。

神经机器翻译使用神经网络进行翻译，上述两个步骤可以由两个神经网络来实现，分别称为编码器（Encoder）和解码器（Decoder）。编码器将源语言文本编码并计算得到实数向量，该向量作为源语言文本的意义表示，输出到解码器；基于源语言向量表示，解码器解码生成目标语言译文。早期神经机器翻译的基本思想，是将以上两个神经网络连接在一起，形成编码器-解码器（Encoder-Decoder）结构，以实现端到端的源语言文本编码与目标语言译文解码。这一基本思想不仅体现了翻译的本质，而且也十分简洁优美，如图 4-1所示。

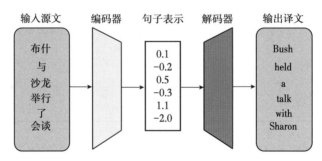

图 4-1　编码器-解码器结构

下面将以形式化的方式描述编码器-解码器结构。将机器翻译使用的平行句对（见 3.3.2 节）记为 $(\boldsymbol{x}, \boldsymbol{y})$，其中 $\boldsymbol{x} = (x_1, x_2, \cdots, x_{|\boldsymbol{x}|})$ 为源语言句子，$\boldsymbol{y} = (y_1, y_2, \cdots, y_{|\boldsymbol{y}|})$ 为目标语言句子。编码器执行的运算记为 f_{enc}（即编码器神经网络），它将源语言句子 $\boldsymbol{x}$ 映射成实数向量表示 $\boldsymbol{h}(\boldsymbol{x})$，即

$$\boldsymbol{h}(\boldsymbol{x}) = f_{\text{enc}}(\boldsymbol{x}) \tag{4-1}$$

从计算角度看，神经机器翻译是对给定源文的条件下的译文的概率 $P(\boldsymbol{y}|\boldsymbol{x})$进行建模：

$$P(\boldsymbol{y}|\boldsymbol{x}) = \prod_{t=1}^{|\boldsymbol{y}|} P(y_t|\boldsymbol{y}_{<t}, \boldsymbol{x})$$

$$= \prod_{t=1}^{|\boldsymbol{y}|} f_{\text{dec}}(f_{\text{enc}}(\boldsymbol{x}), \boldsymbol{y}_{<t}, y_t) \tag{4-2}$$

式中，f_{dec} 为解码器执行的运算（即解码器神经网络）；t 为解码时间步。

　　在神经机器翻译的早期阶段，编码器和解码器通常是用 2.3.3 节介绍的循环神经网络实现的，如图 4-2 所示。由于机器翻译中源语言句子和目标语言句子的长度并不固定，能够处理变长序列的循环神经网络自然成为神经机器翻译的首选。下面将分别对循环神经网络实现的编码器及解码器进行具体介绍。

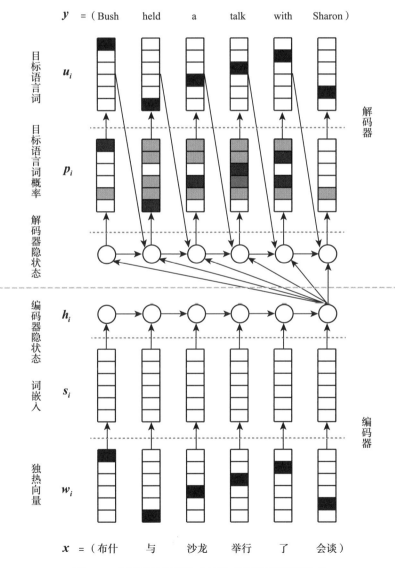

图 4-2　由循环神经网络实现的编码器-解码器结构

4.1.1 编码器

编码器可以直接运用 2.3.3 节介绍的循环神经网络实现。由于输入的自然语言句子是由一个个离散的单词组成，因此，需要将离散的单词表示成神经网络能够处理的连续数值形式。通常情况下，词表中的单词数量是有限的，对于有限的离散数据，最简单的表示是独热向量（One-Hot Vector）（图 4-3）。对于第 i 个源语言词 x_i，$i = 1, \cdots, |\boldsymbol{x}|$，它的独热向量表示为 $\boldsymbol{w}_i \in \{0,1\}^{|\mathcal{V}_{\boldsymbol{x}}|}$（$\mathcal{V}_{\boldsymbol{x}}$ 为源语言词表），该向量仅在该单词编号所在的维度取值为 1，其余均为 0。

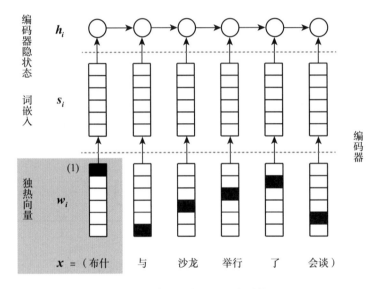

图 4-3　将一个单词表示为一个独热向量

独热向量本质上仍然是离散的，而神经网络更适合处理连续数值。因此，编码器首先将独热向量转换为取值连续的向量（图 4-4）：

$$\boldsymbol{s}_i = \boldsymbol{E}\boldsymbol{w}_i \tag{4-3}$$

式中，$\boldsymbol{s}_i$ 称为这个词对应的词嵌入；$\boldsymbol{E} \in \mathbb{R}^{d_{\mathrm{emb}} \times |\mathcal{V}_{\boldsymbol{x}}|}$ 为源语言词嵌入矩阵；d_{emb} 为词嵌入维数。

至此，一个输入的源语言句子已经被转换为一系列连续向量 $\{\boldsymbol{s}_i\}_{i=1}^{|\boldsymbol{x}|}$，随后便可以运用循环神经网络（图 4-5）对词嵌入进行编码。编码器的循环神经网络执行的计算可以表示为

$$\boldsymbol{h}_i = \phi_{\mathrm{enc}}(\boldsymbol{h}_{i-1}, \boldsymbol{s}_i) \tag{4-4}$$

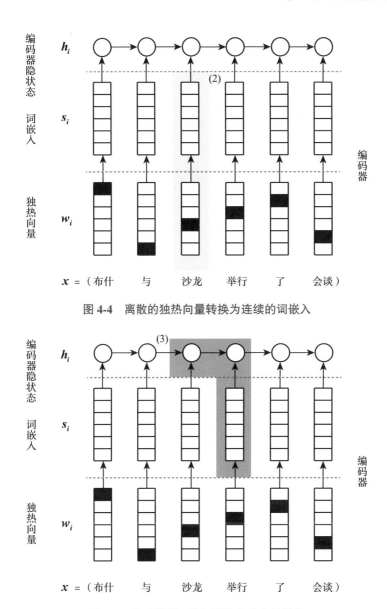

图 4-4　离散的独热向量转换为连续的词嵌入

图 4-5　编码器循环神经网络隐状态的计算

式中，$\boldsymbol{h}_i \in \mathbb{R}^{d_h}$ 为第 i 个位置的隐状态；d_h 为隐状态的维数。

编码器完成对整个输入句子的运算后，会得到每个单词位置上对应的隐状态向量，最后一个单词对应的隐状态向量 $\boldsymbol{h}_{|\boldsymbol{x}|}$（之前所有单词的信息通过循环神经网络逐步传递到该位置），可以视为蕴含了整个句子的信息，因此可作为源语言句子的语义表示。如果将基于编码器-解码器结构的机器翻译模型训练后得到的输入句子语义表示，进行可视化（图 4-6），可以发现，这些表

示确实编码了输入句子的语义信息。

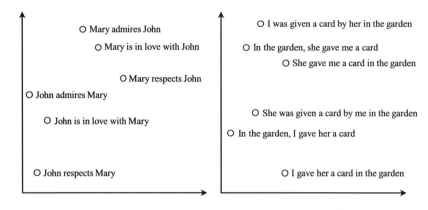

图 4-6　输入句子经过编码器后得到的向量表示 [27]

4.1.2 解码器

根据编码器提供的源语言句子语义表示 $h_{|x|}$，解码器解码输出目标语言译文。解码器的循环神经网络首先计算第 i 个位置的隐状态：

$$z_i = \phi_{\text{dec}}(h_{|x|}, z_{i-1}, u_{i-1}) \tag{4-5}$$

解码器隐状态的计算除了依赖前一个隐状态 z_{i-1} 和前一个单词 u_{i-1}，还总是依赖源语言表示 $h_{|x|}$，如图 4-7 所示。

根据当前计算得到解码器隐状态，解码器可输出当前的目标语言单词。这可以通过计算在目标语言词表 $\mathcal{V}_y$ 上的概率分布 P_i 实现（图 4-8）。具体而言，在目标语言词表中编号为 k 的词的概率为

$$
\begin{aligned}
P(y_i = k | y_{<i}, x) &= \text{softmax}(v_k^\top z_i) \\
&= \frac{\exp(v_k^\top z_i)}{\sum_{j=1}^{|\mathcal{V}_y|} \exp(v_j^\top z_i)}
\end{aligned}
\tag{4-6}
$$

式中，v_k 是编号为 k 的目标语言词的词嵌入。从直觉上看，与当前隐状态 z_i 相似的目标语言词嵌入会获得较大的概率。

根据式 (4-6) 计算得到的当前步概率分布 P_i，解码器就能输出当前的目标语言单词（图 4-9）。该步骤可以采用不同策略实现，4.4 节将具体介绍。

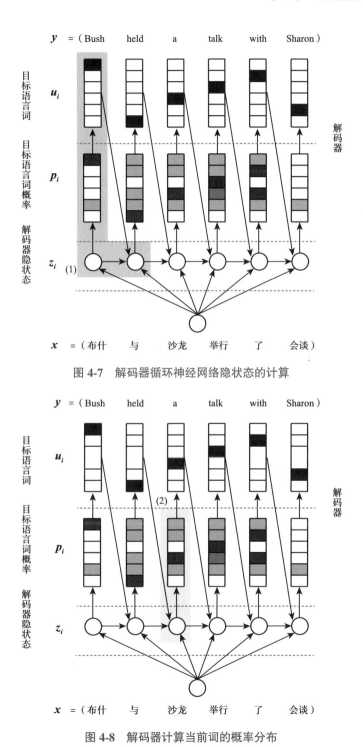

图 4-7　解码器循环神经网络隐状态的计算

图 4-8　解码器计算当前词的概率分布

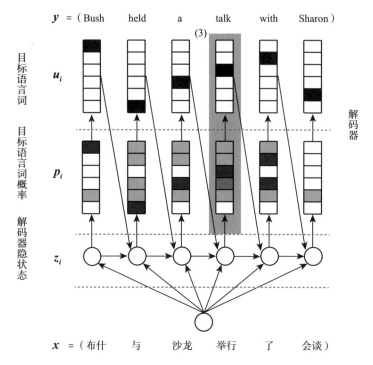

图 4-9　解码器根据概率分布输出目标语言单词

4.2　序列到序列学习

2014 年，文献 [28] 和文献 [27] 几乎同时提出了编码器-解码器结构。这两篇论文的主要区别包括以下几点。

（1）用法不同。看论文标题就能发现，文献 [28] 将基于编码器-解码器结构的神经网络用于统计机器翻译，具体而言是对统计机器翻译短语表中的短语对进行评估打分。而文献 [27] 标题中的 "Sequence to Sequence" 则指出了这篇论文直接利用神经网络生成目标语言序列。

（2）模型不同。虽然都是循环神经网络，但两者使用的门控机制不同。文献 [28] 提出了门控循环单元 GRU（见 2.3.2 节），而文献 [27] 使用的是长短时记忆网络 LSTM（见 2.3.2 节）。门控循环单元的计算较为简单，不过在某些情况下的效果可能不如长短时记忆网络 [96, 97]。此外，文献 [27] 使用的是 4 层深度网络。

（3）训练技巧不同。文献 [27] 对源语言句子做了逆序变换。例如，原本从 "a, b, c" 映射到 "α, β, γ" 的学习任务变换为从 "c, b, a" 映射到 "α, β, γ"。这一简单的变换带来了翻译质量的显著提升。文献 [27] 认为，一般而言，一个源语言单词与其在译文中对应的目标语言单词距离较远，因此，如果按照源语言原始语序输入单词到编码器然后再进行解码，那么源语言单词与对应的目标语言单词就可能具有较大的最小时差（Minimal Time Lag）；但是，如果对源语言句子做逆序变换，相当于拉近了源语言单词与其对应的目标语言单词在编码器-解码器神经网络中的信息流通距离，那么最小时差将会得到显著减小，由此，编码器-解码器神经网络便能够更容易地建立起源语言句子和目标语言句子之间的关联。文献 [27] 认为，其他相似的工作若也采用这一技巧，翻译质量应该也可以取得明显的提升。

从机器学习角度看，自然语言处理中的许多任务都可以归结为，将一个自然语言序列映射为另一个自然语言序列，这类任务可统称为序列到序列任务，类似机器翻译，都可以基于编码器-解码器结构进行建模。常见的序列到序列任务有问答、对话、复述生成、文本风格迁移、文本摘要、故事生成和诗歌生成等。

除了自然语言文本，一些其他模态的数据也可以视为序列，比如语音、图像，因而相应领域的任务也可以视为序列到序列任务，如语音识别、语音合成和图像描述等。

序列到序列任务的基本目标是实现输入序列到输出序列的某种转换，不同的转换目标定义了不同的任务，表 4-1 总结了前面提到的不同的序列到序列任务。

表 4-1　各种序列到序列任务

任务	输入	输出	转换目标
机器翻译	源语言文本	目标语言文本	输出是输入在另一种语言上的译文
问答	问题（阅读材料）	答案	输出是输入的回答
对话	对话历史	回复	输出是输入的合适回复
复述生成	文本	同一语言文本	输出是输入的同义复述
文本风格迁移	文本	同一语言文本	输出是输入语义相同但风格不同的转述
文本摘要	长文本	短文本	输出是输入的摘要
故事生成	短文本	长文本	输出是基于输入展开的故事
诗歌生成	短文本	诗歌	输出是基于输入生成的诗歌
语音识别	语音	文本	输出是输入对应的文本
语音合成	文本	语音	输出是输入对应的语音
图像描述	图像	文本	输出是对输入的描述

从更广泛的角度看，序列可以视为一种通用的数据形式，即便是语法树这种有结构的数据也可以转换为序列，因而语法分析这种经典的结构预测任务也可以转换为序列到序列任务进行处理[98]。甚至分类任务、回归任务的输出也可以由序列表示，这样几乎所有的自然语言处理任务都可以统一成序列到序列任务[99]。

4.3 训练

将神经机器翻译的模型参数记为 $\boldsymbol{\theta}$，训练通常采用极大似然估计，即

$$\hat{\boldsymbol{\theta}} = \arg\max_{\boldsymbol{\theta}} P(\boldsymbol{y}|\boldsymbol{x};\boldsymbol{\theta})$$
$$= \arg\max_{\boldsymbol{\theta}} \log P(\boldsymbol{y}|\boldsymbol{x};\boldsymbol{\theta}) \tag{4-7}$$

根据式 (4-2)，可进一步得到

$$\log P(\boldsymbol{y}|\boldsymbol{x};\boldsymbol{\theta}) = \sum_{t=1}^{|\boldsymbol{y}|} \log P(y_t|\boldsymbol{y}_{<t},\boldsymbol{x};\boldsymbol{\theta}) \tag{4-8}$$

注意到 $y_t \in \mathcal{V}_{\boldsymbol{y}}$，其中 $\mathcal{V}_{\boldsymbol{y}}$ 是目标语言的词汇表，可以发现，神经机器翻译实际上执行了一系列（$|\boldsymbol{y}|$ 个）多类分类任务。2.2.1 节介绍过，对于分类任务，极大似然估计等同于极小化交叉熵损失，损失函数为

$$\mathcal{L} = -\sum_{t=1}^{|\boldsymbol{y}|} \log P(y_t|\boldsymbol{y}_{<t},\boldsymbol{x};\boldsymbol{\theta}) \tag{4-9}$$

为了简洁，这里所写的损失函数是只有一个平行句对的情况。

根据损失函数，即可通过 2.2 节介绍的方法计算梯度、执行优化。

4.4 解码

神经机器翻译模型训练完成后，根据输入的源语言句子，通过解码可以得到目标语言译文。解码过程即是求解

$$\hat{\boldsymbol{y}} = \arg\max_{\boldsymbol{y}} P(\boldsymbol{y}|\boldsymbol{x};\boldsymbol{\theta}) \tag{4-10}$$

与训练不同，解码是一个组合优化问题。由于目标语言对应的可能译文是无限多的，即便限制句长为 L，候选数量仍是 $O(|\mathcal{V}_{\boldsymbol{y}}|^L)$ 量级，因此暴力搜索是不可行的。下面介绍三种解码算法。常规上，由于训练对目标语言句子从左到右依次计算 $P(y_t|\boldsymbol{y}_{<t},\boldsymbol{x};\boldsymbol{\theta})$，因此解码也从左到右进行计算。

1. 采样

从 $t = 1$ 开始，依次采样 $\tilde{y}_t \sim P(y_t|\boldsymbol{y}_{<t}, \boldsymbol{x}; \boldsymbol{\theta})$，直至采样到句子终止符 <eos> 为止。该算法的复杂度为 $O(|\mathcal{V}_{\boldsymbol{y}}| \times |\boldsymbol{y}|)$。采样的结果变化较大，虽然有助于改善解码译文的多样性，但翻译质量往往不尽如人意。

2. 贪心搜索

从 $t = 1$ 开始，依次求解 $\tilde{y}_t = \arg\max_{y_t} P(y_t|\boldsymbol{y}_{<t}, \boldsymbol{x}; \boldsymbol{\theta})$，直至得到句子终止符 <eos> 为止。该算法的复杂度为 $O(|\mathcal{V}_{\boldsymbol{y}}| \times |\boldsymbol{y}|)$。贪心搜索不像采样那样波动剧烈，但翻译质量同样是比较差的。

3. 柱搜索

柱搜索[①]（Beam Search）示意图如图 4-10 所示。该算法有一个超参数 K，称为柱宽度（Beam Width，Beam Size）。图中 $K = 3$。每一个时间步维护 K 个候选，下一个时间步的候选译文在它们的基础上进行扩展得到，共 $|\mathcal{V}_{\boldsymbol{y}}|K$ 个候选，从中选择得分最高的 K 个候选，再进行下一个时间步。图中的黑色方块代表维持在柱中的候选。当柱中的所有候选均已生成句子终止符 <eos> 时，搜索结束。该算法的复杂度为 $O(|\mathcal{V}_{\boldsymbol{y}}| \times K \times |\boldsymbol{y}|)$。显然，当 $K = 1$ 时，柱搜索便是贪心搜索；当 $K \to \infty$ 时，柱搜索的解 $\tilde{\boldsymbol{y}} \to \hat{\boldsymbol{y}}$。然而，翻译质量与 K 并不是单调相关的。通常选择 $K = 5$ 左右，或者通过验证集选择合适的 K 值。柱搜索得到的翻译质量明显优于采样和贪心搜索，但是解码速度较慢。

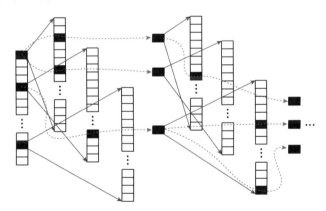

图 4-10　柱搜索示意图

---

① 又称为光束搜索、集束搜索。

4.5 阅读材料

早在20世纪90年代，就有研究人员利用神经网络构建机器翻译模型[100, 101]。然而，受制于当时的算力，实验基本是在模拟的小规模数据上进行的（具体可见 1.5.2 节），并没有展现出神经网络翻译自然语言的真实能力，因此，基于神经网络的机器翻译在当时并没有引起足够的重视和注意，在同一个时期提出的统计机器翻译逐渐发展成为后来机器翻译的主流范式。

神经网络与机器翻译的结合有多种方式，如图 4-11 所示。神经机器翻译是其中结合方式的一种，专指只利用神经网络直接进行端到端机器翻译的方法，如图 4-11(a) [27] 所示。在神经机器翻译成为机器翻译主流范式之前，神经网络也曾作为统计机器翻译中的一个子模块发挥作用，比如用于重排序，如图 4-11(b) [26, 102] 所示，或者作为统计机器翻译的特征提取器，如图 4-11(c) [28, 49] 所示。当神经机器翻译这种端到端简洁优雅的模式展现出惊人的机器翻译能力后，机器翻译快速进入了深度学习时代并诞生了很多深度学习新技术（如本章介绍的编码器-解码器结构、第 7 章介绍的 Transformer 等）。

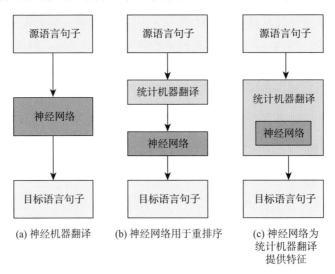

    (a) 神经机器翻译   (b) 神经网络用于重排序   (c) 神经网络为统计机器翻译提供特征

图 4-11　神经网络与机器翻译结合方式

4.6　短评：神经机器翻译之独立同发现——编码器-解码器 vs. 序列到序列

一般认为，神经机器翻译正式开始于 2014 年提出的两个基于循环神经网络的神经网络模型：编码器-解码器（Encoder-Decoder）[28] 及序列到序列（Sequence-to-Sequence）架构 [27]。前者由蒙特利尔大学 Yoshua Bengio 团队提出，第一作者为 Kyunghyun Cho，当时为 Yoshua Bengio 的博士后，论文正式发表于 EMNLP 2014（投稿截止日期为 2014 年 6 月 2 日）；后者由 Google Brain 团队提出，第一作者为 Ilya Sutskever[①]，师从 Geoffrey Hinton，Google Brain 团队的工作正式发表于 NIPS 2014（投稿截止日期为 2014 年 6 月 6 日）。

两种架构的基本思想都是：（1）利用一个循环神经网络作为编码器（或者称为阅读器或输入循环神经网络）将一个不定长源语言序列 x 转成一个定长的向量 c（一般称为 Context Vector）；（2）利用另一个循环神经网络作为解码器（或者称为书写器或输出循环神经网络），依赖定长向量 c 生成对应的目标语言序列 y；（3）联合训练编码器和解码器，最大化概率 $\sum_{i=1}^{N} \log P(y^{(i)}|x^{(i)})$（$N$ 为训练数据平行样本数量）。两者不同的地方在于蒙特利尔大学的编码器-解码器架构提出之初主要用于**重评估**（Rescoring）统计机器翻译引擎生成的译文概率，而 Google Brain 团队的序列到序列架构则直接作为独立的端到端机器翻译模型使用（更多不同可见 4.2 节）。

对于两篇论文正式发表的会议 EMNLP 和 NIPS[②]，当年会议截稿日期都在 6 月初，因此可以认为这两项研究工作是独立同发现的，或者称为重复发现（Multiple Discovery）。科学社会学奠基人罗伯特·金·莫顿将**重复发现**（Multiple Discovery）定义为独立开展研究的一位科学家或者一组合作的科学家得出相似发现的情形，与重复独立发现对应的是**独特发现**（Singleton Discovery），即由单一的科学家或一组合作的科学家得出的独一无二的发现。

在科学史上有许多著名的重复发现的例子，比如 17 世纪由牛顿、莱布尼茨等人各自独立发明的微积分，18 世纪由舍勒、普里斯特里、拉瓦锡各自独立发现的氧气，19 世纪由达尔文和华莱士分别独立提出的进化论等。重复发现并不仅仅限于这些大科学家的重大发现或发明，莫顿对比了重复发现和独特发现，认为科学发现的常态是多人独立同发现，而不是独特发现，即**重复独**

---

① 后来离开 Google，成为 OpenAI 首席科学家，Sutskever 博士同时也是 AlexNet、AlphaGo、TensorFlow 的共同发明者。

② 2018 年改名为 NeurIPS。

立发现（Multiple Independent Discovery）理论。为此，维基百科专门给出了一个重复发现的列表，列出了从 13 世纪到 21 世纪重复发现及发明的典型例子。

重复独立发现，通俗地说，就是思想"撞车"，按古人的说法，即是"英雄所见略同"。很多发现、发明，到了一定时机，可能被多个"聪明的脑袋"同时想到。神经机器翻译的出现，实际上正是由多个进展或因素推动的，时机成熟了，同时被两个团队发现。推动神经机器翻译出现的因素可能包括：

- 2010 年后，统计机器翻译逐步步入平台期，模型越来越复杂，性能提升却很少；
- 深度学习在语音、视觉领域取得了显著进展；
- 神经网络与统计机器翻译的结合，逐步从以统计机器翻译为主、神经网络作为子部件逐步发展为神经网络为主框架；
- 2013 年 Kalchbrenner 和 Blunsom 已经提出神经网络模型将一个不定长文本序列映射为向量，为上面两项工作奠定了一定基础；
- 同在 2013 年，Mikolov 等人在词嵌入上的研究工作产生了较大的影响力。

"重复独立发现"在不同学科、领域和研究方向上存在的普遍性，可能给我们带来如下启示：

- 在研究过程中，要大量阅读已有文献，避免自己的想法或进行的工作实际上是对已发表研究工作不知情下的重复发现，即要避免闭门造车、重复造车。
- 在研读文献时，可能会发现已发表研究工作与自己的想法"如出一辙"或者"似曾相识"，这时有些人可能会觉得受打击或者产生气馁的感觉，其实大可不必，以平常心待之，可以从别人的研究工作中看到哪些是自己没有考虑到的，哪些想法经试验验证是可行或者不可行的。已发表研究工作正好提供了一个检视和修正自己想法的机会，经常审视自己的想法和思考角度，不愁找不到新的研究思路。

第 5 章

基于注意力的
神经机器翻译

第 4 章介绍的经典神经机器翻译模型虽然取得了鼓舞人心的进展，
但其翻译质量仍然无法超越传统的统计机器翻译模型。研究人员分析
发现，经典神经机器翻译模型存在许多问题。本章将介绍经典神经机器
翻译模型存在的一个主要瓶颈，以及针对该问题的一种非常有效的解决
方案——注意力机制。注意力机制的引入对神经机器翻译模型产生了深
远的影响，注意力机制也成为目前神经机器翻译模型的一个标准配置模
块。除此之外，本章还将介绍对经典注意力机制的各种改进方法，以及
谷歌翻译 GNMT 模型架构。

5.1 经典神经机器翻译模型的瓶颈

经典神经机器翻译模型将不同长度的源语言句子都编码成一个固定长度的向量表示（Fixed-Length Vector），并希望该向量包含源语言句子的所有信息。虽然从可视化分析中可以看出这些向量确实蕴含了源语言句子的语义信息（见图 4-6），但仅依赖固定长度的向量表示翻译可变长度的句子，从直觉上看，存在缺陷，因为长句和短句包含的信息量肯定是不同的。如果希望任意长的句子包含的信息都能被编码成一个固定长度的向量，这对于编码器而言似乎是勉为其难了。因此，这一固定长度的向量成了制约经典神经机器翻译模型的"瓶颈"。

上述直觉在实验上得到了印证。文献 [103] 中的图 4(a) 显示了经典神经机器翻译模型的翻译质量随待翻译句子长度（句长）变化的趋势。一般而言，常见数据集的平均句长在 20 个单词左右。从文献 [103] 的图 4(a) 中可以看出，从句长 20 个单词往后，翻译质量呈不断下降趋势。这可能就是编码器固定维度向量带来的瓶颈效应。相比之下，传统的统计机器翻译模型不存在这种随着句子长度增加翻译质量明显下降的问题，如文献 [103] 的图 5 所示。

5.2 注意力机制

如果仅仅考虑固定长度向量带来的问题，这个困难似乎是容易解决的。对于循环神经网络实现的编码器，每一个位置 j 都对应一个隐状态 $\boldsymbol{h}_j$。一般认为，该隐状态蕴含了位置 j 的语义信息。因此，这些隐状态的集合 $\{\boldsymbol{h}_j\}_{j=1}^{|\boldsymbol{x}|}$ 可以视为源语言句子的表示，也就是一个与源语言句子长度 $|\boldsymbol{x}|$ 成比例的变长表示。但是，如何在解码器中利用这些变长表示仍然是一个棘手的问题。

在讨论解决该问题的方案之前，我们先看一下人类译员的翻译过程，尤其是翻译较长句子的过程。翻译时，人类译员通常会反复查看源语言句子。在构建目标语言译文时，根据当前已翻译部分，查看源文中的哪一部分是当前需要处理的，从而加以注意。

考虑一个简单的中译英实例："语言学/是/语言/艺术/的/科学" → "Linguistics is a science of the art of language"，其中斜杠代表中文的单词切分。在需要译出 "Linguistics" 时，应该主要注意源语言单词 "语言学"，而在需要译出 "art" 时，则应该主要注意 "艺术"。对于 "is"，不仅需要注意源文中的 "是"，而且需要把握整个句子的人称、时态等信息。总而言之，翻译中需要注意源文部分是灵活的，有时候只注意源文中的一个单词就可以，有时候则需要注意更多的内容。

　　上述分析启发研究人员为经典神经机器翻译模型设计了一种**注意力机制**（Attention Mechanism），如图 5-1 所示。

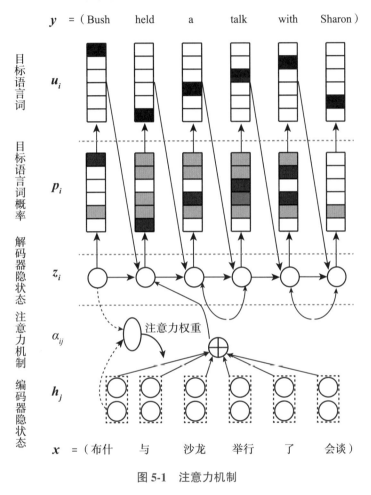

图 5-1　注意力机制

　　引入注意力机制后，对于循环神经网络实现的解码器，第 i 个位置的隐状态可以由下式计算得到：

$$z_i = \phi_{\mathrm{dec}}(c_i, z_{i-1}, u_{i-1}) \tag{5-1}$$

式中，z_{i-1} 是前一个隐状态，u_{i-1} 是前一个单词。两者与在经典神经机器翻译模型中相同（见式 (4-5)），但上下文向量（Context Vector）c_i 是经典神经机器翻译模型中没有的部分，它根据注意力机制计算得到，代表解码器在当前状态下需要"注意"的上下文，随位置 i 动态变化，计算方式如下：

$$\boldsymbol{c}_i = \sum_{j=1}^{|\boldsymbol{x}|} \alpha_{ij} \boldsymbol{h}_j \tag{5-2}$$

$$\alpha_{ij} = \frac{\exp(e_{ij})}{\sum_{k=1}^{|\boldsymbol{x}|} \exp(e_{ik})} \tag{5-3}$$

$$e_{ij} = a(\boldsymbol{z}_{i-1}, \boldsymbol{h}_j) \tag{5-4}$$

式 (5-4) 计算的是能量分数（Energy Score）e_{ij}，可以理解为目标语言句子位置 i 和源语言句子位置 j 的对齐分数，该分数基于解码器隐状态 $\boldsymbol{z}_{i-1}$ 和编码器隐状态 $\boldsymbol{h}_j$，根据兼容函数（Compatibility Function）a 计算得到，具体计算方式有多种，如：

$$a(\boldsymbol{h}, \boldsymbol{z}) = \begin{cases} \boldsymbol{h}^\top \boldsymbol{z} \\ \boldsymbol{h}^\top \boldsymbol{W}_a \boldsymbol{z} \\ \boldsymbol{W}_a[\boldsymbol{h}; \boldsymbol{z}] \\ \boldsymbol{v}_a^\top \tanh(\boldsymbol{W}_a \boldsymbol{h} + \boldsymbol{U}_a \boldsymbol{z}) \end{cases} \tag{5-5}$$

分别是点积、双线性、连接、单层神经网络，其中后面 3 种引入了新的参数（即 $\boldsymbol{W}_a$、$\boldsymbol{U}_a$ 矩阵）。

能量分数 e_{ij} 经过 softmax 归一化后得到注意力权重（Attention Weight）α_{ij}。由于 softmax 函数本身的性质，注意力权重取值范围为 $[0,1]$，并且对于任意解码器位置 i 都有

$$\sum_{j=1}^{|\boldsymbol{x}|} \alpha_{ij} = 1$$

因此，注意力权重拥有概率解释，或者可以说，注意力机制本质上计算了一个概率分布，该分布给出了解码器处于位置 i 时源语言句子各个位置 j 对应的概率。对于神经机器翻译任务而言，注意力权重可以理解为对齐概率。传统的单词对齐只代表对齐与否，而注意力机制中的对齐概率可以视为一种软对齐（Soft Alignment）。

上下文向量 $\boldsymbol{c}_i$ 是源语言句子各个位置的表示 $\boldsymbol{h}_j$ 根据注意力权重计算得到的凸组合，从概率角度看，上下文向量是编码器隐状态 $\{\boldsymbol{h}_j\}_{j=1}^{|\boldsymbol{x}|}$ 在由注意力机制计算得到的概率分布下的期望。

如果由目标语言句子位置 i 计算得到的注意力权重只在某个源语言句子位置 j 的值较大，那么上下文向量 $\boldsymbol{c}_i$ 基本上就等于 $\boldsymbol{h}_j$，此时解码器可能输

出源语言句子位置 j 单词对应的翻译。从图 5-2 中可以看到，某些单词（如"1992"）的对齐结果是十分清晰的，注意力权重确实仅在某一位置取值较大，而在其他位置取值均非常小。此外，在这个例子中，注意力机制对多词表达（Multiword Expression）（如"European Economic Area"）的对齐也处理得较好。多词表达是至少包含两个单词且在语法或（及）语义上具有特质的短语，如复合名词、成语和固定表达等，它往往会给单词对齐带来挑战 [104]。值得说明的是，注意力机制是同编码器–解码器模型在平行句对上一起训练的，并没有显式的对齐信号监督训练，合理的注意力权重是模型自动从数据中学到的。注意力机制为原本是黑盒的神经机器翻译模型提供了一种可解释性方法，有一些公开工具可进行注意力机制的可视化 [105]，从而帮助研究人员理解神经机器翻译模型是如何翻译源语言输入的。

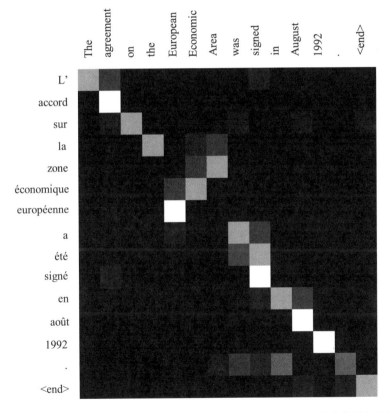

图 5-2　对注意力机制计算得到的对齐概率进行可视化，横轴是源语言（英语）句子，纵轴是目标语言（法语）句子，颜色越深，对齐概率越低

经典神经机器翻译模型在增加注意力机制后，译文质量得到了显著提升。

此外，翻译质量随句子长度增加而显著下降的问题也得到了明显缓解，如文献 [29] 中的图 2 所示。

最后，经典神经机器翻译模型中的注意力机制可以纳入**广义注意力**（Generalized Attention）的框架中。广义注意力机制根据一个**查询**（Query）$\boldsymbol{q}$，将一系列**键**（Key）$\{\boldsymbol{k}_j\}$ 映射为一个注意力分布，最后利用该分布将一系列**值**（Value）$\{\boldsymbol{v}_j\}$ 组合成输出。键和值一一对应，从而构成**键值对**（Key-Value Pair）。用公式表示，广义注意力机制的输出为

$$A(\boldsymbol{q}, \{\boldsymbol{k}_j\}, \{\boldsymbol{v}_j\}) = \sum_j P(a(\boldsymbol{q}, \boldsymbol{k}_j)) \boldsymbol{v}_j$$

式中，a 为兼容函数，P 为**分布函数**（Distribution Function），通常采用 softmax 函数。在经典神经机器翻译模型的注意力机制中，查询 $\boldsymbol{q}$ 通常为解码器上一个位置的隐状态，即 $\boldsymbol{q} = \boldsymbol{z}_{i-1}$，键和值一般取值相同，即 $\boldsymbol{k}_j = \boldsymbol{v}_j = \boldsymbol{h}_j$，为编码器隐状态（或源语言句子位置 j 处的表示）。

5.3 注意力机制的改进

注意力机制在被提出后引起了研究人员广泛的研究兴趣，多种改进型的注意力机制陆续提出，本节选取部分改进方法进行介绍。

5.3.1 全局注意力机制和局部注意力机制

在 5.2 节介绍的经典注意力机制中，解码器隐状态与源语言句子中每个位置对应的编码器隐状态表示进行兼容性运算，从而得到注意力权重，这种方法称为**全局注意力**（Global Attention）机制。当源语言句子较长时，全局注意力机制不仅计算量较大，而且其计算的注意力权重准确性也会降低，如果希望将注意力机制推广应用于段落、篇章，则全局注意力机制可能不是最优方案。

一个自然的改进方法是让注意力机制只注意源语言输入的局部区域，此方法称为**局部注意力**（Local Attention）机制。文献 [106] 提出了一种实现局部注意力机制的方法，该方法首先预测解码器当前位置 i 应当注意的源语言输入的中心位置 p_i，然后将注意力限制在 $[p_i - D, p_i + D]$ 的窗口范围内，其中 D 是一个超参数。中心位置 p_i 可以由一个简单的神经网络进行预测：

$$p_i = |\boldsymbol{x}| \cdot \text{sigmoid}(\boldsymbol{v}_p^\top \tanh(\boldsymbol{W}_p \boldsymbol{z}_{i-1})) \tag{5-6}$$

式中，$\boldsymbol{W}_p$ 和 $\boldsymbol{v}_p$ 是参数；$|\boldsymbol{x}|$ 是源语言句长。以预测的位置为中心，注意力按

高斯分布衰减：

$$\tilde{\alpha}_{ij} = \alpha_{ij} \exp\left(-\frac{(j-p_i)^2}{2\sigma^2}\right) \tag{5-7}$$

式中，α_{ij} 按式 (5-3) 计算，$\sigma = D/2$ 是一个超参数。注意，p_i 是一个在 $[0, |\boldsymbol{x}|]$ 范围内的实数，而 j 是一个 $[p_i - D, p_i + D]$ 范围内的整数。

5.3.2　注意力覆盖

由注意力机制计算得到的注意力权重 α_{ij} 对于源语言侧的下标 j 是归一化的，即 $\sum_j \alpha_{ij} = 1$，但是对于目标语言侧的下标 i 不是归一化的。一个源语言单词既可能在多个目标语言位置贡献很大的注意力权重，也可能在所有目标语言位置贡献很小的注意力权重。研究发现，神经机器翻译中观察到的过译（Over-Translation）（源语言单词被多次重复翻译）和漏译（Under-Translation）（源语言单词未被翻译）问题可能与注意力机制的这种缺陷有关。

在统计机器翻译中，**覆盖集**（Coverage Set）[107] 常用来防止过译和漏译。当一个源语言单词被翻译后，该单词会被加入覆盖集中，后续解码将只翻译尚未覆盖的单词（防止过译），并且解码结束时所有的源语言单词都应当被覆盖（防止漏译）。虽然神经机器翻译难以直接使用覆盖集，但对源语言的单词覆盖进行建模的思想仍是值得参考的。

文献 [108] 引入了**覆盖向量**（Coverage Vector），以在神经机器翻译中对注意力覆盖进行建模。覆盖向量 $\boldsymbol{C}_{i,j}$ 代表解码器在位置 i 时历史注意力对于源语言侧表示 $\boldsymbol{h}_j$ 的覆盖情况。由于覆盖向量随解码过程进行更新，因此使用循环神经网络来计算覆盖向量是比较自然的选择：

$$\boldsymbol{C}_{i,j} = f(\boldsymbol{C}_{i-1,j}, \alpha_{i,j}, \boldsymbol{h}_j, \boldsymbol{z}_{i-1}) \tag{5-8}$$

式中，f 是非线性函数，可以选择 tanh 或门控循环单元等。从该式可看出，覆盖向量的计算考虑了历史的覆盖情况 $\boldsymbol{C}_{i-1,j}$、当前的注意力 $\alpha_{i,j}$、历史的翻译情况 $\boldsymbol{z}_{i-1}$，以及源语言侧表示 $\boldsymbol{h}_j$。

引入覆盖向量后，注意力的计算也需要考虑历史的覆盖情况，因此，能量分数的计算修改为

$$e_{i,j} = \boldsymbol{v}_a^{\top} \tanh(\boldsymbol{W}_a \boldsymbol{z}_{i-1} + \boldsymbol{U}_a \boldsymbol{h}_j + \boldsymbol{V}_a \boldsymbol{C}_{i-1,j}) \tag{5-9}$$

相比于式 (5-4) 及式 (5-5)，该式增加了历史覆盖及对应的参数。

5.3.3 注意力引导训练

注意力机制中的注意力权重可视为一种软对齐。如果将注意力机制自动学到的对齐放到传统的单词对齐中进行评价，会发现它的对齐错误率是比较高的。因此，一个自然的想法是利用传统单词对齐中较好的对齐为注意力机制提供监督信号，从而以一种显式方式引导注意力机制的训练。

下面以一个平行句对 $(\boldsymbol{x}, \boldsymbol{y})$ 为例介绍一种注意力引导训练方法[109]。该方法首先利用传统单词对齐工具，如 GIZA++，获得单词对齐，并对结果进行简单的处理，得到 $|\boldsymbol{y}| \times |\boldsymbol{x}|$ 的对齐矩阵 $\hat{\boldsymbol{\alpha}}$。将该对齐矩阵中的对齐信息加入损失函数，以辅助模型参数 $\boldsymbol{\theta}$ 的训练：

$$- \log P(\boldsymbol{y}|\boldsymbol{x}; \boldsymbol{\theta}) + \lambda \cdot \Delta(\alpha, \hat{\boldsymbol{\alpha}}; \boldsymbol{\theta}) \tag{5-10}$$

式中，α 是经注意力机制计算得到的注意力权重（它是 $\boldsymbol{\theta}$ 的函数）；Δ 是衡量 α 和 $\hat{\boldsymbol{\alpha}}$ 之间差异的函数；$\lambda > 0$，是超参数。Δ 函数的选择可以有多种形式，其中一种是采用交叉熵：

$$\Delta(\alpha, \hat{\boldsymbol{\alpha}}; \boldsymbol{\theta}) = - \sum_i \sum_j \hat{\alpha}_{i,j} \log \alpha(\boldsymbol{\theta})_{i,j} \tag{5-11}$$

5.3.4 其他改进方法

在神经机器翻译出现之前，统计机器翻译已经历了多年的发展，积累了丰富的关于统计对齐、统计翻译等方面的思想和方法。一些统计机器翻译思想可以借鉴到神经机器翻译建模中。这方面的研究工作还有许多，基本思想是认为神经机器翻译的归纳偏置是比较简单的，增加一些统计机器翻译先验知识可能会带来帮助。

文献 [110] 将传统单词对齐模型中更多的结构偏置引入基于注意力的神经机器翻译模型中，包括位置偏置（Positional Bias）、马尔可夫条件（Markov Condition）、繁衍度（Fertility）和双语对称性（Bilingual Symmetry）。对注意力机制的改进中，文献 [111] 在计算注意力权重时考虑了上一步的上下文向量，并认为这是对统计机器翻译中重排序位置扭曲（Distortion）的隐式建模；除此之外，在解码器中还引入了另一种覆盖向量代表未翻译的源语言单词，但这一覆盖向量不参与注意力机制的计算，而是影响解码器隐状态的计算，文献 [111] 认为这是对繁衍度的隐式建模。文献 [112] 则对扭曲进行了显式建模，每一步的注意力权重由原始的注意力权重和扭曲模型通过超参数线性组合得到。

5.4 基于注意力的多层神经机器翻译模型 GNMT

　　谷歌早在 2006 年就推出在线翻译服务,当时采用的是统计机器翻译引擎。到了 2016 年,神经机器翻译已经在许多语言对上表现出超越统计机器翻译的趋势。谷歌在线翻译便开始逐步上线基于神经机器翻译的服务,以取代此前开发了 10 多年的统计机器翻译引擎。同时,谷歌公开了一份技术报告[30],介绍了第一个上线的神经机器翻译模型 GNMT(Google's Neural Machine Translation)。GNMT 整合了当时最先进的神经机器翻译思想与技术,并在工程上进行了优化。本节将围绕图 5-3 介绍 GNMT 在模型架构方面的设计。

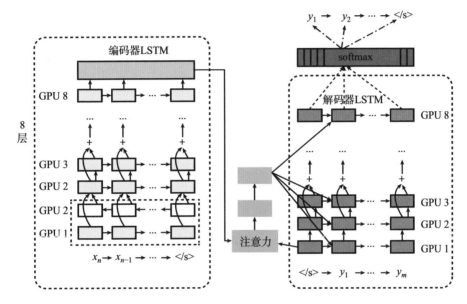

图 5-3　GNMT 模型架构[30]

5.4.1 整体结构

　　由图 5-3 可见,GNMT 整体上是一个基于注意力的多层神经机器翻译模型。编码器和解码器均为 8 层循环神经网络,门控机制采用的是长短时记忆网络 LSTM。与深度学习在其他领域的应用类似,深层神经网络通常可以比浅层神经网络取得更好的效果。

5.4.2 残差连接

简单地堆叠网络层数会导致训练收敛缓慢，甚至失败，所以以往的 LSTM 网络一般不超过 4 层。由于残差连接在其他任务上的优良表现，GNMT 引入了**残差连接**（Residual Connection），以帮助训练多层神经网络。从编码器和解码器的第 3 层开始出现残差连接，如图 5-3 中的加号所示。例如，第 4 层循环神经网络的输入是第 3 层原始输出与第 3 层输入之和。

5.4.3 双向编码器

在翻译过程中，整个输入的源语言序列对编码器总是可见的，并不需要固定按照从左到右的顺序进行编码。文献 [29] 采用了反向编码器（即按照从右到左的顺序逐步计算循环神经网络），并将正向编码器与反向编码器得到的表示拼接起来作为最终的表示。GNMT 同样采用了**双向编码器**（Bidirectional Encoder），但仅用于编码器底层（图 5-3 中的浅黄色模块即反向循环神经网络）。该层将正向表示与反向表示连接后作为第 2 层单向（即正向）循环神经网络的输入。

5.4.4 模型并行

图 5-3 中标示的 GPU 显示了 GNMT 模型的各部分被分割在多个 GPU 上进行运算，以实现模型并行。编码器和解码器的各层均被分割到不同 GPU 上；由于只有编码器底层有双向循环神经网络，因此，除了编码器第 2 层需要等待双向计算完成，第 3 层及更高层的计算不必等待之前层整个序列的计算完成，从而实现加速。此外，解码器最后的 softmax 部分也做了模型并行，每个运算单元负责一部分目标语言单词相关的计算。

模型并行对模型结构产生了一定的限制。例如，假如编码器每一层都使用双向循环神经网络，那么只能并行地使用 2 张 GPU。又如，GNMT 中的注意力机制采用底层解码器的输出参与计算，假如采用顶层解码器的输出，那么解码器各层的计算将无法实现并行。

5.5 阅读材料

当注意力集中在一个物体上时，该物体会成像在视网膜的中央凹区域，这是视网膜中视觉最敏锐的区域，能呈现最高的分辨率。而在视野边缘的物体，人眼分辨率通常较低。这一现象启发研究人员在计算机视觉任务中使用不同粒度的分辨率处理图像，称为**视觉注意力**（Visual Attention）[113, 114]。

除了机器翻译，注意力机制还很快被应用到人工智能的许多方面，包括其他自然语言处理任务 [115]、语音 [116]、视觉 [117] 和图结构数据 [118] 等。文献 [119] 是一个总括性的综述。

5.6 短评：注意力机制与认知注意

一般认为，神经网络中的注意力机制是"模拟"人脑的**认知注意**（Cognitive Attention）。系统化讨论注意力机制与认知注意是一个跨学科问题（感兴趣的读者可参考文献 [120]），超出了本短评的范围，这里仅做简要介绍，并试图抛出一些问题，希冀引起读者更广泛的兴趣及讨论。

1. 认知注意

根据维基百科中的定义，**认知注意**是一种选择性地关注某些信息，并忽视其他可观察信息的认知过程和行为，其本质是有限认知计算资源的选择性分配。神经科学认为，人脑信息处理是以"瓶颈"为重要特征的，瓶颈约束了人们在多任务情境下可以观察到的信息和可以采取的行动。人脑每秒能处理的数据信息是有限的，能够进入"意识状态"进行处理的信息也是有限的，比如只有 1% 的视觉数据能进入意识瓶颈中进行处理（当人们全神关注某个事物时，对眼前经过的其他事物常常视而不见）。认知注意便是将信息选择性地送入意识处理的一种认知机制。

2. 注意力机制

神经网络中的注意力机制是一种使神经网络在每个时间步只聚焦于某些重要或相关元素的一种计算机制。这与认知注意的"选择性注意"是相似的。目前，神经网络中广为应用的注意力机制大致可分为两类：一类是输出与输入之间的注意，另一类是输入或输出内部相互注意。这两类在 Transformer（详见第 7 章）中都有体现，前者称为**交叉注意力**（Cross-Attention），后者称为**自注意力**（Self-Attention）。Goodfellow 等人在《深度学习》[52] 一书中认为，注意力机制通常包含如下 3 个部分。

- 阅读器（Reader）：处理原始数据，将原始数据转化为分布式表示；
- 记忆库（Memory）：存储阅读器的输出；
- 使用（Exploit）：访问记忆库并选择性使用记忆库中存储的信息。

注意力机制的引入大大提升了自然语言处理、语音和视觉等多个任务的性能，使神经网络可以在每个时间步探测到相关元素和信息，提升了神经网络的表征能力（如自注意力机制获得的单词上下文感知表示、一种信息对另外一种信息的感知表示等）。同时，注意力机制也常常用于模型的可解释性分析[121]，因为注意力的可视化在某种程度上展现了神经网络模型的"关注点"。但是，也有一些研究工作认为，注意力机制与模型可解释性之间的关系存在争议[122, 123]。

3. 认知注意启发注意力机制研究

进一步深入研究，并在跨学科（神经科学、认知科学、机器学习和自然语言处理等）的广阔范围探讨认知注意与神经网络注意力机制之间的内在关系，有助于两者的进一步发展[120]。从认知注意启发神经网络注意力机制的角度看，下面几个问题值得研究和探讨。

（1）认知注意指导人工注意力模型。比如利用认知处理信号（眼动数据、脑电图数据）指导神经网络注意力学习；

（2）注意与记忆库。与人脑不同，大部分神经网络没有显式的记忆库。认知注意显然和大脑记忆有密切关系，虽然目前还不清楚认知注意与记忆以何种方式交互[120]，但认知神经科学的相关研究成果对发展显式的人工神经网络记忆模型具有启发和借鉴意义；

（3）注意与学习。认知注意在教育领域也得到了重视和研究[124]，因为认知注意通过控制进入记忆中的信息引导学习。神经网络中的注意力通常与整体模型一起在数据中训练，一旦训练完成，注意力模型就很少继续学习[120]。因此，借鉴和模拟认知注意与学习的机理可以创新神经网络的训练和学习模式。

经济学家、心理学家、诺贝尔奖获得者 Daniel Kahneman 在其畅销书《思考，快与慢》中，提出了系统 1 和系统 2 的概念。Daniel Kahneman 认为，大脑存在快与慢两种做决策的系统。并将快系统称为无意识的"系统 1"，它是直觉的、快速的、非语言的、习惯性的。有意识的"系统 2"则通过调动注意力分析和解决语言、数学等类型的问题。受此启发，图灵奖得主、深度学习"三驾马车"之一的 Yoshua Bengio 在多次大会特邀报告[125]中指出，深度学习系统是有可能向有意识的系统 2 发展的，并认为其中一个很重要的元素便是注意力。某种意义上，对注意力的深入研究，有可能引领未来深度学习的更大发展与突破。

第 6 章

基于卷积神经网络的
神经机器翻译模型

在神经机器翻译发展的初期，模型结构以循环神经网络为主。从前面章节对编码器、解码器及循环神经网络的介绍中可以发现，循环神经网络具有时域上的依存约束，即当前步的计算需要等待历史步计算完成之后才能开始。时域的依存约束使得基于循环神经网络的神经机器翻译难以实现并行计算，而另一种常用神经网络——卷积神经网络，则不受此限制。但将神经机器翻译从循环神经网络迁移到卷积神经网络，并不是一件容易的事情。本章将介绍基于卷积神经网络的神经机器翻译，6.1节介绍基于卷积神经网络的编码器[126]，6.2 节探讨全部基于卷积神经网络的序列到序列模型[31]。此外，为了增加模型的多样性，6.3 节还将介绍一种特殊的基于卷积神经网络的神经机器翻译模型 ByteNet[127]。

6.1 卷积编码器

早期的神经机器翻译采用循环神经网络构建模型，一个直观的原因是，自然语言是变长的，而循环神经网络是处理变长序列的首选。但是，如果增加一些假设，比如把上下文窗口限制在固定长度范围内，就能把变长序列转化为固定长度的输入。对于神经机器翻译，这种局部性假设可能会带来一些影响[①]，但是这些影响基本可控，且可以通过其他方法弥补（后面会具体介绍）。基于这一假设，卷积神经网络就可以用于神经机器翻译建模。

那么，相比于循环神经网络，用卷积神经网络构建神经机器翻译存在什么优势呢？

- 在卷积神经网络中，每个卷积核独立处理固定长度的输入，它们之间不存在时域依存约束，因此可以并行，从而加快神经机器翻译的运算速度，尤其是训练速度。而训练速度对于需要在大规模平行语料上训练的神经机器翻译至关重要。

- 卷积神经网络可能更利于机器翻译模型从数据中学习。如果将从输入到输出的计算展开，卷积神经网络基本上是一棵平衡树，而循环神经网络则极端不平衡。在循环神经网络中，最前的输入经历了多次非线性变换，而最后的输入经历的非线性变换则较少，这也是导致循环神经网络出现梯度消失等难以训练问题的原因之一。

卷积神经网络所能处理的输入长度 n 取决于卷积核宽度 k 和网络深度 h：$n = (k-1)h + 1$。因此，在卷积核宽度不变的条件下，增加网络深度可以获得对更大范围输入上下文的捕获，而深层网络中的多重非线性计算也可以使网络在必要时集中于特定单词的处理。深层网络中常见的残差连接也可以用于卷积编码器，即将卷积层的输入加到卷积层的输出上，随后施加非线性激活函数（因此，残差连接没有越过非线性函数）。

最终的卷积编码器包括图 6-1 所示的两个深度卷积神经网络，左上的卷积神经网络称为 CNN-a，右上的卷积神经网络称为 CNN-c。这两个卷积神经网络具有相同的网络结构，仅参数不同。CNN-a 计算得到的编码器输出 h_j 用于计算注意力权重 α_{ij}，而 CNN-c 的计算结果用于与注意力权重组合得到上下文向量 c_i：

$$h_j = \text{CNN-a}(e)_j \tag{6-1}$$

[①] 类似于基于短语的统计机器翻译，将单词之间的依存关系限定在短语内部。

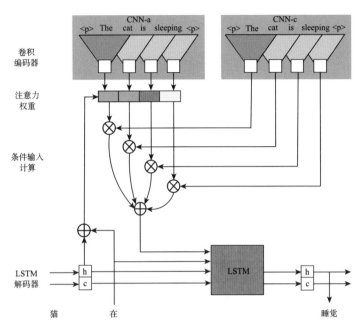

图 6-1　卷积编码器 [126]

$$\alpha_{ij} = \frac{\exp(\boldsymbol{d}_i \cdot \boldsymbol{h}_j)}{\sum_{k=1}^{L_{\boldsymbol{x}}} \exp(\boldsymbol{d}_i \cdot \boldsymbol{h}_k)} \tag{6-2}$$

$$\boldsymbol{c}_i = \sum_{j=1}^{L_{\boldsymbol{x}}} \alpha_{ij} \text{CNN-c}(\boldsymbol{e})_j \tag{6-3}$$

式中，$\boldsymbol{e}$ 为输入的向量序列；$\boldsymbol{d}_i$ 根据解码器状态计算得到，用于计算注意力权重。在常规的注意力机制中，同一个编码器输出（隐状态），既参与注意力权重的计算，也用于与注意力权重结合得到上下文向量。但在卷积编码器中，文献 [126] 发现，使用两个卷积神经网络得到两组不同的编码器输出，效果更好。

6.2　全卷积序列到序列模型

本节将介绍一个完全采用卷积神经网络实现的序列到序列模型。该模型并非简单地在 6.1 节卷积编码器的基础上增加一个卷积解码器，而是存在明显区别，最明显的一点是不再使用两个结构相同、参数不同的卷积神经网络。本节将对整个模型（如图 6-2 所示）进行完整的介绍。

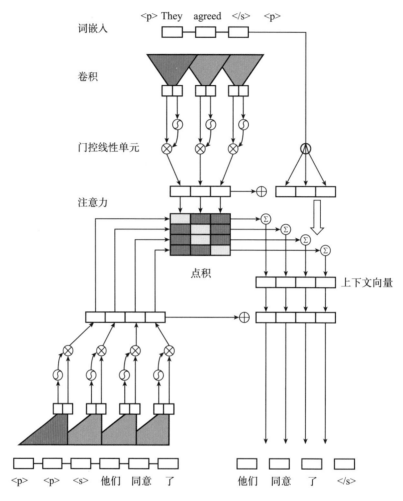

图 6-2 完全基于卷积神经网络的序列到序列模型 [31]

6.2.1 位置编码

位置编码用于给输入的每个词补充一个相应的位置信息。这里采用的是绝对位置编码，即根据每个输入单词的绝对位置 j 查找一个位置编码 $p_j \in \mathbb{R}^{d_{emb}}$，该位置编码向量将加到对应的词嵌入上，得到 e_j，而作为后续网络的输入。除了编码器的输入，解码器的输入同样可以使用位置编码。

6.2.2 卷积层结构

基本的卷积层结构与 6.1 节介绍的相同，即一维卷积后接一个非线性激活函数。这样的卷积层堆叠多层后，可以使卷积层的输出依赖于更大范围的输入。

各个卷积层的参数包括 $\boldsymbol{W} \in \mathbb{R}^{2d \times kd}$ 和 $\boldsymbol{b}_w \in \mathbb{R}^{2d}$。输入是 k 个 d 维向量，将被映射为一个 $2d$ 维的输出。该输出分为两部分 $\boldsymbol{a}, \boldsymbol{b} \in \mathbb{R}^d$，作为非线性激活函数的输入。这里采用的非线性激活函数称为门控线性单元（Gated Linear Unit，GLU）：

$$v([\boldsymbol{a}, \boldsymbol{b}]) = \boldsymbol{a} \otimes \sigma(\boldsymbol{b}) \tag{6-4}$$

式中，$\otimes$ 表示逐位相乘。因此，门控线性单元的输出是 d 维向量。可以认为，$\boldsymbol{a}$ 编码了所有位置输入的信息，而 $\sigma(\boldsymbol{b})$ 控制哪些部分是相关的。

深层网络中的残差连接仍然是不可或缺的，与卷积编码器残差连接不同，这里的残差连接跨越了非线性函数：

$$\boldsymbol{h}_j^l = v\left(\boldsymbol{W}^l\left[\boldsymbol{h}_{j-k/2}^{l-1}, \cdots, \boldsymbol{h}_{j+k/2}^{l-1}\right] + \boldsymbol{b}_w^l\right) + \boldsymbol{h}_j^{l-1} \tag{6-5}$$

式中，$\boldsymbol{h}^{l-1}$ 为第 $l-1$ 层的输出，也即第 l 层的输入。

在编码器中，每一层的输出通过填充零向量确保输出的长度与输入的长度保持一致。但是在解码器中，需要确保序列中未来的信息不被解码器利用。这可以通过在每一层输入左侧填充 $k-1$ 个占位向量来实现。

此外，词嵌入维度 d_{emb} 和卷积层运算涉及的维度 d 不同，可以通过线性映射在两者之间进行转换。需要转换的地方包括：输入序列进入卷积神经网络之前，编码器最后一层输出，解码器最后一层输出（softmax 计算之前），解码器中间每一层的输出（计算注意力权重之前）。

6.2.3 多步注意力

与一般的注意力机制不同，全卷积序列到序列模型为深层解码器的每一层单独计算注意力。在第 l 层中，当前解码器状态 $\boldsymbol{z}_i^l$ 和前一位置的目标端输入 $\boldsymbol{g}_i$ 进行组合：

$$\boldsymbol{d}_i^l = \boldsymbol{W}_d^l \boldsymbol{z}_i^l + \boldsymbol{b}_d^l + \boldsymbol{g}_i \tag{6-6}$$

基于 $\boldsymbol{d}_i^l$ 及编码器最后一层（第 u 层）的各个输出 $\boldsymbol{h}_j^u$，计算得到解码器第 l 层的注意力权重 α_{ij}^l：

$$\alpha_{ij}^l = \frac{\exp(\boldsymbol{d}_i^l \cdot \boldsymbol{h}_j^u)}{\sum_{k=1}^{L_x} \exp(\boldsymbol{d}_i^l \cdot \boldsymbol{h}_k^u)} \tag{6-7}$$

而上下文向量 c_i^l 则是利用编码器输出 h_j^u 和输入向量 e_j 加权求和得到（图 6-2 中部右侧）：

$$c_i^l = \sum_{j=1}^{L_x} \alpha_{ij}^l (h_j^u + e_j) \tag{6-8}$$

从式 (6-8) 可以看出，这里上下文向量的计算与一般的注意力机制也存在不同之处：一般的注意力机制会使用同一个 h_j^u 计算注意力权重和上下文向量。与 6.1 节介绍的卷积编码器中的注意力机制相比，虽然这里没有使用两个不同的网络，但是，计算注意力权重所使用的输入向量与计算上下文向量所采用的向量还是有一定区别。编码器输出 h_j^u 蕴含了较大范围的输入上下文，而 e_j 提供了某个输入的单点信息。文献 [31] 发现，在计算上下文向量时，同时使用 h_j^u 和 e_j 比仅使用编码器输出 h_j^u 效果更好。得到上下文向量 c_i^l 后，将其加到当前解码器状态 z_i^l 上。

与一般的单步注意力机制相比，**多步注意力**（Multi-Step Attention）机制可视为在每个时间步上有多跳的注意力计算。例如，第 1 层计算得到的注意力决定了一些有用的源端上下文，这些结果将被输入到第 2 层，第 2 层的注意力计算便可以考虑第 1 层注意力信息。此外，多步注意力机制使解码器能够获得前 $k-1$ 个时间步的注意力历史，因为上下文向量 $c_{i-k}^{l-1}, \cdots, c_i^{l-1}$ 被加到了 $z_{i-k}^{l-1}, \cdots, z_i^{l-1}$ 上作为第 l 层的输入。因此，模型可以更容易地获得哪些源端输入已被注意过的覆盖信息，间接实现类似于注意力覆盖的效果。在实验中，通过深层解码器每一层注意力权重的可视化可以发现，在不同层中，注意力机制关注不同部分的源端输入。此外，卷积神经网络结构使得每个时间步的注意力机制都可以批量计算，从而实现并行（图 6-2 中部）。但是，每层的注意力机制仍然是分别独立计算的。

6.2.4 训练

为了使全卷积序列到序列模型的训练平稳进行，文献 [31] 提出了多种策略。其中一种策略是归一化（Normalization）：网络中的部分计算结果被缩放，以保证整个网络中的方差变化不至于过大。具体而言，残差层和注意力机制的输出被缩放以调整方差。残差层的输出是两项之和，该求和被乘以 $\sqrt{0.5}$ 以使求和的方差减半，这种归一化背后的假设是两个相加项的方差相同。在注意力机制中，上下文向量是 L_x 个向量的加权和，该加权和被乘以 $L_x\sqrt{1/L_x}$ 以调整方差，其假设是注意力权重是均匀分布的。上述归一化假设通常并不完全正确，但在实际中，这些归一化操作对训练稳定性有帮助。

由于在解码器中使用了多步注意力，通过这些注意力机制传回编码器的梯度可能过多，因此，这些梯度被除以注意力机制的数量，但源端词嵌入不受此影响。该归一化操作同样能帮助稳定训练。

另一方面，权重初始化（Weight Initialization）对整个模型的训练同样很重要。初始化的基本原则和归一化相同：保证整个网络前向计算和反向计算中的运算值的方差较为均匀。所有词嵌入的初始化来自均值为 0、标准差为 0.1 的正态分布。对于输出不直接交给门控线性单元的层，权重按照分布 $\mathcal{N}(0, \sqrt{1/n_l})$ 进行初始化，其中 n_l 是每个神经元连接的输入数目。这样可以使输出的方差保持与正态分布输入的方差一致。

通过推导可知，如果门控线性单元的输入均值为 0，方差足够小，那么它输出的方差可以近似为输入方差的 1/4。因此，对于后接门控线性单元的层，需要使该层输出的方差放大为输入方差的 4 倍，于是，这些层的权重按照 $\mathcal{N}(0, \sqrt{4/n_l})$ 进行初始化。偏置项统一初始化为 0。

某些层的输入施加了随机失活（Dropout），这些层的输入以概率 P 保留，即视为乘以一个服从伯努利分布的随机变量，该随机变量以概率 P 取值为 $1/P$，以概率 $1-P$ 取值为 0。因此，方差将按 $1/P$ 的倍数缩放。为了调整由此引起的方差变化，后接门控线性单元的层的权重按照 $\mathcal{N}(0, \sqrt{4P/n_l})$ 进行初始化，其他层的权重按照 $\mathcal{N}(0, \sqrt{P/n_l})$ 进行初始化。

6.3　ByteNet

ByteNet[127] 出现于 2016 年，当时主流的神经机器翻译模型仍然使用循环神经网络，但注意力机制已经出现，并且基于注意力机制的神经机器翻译相比不带注意力机制的编码器-解码器结构表现出明显的优势。然而，ByteNet（如图 6-3 所示）并没有采用注意力机制，而是从另一个角度来处理传统编码器-解码器结构所存在的问题。

6.3.1　编码器-解码器堆叠

第 5 章在介绍注意力机制时指出，在传统编码器-解码器结构中，编码器将变长的源语言句子处理成一个固定长度的向量，该定长向量严重制约了经典神经机器翻译模型的性能。ByteNet 采用了一种与注意力机制不同的方式来应对该问题。类似于全卷积序列到序列模型[31]，ByteNet 编码器和解码器也都是卷积神经网络，编码器通过一系列卷积运算将输入序列转化为一个向量序列，而解码器直接堆叠于编码器之上，以这个向量序列作为输入。因此，编

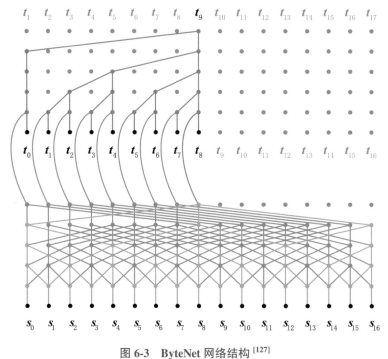

图 6-3　ByteNet 网络结构 [127]

码器输出具有动态容量。

6.3.2 动态展开

在机器翻译中，源语言输入句子的长度 L_x 与目标语言输出句子的长度 L_y 一般是不同的，需要一种机制来处理这个问题。在 ByteNet 中，首先会根据源语言输入句子的长度计算一个目标语言输出句子长度的估计值：

$$\hat{L}_y = aL_x + b \tag{6-9}$$

估计值 $\hat{L}_y$ 的计算有两点要考虑：一是大多数目标语言输出句子的长度不超过该估计值，二是该估计值不宜太大，否则会增加运算量。编码器将以该估计值作为输出向量序列的长度。文献 [127] 根据在语料上的统计值，将英语翻译到德语时的 a 设为 1.2，b 设为 0（德语译文一般比英语源文文略长）。解码器将根据编码器给出的长度为 $\hat{L}_y$ 的序列进行解码。虽然解码器也是卷积神经网络，但解码过程不会将输出序列的长度限制到 $\hat{L}_y$ 以内，解码器会一直解码，直到输出句尾标识符。解码同时基于上一位置的解码输出及当前位置的编码结果，如果解码步数超出了 $\hat{L}_y$，则解码仅基于上一位置的解码输出继续进行，直到输出句尾标识符。

6.3.3　空洞卷积

总体上，ByteNet 对卷积神经网络的实现与 6.2 节是类似的，在解码器中同样需要确保序列中未来的信息不被解码器利用，在网络结构上同样使用了一维卷积和残差连接。

不同的是，ByteNet 使用了一种称为空洞卷积（Dilated Convolution）的技术。这里以核宽度为 3 的一维卷积为例进行介绍，对于输入序列 $(x_1, x_2, x_3, x_4, x_5, x_6)$，普通的卷积将分别处理 (x_1, x_2, x_3)、(x_2, x_3, x_4)、(x_3, x_4, x_5) 和 (x_4, x_5, x_6)，这等价于空洞率（Dilation Rate）为 1 的空洞卷积。若空洞率为 2，则空洞卷积将分别处理 (x_1, x_3, x_5) 和 (x_2, x_4, x_6)。可见，增大空洞率可以扩大卷积的感受野（Receptive Field）。ByteNet 以 5 层为一组，从 1 开始将空洞率逐层翻倍（即 $1, 2, 4, 8, 16$），在编码器和解码器中各有 6 组（即各 30 层）。从图 6-3 中可以直观地看到，空洞卷积扩大感受野的效果（图中编码器和解码器均为 4 层）。

6.3.4　字符级神经机器翻译

如果将序列在字符级别进行处理，序列的长度将会显著增大。当序列非常长时，在循环神经网络中捕捉长距离依赖所需的信息传播路径将会变得很长，远距离依存信息容易在传播中消失。而在 ByteNet 中，由于编码器-解码器堆叠的设计和空洞卷积的使用，信息传播路径显著缩短，从而使其特别适合用于字符级神经机器翻译。虽然 ByteNet 的设计也可以用于词或子词级别的机器翻译，但文献 [127] 在实验中只尝试了字符级。与使用字符级的 GNMT（见 5.4 节）相比，ByteNet 取得了明显的提升，但在总体性能上没有超过使用子词的 GNMT。

6.4　阅读材料

在文本分类任务中，相比于机器翻译任务，卷积神经网络的使用较为常见 [128]。在机器翻译任务中，尽管本章介绍的研究工作成功使用了卷积神经网络建模机器翻译，但所使用的卷积神经网络与典型的卷积神经网络仍然有所不同，特别是没有池化子层进行下采样，因为在机器翻译中需要让卷积层网络输出保持与输入长度相同。

本章多次提及的残差连接 [129]，在自然语言处理领域的深度神经网络中也被广为使用。

6.5 短评：卷积神经机器翻译——实用性倒逼技术创新

自 2014 年神经机器翻译问世以来，为应对神经机器翻译框架本身的挑战（如长句翻译、有限词表带来的集外词问题等）及提升翻译性能，在短短两年时间内，学术界和工业界开展了大量的技术创新，如经典注意力机制及各种变种、基于字节对编码（即 BPE）的子词模型（应对集外词问题）、基于反向翻译（Back-translation）的数据增强技术（应对双语训练数据稀缺问题）等。2016 年，Google 提出 GNMT 模型并开始在线上部署神经机器翻译，以逐步替代统计机器翻译引擎。彼时神经机器翻译技术创新达到了一个巅峰。GNMT 引入了多项技术创新。

（1）**深度模型**。编码器、解码器增加至 8 层；

（2）**并行计算**。在循环神经网络循序计算（Sequential Computation）约束下，尽可能实现层间的并行化（Parallelization）；

（3）**词表共享**。源端和目标端共用一个子词表以应对集外词问题；

（4）**量化推理（Quantized Inference）**。降低运算精度以提高解码速度；

（5）**长度归一化（Length Normalization）**。解决对比不同长度的翻译假设的问题。

虽然有些技术并不是 GNMT 首创，但是第一次以联合形式集成于一个神经机器翻译模型中，它们使得 GNMT 翻译性能迅速超过统计机器翻译。在译文人工评价指标上，相比于产品级的统计机器翻译，产品级的神经机器翻译使翻译错误率下降 60% 以上，显著缩小了机器翻译与人类翻译的质量差距。

至此，神经机器翻译似乎没有多少重要挑战需要解决了，神经机器翻译实用性（工业部署及提供产品级服务）的两个重要方面：译文质量和响应速度，在 GNMT 中都有涉及且有较好解决方案。但是如果只看速度这个维度，当时神经机器翻译的骨架网络（Backbone Network）是循环神经网络（LSTM 或 GRU），循环神经网络的循序循环特性使得下一个单词的计算必须要等到前面的单词计算完成才能执行，与 GPU 提供的高度并行计算不相符。但是，在当时的神经机器翻译、神经语言建模中，循环神经网络均占据绝对的主导地位，即使是 GNMT，也依然采用 LSTM 作为骨干网络构建模型，并在循环神经网络循序计算约束下做有限度的并行化，以提升训练和解码速度。

因此，要更大幅度地提高神经机器翻译的并行计算能力，一条技术路线便是彻底放弃循环神经网络作为神经机器翻译的主干网络，选用其他并行能力更强的神经网络。在并行化方面，卷积神经网络天生优于循环神经网络。在卷积神经网络中，当前计算并不依赖于序列之前的状态，因此可以实现序列中各个单词的并行计算。但要将卷积神经网络用于单序列建模，还需要解决好两个问题。

- 单词顺序：可以通过位置编码（Positional Encoding）解决，即将单词的位置信息编码到网络中；
- 任意距离单词之间的依存关系：单个卷积核只能建模局部依存关系，多层卷积神经网络可以捕捉并建模更远距离的依存关系。在多层卷积神经网络中，局部依存关系可以在低层中建模，远距离依存关系则在高层卷积核中建模。层次化使得多层卷积神经网络在建模远距离依存关系时，相对于循环神经网络，多了一个优势，即可以通过更短路径来捕捉长距离依存关系。

将卷积神经网络用于序列到序列建模时，相对于单序列建模，挑战性更大，因为序列到序列建模不仅涉及单一序列建模中的单词顺序、远距离依存关系等问题，还需要解决源序列和目标序列之间的注意力建模、目标序列的单词生成等问题。因此，Facebook 研发基于纯卷积神经网络的神经机器翻译（ConvS2S）采用了两步走的技术策略：第一步，在神经机器翻译编码器中，使用卷积神经网络取代循环神经网络，但解码器仍然使用循环神经网络；第二步，编码器和解码器均采用卷积神经网络。在完全卷积化的神经机器翻译中，Facebook 团队提出了特制的卷积块、多步注意力等技术以应对上述问题。

紧接着，Google 在随后一个月提出了全新的神经网络架构 Transformer，并将其应用于神经机器翻译。从表面上看，似乎是两家公司在神经机器翻译技术上的白热化竞争，实质上，则是实用性要求（主要是速度）倒逼神经机器翻译技术的创新发展。Transformer 的提出同样主要是针对循环神经网络的并行计算问题。在速度上，ConvS2S 比 GNMT 快 9 倍，而 Transformer 又比 ConvS2S 快 3 倍以上（同等翻译质量条件下）。速度驱动的神经机器翻译技术创新，革新了神经机器翻译的主流核心架构。而架构的创新，不仅带来了速度的倍增，还显著提升了模型的表征能力（如在长距离依存关系建模上）。

第 7 章

基于自注意力的
神经机器翻译

在神经机器翻译发展初期，主流模型一般采用循环神经网络构建，即便是整个自然语言处理领域也基本如此。但正如第 6 章提到的，循环神经网络受到循序计算的制约，而基于卷积神经网络的神经机器翻译在一定程度上缓解了该问题。本章将介绍另一种完全不同的网络结构，即基于自注意力的 Transformer 模型 [32]，该模型较为彻底地解决了前述问题。本章内容分为 3 大部分：自注意力机制（7.1 节）、Transformer 模型（7.2 节）及自注意力机制的改进方法（7.3 节）。特别地，7.2.5 节详细分析自注意力机制相对于循环神经网络及卷积神经网络在建模及并行计算上的优势。Transformer 在机器翻译上取得了显著成效，并迅速发展为神经机器翻译的主流网络架构，其影响力已扩展至整个自然语言处理领域，乃至自然语言处理之外的其他领域，如计算机视觉等。

7.1　自注意力机制

第 5 章已介绍过注意力机制，在此进行简单回顾。注意力机制是利用解码器隐状态 z_{i-1} 和编码器隐状态 h_j 计算相容性得到上下文向量 c_i 的过程，计算方式如下：

$$c_i = \sum_{j=1}^{|x|} \text{softmax}(a(z_{i-1}, h_j)) h_j \tag{7-1}$$

式 (7-1) 采用了一种简化的写法：softmax 函数实际上是接收一个向量输入，返回一个同样维数的向量输出，这里直接用下标 j 索引输出的向量。

下面对注意力的计算进行推广（参考 5.2 节介绍的广义注意力），并采用矩阵形式计算：

$$\text{Attention}(Q, K, V) = \text{softmax}(a(Q, K)) V \tag{7-2}$$

式中，$Q \in \mathbb{R}^{n_q \times d_k}$；$K \in \mathbb{R}^{n_k \times d_k}$；$V \in \mathbb{R}^{n_k \times d_v}$；$a$ 是返回 $\mathbb{R}^{n_q \times n_k}$ 型矩阵的兼容函数。这里限制 Q 和 K 的第 2 个维度具有相同的维数 d_k，以便进行兼容性计算，softmax 函数对兼容函数输出的矩阵的第 2 个维度执行运算。

对照式 (7-1)，可以看出其计算的注意力：$n_q = 1$，Q 代表一个解码器隐状态；$n_k = |x|$，$K = V$ 代表一组编码器隐状态。

式 (7-2) 给出了注意力机制的通用解释：Q 可视为查询（Query），K 和 V 可理解为键（Key）值（Value）对，注意力利用兼容函数对 Q 和 K 计算出一组权重，该权重对 V 的加权线性组合作为注意力的计算结果输出。

而自注意力（Self-Attention）机制本质上是式 (7-2) 定义的广义注意力 $Q = K = V$ 时的情形。将矩阵理解为一个向量序列（序列长度为 n_k，向量维数为 d_k），自注意力以序列中每个向量作为查询，对序列本身进行注意计算，最后得到一个新的同样大小的向量序列。因此，自注意力可以对一个句子中每个单词的表示进行一个变换，该变换融入句子中单词的两两统计依存关系。

最后，讨论兼容函数的选择。第 5 章中介绍过多种兼容函数 $a(x, y)$，其中两种比较常用，分别是点积 $x \cdot y$ 和单层神经网络 $v_a \cdot \tanh(x W_a + y U_a)$。从效率角度看，点积明显优于单层神经网络，因为在时间效率维度上可以利用高效的矩阵乘法，在空间效率维度上又不引入额外的参数。从效果角度看，当维数 d_k 较小时，两者相差不大；但当维数 d_k 较大时，点积效果不如单层神经网络。对此，Transformer[32] 提出者猜测，当维数 d_k 较大时，点积运算结果可能具有较大的模长，从而使得 softmax 函数的梯度变得很小而影响训练。用一个简单的例子说明这一点：假设 x 和 y 的各维是独立无关的随机变量，均值为 0，方差为 1，那么它们的点积 $x \cdot y = \sum_{i=1}^{d_k} x_i y_i$ 的均值为 0，方差为 d_k。由此，Transformer 将点积的结果除以 $\sqrt{d_k}$ 进行缩放，得到一种新的兼容函数。Transformer 最终采用的注意力机制形式化为

$$\text{Attention}(\boldsymbol{Q}, \boldsymbol{K}, \boldsymbol{V}) = \text{softmax}\left(\frac{\boldsymbol{Q}\boldsymbol{K}^\top}{\sqrt{d_k}}\right)\boldsymbol{V} \tag{7-3}$$

7.2 Transformer 模型

7.2.1 Transformer 模型总体架构

Transformer 依然采用编码器–解码器结构（详见第 4 章），如图 7-1 所示，左侧是编码器，右侧是解码器，两者均通过堆叠多层 Transformer 块构成，下面分别详细介绍。提出 Transformer 的原始文献 [32] 对两个规模不同的 Transformer 模型进行了实验，分别是基础（Base）模型和大（Big）模型，下面介绍中提及的超参数均针对基础模型。

文献 [32] 采用的编码器为 $N = 6$ 层，这些层具有完全相同的结构，但参数不共享。每层包含两个子层，依次是自注意力子层和前馈网络子层。每个子层都有一个残差连接，并后接一个层归一化（Layer Normalization）操作：

$$\text{LayerNorm}(\boldsymbol{x} + \text{Sublayer}(\boldsymbol{x})) \tag{7-4}$$

式中，$\text{Sublayer}(\boldsymbol{x})$ 表示自注意力子层或前馈网络子层。为了使用这些残差连接，网络中的所有子层，包括词嵌入层，输出的维数均为 $d_{\text{model}} = 512$。

解码器同样采用了 6 层，不同的是，每层含有 3 个子层，在自注意力子层和前馈网络子层之间还有一个注意力子层（交叉注意力），该子层计算对编码器输出的注意力。与编码器类似，每个子层都有残差连接和层归一化操作。但不同于编码器，解码器中的自注意力子层需要加以调整，以避免当前位置的单词注意到其右侧还未生成的单词，再结合解码器右移一位的输入，就能确保在预测下一个词时只依赖于当前位置及左侧已经生成的单词。

在整个模型中，有 3 处用到了注意力机制，汇总如下。

（1）解码器中的"编码器–解码器注意力"子层。又称为交叉注意力（Cross-Attention），查询是来自前一层（自注意力子层）的输出，键和值均为编码器的输出。它使解码器中每一个位置都能对编码器中的所有位置进行注意力计算，实现类似第 5 章中介绍的注意力机制的效果。

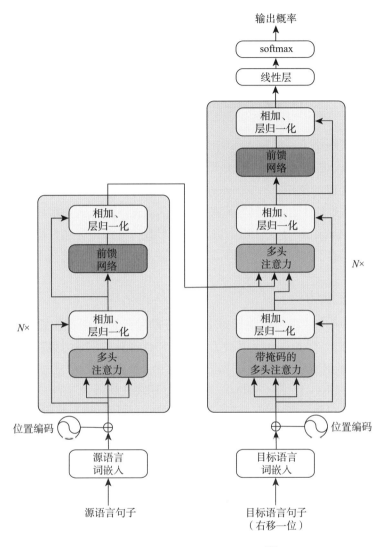

图 7-1　**Transformer** 模型结构 [32]

（2）编码器中的自注意力子层。作为自注意力机制，查询、键、值均相同，且为编码器前一层的输出。它使编码器中每一个位置都能对编码器前一层的所有位置进行注意力计算。

（3）解码器中的自注意力子层。与编码器中的自注意力类似，区别在于，解码器中每一个位置只能对左侧和当前位置进行注意计算。在实现上，可以在计算完兼容函数之后、输入 softmax 之前执行掩码，将不应被注意的位置的值置为 $-\infty$。

除了自注意力子层，还有前馈网络子层，它的运算与位置无关，也就是说，对每个位置执行的运算是相同的。该子层网络结构为单隐藏层的前馈神经网络，并采用 ReLU 激活函数，计算如下：

$$\mathrm{FFN}(\boldsymbol{x}) = \max(0, \boldsymbol{x}\boldsymbol{W}_1 + \boldsymbol{b}_1)\boldsymbol{W}_2 + \boldsymbol{b}_2 \tag{7-5}$$

整个前馈网络子层的输入和输出维数均为 $d_{\mathrm{model}} = 512$，而隐藏层的维数是 $d_{\mathrm{ff}} = 2048$，也就是 $\boldsymbol{W}_1 \in \mathbb{R}^{d_{\mathrm{model}} \times d_{\mathrm{ff}}}$，$\boldsymbol{W}_2 \in \mathbb{R}^{d_{\mathrm{ff}} \times d_{\mathrm{model}}}$。

在词嵌入层的使用上，Transformer 与之前的神经机器翻译模型基本没有区别。词嵌入共有 3 组：编码器词嵌入、解码器输入词嵌入和解码器输出词嵌入。原始 Transformer 使这 3 组词嵌入共享参数（即源语言和目标语言共享词表）。此外，编码器词嵌入和解码器输入词嵌入在输出结果前会乘以 $\sqrt{d_{\mathrm{model}}}$。

7.2.2 多头注意力

7.1 节介绍的注意力机制是对 d_{model} 维的输入进行一次注意力运算得到 d_{model} 维的输出。Transformer 提出了一种可并行计算的注意力机制，称为**多头注意力**（Multi-Head Attention），如图 7-2 所示。在多头注意力中，输入的查询（Query）、键（Key）、值（Value）首先被分别线性映射为 d_k, d_k, d_v 维，该线性映射共有各自独立的 h 组。随后，h 组注意力并行计算，每组得到 d_v 维的

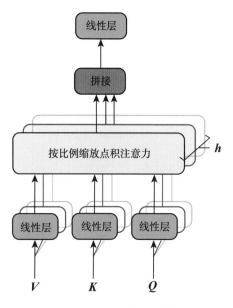

图 7-2　多头注意力 [32]

输出。这些输出再进行拼接，映射回 d_{model} 维。

多头注意力可以使模型同时注意到不同位置、不同表示子空间的信息。换句话说，各注意力头分工不同，关注不同子空间的信息，而不同子空间中的重要信息所在的位置可能不同，从而可能被不同的头捕捉到。而在单头注意力中，由于注意力权重需要在所有位置上归一化，不同子空间中的信息可能在平均中被抹去了。

多头注意力按如下方式计算：

$$\text{MultiHead}(\boldsymbol{Q}, \boldsymbol{K}, \boldsymbol{V}) = \text{Concat}(\text{head}_1, \cdots, \text{head}_h)\boldsymbol{W}^O \tag{7-6}$$

$$\text{head}_i = \text{Attention}(\boldsymbol{Q}\boldsymbol{W}_i^Q, \boldsymbol{K}\boldsymbol{W}_i^K, \boldsymbol{V}\boldsymbol{W}_i^V) \tag{7-7}$$

式中，负责进行线性映射的参数矩阵包括 $\boldsymbol{W}_i^Q \in \mathbb{R}^{d_{\text{model}} \times d_k}$, $\boldsymbol{W}_i^K \in \mathbb{R}^{d_{\text{model}} \times d_k}$, $\boldsymbol{W}_i^V \in \mathbb{R}^{d_{\text{model}} \times d_v}$, $\boldsymbol{W}^O \in \mathbb{R}^{h d_v \times d_{\text{model}}}$。

原始 Transformer 中采用的头数为 $h = 8$，维数 $d_k = d_v = d_{\text{model}}/h = 64$。由于每个头执行运算的维数减小，多头注意力整体的计算代价与之前相当。

7.2.3 位置编码

第 6 章介绍卷积序列到序列模型时，曾提到位置编码，但没有详细介绍。文献 [31] 的实验结果显示，位置编码对卷积序列到序列模型只起到了一点辅助作用。但是对 Transformer 来说，位置编码是不可或缺的。这是因为自注意力机制取代了循环神经网络或卷积神经网络，而在自注意力的计算中是不涉及任何位置信息的：如果把自注意力计算的输入序列做一个重排列，输出结果也仅是在位置上做相同的重排列而已。

Transformer 模型对位置编码的使用与卷积序列到序列模型类似，同样是将每个位置对应到一个 d_{model} 维的向量，以便与编码器或解码器输入端的词嵌入相加，再将结果作为自注意力子层的输入。不过，Transformer 采用了一种固定的函数式位置编码：

$$\boldsymbol{P}_{(p,2i)} = \sin(p/10000^{2i/d_{\text{model}}}) \tag{7-8}$$

$$\boldsymbol{P}_{(p,2i+1)} = \cos(p/10000^{2i/d_{\text{model}}}) \tag{7-9}$$

式中，p 是位置，i 是维数下标。文献 [32] 认为，这种形式的位置编码有助于模型按照相对位置进行注意计算，因为对于任意的偏移量 k，$\boldsymbol{P}_{p+k}$ 都能表示为 $\boldsymbol{P}_p$ 的线性函数。

这种函数式位置编码是无参数（Parameter-Free）的。文献 [32] 在实验中也尝试了卷积序列到序列模型中提出的可学习的位置编码，但发现两者在机器翻译质量上几乎没有区别。文献 [32] 认为，这种函数式位置编码还有一种好处，就是可能使模型能够泛化到训练过程中未见过的序列长度（位置）。

7.2.4 正则化

Transformer 中采用了 3 种类型的正则化：

- 残差随机失活：每个子层计算结果在与该层输入相加前施加随机失活（见 2.2.5 节）。
- 输入随机失活：词嵌入与位置编码相加后施加随机失活。
- 标注平滑（Label Smoothing）：训练时，采用超参数为 0.1 的标注平滑 [130]。虽然标注平滑会使困惑度升高，但可改善预测的准确率乃至翻译质量。

7.2.5 优点分析

Transformer 采用自注意力层取代了循环神经网络层和卷积神经网络层。这些层实现的计算都可视为将一个序列的向量进行变换，得到长度相同的另一个序列的向量。本节将从 3 个方面对它们进行分析。

首先是每层计算的总复杂度。其次是计算中可以并行计算的程度，这可以用计算时必需的最少序列操作数来衡量。最后是网络中长距离依赖的路径长度。对许多序列到序列任务来说，学习长距离依赖是一项重要的挑战。影响网络学习长距离依赖的一项重要因素是前向和后向信号在网络中遍历时所需的路径长度。输入序列和输出序列任意位置组合之间的路径越短，长距离依赖就越容易被捕获。所以，长距离依赖的路径长度可以用输入序列和输出序列任意位置组合之间的最长路径长度度量。

不同类型层的比较如表 7-1 所示。首先，从并行程度看，只有循环神经网络层的最少序列操作数是 $O(n)$，因为它计算每个位置的隐状态都依赖前一个位置的隐状态，所以无法在序列的各个位置进行并行计算。其次，从计算复杂度看，当序列长度 n 小于表示维数 d 时，自注意力层的计算复杂度小于循环神经网络层。对于主流的基于子词的神经机器翻译模型来说，这一点通常是成立的。如果需要处理特别长的序列，并且希望控制自注意力层的计算复杂度，可以考虑采用一种受限自注意力方法。在受限自注意力方法中，每个位置只会注意到以当前位置为中心、宽度为 r 的临近区间内的位置，该方法会以增加最长路径长度为代价以降低计算复杂度。原始 Transformer 中没有提供受限自注意力在实验中的具体效果。此外，表 7-1 中列出的仅是自注意力部分的计算复杂度，在 Transformer 中实际采用的多头自注意力需要对向量表示进行线性变换，这部分计算会引入 $O(n \cdot d^2)$ 复杂度。

表 7-1　不同类型层的比较

层的类型	计算复杂度	最少序列操作数	最长路径长度
自注意力	$O(n^2 \cdot d)$	$O(1)$	$O(1)$
循环神经网络	$O(n \cdot d^2)$	$O(n)$	$O(n)$
卷积神经网络	$O(k \cdot n \cdot d^2)$	$O(1)$	$O(\log_k(n))$
受限自注意力	$O(r \cdot n \cdot d)$	$O(1)$	$O(n/r)$

注：其中，n 为序列长度，d 为向量表示的维数，k 为卷积核宽度，r 为受限自注意力中可供注意力计算的宽度。

当卷积核宽度 $k < n$ 时，单个卷积神经网络层无法连接输入序列和输出序列的所有位置组合。如果希望做到这一点，对于普通的一维卷积操作需要堆叠 $O(n/k)$ 层，对于 ByteNet 中采用的空洞卷积需要堆叠 $O(\log_k(n))$ 层，都会使最长路径长度相应增加。在计算复杂度方面，卷积神经网络层是循环神经网络层的 k 倍。

此外，第 5 章展示了注意力可视化的结果，表明编码器–解码器注意力可以在一定程度上体现平行句对之间的单词对齐关系。自注意力同样适合可视化，从而有助于理解和解释模型。可视化结果表明，不同的注意力头确实分工学到了不同的任务，而且能学到句子的句法和语义结构。

7.3　自注意力改进方法

自注意力机制虽然展现了强大的表征及并行计算能力，但是仍然存在可继续强化及改进之处，本节介绍两种典型的针对自注意力机制的改进方法。

7.3.1　相对位置编码

原始 Transformer 中采用的函数式位置编码是一种绝对位置编码，提供了序列中每个输入的绝对位置信息。虽然 Transformer 提出者认为正余弦函数的设计有助于模型学习按照相对位置进行注意计算，但这种方式不如直接显式地按照相对位置进行编码。这里介绍一种相对位置编码方法 [131]，就直接在自注意力的计算中引入相对位置信息。为便于介绍，首先回顾多头自注意力中每个头的计算。输入长度为 n 的向量序列 $(\boldsymbol{x}_1, \cdots, \boldsymbol{x}_n)$，输出同样长度的向量序列 $(\boldsymbol{z}_1, \cdots, \boldsymbol{z}_n)$，其中 $\boldsymbol{x}_i \in \mathbb{R}^{d_{\text{model}}}, \boldsymbol{z}_i \in \mathbb{R}^{d_k}$。将自注意力的计算以行向量的方式执行：

$$z_i = \sum_{j=1}^{n} \alpha_{ij}(\boldsymbol{x}_j \boldsymbol{W}^V) \tag{7-10}$$

$$\alpha_{ij} = \frac{\exp(e_{ij})}{\sum_{k=1}^{n} \exp(e_{ik})} \tag{7-11}$$

$$e_{ij} = \frac{(\boldsymbol{x}_i \boldsymbol{W}^Q)(\boldsymbol{x}_j \boldsymbol{W}^K)^\top}{\sqrt{d_k}} \tag{7-12}$$

式中，$\boldsymbol{W}^Q, \boldsymbol{W}^K, \boldsymbol{W}^V \in \mathbb{R}^{d_{\text{model}} \times d_k}$ 是参数矩阵，在不同的层和注意力头之间互不相同。

首先，引入两套参数 $\boldsymbol{a}_{ij}^V, \boldsymbol{a}_{ij}^K \in \mathbb{R}^{d_k}$，两者均编码了输入元素 $\boldsymbol{x}_i$ 和 $\boldsymbol{x}_j$ 之间的关系，分别在下面两处使用。这两套参数在不同的注意力头之间可以共享或不共享，在不同的层之间则不共享。

第一处是对式 (7-10) 的修改，如下：

$$z_i = \sum_{j=1}^{n} \alpha_{ij}(\boldsymbol{x}_j \boldsymbol{W}^V + \boldsymbol{a}_{ij}^V)$$

修改的动机在于，按注意力权重对元素加权时考虑了元素之间的关系。这对于某些任务可能有用，不过文献 [131] 并没有在机器翻译上发现该修改的效果。

第二处是对式 (7-12) 的修改，如下：

$$e_{ij} = \frac{\boldsymbol{x}_i \boldsymbol{W}^Q(\boldsymbol{x}_j \boldsymbol{W}^K + \boldsymbol{a}_{ij}^K)^\top}{\sqrt{d_k}}$$

该修改则是在计算兼容函数时考虑了查询和键之间的关系。

在上面的修改中，理论上可以考虑两个位置 i 和 j 之间的任意关系，但作为相对位置编码，文献 [131] 只考虑了相对位置 $j - i$。此外，最大相对位置的绝对值截断到了 k，因为相对位置相差到一定程度后，具体相差多少已经不太重要了，而且截断还有助于模型处理任意长度的序列。因此，相对位置编码的参数化方式如下：

$$\boldsymbol{a}_{ij}^K = \boldsymbol{w}_{\text{clip}(j-i,k)}^K \tag{7-13}$$

$$\boldsymbol{a}_{ij}^V = \boldsymbol{w}_{\text{clip}(j-i,k)}^V \tag{7-14}$$

$$\text{clip}(p, k) = \max(-k, \min(k, p)) \tag{7-15}$$

式中，$(\boldsymbol{w}_{-k}^K, \cdots, \boldsymbol{w}_k^K)$ 和 $(\boldsymbol{w}_{-k}^V, \cdots, \boldsymbol{w}_k^V)$ 是两组需要训练的参数，每组包括 $2k + 1$ 个 d_k 维向量。

由于相对位置编码在自注意力的计算过程中被引入，而绝对位置编码在模型的输入阶段直接被叠加到词嵌入上，因此两者是可以同时使用的。不过，文献 [131] 发现，仅用相对位置编码比仅用绝对位置编码，翻译性能有一定的提升；但在相对位置编码基础上再使用绝对位置编码，则不会带来额外的性能提升。

7.3.2 平均注意力网络

在 Transformer 中，由于自注意力层的最少序列操作数是 $O(1)$，因此可以在训练时高效并行计算，获得比循环神经网络更快的训练速度。但在解码时，由于自回归的性质，每个位置的计算必须依序逐一进行（即循序计算），所以无法按位置并行计算，导致 Transformer 的解码时间随序列长度 n 呈平方增长，复杂度为 $O(n^2)$。平均注意力网络（Average Attention Network，AAN）[132] 将 Transformer 解码器中的多头自注意力子层替换为平均注意力模块，使得解码复杂度降为 $O(n)$，而训练时仍然保持并行计算能力。

1. 平均注意力模块

对输入序列 $(\boldsymbol{y}_1, \cdots, \boldsymbol{y}_m)$，首先利用一个累积平均运算得到一组上下文相关的表示：

$$\boldsymbol{g}_j = \text{FFN}\left(\frac{1}{j}\sum_{k=1}^{j} \boldsymbol{y}_k\right) \tag{7-16}$$

式中，$\text{FFN}(\cdot)$ 是与 Transformer 中相同的前馈神经网络；$\boldsymbol{y}_k$ 和 $\boldsymbol{g}_j$ 均是 d 维向量。从直观上看，解码器中的自注意力是根据当前位置和左侧位置动态计算每个位置的权重，而累积平均运算采用统一的权重（$1/j$）。尽管这一运算比较简单，但仍然使各个输出之间存在相关性，并且输入中的长距离依赖总能获得一定的权重。

随后，$\boldsymbol{g}_j$ 和 $\boldsymbol{y}_j$ 会经过以下门控运算：

$$\boldsymbol{i}_j, \boldsymbol{f}_j = \sigma(\boldsymbol{W}[\boldsymbol{y}_j; \boldsymbol{g}_j]) \tag{7-17}$$

$$\tilde{\boldsymbol{h}}_j = \boldsymbol{i}_j \odot \boldsymbol{y}_j + \boldsymbol{f}_j \odot \boldsymbol{g}_j \tag{7-18}$$

式中，$[\cdot; \cdot]$ 表示向量拼接操作；$\odot$ 表示逐位乘法；$\boldsymbol{i}_j$ 和 $\boldsymbol{f}_j$ 分别表示输入门和遗忘门。遗忘门控制过去的上下文中有多少信息需要保留，输入门控制当前输入表示中有多少信息需要被加进来。

最后，平均注意力模块也包括残差连接和层归一化操作，所以模块输出为

$$\boldsymbol{h}_j = \text{LayerNorm}(\boldsymbol{y}_j + \tilde{\boldsymbol{h}}_j) \tag{7-19}$$

2. 解码阶段的加速

自注意力层在解码时的缺点在于每个位置的注意力权重都需要重新计算，不能复用之前的计算结果。而在平均注意力模块中，简单的累积平均运算使得计算结果复用成为可能，通过改写式 (7-16) 可以清楚地看到这一点：

$$\tilde{\boldsymbol{g}}_j = \tilde{\boldsymbol{g}}_{j-1} + \boldsymbol{y}_j \tag{7-20}$$

$$\boldsymbol{g}_j = \text{FFN}\left(\frac{\tilde{\boldsymbol{g}}_j}{j}\right) \tag{7-21}$$

式中，$\tilde{\boldsymbol{g}}_0 = \boldsymbol{0}$。可见，借助 $\tilde{\boldsymbol{g}}_j$ 的计算实现了计算结果的复用，使得计算过程类似于循环神经网络，计算复杂度为 $O(n)$。

3. 训练阶段的并行计算

式 (7-20) 的计算方式虽然可以复用计算，但会导致训练阶段无法并行计算，因此，需要设计一种可以并行的计算方式。可以通过一种特殊的掩码矩阵实现 $\tilde{\boldsymbol{g}}_j/j$ 的计算。图 7-3 展示了输入序列长度为 4 时的一个示例。

$$\begin{pmatrix} 1 & 0 & 0 & 0 \\ \frac{1}{2} & \frac{1}{2} & 0 & 0 \\ \frac{1}{3} & \frac{1}{3} & \frac{1}{3} & 0 \\ \frac{1}{4} & \frac{1}{4} & \frac{1}{4} & \frac{1}{4} \end{pmatrix} \times \begin{pmatrix} \boldsymbol{y}_1 \\ \boldsymbol{y}_2 \\ \boldsymbol{y}_3 \\ \boldsymbol{y}_4 \end{pmatrix} = \begin{pmatrix} \boldsymbol{y}_1 \\ \frac{\boldsymbol{y}_1 + \boldsymbol{y}_2}{2} \\ \frac{\boldsymbol{y}_1 + \boldsymbol{y}_2 + \boldsymbol{y}_3}{3} \\ \frac{\boldsymbol{y}_1 + \boldsymbol{y}_2 + \boldsymbol{y}_3 + \boldsymbol{y}_4}{4} \end{pmatrix}$$

图 7-3　利用掩码矩阵实现可并行的累积平均运算

7.4　阅读材料

Transformer 在机器翻译领域展现出卓越的性能之后，迅速引起了研究人员广泛的研究兴趣。相关研究工作开始对 Transformer 进行深入剖析以更好地理解其工作机制，比如分析多头机制的相关研究工作 [133]、对注意力机制进行理论分析的研究工作 [134] 等。

在机器翻译之外的其他任务上，Transformer 也得到了大规模的应用。2018 年诞生的预训练语言模型（详见 3.1.3 节及 3.2.3 节），对整个自然语言处理领

域产生了巨大的影响，俨然已成为一种新的范式。预训练语言模型从早期的基于循环神经网络 LSTM（如 ELMo[63]）迅速转为以基于 Transformer 为主，如 T5[99] 采用了整个 Transformer 编码器–解码器结构，GPT（Generative Pretrained Transformer）[58] 采用了 Transformer 解码器结构，而 BERT（Bidirectional Encoder Representation from Transformers）[61] 采用了 Transformer 编码器结构。甚至原本以卷积神经网络为主流神经网络的计算机视觉领域，也开始尝试使用 Transformer 模型 [135]。

还有研究工作尝试进一步改进 Transformer 模型，如基于神经架构搜索（Neural Architecture Search，NAS）寻找更优的 Transformer 结构 [136]。鉴于预训练语言模型的巨大计算量，一些研究工作着力改进 Transformer 的计算效率 [137]。

此外，一些研究工作为 Transformer 提供了具体实现和相关工具 [138, 139]。

文献 [140] 从模块、架构、预训练和应用 4 个方面对 Transformer 相关的研究工作进行了全面的综述。

7.5　短评：Transformer 带来的自然语言处理技术革新

在前一篇短评中提到，实用性倒逼技术创新，循环神经网络循序计算对并行化的制约，催生了全卷积神经机器翻译及 Transformer。对应于 Transformer 论文题目 "Attention Is All You Need"①，可以称 Transformer 为全注意力神经机器翻译。站在 2021 年，回头看 2017 年 Transformer 的诞生，我们可以更清晰地看到 Transformer 在自然语言处理乃至整个深度学习领域引爆的技术革命。

Transformer 在自然语言处理和深度学习中发挥了重要作用，以至于有人将自然语言处理技术以 Transformer 的诞生为分界线，分为 pre-Transformer 和 post-Transformer 时代，将 Transformer 诞生前的自然语言处理主流技术——基于循环神经网络 LSTM 或 GRU 的序列到序列技术归为 pre-Transformer 技术。

Transformer 之所以能够引爆自然语言处理技术革新，主要在于 Transformer 这个 "大伞" 下包含了多项重大技术创新。

（1）自注意力（Self-Attention）。用自注意力取代循环神经网络作为神经网络模型的基本构件（Building Block），不仅解决了循环神经网络无法有效并行计算的问题（自注意力可以实现高度并行化），而且在理论上将建模长距离依存关系能力提高到极致。

---

① 该论文题目 "启发" 了一大批以 "X Is All You Need" 为题目的论文。

- 首先是并行计算能力，可以通过模型所需要的最小化序列运算量衡量，循环神经网络的序列运算量为 $O(n)$（n 为序列总长度），而自注意力只需要 $O(1)$；
- 其次是远距离依存关系建模能力，两个元素的依存信息需要在神经网络的前向计算和后向计算中传递，因此信息传递路径的长短是影响建模远距离依存关系的重要因素，路径越短意味着越容易建模。循环神经网络的路径长度是 $O(n)$，而自注意力依然是 $O(1)$。

自注意力拥有的高度并行计算能力和优良的远距离依存关系建模能力，使得 Transformer 成为自然语言处理序列建模的理想之选。

（2）**多头注意力**（**Multi-Head Attention**）。将单一注意力计算分解为 h 个头的注意力计算，不仅显著降低了矩阵计算复杂度、提升了注意力计算的并行程度（多个头可同时并行计算），而且使模型可以在多个不同的子空间中建模单词间的依存关系。

（3）**无参数位置编码**（**Parameter-Free Positional Encoding**）。自注意力并没有考虑单词的时序关系，而位置编码使模型具有序列时序建模能力。

以上技术创新元素与全连接前馈神经网络、残差连接、层归一化操作通过某种合理的方式组合在一起，形成 Transformer 基本构件，再通过编码器、解码器多层堆叠基本构件，最终形成强大的 Transformer 模型。

从以上分析可以清晰地看出，Transformer 的诞生就是为了解决当时主流神经网络架构循环神经网络的瓶颈问题。每项技术创新都具有明确的问题解决动机，多项技术结合在一起，铸就了 Transformer 强大的表征能力和并行计算能力。Transformer 诞生之后，迅速横扫自然语言处理及其他领域，引领和推动了多个不同方向的重大进展：

- 机器翻译：Transformer 的优良表现使其自诞生起就成为机器翻译的新主流模型；
- 自然语言处理：在机器翻译之外的众多自然语言处理任务中，如自然语言理解、自然语言生成等，Transformer 也逐渐成为主流模型；
- 预训练语言模型：在 BERT 诞生之后，Transformer 迅速成为众多预训练模型的骨干网络；
- 视觉：Transformer 最近几年开始逐步挑战卷积神经网络在视觉领域的主导地位。

相对于循环神经网络，Transformer 虽然拥有很多优点，但并非没有缺点，比如自注意力的稠密计算问题（很多计算可能并不需要）。Transformer 也不是

预训练模型的唯一选择，有研究工作将卷积神经网络、多层感知机网络用于
超大规模预训练模型 [141, 142]，同样取得了很好的效果。因此，Transformer 虽
然引领了最近几年自然语言处理技术的革新，但也不排除将来被另外一种新
技术取代 ①。

---

① 关于 Transformer 在 5 年之后的 2027 年是否仍然是自然语言处理领域的最先进（State-of-the-Art，SOTA）模
型，康乃尔大学 Alexander Rush 教授发起了一个有意思的在线对赌：http://www.isattentionallyouneed.com/。

第 8 章

神经机器翻译若干基础问题及解决方案

到目前为止,本篇已经详细介绍了神经机器翻译的基本原理和几种典型的模型结构。然而,要实际部署和应用神经机器翻译模型,还有一些重要的基础性问题需要解决。其中,有些是翻译任务的特性使然(如开放词汇表),有些是特定场景下的翻译需求提出(如领域适应),有些是提升用户体验所必需的(如快速解码),有些则是对神经机器翻译模型的进一步改进与优化(如深度模型、模型融合)。本章将探讨这些基础性问题及解决方案。

8.1 开放词汇表

在神经机器翻译发展初期，神经网络以词为单位处理输入和输出。也就是说，句子以单词为单位进行切分，变成单词序列。每个词都对应相应语言词汇表中的编号，以便在词嵌入矩阵 $E \in \mathbb{R}^{|\mathcal{V}| \times d}$ 中查找，转换为 d 维的词嵌入，其中 $|\mathcal{V}|$ 为词汇表的大小。由于受到参数量、显存和运算速度等的限制，$|\mathcal{V}|$ 不能太大，一般在几万个单词规模。词汇表按照单词频率从高到低构建，排不进词汇表的单词被统一转换为一个特殊符号 "<UNK>"，称为集外词。但一门语言中的词汇通常远不止几万个，尤其是形态丰富的语言，根据简单的分词规则得到的词汇更多；即便是形态不算丰富的英语，"take""takes""taking"等也被简单的分词规则视为不同的单词。实际上，考虑到语言的不断演化，以及人名、缩略词和网络用语等的不断涌现，语言的词汇表应该是开放的，而不是强制规定了数量。

相比于词汇的开放性及其数量的不断增加，一门语言书写系统中采用的字符数通常是有限的。比如，英文只有 26 个字母，即便考虑大小写，再加上数字、标点、特殊符号等，总数也是有限而可接受的。因此，基于字符的神经机器翻译可以实现开放词汇表。但是，基于字符的神经机器翻译往往丢失了序列中的构词信息，也就是需要神经网络自己从数据中学习构词规则，这显然会增加神经网络的负担。此外，将句子按字符切分会显著增加序列长度，不利于快速运算。

因此，一个自然的想法是采用介于词和字符之间的切分方式，也就是本节要介绍的基于子词（Subword）的切分。相比于字符和单词，子词既可以像单词一样有自己的语义，也可以像字符一样被不同的单词共享。图 8-1 所示是将单词切分成子词的示例。可以看出，图中的 5 个单词只需由 4 个子词组合得到，这些子词也都是有意义的构词单元。特别地，对于形态丰富的语言，子词切分不仅可以最大限度地保留单词的语义，而且能使词汇表显著减小。

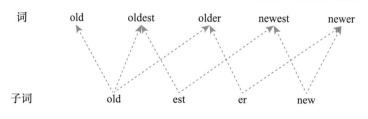

图 8-1　子词切分示例

子词并不是文本中自然存在的，而是经过算法处理或模型学习得到的。常见的子词切分方法包括以下 3 种。

（1）**字节对编码（Byte Pair Encoding，BPE）**。又称为"双字节编码"，该方法 [143] 根据事先给定的合并次数，依据词频合并高频字符对，从而形成子词表，如图 8-2 所示。BPE 是针对神经机器翻译词汇表问题提出的第一个大规模使用的无监督子词切分方法，本节将详细介绍该方法。

（2）**词件（WordPiece）**。词件方法最早是为解决日语、韩语语音搜索问题而提出的 [144]，基本原理与 BPE 方法类似，不同之处在于新子词是根据语言模型似然度而非频率形成的，该方法在 GNMT（见 5.4 节）中用于神经机器翻译。

（3）**一元语言模型（Unigram Language Model，ULM）**。该方法 [145] 的基本假设是所有子词的出现都是相互独立的，子词序列的概率由所有子词出现概率的乘积决定。

SentencePiece[146] 工具包提供了 BPE 和 ULM 子词切分方法的开源实现。

BPE 算法起初是用于解决数据压缩问题的，它将序列中最高频的字节对用一个未使用的字节替换，并不断迭代此操作。如果将句子中的字符视为字节，就可以运用于子词切分。具体而言，BPE 从文本语料中以无监督方式学习子词切分。文本语料通常需要先经过分词处理，然后按如下几个步骤进行 BPE 学习。

- 初始化：将语料切分为字符序列，并给词尾字符添加一个特殊后缀（如 "</w>"）作为原始词的边界，然后统计词频作为初始子词表。
- 子词合并：统计数据中所有连续的两个子词的频率，选取频率最高的一对合并成新的子词并加到子词表，并在文本数据中替换成该子词。
- 迭代：重复上一步直至达到期望的子词表大小或合并次数。

需要注意的是，在子词合并阶段，新的子词加到词表中后，如果原有的一对子词在数据中始终保持共现且没有其他组合，则从子词表中删除。如果其中某个子词有与其他子词连续出现的情况，则保留该子词。表 8-1 是 BPE 学习子词切分示例。

代码 8.1 给出了 BPE 的简易 Python 实现，该算法便是上面提到的 BPE 几个步骤的具体实现，唯一的超参数是合并操作数，需要事先设定。为确保运行效率，BPE 算法不考虑跨越单词边界的字节对。因此，BPE 算法可以根据语料统计得到的"词–词频"对执行，而不需要实际的语料库。

表 8-1　BPE 学习子词切分示例

子词切分步骤	示例
数据统计	词频：{old:5, oldest:3, older:4, newer:2, newest: 3}
初始化	字符切分：{'o l d </w>':5, 'o l d e s t </w>':3, 'o l d e r </w>':4, 'n e w e r </w>':2, 'n e w e s t </w>': 3}
	初始子词表：{o, l, d, e, s, t, r, n, w, </w>}
子词合并	统计频率：{'o l':12, 'l d':12, 'd </w>':5, 'd e':7, ' e s':6, 's t':6, 't </w>':6, 'e r':6, 'n e':5, 'e w':5, 'w e':5 }
	更新子词表：{ol, d, e, s, t, r, n, w, </w>}
	修改数据：{'ol d </w>':5, 'ol d e s t </w>':3, 'ol d e r </w>':4, 'n e w e r </w>':2, 'n e w e s t </w>': 3}
重复子词合并	新子词依次为：old, olde, st, st</w>, er, r<w>, ne, new, newe, old</w>
输出子词表	{old<w>, olde, st</w>, r</w>, newe}

代码 8.1　BPE 合并操作学习算法

```
import re, collections

def get_stats(vocab):
    pairs = collections.defaultdict(int)
    for word, freq in vocab.items():
    symbols = word.split()
    for i in range(len(symbols) - 1):
        pairs[symbols[i], symbols[i + 1]] += freq
    return pairs

def merge_vocab(pair, v_in):
    v_out = {}
    bigram = re.escape(' '.join(pair))
    p = re.compile(r'(?<!\S)' + bigram + r'(?!\S)')
    for word in v_in:
    w_out = p.sub(''.join(pair), word)
    v_out[w_out] = v_in[word]
    return v_out

vocab = {'l o w </w>': 5, 'l o w e s t </w>': 1, 'n e w e r </w>': 4, 'w
    i d e r </w>': 3}
num_merges = 4
for i in range(num_merges):
```

```
pairs = get_stats(vocab)
best = max(pairs, key=pairs.get)
vocab = merge_vocab(best, vocab)
print(best)
```

图 8-2 展示了代码 8.1 的一个演示例子学到的 BPE 合并操作。利用学到的合并操作，可以将句子切分成子词：首先，将句子中的每个词切分成字符，再利用合并操作将字符合并成更长的已知符号。只要单词是由已知字符构成的，就可以用 BPE，切分成一个子词序列。在上述的演示例子中，"lower"不在原始的词汇表中，它将被切分为 "low er</w>"。由于语言中字符共现往往有一定的统计特性，因此很多时候，类似上面的例子的切分结果符合语言学。

$$e\ r \rightarrow er$$
$$er\ </w> \rightarrow er</w>$$
$$l\ o \rightarrow lo$$
$$lo\ w \rightarrow low$$

图 8-2 根据词 {"low", "lowest", "newer", "wider"} 学到的 BPE 合并操作

在机器翻译场景中，BPE 有两种运用方式：一种是为源语言和目标语言训练两套独立的 BPE 编码；另一种是将源语言和目标语言的训练集合并，训练一套 BPE 编码，称为**联合 BPE**（Joint BPE）。前者的优势是独立的 BPE 编码会更紧凑，而后者能够提升源端和目标端切分的一致性，并实现词汇表共享。在机器翻译中，源语言的单词有时候会被直接复制到目标语言，尤其是相近语言的专有名词。此时，独立的 BPE 编码可能把两种语言共享的词按两种不同的方式切分，从而增大神经机器翻译模型学习的难度，而联合 BPE 则可确保同一个单词会被切分为同一个子词序列。此外，联合 BPE 还可以更充分地利用源语言–目标语言间构词的共性，有效减小机器翻译所用的训练词表。表 8-2 是使用英语和德语的共享词表进行子词切分示例。

表 8-2 使用英语和德语的共享词表进行子词切分示例

子词表	子词切分过程
{radjagd, inter, motor, cycle, ting, sant, es, </w>}	interesting → **inter** esting → inter es **ting**
	interessant → **inter** essant → inter es **sant**
	motorcycle → **motor** cycle
	motorradjagd → motor **radjagd**

8.2 深度模型

深度学习的要点之一是堆叠多层神经网络形成深度神经网络，以增强模型的学习与表征能力。2018 年，图灵奖得主 Yoshua Bengio、Yann Lecun 和 Geoffrey Hinton 在 *Communications of the ACM* 中的"图灵讲座"系列专题中联合撰文强调了"深度"的重要性，并指出，深度神经网络之所以卓越，在于它们在不同层之间学习到特征的某种组构性（Compositionality）[147]。

当网络达到一定深度后，训练过程中的梯度消失等问题会变得更严重，使得模型训练无法正常进行。原始的 Transformer 将编码器和解码器层数均设置为 6 层，并实验了两个规模不同的模型，分别是基础模型和大模型。大模型的效果明显好于基础模型，但大模型并不是通过加深网络实现的，而是加宽网络（即增大 d_{model} 和 d_{ff}）。后续研究也发现，简单加深 Transformer 模型并不能带来翻译效果的提升。

因此，很多工作研究如何有效加深 Transformer 以提升模型性能。本节将介绍一种加深 Transformer 编码器的方法 [148]。

这一研究工作首先发现层归一化的位置对于 Transformer 模型的训练影响很大。在原始 Transformer 模型中，层归一化与残差连接的关系为

$$\boldsymbol{x}_{l+1} = \text{LN}(\boldsymbol{x}_l + \mathcal{F}(\boldsymbol{x}_l; \boldsymbol{\theta}_l)) \tag{8-1}$$

式中，$\mathcal{F}$ 表示子层执行的运算；LN 表示层归一化。由于层归一化位于残差连接之后，因而称为**后归一**（Post-norm）。但在后续的一些研究工作和实现中，采用了另外一种方式：

$$\boldsymbol{x}_{l+1} = \boldsymbol{x}_l + \mathcal{F}(\text{LN}(\boldsymbol{x}_l); \boldsymbol{\theta}_l) \tag{8-2}$$

与后归一相对，这种方式称为**前归一**（Pre-norm）。

实验中发现，对于不太深（如 6 层）的 Transformer 模型，后归一与前归一相差不大。但如果加深编码器，后归一更容易出现训练问题，而采用前归一，则可将编码器训练至 20 层。文献 [148] 通过对反向传播梯度分析，提出了该问题的一种解释。考虑拥有 L 个子层的网络，$\mathcal{E}$ 为损失函数。如果采用后归一，反向传播梯度计算如下：

$$\frac{\partial \mathcal{E}}{\partial \boldsymbol{x}_l} = \frac{\partial \mathcal{E}}{\partial \boldsymbol{x}_L} \times \prod_{k=l}^{L-1} \frac{\partial \text{LN}(\boldsymbol{y}_k)}{\partial \boldsymbol{y}_k} \times \prod_{k=l}^{L-1} \left(1 + \frac{\partial \mathcal{F}(\boldsymbol{x}_k; \boldsymbol{\theta}_k)}{\partial \boldsymbol{x}_k}\right) \tag{8-3}$$

式中，$\boldsymbol{y}_k = \boldsymbol{x}_k + \mathcal{F}(\boldsymbol{x}_k; \boldsymbol{\theta}_k)$。如果采用前归一，则反向传播梯度为

$$\frac{\partial \mathcal{E}}{\partial \boldsymbol{x}_l} = \frac{\partial \mathcal{E}}{\partial \boldsymbol{x}_L} \times \left(1 + \sum_{k=l}^{L-1} \frac{\partial \mathcal{F}(\mathrm{LN}(\boldsymbol{x}_k); \boldsymbol{\theta}_k)}{\partial \boldsymbol{x}_l}\right) \tag{8-4}$$

比较式 (8-3) 和式 (8-4) 可以发现，在采用后归一的反向传播梯度中，$\prod_{k=l}^{L-1} \frac{\partial \mathrm{LN}(\boldsymbol{y}_k)}{\partial \boldsymbol{y}_k}$ 项会增加梯度消失的风险，而且该项随着层数加深对梯度消失的影响越大，而前归一则没有这个问题，因此，前归一更容易使深度网络的训练顺利进行。

由于前归一是将前一层的输出结果跨越当前层的计算，加入当前层的结果，作为下一层的输入，受此启发，文献 [148] 提出了层动态线性组合（Dynamic Linear Combination of Layers，DLCL），对前面多层的输出做线性组合，作为下一层的输入。将第 0 层至第 l 层的输出记为 $\{\boldsymbol{y}_0, \cdots, \boldsymbol{y}_l\}$，第 $l+1$ 层的输入定义为

$$\boldsymbol{x}_{l+1} = \mathcal{G}(\boldsymbol{y}_0, \cdots, \boldsymbol{y}_l) \tag{8-5}$$

对于前归一，$\mathcal{G}(\cdot)$ 被定义为

$$\mathcal{G}(\boldsymbol{y}_0, \cdots, \boldsymbol{y}_l) = \sum_{k=0}^{l} W_k^{(l+1)} \mathrm{LN}(\boldsymbol{y}_k) \tag{8-6}$$

式中，$W_k^{(l+1)} \in \mathbb{R}$ 是一个可学习的标量，代表第 k 层的输出 $\boldsymbol{y}_k$ 对第 $l+1$ 层的输入 $\boldsymbol{x}_{l+1}$ 的贡献。可见，之前不同层的输出可以对当前计算的输入有不同的贡献；同样，同一层的输出对不同后续层的输入也可以有不同的贡献。此外，对于后归一，$\mathcal{G}(\cdot)$ 被定义为

$$\mathcal{G}(\boldsymbol{y}_0, \cdots, \boldsymbol{y}_l) = \mathrm{LN}\left(\sum_{k=0}^{l} W_k^{(l+1)} \boldsymbol{y}_k\right) \tag{8-7}$$

可以看出，DLCL 是一种通用的框架，原始的残差网络是 DLCL 的一种特例，对应于 $W_l^{(l+1)} = 1$ 且 $k < l$ 时 $W_k^{(l+1)} = 0$。

在效果上，DLCL 的优势在于能训练更深的网络。对于 6 层的网络，采用 DLCL 对翻译质量没有明显的影响。但对于 30 层的网络，采用 DLCL 训练的翻译质量将超过 Transformer 大模型，且参数量明显较少。

8.3 快速解码

在实际应用中，用户提交源语言输入至机器翻译系统后，如果系统响应的时间很长，则用户体验会大受影响。因此，确保机器翻译系统的解码速度达

到用户满意的水平是十分必要的。实现解码的加速有多种途径，既包括模型层面的设计，也包括工程上的优化，还包括简单的算法修改，比如在柱搜索中采用更小的柱宽度。很多时候，解码的加速会导致翻译质量的下降，比如贪心搜索虽然速度快，但质量明显不如柱搜索。因此，在机器翻译系统的设计中，速度和质量往往是需要平衡的因素。本节将从模型层面介绍一些快速解码的技术。

8.3.1　非自回归神经机器翻译

在经典神经机器翻译中，翻译建模为

$$P(\boldsymbol{y}|\boldsymbol{x}) = \prod_{t=1}^{L_{\boldsymbol{y}}} P(y_t|\boldsymbol{y}_{<t}, \boldsymbol{x}) \qquad (8\text{-}8)$$

这种建模形式称为自回归（Autoregressive）。如果按照式 (8-8) 进行解码，每个目标语言单词的生成都依赖于之前已经生成的单词，因此解码的复杂度至少是 $O(N)$，并且这个过程不可能并行实现，因为会受自回归的循序计算制约。如果希望获得更优的解码复杂度，就必须在解码建模上做出根本性改变。

于是，相关研究提出了非自回归神经机器翻译（Non-Autoregressive Neural Machine Translation，NAT）。这类方法的共同之处是采用了如下的建模方式：

$$P(\boldsymbol{y}|\boldsymbol{x}) \approx \prod_{t=1}^{L_{\boldsymbol{y}}} P(y_t|\boldsymbol{x}) \qquad (8\text{-}9)$$

将式 (8-9) 同自回归建模（式 (8-8)）进行比较可以发现，自回归建模在数学上是精确的，而非自回归建模则引入了条件独立性假设：在给定源语言输入的条件下，在各个位置生成目标语言单词的过程是相互独立的。在真实翻译环境中，该假设显然是不成立的。此外，自回归解码可以通过生成句尾标记符终止，从而自动确定目标语言句子的长度，而非自回归解码需要首先确定输出句子的长度 $L_{\boldsymbol{y}}$。在做出上述牺牲后，非自回归解码获得了加速的可能性：由于条件独立性，解码过程可以并行进行。

非自回归神经机器翻译的实现方式多种多样，并且这一方向还在不断发展中。本节将介绍一种较为简单的实现方法 [149]，虽然简单，但涵盖了非自回归神经机器翻译的基本问题和常用技术。

在介绍该方法之前，先介绍一种相关的背景技术——掩码语言模型（Masked Language Model，MLM）。这是预训练语言模型的一种代表性技术 [61]。在预训练时，掩码语言模型从输入的单语句子中随机采样 15% 的词替换为特殊

符号 [MASK]，然后根据未被替换的上下文预测对应的被掩盖的单词。通过预训练，模型学到了利用上下文进行预测合适单词的能力，因而可以视为一种语言模型。注意，由于各个 [MASK] 的预测是相互独立的，因此，该预测过程是非自回归的。

如果说机器翻译可视为一种条件语言模型，那么掩码语言模型衍生出的条件掩码语言模型（Conditional Masked Language Model，CMLM）应该能够用于非自回归机器翻译。文献 [149] 正是采用了这样的思路来实现非自回归神经机器翻译的。

条件掩码语言模型在给定源语言文本 x 和部分目标语言文本 y_{obs} 的条件下预测其余的目标语言文本 y_{mask}。根据条件独立性假设，各个概率值 $P(y|x, y_{\mathrm{obs}}), y \in y_{\mathrm{mask}}$ 可以并行计算。由于 y_{mask} 的单词数需要事先指定，该模型还隐式预测目标语言句子长度 $L_y = |y_{\mathrm{obs}}| + |y_{\mathrm{mask}}|$。

条件掩码语言模型的模型结构与 Transformer 基本相同，唯一的区别是，解码器不再需要确保单向的注意力，因此，解码器的自注意力子层不进行单向掩码。也就是说，这里的解码器是双向的，每个目标语言单词的预测可以同时根据左侧和右侧的上下文进行。

训练阶段类似于将掩码语言模型的训练方式运用在平行句对的目标语言侧。不过，出于机器翻译解码需要，不是采用固定 15% 的采样比例，而是先从 $[1, L_y]$ 的均匀分布中采样出需要掩盖的目标语言单词数，再随机掩盖该数目的单词作为 y_{mask}，其余的目标语言单词作为 y_{obs}。目标函数是模型预测的单词与答案 y_{mask} 之间的交叉熵。

上述对于非自回归建模的介绍都假定目标语言句子的长度是已知的，但是在真实情况下，模型需要预测该长度以实现翻译，这是非自回归神经机器翻译需要处理的问题。文献 [149] 对此问题的解决方法是，在源语言句子开头（或末尾）添加一个特殊符号 [LENGTH]，训练时该符号对应表示用于预测目标语言句子的长度，相应的目标函数也加到整体的目标函数中。

对于非自回归神经机器翻译，解码需要能够并行进行，因此不能采用 4.4 节介绍的用于自回归机器翻译的解码算法。文献 [149] 因而提出了适用于条件掩码语言模型的掩盖–预测（Mask-Predict）解码算法。该算法执行固定的 T 次迭代，完成解码。在每一轮迭代中，算法首先选择一部分词掩盖，然后根据训练好的条件掩码语言模型对这些词进行并行预测。每次掩盖的词是模型置信度较低的词，而预测时能够根据其余置信度较高的词在掩盖位置生成更可信、更可能准确的单词。由于每一轮迭代中各个位置词的计算是并行的，因此，算法的整体复杂度是 $O(T)$，当 T 小于目标语言的平均句长时，可认为这个复杂度优于线性复杂度。下面对该算法进行详细的介绍。

首先，假定目标语言句子长度为 N（后面介绍算法预测该长度）。算法涉及两组变量：目标语言句子 $(y_1, \cdots, y_N)$，每个词的概率 $(P_1, \cdots, P_N)$。算法的迭代轮数 T 是一个超参数。在每一轮迭代中，首先执行"掩盖"，随后执行"预测"。

（1）掩盖。在第一轮迭代中（$t = 0$），所有的单词都被掩盖。在随后的迭代轮次中，算法选择模型预测的概率最低的 n 个单词进行掩盖：

$$\boldsymbol{y}_{\text{mask}}^{(t)} = \arg\min_i (P_i^{(t-1)}, n) \tag{8-10}$$

$$\boldsymbol{y}_{\text{obs}}^{(t)} = \boldsymbol{y}^{(t-1)} \backslash \boldsymbol{y}_{\text{mask}}^{(t)} \tag{8-11}$$

掩盖的单词数 n 是迭代轮 t 的函数。具体而言，文献 [149] 采用的是线性衰减方法：$n = N \cdot \frac{T-t}{T}$。例如，若 $T = 10$，当 $t = 1$ 时将掩盖 90% 的词，当 $t = 2$ 时掩盖 80% 的词，依此类推。

（2）预测。完成掩盖后，训练好的条件掩码语言模型根据源语言文本 $\boldsymbol{x}$ 和未被掩盖的目标语言词 $\boldsymbol{y}_{\text{obs}}^{(t)}$ 对被掩盖的词 $\boldsymbol{y}_{\text{mask}}^{(t)}$ 进行预测。对于每个被掩盖的词 $y_i \in \boldsymbol{y}_{\text{mask}}^{(t)}$，选择模型给出的概率最高的预测，并更新相应的概率值：

$$y_i^{(t)} = \arg\max_w P(y_i = w | \boldsymbol{x}, \boldsymbol{y}_{\text{obs}}^{(t)}) \tag{8-12}$$

$$P_i^{(t)} = \max_w P(y_i = w | \boldsymbol{x}, \boldsymbol{y}_{\text{obs}}^{(t)}) \tag{8-13}$$

对于未被掩盖的单词 $\boldsymbol{y}_{\text{obs}}^{(t)}$，它们的值和概率保持不变：

$$y_i^{(t)} = y_i^{(t-1)} \tag{8-14}$$

$$P_i^{(t)} = P_i^{(t-1)} \tag{8-15}$$

随着迭代的进行，尽管模型对于未被掩盖词的概率估计也在发生变化，但文献 [149] 发现这种不做更新的策略效果良好。

下面介绍目标语言句子长度的确定。模型在训练中已经通过特殊符号 [LENGTH] 获得了预测目标语言句子长度的能力，但该预测很难做到准确。因此，文献 [149] 提出根据预测的分布，选择预测概率最高的 ℓ 个长度，并行执行掩盖–预测算法，得到 ℓ 个候选译文，再从中选择平均对数概率 $\frac{1}{N} \sum \log P_i^{(T)}$ 最高的译文作为最终结果。

与其他非自回归神经机器翻译一样，条件掩码语言模型需要利用句子级知识蒸馏[150] 才能取得较好的效果。最终，翻译质量略差于自回归 Transformer 模型，如果允许牺牲更多的翻译质量，则可以取得更快的解码速度。

8.3.2 浅层解码器

研究发现，调整解码器的深度对翻译质量的影响不大。不仅如此，解码器的深度对解码速度的影响也比编码器大。既然如此，原始 Transformer 模型采用的 6 层编码器、6 层解码器（6-6）的结构是否有调整的空间呢？可以推测，降低解码器的深度可以带来加速，而不会明显影响翻译质量；即便翻译质量有所下降，通过增加编码器的深度也可以弥补回来，而对解码速度的影响又不会太大。沿着这个思路，文献 [151] 进行了深入的实验研究，发现对于自回归翻译模型 Transformer，12 层编码器、1 层解码器（12-1）的结构在大多数情况下能取得和原始 Transformer 相当的翻译质量，且解码速度明显提升。但是对于非自回归翻译模型而言，12-1 结构的翻译质量明显不如 6-6 结构。因此，对于自回归翻译模型而言，采用深层编码器、浅层解码器的结构是一种基本上没有负面作用的加速解码策略。

虽然在实验中验证了使用深层编码器、浅层解码器的优势，但并不清楚内在原因是什么。文献 [152] 通过设计探测实验分析在 Transformer 模型中翻译发生的机理，发现简单地将编码器的功能视为理解源语言、将解码器的功能视为生成目标语言并不准确，实际上词汇翻译在编码器中，甚至在源端词嵌入层就已经发生。确实，在模型的设计中，没有任何机制限制编码器和解码器的功能。模型在平行语料中学习时，完全可以让编码器执行一部分翻译功能。这样就能理解，即使解码器只有 1 层，只要编码器的深度相应加深，翻译的质量也不会受到显著影响。当然，编码器和解码器的深度可以进行任意组合，比如文献 [152] 报告的 18-4 结构，相比于 6-6 结构，既能取得翻译质量的提升，又能实现解码加速。

8.4 模型融合

Transformer 自提出以来，良好的效果和高效的训练使其很快成为主流的神经机器翻译模型。不过，原始 Transformer 除了提出新的模型结构，也采用了一些新的训练技术，这些新的训练技术有没有可能改进其他类型的神经机器翻译模型呢？Transformer 模型中的一些设计元素有没有可能运用到其他类型的模型中呢？甚至，不同类型的模型有没有可能组合出一种效果更好的模型呢? 文献 [153] 对上述问题进行了深入的研究。从实用角度看, Transformer 模型的解码复杂度为 $O(N^2)$, 而传统的循环神经机器翻译的解码复杂度为 $O(N)$, Transformer 模型在解码速度方面是没有优势的。文献 [153] 主要研究如何将 Transformer 模型中的元素融入循环神经机器翻译中。

　　这项研究工作首先在模型结构方面将 Transformer 中的元素融入循环神经网络, 提出了如图 8-3 所示 RNMT+ 模型。与经典的循环神经机器翻译模型 GNMT 相比, RNMT+ 在结构上存在以下区别。GNMT 中的编码器是 1 层双向 LSTM 后接 7 层单向 LSTM, 而 RNMT+ 的编码器是 6 层双向 LSTM, 且对于每个双向 LSTM 层, 前向 LSTM 和后向 LSTM 的输出拼接起来作为后续层的输入。解码器则与 GNMT 类似, 也是 8 层单向 LSTM。从第 3 层开始, 编码器和解码器开始使用残差连接。受到 Transformer 模型的启发, RNMT+ 模型中各 LSTM 单元的每个门控线性单元进行了层归一化操作。文献 [153] 通过实验发现, 层归一化对于稳定训练十分重要。LSTM 的输出没有经过非线性变换。编码器最后的输出经过了一个投影层, 确保输出的维数与解码器接受的维数一致。多头注意力取代了 GNMT 中的单头注意力。RNMT+ 在注意力

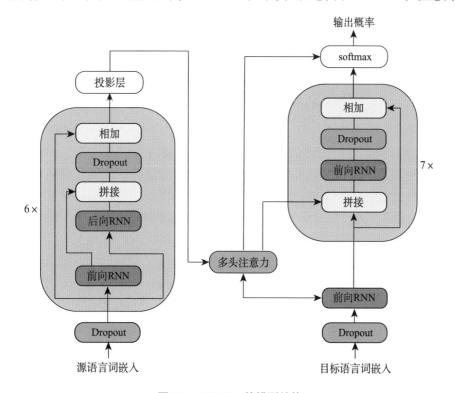

图 8-3　**RNMT+ 的模型结构**

的计算方面与 GNMT 类似：解码器的底层和投影后的编码器最后一层用于计算注意力机制中的上下文向量。得到的上下文向量不仅提供给所有解码器层，还与 softmax 层原本的输入进行拼接，然后提供给 softmax 层。这一点对于模型的质量和训练稳定性也很重要。

由于 RNMT+ 的编码器全部采用双向 LSTM 层，因此训练中不能像 GNMT 那样并行计算。为此，文献 [153] 采用了更多的数据并行，使得 RNMT+ 的训练收敛时间与 GNMT 类似。

在训练正则化方面，RNMT+ 除了采用常规的随机失活和权重衰减，还采用了已被 Transformer 使用的标注平滑。实验发现标注平滑是有效的，尤其是对于采用多头注意力的 RNMT+ 而言。此外，还发现使用标注平滑训练的模型在解码时适合采用较大的柱宽度（如 16、20 等）。

在训练技术方面，RNMT+ 还采用了特殊的学习速率变化策略、同步训练和动态梯度裁减等。

最终，RNMT+ 的参数量与 Transformer 大模型相当，实验中的翻译质量则略好。训练速度方面，RNMT+ 大约只有 Transformer 大模型的 60%，但文献 [153] 提到，由于 RNMT+ 模型训练相当稳定，可以通过采用更高的并行度弥补速度损失。实验中，Transformer 模型采用了 16 块 GPU，而 RNMT+ 模型采用了 32 块 GPU，此时两者训练收敛时间相当。

文献 [153] 将不同的编码器和解码器组合，即 Transformer 大模型和 RNMT+ 模型的编码器和解码器两两组合，得到 4 种不同的编码器–解码器模型，其中两种是之前已实验过的，另外两种新模型分别是 Transformer 大模型编码器结合 RNMT+ 解码器（Transformer-RNMT），以及 RNMT+ 编码器结合 Transformer 大模型解码器（RNMT-Transformer）。根据实验结果，不同模型翻译质量排序为 Transformer-RNMT > RNMT-RNMT > Transformer-Transformer > RNMT-Transformer。可见，Transformer 编码器比 RNMT+ 编码器更好，而 RNMT+ 解码器比 Transformer 解码器更有优势。

此外，文献 [153] 还尝试了编码器内部的模型融合，探究了在解码器统一使用 RNMT+ 的条件下，编码器内部采用 Transformer 层和 RNMT+ 层的不同组合方式。组合方式包括两种，如图 8-4 所示。第一种是级联编码器，基本思想是将 RNMT+ 编码器得到的隐状态序列表示输入 Transformer 编码器进行进一步的特征提取。实验发现，效果最好的级联策略是先对 RNMT+ 编码器进行预训练，然后固定其参数，再微调 Transformer 层的参数，预训练可以降低优化难度。第二种是多列编码器，结合两个不同编码器的输出，得到一个组合的表示。这里需要探究的观点是 RNMT+ 解码器能否有效利用两种不同来源表示的组合。实验中采用的组合方式是简单的拼接操作，随后通过一个层归一化的仿射变换得到解码器可接受的维数的向量表示。两个编码器均是从预训练的模型中获得。实验表明，级联编码器和多列编码器均能使翻译性能提升。

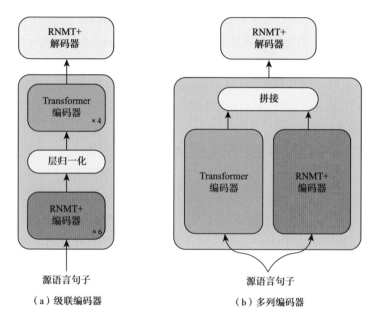

（a）级联编码器　　　　　　　（b）多列编码器

图 8-4　编码器内部进行 Transformer 层和 RNMT+ 层组合的两种方式

8.5 领域适应

从机器学习角度看，领域（Domain）在本质上代表一种数据分布（Data Distribution）。其在语言上的外在表现，则是话题、修辞和风格等。这些语言属性较为统一的数据集合形成一个"领域"。由于语言属性本身难以自动识别和度量，因此在大多数实际情况中，往往只是基于数据的来源对领域进行粗略的划分，比如从新闻网站上获取的语料归为"新闻"领域。其他常见的领域包括医疗、法律、社交、电商和科技等。

由于"新闻"领域的数据较为常见及容易获取，故而许多机器翻译模型的训练及实证研究都是在该领域上开展的。但在实际应用中，机器翻译经常面对新闻领域之外的特定场景、特定领域的自动翻译需求，比如专利文献自动翻译。遗憾的是，目前的机器翻译技术还无法做到领域泛化，在新闻领域上训练的机器翻译系统，虽然在新闻领域的测试集上表现良好，但在专利领域的测试集上翻译质量一般会显著下降。这就提出了领域适应（Domain Adaptation）问题，即将一个领域的机器翻译系统，通过领域适应的算法，适配到另一个领域上。前者称为源领域（Source Domain），后者称为目标领域（Target Domain）。

在通常情况下，源领域拥有大量数据，如新闻领域，而目标领域往往数据较为稀缺，如医疗领域。如果目标领域有少量的平行语料，那么将从源领域适应到目标领域称为有监督领域适应（Supervised Domain Adaptation）；如果目标领域只有单语语料，则称为无监督领域适应（Unsupervised Domain Adaptation）。在有监督和无监督之间，还有半监督领域适应（Semi-supervised Domain Adaptation），即利用少量的平行语料及大量的单语语料进行领域适应。本节主要介绍有监督领域适应。

领域适应不仅限于神经机器翻译。在统计机器翻译时代，领域适应就有许多研究，其中一类方法是基于数据的，这类方法同样适用于神经机器翻译。下面介绍一些专门用于神经机器翻译的领域适应方法。

一种简单但十分有效的面向神经机器翻译的领域适应方法是微调[154]。该方法首先在源领域上训练一个神经机器翻译模型，然后切换到目标领域的数据，并在该数据上继续训练。虽然源领域和目标领域的数据分布有所不同，但仍是同样的语言，子词的切分方式、词汇表都可以沿用，更换数据后，微调即可顺利进行。这种领域适应方法也可视为迁移学习，即将源领域学到的知识迁移到目标领域，以弥补目标领域数据不足的问题。基于微调的领域适应方法，明显优于仅用目标领域数据训练模型。

但简单的微调存在一个问题：微调后的模型在目标领域的表现得到了提升，但在源领域的表现会明显下降。这和过拟合的现象有点类似，即使在目标领域的验证集上还没有表现出过拟合的现象，在源领域的表现也已经明显下降，所以称为"灾难性遗忘"或许更合适。灾难性遗忘（Catastrophic Forgetting）又称灾难性干扰（Catastrophic Interference），是神经网络在学习新信息时遗忘了已学信息的一种普遍现象。在实际应用中，部署在目标领域的机器翻译系统有时也会收到一些其他领域的翻译需求，保留源领域一定的翻译能力作为后备是比较理想的。一种缓解微调式领域适应的灾难性遗忘问题的方法[155]是将源领域的模型和微调后的目标领域的模型进行集成（Ensemble），这样能减缓源领域性能的下降。但是集成会增加额外的开销，不适用于机器翻译引擎频繁密集地工业部署和更新。

如果在进行领域适应时，不仅有源领域的模型，还有源领域的数据，即源领域模型本身就是自行准备的，那么可以采用一种混合微调的方法[156]。该方法利用源领域模型进行初始化，然后在源领域和目标领域的混合语料上微调。如果目标领域的语料远少于源领域，可以对目标领域进行上采样（Oversampling）。混合微调阶段实际上训练了一个多领域的机器翻译系统，因此也可以采用多领域机器翻译中为每个领域的数据增加领域标签的做法。完成混合微调后，还可以进一步在目标领域微调，但这对目标领域的翻译质量没有明显帮助，且会使源领域的翻译质量下降（灾难性遗忘）。类似地，文献 [157] 先训练了一个源领域和目标领域混合的多领域机器翻译模型，然后在目标领域微调，发现目标领域的翻译质量与从源领域机器翻译模型开始微调不相上下。

在领域适应中，还有一个场景是有多个目标领域需要适配。如果为每个目标领域单独微调，则需要管理若干同样大小的目标领域模型，造成参数、模型利用率不高。文献 [65] 提出了一种适配器（Adapter）方法。适配器是一个单隐藏层的前馈神经网络，结构如图 8-5 所示。假设源领域模型采用的是前归一的 Transformer（见 8.2 节），适配器被插入训练好的源领域模型的所有层之间，即某一层的前馈神经网络子层之后、下一层的自注意力子层之前。切换到目标领域数据之后，网络中的其他参数固定，仅训练适配器中的参数。适配器的参数量由其单隐藏层的维数决定，它可以小于输入的维数（如图 8-5 所示），也可以大于输入的维数。通过调整这一维数，可以调整适配器的容量，或者说适配目标领域的能力。适配器完成训练后，可以达到与微调整个网络相当的

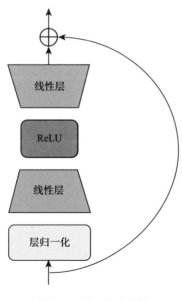

图 8-5　适配器的结构

翻译质量。在实验中，即使翻译质量不差于微调整个网络，适配器的参数量也远小于整个网络的参数量。如此，对于多个目标领域适应，只需要保存若干轻量级适配器，使用时插入源领域模型即可。

8.6 阅读材料

本章介绍的内容极其重要，每个方面都有很多相关的研究工作，但限于篇幅，本节仅提供一些重要的补充文献。

1. 深度模型

在 Transformer 问世前，神经机器翻译模型也可以堆叠多层，比如第 5 章介绍的 GNMT 就采用了 8 层 LSTM 编码器和 8 层 LSTM 解码器，第 6 章介绍的卷积序列到序列模型采用了 20 层，ByteNet 甚至使用了 30 层。关于如何加深 Transformer，还有一些研究工作 [53, 158] 探索了参数初始化技术，发现合适的参数初始化有助于深度神经网络的训练，使得后归一的深度 Transformer 也能成功训练。

2. 快速解码

7.3.2 节介绍的平均注意力网络也能取得优于 Transformer 的解码速度，而本章作为模型融合的范例介绍的 RNMT+，由于采用了循环神经网络解码器，也能实现加速解码的效果。还有研究工作对循环神经网络的计算单元进行简化，如文献 [159] 提出的 ATR、文献 [160] 提出的 SSRU（Simpler Simple Recurrent Unit）等。文献 [160] 还介绍了多种有助于快速解码的工程技术。

非自回归神经机器翻译的具体实现方法有多种，但都以取得优于 $O(N)$ 解码复杂度为目标，实现方法大致可以分为 3 种类型：解码复杂度为 $O(1)$，包括最早提出非自回归神经机器翻译的研究工作 [161]；解码复杂度为 $O(T)$，其中 $T < N$ 是一个常数，包括 8.3.1 节介绍的研究工作 [149]，以及文献 [162, 163] 中的工作等；解码复杂度为 $O(\log N)$ 或其他形式，如文献 [164, 165] 中的研究工作等。

3. 模型融合

除了本章介绍的神经机器翻译模型之间的融合，还有一类工作试图将统计机器翻译的计算结果融入神经机器翻译中 [12, 166]，从而获得两者的优势。

4. 领域适应

领域适应是机器翻译研究的热点方向之一，已有综述 [167, 168] 对机器翻译领域适应方面的工作进行了系统介绍。与领域相关的其他研究课题也受到关注，比如多领域机器翻译 [169]，希望通过一个机器翻译模型支持多个领域的翻译（不再区分源领域和目标领域），这对于部署在线上的机器翻译系统是十分必要的。

8.7 短评：再谈神经机器翻译新思想新技术的诞生

在前面几章的短评中，我们谈到了神经机器翻译思想的独立同发现（思想撞车）、注意力机制的发明、卷积神经机器翻译及全注意力神经机器翻译的技术创新，这些新思想新技术在过去短短 4 年时间（2014—2017）内陆续出现，技术创新的步伐和节奏，相比统计机器翻译明显加快，使机器翻译研究者深刻体验到在技术浪潮中冲浪的"刺激"。

如果我们在技术冲浪中稍微放慢节奏，在技术海洋中平缓滑行，回头看一下那些曾经猛烈撞击我们冲浪板的技术浪头，就会发现这一波又一波的技术创新隐含着某些共同点。

1. 新技术的出现一般存在一个萌芽期

在神经机器翻译诞生之前，有以下基础：

- 存在大量研究工作将神经网络作为一个部件用于统计机器翻译中；
- 存在构建基于全神经网络机器翻译模型的初步尝试，且在神经机器翻译之前，基于全神经网络的语言模型已经诞生；
- 单词嵌入化表示已广受欢迎。

以上研究工作为神经机器翻译的诞生奠定了良好的基础。在 Transformer 出现之前，自注意力（Self-Attention）已应用于很多地方，如语义蕴含推理[170]、机器阅读理解 [171]、句子表示 [172]、语篇关系分析 [173] 等，只不过使用的名称有所不同，比如被称为内部注意力（Intra-Attention）。

2. 新技术出现的初期往往伴随着大量问题

神经机器翻译刚诞生时存在很多问题，如长句子翻译（固定长度的向量无法包含变长句子所有语义信息）、集外词问题等；注意力应用于机器翻译时也存在覆盖度等问题；Transformer 则存在解码效率、自注意力计算复杂度高等问题。新技术刚出现时并不完美，但关键是实现了从 0 到 1 的创新，后面从 1 到 100 的过程通常是新技术发展成为主流技术及技术航母（即派生了大量子技术）的过程。

3. 新技术常常在交叉领域和跨领域中破壳诞生

调研神经机器翻译两篇经典论文作者的研究背景很容易就会发现，在此之前，他们无一人具有长期机器翻译研究的背景。统计机器翻译的创始者也不是来自此前占据主导地位的基于规则的机器翻译的学术共同体。这两次技术革新的主力军均是来自机器翻译研究领域的外部力量，这是不是说明长期从事某个领域的研究会形成该领域的固有范式和思维定势呢？

本书作者之一曾在 ACL 2015 联合组织了一次语义驱动的统计机器翻译研讨会 [174]，邀请了神经机器翻译发明者之一、来自 Google Brain 团队的 Quoc Le 做特邀报告。Quoc Le 报告的内容正是 2014 年提出的序列到序列学习模型 seq2seq（神经机器翻译早期的两个经典模型之一）。当时的听众包括许多统计机器翻译的知名研究者，如 Kevin Knight、David Chiang 等人。于是，这个报告自然引起了统计机器翻译与神经机器翻译的思想碰撞。这一年，在前面短评中提到（见 2.5 节），恰恰是深度学习在 ACL 会议中形成分水岭的一年：在 2015 年之前，ACL 会议发表的论文仍然是传统的统计方法占主流；2015 年之后，ACL 接受论文的研究主题迅速转移为以深度学习为主。Quoc Le 博士师从斯坦福教授、深度学习领军人物 Andrew Ng（吴恩达），因而其研究背景是机器学习、深度学习，序列到序列模型论文的其他作者也具有机器学习背景。在特邀报告中，他透露了 seq2seq 用于机器翻译的一个有意思的细节，就是在解码时如何通过逐词生成形成一个连贯的目标语言句子。具有自然语言处理背景的人知道这是一个搜索问题，可以用柱搜索（详见 3. 节）等方法解决，但他们当时并不知道柱搜索。这个细节说明，跨领域创新是可行的，如果有来自不同领域的研究者形成交叉团队，技术创新可能会更容易。

实践篇

名无固宜，约之以命，约定俗成谓之宜，异于约则谓之不宜。

——荀子（《荀子·正名》）

第 9 章

数据准备

本章介绍训练机器翻译模型所需的数据准备工作，主要包括数据获取、数据过滤和数据处理 3 个部分。在介绍数据准备工作之前，先对机器翻译使用的数据类型及特点进行概述（9.1 节）。除了从数据供应商获得机器翻译训练所需数据，研制双语爬虫器自行爬取或下载公开的数据资源都是获取训练数据的可选途径（9.2 节）。获得数据之后的第一步操作通常是数据过滤，因为这些数据中往往含有噪声数据，而这些噪声数据不适合参与模型训练，因此在训练之前需要过滤，以免对训练的模型质量造成负面影响（9.3 节）。随后，过滤的数据会经过一系列预处理（9.4 节），包括典型的分词，即把句子拆分成一串比较小的翻译单元（单词）。为了避免词表过大及集外词问题，通常会使用子词切分算法将单词进一步拆分成更小的单位。经过这些处理之后，数据就可以用来训练机器翻译模型了。

9.1 平行语料

神经机器翻译模型的训练通常基于互为翻译的两种不同语言的文本集合，即平行语料（Parallel Corpus）。表 9-1 列出了一些汉–英平行语料的示例，左侧每一行的汉语句子与右侧对应行的英语句子互为翻译。汉–英平行语料可以直接用于训练汉语到英语或英语到汉语的机器翻译系统。

表 9-1　汉–英平行语料示例

汉语	英语
布什与沙龙举行了会谈	Bush held talks with Sharon
布什在 15 日举行了会谈	Bush held talks on 15th
沙龙到访白宫	Sharon visits the White House
国家领导人在北京举行了会谈	National leaders held talks in Beijing
中央经济工作会议在北京举行	Central Economic Work Conference was held in Beijing

平行语料提供的真实翻译文本通常包含单词共现（Co-occurrence）的重复模式，比如表 9-1 中"举行了会谈"出现了 3 次（即"举行"与"会谈"共现了 3 次），"布什"与"Bush"共现了 2 次。共现是一种语言学统计现象，描述的是两个语言学单元按某种顺序非偶然地出现在文本中。跨语言的单词共现往往隐含了两种语言间的翻译模式。比如，根据表 9-1 中的 5 个平行语料，可以总结出表 9-2 所示的翻译模式。

表 9-2　汉–英翻译模式示例

汉语	英语
举行了会谈	held talks
布什	Bush
沙龙	Sharon
在 15 日	on 15th
与……举行了会谈	held talks with ……
国家领导人	National leaders

神经机器翻译模型在双语平行语料上经过充分训练之后，可以自动地学习到数据中隐含的共现翻译模式。在解码时，训练好的模型基于学到的翻译模式翻译新的句子，比如将"国家领导人与布什举行了会谈"翻译成"National leaders held talks with Bush"。

数据量越大，语言多样性越足，机器翻译模型能学习到越丰富的翻译模式，从而可以应用于越多的翻译场景。在理想情况下，如果平行语料能覆盖应用场景中的所有语言模式，则训练的翻译模型就可以满足该场景尽可能多的翻译需求。但实际情况是，人们能获取的平行语料通常是有限的，只能覆盖有限的翻译模式。这与 8.5 节讨论的"领域"也有关系，不同领域的数据隐含的翻译模式是不同的，因此在一个领域中学习到的翻译模式不一定适用于另一个领域。

除了领域差异，平行语料也存在正式（Formal）和非正式（Informal）的区别。与正式文本（如新闻文本）相比，非正式文本可能存在语码转换（Code Switching）、网络用语、口语化和语法错误等问题。在正式文本平行语料上训练的机器翻译系统，由于不知晓非正式文本的特点及翻译模式，在翻译非正式文本时，翻译质量通常会明显下降。一个典型的非正式文本来源是口语场景，如会议、通话等。这些场景的语音既可以通过人工转写记录成文本，也可以通过自动语音识别（Automatic Speech Recognition，ASR）输出文本。用户生成内容（User-Generated Content，UGC），如社交媒体上的推文、博文等，也是典型的非正式文本来源。表 9-3 显示了来自微软语音翻译测试集 [175] 中的正式和非正式文本样例。

表 9-3　正式和非正式文本样例

正式文本	非正式文本
我觉得你在起锅之前放盐就可以了。只要它有咸味就行了。那就是说甚至有的时候，我忘了放盐。我会在餐桌上放用餐桌盐来放，味道挺好的。	呃，我觉得你，呃，在起锅之前放盐就可以了，就是只要它有咸味就行了嘛，那就是说你在呃甚至有的时候我忘了放盐我会在餐桌上放用餐桌盐来放，也味道挺好的。
是的。如果你的儿子特别喜欢狗，那他有时候会不会耽误写作业。跟狗儿玩得很贪，就是这些，晚上忘记写作业。	是的。如，呃，如果你的儿子喜欢，特别喜欢狗，那他有时候会不会，呃，耽误写作业，跟狗儿玩得很贪，就是这些，晚上忘记写作业。

平行语料还可以按照对齐单元的粒度分为短语级、句子级和语篇级，如表 9-4 所示。短语级平行语料由词或词组的翻译对组成，常见的短语级平行语料库包括术语翻译表、双语词典等。短语级平行语料因为缺乏上下文信息，通常不会单独用来训练翻译模型，而是作为训练数据的一部分或预翻译知识库对翻译结果进行干预（见 16.4.1 节）。句子级平行语料由互为翻译的单句或复句组成，是最常见、数据量最多的平行语料形式。语篇级平行语料由互为翻

译的语篇对组成,具有跨句子依存语言现象,如一致性、连贯性和指代等。[①]

表 9-4　不同粒度的平行语料示例

文本单位	汉语	英语
短语	长城 中华人民共和国	The Great Wall The People's Republic of China
句子	布什与沙龙举行了会谈。 中央经济工作会议在北京举行。	Bush held talks with Sharon. Central Economic Work Conference was held in Beijing.
语篇	比赛中,几艘帆船在赛道上相遇。当天,柳州市阳光明媚,选手们在阵阵秋风中扬起风帆,红色的风帆在碧波中飘荡。沿岸民众欣赏着帆船在青山绿水中竞技,不时发出阵阵欢呼声。	During the race, several sail boats met on the track. That day, the sun was shining brightly in Liuzhou, and the players raised the sails in the autumn winds. The red sails were floating against the bluish waves. The crowds on the coast appreciated the sail boats competing among the green mountains and bluish waves, and broke out in cheers frequently.

9.2　语料获取

常见的平行语料获取方式有众包(Crowdsourcing)、爬取(Crawling)及公开数据集。用人工翻译大规模平行语料数据,成本往往非常高昂,有限的预算远远满足不了机器翻译的需求,因此,众包方式成为构建平行语料库相对低成本的选择。按照众包在语料获取流程中所处的位置,可以分为翻译众包(如文献 [176])和提取众包(如文献 [177])。前者将生语料的人工翻译进行众包,后者将从自动爬取的带噪声的数据中提取高质量平行片段的工作进行众包。

相比众包,自行爬取互联网数据并处理成平行语料是一种成本更低的大规模语料获取方式,不过,自动爬取的平行语料相对难以保证和满足高质量需求。为了促进机器翻译发展,机器翻译社区一直在不断发布和公开各种语言对的平行语料库,这些语料库可供免费下载。本节将对后两种数据获取渠道(爬取、公开数据集)进行介绍。

---

① 语篇介绍和讨论详见 3.4.4 节和 14.1 节。

9.2.1 平行语料爬取

互联网上有海量潜在的平行数据，这些数据为平行语料爬取奠定了数据基础。其中一类存在大规模潜在平行语料的网站是多语言网站，这些网站提供了多语言版本的网页内容，比如可以选取不同语言的 FIFA 网站、提供了不同语言新闻报道的 BBC 网站等，如图 9-1 所示。这类多语言网站是进行大规模平行语料爬取的主要源头之一。

图 9-1　FIFA 和 BBC 网站都提供多语言网页选项

平行语料的爬取和处理流程通常包含 3 个主要步骤：抓取网页内容、文档对齐和句子对齐。

1. 抓取网页内容

首先需要从多语言网站下载网页文档，然后抽取出网页中包含的正文文本内容，并进行语言检测。提取正文文本并不像想象中那么容易，因为网页构成通常比较复杂，除正文文本外，一般还包含广告、导航等多种干扰项。另外，正文文本的位置和结构在不同网页中也各不相同。针对以上问题，多种内容的提取方法得到了深入研究，目前已比较成熟。通常，基于 HTML 标签、文本统计信息或机器学习等，网页内容抓取器可以较好地定位并抽取出正文文本。

2. 文档对齐

抓取单个网页的正文文档之后，需要为它们找到互为翻译的另一种语言的文档。文档对齐通常需要借助外部资源，如翻译词典或翻译系统等，计算出文档互为翻译的可能性（详见 3.3.1 节），从而为两种语言的文档建立翻译映射关系。需要注意的是，虽然多语言网站提供了不同语言的网页内容，但是这些内容通常不是严格互为翻译的。如表 9-5 所示，虽然两个网页在介绍相同的事件，但可以看出它们在内容上存在差异。这种语料通常称为可比语料（Comparable Corpus）。可比语料虽然不能像平行语料那样抽取出大段对齐的文本，但是可以从中抽取某些互为翻译的平行片段，如短句、短语等，这些平行片段也是可以服务于机器翻译的。

表 9-5　中英文维基百科对机器翻译的介绍

机器翻译	Machine Translation
机器翻译（英语：Machine Translation，经常简写为 MT，简称机译或机翻）属于计算语言学的范畴，其研究借由计算机程序将文字或演说从一种自然语言翻译成另一种自然语言。简单来说，机器翻译是通过将一个自然语言的字词取代成另一个自然语言的字词。借由使用语料库的技术，可达成更加复杂的自动翻译，包含更佳的文法结构处理、词汇辨识、惯用语对应等。	Machine translation, sometimes referred to by the abbreviation MT (not to be confused with computer-aided translation, machine-aided human translation or interactive translation), is a sub-field of computational linguistics that investigates the use of software to translate text or speech from one language to another. On a basic level, MT performs mechanical substitution of words in one language for words in another, but that alone rarely produces a good translation because recognition of whole phrases and their closest counterparts in the target language is needed. Not all words in one language have equivalent words in another language, and many words have more than one meaning.

3. 句子对齐

得到对齐的两种语言的文档之后，通常还需要进一步将文档拆分为句子，然后在两个文档的句子间寻找句子级翻译对，从而抽取出句子级的平行语料用于机器翻译模型训练。可利用双语词典或翻译系统为一对句子计算出互为翻译的可能性（详见 3.3.2 节）。图 9-2 展示了 Infopankki 数据集汉–英两个文档间句子对齐示例。可以发现，因为语言差异，会存在一种语言的多个句子与另一种语言的一个句子对应的情况。如果存在分句错误，这种现象就更加常见。

虽然可以利用互联网数据自动构建平行语料，但是网页的复杂性、语言间的差异等挑战，通常会使能抓取到的平行语料的数量和质量打折扣。

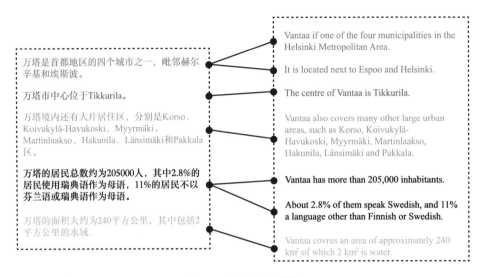

图 9-2   句子对齐示例

9.2.2 公开数据集

除了从互联网爬取平行语料，还可以利用已经收集好且公开发布的平行语料库训练机器翻译模型，下面介绍一些常用的公开平行语料库。

（1）**Europal Corpus**[178]。欧洲议会会议记录文本集，包含 21 种欧洲语言和英语之间的平行语料。语料规模从几十万句对到几百万句对不等。

（2）**United Nations Parallel Corpus**[179]。联合国文档和会议记录等文本，包含阿拉伯语、德语、英语、西班牙语、法语、俄语和汉语，共计 7 种语言，以及它们相互之间的双语平行语料。

（3）**News Commentary Parallel Corpus**。新闻评论文本，包含阿拉伯语、捷克语、德语、英语、西班牙语、法语、意大利语、日语、荷兰语、葡萄牙语、俄语和汉语，共计 12 种语言，以及它们相互之间的平行语料。

（4）**ParaCrawl Corpus**[180]。从互联网爬取的平行语料，来自欧盟资助的数据爬取项目，涵盖了 40 多种欧洲语言，主要是欧洲语言与英语之间的平行语料，也有少量欧洲语言之间的平行语料。

（5）**OpenSubtitle**[181, 182]。电影字幕，包含 62 种语言、1782 个语向的双语语料。

（6）**Wikipedia**[183]。从维基百科中爬取的平行语料，包含 20 种语言、36个语向的双语语料。

（7）**TED Corpus**。从 2007 年开始，TED 大会在其网站发布了演讲视频及英语字幕,并伴有 100 多种语言的翻译。WIT 对该数据进行了整理,并用于科学研究。这也是 IWSLT 翻译评测常用的数据集。

(8)**CCMatrix**[184]。Facebook 公司发布的大规模双语平行语料数据,涵盖 90 个语种。该数据不仅包含非英语语言与英语之间的平行数据,也包含大量的非英语语言之间的平行数据。

(9)**CCMT Corpus**。全国机器翻译会议收集和分享的平行语料,涵盖了字幕、政府文档、小说、新闻、技术文档、对话和法律等领域。

OPUS[185] 对这些常用数据集及其他公开的数据进行了整理汇总,在 OPUS 网站上可以方便地搜索并下载两种语言间的平行语料。另外,国内外的机器翻译公开评测通常也会提供一些额外的数据集,比如 WMT 和 NIST 等国际机器翻译评测,这些数据集已经成为机器翻译研究的基准数据集。

9.3 数据过滤与质量评估

无论是自行爬取还是公开下载的数据,其中都可能存在噪声。因此,在进行机器翻译模型训练之前,需要对数据进行过滤,尽量去除噪声样本,以免对翻译模型质量造成负面影响。本节将首先对平行语料中的噪声类型进行介绍,然后探讨常用的噪声识别和过滤方法。

9.3.1 噪声类型

数据来源的多样性及 9.2.1 节介绍的网页内容抽取、对齐等存在的多种错误传递问题,使得数据中的噪声类型也呈多样化。下面介绍 4 种常见的平行语料噪声。

1. 语句不通顺

语句不通顺问题可以通过检查源语言或目标语言的文本发现。不通顺问题可能由多种原因引起,比如文本中包含了机器翻译生成的文本、过多的特殊符号或标点、不符合语法的表达等。

2. 错误对齐

文档对齐或句子对齐存在错误,尤其在网页结构复杂或缺少足够对齐信息的情况下,导致抽取的句对并不是互为翻译的文本。

3. 部分翻译

部分翻译即只有部分文本是互为翻译的，比如源语言文本只被翻译了一半、源语言句子中的部分短语漏译等。这类问题产生的原因也比较多样化，对齐错误、文本自身内容缺失、使用自动翻译结果等，均可能导致部分翻译噪声。

4. 语言错误

语言错误即文本的真实语言与平行语料要求的语言不一致。通常情况是平行语料中出现了第 3 种语言，比如汉–英平行语料中混杂德–英翻译句对；也有可能是平行句对的源端和目标端是同一种语言，比如汉–英平行语料中某些句对的源端和目标端均为汉语。

表 9-6 列出了常见噪声类型及对应的汉–英平行语料噪声样例。

表 9-6　噪声类型及对应的汉–英平行语料噪声样例

错误类型	样例
语句不通顺	第 #TextBlock_9; <run Uid=Run_5/></run> #TextBlock_10; 页 #TextBlock_9; <run Uid=Run_5> of </run> #TextBlock_10; ===== 请选择 ===== 是 ===== 否 =====PLEASE SELECT OPTION=====Yes=====No
错误对齐	这不可能是巧合。 It was an effort to walk. 光是她在监视他这一点就已经够了。 It was too great a coincidence.
部分翻译	"可能我没有把话说清楚，"他说。 'Perhaps I have not made myself clear,' he said. 'What I'm trying to say is this. 显然她吓得要命，谁都要吓坏的。 Obviously she had been frightened out of her wits,
语言错误	But the physical difficulty of meeting was enormous. But the physical difficulty of meeting was enormous. 最終的に彼は最も安全な場所が食堂であると決めました. Finally he decided that the safest place was the canteen.

9.3.2 噪声过滤

对数据进行人工检查以过滤噪声样本是不现实的。首先，平行数据的校验通常需要雇用源-目标语言双语人员，成本高昂；其次，人工校验难以大规模、快速开展，富资源语言对平行数据量可达上亿句对，显然不适合人工校验。因此，噪声过滤常用的方法是自动过滤方法。下面介绍几种常见的自动噪声过滤依据及方法。

1. 句子长度

根据源语言或目标语言句子的绝对长度、双语句对的相对长度比过滤平行语料。通常会选择过滤掉绝对长度过长或相对长度比过大的句对，以将句对长度控制在一个合适的范围，比如绝对长度在 [1, 100]，相对长度比在 [0.5, 2.0]。如果句子过长（如超过 100 个单词），人工翻译可能会出现错译、漏译问题而产生噪声；如果相对长度比过大，比如目标语言句长为源语言句长的 5 倍，那么源/目标语言句子互译的可能性会显著降低。

2. 语言检测

采用自动语言检测工具，过滤掉与平行语料语言不一致的句对。过滤时通常需要设定阈值，比如当一个句对判断为非汉语或英语的置信度在 95% 以上时，该句对可以从汉-英平行语料中去除。也可以计算句子中含有的特定语言的字符比例，根据比例进行过滤，比如汉-英平行语料只保留源端中文字符占比 80% 以上的句对。需要注意的是，自动语言检测工具通常在共享词汇较多的语种间或短句上识别准确率较低，因此，当出现此种情况时，需要选取一个合理的过滤阈值。

3. 流利度

预先训练一个语言模型（源语言或目标语言），估算源端或目标端句子的流利度。语言模型概率越高，句子越流利，反之，则越不流利。也可以利用语言模型计算句子的困惑度（Perplexity），困惑度越高的句子越不流利。因此，可以根据语言模型概率或困惑度对流利度低的句子进行去除。

4. 互译性

平行语料的主要作用是提供互为翻译的双语句对，因此，互译性是一个很重要的质量判断指标。可以采用自动词对齐工具评价互译性，从平行语料中学习词与词之间互为翻译的概率，然后基于此计算给定句对的词对齐概率。词对齐概率低的句子一般为非互译句对，可以去除。也可以利用在其他平行语料上训练的机器翻译系统，对待检测平行语料中的双语句对进行打分，以过滤质量较低的句对。

上述过滤方法较为通用，只需要针对不同语料选取合适的阈值就可以进行噪声过滤。对存在特别噪声的平行语料，建议对平行语料进行人工采样分析后，再选择合适的噪声检测和过滤方法。另外，还可以根据已部署的机器翻译系统生成的翻译错误样例，反推训练数据中存在的噪声，比如，如果翻译结果中出现连续的某个单词或特殊符号，那么训练数据中很有可能存在这些连续单词或符号的噪声。

9.4 数据处理

噪声过滤之后，平行语料通常还需要经过一定的处理，才能用于机器翻译模型的训练。最常用及最主要的两种使平行数据适用于机器翻译模型训练的处理技术是 Tokenize 和子词化。

9.4.1 Tokenize

Tokenize 的字面意思就是把句子切分成一系列的符号（Token）。在机器翻译中，这些符号称为翻译单元（Translation Unit），即它们作为一个不再分割的单位参与翻译。Tokenize 是词法分析（见 3.4.2 节）任务之一。以拉丁字母为基础的语言，如英语、法语等，天然带有空格作为单词边界，Tokenize 通常较为容易，只需要对标点、特殊缩写等进行处理即可。而像汉语、日语等没有明确单词边界的语言，Tokenize 通常较为困难，需要训练独立的分词器进行单词切分。表 9-7 显示了汉英句子 Tokenize 示例。

很多语言的 Tokenize 已经有相当多的研究，这里不再赘述。下面列出机器翻译中几个常用的 Tokenize 工具。

（1）**Jieba**。支持 Python、Java、C++ 等多种编程语言的中文分词工具，有多个分词模式可选以适应不同需求，支持自定义词典。

（2）**Stanza**[186]。斯坦福大学开发的基于 Python 的自然语言处理工具，支持 66 种语言，包含分词、词性标注、句法分析和命名实体识别等多种功能。

（3）**Moses Tokenizer**。著名的统计机器翻译框架 Moses[187] 提供的基于规则的分词工具，可用于多数欧洲语言的 Tokenize。

（4）**Mecab**。常用的基于 CRF 的日语分词工具，基于 C++ 实现并提供 Python 等编程语言的接口。

表 9-7 汉英句子 Tokenize 示例

语言	Tokenize 示例
汉语	"可能我没有把话说清楚,"他说。 " 可能 我 没有 把 话 说 清楚 , " 他说 。 显然她吓得要命, 显然 她 吓得 要命 ,
英语	"Perhaps I have not made myself clear," he said. " Perhaps I have not made myself clear , " he said . Obviously she had been frightened out of her wits, Obviously she had been frightened out of her wits ,

（5）**Polyglot**。基于 Python 的支持多种语言的自然语言处理工具,包含分词、语言检测、命名实体识别和情感分析等多种功能。其分词依赖于 Unicode Text Segmentation 算法。

9.4.2 子词化

神经机器翻译将参与训练的词存在一个固定大小的词表中,这些词是根据训练数据统计得到的。为了提高翻译模型对词的覆盖度,理想情况下可以把训练数据中的所有非重复词都放在词表中。但是,语言中词的构成和形态是复杂多样的,如果将数据中所有的词都放在词表中会导致词表大人,训练就需要耗费过多的计算资源和时间成本。

因为词在数据中的分布是不均匀的,所以总会有某些词只出现几次甚至一次,也称为罕见词(Rare Word),因而得不到充分的训练。通常会将这些罕见词用一个通用的符号(比如"<UNK>")代替,这样就可以将词表大小限制在一个可接受的范围,一般在十万以内。这样虽然节省了计算资源和时间成本,但是并不能解决罕见词、集外词的翻译问题。

一种自然的解决方法是使用字符作为基本的处理单位,因为各语言使用的字符集大小是有限的。但是,这会造成长序列和歧义问题。因此,我们需要一种在字符和单词之间的折中方法,子词便是一种介于单词和字符之间的序列基本单元表示。8.1 节对子词切分进行了详细的介绍,这里不再赘述。

9.5 阅读材料

在爬取平行语料方面，已经有很多成熟的方法和工具可供使用。Bitextor[188] 工具可以从多语言网站上自动收集双语平行数据，也是 ParaCrawl[189] 数据爬取项目的主要工具。Google 利用其团队提出的数据爬取方法 [190]，从互联网上挖掘了数百种语言的平行语料，总规模超过 250 亿个句对 [191]。Facebook 利用多语言句子表示模型 LASER[192] 及高效的向量相似度搜索和聚类工具 Faiss[193]，从海量的 Common Crawl 数据中挖掘出双语平行数据 CCAligned[194] 和 CCMatrix[184]。

国际机器翻译评测大会近几年也多次组织平行语料库过滤（Parallel Corpus Filtering）任务 [195–197]。除了常用的基于规则的过滤方法，句子表示模型，如 LASER[192]，也常用于计算句子间的互译性 [198–200]。基于翻译模型计算的双向翻译的交叉熵 [200–202] 及基于统计的词汇翻译打分 [202–204] 等方法用于检测源语言、目标语言句子之间的对齐关系。句对的对齐质量也可以通过训练一个质量评估分类器进行自动判断 [201, 204–206]。

子词切分已经成了神经机器翻译的标准配置。除了 8.1 节提到的 BPE 方法，还有多种不同的子词切分算法，如 WordPiece[144] 和 ULM[145]，这两种方法都基于语言模型，目标是寻找使得数据似然估计最高的子词切分方法。为了避免翻译模型依赖于固定的切分，同时增强模型的鲁棒性，在训练时可以使用基于子词的正则化方法，如 ULM 采样 [145] 和 BPE Dropout[207] 等。

9.6 短评：浅谈数据对机器翻译的重要性

与基于规则的机器翻译不同，统计机器翻译、神经机器翻译均是数据驱动的，即相应的机器翻译模型需要在语料数据上进行训练和参数优化。因此，语料数据之于机器翻译犹如食材之于厨师，再好的厨师，如果没有食材也做不出美食，正所谓巧妇难为无米之炊。

机器翻译所需的语料数据主要包括两类，一类是单语数据，另一类是平行数据。前者即是单一语言的文本数据；后者是两个或多个不同语种之间平行、对齐（即互为翻译）的文本数据，包括单词 / 短语级对齐语料（双语词典）、句子级对齐语料、文档级对齐语料，其中句子级对齐的平行语料最常见和常用。单语数据可以用来训练统计机器翻译的目标语言模型、辅助低资源语言（平行语料资源稀缺）机器翻译，以及训练无监督机器翻译模型。还有一类语料与平行语料相关，称为可比语料（Comparable Corpus），就是两种语言的文本数据虽不是严格互为翻译、平行，但是表达的意思基本一致。可比语料可能包含部分对齐的片段，因而也可以用于机器翻译模型的训练。

根据 Ethnologue 组织的最新统计[①]，2021 年全世界有 7139 种不同语言。可用于机器翻译训练的语料资源。在全世界不同语言的分布上极不均衡，这是由很多种因素导致的，比如，以该语言为母语的人口数量、以该语言为主要官方语言的地区或国家数量及经济发展水平、该语言相应的自然语言处理及机器翻译研究的受关注程度，等等。

目前，在工业产品级的机器翻译模型中，资源丰富的语言对，用于模型训练的平行语料句对数量可能达到上亿甚至十亿、百亿规模。与此形成鲜明对比的是，有大量的资源稀缺语言对，可公开获取的平行语料句对数量只有几万对甚至几千句对。对资源稀缺的语言对，研究人员通常在模型和算法上进行适配，以弥补训练语料的稀缺，如采用无监督训练、跨语言知识迁移、领域适应和单语增强等方法和技术。

即便如此，增加高质量平行语料仍然是提升机器翻译质量的最直接方法。获取高质量平行语料数据，通常包括采用算法自动爬取和筛选，以及人工构建。自动爬取背后的基本思想是把整个互联网当成语料库（Web as Corpus）。由于互联网上存在大量的平行资源（比如外语学习网站、双语及多语言网站、电影字幕等），因此，如何从互联网爬取宝贵的平行语料资源一直是机器翻译研究人员十分感兴趣的问题，比如：

• 受欧盟 Connecting Europe Facility 基金资助的 ParaCrawl 项目，一直在开展万维网级别的平行语料爬取，并为 WMT 评测提供相关语种的平行语料数据；
• WMT 在 2018–2020 年连续 3 年组织了平行语料过滤的共享任务评测，以推动平行语料自动获取的相关研究。

在平行语料爬取中，除了需要过滤平行语料中的噪声数据（如乱码、语言混杂、非平行句对等），另外一个很重要的工作是对数据进行组织和管理（Curation），去除数据中的偏见（如性别偏见）、隐私、安全等方面的信息，避免这些数据对训练的机器翻译系统产生负面影响。如果不对收集的数据进行更深层次的管理，受"垃圾进，垃圾出"（Garbage in, Garbage out）影响，训练的机器翻译系统生成的译文可能存在 AI 伦理问题。目前学术界和工业界在

[①] 全世界不同语言的数量并不是固定不变的，而是在不断变化，一方面是因为我们对世界不同语言的认识在不断加深和扩展，另一方面也是因为各种语言在不断演化。这里引用的统计数据是 Ethnologue 于 2021 年 2 月 24 日发布的。

这方面还做得很不够。原因可能包括两个方面：其一，语义过滤仍然没有完全解决；其二，机器翻译中的伦理问题还没有引起大家的足够重视，虽然目前已经开展了很多机器翻译的性别偏见消除工作，但是还有很多其他的 AI 伦理问题同样需要得到解决。这些问题的根源在于爬取的互联网数据，因此对爬取的数据做进一步的组织和管理是必要的。

而对低资源语言而言，数据的稀缺是制约机器翻译可用性的瓶颈问题。为保证机器翻译服务对全世界各语言都可轻易获取，并开展更加包容的多语言自然语言处理研究，如何构建低资源语言的平行数据资源，不仅是一个技术研究问题，更是一个多方协作机制问题，不仅需要大家以合理方式共享存量数据，也需要相应的组织和资源配置以合建增量数据资源。

构建以母语为中心的平行语料数据资源，对提升国家机器语言能力具有重要价值。目前，国际上多个国家已开展国家语料库数据资源建设，如美国国家语料库、英国国家语料库和俄罗斯国家语料库。在小语种数据资源储备方面，日本持续开展了日语与东南亚语言平行资源的构建工作 [208, 209]，并积极发起组建与机器翻译相关的全球性组织，如 U-STAR 联盟、亚洲语言机器翻译评测 WAT 等；美国通过最新一轮 DARPA 机器翻译项目 LORELEI[210] 资助，与 LDC 联合共同推进任意小语种到英语的机器翻译 [211]；欧盟正在积极开展**欧洲语言网格**（European Language Grid）[212] 建设，收集和整理欧盟多个官方语言数据集和资源，并以基础设施方式供泛欧洲学术团体和工业团体使用。

我国在语言资源数字化储备方面也进行了积极探索。如全国机器翻译大会（CCMT），自 2005 年创办至 2021 年，共计组织了 11 次机器翻译评测，收集并提供了大量的平行数据供评测使用。并且，从 2019 年开始，CCMT 与WMT 合作组织汉英新闻领域机器翻译评测，为 WMT 提供了大量汉英机器翻译训练数据。尤其值得一提的是，CCMT（前身为 CWMT）评测还涵盖了很多我国少数民族语言到汉语的机器翻译平行数据，如维汉、蒙汉、藏汉平行数据等，为促进我国少数民族语言信息处理的发展做出了重要贡献。为推动更广泛的汉语–外语机器翻译，从机器翻译的研究和使用角度看，针对汉语–小语种的语料数据资源建设，在规模及系统性上需要进一步整合和加强。

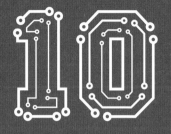

第 10 章

训练

本章介绍神经机器翻译模型的训练方法、过程及常用技巧，主要包括超参数和算法的选择，以及分布式训练。神经机器翻译模型训练的第一步通常是读取并处理数据，因此，首先对如何构建合理高效的小批量数据及如何处理句子长度不一致的问题进行介绍。然后，讨论梯度更新相关的设置和选择，包括学习速率对训练效果的影响及常用的学习速率设置方法，不同梯度更新算法及其优缺点。此外，将介绍其他常用的超参数设置方法，包括参数初始化、随机失活、网络融合及梯度裁剪等。随着数据和模型规模的不断扩大，如何利用集群进行分布式并行训练逐步成为神经机器翻译模型训练的基本需求，鉴于此，本书还将探讨神经机器翻译模型的分布式训练方法。最后，为主流的神经机器翻译 Transformer 模型汇总多个训练建议。

10.1 mini-batch 设置

2.2 节介绍的小批量（mini-batch），从训练数据中选取一定数量的样本计算梯度并更新模型。本节将讨论训练神经机器翻译模型时应该如何有效设置。这涉及两个子问题：如何选取训练样本，以及选取多少训练样本。下面对这两个子问题进行逐一探讨。

10.1.1 小批量样本选择

关于小批量训练的第一个子问题是使用哪些样本组建一个小批量。在训练深度神经模型时，一种常见且简单的做法是从训练数据中随机选择一定数量的训练样本构成小批量。这种随机化的方式有利于增加训练过程中小批量构成的多样性。

机器翻译模型训练使用的数据天然存在文本长度不一致的问题，因此，随机选择样本会导致同一个小批量的样本长度不一致。图 10-1 展示了 WMT 国际机器翻译评测某公开测试集上的中文句子长度分布。可以发现，句子长度分布类似于正态分布。但是，由于并行计算的原因，神经网络模型的输入一般是张量，每一维要求具有相同的长度。因此，如果直接把含有不同长度句子构成的小批量输入神经机器翻译模型，训练是无法进行的。

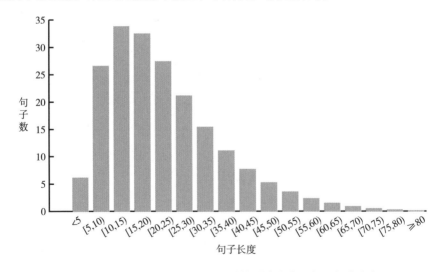

图 10-1　WMT 国际机器翻译评测某测试集中文句子长度分布

针对此问题，一种常用的解决方法是对小批量中的样本进行单词**填充**（Padding），以将所有样本扩充到最长样本的长度（如果句子过长，也可以先截断到某个长度，其他短句子再填充至该长度），从而达到长度一致。表 10-1 给出了填充操作的一个示例。表中的小批量包含 3 个样本，长度分别为 2、3、5。填充操作把小批量里所有样本的长度补齐到 5，其中，"<PAD>"是预定义的填充词。填充操作之后，神经机器翻译模型训练算法就可以读取这个小批量以进行运算处理。

表 10-1　对小批量进行填充操作的示例

中国	长城	<PAD>	<PAD>	<PAD>
他	喜欢	钓鱼	<PAD>	<PAD>
猫	坐	在	沙发	上

但是，填充操作带来了一个新的问题，即填充词会影响到模型的运算结果。比如，翻译模型对"他 喜欢 钓鱼"和"他 喜欢 钓鱼 <PAD> <PAD>"两个句子进行编码后得到的句子表示是不同的。这是因为神经网络模型在对张量进行运算时采用统一的数学运算，而不会主动对输入类型进行区分。因此，为了解决该问题，需要告诉模型哪些词是填充词，为此，需要进行另外一个操作——遮盖（Masking），即掩盖填充词。例如，给定表 10-1 所示小批量，可以创建一个同样大小的掩码矩阵。如图 10-2 所示，矩阵中的 1 表示该位置是真实输入的单词，0 表示填充词。在进行运算时，例如对矩阵中的所有元素求和，就可以利用掩码矩阵使得填充位置的值为 0，从而得到正确的运算结果。

$$
\begin{pmatrix} 3 & 1 & 2 & 2 & 2 \\ 3 & 4 & 1 & 1 & 2 \\ 5 & 4 & 3 & 5 & 4 \end{pmatrix} \times \begin{pmatrix} 1 & 1 & 0 & 0 & 0 \\ 1 & 1 & 1 & 0 & 0 \\ 1 & 1 & 1 & 1 & 1 \end{pmatrix} = \begin{pmatrix} 3 & 1 & 0 & 0 & 0 \\ 3 & 4 & 1 & 0 & 0 \\ 5 & 4 & 3 & 5 & 4 \end{pmatrix}
$$

图 10-2　Masking 示例

虽然遮盖避免了填充词对运算结果的影响，但填充词还是会参与运算过程，占用实际的计算资源。如果一个小批量里句子长度差距较大，比如只有两个句子，且长度分别为 5 和 50，则填充词的比例占所有输入的 45%，会造成计算资源的浪费。为了节省计算资源和加速训练，通常使用一种称为**分桶**（Bucketing）的方式组建小批量。在进行随机选取样本组成小批量前，先按长度对所有样本进行分组，同一个组内的句子长度相近。然后，对每一组进行随机采样，获得小批量，由于句子长度相似，填充词使用的比例就会显著降低。图 10-3 是分桶的一个示例。

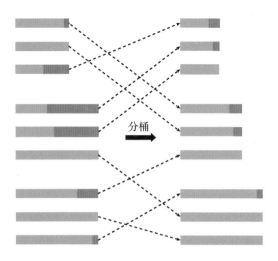

图 10-3　分桶前后小批量对比示例，红色表示填充

10.1.2　小批量大小

关于小批量训练的第二个子问题是小批量的大小如何设置。2.2.4 节提到，小批量太小，计算的梯度就不准确，相比于整个数据集上的梯度估计误差大，不利于模型收敛；而小批量太大，又存在计算效率、内存容量的问题，且容易在训练过程中陷入局部极值。因此，小批量大小的选择需要考虑多个因素的平衡，包括训练效率、模型精度、内存容量等。实际中，当训练数据量比较大时，一般会在内存容量允许的情况下选取最大的小批量。但是，当训练数据量比较少时，适当调小小批量可以得到精度更高的模型。

设置小批量大小有不同的策略。早期神经机器翻译通常使用固定句子数量的样本，比如 80 个训练样本作为一个小批量。但是，这种方式存在一个问题，即样本长度不一致会导致不同小批量中的有效单词数量存在较大的波动，尤其是在使用分桶的情况下，比如长度 5 ~ 10 的 80 个样本组成的小批量，有效单词数量显然显著少于长度 50 ~ 60 的 80 个样本组成的小批量。这一问题使得小批量的大小需要根据最长的句长进行调整，以防止内存不足。但是，对于较短的样本组成的小批量，内存容量和计算资源却没有得到充分的利用。

因此，神经机器翻译模型最近的训练方法，通常采用单词数量定义小批量大小，而不是句子数量。比如，在 Transformer 原始论文中，每个 GPU 上的小批量大小设置为大约包含 3072 个单词。固定小批量中单词的数量，其句子数量将动态变化，句子短则样本数量多，反之则样本数量少。由于每个小批量输入的单词数量大致相等，训练算法不仅可以更充分地利用内存和计算资源，而且对梯度的估算也更稳定。

10.2 学习速率设置

学习速率（Learning Rate）是影响模型性能的重要超参数之一（见2.2节），因为它控制了模型每步更新的步长，并影响模型的收敛。较大的学习速率通常使模型训练不稳定，损失函数不容易收敛，在最小值附近波动；较小的学习速率又使模型收敛速度变慢，需要花费更多的训练时间，而且容易陷入局部最小值。图 10-4 对比了学习速率较大或较小时损失函数的收敛情况。

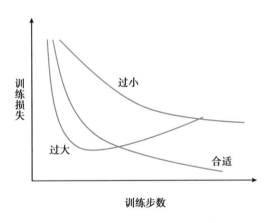

图 10-4　学习速率对模型的影响

显然，学习速率的选择与损失函数曲面形状存在关联。对于神经机器翻译而言，模型结构即使非常相似，其损失函数曲面也可能非常不同，而且通常存在很多局部极小值，使得模型优化成为一个非凸优化问题。一般情况下，深度学习框架会提供常用的默认学习速率，但默认学习速率在很多时候并不是最佳的。调整学习速率，往往可以取得更佳的性能。因此，如何选择大小合适的学习速率及如何调整学习速率，对神经网络模型的训练很重要。

理想的学习速率不仅能使模型损失快速下降，而且能保证收敛到最小值。已有相关研究工作提出了一种简单的方法 [213]，用于确定学习速率的合理范围，即从一个较小的学习速率出发，对每个小批量逐渐增加学习速率并记录模型损失。增加学习速率的方式，既可以采用线性增长，也可以基于指数增长。在学习速率较小的阶段，模型损失的变化通常比较平缓；当学习速率进入合理范围后，模型损失快速下降到一个较小的值；此后继续增加学习速率，模型损失则可能上升。

固定学习速率的策略通常不常用，因为固定的学习速率很难在收敛速度和性能上取得较好的平衡。**学习速率衰减**（Learning Rate Decay）则是一种较为常用的调整学习速率的策略，从一个较高的学习速率出发，在训练过程中不断减小学习速率。这样既能保证模型损失在训练开始阶段快速下降，又能保证模型在训练后期能够收敛。

在学习速率衰减过程中，通常根据当前训练的步数或轮数确定学习速率大小。衰减函数既可以是阶梯衰减函数，也可以是连续衰减函数。下面对几种常用的衰减方法进行介绍，如图 10-5 所示。

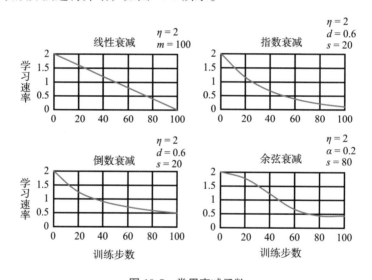

图 10-5　常用衰减函数

1. 线性衰减（Linear Decay）

线性衰减是一种比较简单的衰减方式，根据当前及最大的训练步数（分别记为 t 和 m），新的学习速率 $\hat{\eta}$ 按如下方式计算：

$$\hat{\eta} = \eta(1 - t/m) \tag{10-1}$$

2. 指数衰减（Exponential Decay）

使用指数函数确定衰减的学习速率，给定衰减率 d、当前训练的步数 t 及衰减间隔 s，可以按如下公式计算当前的学习速率 $\hat{\eta}$：

$$\hat{\eta} = \eta d^{t/s} \tag{10-2}$$

3. 倒数衰减（Inverse-Time Decay）

利用倒数函数计算学习速率衰减后的比例，然后与初始学习速率相乘得到新的学习速率：

$$\hat{\eta} = \eta/(1 + d(t/s)) \tag{10-3}$$

4. 余弦衰减（Cosine Decay）

基于余弦函数将初始学习速率衰减到最小值，然后保持不变，其计算方式如下：

$$\hat{\eta} = \eta \left(\alpha + \frac{1-\alpha}{2}(1 + \cos(\pi \min(t, s)/s)) \right) \tag{10-4}$$

在学习速率衰减策略中，初始学习速率往往较大，但使用较大的初始学习速率进行训练可能带来新的问题。因为模型在初始阶段并没有在数据上进行充分训练，所以损失通常都比较大。此时，如果使用较大的学习速率，不仅容易产生梯度爆炸问题，而且会导致模型过拟合到初始输入的数据，即提前过拟合（Early Overfitting）。解决该问题的常用方法是预热（Warmup），即在训练的初始阶段使用较小的学习速率，然后逐渐将学习速率增大到一个比较高的值，之后再进行衰减。在预热过程中，学习速率通常基于线性函数方式增大，也可以根据需要设计更精巧的增大函数。

10.3 随机梯度下降算法选择

10.2 节介绍的学习速率调整函数均需预先定义。不仅如此，在普通的随机梯度下降算法中，所有参数的更新也都使用相同的学习速率。因此，基于预先定义的学习速率调整策略，在不同的网络结构和数据集上，其通用性往往比较差，无法动态适应对不同参数更新采用的不同学习速率，例如，对更新频率较低的模型参数采用较大的学习速率以弥补训练数据的不足。为此，一些改进的随机梯度下降算法以自动调整学习速率为目标。本节将介绍几种常见且容易实现的适应性随机梯度下降算法 [214]，这些算法能够自适应地调整学习速率，以加速模型的收敛。

10.3.1 Momentum

Momentum[215] 是一种基于动量思想的优化算法，利用历史梯度信息加速随机梯度下降收敛，类似于一个物体在向下滚动时，其动量不断累积，滚动速度越来越快。具体而言，Momentum 引入了一个额外的超参数 γ，称为**动量项**（Momentum Term），用于控制历史梯度的引入量，然后与普通随机梯度下降的梯度更新量相加来更新模型参数：

$$v_t = \gamma v_{t-1} + \eta \nabla \mathcal{L}(\boldsymbol{\theta}_t) \tag{10-5}$$

$$\boldsymbol{\theta}_{t+1} = \boldsymbol{\theta}_t - v_t \tag{10-6}$$

式中，t 为当前时间步（时刻），$t-1$ 为前一时间步；η 为学习速率；$\nabla \mathcal{L}(\boldsymbol{\theta}_t)$ 为损失函数梯度，见式 (2-18)。

普通随机梯度下降算法通常在损失函数的"峡谷"区域（即损失函数曲面某一维度比其他维度更为陡峭）沿着峡谷斜面振荡（Oscillation），从而极大地延缓达到局部极小值的进程。Momentum 方法由于引入了历史梯度信息，在与正确梯度方向垂直的方向上的梯度，因为前后两次的方向不一致而产生抵消效果，从而减少了振荡；而在正确的更新方向上的梯度，因为前后方向一致而得到加强，从而会加速模型收敛。

10.3.2 AdaGrad

AdaGrad[216] 是一种自适应学习速率算法，为每一个更新的参数自动调整学习速率的大小。其基本思想是，通过累积历史梯度信息，对与出现频率较高的特征关联的参数，采用较小的更新量（即低学习速率）；而对与出现频率较低特征关联的参数，则采用较大的更新量（即高学习速率）。因此，与普通随机梯度下降对所有参数采用同样的学习速率的方式不同，AdaGrad 采取每个参数不同学习速率的方式优化模型，且在稀疏的数据上表现较好。AdaGrad 的具体计算公式如下：

$$g_{t,i} = \nabla \mathcal{L}(\theta_{t,i}) \tag{10-7}$$

$$\theta_{t+1,i} = \theta_{t,i} - \frac{\eta}{\sqrt{\sum_{t'=1}^{t} g_{t',i}^2 + \epsilon}} g_{t,i} \tag{10-8}$$

式中，$g_{t,i}$ 是 t 时刻第 i 个参数的梯度；ϵ 是一个平滑因子，防止计算时除以零值。为了实现方便，向量化的参数更新公式如下：

$$\boldsymbol{\theta}_{t+1} = \boldsymbol{\theta}_t - \frac{\eta}{\sqrt{\boldsymbol{G}_t + \epsilon}} \odot \boldsymbol{g}_t \tag{10-9}$$

式中，$\boldsymbol{G}_t \in \mathbb{R}$ 是一个对角矩阵，对角线上 (i,i) 存储了 t 时刻参数 θ_i 的历史梯度的平方和；$\odot$ 是**逐元素**（Element-Wise）乘法运算；$\boldsymbol{g}_t$ 是 t 时刻所有参数的梯度组成的向量。

可以看到，AdaGrad 中每个参数在 t 时刻的学习速率大小跟该参数的历史梯度累加值成反比。AdaGrad 虽然避免了人工调节学习速率，但是学习速率一直处在下降或衰减状态，可能影响模型的学习能力。

10.3.3 AdaDelta

AdaDelta[217] 是 AdaGrad 的改进版本，旨在解决 AdaGrad 中激进的学习速率单调递减问题。与 AdaGrad 中使用所有历史梯度的平方和不同，AdaDelta 考虑一个固定大小为 w 的窗口内的历史梯度。为了避免存储 w 个历史梯度，在实际实现中，AdaDelta 使用了历史梯度平方的衰减平均值，计算公式如下：

$$\mathbb{E}[\boldsymbol{g}^2]_t = \gamma\mathbb{E}[\boldsymbol{g}^2]_{t-1} + (1 - \gamma)\boldsymbol{g}_t^2 \qquad (10\text{-}10)$$

式中，γ 为加权系数，类似于式 (10-5) 中的动量项。

AdaGrad 参数更新公式为

$$\boldsymbol{\theta}_{t+1} = \boldsymbol{\theta}_t - \frac{\eta}{\sqrt{\mathbb{E}[\boldsymbol{g}^2]_t + \epsilon}} \odot \boldsymbol{g}_t \qquad (10\text{-}11)$$

AdaDelta 进一步将学习速率 η 替换成参数更新的衰减平均值，因为当前时刻的参数更新是未知的，因此使用前一步的参数更新作为近似。最终，AdaDelta 使用的参数更新公式如下：

$$\mathbb{E}[\Delta\boldsymbol{\theta}^2]_t = \gamma\mathbb{E}[\Delta\boldsymbol{\theta}^2]_{t-1} + (1 - \gamma)\Delta\boldsymbol{\theta}_t^2 \qquad (10\text{-}12)$$

$$\boldsymbol{\theta}_{t+1} = \boldsymbol{\theta}_t - \frac{\sqrt{\mathbb{E}[\Delta\boldsymbol{\theta}^2]_{t-1} + \epsilon}}{\sqrt{\mathbb{E}[\boldsymbol{g}^2]_t + \epsilon}} \odot \boldsymbol{g}_t \qquad (10\text{-}13)$$

10.3.4 Adam

Adam[218] 算法进一步改进了自适应学习速率的计算方式，不仅使用了类似 AdaDelta 中的梯度平方的衰减平均值 $\boldsymbol{v}_t$，还保存了类似动量信息的梯度衰减平均值 $\boldsymbol{m}_t$：

$$\boldsymbol{m}_t = \beta_1\boldsymbol{m}_{t-1} + (1 - \beta_1)\boldsymbol{g}_t \qquad (10\text{-}14)$$

$$\boldsymbol{v}_t = \beta_2\boldsymbol{v}_{t-1} + (1 - \beta_2)\boldsymbol{g}_t^2 \qquad (10\text{-}15)$$

因为 $\boldsymbol{m}_t$ 和 $\boldsymbol{v}_t$ 一般初始化为 $\boldsymbol{0}$，而 β_1 和 β_2 通常接近于 1，所以会出现梯度更新向 0 偏置的问题，尤其是在训练开始阶段。因此，需要对这种偏置进行如下修正：

$$\hat{\boldsymbol{m}}_t = \boldsymbol{m}_t/(1 - \beta_1^t) \qquad (10\text{-}16)$$

$$\hat{\boldsymbol{v}}_t = \boldsymbol{v}_t/(1 - \beta_2^t) \tag{10-17}$$

最终，Adam 的参数更新公式如下：

$$\boldsymbol{\theta}_{t+1} = \boldsymbol{\theta}_t - \frac{\eta}{\sqrt{\hat{\boldsymbol{v}}_t} + \epsilon} \odot \hat{\boldsymbol{m}}_t \tag{10-18}$$

相比于普通随机梯度下降算法，自适应学习速率算法能更好地适应数据分布。对于机器翻译，Adam 优化器已经成为了常见的选择，不仅能加速模型收敛，而且降低了对人工调整学习速率的要求。但是，也有研究发现，神经机器翻译模型在训练后期使用简单的随机梯度下降算法往往能收敛到更好的性能。因此，有些研究工作尝试使用 Adam+SGD 的方案，例如，GNMT[30] 首先使用 Adam 算法使模型快速收敛到一个小的损失，然后利用随机梯度下降算法将模型优化到更好的性能。

10.4 其他超参数选择

除了上文提到的小批量、学习速率和随机梯度下降算法方面的超参数，神经机器翻译模型的训练还涉及其他超参数。本节将对其他重要的超参数设置进行简要的介绍。

10.4.1 参数初始化

对于神经网络模型的训练，一般是在给定参数初始值的情况下，利用随机梯度下降算法对参数进行更新优化的。因此，参数初始值也会影响模型的收敛速度以及是否能够收敛到最优值。最简单的初始化方法就是将所有的参数值设置为 0，但该方法对神经网络模型的可行性较低，因为网络中每一个神经元的输出结果都一样，导致参数更新也完全一样，模型没有区分性。因此，参数初始化常用的方法是按照某一分布随机采样生成初始参数值。可供选择的随机分布有很多种，一般常用的是均匀分布（Uniform Distribution）和高斯分布（Gaussian Distribution）两种。

随机分布的均值和方差大小决定了参数初始值的采样范围，进而影响到训练的稳定性。为了防止运算中数值过大或过小引起的梯度爆炸或梯度消失问题，根据经验一般采用如下原则：均值为 0，且方差在神经网络的每一层中保持不变。满足该原则的常用方法之一为 **Xavier 初始化**（Xavier Initialization），该方法保持每一层的输入方差和输出方差一致，比如使用均匀分布 $U[-\frac{\sqrt{6}}{\sqrt{n_j+m_j}}, \frac{\sqrt{6}}{\sqrt{n_j+m_j}}]$ 或高斯分布 $N(0, \frac{2}{n_j+m_j})$，其中 n_j 和 m_j 分别为第 j 层的输入维度和输出维度。Xavier 初始化在实现中还有其他变种，比如只使用输入维度或只使用输出维度等，可根据模型的表现效果选择使用。

10.4.2 随机失活

当神经网络模型的参数较多而可用的训练数据较少时，训练的模型很容易产生过拟合（Overfitting）现象[①]，即模型在训练数据上损失小，预测能力高，但在测试数据上损失大，预测能力急剧下降。集成学习（Ensemble Learning）是一种缓解模型过拟合的方法，通过训练多个模型采用投票方式进行预测。但是，其训练和测试成本均比较大。随机失活（Dropout）则是具有集成学习效果而代价又比较小的一种解决过拟合的有效方法[219]。

随机失活的实现比较简单，只需在训练中不断以概率 P 随机选取一部分神经元使其停止工作（即丢弃这些神经元，或者使其处于非激活状态）即可。通过使用随机失活，模型在训练时不会依赖某些具体的局部特征，从而可增强模型的泛化能力。图 10-6 显示了使用随机失活前后的神经网络结构对比。

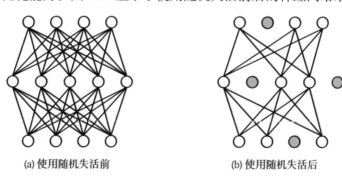

(a) 使用随机失活前   (b) 使用随机失活后

图 10-6　使用随机失活前后的神经网络结构对比

实验中，P 通常取值在 $[0.1, 0.5]$，同时为了保证使用随机失活前后神经元的激活值保持在同样的范围，一般需要对激活值以 $\frac{1}{1-P}$ 的比例进行调整。

10.4.3 模型容量

一般而言，神经网络的模型容量（Model Capacity）代表了模型的表达能力，它与神经网络层数（深度）及隐藏层神经元数量（宽度）等相关。虽然只含有一个隐藏层的神经网络在理论上可以逼近任意函数，但是这种较浅的网络结构难以拟合到实际的数据中。因此，现实中一般需要使用多层网络结构。

[①] 过拟合是机器学习模型的普遍挑战，不局限于神经网络模型。

但是，并不是网络的层数越多越好。层数增多，模型容易产生训练不稳定、过拟合等问题。

那么如何选择合适的模型容量呢？一条简单的原则是根据数据集大小选择合适的模型容量：对于较小的数据集使用较小的网络，而对于较大的数据集，可以使用较大的网络容量以取得更好的性能。但是，较小的网络意味着其模型的表达能力也较弱。因此，对于较小的数据集，一般需要选择一个适中的模型容量，并配合随机失活等防止过拟合的技术以取得更好的效果。

增加神经网络深度和宽度均可以提高模型容量及表达能力，这两种扩大模型容量的方法通常会同时使用。最近的研究发现，增加深度和宽度对神经机器翻译具有不同的效果 [95]，对神经网络模型的表征及预测错误模式的影响也具有不一样的表现 [220]。18.5 节将进一步讨论模型容量及扩大模型容量的方法，尤其是在多语言神经机器翻译方面。

10.4.4 梯度裁剪

神经网络模型的训练一般基于链式法则对梯度进行传导。当网络较深时，容易出现梯度消失或梯度爆炸问题。对于梯度爆炸问题，一般采用梯度裁剪（Gradient Clipping）方法应对。

常用的梯度裁剪方式有两种：值裁剪（Clipping-by-Value）和范数裁剪（Clipping-by-Norm）。值裁剪根据梯度值裁剪，将所有梯度值 g 裁剪到一个定义好的范围内，比如 $[-r, r]$：

$$f(g) = \begin{cases} g, & -r \leqslant g \leqslant r \\ \frac{g}{|g|}r, & 其他 \end{cases} \tag{10-19}$$

范数裁剪一般是将梯度的 L2 范数限制到一个最大值 r，比如：

$$f(g) = g \frac{r}{\max\left(r, \sqrt{\sum_{\hat{g}} \hat{g}^2}\right)} \tag{10-20}$$

相比于值裁剪，范数裁剪更加常用，范数的阈值通常设置为 $r \leqslant 5$。

10.5 分布式训练

随着数据和模型规模的不断增大，单 GPU 模型训练已经不能满足计算需求。基于多个计算节点的分布式训练应用得越来越广泛，提供分布式训练功能的开源框架也不断出现。本节对分布式训练进行概要的介绍，18.5 节将针对大规模多语言神经机器翻译模型的分布式训练进行介绍。

10.5.1 模型并行与数据并行

模型并行（Model Parallelism）和数据并行（Data Parallelism）是深度神经网络模型分布式训练常采用的两种方式。

1. 模型并行

模型并行是指将模型中的运算分配到不同的节点。当神经网络模型容量比较大时，单个 GPU 由于显存大小的限制不能单独运行完整的模型，这时就需要将模型拆分放到不同的 GPU 上，比如将一个多层网络的每一层放到不同的 GPU 上计算。因为模型内部计算之间存在依赖关系，因此模型并行需要进行频繁的通信，导致计算效率不高。

2. 数据并行

数据并行是指在每个节点保存一个完整的模型，然后使用不同的数据样本进行独立运算。当训练数据量非常庞大时，往往希望使用更大的小批量，以保证模型能在训练数据上得到快速且充分的训练，但小批量大小往往受限于单个 GPU 的显存大小。数据并行可以用多个不同的 GPU 同时对数据进行读取，相比模型并行更易用，在实践中使用较广泛。

图 10-7 对比了模型并行和数据并行。为了应对大规模模型的分布式训练，数据并行和模型并行通常同时采用，比如在多机多卡的情况下，每台机器内部的多个 GPU 之间采用模型并行（可借助于单机多卡内部的快速通信能力），不同机器之间则采用数据并行。

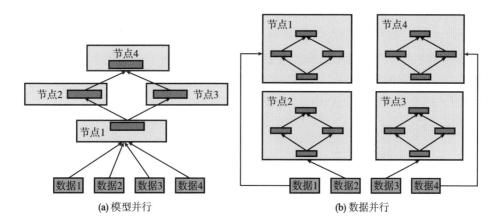

(a) 模型并行　　　　　　　(b) 数据并行

图 10-7　模型并行和数据并行

10.5.2 同步更新与异步更新

在使用数据并行时，由于每个节点独立处理不同的数据，因此需要应对一个问题，即每个节点上计算的梯度如何更新模型参数。一般可以采用两种方案解决这一问题：异步更新（Asynchronous Update）和同步更新（Synchronous Update），如图 10-8 所示。

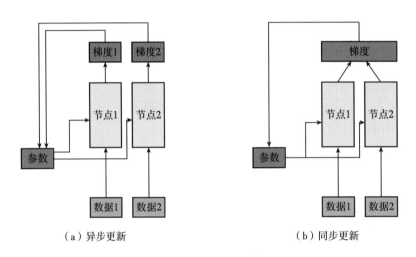

（a）异步更新　　　　　　　　　　　　　（b）同步更新

图 10-8　异步更新和同步更新

1. 异步更新

异步更新是指每个节点独立计算出梯度后，不需要等待其他节点，直接更新参数。如图 10-8(a) 所示，每一轮迭代时，每个节点读取新的样本和最新的参数，并进行前向运算和反向传播。节点之间的独立性使得异步更新节省了等待时间，训练的效率更高。但是，异步更新存在梯度失效（Stale Gradient）问题，即在一个节点读取最新的参数后，该参数有可能会被其他节点更新，导致该节点计算的梯度过期。图 10-9 展示了两个节点异步更新产生的梯度失效问题。梯度失效可能导致训练不稳定，产生次优解。

2. 同步更新

同步更新是指所有节点独立计算出梯度后，收集各个节点的梯度，然后一次性更新参数。如图 10-8(b) 所示，在每轮迭代中，所有节点都读取相同的最新参数，在各自的新数据上运算，汇总所有梯度后更新参数。可以发现，同步更新等价于使用更大的小批量的单机训练，实际应用中一般需要提高学习速率以获取更好的训练效果。相比于异步更新，同步更新需要在更新前等待所有节点计算结束。因此，如果节点之间的计算效率差距较大，会严重影响训练效率，如图 10-10 所示。

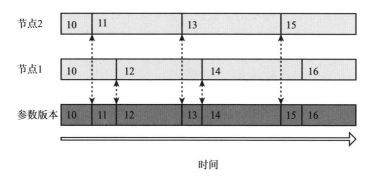

图 10-9　异步更新梯度失效示例

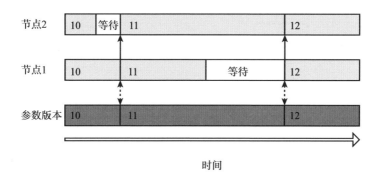

图 10-10　同步更新等待示例

对于异步更新，由于每个节点独立运行和更新，通常训练速度更快。虽然异步更新的效果不一定比同步更新差，但其在理论上的缺陷会导致需要更多的代价对训练进行调整。相比之下，同步更新训练更稳定，通常只需要较小的代价就可以得到效果不错的模型，但是各个节点需要具备均衡的计算效率，否则节点之间的等待会导致训练效率下降。两种更新方式都有广泛的应用，但由于同步更新简单易用，其应用相对更加广泛。

10.5.3　参数服务器与环状全规约

分布式训练可以采用不同的架构实现，常见的有参数服务器（Parameter Server）和环状全规约（Ring AllReduce），实践中一般分别用于异步更新和同步更新。

1. 参数服务器

参数服务器的架构将分布式集群中的节点分为两类：参数节点和计算节点。参数节点用于保存模型的参数，计算节点则用于读取训练数据并计算梯度。在每一轮迭代中，计算节点从参数服务器中读取最新的参数，计算得到的梯度再传回参数服务器，并请求参数节点更新参数。图 10-11(a) 展示了参数服务器的结构和数据传递过程。

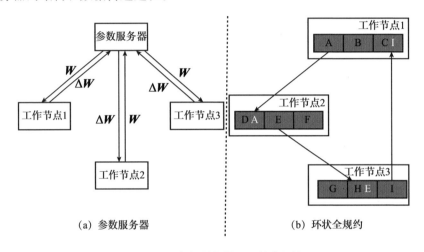

(a) 参数服务器   (b) 环状全规约

图 10-11　参数服务器和环状全规约

2. 环状全规约

环状全规约的架构将所有节点排列成一个环，每个节点同时作为参数节点和计算节点使用，且只跟其相邻节点进行通信，每次通信两个节点之间发送和接收同步数据中的一部分，经过多次通信之后，每个节点中的数据均得到同步，如图 10-11(b) 所示。

可以发现，参数服务器结构中的参数节点需要与每一个计算节点进行通信。当计算节点比较多或通信量比较大时，参数节点上的带宽就会成为训练的瓶颈。而环状全规约结构采用一种去中心化的通信方式，通信量不会随计算节点的增加而线性增长。

10.5.4　分布式训练开源框架

深度学习的发展推动了各种开源框架的出现，如 Google 的 TensorFlow、Facebook 的 PyTorch，为模型研究和产品部署提供了便利。这些开源框架，一般会提供分布式训练功能。此外，也有一些专门用于分布式训练的框架，比如

Horovod。下面对这 3 个开源框架的分布式训练进行简要的介绍。

1. TensorFlow

为分布式训练提供了统一接口，支持同步和异步更新，也支持不同的硬件平台，如 GPU 和 TPU 等。为了适配不同的场景和需求，TensorFlow 提供了多种不同的分布式策略，如基于全规约算法用于单机多卡同步训练的 MirroredStrategy、基于全规约算法用于多机多卡同步训练的 MultiWorkerMirroredStrategy、基于参数服务器结构可用于异步和同步训练的 ParameterServerStrategy 等。

2. PyTorch

通过 torch.distributed 模块实现分布式训练，主要包括两个功能，即分布式数据并行（Distributed Data Parallel，DDP）和基于远程过程调用（Remote Procedure Call，RPC）的分布式训练。DDP 采用同步更新策略，适用于单机多卡和多机多卡，底层通信采用全规约算法。RPC 则提供了基于点对点通信的更为通用的分布式模式，比如分布式流水线并行、参数服务器等。

3. Horovod

该平台是一个采用同步更新的数据并行分布式训练框架，其设计开发初衷是，只需要少量的修改就可以把单卡程序高效地运行在多机多卡环境中。目前，Horovod 同时支持多种深度学习框架，包括 TensorFlow 和 PyTorch 等。

10.6 Transformer 训练设置

Transformer 在神经机器翻译和预训练模型中得到了广泛的应用。本节提供一些关于 Transformer 模型重要超参数设置的建议。

10.6.1 训练数据相关设置

在做子词切分时，可根据训练数据规模选取合适的词表大小，以保证子词能得到充分的训练。在百万、千万句对级别的训练数据上，词表大小通常设置为 3 万 ~4 万，如 BPE 合并次数设置为 3.2 万。

训练数据往往含有一定量的长句，当这些长句占到一定比例时，有利于提高模型性能。因此，训练时需要设置一个合理的最大句长，既要防止最大句长过长导致内存不足，也要避免最大句长过短而丢失大量高质量的平行句对。常见的默认最大句长一般设置为 250。

10.6.2 模型容量

通常情况下，大模型的性能要优于小模型，因此，在硬件条件和场景需求允许的情况下，建议使用较大的模型，并根据显存限制设置小批量大小。如前文提到的，在训练数据量较小的情况下，需要注意处理大模型的过拟合问题。由于大模型和大数据通常需要更长的训练时间，一旦出现问题，很可能拖慢整体进度，因此对与模型大小无关的调试，可以使用小模型，比如检查代码实现是否存在问题。

表 10-2 给出了 Transformer 模型（见 7.2.1 节）在模型大小方面的常用超参数设置。

表 10-2　Transformer 模型在模型大小方面的常用超参数设置

超参数	基础模型（Base）	大模型（Big）
词嵌入	512	1024
隐藏层大小	512	1024
前馈层大小	2048	4096
注意力头数	8	16
编码器层数	6	6
解码器层数	6	6

10.6.3 小批量大小

在显存允许的情况下，建议尽可能设置一个较大的小批量。实验发现，在较小的模型上，小批量越大，模型性能越高，随着小批量不断增大，性能的提高速度也会逐渐变慢；而在较大的模型上，过小的小批量会导致训练无法收敛，增大小批量可以解决收敛问题，但是不同小批量大小对性能的影响差距不大。经常将小批量大小设置为单 GPU 卡 3072 个词或更多。

10.6.4 学习速率

学习速率较小，则模型训练时间较长，且性能较低，因此，推荐使用较大的学习速率。在其他条件不变的情况下，学习速率存在一个合适的范围，在该范围内，学习速率大小对模型性能影响不大。在使用 warmup 和梯度裁剪时，可以设置一个更高的学习速率，但需要注意防止模型不收敛。图 10-12 是 Transformer 模型使用的学习速率变化曲线，其在第 t 训练步的学习速率默认定义为 $c \cdot \text{hidden}^{-0.5} \cdot \min(t^{-0.5}, t \cdot \text{warmup}^{-1.5})$，其中 c 是一个常数。

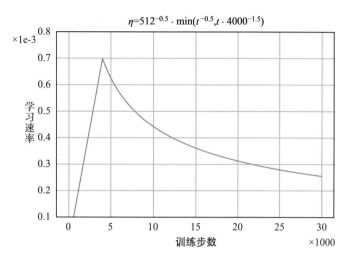

图 10-12　**Transformer** 模型使用的学习速率变化曲线

10.6.5　分布式训练

Transformer 训练推荐使用多个节点进行同步训练，相当于增大了有效小批量，可以获得更好的模型性能和收敛速度。增大有效小批量后，推荐增大学习速率，可以通过调整 warmup 参数实现（见 10.2 节）。warmup 学习速率调整幅度通常小于小批量增大的倍数，例如，小批量增大 n 倍，如果把 warmup 除以 n，则表示最高学习速率增大了 $\sqrt{n}$ 倍。实验发现，这种 warmup 随小批量线性增大的情况容易导致模型不收敛，因此，warmup 可以考虑使用一个比 n 小的值，比如 $\sqrt{n}$ 等。

10.7　阅读材料

神经机器翻译通常采用最大似然估计，但有研究发现，最大似然估计与 BLEU 等翻译评测指标存在不一致的情况。为解决该问题，文献 [221] 引入重构模型输入的训练目标，而文献 [30, 222] 则直接将反映翻译质量的 BLEU 等指标作为奖励加入模型训练过程。还有其他研究工作引入对抗训练目标，以最小化模型产生的译文和参考译文之间的距离 [223–225]。标签平滑 [226] 方法也常用作训练的正则化方法，防止模型过拟合到真实标签。

在训练时，控制不同训练样本使用的顺序和贡献是有益的。课程学习 [227] 可用于神经机器翻译训练，该方法先在容易的样本上训练模型，然后逐步过渡到较难的样本上继续训练。样本的难度可以从不同维度进行定义，比如基

于句子长度 [228]、句中词频 [228]、词嵌入范数 [229] 等。给每个训练样本分配权重可以控制不同样本对模型的影响，如基于句子权重的领域适应 [230]。

为了增强模型的鲁棒性（见第 17 章），可以先在带有噪声的数据上训练模型，然后逐步过渡到干净的数据上 [231]；也可以直接在模型训练过程中加入噪声，如随机改变输入的某些词 [232] 或在输入的词嵌入上加入随机噪声 [232] 等。将对抗样本作为噪声数据，可以提升模型鲁棒性，如根据反向梯度选择对模型性能影响较大的位置，并将该位置作为噪声的插入位置 [233]。在语音翻译上，翻译模型可以在带有语音识别错误的数据上进行训练 [234, 235]，以增加应对这些错误的鲁棒性。

10.8 短评：超参数设置——自动优化与实验可复现性

超参数是用来控制模型学习过程的参数，与模型内部参数从训练数据中推导出来不同，超参数通常在验证或开发集上通过手动或自动方式优化。超参数通常分为**模型超参数**和**算法超参数**两大类。前者主要是与模型相关的超参数，如模型层数、词嵌入维数、正则化方法、模型拓扑结构和模型参数初始化方法等；后者主要和训练算法相关，如学习速率、小批量大小、训练终止条件、训练数据是否打乱（Shuffle）等。

超参数对模型大小、模型性能、训练时间长短、训练是否收敛和模型泛化能力等都有很大的影响，因此选择合适的超参数是非常重要的。即使是同样的模型，训练超参数设置得不一样，也可能使最终训练得到的模型性能大相径庭。对于神经机器翻译模型，同样的模型，若训练超参数不一样，则对应的BLEU 值差异可能非常显著。

通常情况下，深度学习模型实践者依赖自己的经验手动设置和调整某些超参数（即调参），从而找到最优或次优的超参数组合配置，以平衡性能与速度或适应应用环境的特定需求。如果缺乏经验指导，或在新的数据、新的应用环境下，**超参数自动优化方法**（Automatic Hyperparameter Optimization，HPO）就派上用场了。按照维基百科的解释①，HPO 旨在找到一组超参数，使得模型在指定的数据（如交叉验证集）上性能达到最优，HPO 的目标函数接受一组超参数输入并返回相应的模型损失。常用的 HPO 方法包括：

- **网格搜索**（Grid Search）：即在人工预先定义的超参数空间的子集上进行穷尽搜索，通常适用于需要优化的超参数比较少的情况（如少于 4 个

---

① https://en.wikipedia.org/wiki/Hyperparameter_optimization，该条目提供了多种超参数自动优化工具包。

超参数）；

- **随机搜索**（Random Search）：针对网格搜索的改进，对超参数子空间进行随机搜索；
- **贝叶斯优化**（Bayesian Optimization）：对超参数与模型在验证集上的目标值映射函数进行概率建模；
- **梯度优化**（Gradient-based Optimization）：在某些情况下，可以计算超参数的梯度值，采用梯度方式优化超参数；
- **进化优化**（Evolution Optimization）：采用进化算法搜寻最优超参数；
- **神经网络架构搜索**（Neural Architecture Search）：针对模型拓扑结构，自动搜索最优的神经网络模型架构。

超参数设置与模型的**复现性**（Reproducibility）密切相关。上面提到，同样的神经机器翻译模型，哪怕只有一个超参数设置得不一样，译文 BLEU 值差异也可能远远超出正常的误差范围，导致模型结果无法重现。**复现性危机**（Reproducibility Crisis）已在机器学习、自然语言处理等领域引起许多研究人员的重视。EMNLP 于 2020 年开始在投稿中专门设置了自然语言处理**复现性检查表**（Reproducibility Checklist），主要包括 3 大方面：一是与汇报实验结果相关的检查表，包含模型算法的数学描述、源代码、计算设备、运行时间和模型参数数量等；二是与实验采用的超参数搜索相关的检查表，包含超参数的边界、最优模型超参数配置、超参数选择方法和标准、超参数搜索尝试次数等；二是与实验数据相关的检查表，包含数据相关统计、数据集链接地址、新数据采集方法、训练 / 验证 / 测试集划分等。

实验结果可复现之所以重要，正如 Jesse Dodge 和 Noah A. Smith 在 EMNLP 2020 网站的帖子[①]中所说：

> 作为一个科学共同体，论文经实验得到的发现和结论能否复现，关乎科学新发现、新知识能否泛化。

许多科学研究领域都存在复现性危机问题，深度学习领域同样如此。但在深度学习领域，导致论文实验结果难以复现的原因，有时可能与学术诚信无关，而与学术诚信之外的其他因素有关 [236, 237]：

- 论文作者往往过多关注新结果的发布，而忽视了在论文中报告一些影响结果的关键因素，如关键超参数的设置；
- 论文模型和实验经过了多次迭代，实验环境和数据可能在长达几个月甚

---

① https://2020.emnlp.org/blog/2020-05-20-reproducibility。

至几年的实验过程中发生了变化，但是实验人员没有细致认真记录所有实验细节，或者不知晓哪些细节导致了实验结果，以至于在最后呈现的论文中没有展现关键细节。这种情况下，论文作者本人有可能也不能复现之前发布的实验结果；

- 实验环境、计算环境的不同加大了复现难度，比如：
  - 随机初始化，很多实验发现初始化的随机种子（Seed）对实验结果有很大影响；
  - 数据顺序和打乱（Shuffling），训练数据的排列顺序、是否打乱都对模型训练效果有影响；
  - 深度学习框架，不同深度学习框架或同一深度学习框架的不同版本都有可能对实验结果形成影响；
  - GPU 浮点运算，深度学习下沉到硬件侧的函数，受浮点运算影响，可能不能保证不同次运行结果的可复现性。

因此，为了提升实验结果的可复现性，建议在实验过程中尽可能多地关注实验细节，记录实验细节，同样配置的实验运行多次以抵消随机性带来的干扰（如初始化随机种子），发布实验结果之前在多个计算平台、多个不同软硬件环境下验证，论文中以附录形式尽可能多地报告实验配置，提供源代码、实验数据和实验模型。此外，也可以采用 EMNLP 推荐的可复现性检查表，或制定更严格、细致的检查表，逐一检查；或者多人独立完成同一实验，以交叉比对，提升实验结果、发现、结论的可复现性。

提升可复现性的另外一个重要倡议是避免精选结果（Cherry Picking）。维基百科将 "Cherry Picking" 定义为：一种仅指出似乎证实特定立场的个别案例或数据，而忽略了可能与该立场相矛盾的相当一部分相关和类似案例的行为，Cherry Picking 又称为抑制证据，或不完整证据谬误，可能是有意也可能是无意为之。"精选结果" 存在于各个学科的研究中，自然语言处理领域的研究者已经开始重视该问题。首先，当然是鼓励研究人员在论文中公开所有相关的证据，无论是正面的还是负面的；其次，鼓励负面结果（Negative Result）论文同样可以发表。Jennifer Couzin-Frankel 在发表于 *Science* 的 *The Power of Negative Thinking* 论文中指出，如果一个学科中存在 "不成功的研究就无用" 的普遍观念，该学科的研究人员就可能选择精选结果。哥本哈根大学的 Anna Rogers 等人从 2020 年开始组织关于来自 NLP 负面结果洞见的研讨会，鼓励大家发表负面结果以推动假设驱动的研究，而不仅仅是为了刷新自然语言处理各个任务集的榜单（刷榜时可能使用了过多的参数、训练时长等）。

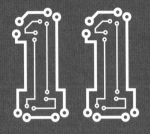

第 11 章

测试

　　本章介绍模型训练后的测试，包括解码、评测及错误分析。在解码方面，介绍常用的解码算法、设置及模型选择。另外，还对解码和训练之间的不一致性问题进行讨论，介绍缓解该问题的方法。在评测方面，对人工评测和自动评测分别介绍，并讨论主要的评测方法及其优缺点。最后，介绍机器译文错误分析，并讨论译文错误分类体系。

11.1 解码

在编码器–解码器框架下的解码阶段，给定一个输入的句子，神经机器翻译模型首先利用编码器得到该句子的隐状态表示，然后根据编码器输出的表示和已经产生的部分译文，解码预测新的翻译结果。解码算法及配置存在不同的选择，本节对其中几种常见且重要的解码算法及配置进行介绍。

11.1.1 解码算法

假设译文最长为 n 个单词，而词表大小为 m，则所有可能的译文规模为 m^n 种。解码算法的目标就是从规模庞大的所有可能译文中，高效地搜索最优的译文，搜索通常采用从左到右的方式进行。目前最常见的解码算法是柱搜索（Beam Search）。

3. 节对柱搜索进行了简要介绍，这里不再进行详细讨论。柱搜索算法需要预先设置柱大小 K，每一步解码从所有可能的扩展路径中选出 k 个打分最高的目标词，用于下一步的生成，其余的则被剪枝掉。以此循环，直到满足停止条件。算法 11.1 给出了柱搜索算法伪代码，图 11-1 显示了 $K = 4$ 时的柱搜索路径示例。当 $K = 1$ 时，柱搜索即为**贪心搜索**（Greedy Search）（见 2. 节），即每一步只选一个最可能的单词作为输出。

算法 11.1 柱搜索算法

1. 初始化 sequences = [([<s>], 0.0)]
2. **for** (seq, score) $\in$ sequences **do**
3.   candidates = []
4.   **for** v $\in$ vocabulary **do**
5.   candidates += [(seq + [v], score + log p(v|seq))]
6.   **end**
7.   sequences = topk(candidates)
8. **end**
9. 返回 sequences

在柱搜索中，K 值的选择不仅影响解码速度，还影响翻译质量。近几年的研究表明，K 值并不是越大越好。如图 11-2 所示，更大的 K 值会产生更少的搜索错误（Search Error）（详见 1.3.3 节），即容易找到模型评分更高的翻译结果。但是，模型错误（Model Error）也相应增大，即模型评分与译文真实质量不一致，导致搜索出的翻译结果质量更差。K 值设置通常小于 15，实践中

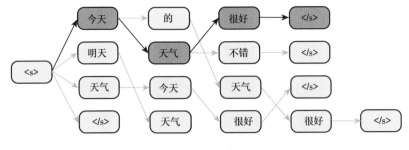

图 11-1　柱搜索示例

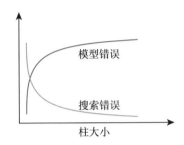

图 11-2　搜索错误与模型错误

可根据速度要求设置一个比较小的值，比如 5 以内。

11.1.2 译文评分

神经机器翻译模型对其生成译文的总体评分，是译文中所有单词预测概率（见式 (4-2)）的对数和，称为对数似然（Log-Likelihood）。研究发现，译文的对数似然与译文质量并不呈正相关，甚至有时出现"倒挂"现象，即一个译文同时具有非常高的对数似然及非常低的 BLEU 值 [17]。这种非正相关性，说明神经机器翻译模型并不总能正确评判译文好坏，这与模型错误（见 1.3.3 节）有关。为了减小模型错误的影响，除了使用对数似然，一般还会在模型中引入其他的评分策略。

1. 长度归一化

根据定义可知，译文越长，其对数似然越低，这会使模型偏向于生成较短的译文。为解决此问题，通常需要对译文的对数似然进行长度归一化（Length Normalization），即归一化为 ℓ/l，其中 ℓ 是对数似然，l 是长度归一化因子。常用归一化因子有以下两种形式：

$$l = n^{\alpha} \tag{11-1}$$

和

$$l = (5 + n)^{\alpha} / (5 + 1)^{\alpha} \qquad (11\text{-}2)$$

式中，n 代表译文长度；α 是超参数，可以根据开发集上的结果确定一个最优值。式 (11-2) 应用于 Google 神经机器翻译系统 GNMT[30] 中。图 11-3 展示了长度归一化对译文质量的影响。

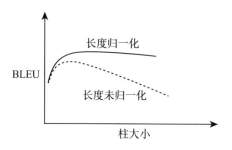

图 **11-3** 长度归一化对译文质量的影响

2. 覆盖度

过译（Over-Translation）和漏译（Under-Translation）是神经机器翻译译文中常见的错误类型（见 5.3.2 节）。所谓过译就是源端的单词被重复翻译，而漏译是指源端的单词没有被翻译，如图 11-4 所示。这一问题与翻译过程中源端单词的覆盖（Coverage）程度有关，即源端单词被翻译的程度。在神经机器翻译中，词被翻译的程度可以通过注意力权重衡量，因为注意力权重反映了源端单词被关注的程度。因此，在对解码生成的译文进行评分时，可以加上覆盖度正则项，使得源端每个单词被关注的程度接近于 1，即每个单词都得到了翻译且没有过译。

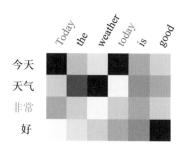

图 **11-4** 过译（"today"）、漏译（"非常"）示例

假设第 i 个目标语言单词到第 j 个源语言单词的注意力权重为 $\alpha_{i,j}$，则可

以把第 j 个源端单词的覆盖度定义为

$$\mathcal{C}_j = \sum_i \alpha_{i,j} \tag{11-3}$$

Google 神经机器翻译系统 GNMT[30] 在解码时使用如下覆盖度正则项防止漏译问题：

$$s(\boldsymbol{y}, \boldsymbol{x}) = \ell/l + \gamma \sum_j \log(\min(\mathcal{C}_j, 1.0)) \tag{11-4}$$

式中，$s(\boldsymbol{y}, \boldsymbol{x})$ 是模型对译文的最终评分；ℓ/l 是长度归一化的对数似然（见式 (11-2)）；γ 是覆盖度正则项权重。

11.1.3 检查点平均

神经机器翻译模型训练时，通常会保存不同时刻训练的模型，保存的这些模型称为检查点（Checkpoint）。检查点不同，性能通常也不同。如何从这些检查点中选择一个能在测试集上表现最好的模型呢？一种方法是选择开发集上表现最好的检查点用于测试。但是，选取单个检查点可能存在鲁棒和泛化能力差的问题。目前比较常用的方法是选取多个检查点，然后进行检查点平均（Checkpoint Averaging）。平均的方法分为参数平均和预测平均两种。

1. 参数平均

将单一训练中的多个不同时刻的检查点的参数值进行算术平均，产生一个新的模型。检查点的选取，既可以根据开发集上的性能，也可以直接使用训练最后保存的多个模型。爱丁堡大学在 WMT 2016 年的评测上首次将参数平均应用于神经机器翻译模型 [238]，并获得显著的性能提升。需要注意的是，参数平均使用的检查点虽然存在性能差异，但差异通常不太大，以保证参数平均后的模型性能。选取的检查点数量通常为 10 ~ 20 个，具体可以根据平均模型在开发集上的性能确定。

2. 预测平均

将多个独立模型在解码过程中预测的概率分布进行平均，可以采用算术平均、加权平均等方式。与参数平均不同的是，预测平均倾向于使用具有显著差异的模型，比如模型结构不同、模型参数初始化不同、模型训练使用的数据不同等。通常情况下，预测平均比参数平均能获得更好的性能提升，但解码代价也更大，因为需要获取每个模型的预测概率分布。

11.2 解码和训练不一致

从式 (4-2) 可以看出，神经机器翻译模型根据已生成的单词预测下一个目标单词。在训练阶段，模型可以从训练样例中获取正确真实的前文单词，训练的目标就是以这些前文单词为条件最大化新目标单词的预测概率，即 2.3.3 节提到的教师强制（Teacher Forcing）策略。该策略除了能够在训练中引导模型修正错误的预测，还可以使 Transformer 模型完全并行地训练，因为每一时刻的输入都可以从数据中直接获得。

教师强制虽然是序列生成任务常用的训练方式，但也带来了一个常见问题——曝光偏差（Exposure Bias）。在解码阶段，正确的前文单词是不存在的，因此，通常使用自回归（Autoregressive）方式进行预测，即利用模型已经预测的单词序列作为前文以预测下一个单词。训练时的教师强制和解码时的 Autoregressive 显然不一致：训练时的上下文单词来自数据分布，而解码时的上下文单词来自模型分布，这会导致模型在解码过程中的错误不断累积和传递，从而降低译文质量。图 11-5 展示了教师强制和自回归的区别。

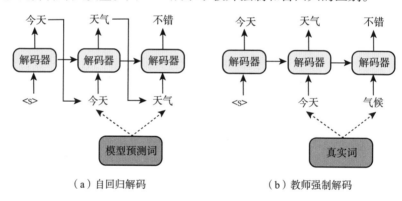

（a）自回归解码　　　　　　　　　　（b）教师强制解码

图 11-5　教师强制和自回归对比图示

为缓解训练和解码时的不一致性问题，一种简单、直接的策略是在训练时混合使用模型预测结果和真实数据。这里以定期采样（Scheduled Sampling）[239] 方法为例简要介绍。如图 11-6 所示，其工作原理是，在训练时对每步的解码器输入随机决定使用数据中的真实结果还是上一步的模型预测结果。在获取模型预测结果时有多种不同的选项，如选取概率最高的随机采样等。一种比较有效的实践方式是基于 Gumbel-Max 采样，流程如下：

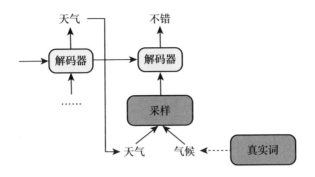

图 11-6　定期采样图示

- 计算 Gumbel 噪声值 $\eta = -\log(-\log\mu)$，其中 $\mu \sim U(0,1)$ 是均匀分布的随机采样；
- 将 Gumbel 噪声加到逻辑值上，计算概率分布 $P = \text{softmax}((o+\eta)/\tau)$，其中 τ 是控制分布尖锐程度的温度超参数；
- 取概率最大的单词作为预测结果，视为下一步的输入候选。

　　但是，这种词级别的混合也会带来一个新的问题。以表 11-1 中句子为例，假设在词级别混合训练时使用预测结果 A，"reflect"替代"think"作为模型输入。因为下一个单词的真实结果为"over"，训练时会强制模型学习错误的搭配"reflect over"，而不是正确的"reflect on"。这种现象称为**过度纠正**（Over-Correction）[240]。即使模型能够学习到"reflect on"，也可能因为没有学习到"on the decision"这种翻译模式，导致后续翻译错误，如预测结果 B 所示。

表 11-1　词级别混合问题示例

输入：	你应该仔细考虑这个决定
真实翻译：	You should think over the decision
预测结果 A：	We should reflect on the decision
预测结果 B：	We should reflect on the resolution

　　一种缓解单词级别问题的方法是，使用句子级模型预测结果代替词级别的预测[240]。虽然该方法不能完全保证不同时刻混合输入的正确性，但是相比词级别的预测和替换，不同时刻选取的模型预测之间具有了依赖关系，从而可提供更加正确的上下文。句子级模型预测的生成结果可以使用已训练好的翻译模型对训练数据进行解码得到，如利用柱搜索算法解码得到多个候选译文，并选取 BLEU 值最高的译文作为句子级模型预测结果。另外，为了保证模型预测的句子与参考译文长度一致，在解码过程中可以强制进行长度对齐，

即在达到参考译文长度前，解码不输出句尾结束符，并在达到参考译文长度后停止解码。

需要注意的是，在训练初期混合使用模型预测和真实数据会影响模型的收敛速度和性能。因此，一个常用的技巧是，在训练初期较少使用或不使用模型预测结果，然后逐步增加模型预测结果被选择的概率，比如：

$$P = \frac{\mu}{\mu + \exp(e/\mu)} \tag{11-5}$$

式中，P 表示使用真实数据作为输入的概率；e 表示当前训练所处的轮数；μ 表示一个超参数，控制概率变化的速度，其效果如图 11-7 所示。

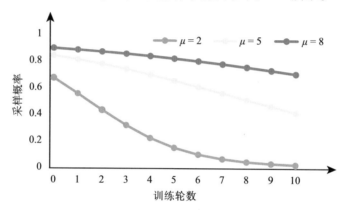

图 11-7 不同 μ 值对采样概率的影响

11.3 机器翻译评测方法

机器翻译评测是根据某种评测规范或标准，对机器翻译生成的译文进行评分，以评估机器翻译系统性能的一种评测活动。评测结果可以指导机器翻译系统进一步优化。评测方式大致分为自动评测和人工评测两类。

11.3.1 人工评测

人工评测（Human Evaluation）定义相应的评测标准由人类专家对机器译文进行评测。传统的评测标准包含忠实度（Adequacy）和流利度（Fluency）两个方面。忠实度表示译文正确传递了多少源文语义，即在多大程度上忠实于源文；而流利度则表示译文语法合规流畅的程度。表 11-2 给出了 5 分制下的人工评测度量表。

表 11-2　5 分制下的人工评测度量表

评分	忠实度	流利度
5	译文包含完整的源文语义	译文流利无错误
4	译文包含大部分源文语义	译文较好
3	译文包含一些源文语义	非母语表达的译文
2	译文包含少量源文语义	译文不流利
1	译文不包含任何源文语义	译文不可理解

人工评测具有较大的主观性。近年来，人工评测在不断改进，希望能产生客观、合理且统一的评价标准和方法。在组织机器翻译人工评测时，通常会考虑以下几个重要因素：评分方式、评分范围、评测人员和参考基准。下面逐一介绍。

1. 评分方式

即以什么方式进行人工评分。近年来比较常用的评分方式除了前面提到的从忠实度、流利度两个经典维度进行绝对值评分，然后再综合得到总体评分，还包括相对排序（Relative Ranking）和直接评分（Direct Assessment）。相对排序用于多个机器翻译系统之间的比较，只需要给出系统译文质量的相对排名，而不需要对每个译文进行绝对质量评分。直接评分则是对译文的质量直接进行一个综合性的打分，反映机器译文在多大程度上反映源文或参考译文的语义及译文的语法合理程度。

2. 评分范围

评分范围即评分的取值范围及标准。目前常用的评分范围包括五分制和百分制，其中五分制常用于忠实度和流利度的评价，百分制则主要用于直接评分。相比于百分制，五分制的评价虽然粗糙，但是更加适用于要求不严格的快速评价场景。

3. 评测人员

包括评测人员的选取标准及参与评价的人员数量。在理想情况下，同时精通源语言和目标语言的双语专家或专业译员是最好的选择，但是这些人员通常比较稀缺。实际评测常以目标语言为母语者或精通目标语言的单语人员作为评测人员，评测时需提供目标语言参考译文辅助评测人员进行评测。

4. 参考基准

参考基准分为基于源文和基于参考译文。基于源文的评价将源文和机器译文同时提供给双语评测人员；基于参考译文的评价则将目标端的参考译文和机器译文同时提供给单语评测人员。可以看出，基于参考译文的评价更容易进行。但是，该方式容易导致在同一语义的不同表述中，人工评价偏向于与参考译文相似的机器译文。相比而言，基于源文的评价虽然需要双语人员，但是没有参考译文引入的偏向问题，而且可以把参考译文作为额外的数据用于评估评测人员的表现。

人工评测可以得到可靠、细粒度的评测结果，但是时间成本较高。对机器翻译研发人员来说，在开发过程中频繁使用人工评测会降低系统优化的速度。因此，在实际机器翻译系统研究中，通常不会频繁使用人工评测，而是使用下面要介绍的自动评测。

11.3.2 自动评测

自动评测（Automatic Evaluation）采用算法借助或不借助参考译文自动评估机器译文质量，因其快速、低成本的优势而被广泛使用。根据是否需要提供参考译文，自动评测又可以分为两类：基于参考译文和不基于参考译文的评测。后者也称为**质量评估**（Quality Estimation）[241]。目前比较主流的方式是基于参考译文的自动评测，其主要思想是通过对比机器译文与参考译文的匹配程度自动评估机器译文的质量。语言具有多样性和复杂性，通常一个源语言句子会有多种正确译文，这些译文可能选用不同的语法、词汇表达同样的语义。因此，自动评测方法需要应对语言表达的多样性以提升其评分的可信度。

基于参考译文的自动评测已发展出多种方法，比较常见的是基于字符串相似度的方法。这类方法将句子视为符号序列，计算序列间的相似度，作为翻译质量的度量。此类方法通常不依赖于具体语言且计算简单，因而在机器翻译自动评测中得以广泛应用。下面简要介绍两种常见方法：BLEU 和 TER。

1. BLEU

BLEU（BiLingual Evaluation Understudy）由 IBM 研究团队于 2002 年提出，是目前使用最广泛的机器翻译**自动评测指标**（Automatic Evaluation Metric）。它反映了机器译文中 n 元语法在参考译文中的匹配准确率，分数越高表示译文质量越好。具体地，BLEU 计算公式如下：

$$\text{BLEU} = \text{BP} \cdot \exp\left(\frac{1}{N}\sum_{n=1}^{N}\log p_n\right) \tag{11-6}$$

式中，N 是 n-gram 的范围，通常取值为 4，即使用 1-gram 到 4-gram；p_n 是 n-gram 的准确率，即机器译文中的所有长度为 n 的连续词串出现在参考译文中的比例。为了防止任一正确的 n-gram 过度重复提高 BLEU 值，在计算匹配准确率时，会把参考译文中该 n-gram 的出现次数作为上限。BP 是长度惩罚因子，其具体计算方式如下：

$$BP = e^{\min(1-r/c,0)} \tag{11-7}$$

式中，c 为机器译文长度；r 为参考译文长度。可以看出，BP 可以防止机器译文因较短而获得不合理的高分。

2. TER

TER（Translation Edit Rate）是一种基于距离的自动评测方法，反映了将机器译文修改成参考译文时所需要的编辑次数，通常采用百分比的形式（即所需的编辑次数除以参考译文单词数量），分数越低翻译质量越好：

$$TER = \frac{\#edits}{average \ \#reference \ words} \tag{11-8}$$

TER 使用的编辑操作包括插入、删除、单个单词的替换，以及连续单词序列的移位（块移动）。需要注意的是，块移动的加入使得距离的计算成为 NP--难问题，所以 TER 在计算距离时做了特殊处理：使用贪心算法选择移动操作集合，并限制移动操作出现的位置。

11.4　错误分析

错误分析是指对机器译文中的错误进行分类并统计分析。相比于前面介绍的机器翻译评测，错误分析有助于更加全面和细致地了解机器译文存在的问题，从而指导模型的改进和优化。机器译文错误分类目前没有统一的标准，通常会根据需求和场景对错误类型进行定义。本节以欧洲 QT21 项目提出的**多维度质量评估**（Multidimensional Quality Metric，MQM）[242] 框架为基础，介绍其中关于翻译错误的分类，如图 11-8 所示。

MQM 核心错误分类将机器翻译错误分为 7 个大类。

1. 准确性（Accuracy）

只考虑译文与源文之间的语义关系对质量进行评估，包括：

- 错译（Mistranslation），在译文中存在对应的翻译，但是翻译错误或不准确；
- 漏译（Omission），源文需要翻译的内容在译文中缺失；
- 过译（Addition），译文存在多余的翻译内容；

图 11-8　MQM 机器翻译核心错误分类

- 未翻译（Untranslated），源文内容未经翻译直接出现在了译文中。

2. 流利性（Fluency）

译文本身在语言方面的问题，不需要考虑与源文的语义对应关系，包括语法（Grammar）、拼写（Spelling）和不一致（Consistency）等问题。

3. 术语（Terminology）

特定领域或组织定义的术语翻译是否存在问题，是翻译中需要主要关注的问题之一。

4. 本地化（Local Convention）

与特定区域的习惯或约定的规范相关，如数字格式问题。如果其他翻译正确但违反了特定的语言习惯要求，那么可以归为此类错误。

5. 风格（Style）

包括正式或非正式的风格方面的规范，通常与流利性相关。

6. 真实性（Verity）

真实性与内容对目标语言环境和受众的适用性有关，与流利性或准确性无关。因为即使翻译正确且流利，也仍然可能不适合目标区域或受众。例如，如果在德国为德国人翻译的文本引用了仅在英国可用的选项，那么这些部分可能会出现真实性问题。

7. 设计（Design）

设计主要包含与文本显示相关的问题，通常出现在富文本或标记环境中。

11.5　阅读材料

神经机器翻译使用柱搜索算法得到的 n-best 列表存在较高的相似性。为了增加搜索的多样性，可以在解码中加入一个额外的多样性打分[243]，或者解码隐状态增加随机噪声[244]，又或者使用混合模型[245, 246]。

自回归解码存在时序依赖关系，半自回归解码和非自回归解码放松了这种依赖关系，有助于提升解码速度。文献 [247] 在连续局部解码时采用了并行方式。文献 [161] 提出了非自回归解码。为了提升非自回归解码的翻译质量，可以采用知识蒸馏[161]、隐变量[248] 和课程学习[249] 等方法。迭代解码[149] 也是一种常用的非自回归解码方法。

常用的基于 n 元语法的机器翻译自动评价指标包括 NIST[250]、CHRF[251, 252] 等。基于编辑距离的方法包括 ITER[253]、characTER[254] 等。机器学习的方法可用来组合各种特征和指标[255-257]。近年来，随着深度学习的发展，基于神经网络的机器翻译评价指标也被提出，比如基于预训练语言模型的 BERTScore[258]、COMET[259] 和 YiSi[260] 等。无参考译文的评价，即质量评估，也是一个重要的研究方向，如 Predictor-Estimator[261]、YiSi-2[260] 等。

11.6　短评：评测驱动机器翻译研究

机器翻译取得快速发展，除了更大规模的平行数据、更强的模型和算法、更快的算力，还有一个重要的因素，就是对机器翻译译文的自动评测。自动评测方法，如 BLEU，可以对译文质量快速给出客观及"标准统一"的评测值（相对于主观评测），使研究人员可以对机器翻译模型和算法进行快速迭代，找到更好的技术路线，选择更好的模型设计思路。

机器翻译的大规模评测最早可以追溯至 1966 年的 ALPAC 报告（即在

第 1 章提到的对机器翻译具有重要影响的自动语言处理咨询委员会报告），其中一个很重要的内容就是采用人工方式评判当时机器翻译译文的质量，具体说，就是俄语到英语机器翻译的人工评测。当时定义了两个指标：可懂度（Intelligibility）和忠实度（Fidelity），前者的分值范围为 1～9，后者为 0～9，每级分值都有相应的定义和说明。可懂度评测机器译文是否可以让人理解，忠实度评测机器译文保留了多少源文信息。可懂度评测仅给译文不给源文，忠实度评测则既提供源文也提供译文，但并不是同时提供给评判者，而是先把译文呈现给评判者，让其阅读并掌握译文内容，然后再提供源文，两相对比，如果评判者评判源文信息量多，则说明译文质量差。ALPAC 报告虽然给机器翻译研究带来了负面影响，但却凸显了机器翻译评测的重要性：机器翻译是否取得进展及进展是否显著，必须由机器翻译评测来鉴定。后续的机器翻译研究与机器翻译评测始终交织在一起。

在统计机器翻译时代，最有影响力的评测是由美国国家标准技术研究所（NIST）组织的机器翻译评测系列，后来称为**开放机器翻译评测**（Open Machine Translation Evaluation），始于 2001 年，以支持美国国防部高级研究计划局（DARPA）资助的一系列机器翻译相关项目的自动评测，如表 11-3 所示。

表 11-3　过去 20 年 DARPA 资助的机器翻译相关项目

项目开始时间/年	项目名称	简介
2001	Translingual Information Detection, Extraction and Summarization (TIDES)	研发自动处理和理解语言数据的技术，使讲英语的人能够快速有效定位和解释所需的信息，而无须考虑承载信息的源语言
2005	Global Autonomous Language Exploitation (GALE)	研发从多语言新闻广播、文档和其他形式的交流中自动提取信息的技术
2011	Broad Operational Language Translation (BOLT)	研发体裁无关的机器翻译与信息检索技术，尤其是非正式体裁类文本，如用户生成内容
2015	Low Resource Languages for Emergent Incidents (LORELEI)	研发能够快速、低成本获得低资源源语言能力的人类语言技术，这里的语言能力是指基于任意语言的信息态势感知能力

通常由 LDC 提供评测数据集，NIST 组织评测。之所以是公开的评测，是因为该评测不仅限于 DARPA 资助项目的参与方，其他兴趣小组提交参评信息

也可以进行评测，由 NIST 提前发布评测规范、时间、数据等，并公开评测结果，组织评测研讨会。在 2002–2009 年期间，NIST 组织的 7 次评测（2007 年未组织）引起了极大的反响和全世界范围的兴趣，吸引了多个国家的高校和企业参加，如 Google、IBM、微软、德国亚琛工业大学、中科院计算所和英国爱丁堡大学等，可以说，见证了统计机器翻译从基于单词、基于短语到基于句法的发展全过程。每年发布的评测结果（主要是汉语–英语、阿拉伯语–英语机器翻译评测结果）代表了当年的最好水平。逐年评测与对比，勾勒出了统计机器翻译性能发展的曲线。评测研讨会也是继 ACL、EMNLP 等会议的机器翻译论文之后的又一个好去处，因为在这里参评各方会展示自己当年采用的最新统计机器翻译模型、方法和技术。

在 BOLT 项目之后，NIST 机器翻译评测的影响力逐渐减弱，原因可能有两方面：一方面，统计机器翻译逐渐步入平台期，在这段时期，机器翻译技术逐渐完成了新旧更替；另一方面，WMT 评测的影响力和号召力在不断增强。即使如此，NIST 评测作为 DARPA 资助机器翻译项目的"评测伙伴"，一直为其相关的机器翻译项目组织评测。LORELEI 项目开启之后，NIST 在 2016–2019 年连续组织了 4 届低资源语言机器翻译评测，前 3 次均面向所有感兴趣者，2019 年仅面向 LORELEI 项目参与者。

与 NIST 机器翻译评测同期开展的知名机器翻译评测还有 IWSLT 和 WMT。

（1）**IWSLT**。IWSLT 的全称为 International Workshop on Spoken Language Translation，即口语翻译国际研讨会，2019 年改名为 International Conference on Spoken Language Translation。IWSLT 最早开始于 2004 年，作为 INTERSPEECH 和 ICSLP 联合会议的卫星研讨会召开，组织方主要来自语音翻译高级研究联盟（Consortium for Speech Translation Advanced Research），后续研讨会和会议组织则转为受 ACL（国际计算语言学协会）、ISCA（国际语音通信协会）、ELRA（欧洲语言资源协会）三方联合的口语翻译兴趣小组 SIGSLT 支持。早期 IWSLT 主要开展口语翻译评测，评测语料库来自 BTEC（Basic Travel Expression Corpus），后续评测扩展至更多的语料库，如 TED、SLDB（Spoken Language Databases）等，评测的方向也扩展至语音识别（ASR）、机器翻译（MT）、口语翻译（SLT），评测的任务也拓展至机器翻译最新研究及感兴趣的挑战任务上，如对话翻译、多模态机器翻译、低资源语言机器翻译、端到端语音翻译和同步语音翻译等。

（2）**WMT**。WMT 的全称为 Workshop on Statistical Machine Translation，即统计机器翻译研讨会，2016 年改名为 Conference on Machine Translation。WMT

最早开始于 2006 年，由知名机器翻译专家 Philipp Koehn 等人发起组织，2009 年 ACL 机器翻译兴趣小组 SIGMT 成立之后（Philipp Koehn 为创始主席），成为该研讨会 / 会议的背后组织方。WMT 早期的共享任务（Shared Task）主要集中在欧洲语言与英语之间的机器互译上，后来扩展至机器翻译之外的其他任务上，包括评测指标任务、系统融合任务、质量评估任务、特定领域翻译任务（如医疗领域）和自动后编辑任务等。WMT 由研讨会升级为会议后，共享评测任务种类更丰富，可分为 3 大类：机器翻译类，如新闻翻译、指代翻译、多模态翻译、IT／医疗领域翻译、鲁棒翻译、低资源翻译、聊天翻译、超大规模多语言机器翻译、术语翻译和无指导翻译等；评测类，如评测指标评测、质量评估等；其他任务类，如自动后编辑、平行语料过滤等。

与国际机器翻译评测对应的国内全国性机器翻译评测为 CCMT （China Conference on Machine Translation），前身为 CWMT，最早开始于 2005 年。当时，中国科学院自动化研究所、计算技术研究所和厦门大学计算机系联合举办了全国首届统计机器翻译研讨班，训练集和测试集均由 3 家单位共同提供，各家均拿出自己研发的统计机器翻译系统，包括 3 个基于短语的、2 个基于对齐模板的和 1 个基于括号转录语法（BTG）的统计机器翻译系统，共计 6 个系统。3 家单位在 2005 年 7 月 13 日至 15 日在厦门大学进行了各自参评系统的封闭训练和测试。发表于《中文信息学报》第 20 卷第 5 期的论文《2005 统计机器翻译研讨班研究报告》详细介绍了当时研讨班的组织情况、参评系统及评测结果。现摘引一部分论文摘要以飨读者 [262]：

> "测试结果表明，我国的统计机器翻译研究起步虽晚，但已有快速进展，参评系统在短期内得到了较好的翻译质量，与往年参加 863 评测的基于规则方法的系统相比性能虽还有差距，但差距已经不大。从目前国际统计机器翻译研究的现状和发展趋势来看，随着数据资源规模的不断扩大和计算机性能的迅速提高，统计机器翻译还有很大的发展空间。在未来几年内，在基于短语的主流统计翻译方法中融入句法、语义信息，必将成为机器翻译发展的趋势。"

以上国际和国内机器翻译评测对推动机器翻译研究起到了重要作用。通过大规模公开评测，机器翻译学术和产业同行可以清楚地看到目前机器翻译技术的进展与挑战，评测中建立的基准测试集（Benchmark Testset），如 NIST 2002–2005 的汉英测试集，WMT 2016–2018 的德英、法英测试集，成了后续机器翻译研究中广为采用的数据集，包括 NMT 的创始模型、基于卷积神经网

络的机器翻译模型 ConvS2S、基于自注意力的 Transformer 等经典模型，均在
这些公开评测的基准测试集中进行了验证。

最后，关于未来的机器翻译评测，面向评测组织方和评测参评团队提出
几条建议。

（1）自动评测与人工评测同步进行。相比于人工评测，自动评测成本低、
速度快，但是很多时候并不能提供关于模型好坏及性能进展原因的内部深入
洞见，甚至有时候出现与人工评测相冲突的情况。另外，单一自动评测指标常
常无法提供对现有技术全面综合的评测。人工评测虽然花费的成本和时间均
较自动评测多，但是设计合理的人工评测，可以提供更多的洞见、更真实的评
测结果。

- WMT 一直在这方面进行有益的尝试，并在人工评测方法上进行了积极
的探索。WMT 组织方一直认为，自动评测只是人工评测不完美的替代品，
人工评测才是机器翻译译文质量首要的评测方式。因此，WMT 自 2006
年就开始组织人工评测，一直延续至今，在每年发布的 WMT Findings 中
详尽介绍人工评测方法及评测数据采集方法，并公布人工评测结果（通
常在调查报告的第 3 节）。WMT 早期（2006—2007 年）[263, 264] 主要采用
忠实度（Adequacy）和流利度（Fluency）作为人工评测指标（均采用 5
分制打分）；2007–2016 年 [264–273] 采用相对排序（Relative Ranking，RR）
评测方法；从 2016 年开始，采用直接评分（Direct Assessment，DA）方
法，直接评分要求评测人员对比机器译文和参考译文（不给源文，因此
不需要双语评测人员），并根据机器译文表达参考译文语意的程度进行
模拟打分（即在 0 和 100 之间以拉动滚动条的形式进行打分），最后将
模拟打分转换为对应的百分制分数；2018 年引入基于源文的 DA 评测
方法 [274]，即给评测人员源文和机器译文，不给参考译文。基于源文的
DA 评测方法适合于英语 → 其他语言翻译，因为很多众包人员以其他
语言为母语，同时英语也很流利，但是反过来并非如此，即以英语为母
语的人不一定会说其他语言。相对于相对排序方法，直接评分有诸多优
点 [275]：可以给出系统的绝对分值，易于对众包的人工评测进行质量控
制；同时，DA 和 RR 方法的相关性非常高，多个语言对的皮尔逊系数均
在 0.92 以上。因此，从 2017 年开始，WMT 只采用直接评分方式进行人
工评测 [274–278]，并将 DA 结果作为 WMT 机器翻译评测的主要指标。
- MT Summit 会议将论文投稿分为 Research Track、Translator Track、User
Track 等，Translator/User Track 为译员和 MT 最终用户提供了一个评价机

器翻译的通道。强调人工评测，将使机器翻译在机器翻译研究人员、人工译员、机器翻译使用者等多方交叉和探讨中发展和前进。

（2）**特定任务评测**。机器翻译一直在不断发展，发展过程中自然会出现多种多样的挑战和新任务，在机器翻译评测中设计和跟进最新的机器翻译研究任务，有助于引领机器翻译研究。各大机器翻译评测，如 WMT、IWSLT 在这方面做得都非常好，近年来推出了很多创新性的评测任务，如多模态、低资源、鲁棒性评测任务。

（3）**评测不仅限于刷榜，更重要的是问题发现与技术讨论**。近几年，随着大规模基准测试集受到越来越多的青睐，如机器阅读理解数据集 SQuAD、任务驱动型对话数据集 MultiWOZ、自然语言理解综合数据集 GLUE，推动了自然语言处理研究的刷榜、霸榜趋势，这也间接影响到机器翻译的公开评测。不断刷新 Leaderboard 的最高水平，从某种程度上说明模型的性能在不断提升，甚至逼近和超过人类水平，但是刷榜的模型很多时候是因为使用了更多的资源（数据资源、计算资源、更多模型参数）而取胜。许多研究者已经认识到，自然语言处理研究不仅仅是刷榜，如果回顾 NIST 最初的机器翻译评测，我们看到的更多是低层技术的"刷新"带来性能的刷榜，而不是纯粹为了刷榜而刷榜。

（4）**评测回归学术**。深度学习技术不仅推动了机器翻译技术的发展，也拓展了机器翻译的研究队伍。近几年，可以看到很多新参评队伍，很多工业界团队也积极参与到各大评测中。一般而言，评测结果仅仅是各种技术依据某种评测指标的打分，但是存在一些参评团队将评测结果过多用于商业宣传的现象。

（5）**呼唤评测指标升级**。过去 20 年，机器翻译技术出现了更新换代，哪怕是同范式的机器翻译技术，如统计机器翻译，也从基于单词发展到基于句法，神经机器翻译则从早期的基于 RNN 的序列到序列，发展到基于自注意力机制的编码器–解码器架构，可以说，机器翻译技术出现了日新月异的变化。但反观机器翻译评测指标，BLEU 是过去 20 年机器翻译评测的霸主，地位从未被真正动摇过。这并不是说机器翻译自动评价指标只有 BLEU 一种。其实，在过去 20 年中，关于机器翻译自动评价指标的研究，如同机器翻译技术的研究一样，从来没有停止过。WMT、CCMT 举办了很多年的机器翻译评价指标的评测任务（Metrics Task），大大推动了机器翻译评测指标的研究，产生了一大批机器翻译自动评测指标。仅仅从 2010 年至 2020 年，就至少有 108 个新的自动评测指标被提出 [279]，且这些指标与人类评测结果的一致性都要高于 BLEU。但文献 [279] 对 2010–2020 年间 ACL 相关会议（即 ACL、NAACL、EACL、EMNLP、CoNLL 和 AACL，下文采用文献 [279] 的方法，统称这些会议为 *ACL）发表的 769 篇机器翻译论文进行分析后发现：

- 这些指标的绝大多数（89%）从来没有被 *ACL 发表的机器翻译论文使用过（除发表该指标的论文外），只有 RIBES 和 ChrF 被超过两篇论文使用；
- 越来越多的论文仅仅依赖 BLEU 评测结果得出结论，从 2010 年至 2021 的 11 年间，平均 74.3% 的论文只报告 BLEU 结果，2019–2020 年该比例甚至上升至 82.1%；
- 关于评测结果差异的**统计显著性检验**（Statistical Significance Test）正在渐渐消失，尤其是从 2016 年开始；
- 越来越多的论文仅仅从之前的论文中直接拷贝结果进行对比，而不是重现之前系统并采用统一标准的评测脚本评测所有系统生成的译文进行对比。

以上第 2 至第 4 点发现，与我们的直观感觉是一致的，这 3 点是相对于统计机器翻译时代的评测规范的显著性变化，在统计机器翻译时代：

- 大部分论文至少要报告 BLEU 和 NIST 结果，还有很多论文报告 3 种以上评测指标结果；
- 几乎所有论文都要求报告自动评测结果的统计显著性检验，但是从神经机器翻译成为主流机器翻译技术之后，统计显著性检验逐渐消失。这可能与最初神经机器翻译取得的提升非常显著有关（通常在 2 个 BLEU 点以上），即不需要显著性检测，根据以往经验即可判断结果是否显著。但近年来，很多模型提升效果并不是非常明显，因此统计显著性检验的传统不能丢弃；
- 关于拷贝自动评测结果，正如文献 [279] 指出的，在 2015 年之前，鲜有论文这样做。因为 BLEU 不仅仅是一个指标，还涉及多个参数及译文的预处理，使用的评测脚本不一样、采用的预处理不一样、设置的超参数不一样，BLEU 评测结果可能大相径庭。如果不是在统一的基础上进行自动评测，自动评测的结果显然没有可比性，基于此得出的结论就不可靠！

对于以上变化的原因，我们猜测可能来自两个方面。其一，神经机器翻译起初的主要推动力量来自统计机器翻译之外，他们对统计机器翻译时代的评测传统可能不太熟悉；其二，神经机器翻译研究的新生力量（即新进入该领域的青年研究人员，如硕士生、博士生等），较少阅读统计机器翻译相关论文，同时追随了之前神经机器翻译的评测方法。虽然有类似文献 [279] 的研究发现与呼吁，以及对统计机器翻译与神经机器翻译均熟悉的审稿人员在审稿意见中给出评测规范要求，但是，这些声音还不够强，很快淹没于每年发表的大量机器翻译论文中。

让我们再次聚焦到自动评测指标上。上文提到，近几年仅仅使用 BLEU 作为唯一评测指标的趋势越来越明显，这引起了不少研究人员的担忧。虽然大家都知道，BLEU 并不能完整反映机器翻译译文质量，存在固有缺陷 [280-282]，但目前还一直在大规模使用。原因可能来自多个方面，一是研究人员的惯性，BLEU 使用久了不愿意换新的自动评测指标；二是其他指标在易用性上不如 BLEU，比如更换语言的时候需要进行适配等。为了推动机器翻译研究建立在更坚固、可靠的自动评测基础上，我们呼吁：

- 将实验结论建立在多个自动评测指标上，只有在多个自动评测指标均显示评测结果可靠时，才得出相应结论；

- 各大机器翻译评测（如 WMT、IWSLT、CCMT 等）尝试推出新的评测指标，从而引领整个机器翻译研究界更换新的、更合理的评测指标。公开的机器翻译评测是 BLEU 盛行的推动者之一，应该为新指标的出现做出进一步努力。

- 近年来出现了一些基于预训练语言模型的评价指标，如 BERTScore[283]、BARTScore[284] 等。与之前的指标相比，这些指标基于预训练模型计算语义相似度，在与人工评价的一致性、鲁棒性方面有大幅度的提高，同时保证了易用性和可移植性，因此，推荐使用此类新型自动评测指标。

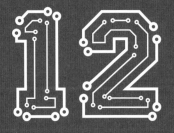

第 12 章

部署

本章主要介绍如何在不同设备上部署神经机器翻译系统。由于神经机器翻译模型通常需要较大的计算量，因此采用服务器-客户端的方式将模型部署在 GPU 服务器上是常用选择。部署系统时，需要重点解决高并发翻译请求、系统稳定性等问题。在低端设备上，如 CPU 和智能终端，部署神经机器翻译系统还面临计算速度、存储空间的限制。因此，需要使用模型压缩和计算加速等技术对模型进行优化。

12.1 GPU 环境下的部署

在 GPU 环境下，通常基于主从式**客户端／服务器架构**（Client-Server Model，C/S 架构），将神经机器翻译系统部署为在线服务。首先，客户端发送翻译请求，服务器在接收到翻译请求后对请求进行处理，调用相应的神经机器翻译模型获得翻译结果，然后将翻译结果返回客户端。图 12-1 显示了基于客户端／服务器模式的机器翻译服务架构，服务器采用多机多卡环境，即有多台物理机器，每台物理机器包含多块 GPU 卡。当多个用户同时发送请求时，这些请求会经过负载均衡服务器分配到不同的机器上进行翻译。此架构也可以提供多种语言的自动翻译服务，每种语言的机器翻译系统根据需求可以部署在数量不等的 GPU 服务器上。

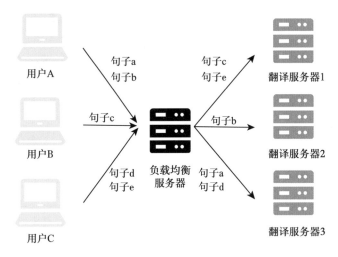

图 12-1　服务架构示例图

一个好的机器翻译服务架构不仅需要满足快速响应和高并发需求，还需要具有**高可伸缩性**（High Scalability）和高可用性。可伸缩性是指可以根据用户翻译需求量进行服务器的增减且不降低服务质量；可用性则是指某些服务器出现故障时，系统依旧能够提供稳定服务，一般通过冗余实现。打造一个好的机器翻译服务系统，需要进行大量调测和优化。下面介绍基于 C/S 架构部署机器翻译系统需要考虑的 3 个要素。

12.1.1　压力测试

搭建好的机器翻译服务，通常需要经过压力测试，以判断服务的性能和稳定性是否满足要求。常见的 3 个压力测试指标如下。

1. 响应时间

响应时间是从客户端发出请求到收到响应所花费的时间，是用户对系统性能最直观感受的体现。响应时间包括了呈现时间、网络传输时间及系统处理时间。呈现时间是指客户端的反应时间，比如页面解析等；网络传输时间反映的是网络性能，与带宽等因素有关。可见，呈现时间和网络传输时间是服务提供方难以完全控制的，而系统处理时间则反映了服务器端的处理能力，需要重点关注和优化。

2. 吞吐量

吞吐量是系统在单位时间内能处理的请求数，通常采用**每秒查询率**（Queries Per Second，QPS）和**每秒事务数**（Transactions Per Second，TPS）来计量。QPS 反映的是服务器每秒能够响应的查询次数，而 TPS 则是系统每秒处理的事务数量。QPS 与 TPS 类似但并不等同。例如，一个页面请求对应的一个事务，可能需要经过多次请求服务器才处理。

3. 并发用户数

并发用户数是同一时间点系统允许请求服务的用户数。与系统用户和在线用户不同，并发用户与服务器存在交互，因此会对服务器产生压力。

12.1.2　负载均衡

为满足用户的大规模并发访问需求，通常会把需求量大的机器翻译模型部署到多台机器上，并在服务集群前增加**负载均衡器**（Load Balancer）。负载均衡器负责将工作任务、网络请求等负载均匀地分配到不同的服务器上，从而提高服务的性能和可靠性。负载均衡已经成为网络服务架构的关键组件，为在线服务提供高性能、单点故障、扩展性等方面的解决方案。如何恰当地选择服务器处理新的工作任务是负载均衡的关键所在，常用的算法包括以下几种。

1. 轮询调度（Round-Robin Scheduling）

轮次调度将负载依次分发给可用的服务器。该方法简单且满足平均分配，但是没有考虑不同服务器的性能，因此适合服务器具有相等运算能力的场景。

2. 随机调度（Random Scheduling）

随机调度将负载分发给一个随机选取的服务器，适合服务器配置相同的场景。根据概率论可知，在负载足够多的情况下该方法能取得平均分配的效果。

3. 最小连接

最小连接将负载分发给目前处理请求最少的服务器。该方法属于动态分配算法，考虑了服务器当前的处理情况，但是实现也较复杂，因为需要监控每个服务器的处理情况。

4. 源地址

源地址是指计算源地址的 Hash 值并据此选择服务器。该方法能保证相同源地址的请求被分配到同一个服务器，如果不同源地址请求严重不均衡，则容易产生性能问题。

在以上调度算法的基础上，还可以进行加权操作，根据服务器的配置及当前负载设置不同服务器的权重，以更合理地平衡负载。例如，对配置高、负载低的服务器给予更高的权重，使其处理更多请求；对配置低、负载高的服务器分配较低的权重，减少其处理的请求数。

12.1.3 请求合并

在高并发场景下，服务器会在短时间内收到大量的翻译请求。如果按照这些请求的时间顺序依次进行处理，很容易导致系统吞吐量下降。因此，常见的方法是将相近时间内的请求合并，进行批量处理。如图 12-2 所示，在相近的时间点，系统收到了 3 个请求，依次对这 3 个请求进行处理，总耗时是 3 个请求处理时间的累加。如果系统批量处理这 3 个请求，则总耗时为批量处理时间加上等待请求合并的时间。通常等待请求合并的时间远小于处理时间。

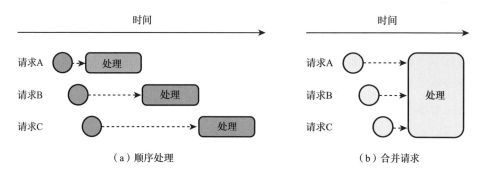

（a）顺序处理　　　　　　　　　　　　（b）合并请求

图 12-2　请求合并示例图

12.2　CPU 环境下的部署

相比 GPU 环境下的部署，将模型部署在 CPU 上，需要考虑 CPU 的计算能力。图 12-3 显示了 CPU 和 GPU 进行矩阵乘法的速度对比，可以发现，随着矩阵维度的增加，在同等计算量下，GPU 的运算速度可以达到 CPU 的上百倍。现代深度学习模型，包括神经机器翻译模型，其中大部分运算都是矩阵运算，于是 GPU 因其并行化设计而成了深度学习模型默认的计算设备。但是，需求增长带来的 GPU 资源紧缺，以及服务独占硬件导致的 GPU 利用率不足，也是服务提供方面临的问题。因此，CPU 部署成了解决这些问题的备选途径。

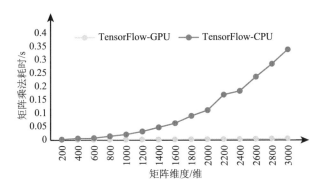

图 12-3　CPU 和 GPU 进行矩阵乘法的速度对比

从图 12-3 中不难发现，直接将现有的模型部署到 CPU 上，很难满足响应时间的要求。因此，针对 CPU 进行模型优化成了一个重要的研究课题。通过对神经机器翻译模型进行性能分析可以发现，矩阵乘法是 CPU 上的主要性能瓶颈。本节将介绍几种常见的加速矩阵乘法的技术。

12.2.1　候选词表

在神经机器翻译模型的矩阵乘法运算中，解码器最后输出层的矩阵乘法运算占据了最大比例的单算子运算量。例如，一个使用 3 万词词表的 Transformer-big 模型，其输出层的矩阵乘法为 $[1024, 1024] \times [1024, 30000]$，而网络中间层的最大矩阵乘法为前向网络层的 $[1024, 1024] \times [1024, 4097]$。可以发现，降低词表大小可以取得显著的加速效果。但是，直接在训练中使用较小的词表，通常会导致模型预测性能下降。因此，取代小词表方法的一种更常用的技术是候选词表（Lexical Shortlist），即根据输入内容动态调整词表大小，以减少模型预测输出层的运算量，如图 12-4 所示。候选词表技术可以不经过训练而直接

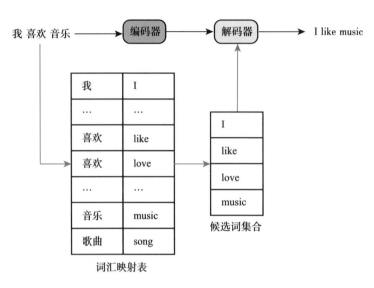

图 12-4　候选词表技术图示

应用在模型推理阶段，其工作方式如下：

- 根据源 / 目标语言词汇映射表及输入的源语言句子中的单词，获取目标语言的候选词集合；
- 从解码器输出层的参数矩阵中选出候选词集合对应的部分组成新的小矩阵；
- 对输入句子进行编码和解码，解码时使用小参数矩阵进行矩阵乘法运算，并预测在候选词集合上的分布。

候选词表技术的关键在于如何获取输入句子的候选词集合。常用的方法是使用词对齐工具从双语数据中自动学习源语言和目标语言的词汇映射表，然后对输入源语言句子中的每一个单词，查找其在映射表中对应的 M 个翻译候选，加入目标候选词集中。为减小翻译损失，通常也会把词表中频率最高的 C 个词加入候选集合。计算得知，对输入长度为 N 的句子，候选词集合大小 $\leqslant (C + M \times N)$。$C$ 和 M 的值可根据开发集确定。通常将 M 设置在 100 以内，C 设置在 2000 以内即可，在平均句长为 30 的情况下，候选词表大小最大为 5000，相比常用的三四万的词表规模要小得多。

12.2.2　量化运算

为保证计算的准确性，神经机器翻译模型在训练和推理时一般采用 32 位浮点数运算。但是，从图 12-3 中可以发现，这种单精度运算在 CPU 上会带来严重的速度问题。因此，使用低比特进行数值表示和计算也是常用的加速方法，通常称为量化（Quantization）。

以矩阵乘法为例，量化运算过程可以表示为

$$M \cdot N \approx Q^{-1}(Q(M) \cdot Q(N)) \tag{12-1}$$

式中，$Q(\cdot)$ 为量化函数，将浮点型矩阵映射为低比特的整型矩阵；整型矩阵乘法的结果再经过逆量化 $Q^{-1}(\cdot)$，还原为浮点型表示。

常用的量化函数为线性量化（Linear Quantization）：

$$Q(x) = \text{Round}(S(x - Z)) \tag{12-2}$$

$$Q^{-1}(x) = \frac{x}{S} + Z \tag{12-3}$$

式中，Round 是取整函数，可以采用四舍五入、向下取整或向上取整的方式；S 是浮点型缩放因子；Z 表示偏移量。根据 Z 是否为零，量化又分为对称量化（Symmetric Quantization）和非对称量化（Asymmetric Quantization），如图 12-5 所示。

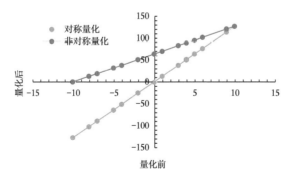

图 **12-5**　对称量化和非对称量化图示

1. 对称量化

浮点型数值"零"经过量化后仍然为零。以有符号 n 位整型为例，Z 取值为零，S 可以采用如下方式计算：

$$S = \frac{2^{n-1} - 1}{\max(|x|)} \tag{12-4}$$

2. 非对称量化

浮点型数值"零"经过量化后可以取整型范围内的非零值。以有符号 n 位整型为例，假设 $Z = \min(x)$，S 可以有如下取值：

$$S = \frac{2^{n-1} - 1}{\max(x) - \min(x)} \tag{12-5}$$

量化既可以在训练后直接采用，也可以在训练过程中采用，以保证量化后的模型准确率。对于常用的 8 位和 16 位整型，一般会在训练中对运算的输入数值范围进行限制，比如 $[-2, 2]$，这样训练后的神经机器翻译模型可以直接量化，并且维持原有的性能。

12.2.3 结构优化

结构优化的基本思路是在模型结构上偏向更轻量运算的结构。模型结构的变动也需要重新训练，而且可能对翻译质量造成影响。理想情况下，结构优化需要找到一个满足设备硬件限制且不损失翻译质量和速度要求的模型。这里简单介绍两种常用的结构优化方法：

1. 浅层解码器

神经机器翻译模型译文生成耗时大部分集中在解码器。因此，一个直接的想法是减少解码器的层数，从而加速解码。但是使用浅层解码器通常会导致翻译质量下降。为此，一般会同时增加模型中编码器的层数。例如，将原始的 Transformer 模型从 6 层编码器和 6 层解码器的结构变为 12 层编码器和 3 层解码器，甚至 12 层编码器和 1 层解码器的结构，详见 8.3.2 节。

2. 循环网络

神经机器翻译的解码器一般采用自回归方式，即使用前面已经输出的单词预测下一个单词。主流的 Transformer 模型通过自注意力网络利用已有的输出，但是其计算复杂度为 $O(n^2)$。因此，为提高解码速度，一般会将其替换为复杂度为 $O(n)$ 的循环网络变种，具体可见 8.4 节。

12.3 智能终端部署

智能终端设备，如手机、手表、耳机等，不只计算能力有限，存储和内存也存在限制。因此，除了需要进行模型加速，还需要减少模型占用的空间，即模型压缩（Model Compression）。本节介绍几种常见的模型压缩方法。

12.3.1 知识蒸馏

使用小模型是最简单直观的压缩方法。但是，小模型的表达能力有限，在规模庞大且高度复杂的数据上训练很容易欠拟合（Underfitting）。知识蒸馏作为一种模型压缩方法，为训练小模型提供了一种有效的解决方案。知识蒸馏的基本思想，是将训练好的大模型作为教师模型，然后将其学到的知识迁移到小模型（学生模型）上。这里对知识蒸馏进行简要的介绍，16.5.1 节将进一步详细介绍。

如图 12-6 所示，神经机器翻译常用的知识蒸馏方法主要有 3 种。

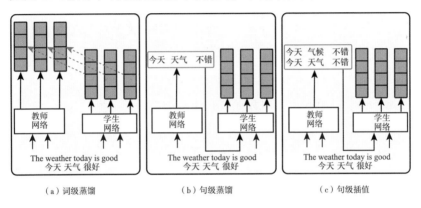

（a）词级蒸馏　　　　　（b）句级蒸馏　　　　　（c）句级插值

图 12-6　神经机器翻译知识蒸馏方法示意图

1. 词级蒸馏（Word-Level Knowledge Distillation）

给定源语言句子 $\boldsymbol{x} = [x_1, \cdots, x_I]$ 和目标语言句子 $\boldsymbol{y} = [y_1, \cdots, y_J]$，词级蒸馏的损失函数定义为

$$\mathcal{L}_{\text{wkd}} = -\sum_{j=1}^{J}\sum_{k=1}^{|\mathcal{V}|} Q(y_j = k|\boldsymbol{x}, \boldsymbol{y}_{<j}) \log P(y_j = k|\boldsymbol{x}, \boldsymbol{y}_{<j}) \tag{12-6}$$

式中，Q 和 P 分别是教师模型和学生模型的预测分布。该损失函数可以与神经机器翻译模型训练常用的对数似然目标联合使用。

2. 句级蒸馏（Sequence-Level Knowledge Distillation）

与词级蒸馏中的逐词预测不同，句级蒸馏以教师模型预测的句子分布作为训练目标：

$$\mathcal{L}_{\text{skd}} = -\sum_{\boldsymbol{y} \in \tau(\boldsymbol{x})} Q(\boldsymbol{y}|\boldsymbol{x}) \log P(\boldsymbol{y}|\boldsymbol{x}) \tag{12-7}$$

但是，一个句子的所有可能译文 $\tau(\boldsymbol{x})$ 是难以穷举的。因此，需要对式中的概率分布进行简化近似。一种简单的方法是用模（Mode）替换教师模型的概率分布 Q，并利用教师模型的解码作为近似。据此，句级蒸馏的损失函数可以简化为

$$\mathcal{L}_{\text{skd}} \approx -\sum_{\boldsymbol{y} \in \tau(\boldsymbol{x})} \mathbb{1}\{\boldsymbol{y} = \arg\max_{\boldsymbol{y} \in \tau(\boldsymbol{x})} Q(\boldsymbol{y}|\boldsymbol{x})\} \log P(\boldsymbol{y}|\boldsymbol{x})$$

$$= -\log P(\boldsymbol{y} = \hat{\boldsymbol{y}}|\boldsymbol{x}) \tag{12-8}$$

式中，$\mathbb{1}$ 是指示函数；$\hat{\boldsymbol{y}}$ 是教师模型的解码输出。可以看出，句级蒸馏的工作方式为：首先，训练一个教师模型；然后，用教师模型对训练数据进行解码；最后，在解码产生的数据上训练学生模型。

3. 句级插值（Sequence-Level Interpolation）

基本思想是同时利用真实数据及句级蒸馏产生的数据。为解决同一个源端句子在两种数据中各有一个译文的问题，句级插值尝试生成另一个译文，它可以近似看作来自真实数据和教师模型预测的混合分布。给定教师模型，该方法的工作方式如下：首先，教师模型对训练数据解码并给出 N 个候选译文；然后，根据选定的相似度函数，如句子级 BLEU，计算候选译文和真实译文之间的相似性；最后，选取相似度最大的译文作为解码结果并用于学生模型的训练。

以上这 3 种蒸馏方式既可以单独使用，也可以组合使用。例如，当基于句级蒸馏训练学生模型时，可以把词级蒸馏的损失函数加入目标函数中；或者，学生模型首先在句级蒸馏的数据上训练，然后在句级差值的数据上进行微调。

12.3.2 剪枝

模型剪枝的目的是从神经网络结构中选出一个具有同等表达能力的子结构（即原有模型神经元、连接、参数的子集）。神经网络模型之所以能够剪枝，原因在于深度神经网络中存在冗余的权重和接近于零值的神经元，一个普遍的共识是大部分神经模型是过参数化模型（Overparameterized Model）。如图 12-7 所示，模型剪枝之后由稠密网络（Dense Network）变成了稀疏网络（Sparse Network），网络层中的某些神经元只与另一层的部分神经元形成连接，与其他神经元的连接则被剪掉了，剪掉的连接不需要进行存储和计算。

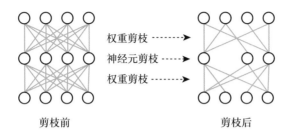

图 12-7　剪枝前后神经网络对比

神经机器翻译中常用的剪枝有两种方式。

1. 权重剪枝（Weight Pruning）

为模型的每一个权重估算其重要度，去除重要度低的权重。为达到预定义的 $k\%$ 稀疏度，将权重按重要度排序，将最不重要的 $k\%$ 设置为 0。通常使用权重的绝对值大小表示其重要性，接近于零权重的连接会因此被优先剪枝。

2. 神经元剪枝（Neuron Pruning）

该剪枝将相应神经元输出所对应的所有权重设置为 0，以起到删除该神经元的效果。那么如何选择需要剪枝的神经元呢？一种简单的方式是，根据神经元在权重矩阵中对应的输出权重的 L2 范数排序，然后删除最后的 $k\%$ 个神经元。但是，此方式没有考虑模型输入的影响。更准确的方法可根据删除神经元后损失函数的变化程度对神经元进行排序。

虽然剪枝考虑了权重和神经元对模型潜在的影响程度，但是剪枝后通常都会有一定的性能下降。一般来说，稀疏度越高，模型性能下降越显著。因此，模型剪枝要解决的另一个重要问题是如何保持模型性能或尽可能地避免下降。为解决该问题，可以将剪枝与模型训练相结合。例如，将一个已训练好的模型剪枝后，继续训练该被剪枝模型剩余的权重。这种方法可以迭代进行：从一个较小的稀疏度开始，通过剪枝和训练逐步提高稀疏度，最后达到期望的稀疏度 $k\%$，如图 12-8 所示。

12.3.3　参数共享

与权重裁剪类似，参数共享也是基于模型参数存在冗余的特性进行的。一种常见且简单的参数共享方式是，相同功能和大小的不同子网络共享同一套参数，如相邻层参数共享、编码器和解码器部分参数共享等。在神经机器翻译中，经常将源端词嵌入矩阵、目标端词嵌入矩阵及输出映射层权重矩阵中的参数进行共享，此共享方法也称为权重绑定（Weight Tying）。因为词表通常较

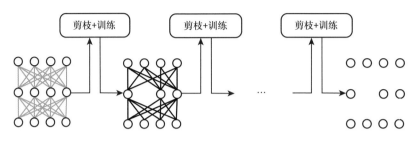

图 12-8　迭代裁剪与训练相结合流程图

大，权重绑定可以显著减少模型参数量。

12.3.4　矩阵分解

将一个大矩阵分解为更小的矩阵的乘积。例如，将 $m \times n$ 矩阵分解为 $m \times k$ 和 $k \times n$ 两个矩阵的乘积，参数量从 mn 变为 $(m+n)k$。一般情况下，k 的取值远小于 m 和 n，因此，分解后的矩阵拥有的参数规模要远小于分解前的参数规模，从而达到模型压缩的目的。

12.4　模型压缩与计算加速

为将模型部署到低端设备上，需要使用模型压缩和计算加速技术，以减少模型占用的空间和耗费的时间，同时，还需要尽可能避免模型性能大幅下降。对于 CPU 和终端设备的神经机器翻译系统部署，前面介绍了计算加速和模型压缩的几种常见方法。不难看出，大部分方法可以同时实现模型压缩和计算加速效果。本节对以上方法进行总结。

1. 候选词表：计算加速

为了保证模型性能，训练时一般都使用较大的词表，然而大词表是制约模型在低端设备上推理速度的瓶颈之一。对给定的输入语句，词表中只有一小部分候选词与其相关，因此可以把这些相关的候选词提前筛选出来，形成一个小词表，并基于这个小词表进行解码预测，从而达到加速效果。

2. 知识蒸馏：模型压缩和计算加速

使用较小的模型用于预测是最简单直观的压缩和加速方式。但是，小模型难以直接拟合高度复杂的训练数据。因此，可以首先训练一个效果较好的大模型作为教师模型，然后将其学到的知识迁移到小模型上。知识蒸馏方法已广泛应用于提高小模型的性能。

3. **整型量化**：模型压缩和计算加速。

为了取得较好的效果，神经网络模型常采用 32 位浮点数运算。但是，对于低端设备，单精度运算会带来较大的空间开销和时间开销。量化方法将参与存储和运算的浮点数线性映射到低比特整型范围内，从而达到压缩和加速效果。

4. **模型剪枝**：模型压缩和计算加速。

大模型往往存在冗余，对其权重和神经元进行剪枝，可实现压缩和加速的目的。常见做法是，对权重和神经元按照预定义的重要度（如根据绝对值、模型损失变化等）进行排序并删除一定比例的连接或神经元。为提高稀疏存储和运算策略带来的压缩和加速效果，一般在剪枝时会考虑一定的结构约束，如预定义一个固定大小的矩阵作为块，进行整块剪枝。

5. **参数共享**：模型压缩和计算加速。

将模型中相同结构和大小的子网络进行权重共享，可以减少模型参数；子网络计算结果的复用也可用于加速模型计算，如在 Transformer 的多层网络之间共享同一个注意力分布。

6. **结构优化**：模型压缩和计算加速。

结构优化的目的是采用轻量运算替代复杂运算，通常能同时带来模型参数量的减少和加速效果，如用轻量卷积替代自注意力网络。

7. **矩阵分解**：模型压缩和计算加速。

将一个大矩阵分解成多个小矩阵的乘积，可以有效减少模型的参数量。同时，大矩阵相乘也可以分解为多个小矩阵的相乘，以达到计算加速的目的。

以上方法可以结合使用，以取得更好的压缩和加速效果。但是，不同方法在不同网络结构和任务上可能存在性能差异。因此，将特定网络部署到特定设备上时，需要预先探索和验证方案。

12.5 阅读材料

很多研究尝试优化 Transformer 模型的空间和时间成本。文献 [132] 将解码器的自注意力网络替换为平均网络，以避免单步解码运算量随着解码长度增长。文献 [285] 减少了前向网络的计算量，引入卷积网络建模局部上下文，并与自注意力网络形成并行结构，从而提升翻译质量和速度。随着 Transformer 在预训练语言模型上的广泛应用，一系列研究工作在改进模型在长文本建模

上的效率 [286–289]。

神经架构搜索（Neural Architecture Search）旨在自动寻找优于人工设计的网络结构。文献 [290] 试图寻找一个优于 Transformer 的结构。该研究工作定义了一个带有分支结构的搜索框架，将一些典型的子网络放到搜索空间中，并根据候选模型的表现动态分配资源。HAT[291] 通过参数共享定义了一个包含多种不同子结构的 Transformer 模型，并以特定硬件上的延迟作为目标，自动搜索满足条件的子网络。

12.6 短评：机器翻译工业部署

本章从技术角度介绍了机器翻译在不同环境下实际部署时面对的问题及解决方法，短评将从技术之外的视角观察机器翻译工业部署。机器翻译的工业部署实际上是机器翻译从研究走向产品的过程，大致可分为 4 种类型：机器翻译作为传统软件授权式部署，机器翻译作为线上服务大规模部署，私有定制化部署，以及智能终端部署。

1. 机器翻译作为传统软件授权式部署

将机器翻译作为一个软件产品部署在 Windows、Linux 等系统上，这是早期机器翻译产品的部署模式，主要是统计机器翻译之前的机器翻译产品，如基于规则的机器翻译。最典型的代表是 SYSTRAN，该公司创立于 1968 年，起源于乔治城机器翻译研究工作（见 1.5 节机器翻译发展历程简介），是最古老的机器翻译公司之一，经历了机器翻译技术的多次更新换代仍屹立不倒，同时也是极少数在经历了 ALPAC 报告之后仍然存活的机器翻译公司。1995 年，SYSTRAN 发布了面向 Windows 平台的 SYSTRAN 专业版。除了作为桌面软件部署，SYSTRAN 也提供私有定制化部署及线上部署，如早期 SYSTRAN 为美国国防部提供了大量的语言翻译服务。SYSTRAN 被法国加舒特家族收购之后，总部迁至巴黎，获得了欧盟的大量语言服务订单。①

2. 机器翻译作为线上服务大规模部署

机器翻译作为线上翻译服务部署最早可以追溯到美国远景公司（Alta Vista）的 Babel Fish（实际翻译引擎由 SYSTRAN 提供）。Babel Fish 的名字来源于英国科幻小说作家道格拉斯·亚当斯的科幻作品《银河系漫游指南》（*The Hitchhiker's Guide to the Galaxy*）中的会快速翻译语言的巴别鱼 [292]：

---

① 2020 年，SYSTRAN 被韩国 STIC 投资、软银韩国、韩国投资证券等组成的机构投资财团收购，其中 STIC 投资（韩国最大、经验最丰富的私募股权公司之一）占股 51%。

"如果你把一条巴别鱼塞进耳朵，你就能立刻理解以任何形式的语言对你说的任何事情。你所听到的解码信号就是巴别鱼向你的思想提供的脑电波矩阵。"

这里的 "Babel" 显然也与我们常说的 "巴别塔（The Tower of Babel）"（犹太教关于人类产生不同语言的解释）有关。

但是真正获得用户大规模使用的线上机器翻译服务，则开始于 Google 在 2006 年 4 月部署的 Google 机器翻译（Google Translate）。早期的 Google Translate 基于统计机器翻译引擎部署，总设计师为统计机器翻译领军人物 Franz Och（对齐模板 [293]、统计机器翻译判别式训练 [294]、基于短语的统计机器翻译 [295]、最小错误率训练 [296] 等统计机器翻译核心技术的主要提出者之一）。最开始部署的语言为少数几种，后来支持的语言种类迅速增加。2010 年，发布安卓和苹果 iOS 版本的翻译 App，2011 年 App 支持 32 种语言的双语聊天，2014 年收购 Word Lens 以增强手机端的拍照和语音自动翻译。2016 年，用户数量达到 5 亿，日均翻译量超过 1000 亿单词，同年 Google Translate 底层技术逐渐从统计机器翻译升级至神经机器翻译。截至 2021 年 6 月，Google Translate 支持 109 种语言。

2017 年在全国机器翻译研讨会上，本书作者之一曾邀请 Google Brain 团队的 Mike Schuster 博士（Google 神经机器翻译部署的主要推动者之一）做大会特邀报告。从 Schuster 博士的报告内容中，可以知晓更多 Google Translate 从统计机器翻译升级至神经机器翻译的过程：

- 升级项目开始于 2015 年 9 月，2016 年 2 月获得产品级数据上的第一批神经机器翻译结果，2016 年 9 月发布汉语–英语神经机器翻译引擎，2017 年 8 月完成 97 个语种的神经机器翻译在线翻译引擎升级；
- 升级标准：译文质量人工评测提升大于 0.1（相比之前部署的统计机器翻译引擎，人工评测标准参见文献 [30]）；
- 在所有升级语言中，亚洲语言翻译质量提升最显著，其中汉语、日语、韩语等亚洲语言到英语的译文质量人工评测提升 0.6 ~ 1.5，所有升级语种质量提升平均为 0.5；
- 有些语种升级到神经机器翻译后，质量提升与 Google Translate 过去 10 年的累积相当。

《纽约时报》2016 年 12 月 14 日发表 *The Great A.I. Awakening* 报道，详细描述了 Google Translate 升级到神经机器翻译的历程。该报道印证了 Mike Schuster 博士在其报告中提到的，起初整个升级改造预计 3 年完成（毕竟当时的 Google Translate 是由上百个工程师花费 10 年时间打造和完善的），但实际完成时间仅为 13.5 个月。

在国内，与 Google Translate 相对应的由搜索引擎公司在线部署的机器翻译为百度翻译①，于 2011 年正式上线，起初也为统计机器翻译引擎。在神经机器翻译技术 2014 年 9 月正式提出之后短短 8 个月，也就是 2015 年 5 月，百度翻译上线了全球第一个在线神经机器翻译引擎，比 Google Translate 升级第一个语种的神经机器翻译时间早了 1 年多，这给当时的 Google 升级团队带来了一定的竞争压力。来自《纽约时报》的 *The Great A.I. Awakening* 这样报道：

> One Wednesday in June, the meeting in Quartz Lake began with murmurs about a Baidu paper that had recently appeared on the discipline's chief online forum. Schuster brought the room to order. "Yes, Baidu came out with a paper. It feels like someone looking through our shoulder — similar architecture, similar results." The company's BLEU scores were essentially what Google achieved in its internal tests in February and March. Le didn't seem ruffled; his conclusion seemed to be that it was a sign Google was on the right track. "It is very similar to our system," he said with quiet approval.

线上部署的机器翻译一般提供免费翻译服务，搜索引擎公司积极部署在线翻译引擎，起初可能更多是为带来用户流量。但是要长久维持一个机器翻译团队并提供服务上亿用户的云端机器翻译服务，毕竟不是一笔小开销，因此，线上机器翻译部署在商业上存在"创收"的挑战。为应对这一挑战，线上部署一般采用如下几种模式"变现"。

（1）大客户授权。为一些大客户提供内置的机器翻译服务，比如 Microsoft Translator 的云端翻译，为相应的商业伙伴提供多语种自动翻译服务，相应的大客户包括 Adobe、LinkedIn 等②。神经机器翻译技术的出现使得工业级机器翻译部署相对容易，近年来，我们也看到很多潜在的机器翻译应用大客户，开始逐步采用自研取代外接的机器翻译为其用户提供服务。

（2）付费翻译。早期的机器翻译在线服务一般是免费的，可以调用 API 接口进行海量文本翻译。随着机器翻译译文质量提升及需求量增加，机器翻译在线服务开始提供免费和付费翻译相结合的服务模式，付费模式可以按时间或翻译量计费，或两者结合。

---

① 国内最早上线的在线统计机器翻译引擎为有道翻译，其测试版最早于 2008 年 8 月上线。

② https://www.microsoft.com/en-us/translator/business/customers/。

（3）人机结合。对高质量译文或达到可"出版"级别译文的翻译需求，可采用线上线下相结合的模式，线上采用在线机器翻译粗翻，线下进行专业译员编辑和审校。

（4）云服务＋终端。为满足智能家居、移动办公、旅游等场景的翻译需求，可以将云端机器翻译服务接入移动型智能终端，终端作为接口提供自动翻译服务。

3. 私有定制化部署

私有定制化部署主要针对以下机器翻译特殊需求：

（1）提供特定领域、特定场景的自动翻译。在线机器翻译服务一般提供通用领域机器翻译，很难为用户量身定制特殊需求的自动翻译。但机器翻译不仅与语种相关，而且与待翻译内容的风格、领域及所在的场景密切相关。同时，除了网页翻译，在线翻译一般不考虑输入输出文档格式的特殊需求，比如特定文件格式的文本翻译。针对这些需求进行机器翻译定制，不仅可以显著提升翻译质量，还可以降低用户的前处理、后处理工作量。

（2）保证数据安全。有些待翻译数据较为敏感或具有很强的安全属性，这类数据显然不适合提交到在线翻译引擎中进行翻译，私有化机器翻译部署可以很好地满足此类要求。

（3）利用自有数据。由于领域相关性及翻译数据的重用性，利用自有数据训练机器翻译模型，可以显著提升译文质量，定制化部署可以安全、充分地利用自有数据训练语言模型（比如第 1 章中提到的增量训练）。

4. 智能终端部署

在智能终端上部署机器翻译，可以满足具有移动属性的机器翻译需求。较早开展机器翻译终端部署的可能是 Phraselator，它是一款类似 PDA 的手持语音翻译设备。该设备的研制受到美国 DARPA 资助，并被 *MIT Technology Review* 列为"改变世界的十大新兴技术"之一[①]。Phraselator 于 2001 年在阿富汗进行实地测试，2002 年交付 500 台设备，配备给驻扎在全球各处的美军士兵。Phraselator 功能较简单，只能提供单向翻译，即从英语到 30 种不同语言，并且只能翻译 20 万个预先记录的命令和问题。现在的智能终端更多用于旅游，功能也更强大，既可以联网至云端进行在线翻译，也可以进行离线翻译。但受限于终端设备的内存和算力，大部分终端部署仍然是联网到云端翻译获取自动翻译结果。

---

① https://en.wikipedia.org/wiki/Phraselator。

5. 总结

上面简单介绍了几种常见的机器翻译工业部署方式。随着技术发展及应用场景拓展，会有更多的创新部署模式出现。但不管是哪种部署模式，以机器翻译为核心的本质不会变化，因此部署时需要考虑到与机器翻译相关的几个方面：

（1）译文质量永远第一。Google Translate、百度翻译由统计机器翻译升级至神经机器翻译之后，用户能明显感觉到翻译质量的显著提升。译文质量的显著提升，反过来又进一步扩大了机器翻译的用户数量。只有不断提升机器翻译译文质量，才能让机器翻译部署物有所值。

（2）译文质量之外的因素同样要考虑。除了译文质量，还需要考虑部署的成本、机器翻译响应时间、数据安全等因素。因此，选择哪种部署模式，需要综合考虑预算、特定需求、隐私保护等因素。

（3）机器翻译服务商业模式。从用户角度看，免费的机器翻译便是最好的机器翻译；但从机器翻译服务提供商角度看，通过机器翻译服务获得一定营收以支撑持续的机器翻译研发，从而提供更好、更高质量的机器翻译服务也无可厚非。如何在用户和服务提供方之间寻求平衡，探索新的机器翻译商业模式，最大化双方利益，是机器翻译工业部署在技术之外需要考虑的重要因素。

（4）用户使用习惯。机器翻译用户类型具有多样化趋势，如普通用户、业余和专业译员、企业用户、机器翻译二次开发者等，每种类型用户的使用习惯、目的都不一样，机器翻译部署需要根据用户类型和特定需求提供差异化服务，比如为译员提供交互式、便捷的机器翻译服务。

（5）支撑更多元化的机器翻译应用。人们使用机器翻译的目的在于获取或发布更多不同语种的信息，机器翻译是多语言信息获取或发布的核心支撑技术，如何构建以机器翻译为核心的更多元化、多样化的多语言信息服务（即类似于现在广泛使用的语音翻译、拍照翻译等新的机器翻译应用场景或模式），显然是部署机器翻译时要深入思考的问题。

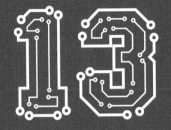

第 13 章

系统设计与实现

本章介绍神经机器翻译系统的设计与实现。首先,介绍系统的总体设计思路和目标,主要包括可扩展性、易用性和系统效率 3 大方面。然后,介绍机器翻译系统常见的功能需求,系统在实现时,可根据使用目的、场景等的不同,提供必要功能。随着神经机器翻译的研究、应用与发展,多个神经机器翻译开源系统得到了广泛认可和应用,本章将对常用的开源系统进行总结和介绍。最后,以其中一个开源系统为例,进行功能和流程的解析。

13.1 总体设计

神经机器翻译模型是序列到序列模型的典型代表，不仅仍在持续研究，而且已广泛应用于工业界的产品和服务中。因此，实现一个神经机器翻译系统，不仅要考虑研究方面的需求，也要满足工业部署的性能要求和硬件限制。本节将介绍神经机器翻译系统设计的重要准则。

13.1.1 可扩展性

神经机器翻译仍然在快速发展中，新的技术不断涌现。因此，在神经机器翻译系统的总体设计上，需要考虑支撑未来的新技术、新算法、新模型及新应用场景。为此，系统设计应具有可扩展性。

（1）**硬件扩展**。支持 GPU 环境下的训练和推理是神经机器翻译系统需要实现的基本功能。但为满足更广泛的需求和应用场景，系统还需要支持其他硬件平台，如 CPU、NPU 及智能终端芯片等。对硬件平台的支撑，除了体现于基础算子，也包括模型压缩和计算加速技术。

（2）**模型扩展**。神经机器翻译模型在不断发展中，从基于循环神经网络的模型发展到基于卷积神经网络的模型，再到现在主流的基于自注意力网络的模型。模型内部的子网络也同样在变化和发展中。因此，在设计神经机器翻译系统时，要有相应的机制和框架，以支持未来可能出现的新模型变种。

（3）**任务扩展**。除了文本翻译任务，语音、图片等不同模态的翻译任务，如语音翻译、拍照翻译等，近年来的需求也呈现增长趋势。如何利用多模态信息增强翻译或进行跨模态的端到端翻译等，也成为神经机器翻译的研究热点之一（见第 19 章）。因此，如果能支持多种不同的翻译任务，神经机器翻译系统的应用范围将更广泛。

基于抽象的、模块化的设计是系统实现可扩展性的有效途径。适度的抽象可使系统在扩展时遵循统一的接口和架构，模块化设计则可以减少系统内部不同功能在实现上的耦合要求。

13.1.2 易用性

一个好的神经机器翻译系统，在设计时需从使用者的角度出发，尽可能地符合使用者的习惯并满足其需求。不同类型的使用者对系统的期待和使用目的是不同的：机器翻译研究人员倾向于能快速添加新模块、新功能，以及便捷地设置实验以在性能上对比新旧模型；而翻译产品开发人员则期望能基于已有数据和主流的技术，快捷训练和部署系统。为提升系统对使用者的友好度，可从以下几个方面提高系统的易用性：

（1）**编程规范**。为提高代码的可阅读性、易维护性，建议在编写代码之前制定相应的编程规范，尤其是在多人开发同一个系统的情况下，以统一代码的书写格式、变量命名、函数定义和注释等。

（2）**系统文档**。文档是帮助使用者快速理解和熟悉系统的主要途径之一。好的系统文档不仅需要对系统的功能、架构、接口等进行清晰完整的描述，还需要包含系统的使用样例、基准测试结果等，甚至开放使用的数据和模型。

（3）**功能完整**。神经机器翻译系统从数据准备到模型部署，中间涉及很多处理和技术。因此，提供一套完整的框架和工具包，可以极大地提高使用效率。

（4）**操作简便**。以使用者能轻易理解和接受的方式设计系统，系统的使用和升级应简单直观。数据处理、模型训练、性能评估等应符合使用习惯，模型架构设计和模块化等概念要与普遍共识一致。

（5）**更新迭代**。神经机器翻译技术在不断发展，因此系统需要进行定期维护，不断更新迭代，以将先进的技术包含进来，这不仅有利于研究人员进一步改进，也便于提供更好的模型和产品服务。

13.1.3 系统效率

神经机器翻译模型常常需要在海量数据上训练，训练好的模型进行翻译时也存在响应时间要求。因此，效率是设计和开发系统时不可忽视的问题。系统效率可以从代码和硬件两个方面考虑。

（1）**代码效率**。主要指代码的运行效率，包括使用多线程并行读取和处理数据、使用数据缓存减少数据和后续计算之间的等待时间、提取代码公共部分以避免冗余计算、减少不必要调用、融合算子以避免算子之间的数据搬运、提高计算时间占比等。

（2）**硬件效率**。主要指内存、GPU、通信硬件等的使用效率。可以优化内存占用，允许系统使用更大的批处理以加速模型的训练。也可以提高 GPU 的计算占比，充分考虑机器之间、GPU 卡之间的通信带宽和限制，避免在低带宽上进行大规模数据通信。

目前，大部分神经机器翻译系统基于开源的深度学习框架开发，不同深度学习框架的优化方法存在差异。因此，可以根据框架提供的优化建议和性能分析工具提高系统效率。

13.2 功能设计

系统支持的功能是用户关注的一个重要方面。一般而言，在保证系统其他方面优势（如效率）的前提下，系统支持的功能越丰富，吸引的用户就越多，越有利于形成从系统开发、优化到推广使用的良性循环。本节从数据、模型、训练和推理 4 个方面给出一些常见的功能需求及说明，作为系统功能设计的参考。

13.2.1 数据

高效的数据处理可以减少系统在读取处理数据与模型计算之间的等待时间，而这也是影响系统效率的主要方面之一。另外，数据类型的支持决定了系统的适用范围。

（1）多线程。深度学习框架，如 TensorFlow、PyTorch 等，其数据读取模块都支持利用多线程并行处理数据。可以通过设置线程数实现并行处理，但需要注意的是，线程数并不是越多越好。

（2）批处理。在神经机器翻译中，常见的构建小批量数据输入的方式有两种：基于句子数和基于单词数。为减少输入数据长度不等造成的数据填充，一般需要对数据按照长度进行排序，并使用长度相近的句子组成小批量，不同小批量随机排序。

（3）多模态。支持多模态机器翻译，自然需要支持多模态数据处理。

13.2.2 模型

神经机器翻译的主流模型和框架虽然经历了多次革新，但一些普遍性的策略和技术，还是在不同模型上得到了广泛验证，得以保留下来。

（1）基线模型。提供经典神经机器翻译模型、主流神经机器翻译模型，便于用户直接使用或改进。这些模型包括基于循环神经网络的 GNMT、基于卷积神经网络的 ConvS2S、基于自注意力网络的 Transformer 等。目前，主流的 Transformer 模型存在一些广泛使用的模型变体，如平均注意力网络 AAN[132]、基于轻量卷积的 LightConv[297] 和 DynamicConv[297]、基于相对位置编码的 Transformer[131] 等。在模型方面，也可以对这些变体提供支持。

（2）混合结构。允许不同类型的编码器和解码器进行自由组合，如组合基于自注意力网络的编码器与基于循环网络的解码器，不仅可以利用自注意力网络强大的表示学习能力，也避免了自注意力网络的解码速度问题。

（3）**注意力机制**。提供多种不同注意力机制的实现，如经典的加法和乘法注意力、Transformer 使用的多头注意力等。

（4）**循环网络单元**。支持多种不同的循环网络单元，如经典的 LSTM、GRU，以及简化的 SRU 和 SSRU 等。

（5）**预训练模型**。支持基于预训练语言模型的翻译架构，如 BERT、GPT等。使用这些预训练语言模型初始化编码器和解码器，通常有利于提升低资源语言翻译效果。

（6）**热点技术**。支持研究热点方向上的主要模型，推动相关研究进展，如非自回归神经机器翻译、多语言神经机器翻译、语篇级神经机器翻译、鲁棒翻译、语音和多模态翻译等。

13.2.3　训练

神经机器翻译训练的目标是快速获得高质量的翻译模型。因此，系统的训练功能需要考虑模型优化和训练效率两个方面。

（1）**优化器**。支持常用和主流的优化器，如 SGD、Momentum 和 Adam等。深度学习框架一般提供了这些优化器的实现，神经机器翻译系统除了充分利用这些优化器进行训练，还需要考虑自定义优化器的功能需求，以支持神经机器翻译优化方面的改进与研究。

（2）**学习速率**。支持学习速率的动态调整及多种灵活调整方式。虽然自适应优化器（如 Adam 等）可自动调整当前步使用的学习速率，但近年来的研究表明，在训练过程中，主动缩减学习速率有利于模型训练。在进行大批量训练时，也常用 warmup 机制在训练初期逐步提升学习速率，以保证训练的稳定性，如 Transformer 使用了基于线性增长的 warmup 及平方根倒数衰减的学习速率。

（3）**损失函数**。支持常用的基于对数似然的损失函数、基于标签平滑的对数似然等。同时，允许使用用户自定义的损失函数、多任务损失函数等。

（4）**训练监控**。记录训练过程中模型的各项指标变化，如在训练集、开发集上的性能和训练速度等。可以根据开发集上的指标变化选择合适的时间停止训练。

（5）**训练保存和重启**。训练过程中定期保存模型，并允许在指定的保存模型上继续训练。这不仅可以避免训练异常停止后重新训练，也能为分阶段训练和模型平均等技术提供支撑。

（6）**多机多卡**。支持多 GPU 并行训练。支持常用的数据并行、模型并行方法（见 10.5 节）。

（7）**混合精度**。一些新型号的 GPU 支持高效的 16 位浮点数（半精度）运算，常用的深度学习框架也实现了相应的半精度算子。系统在前向运算和反向运算中使用半精度可以提高计算速度和减少内存占用。为了保持模型性能，参数更新依旧基于 32 位浮点数（单精度）计算，并动态缩放损失，防止梯度溢出。

（8）**梯度累积**。多个小批量梯度累积在一起并延迟更新，可以有效增加单步更新的小批量大小。这种方式也能减少 GPU 之间的通信并缓解多 GPU 的等待问题，从而对训练起到一定的加速效果。

13.2.4 推理

使用已训练好的模型进行解码是评价和部署模型的必备功能，主要涉及算法、训练后模型压缩和加速等。

（1）**解码算法**。支持多种不同解码算法，除了常用的柱搜索算法，基于采样的解码算法，如不受限采样、Top-K 采样等，也被广泛使用。此外，支持解码阶段的外部干预（如强制按词典提供的译文翻译等）[298]，将会提升系统对多个真实应用场景的适用性。

（2）**批量解码**。为提高解码吞吐量，可以将相似长度的输入句子组成小批量同时解码，充分利用 GPU 等计算设备的并行计算能力。由于小批量中的句子通常存在译文长度不等的现象，解码算法可以从小批量中去除已经翻译结束的句子，以减少后续解码的计算量。

（3）**集成解码**。为提升翻译质量，可以对多个模型的预测结果进行平均，以达到集成解码的效果。通常需要保证多个模型之间存在一定的差异，如采用不同的模型结构、不同的数据、不同的初始化和超参数等。

（4）**候选词表**。候选词表（详见 12.2.1 节）是在低端计算设备上进行解码时常用的技术。

（5）**量化**。支持权重量化和神经元量化，以减少模型占用的存储空间并加速计算。

（6）**可视化**。支持可视化分析。在对模型进行分析时，可视化是一种比较常用且直观的方式，如注意力权重、解码搜索路径等的可视化。

13.3 开源系统

近年来，开源神经机器翻译系统极大地促进了神经机器翻译的研究和技术发展。不同的开源系统在设计和功能上存在一定的差异。本节将介绍几个常用的开源神经机器翻译系统。

13.3.1 FAIRSEQ

FAIRSEQ[299] 是 Facebook 推出的基于 PyTorch 的序列建模框架，可用于机器翻译、摘要、语言模型等文本生成任务。该框架使用 MIT 许可证，具有如下功能和特点。

（1）使用公共接口，便于用户对模型和任务进行扩展。通过基类和继承方式，支持 5 种类型的用户自定义插件。

- 模型：定义了网络结构，并且包含所有与模型相关的超参数。
- 损失函数：给定模型和小批量数据，通过损失函数模块计算损失。
- 任务：该模块包含词表、数据加载和处理、训练流程等。
- 优化器：该模块根据梯度对模型参数进行更新。
- 学习速率：该模块用于在训练过程中动态调整学习速率。

（2）提供了高效的分布式和混合精度训练。FAIRSEQ 基于英伟达的 NC-CL2 及 PyTorch 的分布式模块实现了多机多卡的同步数据并行训练。另外，还实现了多种不同方法用于缓解 GPU 间的等待问题，包括允许反向运算和梯度通信同时进行、梯度累积等。FAIRSEQ 既支持全精度训练，也支持混合精度训练，并实现了动态损失调整以防止混合精度训练的溢出问题。

（3）包含多种文本生成任务的主流模型实现及预训练模型。例如，翻译任务包含基于 LSTM 的模型、基于卷积的模型及 Transformer 模型；语言模型任务包含卷积和 Transformer 模型，并支持多种类型的输入和输出表示。这些模型均在公开的基准测试集上进行了验证。

（4）解码优化并支持多种解码算法。例如传统的柱搜索、多样性柱搜索、采样和受限解码 [298] 等。通过增量解码加速推断速度，即缓存并复用已生成的单词及状态。另外，可根据预定义的单词数构建小批量，也可以使用半精度进行计算。

（5）支持可复现及版本兼容。保存的模型检查点包含模型、优化器及数据加载模块的全部状态，以便训练中断重启后可以继续训练；提供工具将旧版本训练的模型自动转换为兼容的新版本的格式。

13.3.2 OpenNMT

OpenNMT[300] 是专门针对神经机器翻译和自然语言生成的开源生态系统，包含从数据准备到推理优化的多个项目和工具。OpenNMT 最初由哈佛自然语言处理实验室与 SYSTRAN 在 2016 年联合推出，目前由 SYSTRAN 和 Ubiqus 共同维护，采用 MIT 许可证。OpenNMT 在设计上同时兼顾了研究和产品应用，其功能和特点如下：

（1）**多个项目全面覆盖翻译流程**。基于 TensorFlow 和 PyTorch 实现了两种框架，分别为 OpenNMT-tf 和 OpenNMT-py。虽然在具体设计和功能上存在差异，但两种框架都具备易用、可扩展、面向产品应用等特点。Tokenizer 工具提供了快速且可定制的文本分词功能，包含 Unicode 算法、子词训练和切分等。CTranslate2 是一个 C++ 编写的推理工具，可以运行在 CPU 和 GPU 上，并支持量化、并行翻译等功能。

（2）**模块化设计并支持多种模型结构**。实现了常用的基于循环网络、卷积网络及自注意力网络的神经机器翻译模型。还包含其他任务的相关实现，如多模态输入、生成式语言模型解码器、摘要任务的拷贝注意力机制等。模块化设计允许灵活配置模型结构，如混合结构的序列到序列模型、多源输入的 Transformer 模型等。

（3）**支持高效训练**。OpenNMT 实现了多 GPU 数据并行训练，并且支持混合精度。考虑到一些设备的内存限制，实现了梯度累积功能以支持较大的小批量训练。数据流程采用生产者–消费者模式减少数据读入的延迟和内存占用。

（4）**推理引擎优化**。使用单独的 CTranslate2 推理引擎实现了特定优化功能，如层融合、内存复用和缓存等。基于英特尔和英伟达的算子库实现了 CPU 和 GPU 上的高效运算。支持 8 位和 16 位量化运算。支持候选词表、并行解码和剪枝等多种优化技巧。

（5）**支持模型服务化**。使用 REST 服务器灵活管理多个模型，集成了 CTranslate2 和 Tokenizer，实现在线文本处理和快速解码。

13.3.3 Marian

Marian[139] 是微软作为主要开发者实现的纯 C++ 神经机器翻译框架，也是微软翻译产品使用的引擎，采用 MIT 许可证。其功能和特点总结如下：

（1）**依赖少**。使用纯 C++ 编写，只依赖 CUDA、BOOST、BLAS 等基础库，因此可以在不同层级进行性能优化，从自定义 CPU 和 GPU 算子到训练解码算法、多节点通信等。

（2）自定义的自动微分引擎。基于动态计算图进行反向自动微分，具有通用性。特别针对翻译常用的结构进行了算子融合优化，如各种类型的循环网络单元、注意力机制及层归一化等。

（3）**支持多种模型且易扩展**。基于通用的编码器和解码器接口实现了多种翻译和语言模型，如基于循环网络的模型、Transformer 模型、多编码器模型等。

（4）**支持常用训练功能**。实现了多 GPU 同步和异步并行训练、随机失活等正则化方法、数据子词切分和动态构建小批量、句子级和词级样本加权、加载预训练词嵌入等。

（5）**高效解码**。实现了柱搜索算法，支持批量解码、集成解码和重排序等功能。实现了加速解码技术，如增量和缓存、剪枝和量化等。支持机器翻译服务部署。

13.4　FAIRSEQ 解析

本节以开源的 FAIRSEQ 框架为例，解析核心流程和代码，包括注册机制、训练流程和混合精度训练 3 个方面。

13.4.1　注册机制

FAIRSEQ 提供了 5 种类型的插件供用户对模型和任务进行扩展，分别为模型、损失函数、任务、优化器和学习速率。在扩展时只需要继承 5 个插件的基类或提供的其他子类，然后在自定义子类中编写具体代码并通过注册机制完成扩展。FAIRSEQ 定义了装饰器（Decorator）函数用于注册，包括 register_model、register_task、register_criterion 和 register_optimizer 等。

以用于模型扩展的 register_model 为例，其主要实现如下：

```
def register_model(name, dataclass=None):
    def register_model_cls(cls):
        if name in MODEL_REGISTRY:
            raise ValueError("Cannot register duplicate model ({})".
format(name))
        if not issubclass(cls, BaseFAIRSEQModel):
            raise ValueError("Model ({}: {}) must extend BaseFAIRSEQModel
".format(name, cls.__name__))
            MODEL_REGISTRY[name] = cls
```

```
        if dataclass is not None and not issubclass(dataclass,
FAIRSEQDataclass):
            raise ValueError("Dataclass {} must extend
FAIRSEQDataclass".format(dataclass))
        cls.__dataclass = dataclass
        if dataclass is not None:
            MODEL_DATACLASS_REGISTRY[name] = dataclass
        return cls
    return register_model
```

register_model 首先检查新模型的注册名是否已经存在，是否继承自模型基类 BaseFAIRSEQModel。然后，将通过检查的新模型添加到模型列表中。通过在自定义的模型类上使用装饰器，可以在代码启动时自动进行注册，如 Transformer 模型注册：

```
@register_model("transformer")
class TransformerModel(FAIRSEQEncoderDecoderModel):
    ......
```

同一个模型的不同超参数配置对应不同的架构，可以通过 register_model_architecture 进行注册：

```
@register_model_architecture("transformer", "transformer_iwslt_de_en")
def transformer_iwslt_de_en(args):
    args.encoder_embed_dim = getattr(args, "encoder_embed_dim", 512)
    args.encoder_ffn_embed_dim = getattr(args, "encoder_ffn_embed_dim",
    1024)
    args.encoder_attention_heads = getattr(args, "encoder_attention_heads
    ", 4)
    args.encoder_layers = getattr(args, "encoder_layers", 6)
    ......
```

模型的构建通过 task.build_model 函数实现，该函数调用所有模型共用的 build_model 函数接口，并根据--arch 命令行参数配置查找具体的模型配置并进行初始化：

```
def build_model(model_cfg: Union[DictConfig, Namespace], task):
    if isinstance(model_cfg, DictConfig):
        return ARCH_MODEL_REGISTRY[model_cfg._name].build_model(model_cfg
        , task)
    return ARCH_MODEL_REGISTRY[model_cfg.arch].build_model(model_cfg,
```

```
    task)
```

以 Transformer 模型为例，TransformerModel 的类函数 build_model 创建模型所需的词嵌入和编码器、解码器实例，然后初始化并返回模型实例：

```
@register_model("transformer")
class TransformerModel(FAIRSEQEncoderDecoderModel):
    @classmethod
    def build_model(cls, args, task):
        src_dict, tgt_dict = task.source_dictionary, task.
    target_dictionary
        encoder_embed_tokens = cls.build_embedding(
                args, src_dict, args.encoder_embed_dim, ...)
        decoder_embed_tokens = cls.build_embedding(
            args, tgt_dict, args.decoder_embed_dim, ...)
        encoder = cls.build_encoder(args, src_dict, encoder_embed_tokens)
        decoder = cls.build_decoder(args, tgt_dict, decoder_embed_tokens)
        return cls(args, encoder, decoder)
```

13.4.2　训练流程

图 13-1 展示了 FAIRSEQ 的训练调用过程。FAIRSEQ 在训练开始时会进行并行训练方式的判断。进入主函数之后，依次进行任务创建、数据加载、模型和损失函数创建，接着创建训练器并判断是否加载模型，最后启动训练。

FAIRSEQ 支持 3 种训练方式：单 GPU、单机多卡及多机多卡。以单机多卡为例，FAIRSEQ 通过 torch.multiprocessing.spawn 创建多个进程，在每个进程上运行 distributed_main 函数：

```
torch.multiprocessing.spawn(
    fn=distributed_main,
    args=(main, args, kwargs),
    nprocs=args.distributed_num_procs,
)
```

distributed_main 使用 torch.cuda.set_device 初始化 GPU 及其他参数后，调用 main 函数执行训练。main 函数的主要功能如下：

- 创建任务：task = tasks.setup_task(args);
- 创建模型：model = task.build_model(args);
- 创建损失函数：criterion = task.build_criterion(args);

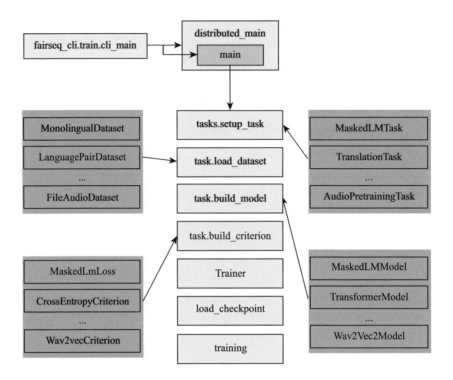

图 13-1　**FAIRSEQ** 训练调用过程

- 创建训练器：trainer = Trainer(args, task, model, criterion, ...);
- 加载模型和数据：extra_state, epoch_itr = checkpoint_utils.load_checkpoint (args, trainer, ...);
- 执行训练：代码如下。

```
while lr > cfg.optimization.stop_min_lr and epoch_itr.
    next_epoch_idx <= max_epoch:
    # train for one epoch
    valid_losses, should_stop = train(cfg, trainer, task, epoch_itr
    )
    if should_stop:
        break

    # only use first validation loss to update the learning rate
    lr = trainer.lr_step(epoch_itr.epoch, valid_losses[0])

    epoch_itr = trainer.get_train_iterator(
```

```
        epoch_itr.next_epoch_idx,
        # sharded data: get train iterator for next epoch
        load_dataset=task.has_sharded_data("train"),
        # don't cache epoch iterators for sharded datasets
        disable_iterator_cache=task.has_sharded_data("train"),
    )
train_meter.stop()
```

13.4.3 混合精度训练

为加速训练，FAIRSEQ 实现了混合精度训练，其工作方式如图 13-2 所示。混合精度训练在开始时需要把单精度权重转成半精度，然后进行前向运算得到单精度损失值。为防止梯度溢出，需要将损失值放大，然后计算得到半精度的梯度值并转成单精度。在进行对应的缩小之后，用于更新单精度权重。

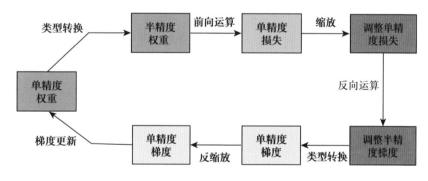

图 13-2　混合精度训练流程图

在 FAIRSEQ 中，单精度转成半精度的实现基于 PyTorch 内置的 half 函数：

```
if cfg.common.fp16:
    self._criterion = self._criterion.half()
    self._model = self._model.half()
```

损失和梯度的缩放比例采用动态方式调整。如果在一定步数内没有出现溢出问题，则增大该比例：

```
def update(self):
    if (self._iter - self._last_overflow_iter) % self.scale_window == 0:
        self.loss_scale *= self.scale_factor
        self._last_rescale_iter = self._iter
    self._iter += 1
```

如果溢出出现的次数在缩放比例维持不变的训练步数中占到一定比例，则减小该缩放比例：

```
pct_overflow = self._overflows_since_rescale / float(iter_since_rescale)
if pct_overflow >= self.tolerance:
    self._decrease_loss_scale()
    self._last_rescale_iter = self._iter
    self._overflows_since_rescale = 0

def _decrease_loss_scale(self):
    self.loss_scale /= self.scale_factor
    if self.threshold is not None:
        self.loss_scale = max(self.loss_scale, self.threshold)
```

13.5 阅读材料

在机器翻译系统设计与实现方面，还可以参考其他开源系统。Tensor2Tensor[301] 是由 Google Brain 开发的深度学习库，基于 TensorFlow，包含各种不同任务（图像生成、翻译、摘要等）的模型和数据。Sockeye[302, 303] 是由亚马逊开发的机器翻译工具，基于 MXNet，同时兼顾了研究和产品应用，并已应用于亚马逊机器翻译系统。THUMT[304] 是由清华大学自然语言处理组开发的机器翻译工具，包含 Theano、TensorFlow、PyTorch 等 3 个版本，主要实现了基于循环神经网络的神经机器翻译模型和 Transformer 模型。

13.6 短评：机器翻译开源之路

没有机器翻译的开源，就没有机器翻译技术的快速发展。这是从机器翻译过去 30 年的发展历史中得出的结论：机器翻译开源一直伴随机器翻译技术的发展，并在推动机器翻译技术的快速发展中发挥了重要作用。推动机器翻译技术发展的因素很多，包括研究思想、方法的开源（论文发表）、数据的可获取性、基准数据集、自动评测方法、跨学科研究及系统开源。如果将承载机器翻译思想的论文和跨学科研究比作牵引机器翻译列车奔跑的火车头，数据比作能源，基准数据集和自动评测比作各种信号仪表盘，那么各种开源的机器翻译平台就是其发展前进的轨道。没有开源的机器翻译平台作为运行轨道，机器翻译技术发展的速度可能退回到马车时代。

机器翻译开源大致分为两类，一类是基础平台开源，另一类是新方法新模型开源。基础平台开源是指稳健的、可供研究使用，甚至可直接作为工业产品使用的机器翻译主流方法开源平台，如本章介绍的 FAIRSEQ、OpenNMT 和 Marian。新方法新模型开源则是验证机器翻译新思想的开源框架。基础平台开源可认为是主干线，新方法新模型开源则是试行线、支线，试行线或支线经过检验和改进后，有可能发展为主干线。

1. 统计机器翻译开源之路

第 1 章短评提到，现代统计机器翻译思想起源于 IBM 团队 1988 年发表于 *TMI* 和 *COLING* 的两篇论文（当时引起了极大争议），5 年后，IBM 统计机器翻译模型更加成熟和完善，一篇更加详细描述其思想的论文 [3] 发表在《计算语言学》（*Computational Linguistics*）期刊上，但是相应的机器翻译软件并没有开源。虽然此时统计机器翻译思想已经逐步得到认可，但仍然是非主流的机器翻译方法，发展缓慢。直到 1999 年在约翰斯·霍普金斯大学（JHU）召开的统计机器翻译暑期研讨会重现了 IBM 统计机器翻译模型之后，统计机器翻译发展才步入快车道。从 1988 年统计机器翻译思想首次发表，到 1999 年学术界消化其思想并开源相关软件，超过了 11 年时间，对比现在神经机器翻译思想和代码的开源速度，这是难以想象的。导致统计机器翻译初期发展缓慢的主要原因，正如 JHU 在 1999 年统计机器翻译暑期研讨会最终报告 [305] 的摘要中所说：

Unfortunately, these techniques and tools have not been disseminated to the scientific community in very usable form, and new follow-on ideas have developed sporadically.

（不幸的是，这些技术和工具并没有以非常有用的形式传播给科学界，新的后续想法也只是零星发展。）

上面提到的"技术和工具"指的就是 IBM 的统计机器翻译思想及其代码。而更深层的原因，这份报告 [305] 在前言部分做了进一步的剖析：

This is partly due to the fact that the mathematics involved were not particularly familiar to computational linguistics researchers at the time they were first published [Brown et al., 1993a]. **Another reason is that common software tools and data sets are not generally available.**

（部分原因是，这些思想首次发表时 [Brown et al., 1993a]，计算语言学研究人员对其中涉及的数学并不是特别熟悉。另一个原因是，没有普遍可用的通用软件工具和数据集。）

该报告认为，构建统计机器翻译软件基础设施，有助于研究者提出新想法、进行初步研究、测试新想法、修改想法及与前人结果进行比对，因此：

> In practice, a huge proportion of the work would be need to be spent on large-scale MT software development, rather than on inventing and revising the new idea itself.
>
> （实际上，大部分努力应该用于大规模机器翻译软件开发，而不是发明和修改新想法。）

站在现在机器翻译开源框架争奇斗艳的时代，回顾统计机器翻译起初的发展阶段，可能难以理解当时的困难、挑战及对开源机器翻译基础软件的渴求。

JHU 研讨会实现了 IBM 统计机器翻译思想并开源了一个统计机器翻译软件工具包 EGYPT，该工具包含有单词对齐工具 GIZA（实现了 IBM 模型 1 ~ 3）、平行语料准备工具 Whittle、单词对齐可视化工具 Cairo。虽然研讨会也开发了解码工具 Weaver（取名于 Warren Weaver，机器翻译鼻祖，见 1.1 节），但遗憾的是并没有在 EGYPT 中开源。参加该研讨会的 Franz Och（当时为博士研究生），在研讨会结束后，在 GIZA 基础上进一步开发了 GIZA++（实现了 IBM 模型 4 ~ 5），并于 2001 年将其开源。IBM 统计机器翻译模型的开源，极大推动了统计机器翻译发展，使其从基于单词的统计机器翻译（IBM 当初的思想）迅速发展为基于短语的统计机器翻译。统计机器翻译研究重镇南加州大学信息科学研究所自然语言研究组（当时包括 Kevin Knight 等机器翻译知名专家），先后于 2000 年发布了基于单词的 ReWrite 统计机器翻译解码器，2004 年发布了基于短语的 Pharaoh 统计机器翻译解码器。但遗憾的是，这两款解码器均没有开放源码（按照 Ulrich Germann 博士的说法，当时不允许开放源码），只发布了可执行版本。

在 11.6 节短评中我们曾提到，2005 年在厦门大学举办的首届全国统计机器翻译研讨班上，当时 3 家单位（中科院计算技术研究所、中科院自动化研究所、厦门大学）各自研发了 3 个基于短语的统计机器翻译系统。除了短语系统，中科院计算所还研制了 Franz Och 等人提出的对齐模板系统，以及基于括号转录语法的统计机器翻译系统。这些系统的研制均是在没有开源解码器可借鉴的情况下独立自主实现的。从时间上看，与当时国际最先进的统计机器翻译技术基本实现了接轨。虽然国内统计机器翻译研究起步较晚，但是，国际上统计机器翻译初期发展较为缓慢，因此，国内统计机器翻译研究并没有滞后太多。随后的研究表明，国内统计机器翻译研究很快与国际研究并驾齐驱，在某些领域，甚至形成引领优势。

就国内机器翻译开源软件而言，2006 年举办的第二届全国统计机器翻译研讨会上，中科院计算所、中科院自动化所、中科院软件所、厦门大学、哈尔滨工业大学联合发布了中国第一个完全开放源代码的统计机器翻译系统——"丝路"，该系统提供了统计机器翻译预处理及后处理工具"仙人掌"、单词对齐工具"楼兰"、短语抽取工具"胡杨"，以及 3 个解码器"骆驼""绿洲""商队"。丝路的开源，极大推动了国内统计机器翻译的研究。

在 2006 年 JHU 暑期研讨会上，由 Philipp Koehn 等人联合组建了一个名为"统计机器翻译开源工具包"的研究组，经过 6 周的集中开发，他们在 Pharaoh 系统基础上，研制并发布了 Moses 统计机器翻译系统，该系统完全开源，包括核心解码器部分。研讨会之后，Moses 系统在爱丁堡大学 Philipp Koehn 团队的大力推动下，发展成为使用最广泛的开源统计机器翻译系统。从 2006 年发布开始，直到 2017 年，该系统一直得到持续的维护、更新和拓展，集成了统计机器翻译最先进的技术和模型，在技术和性能上均可以媲美工业级统计机器翻译系统水准。

2. 神经机器翻译开源之路

与统计机器翻译初期发展缓慢、缺乏开源系统相比，神经机器翻译在一开始就拥抱模型与系统开源，某种程度上，也是受到深度学习社区开源思想的影响。神经机器翻译系统的研制存在两条并行路线，一条是以 Google Translate 为代表的面向在线机器翻译服务的商业系统开发，另一条则是神经机器翻译开源系统的开发。神经机器翻译开源系统的开发大致分为两个阶段：

（1）阶段 I。主要由学术界力量主导的面向研究用的神经机器翻译开源系统开发，代表性系统包括：

- **Groundhug**。由蒙特利尔大学 LISA 实验室（1993 年由 Yoshua Bengio 创建，后发展为 Mila）研制和维护，建立在深度学习平台 Theano 基础之上，系统主要创建者 Dzmitry Bahdanau 和 Kyunghyun Cho 均为神经机器翻译先驱论文的作者。目前，Groundhug 已不再继续开发和维护。
- **Blocks**。Groundhug 的升级替换版本，仍然建立在 Theano 基础上。
- **Neural Monkey**。由捷克查尔斯大学形式与应用语言研究所研制，建立在 TensorFlow 深度学习平台上。
- **Nematus**。由爱丁堡大学 Rico Sennrich 等人研制，原始代码来自纽约大学 Kyunghyun Cho 用于神经机器翻译讲座报告的代码 dl4mt-tutorial，基于 Python 语言开发，后来集成了多项先进技术，包括深度模型、随机失活、层归一化等，成为当时最好的开源系统（文档清晰、选择多样、多次夺得 WMT 评测比赛桂冠）。

（2）阶段 II。工业界主导或高校企业联合主导的可用于工业级部署的神经机器翻译开源系统研发，代表性系统即本章介绍的 Marian 系统（主要由 Microsoft Translator 团队研制，并得到爱丁堡大学等学术界力量支持）、Open-NMT 系统（起初由哈佛大学与 SYSTRAN 联合研制，后转为主要由 SYSTRAN 和 Ubiqus 维护）、FAIRSEQ 系统（主要由 Facebook AI Research 研制和维护）。这些系统的主要特点包括：可用于工业级机器翻译系统部署，持续获得工业界研发团队更新和维护。

3. 总结

通过分析统计机器翻译与神经机器翻译系统的开源历程，可以发现以下共同点：

（1）**从研究开源发展至工业开源**。无论是统计机器翻译，还是神经机器翻译，最开始的开源系统均来自学术界，主要面向研究。但随着技术的不断发展和日趋成熟，工业级开源系统应运而生并得到更广泛应用。

（2）**开源系统需要不断更新才能维持长久生命力**。机器翻译技术在不断发展中，因此，开源系统需要不断容纳新的机器翻译技术。如 Moses 诞生时为基于短语的统计机器翻译系统，后来不仅支持基于短语的统计机器翻译，也支持基于句法的统计机器翻译；FAIRSEQ 同时支持基于循环神经网络 LSTM 的机器翻译模型、基于卷积神经网络的 ConvS2S 及基于自注意力的 Transformer 模型。

最后，预想一下未来机器翻译开源系统：

- **统一机器翻译平台**。涵盖多项机器翻译核心技术的统一的大机器翻译平台，支持多模态机器翻译、多语言机器翻译、无监督机器翻译、语境感知机器翻译、语音翻译等在本书进阶篇中介绍的多项机器翻译前沿技术。目前 FAIRSEQ 开源系统具有向大平台发展的迹象，已支持端到端语音翻译、多语言机器翻译等技术。
- **精简型机器翻译系统**。与大机器翻译平台相对应的精简型机器翻译系统。大平台既要支持多项机器翻译技术，又要满足工业产品级系统的苛刻要求，还要具有可扩展性，系统代码不可避免会变得臃肿，增加了二次开发或在大平台上实现新想法的难度。因此，精简型或面向特定机器翻译技术的开源系统在某些应用场景下可能会更受欢迎。

- **通用机器翻译系统**。超大规模多语言机器翻译、超大规模单语及多语言预训练模型技术有望催生机器翻译先驱 Warren Weaver 设想的通用机器翻译系统的诞生，即单一通用的、实现上万语向的高质量自动翻译的机器翻译系统。

进阶篇

A text makes sense because there is a continuity of senses among the knowledge activated by the expressions of the text.

— Robert-Alain de Beaugrande & Wolfgang Dressler

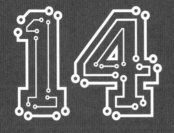

第 14 章

语篇级
神经机器翻译

如同单词之间存在依存关系，一篇文档或段落内部的句子也存在依存关系。如果将段落拆成单个句子，逐句翻译后再将译文拼接成段落，那么源文句子间的依存关系在翻译过程中就会丢失，拼接后的译文也会因此不连贯。为解决此问题，需要将句子级机器翻译升级到语篇级机器翻译，以捕捉更多的语境上下文。本章的主要目的便是介绍语篇级神经机器翻译的基本思想和面临的挑战，总结现阶段主要研究工作，展示语篇级神经机器翻译的发展脉络，探讨语篇级神经机器翻译的评测数据及评测方法，并展望未来发展方向。

14.1 什么是语篇

在语言学中，"语篇"是指大于单句的语言单元。语篇的英文表述"Discourse"起源于拉丁文，指会话的流动，即在某种核心思想驱动下，由一组连续的、连贯的单句组成的具有结构的联合体。语篇既可以通过书面文本方式呈现，也可以通过口语、语音甚至视觉形态呈现，通过书面文本形式呈现的语篇通常称为篇章（Text）。在语言学研究中，语篇和篇章（Text vs. Discourse）既有联系也有区别。关于两者之间的联系与区别存在不同的看法，这里采用知名语言学家 M.A.K Halliday 的观点[306]：

> 篇章和语篇是同一种事物，只不过看问题的角度不同；所以这两个词可以互相定义。"篇章"是作为语言过程（的产品）的语篇；"语篇"是社会文化语境中的篇章。

可以看到，语篇和篇章的最大区别在于语篇具有社会交互属性，通常涉及围绕某种社会目的进行交互的主体（Agent）。在自然语言处理中，对语篇的研究主要关注的是语篇的语言学属性（如句间语言学关系），较少关注语篇的社会交互属性。从这个角度看，自然语言处理中的语篇和篇章是可以交换使用和互指的。

本章同样不考虑语篇的社会交互属性，但要区分语篇的呈现形式。将面向书面语、口语、语音和视觉等多种不同形态呈现的结构化句子联合体的机器翻译，统称为语篇级机器翻译（Discourse-Level Machine Translation），而将单单面向书面文本的语篇级机器翻译称为篇章级机器翻译（Text-Level Machine Translation）。也就是说，篇章级机器翻译是包含在语篇级机器翻译界定的范围内的。在不作特别说明的情况下，交换使用"篇章级机器翻译"和"语篇级机器翻译"，用于指称所有涉及句间关系建模的机器翻译，以区分句子级机器翻译（Sentence-Level Machine Translation）。

就句间关系建模而言，篇章级、语篇级或文档级机器翻译（Document-Level Machine Translation）指向同一研究对象[①]，即机器翻译中的跨句依存关系，或者说语篇的语言学结构。

语篇的语言学属性主要包括衔接性和连贯性。衔接性是表现连贯性的手段，连贯性是衔接性呈现的结果。衔接性是指根据内容和背景知识选择相关的装置（Device）来对文本中的元素进行链接。M.A.K Halliday 和 Ruqaiya

---

[①] 如果考虑信息呈现方式和社会交互属性，语篇级机器翻译内涵更加广泛，因为语篇涉及交互（Interaction）、主体（Agent）和多模态语境等。

Hasan[307] 指出了以下 5 类衔接性装置：指称（Reference）、省略（Ellipsis）、替换（Substitution）、连接词（Conjunction）及词汇衔接（Lexical Cohesion）。其中前 4 种装置也可以统称为语法衔接（Grammatical Cohesion）装置。

指称装置包括两种，分别是前指（Anaphoric）和后指（Cataphoric）。两者都是为了避免重复：前者使用代词指称前文提到的人或事物，后者则是用代词指代将在下文中出现的人或事物。省略是指在明确的语境下，省略掉一些在前文中出现的语言成分，使得语篇不至于赘述，但读者可以根据上下文自然推断出省略的内容。常见的省略包括主语省略、宾语省略和谓语省略等，汉语中主语省略比较常见。替换和指称相似，通常指使用一个更加通用的词汇来替换已提及的单词，如英语中常采用"one"替换之前提到的实体。连接词是指将单词、短语或子句、句子连接起来的语法成分，如"但是""因为"等。

与语法衔接不同，词汇衔接采用词汇装置衔接上下文，主要包括重复（Reiteration）和搭配（Collocation）。重复是指在语篇中使用相同词、同义词、近义词、反义词和上下位词等呼应前文或后文中相应的单词，从而使出现重复现象的两个句子衔接起来。搭配是指经常共同出现的单词，因为这些单词经常共现，因此当其中某个单词出现时，读者会期待经常与其搭配的单词也会出现，从而形成语篇的衔接性，比如"泡茶"的"泡"经常与"茶""碗"等搭配出现，如鲁迅《喝茶》的语篇片段：

> 喝好茶，是要用盖碗的，于是用盖碗。果然，泡了之后，色清而味甘，微香而小苦，确是好茶叶。

相比于语法衔接，词汇衔接装置在语篇中使用更广泛，而且词汇衔接不局限于一对单词，常常涉及一连串围绕某个主题紧邻出现的单词，这些单词构成词汇链（Lexical Chain）。词汇链如同链条一样将语篇中不同的句子串联起来，形成衔接性。

如果说衔接性主要是在词汇和句法层面串联语篇句子，连贯性则是深入语义层面，使文本在语义上有意义。如果组成文本的句子在语义上没有连续性或逻辑性，具有衔接性的文本不一定具有连贯性。语言学家 Robert De Beaugrande 和 Wolfgang U. Dressler 将连贯性定义为意义连续性（Continuity of Sense），即语篇各句子表达的意义应该呈现出连续性，而不应该出现意义跳跃或断裂（即与上文不相关）现象。

14.2 语篇级机器翻译面临的挑战

除了句子级机器翻译面临的挑战，语篇级机器翻译还面临一些特殊挑战，这里列出与之密切相关的几个主要挑战。

14.2.1 语篇级依存关系建模

语篇级机器翻译的首要挑战是如何建模语篇级跨句子依存关系（Cross-Sentence Dependency），或者说如何对广域上下文（Wide/Broad Context）进行建模。目前大部分机器翻译模型仅仅建模句子内部依存关系，忽视了句子间长距离依存关系，如指代、省略和词汇链等。将句子级机器翻译模型用于语篇翻译，通常是对语篇进行逐句翻译，然后把每句译文拼接起来形成目标语言文档。如此形成的目标语言文档，自然失去了句子间的衔接性和连贯性。而要建模句子间语篇依存关系通常是比较困难的，一方面是因为这些依存关系是长距离的，比句子内部的局部依存关系更难以捕捉；另一方面是因为存在多种语篇关系，如指代、词汇衔接、连接词等，很难用一个统一框架建模所有的语篇现象。

14.2.2 文档级平行语料稀缺

要建模源语言语篇到目标语言语篇之间的映射关系，通常需要充足的文档级平行语料。但遗憾的是，目前用于机器翻译模型训练的平行语料大多是句子级平行的，文档边界通常没有保留下来或不存在连续整篇文档译文。为了应对文档级平行语料稀缺的挑战，语篇级机器翻译通常采用两阶段训练方法：第一阶段，在大规模的句子级平行语料上预训练语篇级机器翻译模型或其部分；第二阶段，在小规模的文档级平行语料上继续训练语篇级机器翻译模型。如果需要深度建模语篇关系，则需要人工标注语篇关系的平行文档语料 [308]，而这种带语篇关系标注的文档级平行语料更加稀缺。

14.2.3 高计算需求

与句子级机器翻译模型相比，无论采用何种建模方法，语篇级机器翻译都需要考虑额外的语篇上下文，因此不可避免地要引入更多的模型参数或耗费更多的计算资源。如果采用自注意力机制建模语篇上下文，建模复杂度将是 $O(n^2)$，其中 n 是语篇长度。显然，语篇长度越长，建模复杂度越高。

14.2.4 语篇级机器翻译评测

现有的机器翻译评测方法，如人工评测或自动评测，通常是围绕句子展开的。人工评测往往只给评测人员展现当前句子，很少展现当前句子的上下文。自动评测也只比较当前句子机器译文与参考译文的某种相似度，例如，最常用的自动评测方法 BLEU[309]，是先逐句计算机器译文与参考译文的 n-gram 匹配度，然后在整个测试语料库上取平均，最终得到译文质量分值。语篇级机器翻译评测不仅要考虑语篇内各句子的翻译质量，还要通篇考虑句子间语篇现象是否得到建模和正确翻译，如词汇衔接度如何、代词是否正确翻译（涉及性别）、术语翻译一致性如何等。现有的自动评测指标几乎没有评测这些特有的语篇现象的翻译准确性。

除了缺乏统一的语篇级机器翻译评测方法和标准，与缺乏文档级平行训练语料一样，语篇机器翻译也缺乏文档级测试语料。如果要深度评测语篇级机器翻译的语篇翻译能力，还需要仔细设计和构建语篇测试语料[310]，以尽可能多地覆盖语篇现象，同时需要对这些测试语料的语篇现象进行人工标注，以更精准地评估语篇翻译准确度。

14.5 节将介绍公开的语篇级评测语料，14.6 节将介绍几种语篇级机器翻译评测指标和方法。

14.3　语篇级机器翻译形式化定义

给定一个源语言语篇文档 $d_x = \{d_x^{(1)}, d_x^{(2)}, \cdots, d_x^{(|d_x|)}\}$，语篇级机器翻译的目标是生成对应的目标语言文档 $d_y = \{d_y^{(1)}, d_y^{(2)}, \cdots, d_y^{(|d_y|)}\}$。一般而言，源语言和目标语言文档句子数量一样，即 $|d_x| = |d_y|$，下面统一用 $|d|$ 表示。由于语篇级机器翻译在翻译当前语句 x_i 时需要考虑生成的译文 y_t 与源语言及目标语言语篇中所有语句的关系，因而语篇级机器翻译可以形式化定义为

$$P(d_x|d_y) = \prod_{i=1}^{|d|} P(d_y^{(i)}|d_x^{(i)}; d_x^{(-i)}, d_y^{(-i)}) \tag{14-1}$$

式中，$d_x^{(i)}$ 表示当前待翻译的源语言语句；$d_x^{(-i)}$ 表示源语言语篇除 $d_x^{(i)}$ 外的其他语句；$d_y^{(-i)}$ 表示目标语言语篇中除 $d_y^{(i)}$ 外的其他语句。

由于要考虑目标语言语篇中所有语句，包括还未生成的语句，式 (14-1) 是不可计算的。因为一个源语言语篇对应的可能目标语言语篇的数量是无穷的（每个语篇的句子数量比较多，同时每个句子对应的译文空间是无界的）。因

此，为了使计算可行，式 (14-1) 通常改写为

$$P(\boldsymbol{d_x}|\boldsymbol{d_y}) \approx \prod_{i=1}^{|\boldsymbol{d}|} P(\boldsymbol{d_y^{(i)}}|\boldsymbol{d_x^{(i)}}; \boldsymbol{d_x^{(-i)}}, \boldsymbol{d_y^{(<i)}}) \tag{14-2}$$

式中，$\boldsymbol{d_y^{(<i)}}$ 表示当前译文 $\boldsymbol{d_y^{(i)}}$ 之前已生成的译文语句。即生成当前译文只需要考虑与已生成译文的依存关系。

训练语篇级机器翻译模型，即寻找最大化式 (14-2) 计算的概率的参数 $\boldsymbol{\theta}^*$，即

$$\boldsymbol{\theta}^* = \arg\max_{\boldsymbol{\theta}} \prod_{\boldsymbol{d}\in\mathcal{D}} \prod_{i=1}^{|\boldsymbol{d}|} P(\boldsymbol{d_y^{(i)}}|\boldsymbol{d_x^{(i)}}; \boldsymbol{d_x^{(-i)}}, \boldsymbol{d_y^{(<i)}}) \tag{14-3}$$

式中，$\mathcal{D}$ 表示语篇级训练语料库。

语篇级机器翻译解码可以表示为

$$\boldsymbol{d_y^*} = \arg\max_{\boldsymbol{d_y^{(1)}}, \boldsymbol{d_y^{(2)}}, \cdots, \boldsymbol{d_y^{(|\boldsymbol{d_y}|)}}} \prod_{i=1}^{|\boldsymbol{d}|} P_{\boldsymbol{\theta}^*}(\boldsymbol{d_y^{(i)}}|\boldsymbol{d_x^{(i)}}; \boldsymbol{d_x^{(-i)}}, \boldsymbol{d_y^{(<i)}}) \tag{14-4}$$

14.4 语篇级神经机器翻译方法

本节介绍几种典型的语篇级神经机器翻译方法，包括拼接当前句子与上下文，采用额外的语境编码器、缓存器等。语篇级神经机器翻译是近年来神经机器翻译的研究热点之一，已经发展出多种方法。本节介绍的方法仅为读者提供语篇级神经机器翻译建模参考，并不表示这些方法是最好的，亦或它们代表了所有可能的语篇级神经机器翻译模型。

14.4.1 拼接当前句子与上下文

最直接的语篇级神经机器翻译就是使用现有的编码器–解码器框架模型直接对语篇进行翻译。具体而言，就是将语篇上下文语句和当前源语言语句进行拼接，作为一个长文本直接输入至模型编码器中，如图 14-1 所示。而在解码器端，可以选择仅生成当前源语言语句的译文，也可以选择同时生成源语言语篇其他语句译文。

该方法期望编码器能自动捕捉到当前源语言语句与其他语句之间的依存关系，并将捕捉到的依存关系传递给解码器。文献 [311] 的实验结果表明，在这种情况下，神经机器翻译模型有能力捕捉到一定的语篇信息，并且能保持较好的翻译水准。但是，受制于文本长度不宜过长，该方法一般只将当前源语言语句的前几句或后几句与当前语句进行拼接。

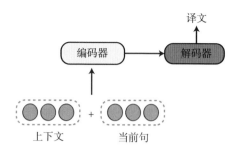

图 14-1　拼接当前句与上下文的语篇级神经机器翻译方法

此外，该方法还存在其他不足之处。首先，过长的文本增加了注意力机制的计算成本（自注意力计算量与序列长度平方成比例）。其次，当前句子不是与所有上下文语句都存在依存关系，没有依存关系的上下文不仅会分散注意力权重，还会给当前语句翻译带来噪声干扰。

针对以上问题，文献 [312] 对语篇语句进行标记。标记不仅使模型在利用语篇语句信息的同时能够区分当前语句与上下文语句，还为减轻模型的自注意力计算负担带来了契机：

$$e = [\boldsymbol{E}(\boldsymbol{C}); \boldsymbol{E}(\boldsymbol{x})] \tag{14-5}$$

$$s = [\boldsymbol{S}(\boldsymbol{C}); \boldsymbol{S}(\boldsymbol{x})] \tag{14-6}$$

其中，式 (14-5) 表示对语篇上下文 $\boldsymbol{C}$ 和当前源语言语句 $\boldsymbol{x}$ 取词嵌入；$\boldsymbol{E}$ 表示词嵌入矩阵；[;] 表示拼接（Concatenation）操作。式 (14-6) 表示对语篇上下文 $\boldsymbol{C}$ 和当前源语言语句 $\boldsymbol{x}$ 进行区段向量映射，$\boldsymbol{S}$ 是区段向量矩阵。

以 Transformer 架构为例，将经过式 (14-5) 和式 (14-6) 向量化后的语篇上下文和当前源语言语句输入编码器低层网络，编码器中的自注意力层和全连接层自动捕捉相关语篇信息，如下：

$$\boldsymbol{h}_\mathrm{l} = \mathrm{Transformer}(\boldsymbol{e} + \boldsymbol{s}; \boldsymbol{\theta}) \tag{14-7}$$

式中，$\boldsymbol{\theta}$ 表示网络参数，$\boldsymbol{h}_\mathrm{l}$ 表示低层编码器编码后的隐状态向量。

而在编码器的高层网络中，为了缓解注意力权重被语篇上下文信息分散的问题，可以再次利用区段信息：将隐状态向量 $\boldsymbol{h}_\mathrm{l}$ 中语篇语句的区段信息去掉，仅保留当前源语言语句的隐状态向量，以完成接下来的编码。具体如下：

$$\boldsymbol{h}_\mathrm{h} = \mathrm{Transformer}(\boldsymbol{h}_\mathrm{l}[s:t]; \boldsymbol{\theta}) \tag{14-8}$$

式中，s 和 t 分别表示当前源语言语句的开始位置和结束位置。这种方式不但

避免了注意力分散，而且减少了注意力机制的计算量，以简单、轻量级的方式
实现了语篇级神经机器翻译。

14.4.2 额外的上下文编码器

拼接当前句子与上下文的语篇级神经机器翻译方法，仅利用一个编码器
同时对语篇上下文和当前句子进行编码，容易导致编码器混淆当前句子和上
下文，同时增加了编码器端自注意力网络、解码器端交叉注意力网络的计算
负担。一种自然的替换方法是，将上下文和当前句子的编码分开，采用额外的
编码器对上下文进行单独编码，然后将学习到的上下文信息融入当前句子编
码器及解码器。

下面以文献 [313] 为例，对该方法进行简要的介绍。如图 14-2 所示，模
型的基础架构是 Transformer[32]（具体见第 7 章）。除了用于编码当前待翻译

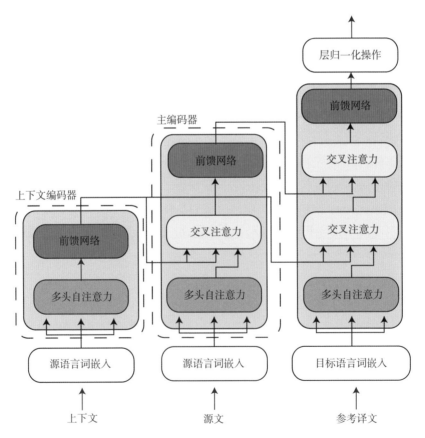

图 14-2　融合上下文编码器的语篇级神经机器翻译方法 [313]

句子的主编码器（Primary Encoder），模型新增一个上下文编码器（Context Encoder），专门用来编码语篇上下文。该编码器内部结构和普通 Transformer 编码器类似，每层也由多头自注意力子层、前馈网络子层和层归一化操作组成。上下文 C 经过该编码器，得到隐状态向量表示 C：

$$C = \text{LayerNorm}(\text{MultiHead}(E(C), E(C), E(C))) \tag{14-9}$$

上下文编码器学习到的语篇上下文信息，进一步通过交叉注意力机制分别与主编码器端信息、解码器端信息进行融合。如图 14-2 所示，主编码器和解码器中分别新增了一个交叉注意力层，用于从上下文隐状态向量中寻找需要的语篇信息进行融合计算。编码器端融合计算如下：

$$C' = \text{LayerNorm}(\text{MultiHead}(d_x^{(i)}, C, C)) \tag{14-10}$$

式中，$d_x^{(i)}$ 表示当前句子隐状态向量，作为交叉注意力的查询向量，查询上下文隐状态向量 C 中的相关信息，得到最后的相关上下文信息表示 C'。解码器端的融合计算类似。

此类方法增加了多个交叉注意力层，不但增强了模型捕捉和融合语篇上下文信息的能力，而且因为上下文编码器独立于主编码器，模型可以采用两阶段方式进行训练，一定程度上缓解了平行文档语料不足的问题。两阶段训练首先使用句子级大规模平行语料库对句子级神经机器翻译模型进行训练，待模型收敛后固定参数，然后使用有限的平行文档语料训练上下文编码器及其与主编码器、解码器之间连接网络的参数。当然，也可以用平行文档语料对整个模型进行微调训练。

最近一些研究工作 [314–316] 发现，此类语篇级神经机器翻译模型存在多个问题：

第一，语篇上下文中存在与当前待翻译句子无关的信息。在主编码器中，每一层都要引入上下文信息，层层叠加，导致主编码器中待翻译句子表示与上下文表示深度混杂在一起，上下文中与当前句子无关的信息自然会干扰当前句子的翻译。之前的研究工作发现，引入一定数量的上下文句子可以提升模型性能，但引入过多上下文句子会导致模型性能下降，其原因可能也与上下文编码器带来的噪声有关。此外，由于深度混杂，对于那些与上下文依存关系弱的待翻译句子，其译文可能会受到上下文噪声信息更大的影响。

第二，引入了额外的计算开销。除了上下文编码器本身的计算，上下文编码器最后的信息要传给主编码器和解码器，这需要额外 $N_{\text{enc}} + N_{\text{dec}}$ 个交叉注意力网络，其中，N_{enc} 是主编码器层数，N_{dec} 是解码器层数。

文献 [316] 针对以上问题提出了解决方案。为避免引入上下文中与当前句子无关的信息，将当前句子信息输入上下文编码器，并采用门控机制，使得上下文编码器只编码与当前句子相关的信息；为降低计算开销，将上下文编码器层数降至 1 层，同时将上下文编码器信息传递至主编码器和解码器的交叉注意力网络层，置于主编码器和解码器的顶层，而不是进行每层传递，最后将这两个交叉注意力网络层的层数也都设置为 1。

14.4.3 基于缓存器

存储器可以帮助神经机器翻译模型在一定程度上 "记住"（存储）上下文内容，从而具有语篇翻译能力。机器翻译中常用的存储机制包括缓存器（Cache）[317] 和记忆网络（Memory Network）[318]，两者均具有 "读取" 和 "写入" 功能。可以将与语篇上下文有关的信息先写入缓存器或记忆网络中，然后在解码阶段读取相关语篇上下文信息。

这里以文献 [319] 的研究工作为例，介绍基于缓存器的语篇级神经机器翻译。该工作设计了两种特殊的缓存模型——动态缓存模型和静态主题缓存模型——帮助语篇级神经机器翻译。动态缓存器具有容量限制，按照先进先出原则存储单词，存储的单词来自最近生成的目标语言译文及当前句子已译部分的实词，已在缓存器中的单词不再重复写入，如果超过容量限制，就会将最开始写入的单词移出。与动态缓存器不同，主题缓存器基于主题模型 LDA 构建。首先使用现成的主题模型 [320] 工具学习源语言和目标语言语篇文本中的主题分布，再利用平行文档语料中的源（目标）语言主题分布对应关系，估计源语言语篇到目标语言语篇的主题映射概率分布。在神经机器翻译训练阶段，使用该分布从源语言语篇文本的主题分布中得到最有可能的目标语言语篇文本的主题，并将与该主题相关的前 N 个单词写入主题缓存器。在文档翻译过程中，主题缓存器中的内容不发生改变。

当解码器要生成下一个目标语言单词 y_t 时，基于动态缓存器和主题缓存器存储的语篇信息，计算 y_t 在该语篇信息下的评分及概率：

$$\text{score}(y_t|\boldsymbol{y}_{<t}, \boldsymbol{x}) = g_{\text{cache}}(\boldsymbol{z}_t, \boldsymbol{c}_t, y_{t-1}, y_t) \tag{14-11}$$

$$P_{\text{cache}}(y_t|\boldsymbol{y}_{<t}, \boldsymbol{x}) = \text{softmax}(\text{score}(y_t|\boldsymbol{y}_{<t}, \boldsymbol{x})) \tag{14-12}$$

式中，$\boldsymbol{z}_t$ 表示当前时刻解码器隐状态向量；y_{t-1} 为上一时刻生成的目标单词；$\boldsymbol{c}_t$ 为上下文向量。式 (14-12) 对 $\text{score}(y_t|\boldsymbol{y}_{<t}, \boldsymbol{x})$ 进行归一化处理后得到基于缓存器的翻译概率。

最后，由门控参数 α_t 平衡 y_t 在缓存的语篇上下文信息下的概率，以及在翻译模型下的概率对最终 y_t 生成概率的贡献，如图 14-3 所示。

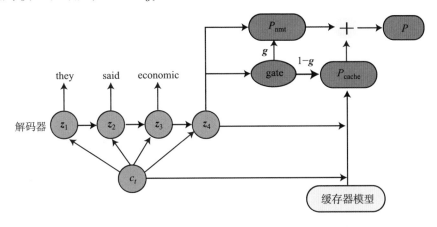

图 **14-3**　基于缓存器的语篇级神经机器翻译模型 [319]

14.4.4 基于语篇分析

语篇分析（Discourse Parsing）旨在分析自然语言文本中各单元（句子、从句或段落）之间的语义逻辑关系，以呈现文本内部丰富的关联关系及结构（详见 3.4.4 节）。研究语篇分析技术对自然语言理解和自然语言生成具有重要的意义 [321]。修辞结构理论（Rhetorical Structure Theory，RST）是语篇分析中一种常用的描述自然语言文本组织的语篇理论，能够有效表达文本单元之间的结构关系 [322]。修辞结构理论已在许多自然语言处理任务中得到了成功应用。

图 14-4 展示了按修辞结构理论解析出的修辞结构树，共包含 6 个基本语篇单元（Elementary Discourse Unit，EDU）。EDU 可分为两大类，分别是核心单元（Nucleus）和辅助单元（Satellite），它们之间由关系（Relation）连接。连接顺序自下向上，首先是两个最小 EDU 之间构成某种功能语义关系，该关系再和其他单元组成高一级的关系，依此类推，最终形成具有层级的、EDU 作为叶子节点的树形结构。

语篇分析的结果（如 RST 树）包含了语篇结构信息，而语篇结构自然对语篇级机器翻译有帮助。这里以文献 [323] 的研究工作为例，简要介绍如何将语篇分析融入机器翻译。融合了语篇结构信息的语篇级机器翻译形式化定义由式 (14-1) 变为下式：

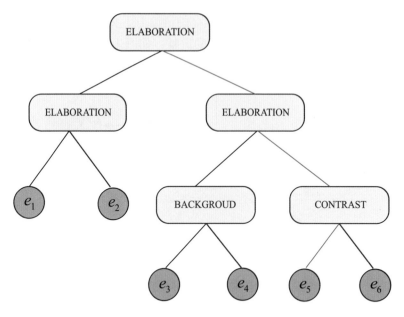

图 14-4　修辞结构树示例图

$$P(d_x|d_y) \approx \prod_{i=1}^{|d|} P(d_y^{(i)}|d_x^{(i)}, C, \text{DS}; \theta) \qquad (14\text{-}13)$$

式中，DS 表示待翻译文本的语篇结构。翻译之前，首先利用 RST 工具将待翻文本解析成 RST 树，树的根节点到叶子节点的路径作为 EDU 的语篇结构信息。如图 14-4 所示，红线路径表示了 EDU e_5 的语篇结构信息，表示为

$$\text{DS}_{e_5} = \text{SATELLITE\_ELABORATION\_SATELLITE\_ELABORATION\_}$$
$$\text{SATELLITE\_CONTRAST} \qquad (14\text{-}14)$$

将语篇结构信息进行词嵌入化，然后由翻译模型中新增的路径编码器对路径进行表示学习。对应 EDU 中的所有单词都共享该语篇结构信息。随后，语篇结构路径隐状态向量表示与该 EDU 中每个单词的向量进行拼接，一起输入层次化的语篇级神经机器翻译模型 HAN[324]。

14.4.5　基于衔接性

语篇分析树展现了文档内部句子之间的语义结构关系，在某种意义上，语篇分析树为机器翻译提供了语篇连贯性的全局信息。语篇的另一特征——衔接性——同样可以用于语篇级机器翻译建模。基于语篇衔接性，文献 [325] 将

文档表示成文档图，然后利用图神经网络将语篇衔接性融合到语篇级机器翻译中。

当构建文档图时，首先将句子中与衔接性相关的词抽取出来，作为文档图的顶点（Vertex），然后根据单词之间的衔接性关系，将文档图中对应的顶点连接成边（Edge）。文献 [325] 在文档图中考虑了两种衔接性（词汇衔接性及语法衔接性）中的指称关系（如图 14-5 所示第一句中的"他"与"米格尔"）。词汇衔接性主要考虑文档中语义相似词的重复使用，文献 [325] 将其进一步限定为相同词或包含相同词根的词，如图 14-5 中的"米格尔"。

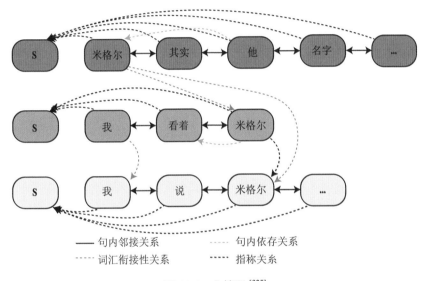

图 14-5　文档图 [325]

除了以上两种句间的语篇衔接性关系，该工作还考虑了两种句内单词关系：邻接关系和依存关系。邻接关系是指句内前后两个单词相邻（如图 14-5 中实线代表的单词关系）；依存关系是指句内单词与单词之间的依存关系。图 14-5 展示了 3 个句子组成的语篇及包含上面 4 种关系的文档图。

基于语篇衔接性构建文档图之后，需要使用可以对复杂图结构编码的工具对文档图进行表征学习。一种应用比较广泛的工具便是图卷积神经网络。图卷积神经网络首先将文档图的顶点转换成向量表示 h_v^0，然后逐层卷积操作，经过第 l 层图卷积神经网络之后，顶点向量更新为

$$h_v^{l+1} = \sigma(D^{-\frac{1}{2}}AD^{-\frac{1}{2}}(W^{l+1}h_v^l + B^{l+1})) \tag{14-15}$$

式中，σ 表示 sigmoid 函数；W^{l+1}、B^{l+1} 分别表示可学习的权重和偏差参数；

A 表示文档图的邻接矩阵；D 表示文档图的顶点入度矩阵，可以直接从邻接矩阵 A 计算出来。

低层图卷积神经网络可以汇集近邻顶点信息。随着图卷积网络加深，更远距离的顶点信息会逐渐传播到当前顶点。

基于图卷积神经网络的文档图编码器与神经机器翻译模型一起训练，融合文档图的神经机器翻译由式 (14-1) 变为

$$P(\boldsymbol{d_x}|\boldsymbol{d_y}) \approx \prod_{i=1}^{|\boldsymbol{d}|} P(\boldsymbol{d_y^{(i)}}|\boldsymbol{d_x^{(i)}}, \mathcal{G_x}, \mathcal{G_{\hat{y}}}) \tag{14-16}$$

式中，$\mathcal{G_x}$ 表示源端文档图；$\mathcal{G_{\hat{y}}}$ 表示目标端文档图。

经过图卷积神经网络学习得到的顶点表示包含了全局文档图信息 $\boldsymbol{h_{\mathcal{G_x}}}$，可以在交叉注意力中作为键和值供当前翻译词查找与其有关的语篇信息：

$$\boldsymbol{h_i'} = \text{MultiHead}(\boldsymbol{h_i}, \boldsymbol{h_{\mathcal{G_x}}}, \boldsymbol{h_{\mathcal{G_x}}}) \tag{14-17}$$

14.4.6 优化训练目标函数

大部分语篇级机器翻译模型的训练目标函数与句子级机器翻译模型的目标函数类似，都是交叉熵损失函数（见 2.2.1 节），很难反映译文语篇的总体质量。因此，如果存在译文语篇质量评测指标（如语篇衔接性、连贯性度量指标），那么可以用该指标作为目标函数的一部分进行优化。

前面提到，语篇级机器翻译的一个重要挑战是缺乏有效的语篇级评测标准、方法及指标，因此，大部分语篇级机器翻译模型的评测还是采用与句子级机器翻译评测一样的指标，如 BLEU。为了解决该问题，一些研究工作提出了面向语篇级机器翻译的评测指标（详见 14.6 节），如文献 [326] 提出借助 WordNet[327] 计算译文词汇衔接性的量化指标 LC：

$$\text{LC} = \frac{\#\text{cd}}{\#\text{w}} \tag{14-18}$$

式中，分子 #cd 表示词汇衔接性装置的数量，即译文语篇中的重复词、同义词、近义词和反义词等出现的次数；分母 #w 表示译文语篇中所有单词的总数量。

文献 [328] 使用了一个预先训练的潜在语义模型来预测语篇中每个句子的主题 $\boldsymbol{t_i}$，然后计算相邻句子主题的平均余弦相似度 $\cos(\cdot, \cdot)$，以评测含 N 个句子的语篇的连贯性：

$$\text{COH} = \frac{1}{N-1} \sum_{i=2}^{N} \cos(\boldsymbol{t_i}, \boldsymbol{t_{i-1}}) \tag{14-19}$$

这些评测指标通常是不可导的，因此很难直接集成到训练目标函数中，一种可行的方法是使用强化学习，强化学习可以将不连续的、不可微的函数作为奖励优化模型。

文献 [329] 提出了最小风险估计（Minimum Risk Estimation），并用其重新构造语篇级神经机器翻译的训练目标函数——结构化的损失函数（Structured Loss）：

$$\mathcal{L}_{\text{Risk}} = \sum_{\boldsymbol{y} \in \tau(\boldsymbol{x})} -r(\boldsymbol{y}, \boldsymbol{u}) P(\boldsymbol{y}|\boldsymbol{x}) \tag{14-20}$$

式中，$\boldsymbol{u}$ 表示参考译文；$P(\boldsymbol{y}|\boldsymbol{x})$ 表示机器翻译模型；$\tau(\boldsymbol{x})$ 表示由机器翻译模型生成的一系列候选译文；$r(\cdot)$ 表示强化学习的奖励函数，比如采用上面介绍的语篇衔接性、连贯性评测指标。基于以上奖励函数，机器翻译模型会给 $r(\cdot)$ 奖励分值高的译文赋予更大的概率值，从而使其更倾向于生成具有语篇语言学现象的译文。

14.4.7　学习句子级语境化表示

受单词级语境化表示研究工作 [61, 63, 66] 的启发，文献 [330] 对句子进行语境化表示，以提升语篇级神经机器翻译模型的性能。借鉴 Skip-Thought 句子向量表示 [331] 思想，该研究工作提出了学习语篇内部句子语境化表示的模型，预测当前被翻译句子的前一句或后一句，并设计了两种方法，将学习到的句子语境化表示集成到语篇级神经机器翻译中。

1. 方法一：联合训练

期望提高语篇级神经机器翻译模型编码器端的编码能力，使学到的句子表示能同时用于生成目标语言译文及预测待翻译源语言句子的前后句。基本思路是联合训练一个 Skip-Thought 模型和神经机器翻译模型，如图 14-6 所示。

具体而言，在常规 Transformer 架构的基础上新增了两个解码器，因此，模型总共有 3 个不同的解码器，它们共享一个编码器。3 个解码器分别预测当前待翻译句子 $\boldsymbol{d}_{\boldsymbol{x}}^{(i)}$ 对应的目标语言译文（对应损失为 $\mathcal{L}_{\text{tgt}}$）、当前待翻译源语言句子的前一句 $\boldsymbol{d}_{\boldsymbol{x}}^{(i-1)}$（对应损失为 $\mathcal{L}_{\text{pre}}$）、当前待翻译源语言句子的后一句 $\boldsymbol{d}_{\boldsymbol{x}}^{(i+1)}$（对应损失为 $\mathcal{L}_{\text{next}}$）。模型训练的损失函数为

$$\mathcal{J} = \mathcal{L}_{\text{tgt}} + \mu \mathcal{L}_{\text{pre}} + \lambda \mathcal{L}_{\text{next}} \tag{14-21}$$

式中，μ 和 λ 均为超参数，用于调节新增加的两个解码器损失的权重。

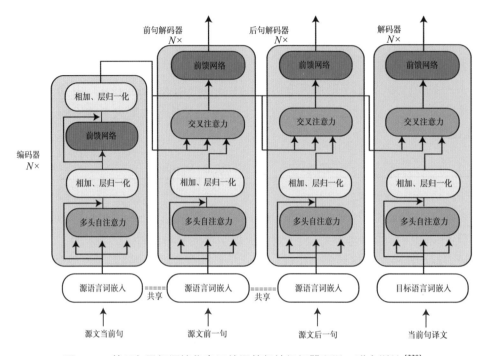

图 14-6　基于句子级语境化表示的语篇级神经机器翻译：联合训练 [330]

2. 方法二：预训练—微调

联合训练需要在语篇级平行语料数据上进行，因此限制了句子级语境化表示学习的规模。由于可以较容易地收集到大量的 $(\boldsymbol{d}_{\boldsymbol{x}}^{(i-1)}, \boldsymbol{d}_{\boldsymbol{x}}^{(i)}, \boldsymbol{d}_{\boldsymbol{x}}^{(i+1)})$ 三元组，因此可以采用预训练–微调模式。在预训练阶段，利用大规模的语篇级单语语料学习句子的语境化表示，也就是用大量的 $(\boldsymbol{d}_{\boldsymbol{x}}^{(i-1)}, \boldsymbol{d}_{\boldsymbol{x}}^{(i)}, \boldsymbol{d}_{\boldsymbol{x}}^{(i+1)})$ 三元组训练 Skip-Thought 模型。在预训练结束之后，再用语篇级平行语料进一步微调两个编码器–解码器模型，具体如图 14-7 和图 14-8 所示。

两个编码器–解码器模型在编码器端共享当前源语言句子的词嵌入输入，而在解码器端分别预测当前源语言句子的前一句 $\boldsymbol{d}_{\boldsymbol{x}}^{(i-1)}$ 和后一句 $\boldsymbol{d}_{\boldsymbol{x}}^{(i+1)}$，预训练阶段的损失函数为

$$\mathcal{J} = \mathcal{L}_{\text{pre}} + \mathcal{L}_{\text{next}} \tag{14-22}$$

在微调阶段，首先，使用预训练模型得到的词嵌入初始化 3 个编码器；其次，使用预训练得到的两个编码器对当前源语言语句编码，再将得到的隐状态向量与源语言语句的词嵌入相加；最后，在微调训练阶段，对模型的参数和共享的词嵌入一起进行调整。微调阶段模型架构如图 14-8 所示。

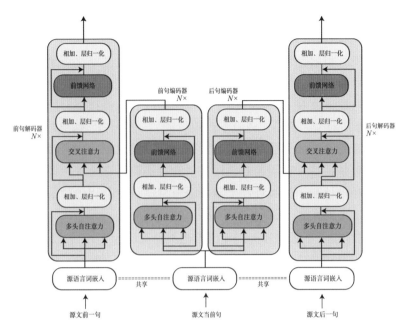

图 14-7　基于句子级语境化表示的语篇级神经机器翻译：方法二预训练阶段[330]

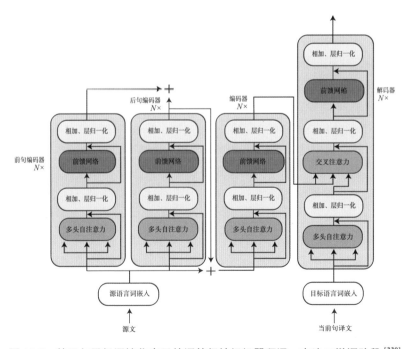

图 14-8　基于句子级语境化表示的语篇级神经机器翻译：方法二微调阶段[330]

14.5 面向语篇现象的机器翻译评测数据集

长久以来，机器翻译评测往往只能得到一个单一的译文质量分值，很难对模型在某些特殊语言学现象上的翻译效果进行评测，尤其在语篇级语言学现象方面。对比译文对（Contrastive Translation Pair）测试集有效缓解了这一难题。对比译文对专门为特定语言学现象设计。一般而言，每组对比译文对测试实例包含源语言句子、目标语言参考译文，以及对目标语言参考译文进行了改动、具有某种特殊错误的对比译文。针对语篇语言学现象设计的对比译文对，可以有效评测语篇级神经机器翻译模型是否因利用语篇信息而在某一语篇现象上做得更好。

文献 [332] 设计了具有较大规模的英德翻译对比译文对测试集。此测试集针对 5 种语篇级语言学现象设计了对比译文，包括名词短语一致性、主谓一致性和转写等。在测试阶段，在某一类型对比译文测试数据上，若机器翻译模型给正确参考译文的打分高于错误的对比译文，则认为该模型对语言学现象的翻译较好。

基于 OpenSubtitles 2016 英法数据，文献 [333] 手工构建了两个对比对形式的测试集，以评测英法翻译中代词翻译、连贯性和衔接性现象。所有测试实例按如下方式设计：当前英文句子在相关语言现象上存在歧义，其法语翻译需要根据前文提供的信息才能正确消歧。

在英汉语篇级机器翻译评测方面，文献 [310] 在中文篇章语料库 [334] 的基础上，构建了涵盖多个代表性语篇现象的测试集，包括代词、语篇连接词及省略。在代词翻译方面，英语的第二人称代词"you"和第三人称代词"they"及其宾格、所有格形式，翻译到汉语存在单复数变化（"你" vs. "你们"）、性别变化（"他们" vs. "她们"），这些可能需要语篇级上下文才能进行正确的消歧和翻译。在连接词翻译方面，英语中多个连接词存在一词多义现象，如"while""as""since"等，这些连接词的正确翻译同样需要语篇上下文。在省略方面，汉语和英语存在不同的省略模式，尤其是在动词省略方面。英汉翻译时，一些省略的英语动词常常需要在汉语译文中显式地补充出来，补充这些信息通常依赖于句子外部上下文。

14.6 语篇级机器翻译评测方法

语篇级语言学现象是评测和分析语篇级机器翻译模型能力的重要参考。具体而言，代词、词汇衔接性和语篇连接词常常是语篇级机器翻译评测关注的主要对象。

在代词翻译评测方面，文献 [335] 提出了针对前指代词翻译的准确率和召回率计算方法。首先，将源语言句子与翻译好的目标语言译文及参考译文分别进行对齐操作。然后，在对齐基础上，定义截短计数（Clipped Count）：计算某个代词对应的译文单词在机器译文中出现的次数，以及在参考译文中出现的次数，取两个次数的较小者。最后，根据截短计数计算代词翻译的准确率与召回率。

在词汇衔接性评测方面，14.4.6 节中介绍的词汇衔接性（式 (14-18)）和连贯性（式 (14-19)）度量指标，也是此类测评方法中的一种，其他围绕词汇衔接性和连贯性的测试也在相似思想的指导下进行设计。文献 [336] 定义了一个简易的衔接性统计指标，统计不同机器翻译系统生成的译文中，各自出现频率最高的 5 个连接词，通过比较，出现连接词次数更多的机器翻译系统，其生成的译文可能更加注重衔接性。

连接词翻译评测方面，连接词翻译准确率（Accuracy of Connective Translation）[337] 是使用较广泛的一种半自动语篇连接词翻译评测方法。该方法自动判断源语言文本中每个连接词的译文是否正确，统计正确翻译的次数以计算翻译准确度，对于需要插入的连接词，则由手动方式计算。

由于语篇语言学现象的多样性，人工评测依然是语篇级机器翻译评测的重要方式。例如，可以采用人工评测方法评测语篇翻译中的词义消歧能力，即机器翻译利用语篇信息进行词义消歧的能力。人工评测也可以与上述自动评测方法结合，形成半自动评测。

随着语篇分析理论和工具的发展，语篇分析也被用来对机器翻译译文进行分析和评测。文献 [338] 使用了修辞结构理论评测语篇翻译，基本假设是若译文具有良好的语篇连贯性，那么其应当和参考译文的语篇结构相似。基于该假设，采用语篇分析工具分别对机器译文和参考译文构建 RST 树。然后使用树对比方法，如树编辑距离（Tree Edit Distance）[339]，对两棵树进行对比，越接近参考译文 RST 树的机器译文越好。

14.7 未来方向

语篇级机器翻译虽然取得了很多进展，尤其是在模型设计方面，但几个核心问题依然没有得到有效的解决，这些问题的克服与解决与语篇级机器翻译的未来发展密切相关。

首先，用于训练语篇级机器翻译的数据需要进一步扩大，并在条件允许的情况下，人工标注或自动标注语篇信息（如各种衔接装置、句间语篇关系等）。与句子级机器翻译的训练数据规模相比，适用于语篇级机器翻译的训练数据规模要小得多，并且基本上集中在富资源语言对上，而标注了语篇信息[308]的文档级平行数据则更加稀缺。

其次，如何使神经机器翻译能够对广域语篇上下文进行有效的建模，仍然是未来的核心挑战。现有的语篇级神经机器翻译一般对较小范围内的语篇上下文进行建模，建模更多的上下文，不仅会引入噪声，干扰模型对当前句的翻译，而且会增加模型编解码时间。因此，对广域上下文，如段落内上下文、段落外上下文、整篇文档上下文等进行高效的建模，包括数据驱动、语言学驱动建模等，将是未来语篇级机器翻译发展的主要方向之一。

最后，如何构建统一框架捕捉不同语篇现象，或者对不同语篇现象进行自动评测，也是语篇级机器翻译未来发展的重要方向。语篇涉及衔接性、连贯性，而衔接性、连贯性又与多个因素相关，是否存在统一的框架，能够解释所有的语篇现象？这个框架是否能够对语篇的衔接性和连贯性进行准确的度量和评测？这些问题的解决，不仅可以指导语篇级机器翻译模型的设计，而且可以对语篇级机器翻译的译文提供有效评测，从而大力推动语篇级机器翻译更快发展。

14.8 阅读材料

语篇建模是统计机器翻译和神经机器翻译共同面对的挑战，因此，除了语篇级神经机器翻译，本节还补充一些语篇级统计机器翻译的研究工作。这些研究工作或者对未来语篇级神经机器翻译有借鉴价值，或者已经启发了一些语篇级神经机器翻译工作。

14.8.1 语篇级统计机器翻译

统计机器翻译中的语篇建模主要是在统计机器翻译的翻译模型、语言模型中对与语篇相关的因素进行建模，这些因素包括语篇关系、语篇翻译一致性等。

文献 [317] 提出了基于缓存的语言模型和翻译模型，利用了文档中已翻译句子的信息。文献 [340] 进一步延伸了文献 [317] 中的研究工作，构建了另外两个缓存器：静态缓存器用来存储从训练语料中与当前待翻译文档相似的文档抽取出来的短语，主题缓存器用于存储目标语言主题单词。文献 [341] 提出了一种基于硬约束的方法来解决文档翻译中单词翻译一致性的问题，即要求那些带歧义的源语言单词在同一篇文档中要翻译一致。文献 [342] 将翻译一致性硬约束改为软约束（Soft Constraint），并提出了与翻译一致性相关的 3 个计数特征，这些计数特征充当软约束并集成到统计机器翻译的对数线性模型中。

文献 [343] 及文献 [344] 构建了基于语篇结构树的翻译模型，基本思想为：首先对源语言进行语篇分析，得到语篇分析树，然后将语篇分析树转换翻译至目标语言。文献 [345, 346] 对统计机器翻译中的连接词翻译进行了研究。

文献 [107] 构建了一个基于短语的文档级机器翻译解码器，并集成了一个语义模型，可以利用跨句子的 n-gram 捕捉语篇的词汇衔接（lexical cohesion）。文献 [347, 348] 对统计机器翻译中的语篇衔接性建模进行了研究，分别提出了基于词汇衔接装置及基于词汇链的衔接模型。

文献 [349] 认为文档具有内容结构，并将内容结构定义为篇章内部的主题及主题的连续性转换。借鉴该思想，文献 [350, 351] 将连贯性定义为句子主题的连续性迁移。这个定义也和文献 [352] 中连贯性即意义连续性的定义是一致的。具有连贯性的文档，其内部相邻句子的主题应该比较相似，句子间主题的转换迁移也应该是平缓的，由此可以将一篇文档所有句子的主题组成的主题序列定义为该篇文档的连贯链（Coherence Chain），基于此，文献 [350, 351] 构建了基于连贯链的连贯模型。

14.8.2　语篇级神经机器翻译

除了前面介绍的语篇级神经机器翻译模型与方法，这里主要补充一些语篇级神经机器翻译的综述性研究工作，以及一些深入分析及反思性工作。

文献 [353] 是关于文档级神经机器翻译的综述性研究工作，从模型、神经网络架构、训练及解码策略等方面介绍了文档级神经机器翻译的最近研究工作。

文献 [324] 是语篇级神经机器翻译研究中比较有代表性的研究工作，其提出的模型常作为后续研究工作的基线模型进行实验对比。该工作提出利用层次化注意力网络（Hierarchical Attention Network，HAN），动态捕捉与当前翻译词或编码词有关的上下文句子和单词信息，并将 HAN 集成到 Transformer 中。在 HAN 中，主编码器的输出及解码器中当前翻译词的隐状态向量均作为多头注意力机制的查询，语篇上下文句子经过语篇编码器编码，其输出作为键和值。在 HAN 的底层，利用多头注意力机制捕捉"查询"与语篇语句单词之间的"注意"关系，然后将该层多头注意力网络的输出作为语篇句子的表示；在 HAN 的顶层，再次使用多头注意力机制捕捉"查询"与句子表示之间的关系。

文献 [354] 通过对 OpenSubtitles2018、Europarl 和 TED Talks 3 个语篇语料库前指和下指代词的共指分布分析，发现 OpenSubtitles2018 语料中句内指称相比 Europarl 语料和 TED Talks 语料占比大幅下降，且有大约 16% 的代词为下指。因此，该项研究工作认为，仅考虑将当前翻译句子之前的语句作为语篇信息引入模型是不合理的，还应考虑将其后一句作为语篇上下文引入模型，并使用 OpenSubtitles2018 语料在文献 [324] 提出的模型上进行了实验。与文献 [355] 的发现有所不同，使用当前翻译语句的后一句作为语篇上下文信息不仅没有损害模型的翻译能力，反而提高了模型的翻译效果。

文献 [356] 对语篇级神经机器翻译进行了深入的分析及反思。语篇级神经机器翻译模型一般分为两类：一类是仅用一个编码器同时对语篇信息和当前翻译句子进行编码，称为单编码器模型；另一类是添加额外的编码器，分别对语篇信息和当前翻译句子编码，称为多编码器模型。该项研究工作认为，多编码器可能也是噪声生成器，因为使用伪造的句子作为语篇上下文输入语篇上下文编码器后，相比于基于单句的神经机器翻译模型，基于多编码器的性能依然提高了。因此，有足够理由怀疑，语篇级神经机器翻译模型性能的提高，是否来源于多编码器所学的语篇信息。为了验证语篇上下文编码器是否在训练时学到了语篇信息，该项研究工作进一步研究了 3 种语篇上下文句子：第 1 种使用当前翻译语句的前一句作为语篇上下文句子，第 2 种使用从源语言字典中随机选出的单词组成的句子作为语篇上下文句子，第 3 种使用一个固定的句子作为语篇上下文语句。实验结果表明，使用伪造语句或固定语句作为语篇上下文，BLEU 值与使用当前翻译语句的前一句作为语篇上下文效果相当。此外，该项研究工作还在当前翻译语句的编码结果上添加高斯噪声进行实验，结果效果与多编码器语篇级机器翻译模型也相当。此实验结果也说明，多编码器中的语篇编码器可能是一种噪声生成器。然而遗憾的是，该项研究工作仅使用 BLEU 指标对模型效果进行了测评，并未对使用语篇信息和使用高斯噪声的翻译结果进行人工分析，因此译文的真实差异还有待进一步探索。

14.9　短评：神经机器翻译达到人类同等水平了吗

2018 年 3 月，在一篇提交到 Arxive 的论文中 [357]，微软宣称其研制的汉英机器翻译系统在 WMT 2017 新闻机器翻译基准测试集上达到了人类同等水平（Human Parity）。论文作者对人类同等水平进行了如下定义：

在一个测试集上，如果机器翻译译文质量的人工评估分数与相应的人类译文不存在统计学意义上的差异，那么机器翻译就达到了人类同等水平。

在机器翻译译文质量的人工评测上，该论文采用了 WMT 多年采用的人工评测规程及工具。此外，为使结论更可靠，该论文对一些外在因素采取了相应的应对方法，以规避潜在影响，如测试集选择、评测员前后评分不一致性等。

同年，在 WMT 组织的新闻机器翻译公开评测上 [274]，会议组织者对当年英语–捷克语参评系统进行了众包方式的人工评测。根据人工评测结果，爱丁堡大学提交的机器翻译系统和人类水平不相上下，捷克查尔斯大学提交的系统甚至超过了人类水平。但评测组织者对基于该人工评测结果是否能得出机器翻译达到或甚至超过人类水平的结论持谨慎态度。

以上两项评测结果的发布可谓一石激起千层浪，神经机器翻译到底是否达到人类同等水平，在学界和翻译界引起了广泛讨论。

同年，苏黎世大学和爱丁堡大学的联合研究团队从文档翻译角度对 "Human Parity" 结论提出了质疑 [358]。他们认为，在句子级别的机器翻译上，由于神经机器翻译技术带来的显著性能提升，译文质量评估者可能会越来越难以区分机器翻译译文和人工翻译译文。但在他们设计的文档级机器翻译人工评测上，发现评估者更倾向于人工翻译译文，在评估分数上，人工翻译译文要显著优于机器翻译译文。

荷兰格罗宁根大学和爱尔兰都柏林城市大学的联合研究团队也对 "Human Parity" 结论进行了重新评估 [359]，质疑得出 "Human Parity" 结论的人工评测存在问题，并对其中的 3 个主要问题进行了分析：测试集源语言文本的原始语言来源（该文本最开始是采用源语言撰写的，还是从其他语言翻译成源语言的？）、人工评测人员的翻译能力，以及上下文缺失。

2019 年，WMT 新闻领域机器翻译评测继续开展人工评测，并针对以上提到的部分问题进行了改进，如测试集的源语言文本不存在从别的语言翻译过来的情况，人工评估时采用逐句带文档上下文的方式（即源语言文档的句子按照其在文档出现的顺序逐句呈现给人工评测员）。基于改进的人工评测方法，WMT 2019 发布的人工评测结果 [276] 显示：在德语–英语机器翻译上，多家参评系统达到人类同等水平；在英语–俄语及英语–德语翻译上，均有系统超过人类同等水平。

2020 年，荷兰格罗宁根大学的 Antonio Toral 对 WMT 2019 的评测结果进行了重新评估[360]，指出 WMT 2019 人工评测仍然存在问题，如有限的上下文呈现、参考译文偏差等。Antonio Toral 设计了新的人工评测规范，依据此规范开展的人工评测，否定了 WMT 2019 的人类同等水平或超人类同等水平人工评测结果（除了英语–德语翻译）。

从 2018 年至 2020 年，"Human Parity"从提出到被否定到再次提出到再次被否定，这场关于神经机器翻译是否达到了人类同等水平的争议可谓跌宕起伏，但至少给我们带来以下 3 点启示：

第一，机器翻译译文质量的确在不断提升，与人类水平的差距也在不断缩小，如今的机器翻译质量显然与 50 多年前 ALPAC 报告调查时不可同日而语。

第二，虽然差距在不断缩小，但机器翻译在许多方面仍然难以达到人类同等水平（如文档级机器翻译、低资源机器翻译和常识推理等），仍然存在诸多挑战和问题需要解决。

第三，在对比机器翻译译文和人类译文时，要设计严谨的人工评测规程，对评测结果是否能得出机器翻译达到人类同等水平的结论要持谨慎态度。

机器翻译人工评测规程（Protocol）和方法的设计非常重要，"Human Parity"的争议主要集中在人工评测上。学界普遍认为，以下几个方面是设计人工评测方法时要重点考虑的：

- **与机器翻译对比的人类对象**。人类同等水平中的人类水平到底如何定义？或者说机器到底要和谁 PK？GNMT 人工评测将对比的对象定义为"average bilingual human translators"，微软"Human Parity"人工评测的对比对象则为"professional human translators"。IBM"深蓝"战胜了国际象棋世界冠军卡斯帕罗夫，DeepMind AlphaGo 打败了世界围棋冠军柯洁，但翻译与象棋、围棋显然不一样，很难说谁是世界翻译冠军。

- **人工评测人员的翻译水平**。同样，不像象棋、围棋有明显的规则可以判断谁胜谁负，判断译文好坏没有简单易参考的评判标准，通常说的"信达雅"是非常模糊的标准。如果机器翻译译文与人工译文差距较明显，双语众包人员可以很好地胜任人工评测工作。但是，如果机器译文和人工译文的差距不是很明显，要判断孰优孰劣，专业的翻译人员要比非专业人员更胜任人工评测工作。

- **人工评测是否带上下文语境**。这是"Human Parity"人工评测最受质疑和诟病的地方。WMT 2018 年的人工评测没有给评测人员呈现源语言句子的上下文。2019 年的人工评测按句子在文档中的出现顺序逐句呈现给评测人员，虽然如此，但由于是逐句呈现的，评测人员可能会很快忘掉之前呈现的句子，同时也看不到当前句子的下文，因此是一种部分上下文呈现方式。本章介绍的语篇，强调了语篇中的句子不是脱离上下文独立存在的，显然译文也不能脱离上下文存在，对译文的评测当然也不能离开对应源语言句子所在的上下文。

- **人工评测是否采用参考译文**。给定参考译文进行人工评测的好处是，评测人员只需要懂目标语言就可以，因为参考译文已经向以目标语言为母语的评测人员传递了源语言文本的意思。但是 Antonio Toral 认为，基于参考译文进行评判会带来参考偏差（Reference Bias）问题，即与参考译文句法结构相似的译文可能获得虚假的高分，而与参考译文不相似的译文可能被打低分。

在"Human Parity"争议中，一个很重要的问题是，评测时被评测句子的上下文是否呈现给评测人员，这是影响机器翻译是否达到人类同等水平的重要因素。通俗地说，人工评测是否在语境中评测，会对评测人员打分倾向有很大影响。就一个句子的机器翻译译文来说，如果脱离上下文看，评测人员可能觉得非常好，但如果放到其所在的语境中，就会发现很多问题，如指代问题、翻译前后不一致问题、词汇衔接问题等。而这些均是语篇级机器翻译需要考虑的，因此语篇机器翻译未解决，"Human Parity"便是海市蜃楼。

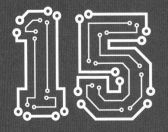

第 15 章

低资源及无监督
神经机器翻译

机器翻译研究范式从基于规则的机器翻译发展至数据驱动的机器翻译（如基于实例的机器翻译、统计机器翻译、神经机器翻译）后，标注的语料资源，尤其是平行语料资源，对机器翻译研究、部署及应用显得尤为重要。然而，语料资源在不同语言上的分布是极度不均衡的，仅有少数语言拥有较为丰富的标注资源，大部分语言不仅平行语料数据缺乏，而且单语数据资源也难以获取。这些资源匮乏型语言一直是机器翻译面临的极大挑战。鉴于此，本章将介绍低资源机器翻译的最新研究进展，分为三大部分：一是低资源语言定义及其挑战；二是低资源神经机器翻译的主要方法，包括数据增强方法、基于枢纽语言的机器翻译方法、利用单语数据的方法等；三是无监督神经机器翻译，包括无监督跨语言词嵌入推导、无监督神经机器翻译的基本思想、模型及训练方法等。

15.1　低资源语言与资源稀缺挑战

低资源语言（Low-Resource Language）是指那些未标注资源（Unlabeled Resource）或标注资源（Labeled Resource）稀缺的语言。未标注资源通常是指未贴标签的生数据、原始数据，标注资源是指有标签的数据，这些标签是可学习且具有一定语义的。资源是否需要被标注、标注耗费的人力及标注的语义深度等，通常需要结合具体任务确定。对于机器翻译而言，未标注资源一般是指未标注的单语数据，标注资源则包括平行数据（双语平行、多语平行）、单语（双语）词典、带额外标签的平行数据（如源语言或目标语言端带有其他语义标签）、标注的单语数据等。未标注的单语数据、普通的平行数据（不带其他标签）在机器翻译中使用最广泛，因此机器翻译的低资源语言主要是根据单语 / 平行数据的丰富程度界定。在通常情况下，单语数据的规模要远大于平行数据，单语数据如果匮乏，其对应语言的平行数据一般也匮乏。

虽然有几千种语言，但从自然语言处理角度看，大部分语言未得到充分地探索和研究，主要是因为只有很少部分的语言具有充足的未标注和标注资源支撑自然语言处理研究。文献 [361] 对自然语言处理中的语言多样性（Diversity）和包容性（Inclusion）进行了系统的调研，将语言数据联盟（Linguistic Data Consortium，LDC）及欧洲语言资源协会（ELRA）的数据目录（Catalog）作为统计标注资源的仓储（Repository），将维基百科网页数据作为统计未标注资源的仓储，以此为基础，统计各种语言标注资源和未标注资源的数据量，并由此将世界语言分为 6 大类：遗落型（Left-Behinds）、勉强维持型（Scraping-Bys）、有希望型（Hopefuls）、后起之秀型（Rising Stars）、草莽英雄型（Underdogs）和赢者型（Winners）。对应资源量（未标注和标注资源）按顺序依次增大。遗落型语言是那些连未标注资源都几乎没有的语言，这些语言是数字化遗落的语言，基本上无法进行自然语言处理研究，如加拿大大不列颠哥伦比亚省的海尔楚克语（Heiltsuk）；赢者型语言是那些未标注、标注资源都极其丰富的语言，文献 [361] 列出了 7 种语言，包括汉语、英语、西班牙语、法语、阿拉伯语、日语和德语。草莽英雄型语言有 18 种，包括俄语、越南语和葡萄牙语等，这些语言拥有和赢者型语言相当的未标注资源，在标注资源规模上比赢者语言稍微小一些。与赢者型语言一样，草莽英雄型语言也有专门的兴趣共同体在进行自然语言处理研究。遗落型语言占语言总数的 88.17%，而有专门的自然语言处理研究共同体的草莽英雄型和赢者型语言仅占 0.72% 和 0.28%，合计 25 种，占调研语言总数的 1%。

从文献 [361] 的调研中可以看到，97% 以上的语言都是无资源或资源稀缺型语言。而对于机器翻译而言，最主要的标注资源是双语平行语料库，鉴于其标注（人工翻译）的难度，在机器翻译任务设定下，无资源或资源稀缺型语言的比例实际上可能会更高。即使是富资源型（或赢者型）语种，它们和其他富资源语言组成的语言对，也可能因缺乏足够的平行语料而成为资源稀缺语言对，如汉语-德语；从标注资源角度看，富资源语言与资源稀缺语言组成的语言对，一般是资源稀缺语言对，如汉语-斐济语。最后，即使是平行语料资源丰富的语言对，如汉语-英语，虽然在新闻领域有充足的平行语料，但在某些其他领域，可能仍然面临没有足够平行数据可用的领域数据稀缺挑战。

平行数据、领域数据和单语数据稀缺等问题都会给机器翻译带来挑战。平行数据稀缺，可以从数据、模型、知识迁移等方面研究相应的解决方案；领域数据稀缺，可以采用领域适应方法；单语数据稀缺，意味着平行数据（与所有其他语言形成的语言对）更稀缺甚至没有，因此需要更强有力的、综合性的解决方案。本章主要关注平行数据稀缺的神经机器翻译，从采用的解决方法和数据稀缺的程度两个角度，将此类研究工作分为两大类：低资源神经机器翻译（可用少量平行数据）和无监督神经机器翻译（仅采用单语数据）。

在低资源神经机器翻译的解决方案中，通过多语言共享整个神经网络或部分神经网络以实现跨语言知识迁移（富资源到低资源语言的正向知识迁移）的多语言神经机器翻译列一章进行具体介绍（见第 18 章），原因在于多语言神经机器翻译不仅仅提供了一种低资源机器翻译的解决方案，它还具有如下特点：

- 显著降低了多语言机器翻译引擎的部署成本；
- 明确了一条"通用机器翻译"技术路线 [191]；
- 具有其他低资源神经机器翻译方法没有的特性，如可用于更多跨语言自然语言处理任务 [362]、可进行定量化的语言类型学对比 [363]。

15.2 低资源神经机器翻译

除以多语言神经机器翻译为代表的迁移学习外，可以将低资源神经机器翻译的方法大致分为以下 3 大类。

1. 数据增强

数据增强（Data Augmentation）在计算机视觉领域应用非常广泛，如对图片进行多种变换（如上下左右翻转、随机剪切、图片倾斜、改变 RGB 通道等）或合成新图片，如通过对抗生成网络（GAN）。数据增强用于机器翻译，通常需要同时考虑源语言和目标语言句子及其对应关系，也就是改变源语言输入，目标语言输出也要相应改变，这与改变输入图片外在形状（翻转、倾斜、缩放等）不会影响其内部语义不同，机器翻译中的平行数据增强需要考虑语义等复杂因素。

2. 基于枢纽语言

在低资源翻译情境下，语言 x 和 y 直接平行的语料通常非常稀少，但可能存在另外一种语言 g，同时与这两种语言存在丰富的平行语料。于是，将语言 x 翻译到 y，可以通过先把 x 翻译到 g，再把 g 翻译到 y 实现。我们把语言 g 称为 x 到 y 的枢纽语言（Pivot Language）或桥接语言（Bridge Language）。枢纽语言既可以是自然语言，也可以是人造语言，如中间语言（Interlingual）。枢纽语言不仅可以解决几千种语言构建互译系统存在的系统数量组合爆炸问题，还可以解决低资源语言对之间的翻译问题。基于枢纽语言的机器翻译方法可以建立起源语言和目标语言之间的间接联系，从而大大减少对源语言和目标语言直接平行语料的需求。

3. 利用单语数据

相比于平行语料，单语数据的获取要容易得多，同时，利用大量单语数据带来的性能提升与增加少量平行语料的效果可能差不多。因此，研究如何高效利用单语数据，对低资源神经机器翻译具有重要价值。第 1 章介绍的统计机器翻译，一般包括语言模型和翻译模型，因此，统计机器翻译能够通过语言模型自然地利用单语数据提高翻译的流畅度；相比之下神经机器翻译采用端到端模型，如何利用单语数据并不是一个简单的问题。

以上划分的 3 类方法并不是互相独立的，三者之间存在一定的交叉重叠。首先，数据增强与基于枢纽语言的方法存在交叉，如基于枢纽语言合成伪平行语料也可看成一种数据增强方法。其次，利用单语数据与数据增强也存在重叠，如利用单语数据进行反向翻译（Back-Translation）既属于数据增强，也属于一种利用单语数据增强低资源神经机器翻译的方法。再次，基于枢纽语言与利用单语数据也存在重合部分，如语料级桥接方法可以与反向翻译方法结合使用。

此外，还有迁移学习及其他更复杂的方法，如多智能体对偶学习等，参见本章的阅读材料。

15.2.1 数据增强

数据增强是通过改变已有数据或合成新数据以增加训练数据多样性的一类方法的总称 [364]。最常用的数据增强策略可大致分为以下两类。

第一类，变换已有数据。对已经存在的数据进行微小变换，生成已有数据的变种拷贝；

第二类，合成新数据。如果已经存在的数据（如平行数据）量很小，那么通过变换方法扩展的数据规模可能也会比较小，这时候可以利用其他方法合成新的数据（如利用单语数据合成平行数据）。

数据增强常常作为机器学习模型的正则项使用，以减少训练过拟合。与计算机视觉领域普遍使用数据增强不同，在自然语言处理领域，数据增强并没有得到大范围的使用，原因可能与离散的自然语言数据难以生成有关 [364]。

本节主要介绍变换已有平行数据生成新平行数据的数据增强方法，而把利用单语数据生成新平行数据的数据增强方法归到"利用单语数据"类别中，放在 15.2.3 节中具体介绍。变换已有平行数据生成其拷贝，一个可行的方法是对平行句对两端的单词进行一些改变，同时尽量保持修改后的两个句子的语义依然平行等价。下面以文献 [365] 的研究工作为例，介绍一种简易的平行数据增强方法，主要步骤包括目标罕见词选取、源端罕见词置换及目标端译文选择。

1. 目标罕见词选取

低资源语言对平行句对数量往往不多，大量单词在训练语料中出现的次数比较少，得到训练的机会也较少，因此低资源神经机器翻译中的罕见词（Rare Word）翻译问题更加严峻。鉴于此，面向低资源神经机器翻译的数据增强，可以针对罕见词进行，以提高罕见词在扩增后的训练语料中的出现频率，从而使罕见词得到充足的训练。

如何获得罕见词呢？神经机器翻译常常会从训练语料中为源语言、目标语言各获取一个词汇表。针对源语言词汇表 $\mathcal{V}$，设置一个阈值 r，从 $\mathcal{V}$ 中选择出现频数小于 r 的单词，组成罕见词词表 $\mathcal{V}_R$。$\mathcal{V}_R$ 中的单词将用于置换原始平行句对中源端选取的单词，以形成新的平行句对。

2. 源端罕见词置换

首先，需要确定源语言句子被置换单词的位置。记 x 为源端的句子，y 为目标端对应的句子。通过随机均匀采样，确定置换位置，记该位置为 i。

其次，需要确定将 $\mathcal{V}_R$ 中哪些罕见词置换位置 i 中的原单词。罕见词置换的基本原则是置换后的句子必须是符合语法的，语义可以与原句子不一样。
也就是说，置换的罕见词要符合原句子的上下文语境。因此，不能随意将 $\mathcal{V}_R$
中的词替换到位置 i，而要考察罕见词词表中的词与置换位置上下文语境的匹
配程度。可以采用两个训练好的 LSTM 语言模型，前向语言模型 LSTM_F 和后
向语言模型 LSTM_B，遍历罕见词词表 $\mathcal{V}_R$ 中的词，选择其中最有可能的单词：

$$C^{\rightarrow} = \{\boldsymbol{x}'_i \in \mathcal{V}_R : \text{topK } P_{\text{LSTM}_F}(\boldsymbol{x}'_i|\boldsymbol{x}_1^{i-1})\} \tag{15-1}$$

$$C^{\leftarrow} = \{\boldsymbol{x}'_i \in \mathcal{V}_R : \text{topK } P_{\text{LSTM}_B}(\boldsymbol{x}'_i|\boldsymbol{x}_n^{i+1})\} \tag{15-2}$$

$$C = C^{\rightarrow} \wedge C^{\leftarrow} \tag{15-3}$$

式 (15-1) 和式 (15-2) 中的 topK 表示分别根据前向语言模型 LSTM_F 和后向
语言模型 LSTM_B 计算的概率选择的最有可能的 K 个罕见词，这些罕见词分
别与前向语境和后向语境最为贴合。式 (15-3) 表示对前向语言模型和后向语
言模型选择的单词集合求交集，得到的罕见词与前向语境和后向语境均最为
匹配。

3. 目标端译文选择

从所得到的最有可能的替换词集合 C 中选择一个罕见词，将源端句子 $\boldsymbol{x}$
改写为 $\boldsymbol{x}'$。接下来需要将目标端语句 $\boldsymbol{y}$ 改写为 $\boldsymbol{y}'$。为保证 $\boldsymbol{y}'$ 是 $\boldsymbol{x}'$ 的目标语
言译文，需要将位置 i 的原单词对应的译文替换为置换词 x'_i 的译文。为此，需
要利用自动对齐工具，如 IBM 模型或其他单词对齐工具，找到目标端的对齐
位置 j。然后根据统计机器翻译模型寻找最优的罕见词译文 y'_j：

$$y'_j = \underset{a \in \text{trans}(x'_i)}{\arg\max} P(x'_i|a)P(a|x'_i)P_{\text{LM}_{\boldsymbol{y}}}(a|\boldsymbol{y}_1^{j-1}) \tag{15-4}$$

式中，$\text{trans}(x'_i)$ 表示罕见词 x'_i 所有可能的翻译选项；a 表示罕见词的某个翻
译选项；$P(s'_i|a)$ 和 $P(a|s'_i)$ 分别表示正向和反向翻译概率；$P_{\text{LM}_{\boldsymbol{y}}}$ 表示目标端
语言模型。

15.2.2 基于枢纽语言

在低资源神经机器翻译的研究历程中，基于枢纽语言的方法一直起着重
要的作用。

1. 对于统计机器翻译

在统计机器翻译时代，一般认为基于枢纽语言的方法是解决低资源神经
机器翻译的主要方法之一。在统计机器翻译框架下，基于枢纽的方法发展出
了多种桥接形式 [366]。

（1）**系统级桥接**。一种利用枢纽语言的最直接方法。利用较丰富的源语言与枢纽语言平行语料库，以及枢纽语言与目标语言平行语料库，分别训练源语言到枢纽语言的统计机器翻译引擎，以及枢纽语言到目标语言的统计机器翻译引擎，两个引擎级联在一起，后一个翻译引擎将前一个生成的枢纽语言译文翻译到目标语言译文，完成从源语言到目标语言的转换。这种系统级联方式是一种松散耦合，存在前一个引擎的翻译错误传递到下一个引擎的风险。

（2）**语料级桥接**。利用枢纽语言构建源语言到目标语言的伪平行语料库。利用枢纽语言–目标语言机器翻译引擎，将源语言–枢纽语言平行语料库中的枢纽语言翻译到目标语言，以合成源语言–目标语言伪语料。然后，在该伪语料上训练源语言–目标语言统计机器翻译系统。

（3）**模型级桥接**。一种较系统级、语料级桥接更紧密的耦合方式，在统计机器翻译模型内部进行桥接。由于基于短语的统计机器翻译模型是主要的统计机器翻译模型，因此，这种桥接模式主要是从源语言–枢纽语言短语表（源语言–枢纽语言翻译模型）及枢纽语言–目标语言短语表（枢纽语言–目标语言模型）中合成一个源语言–目标语言短语表（源语言–目标语言模型），实现模型层面的耦合。

（4）**解码时桥接**。与前面三种在系统层面或训练阶段完成的桥接不同，文献 [367] 提出的解码时桥接，关注源语言文本 x 如何通过枢纽语言文本 g 获得最优的目标语言文本 $\hat{y}$：

$$
\begin{aligned}
x \to \hat{y} &= \arg\max_{y} P(y|x) \\
&= \arg\max_{y} \sum_{g} P(y, g|x) \\
&= \arg\max_{y} \sum_{g} P(g|x) P(y|g) \\
&\approx \arg\max_{y} \max_{g} P(g|x) P(y|g)
\end{aligned}
\tag{15-5}
$$

式 (15-5) 将中间枢纽语言文本视为隐变量，并在给定该隐变量条件下，源语言文本 x 与目标语言文本 y 相互独立。为了避免搜索所有可能的枢纽语言文本然后求和，式 (15-5) 最后一步将求和简化为寻找最可能的枢纽语言文本。$P(g|x)$ 和 $P(y|g)$ 还可以按照统计机器翻译模型作进一步分解，比如引入 x 与 g、g 与 y 的对齐关系。

2. 对于神经机器翻译

与统计机器翻译类似，基于枢纽语言的方法也在神经机器翻译的框架下发展出多种桥接形式，大致可分为 3 类：

（1）级联翻译。与统计机器翻译的系统级桥接一样，级联源语言到枢纽语言、枢纽语言到目标语言的神经机器翻译系统，实现低资源语言对源语言到目标语言的翻译。

（2）合成伪平行语料。与统计机器翻译的语料级桥接类似，利用枢纽语言机器翻译系统翻译已有的平行语料库，构建伪平行语料库。不同点在于，为了保证伪平行语料中目标语言端是高质量的（通常情况下，目标端的噪声比源端的噪声更容易影响神经机器翻译），合成伪平行语料的方向与统计机器翻译相反，即把枢纽语言翻译到源语言，而不是将枢纽语言翻译到目标语言[368, 369]。即合成的伪平行语料源语言端是翻译的译文，目标语言端是真实的目标语言文本。当然，这两种方向的合成都可以用到统计机器翻译和神经机器翻译上。

（3）深度桥接。与统计机器翻译模型级桥接类似，在源语言到枢纽语言和枢纽语言到目标语言两个神经机器翻译模型中，共享部分参数或使参数彼此接近，从而使两个模型形成深度耦合，以避免或减少级联翻译中的错误传播、合成伪平行语料中的噪声干扰[370, 371]。

这里以文献 [370] 为例，简要介绍深度桥接神经机器翻译方法。一般而言，源语言–枢纽语言平行语料库 $\mathcal{D}_{x,g}$ 及枢纽语言–目标语言平行语料库 $\mathcal{D}_{g,y}$ 是相互独立的，两个语料库来自不同源头（领域、话题等都不一样），中间没有重叠内容。因此，在这两个语料库上训练的神经机器翻译系统也是相互独立的。要实现两个独立系统的深度耦合，一种自然的方法是增加两者之间的关联项 $\mathcal{R}$。通过关联项，将原来的独立训练变为联合训练。联合训练优化的目标函数如下：

$$\mathcal{J}(\boldsymbol{\theta}_{x\to g}, \boldsymbol{\theta}_{g\to y}) = \mathcal{L}(\boldsymbol{\theta}_{x\to g}) + \mathcal{L}(\boldsymbol{\theta}_{g\to y}) + \lambda\mathcal{R}(\boldsymbol{\theta}_{x\to g}, \boldsymbol{\theta}_{g\to y}) \tag{15-6}$$

式中，$\mathcal{J}$ 表示联合训练的损失函数；$\mathcal{L}$ 表示各个神经机器翻译模型的损失函数；$\boldsymbol{\theta}$ 表示模型需要优化的参数；λ 表示平衡关联项的超参数。

因此，深度桥接两个模型的主要工作是寻找它们之间的关联项。关联项之一便是两个模型中枢纽语言的词嵌入表示。在联合训练时，希望源语言–枢纽语言神经机器翻译模型中的输出词嵌入表示 $\boldsymbol{\theta}_{x\to g}^{w}$ 与枢纽语言–目标语言模型中的输入词嵌入表示 $\boldsymbol{\theta}_{g \to y}^{\mathrm{w}}$ 尽可能相似，因此，可以优化它们之间的距离：

$$\mathcal{R}(\boldsymbol{\theta}_{x \to g}, \boldsymbol{\theta}_{g \to y}) = - \sum_{w \in \mathcal{V}_{x \to g}^{g} \cap \mathcal{V}_{g \to y}^{g}} \|\boldsymbol{\theta}_{x \to g}^{\mathrm{w}} - \boldsymbol{\theta}_{g \to y}^{\mathrm{w}}\|_2 \tag{15-7}$$

式中，$\mathcal{V}_{x \to g}^{g}$ 表示源语言–枢纽语言机器翻译模型中枢纽语言词汇表；$\mathcal{V}_{g \to y}^{g}$ 表示枢纽语言–目标语言机器翻译模型中枢纽语言词汇表。

当然还可以定义其他关联项。如果存在少量的源语言和目标语言之间的平行语料，那么可以把在该语料上的训练似然度作为关联项，这里不再赘述，具体可以参考文献 [370]。

15.2.3 利用单语数据

15.1 节提到的勉强维持型、有希望型、后起之秀型语言，其标注数据存在不同程度上的匮乏，但是未标注数据（单语数据）均比较丰富。因此，对这些语言的机器翻译，高效地利用单语数据是非常有必要的。如果平行数据极度匮乏，那么 15.2.1 节介绍的变换平行数据生成新平行数据的数据增强扩增的数据可能仍然比较少，难以提升机器翻译的性能。在这种情形下，发挥这些语言的单语数据优势是值得探索的。

在低资源神经机器翻译中，利用单语数据的目的大致包括以下两种。

第一种是**数据增强**，即利用单语数据生成新的平行数据，如反向翻译。

第二种是**增强单语建模能力**，类似统计机器翻译利用大规模单语数据训练语言模型，在神经机器翻译中，可以利用大规模单语数据预训练神经机器翻译模型的某个已有子网络（如编码器、解码器）或额外子网络，增强模型的单语建模能力。

下面介绍这两种类型各自的典型代表：反向翻译与额外的语言模型。

1. 反向翻译

反向翻译（Back-Translation）可以看作一种半监督的数据增强方法 [372]，使用目标语言–源语言反向机器翻译系统，将目标语言的单语数据反向翻译到源语言，生成的源语言译文与真实的目标语言文本组成新的伪平行数据。伪平行数据与已有的平行数据合并，一起用于训练源语言–目标语言正向机器翻译系统。

许多研究表明，反向翻译方法不仅可用于低资源神经机器翻译，在富资源神经机器翻译上同样可以显著地提升译文质量。低资源神经机器翻译利用反向翻译数据，可以有效避免神经机器翻译模型在小规模平行数据上训练容易过拟合的问题；而对于富资源神经机器翻译，反向翻译数据添加的噪声可以起到正则项作用，提升模型的泛化能力。文献 [373] 的研究发现，在富资源情形下，反向翻译如果采用采样方法或添加噪声的柱搜索生成源端译文，比基于标准柱搜索或贪心搜索更能有效提升机器翻译性能。

2. 额外的语言模型

在统计机器翻译中，语言模型与翻译模型对最终的翻译性能都有重要的影响。一般而言，语言模型有助于提升译文的流畅度，而翻译模型则主要与译文的忠实度有关。在神经机器翻译框架下，整个模型通常被看作一个条件语言模型，因此，在神经机器翻译中使用单语数据训练语言模型不像统计机器翻译那么直接。但即使如此，在神经机器翻译框架下，仍然可以从语言模型视角利用单语数据。

文献 [374] 提出了一种在神经机器翻译框架下集成额外语言模型的方法。该语言模型基于循环神经网络（RNN）构建，集成的方法分为浅融合和深融合，浅融合方法将神经机器翻译模型与 RNN 语言模型对下一个词的预测概率相结合，得到最终的预测概率：

$$\log P(y_t = k) = \log P_{\text{NMT}}(y_t = k) + \beta \log P_{\text{RNNLM}}(y_t = k) \tag{15-8}$$

深融合考虑 RNN 语言模型的内部隐藏层状态，解码器下一个单词的预测概率不仅考虑了神经机器翻译解码器本身的隐藏状态，还考虑了语言模型的隐藏状态：

$$P(y_t | \boldsymbol{y}_{<t}, \boldsymbol{x}) \propto \exp(y_t^\top (\boldsymbol{W}_\text{o} f_\text{o}(\boldsymbol{s}_t^{\text{RNNLM}}, \boldsymbol{s}_t^{\text{NMT}}, y_{t-1}, \boldsymbol{c}_t) + \boldsymbol{b}_\text{o})) \tag{15-9}$$

式中，$\boldsymbol{W}_\text{o}$、$\boldsymbol{b}_\text{o}$ 表示输出层权重矩阵和偏差向量；$\boldsymbol{s}_t^{\text{RNNLM}}$、$\boldsymbol{s}_t^{\text{NMT}}$ 分别表示 t 时刻循环神经网络语言模型隐状态向量、神经机器翻译解码器隐状态向量；$\boldsymbol{c}_t$ 表示 t 时刻上下文向量。

15.3　无监督机器翻译

无监督机器翻译（Unsupervised Machine Translation）是指，完全不利用任何平行语料，仅依靠源语言、目标语言的单语数据（无标注数据），实现自动翻译的一种机器翻译方法 [375–377]。无监督机器翻译显然为具有丰富的无标注资源，但标注的平行资源极度欠缺的低资源语言提供了一种机器翻译解决方案。

无监督机器翻译思想的萌芽，最早可以追溯到 Warren Weaver 的 "翻译"

备忘录 [1]，Weaver 将机器翻译与密码学相联系，把目标语言看作用源语言加密后的结果，并认为密码学可提供破译的方法和工具。在统计机器翻译时代，研究者探索和研究了基于统计的无监督机器翻译。Kevin Knight 领导的团队延续了 Warren Weaver 的基本思想，将无监督机器翻译视为从源语言文本 x 中解密出对应的目标语言文本 y[378]：

$$\arg\max_{\boldsymbol{\theta}} \prod_{\boldsymbol{x}} \sum_{\boldsymbol{y}} P(\boldsymbol{y}) \cdot P_{\boldsymbol{\theta}}(\boldsymbol{x}|\boldsymbol{y}) \tag{15-10}$$

式中，参数 $\boldsymbol{\theta}$ 只需在给定的所有源语言文本和一个目标语言单语语料库上进行优化训练；$P(\boldsymbol{y})$ 是建立在目标语言语料库上的语言模型；翻译模型 $P_{\boldsymbol{\theta}}(\boldsymbol{x}|\boldsymbol{y})$ 可以利用期望最大化（Expectation-Maximization）算法估计 [378]。与有监督的统计机器翻译模型不同的是，这里的目标语言文本是以隐变量形式存在的。

无监督机器翻译虽然在统计机器翻译时代就已出现，但由于其性能与有监督统计机器翻译有较大差距，且出现在统计机器翻译时代末期，因此其影响并没有无监督神经机器翻译大。在神经机器翻译时代，双语跨语言词嵌入的无监督训练技术不断发展，无监督训练的跨语言嵌入能够实现单词级别的无监督翻译，其准确率已经达到较高水平。将无监督单词翻译经过合适的神经模型结构进一步扩展到句子级别，便能实现无监督神经机器翻译。

15.3.1　无监督跨语言词嵌入

3.2.4 节简要介绍了跨语言词嵌入技术，这里进一步介绍用于无监督神经机器翻译的无监督跨语言词嵌入方法。

跨语言词嵌入模型的基本假设是，不同语言在连续的词嵌入空间中展现出相似的结构和分布。基于此假设，可以通过学习一个映射矩阵 $\boldsymbol{W}^*$，将一种语言（$\boldsymbol{x}$）的词嵌入线性映射到另一种语言（$\boldsymbol{y}$）的嵌入空间中：

$$\boldsymbol{W}^* = \arg\min_{\boldsymbol{W}} \|\boldsymbol{W}\boldsymbol{x} - \boldsymbol{y}\|_{\mathrm{F}} \tag{15-11}$$

线性映射矩阵优化的目标是线性变换之后嵌入矩阵差的 F 范数。

$\boldsymbol{x}, \boldsymbol{y}$ 的词嵌入可以在各自的单语语料上预训练获得，比如 Word2Vec 或 fastText 方法。映射矩阵 $\boldsymbol{W}^*$ 则可以在给定监督信号（两种语言的对应关系）的情况学习到，如利用预先给定的双语词典，采用梯度下降法等数值优化方法训练映射矩阵。但是双语词典的获取成本一般比较高，而且并不是所有语言间都有双语词典资源，尤其是低资源语言。

因此，跨语言词嵌入研究一直在不断努力缩小用于训练的双语词典条目的数量，从开始需要几千单词缩减到只需 25 个单词 [379]，再到最终无监督跨语言词嵌入训练不需要任何双语词典条目 [380]，这为无监督神经机器翻译奠定了坚实基础。

记 $\boldsymbol{x} = [\boldsymbol{x}_1, \boldsymbol{x}_2, \cdots, \boldsymbol{x}_n]$ 为源语言端词嵌入矩阵，$\boldsymbol{y} = [\boldsymbol{y}_1, \boldsymbol{y}_2, \cdots, \boldsymbol{y}_m]$ 为目标语言端词嵌入矩阵，两个嵌入矩阵的每一列均代表文本中的一个词嵌入。$\boldsymbol{W}$ 为随机初始化的线性映射矩阵，$\boldsymbol{W}\boldsymbol{x}_i$ 将源端的词嵌入投影到目标端词嵌入空间。由于没有双语词典，因此不知道投射后与目标端词嵌入的对应关系，即无法确定哪个 $\boldsymbol{y}_j$ 是 $\boldsymbol{W}\boldsymbol{x}_i$ 在训练过程中应该逼近的词嵌入。一种可行的办法是采用生成对抗网络（Generative Adversarial Network，GAN）[381]。

将 $\boldsymbol{x}_i$ 视为输入，$\boldsymbol{W}\boldsymbol{x}_i$ 视为生成器 G。并引入判别器网络 D，区分 $\boldsymbol{W}\boldsymbol{x}_i$ 与目标端词嵌入 $\boldsymbol{y}_j$ 的差异。判别器的输入是 $\boldsymbol{W}\boldsymbol{x}_i$ 或 $\boldsymbol{y}_j$，根据输入来源确定标签，就能形成一个监督任务。判别器优化目标如下：

$$\mathcal{L}_D(\boldsymbol{\theta}_D|\boldsymbol{W}) = -\frac{1}{n}\sum_{i=1}^{n} \log P_{\boldsymbol{\theta}_D}(\text{source} = 1|\boldsymbol{W}\boldsymbol{x}_i)$$
$$-\frac{1}{m}\sum_{i=1}^{m} \log P_{\boldsymbol{\theta}_D}(\text{source} = 0|\boldsymbol{y}_i) \tag{15-12}$$

式中，$\boldsymbol{\theta}_D$ 表示判别器的参数；source $= 1/0$ 表示判别器输入来源标签；$P_{\boldsymbol{\theta}_D}$ (source $= 1|\boldsymbol{W}\boldsymbol{x}_i$) 表示判别器判断输入向量为源端词的映射向量（而不是目标端词嵌入）的概率；类似地，$P_{\boldsymbol{\theta}_D}$(source $= 0|\boldsymbol{y}_i$) 表示判别器判断输入向量是目标端词嵌入的概率。

生成器 G 不断优化线性映射矩阵 $\boldsymbol{W}$，使其能 "欺骗" 判别器 D。生成器的优化目标如下：

$$\mathcal{L}_{\boldsymbol{W}}(\boldsymbol{W}|\boldsymbol{\theta}_D) = -\frac{1}{n}\sum_{i=1}^{n} \log P_{\boldsymbol{\theta}_D}(\text{source} = 0|\boldsymbol{W}\boldsymbol{x}_i)$$
$$-\frac{1}{m}\sum_{i=1}^{m} \log P_{\boldsymbol{\theta}_D}(\text{source} = 1|\boldsymbol{y}_i) \tag{15-13}$$

以上无监督跨语言词嵌入模型 [380] 可以通过标准的生成对抗网络训练算法进行训练。在模型训练收敛后，在进行跨语言词嵌入推导时，可丢弃判别器 D 的参数，仅保留生成器 G 的参数，即线性映射矩阵 $\boldsymbol{W}$。只要判别器网络足够强大，模型就能学习到令人满意的线性映射矩阵。

很容易发现，式 (15-12) 和式 (15-13) 对所有词嵌入 "一视同仁"（一刀切）。然而，许多罕见词因为出现频率不高，得不到充分训练，其词嵌入质量往往也不高。为了降低低质量词嵌入对线性映射矩阵的影响，可以选择词表中出现频率高的一些词作为锚点，进一步优化 $\boldsymbol{W}$ 矩阵，为线性映射矩阵增加正交约束，获得优化的线性映射矩阵，具体细节参阅文献 [382]。

15.3.2 无监督神经机器翻译

本节以文献 [382] 中的模型为代表介绍无监督神经机器翻译。无监督神经机器翻译主要包括 3 大部分：15.3.1 节讨论的跨语言词嵌入、基于单语数据的语言模型，以及 15.2.3 节介绍的反向翻译方法。下面先定义无监督神经机器翻译模型网络架构，然后介绍整个训练流程。

1. 神经网络架构

文献 [382] 中的无监督神经机器翻译模型，与标准的基于编码器–解码器架构的神经机器翻译模型大体类似，包含一个编码器和两个解码器，如图 15-1 所示。

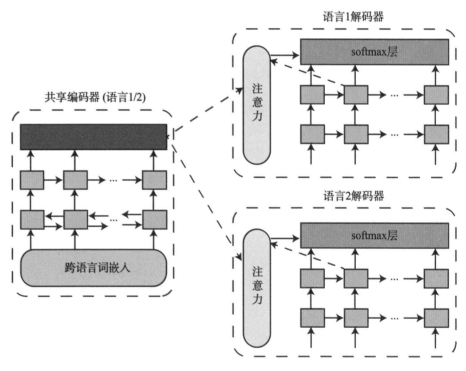

图 15-1　无监督神经机器翻译模型网络结构 [382]

（1）编码器。采用语言无关的共享编码器，源语言和目标语言均通过该编码器进行编码，得到语义表示后，将其传给不同的解码器。在进行句子翻译之前，无监督跨语言词嵌入模型已学习源语言–目标语言跨语言词嵌入，因此源语言、目标语言均可以在同一个共享的编码器中编码。此外，编码器输入的跨语言词嵌入在模型训练时是固定不变的，即不参与模型的训练更新。因此，编码器只需要学习大于单词粒度的语言单元的合成语义表示。虽然跨语言词嵌入存在于同一个嵌入空间中，但是源语言、目标语言仍然采用各自的词汇表。

（2）解码器。与共享同一个编码器不同，文献 [382] 中的无监督神经机器翻译模型采用两个不同的解码器，即每种语言（源语言、目标语言）拥有一个独立的解码器。不同语言的文本输入经过共享编码器编码之后，可以传到不同语言的解码器中进行解码。如果输入语言与解码器语言相同，那么完成的是一个自编码的重构过程（即下文提到的语言模型训练）；否则，就是机器翻译过程。由于解码器包含源语言解码器、目标语言解码器，因此整个模型是对偶的，可以实现源语言到目标语言的翻译，也可以实现反向的目标语言到源语言的翻译。

编码器、解码器既可以使用 LSTM、GRU 等循环神经网络构建，也可以使用 Transformer 搭建，共享编码器与两个解码器之间均存在注意力网络。

2. 语言模型训练

15.3.2 节提到，解码器既可以解码生成输入语言对应的目标语言文本，也可以解码生成与输入语言一样语言的输出文本。如果编码器、解码器对应的输入、输出语言一样，那么编码器-解码器的功能就类似于自编码器（Autoencoder），即实现输入文本的自编码，然后再重构为输入文本。

如果以上编码器 解码器训练实例中的输入和输出是完全一样的，那么训练后的编码器-解码器只学会了将输入文本逐词拷贝到输出文本，而整个无监督神经机器翻译模型在推理阶段最多只能将输入语言的单词逐个替换到目标语言单词上，这显然与期待的编码器、解码器功能不相符。期待的编码器应该能够学会输入语言的语义合成规律和知识，而解码器应该能够根据编码器学到的语义合成表示，按照指定语言生成符合该语言语法的与输入文本语义等价的输出文本。

为了使编码器-解码器避免成为拷贝器，当输入语言和输出语言一样时，训练实例中的输入文本和输出文本应该不一样。为此，可借鉴去噪自编码器（Denoising Autoencoder）的思想，在输入中注入随机噪声，然后迫使解码器重构原始的无噪声输入。常用的随机噪声包括随机删除单词、添加单词、替换单词、扰乱或交换词序等。文献 [382] 中的无监督神经机器翻译模型主要采用了交换词序的方式添加噪声，对于长度为 n 的输入序列，进行 $n/2$ 个连续单词之间的随机交换顺序操作。这样做的好处包括两个方面：

- 迫使模型学习语言的内部结构，因为只有学会了语言序列的构成结构和规律，才会将随机打乱顺序的语言序列恢复到原始的具有正确词序的序列；

- 鼓励模型学习不同语言间的词序差异，从而更好地将源语言解码成不同词序的目标语言，因为输入序列的词序被打乱过，在翻译中，模型对词序偏差依赖的程度就会有所降低。

值得注意的是，不同语言的降噪训练需要分别在共享编码器、对应语言解码器上进行训练（见图 15-1），使对应语言的解码器能学习到相应语言的内部结构和语法规则，从而能生成符合对应语言语法的输出。

3. 反向翻译训练

前面介绍的去噪语言模型使无监督神经机器翻译模型能够学习各个语言的内部结构及语言间的词序差异，使得模型可以解码生成符合语法的目标语言序列；但仅有去噪语言模型是不够的，无监督神经机器翻译还需要学习如何将源语言句子映射至目标语言句子（跨语言词嵌入只是单词级别的映射），反向翻译训练正好帮助无监督神经机器翻译补上这一环。正如 15.2.3 节的介绍，反向翻译利用目标语言单语数据结合反向翻译系统生成伪源语言文本–真实目标语言文本的伪平行语料库，也就是说，反向翻译为无监督神经机器翻译提供了平行数据，将无平行数据的无监督机器翻译变成了基于伪平行数据的有监督机器翻译。

这里的问题是，如何得到反向翻译系统。可以利用无监督神经机器翻译模型的对偶性，即同一个模型既可以进行正向翻译，也可以进行反向翻译。因此，可以将正向翻译和反向翻译交替进行，反向翻译为正向翻译生成伪平行语料，反之亦然。最开始的反向翻译、正向翻译系统可能是随机初始化的系统，随着模型训练的不断迭代，生成的伪平行语料质量不断得到改善，质量提升的伪平行语料又反过来进一步提升正向翻译、反向翻译模型的性能。

具体而言，当要训练 $x \to y$ 模型时，利用 $y \to x$ 反向翻译系统生成 $\{(x', y)\}$ 伪平行语料（"'" 表示机器合成的伪数据）进行训练；反之，当要训练 $y \to x$ 模型时，利用 $x \to y$ 反向翻译系统生成 $\{(y', x)\}$ 伪平行语料。

与标准的反向翻译不同的是，无监督神经机器翻译的反向翻译是以小批量形式进行的，而不是将整个语料一次性反向翻译。

4. 训练流程

前文对无监督神经机器翻译模型的两个主要模块——去噪训练和反向翻译训练——做了逐一介绍。在每次迭代中，无监督神经机器翻译对语言 x 进行一次小批量去噪训练，对语言 y 进行另一个小批量去噪训练、进行一个小批量的 $x \leftarrow y$ 反向翻译训练，以及另一个小批量的 $y \leftarrow x$ 反向翻译训练。如此反复，直至收敛，无监督神经机器翻译的参数就会在不同的目标函数交替优化中得到训练。

5. 其他无监督神经机器翻译架构

除了前文所述的基于共享编码器和两个解码器的无监督神经机器翻译模型，无监督神经机器翻译也可以采用其他神经网络架构实现，比如采用同一个编码器–解码器架构[375]，编码器和解码器同时被源语言、目标语言共享，为了区分不同语言，可以采用一个语言识别器。这个共享的编码器–解码器架构同样完成 4 项工作：源语言去噪训练、目标语言去噪训练、源语言–目标语言反向翻译训练、目标语言–源语言反向翻译训练。

此外，生成对抗网络也被用于无监督神经机器翻译模型中，以强化模型将不同语言映射到共同的潜在表示空间的能力，或者帮助提升译文质量。用于编码器端时，生成对抗网络中的判别器根据编码器的输出识别其编码的语言，生成器（即编码器）不断优化输出表示以降低判别器的识别准确率，从而加强不同语言在编码器端的共同潜在表示；用于解码器端时，将解码器视为生成器，判别器的任务是区别翻译结果和真实句子，经过对抗训练，解码器将生成不断逼近真实句子的译文以"混淆"辨别器。

15.4　未来方向

正如 15.1 节提到的，大部分语言都是低资源语言，因此，随着富资源语言自然语言处理性能的提升，未来自然语言处理研究的一个重要趋势是，逐渐以语言多样性和包容性为特征，而不再以英语等富资源语言为中心。

大规模预训练模型推动了自然语言处理技术的快速发展，尤其是在缺乏标注数据的下游任务上。大规模预训练模型多语言化发展，即在多种不同语言（如 100 种以上的语言）无标注数据上预训练单一模型，如 mBERT、mT5 等，将通过富资源语言向低资源语言的正向迁移学习，显著提升低资源语言自然语言处理能力，包括机器翻译能力。多语言大规模预训练模型将会更加常态化地应用于低资源语言机器翻译和无监督机器翻译上。

现阶段的无监督机器翻译模型建立在语义空间同构假设的基础上，即不同语言的语义表示空间是同构的，可以线性映射。该假设在语法词汇差异大的语言对上，或者在领域差异大的数据上，都会变成弱假设，也就是词嵌入空间不能线性映射。相应地，无监督机器翻译的性能也会显著降低。未来，无监督机器翻译如何在不相似的语言及领域上取得较好的性能，将是一个有挑战性的研究方向（具体可见本章短评）。

15.5 阅读材料

大规模（跨语言）预训练模型，如 XLM[383]、MASS[384] 和 BART[62] 等为生成任务设计的预训练模型，大大加强了单语数据对机器翻译性能的提升作用。此外，多语言预训练模型，如 mT5[385]，在多种语言的单语数据上训练后，由于共享同一个模型，可以实现跨语言知识迁移，帮助提升低资源机器翻译和无监督机器翻译性能。

在基于枢纽语言的低资源机器翻译方面，很多研究工作尝试了不同的参数共享方法，如让不同语言对的编码器和解码器中间层进行参数共享 [386]、在一个多语言模型中共享编码器和解码器所有参数 [387]、将目标语言编码成额外的嵌入 [388] 等。

在单语数据利用方面，源端单语数据利用 [389]、重建目标语言句子 [390]、利用单语数据训练语言模型 [391] 等，翻译性能都取得了不错的提升。

15.6 短评：无监督机器翻译之美及挑战

第 4 章短评提到神经机器翻译的出现是一种典型的"重复独立发现"，与此类似的另一个独立同发现的例子，便是无监督神经机器翻译（Unsupervised Neural Machine Translation）。无监督神经机器翻译最早的两篇论文同时发表在 *ICLR 2018* 上，分别由来自 Facebook 与法国索邦大学组成的联合研究团队，以及西班牙巴斯克大学与美国纽约大学组成的联合团队独立提出。除了技术上的细微差别，提出的无监督神经机器翻译都是利用单语数据，且模型都包括以下几个主要部分。

- 初始化：基于双语词嵌入映射导出双语词典，再利用双语词典初始化机器翻译；
- 语言模型：利用去噪自编码器分别对源语言和目标语言进行语言建模，从而使模型可以学习两种语言的内部结构及表示；

- 迭代反向翻译：利用迭代反向翻译将无监督机器翻译问题转化为有监督机器翻译，即利用源语言–目标语言机器翻译将源语言 x 翻译成目标语言 y'，从而为目标语言–源语言机器翻译模型生成伪平行句对 (y', x)，反之亦然；

- 共享：源语言和目标语言语义表示被约束到同一个共享语义空间中。

仔细思考会发现，无监督思想不仅可以应用于神经机器翻译，也可以应用于统计机器翻译。以基于短语的统计机器翻译 PBSMT 为例，PBSMT 的核心部分包括短语表（用于翻译模型）、短语调序模型及语言模型。后两个模型只需要目标语言单语数据就可以训练，翻译模型可以利用无监督神经机器翻译中使用到的初始化和迭代反向翻译实现：初始化用于构建短语表（学习单语 n-gram 向量表示，以及利用跨语言词嵌入导出短语表及概率），迭代反向翻译不断优化翻译模型。

无监督机器翻译提出后，引起了极大的反响，可以说是继神经机器翻译出现后机器翻译领域的又一个重大思想和方法创新，其思想创新不亚于 Transformer 神经机器翻译架构。我们可以与 IBM 团队提出的统计机器翻译思想进行类比，IBM 提出的 1~5 统计机器翻译模型，以优美的数学模型结合 EM 算法解决了仅给定平行句对的条件下自动学习双语单词的对应关系，这个过程类似破解密码的过程：母语被加密成另一种不认识的语言，如何利用大量母语句子与加密语言句子之间的对应关系还原出用于加密的密码本（双语单词对应关系）。与统计机器翻译思想相比，无监督机器翻译的想法更"疯狂"：在没有任何平行语料的情况下（只有源语言和目标语言的单语文本），不仅要破译密码本，还要基于破译的不完美的密码本学习将一种语言加密成另一种语言（符合语法和语义约束）。破译密码本的过程就是无监督机器翻译的第一步，即初始化，其基本假设是世界上所有语言都是描述同一个物理世界的，且两种语言的词嵌入空间是同构的，不同语言词嵌入空间可以线性映射。在获得密码本之后，无监督机器翻译还需要将一种语言语义语法约束的结构化的明文转化成另外一种语言语义语法约束的结构化的密文。与 IBM 模型相比，无监督机器翻译虽然没有优雅的数学公式，其过程看起来似乎也比较启发式（Heuristic），但是它使机器翻译正式步入无监督任务之列，为低资源、零资源机器翻译开启了一条新的技术路线。

无监督机器翻译初期的工作主要聚焦在富资源语言机器翻译上，如英法、英德机器翻译，其性能甚至开始接近有监督机器翻译水平。这表明，无监督机器翻译已完成从早期的概念探索到概念验证阶段的转变。但是后续更多研

究 [392, 393] 指出，无监督机器翻译要成为低资源、零资源机器翻译具有竞争力的技术路线，未来的研究仍然充满挑战。

- 语言相似性：Marchisio 及 Kim 等人 [392, 393] 的研究均发现，如果源语言与目标语言的相似性较低，比如来自不同语系、不同书写方式的语言（使用罗马字母的英语 vs. 使用西里尔字母的俄语），无监督机器翻译的性能就会明显下降；
- 领域相似性：同样，如果用于训练的两种语言的单语语料来自不同领域（如新闻 vs. 电商），则不管单语语料的规模有多大，无监督机器翻译性能都会显著下降；
- 训练稳定性与随机性：初始化过程中的随机性会对导出的双语词表及随后的机器翻译性能产生很大影响。

以上三点，本质上都与无监督机器翻译的初始化密切相关，其中语言相似性、领域相似性均是保证初始化基本假设（不同语言向量语义空间同构）的重要条件。如果语言不相似、领域不相似，就会导致两种语言的结构、词汇分布不相似，对应的词嵌入空间因此就不具有同构性，在不同构的语义空间采用线性映射就很难导出高质量的双语词典，或者说不同构的语义空间需要非线性映射才能进行匹配。

真正的低资源的语言，不仅平行语料资源匮乏，单语语料资源同样稀缺。在稀缺的单语数据中，不一定能找到领域匹配的单语语料。同时，由于单语语料资源稀缺，词嵌入学习也面临挑战，学习到的单语词嵌入质量较低。没有高质量的单语词嵌入，也就无法得到高质量的双语词嵌入；没有高质量的双语词嵌入进行模型的初始化，以及足够的单语语料进行迭代反向翻译，无监督机器翻译在这些低资源语言上的性能必然会大打折扣，无法实用化。因此，无监督机器翻译要在真正的低资源机器翻译上发挥效能，未来需要新的技术突破，如不受语言、领域相似性影响的双语词嵌入技术。

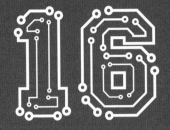

第 16 章

融合知识的
神经机器翻译

　　本章主要介绍融合知识的神经机器翻译，探讨相关概念及方法。首先介绍可用于神经机器翻译的知识类型，然后根据具体的知识类型探讨相关的神经机器翻译知识融合研究工作：语言学知识融合，包括句法、语义、指称等知识的融合；非语言学知识融合，包括常识知识、知识图谱融合；双语知识融合，包括双语词典、翻译记忆库融合；内部知识迁移，包括知识蒸馏、预训练模型知识迁移。

16.1 知识与机器翻译

语料库（Corpus）和知识（Knowledge）是自然语言处理中常用的两种典型资源。在某些情况下，两者可能没有严格、清晰的分界线：未标注的语料，可能隐式地包含某些知识；人工标注的语料库，可以视为将人的知识以某种形式附着在生语料上。即便如此，在很多自然语言处理任务中，知识和语料的使用方式往往是不同的：语料通常用来训练模型，而知识一般用于模型间迁移或从外部集成到模型中。

维基百科中关于**知识**的词条，将知识定义为"关于对象的理论或实际认识"。在自然语言处理中，知识描述的对象既可以是语言本身，也可以是语言之外的物体（比如世界、实体等）。知识存在的形式也是多种多样的：既可以是结构化的（如知识图谱），也可以是非结构化的（如词典定义）；既可以是离散的（符号表示），也可以是连续的（适合于机器的向量表示）。知识的获取成本往往高于语料数据的获取成本，如果能以适当的方式对知识建模，则自然语言处理任务的性能会得到显著提升。

就机器翻译而言，知识通常被看作对平行语料有力的补充。在资源稀缺型语言机器翻译（见第 15 章）中，知识可以弥补数据不足带来的信息稀疏，同时也是富资源语言向低资源语言机器翻译迁移的主要对象（知识迁移）；在领域适应上，领域知识可以帮助机器翻译更好地处理领域相关文本的自动翻译；在语篇级机器翻译（见第 14 章）中，或在复杂句子、训练数据中未见模式的机器翻译中，知识可以扩大机器翻译的信息来源，提高其泛化能力。

从知识与机器翻译模型关系的角度来看，机器翻译可用的知识大致可分为两大类：内部知识（Internal Knowledge）和外部知识（External Knowledge）。

16.1.1 内部知识

内部知识是机器翻译模型从数据中学习到的模式知识，存在于模型内部。在统计机器翻译中，内部知识相当于模型从平行语料中获取的翻译规则表及相关概率；在神经机器翻译中，则类似于 Geoffrey Hinton 等人提出的**暗知识**（Dark Knowledge）[394]。暗知识是指隐藏在**教师**（Teacher）神经网络中的知识，它们可以指导**学生**（Student）神经网络的训练并**蒸馏**（Distill）到学生神经网络中。内部知识可以通过迁移学习方式在同构模型或非同构模型间迁移，也可以在不同领域或不同语言间共享或迁移。

16.1.2 外部知识

相对于内部知识，**外部知识**是模型不知晓或没有学习和捕捉到的信息，因此需要集成到模型中。外部知识集成在统计机器翻译和神经机器翻译中均有大量研究，但与统计机器翻译相比，将通常以符号形态存在的外部知识集成到神经机器翻译中，技术难度更大。

外部知识可以进一步细分为 3 类：语言学知识（Linguistic Knowledge）、非语言学知识（Non-/Extra-Linguistic Knowledge）[395, 396] 及双语知识（Bilingual Knowledge）。之所以对外部知识进行细致的区分，主要是因为这几类知识的内涵不同（虽然有时候边界模糊），对机器翻译发挥的作用也不同。因此，对它们进行区分，可以更好地在机器翻译中加以利用，尤其是对没有引起足够重视的非语言学知识。

1. 语言学知识

语言学知识是关于语言本身的知识，这些知识可以通过各种分析工具获得，并可应用于自然语言处理的各种任务。第 3 章介绍了多个不同层级的语言分析，这些语言分析会产生相应的语言学知识，供机器翻译、摘要、问答等下游任务使用，如词汇、词法、句法、语义和语篇等知识。

2. 非语言学知识

由于非语言学知识通常需要用语言表述，语言学知识和非语言学知识之间的界限并不是非常明显[397]。虽然如此，两者各自的侧重点仍有所不同[398]。**非语言学知识** 是隐藏在文本之中、和语言之外的对象相关的知识，如概念、概念关系等。Walther v. Hahn 将机器翻译中可使用的非语言学知识分为 3 种：概念知识（Conceptual Knowledge）、世界知识和事实知识（World Knowledge and Facts）和情景知识（Situation Knowledge）。**概念知识**主要是本体中描述的概念及概念关系的知识，如"狗是一种动物""物质的任何一部分仍然是物质"等；**世界知识**包括度量、时间、空间和事件等方面的常识知识，如物体是有大小的；**事实知识**主要是某个领域的术语、定义、细节和实体关系方面的知识，如知识图谱中的知识；**情景知识**是关于文本描述的对象所处的情景方面的知识，比如"演讲者是女性""约翰在房间里"等。

3. 双语知识

对机器翻译而言，还有一类特殊的外部知识，以双语形式存在，如双语词典、翻译实例和翻译记忆库等，这类知识可统称为**双语知识**（Bilingual Knowledge）。

本章将按语言学知识、非语言学知识、双语知识和内部知识的顺序，逐一介绍在神经机器翻译中融合不同类型知识的方法和模型。

16.2 语言学知识融合

本节介绍在神经机器翻译中集成句法、语义和语篇等典型语言学知识的相关模型与方法。

16.2.1 句法知识融合

基于句法的统计机器翻译发展出了多种基于句法知识构建的统计机器翻译模式，如树到串、串到树、树到树、基于森林的统计机器翻译等。虽然神经机器翻译模型本身可以隐式地学习到语言的句法结构[399]，但是鉴于基于句法的统计机器翻译取得的巨大成功，在神经机器翻译模型中显式地引入句法知识仍然引起了研究人员广泛的研究兴趣。

由于句法结构通常是以树的形式展示，与句子的线性序列模式截然不同，因此在基于序列到序列的神经机器翻译模型中直接引入树结构的句法知识存在很大的挑战。挑战既来自理论层面，也来自技术层面。在理论层面，现有序列模型中的神经网络，如 LSTM，只能进行序列化的信息处理[400]，无法进行层次结构化的信息传递与处理。技术层面的挑战主要来自小批量训练。小批量训练中批量处理句子，长度不一样的句子通过填充（Padding）操作，变成长度一致的序列，相应的信息可以存放在张量（Tensor）中，因此小批量中的输入数据可以进行实例无关的统一的矩阵运算。如果在小批量训练中引入句法树，由于树的深度、宽度都不一致，很难进行实例无关的统一计算[401]。为解决以上挑战，可以将句法树线性化（Linearize）成序列，或者引入支持树的神经网络，如基于树的 LSTM（Tree-LSTM）[400]。

根据引入句法结构的类型，可以将融合句法知识的神经机器翻译大致分为 3 大类：融合依存句法树和融合短语结构句法树和融合其他类型句法结构。其他类型句法结构，包括词汇化树邻接文法（Lexicalized Tree Adjoining Grammar，LTAG）分析树、组合范畴语法（Combinatory Categorial Grammar）分析结构等。根据在源端还是目标端融合句法结构，融合句法知识的神经机器翻译又可分为源端句法融合、目标端句法融合、源端–目标端同时融合等。

本节以文献 [13] 的研究工作为例，介绍融合句法知识的神经机器翻译。该工作在源端建模句法结构，将源端的短语结构句法树通过深度优先遍历方式，线性化成序列，进而融入神经机器翻译模型。线性化的句法标签序列通常比相应输入的单词序列长得多，因此需要将两个序列进行某种形式的对齐，以便更好地融合线性化后的句法结构知识。可以将单词的词性标签作为锚点，对齐句法标签序列和单词序列，并将对应位置上的词性标签向量看作单词的句法表示向量。文献 [13] 提出了 3 种融合源端线性化句法知识的方法：并行编码器、层次编码器及混合编码器。

1. 并行编码器

如图 16-1 所示，引入了一个额外的句法序列编码器（如双向 LSTM），对线性化的句法序列进行编码，新引入的编码器与原来的单词序列编码器相互独立。两个独立的编码器完成双向编码后，将单词序列的正反向向量及句法标签序列对应词性的正反向向量拼接，形成相应单词最后的表示向量。

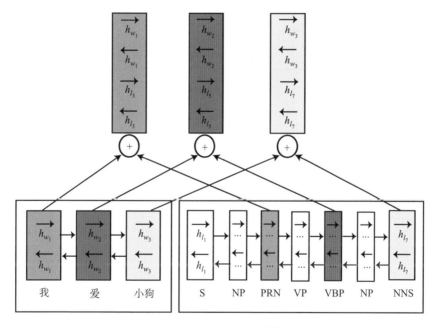

图 16-1　并行编码器[13]

2. 层次编码器

如图 16-2 所示，采用一个两层编码器架构，其中下层是句法标签序列编码器，上层是单词序列编码器。之所以将单词序列编码器放在上层，是因为单词序列中的每个单词都可以映射到句法标签序列中的词性上，反之则不然。句法标签序列编码器先编码，编码完成后，词性的正反向向量与上层的单词序列编码器对应的单词嵌入拼接，一同输入单词序列编码器中进行编码。

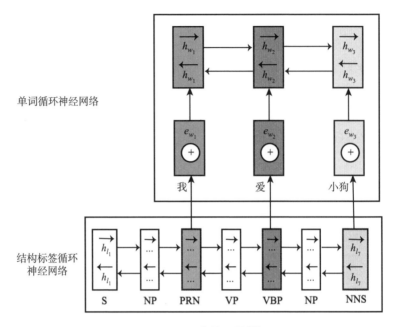

单词循环神经网络

结构标签循环
神经网络

图 16-2　层次编码器 [13]

3. 混合编码器

如图 16-3 所示，采用一个编码器，编码的对象是句法标签序列与单词序列混合后的序列。在这种方式下，单词序列与句法标签序列在同一个编码器中更紧密地耦合在一起。编码完成后，只有单词对应的编码器隐状态用于解码生成目标语言译文。

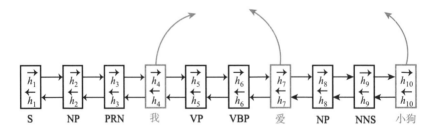

图 16-3　混合编码器 [13]

16.2.2 语义角色知识融合

正如 3.4.3 节介绍，**语义角色**是句子中的名词或名词短语相对于管辖谓语的角色。在例子"小明送了妈妈一个杯子"中，谓词"送"有 3 个论元：小

明、妈妈、一个杯子。"小明"是"送"的实施者，按照表 3-1，其语义角色为
AGENT，根据 PropBank 标注规范，标记为"ARG0"；"妈妈"是"送"的受
益者，语义角色为"BENEFICIARY"，标记为"ARG2"；"一个杯子"是"送"
的直接受影响者，语义角色为"THEME"，标记为"ARG1"。

　　语义角色通常被认为处于语义与语法交界处，可用来解释语义与语法的
交互关系。有时候，语法形式发生了轻微变化不影响语义角色，比如"小明送
了一个杯子给妈妈"，论元"小明""一个杯子""妈妈"的语义角色仍然与上
一个例子一样。因此，语义角色在一定程度上展现了谓词–论元结构语法变换
下的语义共性。

　　语义角色标注虽然是一种浅层语义分析方法，但是揭示了谓词与论元之
间的语义关系。不仅如此，语义角色携带了丰富的语义信息，有助于机器翻译
模型捕捉谓词与论元之间的语义管辖与选择关系，这些关系很多时候是一种
长距离依赖关系。因此，将语义角色知识集成到机器翻译模型中，可以提高机
器翻译的性能。

　　统计机器翻译中有大量的研究工作集成语义角色知识，如文献 [402–404]
等。这里以文献 [405] 的工作为例，简要介绍一种基于图神经网络将语义角色
信息融入神经机器翻译模型的方法。

　　如图 16-4 所示，该方法使用基于注意力的编码器–解码器架构作为模型的
基础框架。在编码器之上叠加了一个两层的图卷积神经网络（Graph Convolu-
tional Network，GCN），用来编码语义角色标注图。具体地，对语义角色标注

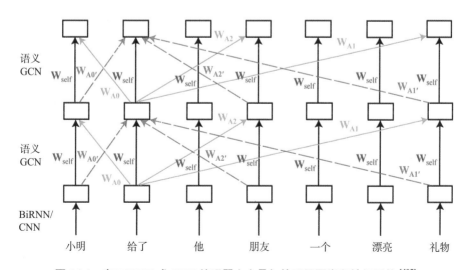

图 16-4　在 BiRNN 或 CNN 编码器之上叠加的两层图卷积神经网络 [405]

有向图 $\mathcal{G} = \{\mathcal{V}, \mathcal{E}\}$，$\mathcal{V}$ 是节点集合，$\mathcal{E}$ 是边集合，包含 3 种类型的边：语义角色入边（如论元到谓词的边）、语义角色出边（谓词到论元的边）和自循环边（节点连向自己）。每个节点 $v \in \mathcal{V}$ 对应一个特征向量表示 $\boldsymbol{h}_v \in \mathbb{R}^d$，图卷积神经网络不断将周围图信息融入节点 v，得到一个新的节点向量表示 $\boldsymbol{h}'_v \in \mathbb{R}^d$：

$$\boldsymbol{h}'_v = \mathrm{ReLU}\left(\sum_{u \in \mathcal{N}(v)} g_{u,v}(\boldsymbol{W}_{\mathrm{dir}(u,v)}\boldsymbol{h}_u + \boldsymbol{b}_{\mathrm{lab}(u,v)}) \right) \tag{16-1}$$

式中，$\mathcal{N}(v)$ 表示节点 v 的所有邻居节点集合；$\boldsymbol{W}_{\mathrm{dir}(u,v)} \in \mathbb{R}^{d \times d}$ 表示有向的权重参数矩阵，其中 $\mathrm{dir}(u,v) \in \{\mathrm{in}, \mathrm{out}, \mathrm{loop}\}$，即上面所说的 3 种类型的有向边；向量 $\boldsymbol{b}_{\mathrm{lab}(u,v)} \in \mathbb{R}^d$ 表示边 (u,v) 语义角色（如 ARG0、ARG1 等）的向量表示；$g_{u,v}$ 是一个门控权值，用来衡量每个边的重要性。当 $\mathcal{G}$ 可能包含错误的语义角色边时，g 特别有用，因为 g 可以降低错误边的负影响。

16.2.3 指称知识融合

第 14 章提到，指称（Reference）是一种语法衔接性装置，它是一种常见的重要语篇现象。在语言学中，指称主要用于定义代词、名词或相关短语与其称述的目标对象之间的关系，用于指称对象的表述称为**指称语**（Referring Expression），被指称的目标对象称为**指称对象**（Referent）。由于不同语言对指称的使用有不同的语法限制和使用习惯，因此，指称翻译是机器翻译需要面对和解决的一个重要的语篇级挑战。具体而言，当进行指称翻译时，需要机器翻译定位指称语指向的实体及相关上下文，然后将这些信息用于指称的翻译。

常见的指称翻译挑战包括两类。第一类挑战是将代词脱落（Pro-drop）语言翻译到非代词脱落（Non-pro-drop）语言上。**代词脱落**指的是某些类型的代词会被省略掉，这些省略掉的代词可以根据上下文语境或语法推导出来，代词脱落也称为**零指代**（Zero Anaphora）。具有代词脱落特征的语言称为**代词脱落语言**，典型的代词脱落语言包括印地语、日语、韩语和汉语等亚洲语言；反之，不允许代词脱落的语言称为**非代词脱落语言**，许多北欧语言，如法语、德语和英语等，都是非代词脱落语言。将代词脱落语言翻译到非代词脱落语言时，需要将脱落的代词补充并翻译到目标译文中。

第二类挑战是将无语法性别（Grammatical Gender）的语言翻译到具有语法性别的语言上。根据维基百科相关词条，具有语法性别的语言，其大部分或所有名词都内在地携带一个性别（一种语法类型）值，语法性别的值代表了相应语言的性别。具有语法性别的语言，性别种类一般为 2 ~ 4 种，但也有语言高达 20 种。常见的性别取值系统包括 {阳性, 阴性}、{阳性, 阴性, 中性}、

{有生命, 无生命} 等。无语法性别的语言包括突厥语系、波斯语系和南岛语系
等语系内的大部分语言；具有 {阳性, 阴性} 性别的语言包括法语、印地语等；
具有 {阳性, 阴性, 中性} 性别的语言包括捷克语、德语和希腊语等；具有 {有
生命, 无生命} 性别的语言包括巴斯克语、埃兰语等。将无语法性别的语言翻
译到有语法性别的语言时，需要明确指称对象才能将指称语翻译到正确的性
别上。

要解决以上指称翻译面临的挑战，需要在机器翻译模型中隐式或显式地
引入指称知识。

在统计机器翻译框架下，指称翻译同样是一个重要的挑战。一些研究工
作将指称知识显式地引入统计机器翻译中，如文献 [406] 采用两步构建机器翻
译系统：第一步，对源语言端的代词进行标注，标注单复数、性别等指称特征
和知识；第二步，采用在标注数据上训练的基于短语的统计机器翻译系统对
源语言文本进行翻译。

在神经机器翻译框架下，由于指称是一种语篇现象，因而通常是在语篇
级神经机器翻译（见第 14 章）模型中作为和其他语篇现象一样的问题，进行
统一处理和统一翻译。这里以文献 [333] 的研究工作为例，介绍如何通过引入
语篇上下文隐式地解决指称翻译问题。

文献 [333] 将当前句的前一句作为上下文，使用单独的编码器对前一句进
行编码，以产生上下文向量 $c_i^{(1)}$。然后将当前句的上下文向量 $c_i^{(2)}$ 与 $c_i^{(1)}$ 合
并，以形成用于解码的单个上下文向量 c_i。文献 [333] 研究了 3 种合并策略：
拼接、注意门和分层注意。

（1）**拼接**。将两个向量 $c_i^{(1)}$ 和 $c_i^{(2)}$ 进行拼接，然后用线性矩阵 W 进行线
性变换，得到 c_i：

$$c_i = W_c[c_i^{(1)}; c_i^{(2)}] + b_c \tag{16-2}$$

（2）**注意门**。在两个向量之间学习门 r_i，以赋予每个上下文向量不同的
权重：

$$r_i = \tanh(W_r c_i^{(1)} + W_s c_i^{(2)} + b_r) \tag{16-3}$$

$$c_i = r_i(W_t c_i^{(1)}) + (1 - r_i)(W_u c_i^{(2)}) \tag{16-4}$$

（3）**层次注意**。引入额外的、分层的注意力机制，按注意力方式为每个编
码器的上下文向量分配注意权重。具体参见文献 [333]，这里不再赘述。

上面介绍的方法，通过对上下文进行编码，隐式地引入指称知识，而指称

知识可能以连续向量形式存在于上一句的上下文向量中。除了上下文建模的隐式方式，也可以显式地引入指称知识，如文献 [407] 将正确的指称知识标注在指称语上，包括指称语的译文、指称语在目标语言中的性别等。

16.3 非语言学知识融合

非语言学知识是相对于语言学知识的另外一类外部知识。16.1.2 节提到，机器翻译可用的非语言学知识包括概念知识、世界知识（常识知识）、事实知识和情景知识等。相对于语言学知识，非语言学知识不仅更加普遍和常见，应用范围也更加广泛，不仅可应用于机器翻译，还可应用于自然语言处理的其他任务，以及自然语言处理以外的人工智能领域，如视觉、机器人等。但是，相对于语言学知识，非语言学知识通常难以大规模构建和自动获取，因此，在机器翻译中，非语言学知识应用远不及语言学知识应用广泛。但这并不是说非语言学知识对机器翻译不重要，恰恰相反，非语言学知识在机器翻译中具有极大的应用价值。

本节将首先探讨常识知识对机器翻译的重要性，然后介绍事实知识，如知识图谱，在机器翻译中的应用。

16.3.1 常识知识

在定义"常识知识"之前，需要定义什么是**常识**（Common Sense）。按照维基百科的定义，**常识**是指：

> 关于日常事务合理、实际的判断，或者是一种以几乎所有人都会用
> 的方式进行感知、理解和判断的基本能力。

由于是被几乎所有人知晓和共享的，因此，常识通常不会在日常交流和行为决策中以显式的方式表达出来，而是隐藏在日常事务的后面。这些感知、理解和判断的基本能力主要包括两大类 [408]。

（1）**朴素物理学**。一类是对物理世界的朴素的普遍认识，称为**朴素物理学**（Naive Physics / Folk Physics）。朴素物理学是不需要经过特别训练、在成长过程中就能自然形成的，如度量和尺度、空间概念（形状、方向、大小等）、时间概念、运动和能量等。

（2）**朴素心理学**。另一类是对社交、情感等方面的普遍的心理认知，称为**朴素心理学**（Naive Psychology），即判断和推理其他人心理状态的内在的、自然的能力 [409]。

常识知识（Commonsense Knowledge）是关于常识的知识，即人们在日常事务中进行感知、理解和判断所依赖的普遍性知识。**常识推理**（Commonsense Reasoning）是基于常识知识进行推理的类人能力。从以上定义可以看出，要赋予机器类人的常识推理能力，首先需要机器具备常识知识。至于常识知识以何种形式获取、存储、表征和用于推理，则是人工智能需要研究的重要问题。

在自然语言处理的各种任务中，如问答、对话、自动摘要、复述生成等，除了需要语言学知识，也需要常识知识。与其他自然语言处理任务一样，机器翻译同样需要常识知识。常识知识对机器翻译的重要性很早就被广泛讨论，最著名的例子是 Yehoshua Bar-Hillel（见 1.5 节）给出的英文句子 "The box is in the pen"[410]，要正确翻译该句子，需要机器能够对 "box" 和 "pen" 的大小进行基于朴素物理学的常识推理，这样才能推断出 "pen" 在这句话中的意思应该是 "围栏" 而不是 "钢笔"。Yehoshua Bar-Hillel 用这个例子强调，机器翻译是需要世界知识进行词义或结构消歧的，并以此否定当时的通用全自动高质量机器翻译（Fully Automatic High-Quality Machine Translation，FAHQT）的可行性。

从 Yehoshua Bar-Hillel 在 1960 年发表他的常识否定性论断，到现在有 60 多年了，正如第 1 章提到的，机器翻译在这段时期经历了多个研究范式的迭代：基于规则的机器翻译、统计机器翻译和神经机器翻译。无论是技术，还是译文质量，都出现了翻天覆地的变化，尤其是神经机器翻译技术使译文质量得到显著提升，在某些领域甚至逼近人类译员水平。对比 60 年前和现在，一个自然的问题便是：Yehoshua Bar-Hillel 提到的常识性问题在机器翻译中是否得到解决，或解决到了何种程度？

文献 [411] 对该问题进行了探讨。为了评测神经机器翻译的常识推理能力，以汉–英机器翻译为例，文献 [411] 构建了两大类涉及常识知识的测试数据：词汇歧义测试集和句法歧义测试集。这两个测试集中的样例均经过了精心设计，只有通过常识推理，才能正确消歧。两个测试集都以对比对（Contrastive Pair）的形式构建：每个歧义点都构建了两个源语言句子，各覆盖歧义点的一种解释；每个句子也都提供了两个译文，一个为正确译文，另一个则包含歧义点的另一种解释，如下面的例子（来自文献 [411]）所示。

源语言句子	维修桌子的桌角。
正确译文	Repair the legs of the table.
对比译文	The leg that repairs the table.
对比源语言句子	维修桌子的锤子。
正确译文	The hammer that repairs the table.
对比译文	Repair the hammer of the table.

上面的样例包含两个对比的源语言句子，每个源语言句子配备两个译文，一个是正确译文，一个是对比译文，源语言句子和对比译文对构成一个三元组。文献 [411] 为词汇歧义测试集构建了 400 个三元组，为句法歧义测试集构建了 800 个三元组，合计 1200 个三元组。基于这两个测试集，文献 [411] 对两种经典神经机器翻译模型 RNNSearch（见第 5 章）和 Transformer（见第 7 章）进行了常识推理能力的系统评测，两个模型均在同样的训练数据上进行训练。结果，RNNSearch 常识推理准确率为 55.5%，Transformer 为 60.1%，虽然均高于随机猜测水平（50%），但距离人类的常识推理能力还比较远。这说明，虽然译文质量获得了提升，但是机器翻译的常识推理能力仍然较低，还存在很大的提升空间。

16.3.2 知识图谱融合

在机器翻译中，命名实体（Named Entity）的自动翻译体现了模型的一种重要能力，因为命名实体通常携带了重要的语义信息，它是否被正确翻译，往往对译文的可信度（Adequacy）有重要的影响。在实际应用场景中，尤其是在自动翻译域外数据（Out-of-Domain Data）时，命名实体的错翻率往往较高。由于知识图谱（Knowledge Graph）通常包含丰富的命名实体及实体关系等知识，因此可用于提升神经机器翻译模型的命名实体翻译能力。

本节以文献 [412] 为例，简单介绍如何在神经机器翻译模型中融合知识图谱知识。可以预见，知识图谱包含了大量不在机器翻译平行训练数据中出现的命名实体，这些实体相对于机器翻译模型而言，可以称为域外实体；反之，可以称为域内实体，即在训练数据和知识图谱中均出现的命名实体。图 16-5 给出了域外、域内实体的例子，其中"乙酰水杨酸"为域外实体，"阿司匹林"为域内实体。这两个实体在知识图谱中存在"别名"关系：(乙酰水杨酸, 别名（alias）, 阿司匹林)，因此，一个自然的想法是，利用域内实体"阿司匹林"的译文指导域外实体"乙酰水杨酸"的翻译。

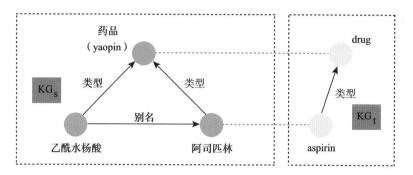

图 16-5　域外、域内实体[412]

以上想法的具体实现如图 16-6 所示，由如下 3 个步骤组成。

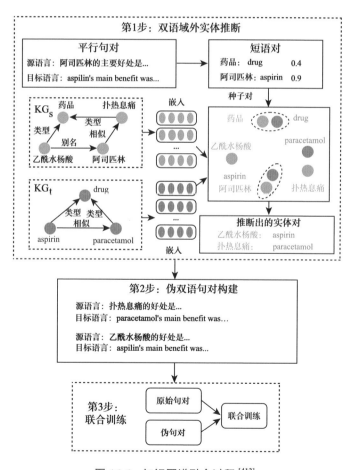

图 16-6　知识图谱融合过程[412]

（1）第一步：**双语域外实体推断**。包含 4 个子步骤：

- 分别对源语言知识图谱 KG$_s$ 和目标语言知识图谱 KG$_t$，采用知识表示学习方法（如 TransE、TransH 等），学习获得源语言实体和目标语言实体的向量表示 $\boldsymbol{E}_s$ 和 $\boldsymbol{E}_t$；
- 从双语平行句对中提取出包含实体的短语翻译对，作为种子实体翻译对；
- 将种子实体翻译对作为锚点，将 $\boldsymbol{E}_s$ 和 $\boldsymbol{E}_t$ 映射到同一语义空间；
- 在该语义空间，基于计算的语义距离，预测域外实体的译文，域外实体和预测出的译文组成推导的实体对。

（2）第二步：**伪双语句对构建**。计算推导实体对与种子实体对之间的语义距离：

$$\|\boldsymbol{E}_s(i_s) - \boldsymbol{E}_s(s_s)\| + \|\boldsymbol{E}_t(i_t) - \boldsymbol{E}_t(s_t)\| < \lambda \tag{16-5}$$

如果它们之间的距离小于预定义的阈值 λ，就将推导实体对替换为平行句对中的种子实体对，生成伪双语句对。

（3）第三步：**联合训练**。将原始双语数据和伪双语数据合并，训练神经机器翻译模型参数。

16.4 双语知识融合

本节主要介绍两类双语知识的神经机器翻译融合：双语词典和翻译记忆库。前者主要引导神经机器翻译模型对某些单词或短语按照双语词典中给定的译文进行翻译，一般是用户添加词典、术语词典或实体翻译词典等。后者主要将翻译记忆库中的翻译片段融入神经机器翻译模型生成的译文。

16.4.1 双语词典融合

有时候，译文并未按预期的方式生成，未按预期生成的错误译文可能导致严重的后果，比如在电商翻译领域，产品或品牌名翻译错误，会导致买卖纠纷，造成经济损失。因此，对这些携带重要信息、同时其词义种类不太多的单词或短语，如术语、命名实体、专有名词等，可以通过用户添加词典的方式，将它们及其译文存放在双语词典中，然后采用某种方式将这些双语词典存放的翻译干预到目标译文中，从而以预期的方式生成最终的译文。

神经网络通常被认为是黑盒子，难以干预。基于神经网络的神经机器翻译虽然具有端到端的特性，但是相比统计机器翻译，其可干预性往往较差（见 1.4.10 节）。因此，将双语词典融入神经机器翻译模型具有一定的挑战性。这里以文献 [413] 的研究工作为例，介绍一种简单高效的双语词典神经机器翻译干预和融合方法。

具体而言，双语词典的融合就是对双语词典中出现的源语言单词或短语，按照词典提供的译文翻译，未在双语词典出现的单词，由神经机器翻译模型进行自动翻译。为了将双语词典中的翻译融合到神经机器翻译模型中，文献 [413] 提出了 3 种方法：打标签（Tagging）、混合短语（Mixed Phrase），以及额外嵌入（Extra Emedding）。打标签和混合短语方法都是在预处理阶段实施干预。打标签是对在双语词典中出现的源端片段和目标端片段，在其训练数据出现的首尾位置上插入特殊的标签，如针对双语词典条目"香港 | Hong Kong"，可以将训练数据平行句对"我 爱 香港 | I love Hong Kong"打标签为"我 爱 <start> 香港 <end> | I love <start> Hong Kong <end>"。"<start>"和"<end>"分别表示开始和结束。引入这两个特殊标记是为了让模型能够学会由它们括起来的源–目标片段之间的翻译对应关系。

第二种"混合短语"方法则是将双语词典中的目标翻译直接插入源语言句子，比如上例可以改造为"我 爱 香港 Hong Kong | I love Hong Kong"，这样神经机器翻译模型只需要学会将源语言短语后面的翻译拷贝到目标译文中即可。打标签和混合短语方法可以进行组合，比如上例可以进一步改造成"我 爱 <start> 香港 <middle> Hong Kong <end> | I love <start> Hong Kong <end>"，引入的"<middle>"标签用来隔开双语词典的源端和目标端。

不同于上面两种方法，额外嵌入方法则在神经机器翻译的嵌入层进行干预。除了已有的词嵌入、位置嵌入，额外嵌入方法引入了一个额外的嵌入，用来区分双语词典条目的源端、目标端，以及未在双语词典中出现的普通单词。对于例子"我 爱 <start> 香港 <middle> Hong Kong <end>"，额外嵌入方法将其视为包含 8 个标记的序列，即"n n n s n t t n"，其中"s"和"t"标记用来表示双语词典条目的源端和目标端，"n"标记表示普通单词。类似于 BERT[611]，文献 [413] 将位置嵌入、词嵌入、额外嵌入组合在一起输入给模型，如图 16-7 所示。

与打标签方法的目的类似，使用额外嵌入也是给模型提供复制信号：与额外嵌入"t"对齐的单词将趋向于被"复制"到目标译文中，而其他与"n"对应的单词倾向于进行"正常"翻译。值得注意的是，与打标签相比，额外嵌入是一种更"软"的方法。

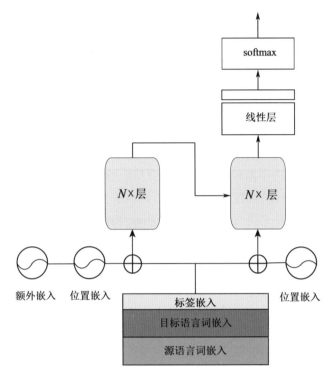

图 16-7　双语词典知识融合模型 [413]

16.4.2 翻译记忆库融合

　　翻译记忆库是一种存放各种粒度翻译片段的数据库，包括句子、段落等，它不仅存放源语言片段，也存放对应的目标语言翻译片段，这些不同粒度的翻译片段通常具有较高的可重用性，可用于未来文档的翻译，因此翻译记忆库对人工译员具有很高的应用价值。由于翻译记忆库是一种较大粒度的翻译知识库，因此将翻译记忆库融合到机器翻译中，无论是对统计机器翻译，还是神经机器翻译，都是一个重要的研究课题。

　　这里以文献 [414] 的研究工作为例，介绍如何将翻译记忆库融合到神经机器翻译模型中。该方法利用门控机制合并当前待翻译句子的编码及翻译记忆库对应译文的编码，以引导解码器生成译文时考虑翻译记忆库中的内容，包含 3 个基本组成部分：

- 耦合编码器，两个耦合的编码器，分别对源语言句子和匹配的翻译记忆库译文进行编码；
- 翻译记忆库门控网络，用于控制翻译记忆库匹配译文的编码信号对解码器的引导贡献；

- 翻译记忆库引导的解码器，基于门控的编码信息，生成对应源语言句子的最终译文。

整个模型的示意图如图 16-8 所示。下面具体介绍这 3 个核心部件。

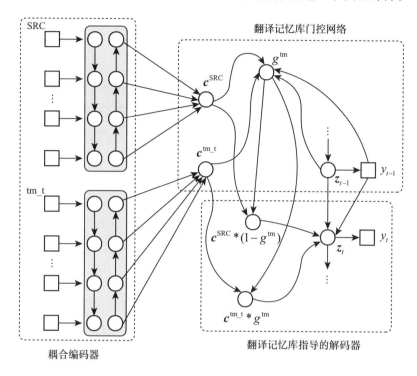

图 16-8　翻译记忆库融合模型示意图[414]

1. 耦合编码器

首先，计算当前待翻译句子 SRC 与翻译记忆库存放的所有源端句子的模糊匹配度或语义相似度，根据计算得到的相似度找到与 SRC 最匹配的译文 tm_t。然后，使用一对编码器分别对 SRC 和 tm_t 进行编码，两个耦合编码器均基于双向 GRU 循环神经网络构建。同时，该模型使用两个单独的注意力网络，获取 SRC 和 tm_t 的上下文表示：c^{SRC} 和 $c^{\mathrm{tm\_t}}$。

2. 翻译记忆库门控网络

当翻译当前待翻译句子 SRC 时，除了 SRC 本身输入，还将语义上与 SRC 相似的翻译记忆库匹配译文 tm_t 作为附加输入，目的是希望额外的 tm_t 输入可以充当翻译示例的角色，为译文目标词预测提供积极的引导。为平衡从两个输入（SRC 和 tm_t）进入解码器的信息流，模型引入了一个翻译记忆库门

控网络，以控制 tm_t 和 SRC 对解码器贡献的比例。翻译记忆库门控网络可形式化表示为

$$g^{\text{tm}} = f(\boldsymbol{z}_{t-1}, y_{t-1}, \boldsymbol{c}^{\text{SRC}}, \boldsymbol{c}^{\text{tm\_t}}) \tag{16-6}$$

式中，f 是 sigmoid 函数。

3. 翻译记忆库指导的解码器

将门控翻译记忆库译文信息集成到解码过程中，并基于 SRC 和 tm_t 的上下文表示预测每个时间步中解码器的隐状态。解码器隐状态 z_t 的计算如下：

$$\boldsymbol{z}_t = \text{GRU}(\boldsymbol{z}_{t-1}, y_{t-1}, \boldsymbol{c}^{\text{SRC}} * (1 - g^{\text{tm}}), \boldsymbol{c}^{\text{tm\_t}} * g^{\text{tm}}) \tag{16-7}$$

下一个单词 y_t 通过下面的公式计算：

$$P(y_t | \boldsymbol{y}_{<t}, \text{SRC}) = f_{\text{dec}}(\boldsymbol{z}_t, y_{t-1}, \boldsymbol{c}^{\text{SRC}}) \tag{16-8}$$

16.5 内部知识迁移

通常认为，由数据训练机器学习模型是一个知识提取的过程 [394, 415, 416]，自动提取的知识将用于模型预测和推理。对于神经网络模型而言，提取的知识以一种隐式的方式存储于模型内部参数或神经网络结构中。我们把从数据中学习并隐式存储于模型中的知识称为内部知识，以区别于前面介绍的语言学知识、非语言学知识及双语知识，那些知识通常存在于机器翻译模型及其训练数据之外。相对于外部知识而言，内部知识已经存在于模型内部，因此无须集成，而是在不同模型间进行迁移，比如从一个"教师"模型迁移到一个"学生"模型中。本节简要介绍两类面向神经机器翻译的内部知识迁移方法：知识蒸馏和预训练模型知识迁移。

16.5.1 知识蒸馏

知识蒸馏（Knowledge Distillation，KD）是一种将大模型的知识迁移到小模型的机器学习过程 [394]，即从大模型的软输出中训练小模型。在知识蒸馏过程中，小的学生模型不是直接从训练数据中学习，而是通过匹配教师模型的软输出训练自己。考虑一个多分类模型，在训练数据集 $\{(x, y)\}$ 上，原始的负对数似然损失（Negative Log-Likelihood Loss，NLL）（见 2.2.1 节）函数为 [150]

$$\mathcal{L}_{\text{NLL}}(\boldsymbol{\theta}) = -\sum_{k=1}^{|L|} \mathbb{1}(y = k) \log P(y = k | x, \boldsymbol{\theta}) \tag{16-9}$$

式中，$|L|$ 表示多分类模型中的类别数量；$\mathbb{1}(\cdot)$ 是指示函数，表示 y 是否为类别 k。

而学生模型从教师模型（模型参数为 $\boldsymbol{\theta}_{\mathrm{T}}$）学习优化的目标函数如下：

$$\mathcal{L}_{\mathrm{KD}}(\boldsymbol{\theta};\boldsymbol{\theta}_{\mathrm{T}}) = -\sum_{j=1}^{|L|} Q(y=k|x,\boldsymbol{\theta}_{\mathrm{T}}) * \log Q(y=k|x,\boldsymbol{\theta}) \tag{16-10}$$

式中，$Q(y=k|x,\boldsymbol{\theta}_{\mathrm{T}})$ 为教师模型从训练数据中学习到的概率分布。

为了更好地训练学生模型，通常会将上面的负对数似然损失和蒸馏损失合在一起，形成最终优化的目标函数：

$$\mathcal{L}(\boldsymbol{\theta};\boldsymbol{\theta}_{\mathrm{T}}) = (1-\alpha)\mathcal{L}_{\mathrm{NLL}}(\boldsymbol{\theta}) + \alpha\mathcal{L}_{\mathrm{KD}}(\boldsymbol{\theta};\boldsymbol{\theta}_{\mathrm{T}}) \tag{16-11}$$

式中，α 为平衡两个损失的超参数。

本节将以文献 [150] 的研究工作为例，概述性地介绍神经机器翻译内部知识蒸馏的两种方法：单词级知识蒸馏、句子级知识蒸馏。

1. 单词级知识蒸馏

单词级知识蒸馏是在每个目标单词位置上，学生模型学习教师模型的概率分布，如图 16-9 所示。根据式 (16-10) 中的蒸馏函数，单词级蒸馏目标函数可定义为

$$\mathcal{L}_{\mathrm{WORD\text{-}KD}} = -\sum_{t=1}^{|\boldsymbol{y}|}\sum_{k=1}^{|\mathcal{V}|} Q(y_t=k|\boldsymbol{x},\boldsymbol{y}_{<t}) \times \log P(y_j=k|\boldsymbol{x},\boldsymbol{y}_{<t}) \tag{16-12}$$

式中，$\mathcal{V}$ 是目标语言词汇集。类似于式 (16-11)，可以联合优化单词级蒸馏目标函数和神经机器翻译目标函数。

2. 句子级知识蒸馏

单词级知识蒸馏使教师模型在局部单词上的知识可以迁移到学生模型中，但实际上，神经机器翻译的最终目标是预测整个句子的概率，因此在理想情况下，学生模型应该学会模拟教师模型句子级别的概率分布：

$$P(\boldsymbol{y}|\boldsymbol{x}) = -\sum_{t=1}^{|\boldsymbol{y}|} P(y_t|\boldsymbol{x},\boldsymbol{y}_{<t}) \tag{16-13}$$

句子级知识蒸馏目标函数相应定义为

$$\mathcal{L}_{\mathrm{SEQ\text{-}KD}} = -\sum_{\boldsymbol{y}\in\mathcal{Y}} Q(\boldsymbol{y}|\boldsymbol{x})\log P(\boldsymbol{y}|\boldsymbol{x}) \tag{16-14}$$

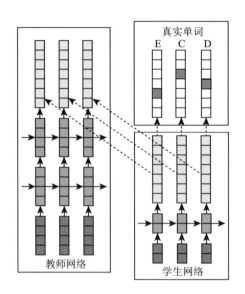

图 16-9 神经机器翻译单词级知识蒸馏[150]

式中，$\mathcal{y}$ 是整个目标语言句子空间。

由于目标译文句子空间是指数级的，从计算角度看，模型无法搜索所有可能的目标语言句子，因此上面的句子级蒸馏函数需要进行近似计算。首先，将教师模型的句子级概率分布 $Q(\boldsymbol{y}|\boldsymbol{x})$ 近似为通过柱搜索找到的最优译文的概率分布：

$$Q(\boldsymbol{y}|\boldsymbol{x}) \approx \mathbb{1}\{\boldsymbol{y} = \arg\max_{\boldsymbol{y} \in \mathcal{y}} Q(\boldsymbol{y}|\boldsymbol{x})\} \tag{16-15}$$

式 (16-14) 相应近似为

$$\mathcal{L}_{\text{SEQ-KD}} \approx -\sum_{\boldsymbol{y} \in \mathcal{y}} \mathbb{1}\{\boldsymbol{y} = \hat{\boldsymbol{y}}\} \log P(\boldsymbol{y}|\boldsymbol{x}) \tag{16-16}$$

式中，$\hat{\boldsymbol{y}}$ 是教师模型输出的最优译文。

句子级知识蒸馏的过程可以总结如下：

- 训练一个教师模型；
- 使用该教师模型翻译训练集中的每个句子，采用柱搜索得到最优译文；
- 利用教师模型生成的最优译文及源语言句子构建一个新的训练集，在该训练集上训练学生模型。

以上句子级知识蒸馏过程如图 16-10 所示。

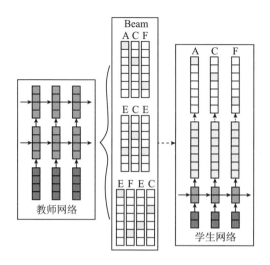

图 16-10　神经机器翻译句子级知识蒸馏过程[150]

16.5.2　预训练模型知识迁移

3.1.3 节介绍的预训练语言模型，如 BERT[61] 等，在大量语料数据上进行自监督训练。已有研究发现，预训练模型能够从数据中学习大量知识，如句法知识[417,418]、常识知识[419] 等。因此，一个自然的想法是将预训练模型的知识迁移到神经机器翻译模型中。

本节以文献 [420] 的研究工作为例，介绍如何将预训练模型知识迁移至神经机器翻译模型中。3.1.3 节介绍了预训练模型适应到下游任务的 4 种方法：特征提取、适配器、微调及小样本 / 零样本学习，其中微调和小样本学习是在单语言任务上使用较广泛的两种方法。文献 [420] 首先对基于微调将预训练模型适应到神经机器翻译上的方法进行了实验，并尝试了几种不同的微调配置，如利用 BERT 初始化神经机器翻译编码器，用在多语言数据上预训练的 XLM[421] 初始化神经机器翻译编码器 / 解码器，然后在平行语料上继续训练神经机器翻译模型。实验表明，这种在单语言任务（如 GLUE[422]、SuperGLUE[423]）上取得成功的预训练 + 微调方法，在机器翻译任务上并没有取得较好的效果。一种可能的原因是，神经机器翻译本身训练的数据量较大，远远大于单语言任务 GLUE、SuperGLUE 上的数据量，且不同于一般微调方法中下游任务的模型参数量往往远小于预训练模型参数量，相比于预训练模型，神经机器翻译模型的参数量仍然比较大，因此，在大规模数据上继续微调大量参数，有可能导致灾难性遗忘（Catastrophic Forgetting）现象[420]。灾难性遗忘 是指神经网络在学习新任务、新信息时，趋向于遗忘已学到的信息。其他在神经机器翻译中利用 BERT 的研究工作也发现，如果神经机器翻译训练数据量较小，这种预训练 + 微调的方法，在神经机器翻译中能取得更好的效果 [424]。

　　为此，文献 [420] 提出了一个 BERT 融合的模型，基本思想如图 16-11 所示，图中从左至右分别为 BERT、Transformer 编码器、Transformer 解码器，虚线代表残差连接。每个源语言输入 $\boldsymbol{x}$ 均要流进 BERT、神经机器翻译编码器／解码器，然后生成译文。令 l_x, l_y 表示输入 $\boldsymbol{x}$ 和输出 $\boldsymbol{y}$ 中的单词个数，并假设编码器和解码器均为 L 层。BERT 融合模型包含以下 3 个部分。

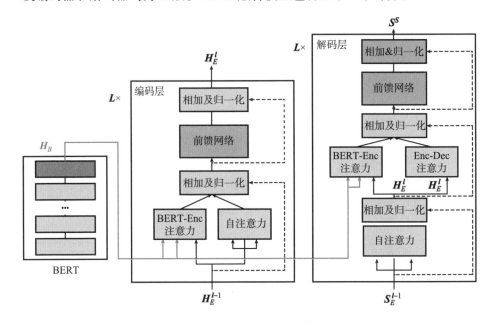

图 16-11　BERT 融合模型 [420]

1. BERT

输入源语言句子 $\boldsymbol{x}$，经过 BERT 编码输出得到 $\boldsymbol{H}_{\mathrm{B}} = \mathrm{BERT}(\boldsymbol{x})$，$\boldsymbol{x}$ 中第 i 个子词（经 WordPiece[144] 或 BPE[143] 得到）表示为 $h_{\mathrm{B},i} \in \boldsymbol{H}_{\mathrm{B}}$；

2. 编码器

令 $\boldsymbol{H}_{\mathrm{E}}^l$ 表示编码器第 l 层的隐状态，$\boldsymbol{H}_{\mathrm{E}}^0$ 即表示 $\boldsymbol{x}$ 的词嵌入。对 $i \in [l_x]$ 和 $l \in [L]$，$\boldsymbol{H}_{\mathrm{E}}^l$ 中第 i 个元素 $\tilde{\boldsymbol{h}}_i^l$ 按如下方式计算得到：

$$\tilde{\boldsymbol{h}}_i^l = \frac{1}{2}(\mathrm{attn}_{\mathrm{S}}(\boldsymbol{h}_i^{l-1}, \boldsymbol{H}_{\mathrm{E}}^{l-1}, \boldsymbol{H}_{\mathrm{E}}^{l-1}) + \mathrm{attn}_{\mathrm{B}}(\boldsymbol{h}_i^{l-1}, \boldsymbol{H}_{\mathrm{B}}, \boldsymbol{H}_{\mathrm{B}})), \forall i \in [l_x] \quad (16\text{-}17)$$

式中，$\mathrm{attn}_{\mathrm{S}}, \mathrm{attn}_{\mathrm{B}}$ 分别表示编码器的自注意力模型、BERT 编码器注意力模型。计算得到 $\tilde{\boldsymbol{h}}_i^l$ 后，将其输入至前馈神经网络（FFN），得到第 l 层输出，最终得

到编码器最后一层的输出为

$$\boldsymbol{H}_{\mathrm{E}}^{l} = (\mathrm{FFN}(\tilde{\boldsymbol{h}}_{1}^{l}), \cdots, \mathrm{FFN}(\tilde{\boldsymbol{h}}_{l_x}^{l})) \tag{16-18}$$

3. 解码器

令 $\boldsymbol{z}_{<t}^{l}$ 表示在 t 时间步之前的解码器第 l 层隐状态，可按如下方式计算：

$$\hat{\boldsymbol{z}}_{t}^{l} = \mathrm{attn}_{\mathrm{S}}(\boldsymbol{z}_{t}^{l-1}, \boldsymbol{z}_{<t+1}^{l-1}, \boldsymbol{z}_{<t+1}^{l-1}) \tag{16-19}$$

$$\tilde{\boldsymbol{z}}_{t}^{l} = \frac{1}{2}(\mathrm{attn}_{\mathrm{B}}(\hat{\boldsymbol{z}}_{t}^{l}, \boldsymbol{H}_{\mathrm{B}}, \boldsymbol{H}_{\mathrm{B}}) + \mathrm{attn}_{\mathrm{E}}(\hat{\boldsymbol{z}}_{t}^{l}, \boldsymbol{H}_{\mathrm{E}}^{l}, \boldsymbol{H}_{\mathrm{E}}^{l}))), \boldsymbol{z}_{t}^{l} = \mathrm{FNN}(\tilde{\boldsymbol{z}}_{t}^{l}) \tag{16-20}$$

式中，$\mathrm{attn}_{\mathrm{S}}$ 表示解码器端自注意力模型；$\mathrm{attn}_{\mathrm{B}}$ 表示 BERT 解码器注意力模型；$\mathrm{attn}_{\mathrm{E}}$ 表示编码器–解码器注意力模型。

从以上介绍中可以看出，该 BERT 融合模型将 BERT 最后一层的输出通过注意力方式融合到编码器、解码器的每一层中，与原有的隐状态合并形成编码器、解码器的新隐状态。与微调方式相比，该融合模式采用了特征提取方式将 BERT 知识迁移到神经机器翻译模型中。

16.6　未来方向

现有面向神经机器翻译的知识融合研究工作大部分集中在融合语言学知识方面，对于非语言学知识，如知识图谱中的事实知识、常识知识等，则较少或鲜有被融入神经机器翻译模型。因此，未来一个很重要的方向是研究如何将语言学之外的知识融入神经机器翻译模型中，以提升神经机器翻译模型的常识推理能力，并减少译文生成时的知识性错误。

另一个令人感兴趣的研究方向是进一步研究如何将大规模预训练模型，尤其是在多语言数据上训练的预训练模型，融入神经机器翻译中以实现知识迁移，其中一个值得探索的方向是采用提示学习方式实现预训练模型到神经机器翻译模型的知识迁移。

16.7　阅读材料

在语言学知识融合方面，文献 [425] 利用图循环神经网络（Graph Recurrent Network，GRN）将句子的抽象意义表示（Abstract Meaning Representation，AMR）信息融入机器翻译模型（AMR 将句子语义编码成有向图）。文献 [426] 提出了一个双向树编码器，能够同时学习序列化和树形式的句法信息。文献 [427] 在编码器上使用图卷积神经网络融入源端句法信息，融合方式类似于前文介绍的语义角色融合。

在非语言学知识和双语知识融合方面，文献 [428] 提出了一种持续学习的方式将双语词典融入神经机器翻译模型。文献 [429] 利用实体链接消除句子中出现的实体歧义。文献 [430] 提出了两种将知识图谱融入神经机器翻译模型的策略：一是将训练数据中的源端和目标端实体链接到知识图谱中；二是将知识图谱嵌入表示集成到神经机器翻译模型中。两种策略均不需要修改神经机器翻译模型架构。

在内部知识迁移和蒸馏方面，文献 [431] 在多语言机器翻译上进行了知识蒸馏，通过训练单个模型并将其视为教师模型，然后在训练数据上训练多语言模型，并通过知识蒸馏同时匹配个体模型的输出。文献 [432] 基于机器翻译模型本身的软目标概率，提出了一种自我知识蒸馏方法，其中，多模态信息从 softmax 层下方的词嵌入空间中提炼。文献 [433] 提出了一种将预训练语言模型中的知识融入机器翻译模型的方法，该方法由两部分组成：一种动态融合机制，可将预训练模型中任务的特征融入神经机器翻译网络中；一种知识蒸馏方法，可以在神经机器翻译训练过程中不断学习语言知识。

16.8 短评：浅谈基于知识的机器翻译

知识在机器翻译中的作用一直非常重要，20 世纪八九十年代，基于知识的机器翻译（Knowledge-Based Machine Translation，KBMT）曾是一种非常重要的机器翻译范式。当时典型的 KBMT 系统包括卡内基梅隆大学的 KBMT89 系统 [434, 435]、南加州大学信息科学研究所等 3 家单位联合研发的 PANGLOSS 系统 [436]，以及德国联邦研究和技术部资助的 Verbmobil 系统 [437]。

1. KBMT89

KBMT89 是第一个系统化地用知识表示方式获取源语言句子"深层表示"的机器翻译项目，该项目完成于 1989 年，主要目标是实现个人计算机技术文档的日语–英语的双向互译。KBMT89 的整个架构主要由 3 部分组成：分析器、知识盘（Knowledge Plane）和生成器。

（1）分析器。分析器包括一个句法分析器和一个语义解释器。句法分析器生成源语言句子的词汇功能语法（Lexical Functional Grammar，LFG）结构，即 LFG f-structure。语义解释器利用映射规则将 LFG f-structure 映射到深层语义结构，KBMT89 称之为中间语言文本（Interlingual Text，ILT）。粗略地说，源语言的词汇映射为领域概念的实例，句法结构映射为概念关系。

（2）生成器。生成器同样也包括两部分，一个是语义生成器，基于分析器得到源语言 ILT 生成目标语言的句法结构；一个是句法生成器，在语义生成器输出结果基础上生成最终的目标语言串。KBMT89 的基本架构和基于转换的翻译系统类似，不同的是，源语言分析的结果不是浅层的句法结构，而是深层的语义表示 ILT。

（3）知识盘。知识盘是支撑中间语言文本（ILT）知识表示的核心部件，包括基于框架的知识表示系统 FRAMEKIT 和领域本体。FRAMEKIT 框架包含命名的特征槽及相应的槽值，槽值又可能是另外一个槽。领域本体是一个由各种类型的概念组成的稠密内联网络，包含对象、事件，以及对象和事件的性质、关系、属性等。为构建该领域本体，KBMT89 开发了一个知识编辑平台 ONTOS，用于实现本体的手工构建和维护。由于领域本体是依靠手工构建的，其覆盖面不可避免地会比较窄，构建和维护成本也比较高。

2. PANGLOSS

PANGLOSS 项目是由美国新墨西哥州立大学、南加州大学信息科学研究所（ISI）和卡内基梅隆大学 3 家单位联合研发的西班牙语–英语机器翻译项目（主要翻译金融领域的新闻文本）。项目分 3 期，第 1 期为纯 KBMT 系统，第 2 期开发了一个词汇转换系统，第 3 期则是一个多引擎混合系统，其中第 1 期开发的 KBMT 系统仍是这个混合系统的核心系统。

与 KBMT89 类似，PANGLOSS 的 KBMT 系统也分为 3 部分：一个称为 Panglyzer 的分析器，负责分析源语言句子并生成语义表示（Meaning Representation）；一个称为 Penman 的生成器，生成目标语言句子；还有一个 Panglyzer 到 Penman 的映射器。整个系统采用中间语言作为内部的知识表示，由 ISI 负责研发的 PANGLOSS 本体（Ontology）提供知识表示的基础。

与 KBMT89 本体不同的是，PANGLOSS 本体采用半自动方法构建，规模相对较大。本体共分为 3 层，顶层包含 400 个泛化的一般概念节点，称为 Ontology Base；中间层包含 5 万个节点，涵盖了许多英语单词的词义，可认为描述了一个通用的世界模型；下层则提供了不同应用领域的本体锚点。为了构建这个大规模的本体，ISI 的 Kevin Knight 等人 [438-440] 提出多种匹配算法，如定义匹配、层次匹配和双语匹配等，将多个语言资源进行合并和融合。匹配和融合的资源包括 Penman 的上位模型 [441]、前面提到的 KBMT89 的 ONTOS、Longman 现代英语词典、WordNet 及 Haper-Collins 西班牙–英语双语词典等。

3. Verbmobil

Verbmobil 是由德国联邦研究和技术部资助的长达 7 年（1993–2000 年）的语音和机器翻译技术联合研究项目，项目的目标是研发一款能在移动设备上（从项目名称可以体现出来）提供德语、英语和日语商业场景下双向、实时、鲁棒的对话翻译的系统。

与前两个 KBMT 系统类似，Verbmobil 的翻译系统也是一个转换风格的系统，输入的话语经过句法分析和语义分析，得到与源语言相应的语义表示，然后再经过转换模块映射到目标语言的语义表示，最后生成目标语言。为了能做到在对话环境中翻译而不是逐句翻译，Verbmobil 还包含一个对话管理系统，用于处理当前翻译之前的对话内容和主题。

Verbmobil 最核心的数据结构，即知识表示结构，称为 VIT（Verbmobil Interface Terms），用于实现多种语言多个模块之间接口的无缝衔接。VIT 与 KBMT89 的 ILT 类似，也是一种框架表示，里面含有多个槽，用来表示输入句子的语言学知识和非语言学知识，其中语言学知识包含语义谓词、共指、时态、体态、辖域和对话行为等，非语言学知识包括来自本体的类别定义等。VIT 的构建依赖于一个多语言的语义数据库，其中定义了单词的基本形式、词汇语义分解、语义类别、本体概念类别及论元选择偏向性等信息。

4. 总结

基于以上对 KBMT 系统的介绍，将其共性总结为以下 3 点：

- 一般采用基于转换的机器翻译模式，系统包含分析器、转换器和生成器。分析器生成源语言的深层语义表示，转换器将源语言的语义表示转换为目标语言的语义表示，生成器最后生成对应的目标语言句子。
- 都有一个核心的知识表示体系，如 KBMT89 的 ILT、Verbmobil 的 VIT 等。知识表示体系中既包含语言学知识（句法语义知识），也包含非语言学知识。
- 都有一个领域知识库支撑知识表示，如 KBMT89 和 PANGLOSS 的本体、Verbmobil 的语义数据库等。

从实践角度看，传统 KBMT 存在巨大的困难和挑战。这些困难和挑战严重束缚了 KBMT 的进一步发展和推广，如 PANGLOSS 虽然核心系统是 KBMT 系统，但在项目的第 2 期和第 3 期，研发的重心已经有所偏离，因为项目研发单位发现第 1 期开发的 KBMT 系统性能没有达到预期目标[436]。总体而言，传统的 KBMT 系统存在以下几个主要问题：

- 受制于当时不成熟的底层支撑技术。以上介绍的几个 KBMT 项目研究，希望通过对句子的深层分析（基于 LFG、HPSG 语法），以及将各种语言学知识、非语言学知识集于一体（框架表示），解决机器翻译的各种问题，如共指、一致性和时态等。在当时的环境下，深层句法分析的性能远远达不到预期目标，这是挑战之一。挑战之二则是没有很好的模型和算法将语言学知识和非语言学知识同时应用于翻译过程中。

- 所依赖的领域本体覆盖面窄。以上 3 个 KBMT 项目都认识到通用本体的构建是非常困难的，因此，均在翻译领域方面做了限制，如 KBMT89 限定在个人计算机技术文档领域，PANGLOSS 限定在金融新闻领域，而 Verbmobil 限制在商业对话领域。即便如此，受制于构建方法的局限性（手工构建，或者依赖已有资源融合构建），领域本体的覆盖面依然较窄。

- 基于规则转换的翻译模式。传统的 KBMT 系统都采用转换的翻译模式，基本上还是基于规则的方法，缺点包括：没有很好的规则冲突解决机制，相应的语言学、非语言学知识的集成都是基于硬约束而不是软约束。即便 PNAGLOSS 系统采用了概率计算，规则方法仍然是主要的，而统计是次要的。

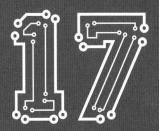

第 17 章

鲁棒神经机器翻译

当神经机器翻译遇到输入噪声、分布之外样例、对抗性攻击等问题时，模型生成的译文将会发生何种变化？翻译性能还会保持稳定吗？如果翻译性能急剧下降，又该如何提高其鲁棒性呢？这些问题将在"鲁棒神经机器翻译"的框架中进行讨论。本章首先对神经机器翻译、自然语言处理及机器学习模型的鲁棒性问题进行概述性的介绍，然后着重探讨神经机器翻译与自然语言处理的对抗鲁棒性，以及提高对抗鲁棒性的方法，包括基于白盒攻击的对抗样本生成、基于黑盒攻击的对抗样本生成及对抗训练。在此基础上，讨论用于鲁棒神经机器翻译训练和测试的相关数据集及数据集构建方法。最后，为鲁棒神经机器翻译的未来研究给出建议，涵盖对抗攻击、对抗训练、后门攻击与数据投毒、分布之外鲁棒性等方面。

17.1　鲁棒性概述

在实际部署和应用神经机器翻译时，需要处理好系统的鲁棒性问题。神经机器翻译的鲁棒性是机器学习鲁棒性在机器翻译中的具体表现，而**机器学习鲁棒性**主要指机器学习模型测试错误和训练错误保持一致，或者系统性能保持稳定[442]。前者指机器学习模型具有较好的泛化能力，在面对未知测试样本时仍然具有与训练数据上相近的错误率；后者指训练数据集发生较小变化时，模型仍然能够做出相似的预测。

鲁棒性与不确定性密切相关，文献 [443] 和 [444] 认为机器学习面对的不确定性至少包含以下 3 类。

（1）**偶然不确定性**（Aleatoric Uncertainty）。各种噪声数据，如标签噪声（人工标注不一致性）、测量噪声和数据缺失等；

（2）**认知不确定性**（Epistemic Uncertainty）。又称为模型不确定性，即模型参数或结构不确定，多个模型或多种模型结构可以解释同样的数据，因此不知道选择哪个模型或哪种模型结构；

（3）**分布之外样例**（Out-of-Distribution Sample）。在通常情况下，一般假定训练数据和测试数据的分布是一致的，但是在真实世界中，在一个数据集上训练的模型会应对来自多个未见分布或领域的样本，因此需要机器具备能泛化到未见分布样本的能力。

具体到机器翻译而言，模型不确定性通常可以通过系统融合、模型融合、checkpoint 融合等进行缓解，而噪声、分布之外样例导致的鲁棒性问题，则成为神经机器翻译迫切需要解决的问题。

机器翻译面对的噪声按来源可分为两类：待翻译的输入文本噪声（简称输入噪声），以及机器翻译模型训练数据噪声（简称训练数据噪声）。相应地，机器翻译的噪声鲁棒性也分为输入噪声鲁棒和训练数据噪声鲁棒。**输入噪声鲁棒**指的是在源语言输入存在较小噪声或扰动的情况下，机器翻译模型输出的目标语言译文保持稳定或不变。输入噪声鲁棒是机器翻译的重要追求目标之一，然而目前主流神经机器翻译应对输入噪声或扰动的鲁棒性的能力需要进一步加强。表 17-1 中的例子显示了输入噪声带来的机器翻译译文的不稳定性。我们对表中的同一句话进行添加 / 删除标点符号、添加 / 删除单词、拼音替换等操作，然后对比操作前后 Google 在线机器翻译（2021 年 7 月份①）输

---

① 这里之所以给出 Google 在线机器翻译引擎的测试时间，是因为在线引擎通常会不断迭代更新，某个阶段的测试样例翻译错误可能在后续更新版本中得到了修正。

出的译文。从人类译员角度看，这些微小操作基本上不会影响源文及译文的意思表达，但神经机器翻译却对这些微小变化非常敏感，比如添加一个单词"和"，源文意思完全没有变化，但是译文意思却变成了先"自尽"再"扫射"别人。

表 17-1　神经机器翻译对输入噪声的敏感性

输入噪声类型	中文输入	Google 英语译文
源文	前陆军士兵扫射致 1 死 5 伤后自尽。	The former army soldier committed suicide after shooting 1 dead and 5 wounded.
删除标点	前陆军士兵扫射致 1 死 5 伤后自尽	Former army soldier committed suicide after shooting 1 dead and 5 wounded
添加标点	前陆军士兵，扫射致 1 死 5 伤后自尽。	The former army soldier fired, killing 1 and 5 wounds before committing suicide.
阿拉伯数字替换为中文数字	前陆军士兵扫射致一死五伤后自尽。	The former army soldier committed suicide after shooting one death and five wounds.
删除字词	前陆士兵扫射致 1 死 5 伤后自尽。	Foreland soldiers committed suicide after shooting 1 dead and 5 wounded.
添加字词	前陆军士兵扫射致 1 死和 5 伤后自尽。	The former army soldier killed 1 dead and 5 wounded after shooting himself.
错别字	前陆军士兵扫射至 1 死 5 伤后自尽。	The former army soldier shot himself until 1 dead and 5 wounded.

　　训练数据噪声鲁棒主要是指在机器翻译模型训练数据存在噪声或错误的情况下，训练的机器翻译系统仍然具有鲁棒性，即仍然可以正确翻译源语言句子。训练数据噪声的类型比较多，包括平行语料数据中存在乱码、混合语言、错位对齐、机器翻译生成的译文、质量较低的人工译文、对抗样本（见 17.3 节）等情况。一些在训练数据中高频出现的噪声模式会极大地影响神经机器翻译系统输出的译文，比如训练数据中连续出现的"="会使译文也出现连续的等号，即使源语言文本中并没有任何等号。

　　相比于统计机器翻译，神经机器翻译对训练数据中存在的噪声较为敏感，文献 [16] 在 WMT 2017 德英语料上加入了带噪声的网络爬取数据，然后训练神经机器翻译模型，结果发现神经机器翻译模型的 BLEU 值下降了 9.9 点，而统计机器翻译模型的 BLEU 值却上升了 1.2 点。其他研究也表明，统计机器翻译对平行语料中的噪声具有非常强的鲁棒性。文献 [18] 发现，当平行语料中错误对齐的句对比例在 30% 以下时，基本上不会影响统计机器翻译性能；当错误对齐的句对比例高达 50% 时，基于短语的统计机器翻译的 BLEU 值也只下降 1 点。

统计机器翻译具有较强的应对训练数据噪声的能力，文献 [18] 认为原因可能包括两方面：

一是统计机器翻译主要计算翻译规则 $(\hat{x}, \hat{y})$（$\hat{x}/\hat{y}$ 可以是单词、短语或带非终结符的字符串）的概率 $P(\hat{y}|\hat{x})$，随机错配的句对只会将源端片段 $\hat{x}$ 对应的不同目标端片段 $\hat{y}$ 的数量增加，增加之后的概率分布 $P(\hat{y}|\hat{x})$ 更加扁平，但 $(\hat{x}, \hat{y})$ 正确翻译的概率仍然是所有概率中最大的，因为正确翻译的比例仍然较大；

二是在训练数据中添加一定噪声，可以起到类似机器学习模型训练的正则化效果。

除了噪声数据会使神经机器翻译"抽风"，分布之外样例也会使神经机器翻译在生成译文时产生"幻想"（Hallucination）[445]，完全脱离源文意思"自说自话"。分布之外样例在很多情况下都会出现，比如：

- 领域迁移：神经机器翻译引擎在域内（In-Domain）语料上训练，但在域外（Out-of-Domain）上测试；
- 低资源语言：由于训练语料太少，大部分测试文本可能都是分布之外样例；
- 输入语言与机器翻译语言不匹配：即输入语言和机器翻译系统要翻译的源语言不一致，比如将汉语输入德英机器翻译系统中。

相对于前两种，最后一种属于跨语言的分布之外样例，很容易对在单个语向上训练的机器翻译系统造成挑战，而在第 18 章介绍的多语言神经机器翻译系统，由于在训练时模型见过了多种不同的源语言，因而可以较好地应对跨语言分布之外的输入①。

总体而言，神经机器翻译在应对不确定性方面，尤其是噪声、分布之外样例，仍然面临较大的挑战。本章主要介绍神经机器翻译在应对输入噪声方面的研究工作，相比之下，应对训练数据对抗攻击（如数据投毒）、分布之外样

---

① 基于此，在某种程度上，可以判断在线机器翻译引擎是否采用了多语言神经机器翻译技术，比如输入一个汉语句子，不采用自动检测语言功能，而是强制指定输入语言为普什图语、祖鲁语等，然后指定目标语言为汉语，看看机器翻译是否会生成"幻想"的译文。

例的相关研究工作相对较少，本章将其放在未来方向中简要介绍。而应对输入噪声的研究工作主要集中在增强对抗鲁棒性（Adversarial Robustnes）方面，接下来对相关工作进行重点介绍。

17.2　对抗鲁棒性

机器翻译系统面对的输入噪声可以分为**对抗样本**（Adversarial Example）和**自然噪声**。前者主要是由特定对抗模型、规则或算法针对机器翻译系统生成的带有微小扰动的输入，后者主要是真实环境下的带有噪声的输入或由上游模型生成的带有错误的输出等，比如社交媒体中存在的不规范的文本输入、上游自动语音识别产生的带有噪声的识别文本等。

对抗样本是通过在输入样本上施加难以察觉到的微小扰动产生的特殊样本，施加的扰动能够"欺骗"神经网络模型，使其产生错误预测[446]。对抗样本的存在使得神经网络很容易受到攻击，使用对抗样本攻击模型的方法称为**对抗攻击**（Adversarial Attack）。**对抗鲁棒性**（Adversarial Robustness）是模型相对于对抗攻击的敏感性、脆弱性的度量，提高模型对抗鲁棒性的方法包括**对抗训练**（Adversarial Training）[446, 447]、**防御蒸馏**（Defensive Distillation）[448]等。其中，对抗训练是最常用、最有效的提高模型对抗鲁棒性的方法[449, 450]，它是一种蛮力型（Brute Force）解决方案，基本思想是生成大量的对抗样本，然后用对抗样本训练模型，使其不再被对抗样本"欺骗"。

对抗样本生成和对抗训练可以看成一个"最小化-最大化"问题[451, 452]：

$$\min_{\boldsymbol{\theta}} \mathbb{E}_{(\boldsymbol{x},\boldsymbol{y})\in\mathcal{D}} \max_{\boldsymbol{\delta}\in\Delta} \mathcal{L}(\boldsymbol{x}+\boldsymbol{\delta},\boldsymbol{y};\boldsymbol{\theta}) \tag{17-1}$$

式中，$\boldsymbol{x}$ 是输入样本；$\boldsymbol{\delta}$ 是微小扰动；Δ 是对扰动的约束，如 ℓ_p 约束的扰动：$\Delta = \{\boldsymbol{\delta}\in\mathbb{R}^d | \|\boldsymbol{\delta}\|_p \leqslant \varepsilon\}$；$\boldsymbol{\theta}$ 是模型参数；$\mathcal{L}(\boldsymbol{x}+\boldsymbol{\delta},\boldsymbol{y};\boldsymbol{\theta})$ 是模型在当前样本下的损失函数。生成对抗样本是一个"最大化"问题：

$$\max_{\boldsymbol{\delta}\in\Delta} \mathcal{L}(\boldsymbol{x}+\boldsymbol{\delta},\boldsymbol{y};\boldsymbol{\theta}) \tag{17-2}$$

即在约束 S 下最大化模型损失以得到最优的对抗样本 $\boldsymbol{x}+\boldsymbol{\delta}$。

而对抗训练则是一个"最小化"问题，即在输入对抗样本的情况下，学习合适的模型参数，以最小化模型的总体损失（即所有训练样本的损失之和，如式 (17-1)），从而提高模型的鲁棒性。

17.3 对抗样本生成

对抗样本生成和对抗训练最早在计算机视觉领域中得到应用[446]，随后广泛应用于自然语言处理各个任务，以提升模型的对抗鲁棒性。与计算机视觉中生成对抗图像相比，生成文本型的对抗样本具有一定挑战性。

第一，对抗样本是在实数值输入中添加微小的扰动生成的，这对图像输入而言不存在问题，但是在自然语言处理中，输入的文本是离散的，并且输入中的单词初始是以高维空间中的独热向量形式存在的，难以直接进行微小扰动变化。早期自然语言处理中的对抗样本，因此通常是在单词嵌入（低维稠密实数值向量）上进行扰动变化生成的，并没有映射到具体的单词或字上[453]。

第二，如何定义微小难以察觉的扰动（Indistinguishable Perturbation），对自然语言来说，要远远难于图像，因为没有两个自然语言句子的区别是难以察觉的。因此，大部分工作是从变化的对立面——"相似性"角度定义微小扰动，即对抗样本与原始样本应具有足够的相似性。TextAttack[454] 作者之一的 John Morris 在 towardsdatascience 的一篇技术博客①中将自然语言处理对抗样本生成的相似性分为两大类：视觉相似性和语义相似性。前者指生成的对抗样本和原始样本看起来非常相似，比如只改变了序列中的几个字母，或者引进人书写时的打字错误等，如 DeepWordBug[455]、HotFlip[456] 等方法生成的对抗样本；后者则在语义上强调对抗样本与原始样本的不可区分性，即对抗样本与原始样本语义上应该保持一致，如 BERT-ATTACK[457]、TextFoller[458] 等方法生成的对抗样本。

要生成自然语言对抗样本，除了要面对上面的挑战，还需要满足一些限制条件[454, 459]。

- 转换前约束：在生成对抗样本前，约束自然语言文本序列哪些地方可以进行扰动性变化，如停用词是否参与扰动变化、重复词是否需要进行多次扰动等；
- 重叠约束：约束对抗样本与原始样本的单词级、字符级重叠度，如两者之间的 BLEU 值、Levenshtein 距离（编辑距离）等不能小于或大于某个阈值；
- 语法约束：要求生成的对抗样本尽可能符合语法，不存在语法错误，比如词性不匹配、上下文不兼容等；
- 语义约束：要求生成的对抗样本与原始样本语义一致，如两者之间的向

① https://towardsdatascience.com/what-are-adversarial-examples-in-nlp-f928c574478e。

量余弦相似度、语义相似度要大于某个阈值。

近年来，在机器翻译任务上也出现了很多对抗攻击的方法。按照模型内部信息是否透明，可以分为**白盒攻击**（White-Box Attack）和**黑盒攻击**（Black-Box Attack）。白盒攻击可以利用模型的内部信息（如梯度）生成对抗样本；黑盒攻击则无法获取到模型内部信息，只能根据模型的外部输入或输出，生成对抗样本攻击模型。按照攻击的粒度，还可以分为字符、词、短语和句子级别攻击。本节将介绍常用的白盒攻击和黑盒攻击方法。由于很多攻击方法具有一定的通用性，不仅适用于神经机器翻译，而且可以应用到其他自然语言处理任务上，因此，下面有些地方将从更广的层面，即自然语言处理的角度，介绍对抗攻击方法。

17.3.1 白盒攻击

深度学习中提出的白盒攻击方法，如**快速梯度符号方法**（Fast Gradient Sign Method，FGSM）[447]、**投影梯度下降**（Projected Gradient Descent，PGD）[452] 方法等，在自然语言处理中获得了广泛的应用。

FGSM 计算样本的梯度，并对样本做单步的梯度上升：

$$\hat{\boldsymbol{x}} = \boldsymbol{x} + \epsilon \, \mathrm{sgn}(\nabla_{\boldsymbol{x}} \mathcal{L}(\boldsymbol{\theta}, \boldsymbol{x}, \boldsymbol{y})) \tag{17-3}$$

式中，$\boldsymbol{x}$ 是原始输入样本；$\boldsymbol{y}$ 是对应的输出；$\boldsymbol{\theta}$ 是模型参数；$\mathcal{L}$ 是模型损失函数；$\hat{\boldsymbol{x}}$ 是对抗样本；sgn 是符号函数，将梯度归一化成单位向量；ϵ 是超参数，类似于梯度下降算法中的学习率，用于控制累加梯度的大小。梯度上升的效果和梯度下降相反，能够让模型的损失变大。

FGSM 只做单步的梯度上升，而 PGD 会对样本做迭代的梯度上升：

$$\boldsymbol{x}^{t+1} = \prod_{\boldsymbol{x}+\mathcal{S}} (\boldsymbol{x}^t + \alpha \, \mathrm{sgn}(\nabla_{\boldsymbol{x}} \mathcal{L}(\boldsymbol{\theta}, \boldsymbol{x}^t, \boldsymbol{y}))) \tag{17-4}$$

式中，$\boldsymbol{x}^{t+1}$ 是第 $t+1$ 步迭代后的对抗样本，第 $t+1$ 步梯度上升在第 t 步迭代的结果 $\boldsymbol{x}^t$ 上进行。$\prod_{\boldsymbol{x}+\mathcal{S}}$ 将梯度上升后的样本映射到约束空间内。

FGSM 和 PGD 虽然在计算机视觉领域中得到了验证，但无法直接应用在自然语言处理上，因为自然语言处理模型的输入通常是离散的独热向量，在独热向量上加梯度并不能得到一个真实的词或字符。虽然独热向量可被转化为连续的单词嵌入向量，但同样地，在单词嵌入向量上加梯度，也无法对应到真实的词或字符。

很多自然语言处理中的白盒攻击方法都遵循算法 17.1 所示框架。假设被

攻击的句子由 L 个单词组成，攻击的目标是通过替换句子中的 k 个单词，让模型的损失上升最大。假设词表大小为 $|\mathcal{V}|$，一共存在 $O(C_L^k \times |\mathcal{V}|)$ 种候选的对抗样本，从中搜索最优的对抗样本是十分耗时的，因为需要进行 $O(C_L^k \times |\mathcal{V}|)$ 次前向传播。借助梯度，只需要进行一次前向传播和一次反向传播，就可以得到一个好的对抗样本：

$$\hat{\boldsymbol{x}} = \underset{\hat{\boldsymbol{x}} \in S_{\boldsymbol{x}}}{\arg\max} \nabla_{\boldsymbol{E}(\boldsymbol{x})} \mathcal{L}(\boldsymbol{x}, \boldsymbol{y}; \boldsymbol{\theta})^{\top} (\boldsymbol{E}(\hat{\boldsymbol{x}}) - \boldsymbol{E}(\boldsymbol{x})) \tag{17-5}$$

式中，$\boldsymbol{x}$ 是原始样本；$\hat{\boldsymbol{x}}$ 是对抗样本；$S_{\boldsymbol{x}}$ 是所有可能的对抗样本组成的集合；$\boldsymbol{E}(\boldsymbol{x}), \boldsymbol{E}(\hat{\boldsymbol{x}}) \in \mathbb{R}^{n \times d}$ 分别是原始样本和对抗样本的词嵌入表示矩阵；$\nabla_{\boldsymbol{E}(\boldsymbol{x})} \mathcal{L}(\boldsymbol{x}, \boldsymbol{y}; \boldsymbol{\theta})$ 是 $\boldsymbol{E}(\boldsymbol{x})$ 的梯度，$\nabla_{\boldsymbol{E}(\boldsymbol{x})} \mathcal{L}(\boldsymbol{x}, \boldsymbol{y}; \boldsymbol{\theta}) \in \mathbb{R}^{n \times d}$。式 (17-5) 计算样本在替换前后嵌入表示的变化和梯度之间的点积相似度，相似度越大，替换后的效果和直接对 $\boldsymbol{E}(\boldsymbol{x})$ 做梯度上升越接近。有的研究工作 [456] 计算的是独热向量的梯度，相应的 $\boldsymbol{E}(\boldsymbol{x})$ 和 $\boldsymbol{E}(\hat{\boldsymbol{x}})$ 分别是原始样本和对抗样本的独热向量表示。

算法 17.1 自然语言处理白盒攻击框架 1

　　输入： 长度为 L 的原始样本 $\boldsymbol{x}$，被替换词的数量 k，词表 $\mathcal{V}$，模型损失 $\mathcal{L}$

　　输出： 对抗样本 $\hat{\boldsymbol{x}}$

1. $\hat{\boldsymbol{x}} = \boldsymbol{x}$
2. ▷ 替换 L 个词中的 k 个词
3. 搜索 k 个攻击位置 $p_1, p_2, \cdots, p_k$，$0 \leqslant p_i \leqslant L - 1$
4. **for** $i = 0 : k - 1$ **do**
5. 　　从词表 $\mathcal{V}$ 中筛选出和 $\boldsymbol{x}$ 中第 p_i 个词 $\hat{\boldsymbol{x}}_{p_i}$ 语义最相近的 K 个词
6. 　　从 K 个词中筛选能让模型损失 $\mathcal{L}$ 上升最大的词 w^*
7. 　　将 $\hat{\boldsymbol{x}}_{p_i}$ 替换成 $\hat{w^*}$
8. **end**
9. **return** $\hat{\boldsymbol{x}}$

即使用梯度搜索对抗样本，时间复杂度仍然是 $O(C_L^k \times |\mathcal{V}|)$。实际上，式 (17-5) 中 $S_{\boldsymbol{x}}$ 大部分的样本都不是合理的对抗样本，因为对抗样本不仅能让模型的损失上升，而且应该是和原始样本在语义上接近的。如果替换前后的词在语义上是相似的，那么最后得到的对抗样本和原始样本在语义上通常也相似。所以替换的候选词表不应该是整个词表，而应该是被替换词的相似词候选集合。这样不仅可以保证替换不改变样本语义，还可以减小搜索空间，因为相似词表的大小一般不会超过 $10^{[233, 460]}$。

词的语义相似度可以通过单词嵌入表示计算，例如点积。词嵌入是静态的，不随上下文变化，但是词的语义是随上下文变化的，而预训练语言模型能学习到上下文相关的词嵌入表示（见 3.1.3 节），因此可以利用预训练语言模型 [61] 学习到的上下文相关表示计算语义相似度：

$$\text{sim}(\boldsymbol{x}_i, \hat{\boldsymbol{x}}_i) = P(\hat{\boldsymbol{x}}_i \mid \boldsymbol{x}_{<i}, [\text{MASK}], \boldsymbol{x}_{>i}) \tag{17-6}$$

式中，$\boldsymbol{x}_i$ 是被攻击句子 $\boldsymbol{x}$ 的第 i 个词；sim 是语义相似度函数；$P(\hat{\boldsymbol{x}}_i \mid \boldsymbol{x}_{<i}, [\text{MASK}], \boldsymbol{x}_{>i})$ 是预训练模型预测被遮盖词是 $\hat{\boldsymbol{x}}_i$ 的概率。

为了进一步降低时间复杂度，可以假设 k 个攻击位置之间是独立的，并将攻击过程分解成以下两步：

第一步，搜索 k 个攻击位置 $p_1, p_2, \cdots, p_k$，这 k 个位置一般是被攻击句子中最重要的 k 个词 [461]；

第二步，遍历所有攻击位置 p_i，替换句子中的第 p_i 个词。

如果不考虑搜索攻击位置的时间①，则攻击的时间复杂度从 $O(C_L^k \times |\mathcal{V}|)$ 降到了 $O(|\mathcal{V}|)$。

前面介绍的攻击方法都基于一个假设：被替换的单词的数量为 k。但是被替换单词的数量也许是未知的，就像在文本生成任务中，一开始并不知道文本的长度应该是多少。与文本生成中常用的自回归模型类似，可以将对抗样本的生成分解成一个迭代的过程，如算法 17.2 所示。

算法 17.2　自然语言处理白盒攻击框架 2

输入: 长度为 L 的原始样本 $\boldsymbol{x}$，词表 $\mathcal{V}$，模型损失 $\mathcal{L}$

输出: 对抗样本 $\hat{\boldsymbol{x}}$

1. $\hat{\boldsymbol{x}} = \boldsymbol{x}$
2. ▷ 迭代替换，直到满足停止条件
3. 搜索 k 个攻击位置 $p_1, p_2, \cdots, p_k$，$0 \leqslant p_i \leqslant L - 1$
4. **while** 不满足停止条件 **do**
5. 　　从 $\hat{\boldsymbol{x}}$ 中搜索最优的攻击位置 p，$0 \leqslant p \leqslant L - 1$
6. 　　从词表 $\mathcal{V}$ 中筛选出和 $\hat{\boldsymbol{x}}$ 中第 p_i 个词 $\hat{\boldsymbol{x}}_{p_i}$ 语义最相近的 K 个词
7. 　　从 K 个词中筛选能让模型损失 $\mathcal{L}$ 上升最大的词 w^*
8. 　　将 $\hat{\boldsymbol{x}}_{p_i}$ 替换成 $\hat{w}^*$
9. **end**
10. **return** $\hat{\boldsymbol{x}}$

迭代的每一步都只进行一次替换，每次替换都在之前的基础上进行。和文本生成一样，对抗样本的生成也有两种解码策略：贪心和柱搜索。贪心策略

---

① 文献 [233] 从均匀分布中采样攻击位置，在该方法中，第一步的搜索攻击位置时间可以忽略不计。

在每一步的替换中，都根据式 (17-5) 执行最优的替换，算法 17.2 采用的就是贪心策略。而柱搜索策略在每一步都会保留 K 个最优的对抗样本，并在最后一步根据模型的损失从 K 个对抗样本中选择一个最优的。柱搜索策略能搜索到更优的对抗样本，但是相比于贪心策略有更高的时间复杂度。攻击停止的条件有两种：攻击成功，例如 BLEU 值降低至阈值范围，或者模型损失上升至阈值范围；对抗样本和原始样本之间的语义相似度下降到阈值范围。

以上攻击方法不仅适用于单词级别的白盒攻击，对字符、子词级别的攻击也适用。但是上述方法只考虑了词替换的攻击形式，因为插入或删除词攻击会改变句子长度。为了让插入或删除前后句子的长度不变，文献 [462] 将插入单词的过程分成两部分：插入一个特殊的空白符 [BLK]；根据式 (17-5) 将空白符替换成一个真实的单词。而删除词则通过将被删除的单词替换为 [BLK]来实现。

同样地，插入和删除攻击也遵循算法 17.1 或算法 17.2 给出的框架。因为原始文本没有空白符，为了让模型适应带有空白符的句子，文献 [462] 随机地在训练数据中插入空白符，让模型在带有空白符的数据上训练。对于预训练的语言模型，例如 BERT[61]，可以直接用"[MASK]"作为空白符。

17.3.2　黑盒攻击

基于攻击的粒度，黑盒攻击可分为字符级、单词级及句子级黑盒攻击，下面逐一介绍。

1. 字符级黑盒攻击

黑盒攻击虽然不能利用神经机器翻译模型的梯度信息，但可以通过模型在测试集上的 BLEU 值来判断生成的对抗样本的好坏。为了减少攻击时间，很多种黑盒攻击方法都带有很强的随机性。字符级别的攻击方式一般有如下 5种：

- 插入字符，例如 "noise→noiise"；
- 删除字符，例如 "noise→nose"；
- 替换字符，例如 "noise→noide"；
- 交换字符，交换一个词中相邻的两个字符，例如 "noise→niose"；
- 打乱字符顺序，打乱单词内部的字符顺序，例如 "noise→nsioe"。

为了确保攻击后的单词和原始单词的形态相似，可以对攻击进行一些约束：

- 被攻击的字符不能是首尾字符；
- 被攻击的单词的长度不能太短；
- 替换后的字符应该和原始的字符在形态上相似 [461]，例如 "o" → "0"，或者是在键盘上相邻的字符 [15]，例如 "a" → "s"。

这里以文献 [463] 提出的黑盒攻击方法为例，简要介绍神经机器翻译字符级黑盒攻击是如何实施的。在该方法中，输入文本中的每个单词都可能被攻击。每个单词被施加的噪声服从一个多项分布：以 60% 的概率保持该单词不变，以 40% 的概率对该单词进行字符级攻击。攻击的方式有 4 种——插入、删除、替换和交换字符，每种操作的概率都是 10%。

2. 单词级黑盒攻击

与字符级黑盒攻击类似，单词级黑盒攻击也缺乏梯度指导，只能通过译文的 BLEU 值判断对抗样本的好坏。很多自然语言处理中的黑盒攻击方法，都会在被攻击文本中加入掩码噪声 [457]，例如 "法国的首都是巴黎" → "法国的首都是 [MASK]"。然后利用预训练语言模型，例如 BERT[61]，将掩码标记替换为正常的单词。替换后的单词和原始单词可能是同义词，因此可以保持句子语义不变。这种方法可以应用到自然语言处理的很多任务上，包括机器翻译。文献 [464] 提出了一种基于强化学习的单词级黑盒攻击方法，本节简要介绍该方法。

对抗样本的生成通常是迭代完成的，每一次迭代都选择句子中的一个单词，替换成其同义词。因此，对抗样本的生成可以视为一个多轮决策问题，而强化学习正是解决这类问题的常用方法。文献 [464] 正是基于该思想，如图 17-1 所示。

在输入句子 x 的每个位置 t 上，决策器（Actor）迭代预测该位置是否应该施加扰动，如果是，则从一个候选词集合中随机地选择一个单词替换 x_t。评判决策好坏的奖励（Reward）规则有如下两个：

- 生成的对抗样本的语义是否偏离原始样本语义；
- 对抗样本是否能成功攻击模型。

为了计算第一种类型奖励（简称奖励 1），文献 [464] 引入一个判别器，判断源端对抗样本是否和目标端样本对齐。而第二个奖励（简称奖励 2）则根据扰动前后译文的 BLEU 值变化计算得到。决策器在每个位置上决策时都会产生奖励 1，但只有在所有位置都做了决策后（对抗样本已经生成好）才会产生奖励 2。判别器和决策器的目标是对抗的（判别器希望分辨出对抗样本和正常

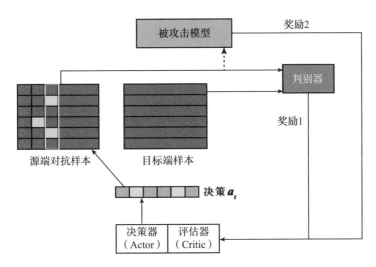

图 17-1　基于强化学习的黑盒攻击方法 [464]

样本，而决策器希望生成的对抗样本能保持原始样本的语义以达到难以区分的目的），因此它们可以通过对抗学习的方式训练。首先固定决策器的参数，将决策器生成的对抗样本视为负样本，正常样本视为正样本，训练判别器分辨正负样本。然后固定判别器参数，用策略梯度更新决策器的参数：

$$\mathcal{L}_t^\pi(\boldsymbol{\theta}_\pi) = \log P(a_t|s_t) A_t(s_t, a_t) \tag{17-7}$$

式中，$\boldsymbol{\theta}_\pi$ 是决策器的参数；a_t 是决策器预测是否在位置 t 上施加扰动的概率；$A_t(s_t, a_t)$ 是模型对决策器所做决策的评估分数；s_t 是当前决策器生成的对抗样本。模型通过学习一个评估器（Critic）预测评估分数 $A_t(s_t, a_t)$。评估器是通过对抗样本的奖励函数训练的，这里不再详细阐述。判别器和决策器的训练迭代进行，直到决策器收敛。

3. 句子级别的黑盒攻击

句子级别的黑盒攻击一般会构造一个自编码器，编码器提取样本的隐状态，在隐状态上加扰动，解码器将扰动后的隐状态解码生成对抗样本。本节以文献 [465] 为例介绍句子级别的黑盒攻击，如图 17-2 所示，包括一个 CNN 模型作为编码器，一个 LSTM 作为解码器。编码器 E 将样本 $\boldsymbol{x}$ 编码成句子级别的表示 $\boldsymbol{c}$，解码器 D 将 $\boldsymbol{c}$ 还原成对抗样本 $\hat{\boldsymbol{x}}$。首先使用一个重构损失训练编码器和解码器：

$$\mathcal{L}_{r1} = -\log(P(D(E(\boldsymbol{x})))) \tag{17-8}$$

并用一个转换器 I，将编码器编码的句子表示 $\boldsymbol{c}$ 转换成隐向量 $\boldsymbol{z}$，对 $\boldsymbol{z}$ 添加扰

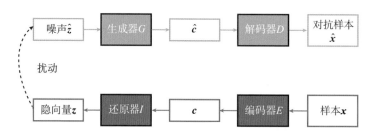

图 17-2　句子级别的黑盒攻击方法 [465]

动，然后引入一个生成器（G），基于添加噪声的 $\hat{z}$ 生成句子表示 $\hat{c}$。生成器和转换器都是一个两层的多层感知机。引入隐向量 z 的目的是更好地提取样本隐变量。实际上，生成器和转换器分别可以看成编码器和解码器的一部分。生成器、转换器和编码器可以通过对抗学习的方法 [381] 训练：

$$\max_{\boldsymbol{\theta}_E,\boldsymbol{\theta}_G} \min_{\phi} E_{\boldsymbol{x}}[C(E(\boldsymbol{x})) - E_{\boldsymbol{z}}(C(G(\boldsymbol{z}))] \tag{17-9}$$

式中，$\boldsymbol{\theta}_E$ 是编码器的参数；$\boldsymbol{\theta}_G$ 是生成器的参数；ϕ 是判别器的参数；判别器 C 是一个二元分类器，判断输入是否是一个正常句子的表示。对抗学习能让编码器更好地提取句子表示，并且让生成器生成的句子表示更接近真实句子的表示。

为了训练转换器的参数，文献 [465] 还引入了一个重构损失，用生成器生成的句子表示 c，重构隐向量 z，并用转换器转换的隐向量 z 重构句子表示 c：

$$\mathcal{L}_{r2} = E_{\boldsymbol{x}}\|G(I(E(\boldsymbol{x}))) - E(\boldsymbol{x})\| + E_{\boldsymbol{z}}[\mathrm{JSD}(\boldsymbol{z}, I(G(\boldsymbol{z}))] \tag{17-10}$$

式中，G 是生成器；I 是转换器。式中的第一项是重构 c 的损失，而第二项是重构 z 的损失。因为 c 是一个向量而 z 是一个概率分布，所以第一项和第二项损失使用的距离度量分别是 L2 距离和 Jessen 散度。

训练过程可以分为 3 个步骤：

第 1 步，利用式 (17-10) 所示损失函数训练编码器和解码器；

第 2 步，利用式 (17-9) 所示对抗训练优化编码器和生成器；

第 3 步，利用式 (17-10) 所示损失函数训练还原器。

对抗样本的生成需要先用编码器和还原器提取样本 $\boldsymbol{x}$ 的隐向量 z，再对隐向量 z 施加微小的扰动得到 $\hat{z}$，然后用生成器和解码器将扰动后的隐向量 $\hat{z}$ 解码成对抗样本 $\hat{\boldsymbol{x}}$。如果对抗样本不能成功攻击模型，就将 $\hat{\boldsymbol{x}}$ 重新输入模型生成新的对抗样本，反复迭代这一过程，直到生成有效的对抗样本为止。

17.4 对抗训练

对抗训练是利用对抗样本训练模型以增强模型鲁棒性的方法。可以将对抗样本与干净的样本进行混合，从头训练一个鲁棒的神经机器模型 [233, 460]：

$$\hat{\mathcal{L}}(\boldsymbol{x}, \boldsymbol{y}) = \alpha\mathcal{L}(\boldsymbol{x}, \boldsymbol{y}) + \beta\mathcal{L}(\hat{\boldsymbol{x}}, \boldsymbol{y}) \tag{17-11}$$

式中，$\mathcal{L}(\boldsymbol{x}, \boldsymbol{y})$ 是模型在干净数据上的损失；$\mathcal{L}(\hat{\boldsymbol{x}}, \boldsymbol{y})$ 是模型在对抗样本上的损失；α 和 β 是超参数。对抗样本也可以用来微调预训练的神经机器翻译模型 [466]。在对抗训练过程中，不止是模型参数，对抗样本也可以被更新：

$$\boldsymbol{\theta}^{t+1} = \mathrm{argmin}_{\boldsymbol{\theta}^t} \mathbb{E}_{(\boldsymbol{x}, \boldsymbol{y}) \in \mathcal{D}} \max_{\delta^{t+1} \in \Delta} \mathcal{L}(\boldsymbol{x} + \delta^{t+1}, \boldsymbol{y}; \boldsymbol{\theta}^t) \tag{17-12}$$

式中，$\boldsymbol{x}$ 是原始样本；$\boldsymbol{x} + \delta^{t+1}$ 是第 $t+1$ 次迭代的对抗样本；$\boldsymbol{\theta}^t$ 和 $\boldsymbol{\theta}^{t+1}$ 分别是第 t 次和第 $t+1$ 次迭代的模型参数。每次迭代首先在当前模型参数的基础上更新对抗样本，然后用当前生成的对抗样本训练模型，更新模型参数。

大多数神经机器翻译模型都是自回归模型（见 8.3.1 节），自回归模型将翻译的过程分解成多个时间步：

$$P(\boldsymbol{y}|\boldsymbol{x}) = P(\boldsymbol{y}_0|\boldsymbol{x})P(\boldsymbol{y}_1|\boldsymbol{x}, \boldsymbol{y}_0) \cdots P(\boldsymbol{y}_n|\boldsymbol{x}, \boldsymbol{y}_{<n}) \tag{17-13}$$

式中，$\boldsymbol{x}$ 和 $\boldsymbol{y}$ 分别是源语言句子和目标语言句子；$\boldsymbol{y}_0, \boldsymbol{y}_1, \boldsymbol{y}_n$ 分别是第 $0, 1, n$ 个时间步预测的单词；$\boldsymbol{y}_{<n}$ 是前 $n-1$ 个时间步产生的译文。每个时间步的翻译都依赖于过去所有时间步产生的译文，因此，任何一个时间步出现的翻译错误都会影响接下来每一个时间步的翻译，也就是说，自回归模型在每个时间步的输入都是可能带有噪声的译文。但是在训练的时候，模型在每个时间步的输入都是正确的译文。这种训练和模型推理不一致的问题即是 11.2 节提到的曝光偏差问题。在源端输入有噪声的情况下，模型产生的译文可能会带有更多的噪声，曝光偏差问题因此变得更加严重。文献 [467] 比较了源端噪声和目标端噪声对模型翻译效果的影响，发现源端噪声对神经机器翻译模型的影响更大，但是在某些语言对上两者的负面影响比较接近，这说明目标端噪声不应该被忽视。然而，大部分对抗攻击和训练方法只考虑源端噪声。

文献 [233] 提出的对抗训练方法在目标端句子上也添加了噪声，并且目标端噪声与源端噪声是关联的。假设源端被攻击的单词是 $\boldsymbol{x}_i$，一般而言，$\boldsymbol{x}_i$ 的噪声会影响到目标端每个时间步的翻译，但是不同时间步的翻译被影响的程度不一样。假设目标端第 j 个单词 $\boldsymbol{y}_j$ 和源端被攻击的单词 $\boldsymbol{x}_i$ 是对齐的，那么 $\boldsymbol{y}_j$ 的翻译受到的影响应该比其他时间步大。在神经机器翻译模型中，注意力权重可以表示目标端和源端的对齐关系 [29]，因此，可以根据注意力权重选择目标端被攻击的位置：

$$j^* = \arg\max_j a_{ij} \tag{17-14}$$

式中，a_{ij} 是源端第 i 个单词和目标端第 j 个单词的注意力权重；j^* 是利用注意力权重筛选的目标端与 x_i 对齐的位置。基于注意力权重，文献 [233] 构造了一个概率分布：

$$P_j = \frac{a_{ij}}{\sum_k a_{ik}} \tag{17-15}$$

式中，P_j 是第 j 个单词被攻击的概率。j^* 将从式 (17-14) 中采样得到。源端被攻击的单词可能不止一个，假设有 m 个：$\boldsymbol{x}_0, \boldsymbol{x}_1, \cdots, \boldsymbol{x}_{m-1}$，那么只需要将式 (17-14) 和 (17-15) 中的 a_{ij} 替换为 $\sum_k a_{kj}$。文献 [233] 发现用目标端有噪声、源端无噪声的对抗样本训练的神经机器翻译模型，比用源端有噪声、目标端无噪声的对抗样本，有更好的翻译效果。

在自然语言处理的很多任务中，对抗训练不仅能提高模型的鲁棒性，还能提高模型在干净数据上的性能。因此，对抗训练还可以作为一种数据增强的方法改善模型在干净数据集上的效果。

17.5 数据集

可用于鲁棒机器翻译训练和测试的数据集包括两种类型：一种是带自然发生的噪声的数据集，另一种是人工构造的、带有非自然发生的噪声的数据集。**自然噪声**（Naturally Occurring Noise ／ Natural Noise）主要是以天然方式出现在文本中的噪声，比如社交媒体中带有错别字、口语化用词、混杂语言等现象的短文本；**人工噪声**（Man-Made Noise ／ Artificial Noise）是通过插入、删除、替换和交换顺序等方式，在干净文本中自动注入的噪声。

17.5.1 自然噪声数据集

公开可获取的自然噪声数据集并不多，本节主要介绍其中两个：MTNT 和 JFLEG。

MTNT[468] 是由包含噪声的社交媒体文本及其译文构成的数据集，涵盖英法、法英、英日和日英四个语言方向。该数据集主要包含如下种类的噪声：拼写错误、单词遗漏或重复、语法错误、口语化用词、互联网用词、专有名词错误、方言、语言混杂、行话、表情符号和违禁词等。这些噪声在网络上真实存在，因此 MTNT 数据集对解决这部分文本的鲁棒性问题具有很大的实际应用价值。

非母语语言使用者经常会犯一些语法错误，这些语法错误也属于自然噪声。**语法纠错**（Grammar Error Correction）是一种纠正句子中语法错误的自然语言处理任务。语法纠错任务中的数据集，如 JFLEG[469]，包含带有语法错误的句子，以及这些错误被纠正后语法正确的句子。文献 [470] 将 JFLEG 中语法正确的英语句子翻译成西班牙语，并将带有语法错误的英语句子及其对应的西班牙语译文组成一个机器翻译的测试集和验证集，用来测试模型对语法错误的鲁棒性。

17.5.2　人工噪声数据集

受限于高昂的获取成本，自然噪声数据集一般规模比较小。如 MTNT 就是一个小型的数据集，规模不超过 4 万句，其中有些语言对，训练集甚至不超过 1 万句。17.3.1 节介绍的白盒攻击和 17.3.2 节介绍的黑盒攻击均可以用于自动构造人工噪声数据集。此外，15.2.3 节介绍的用于低资源神经机器翻译数据增强的反向翻译，也可以用于构造噪声数据集。反向翻译将干净的目标语言的句子 y 反向翻译成源语言句子 $\hat{x}$。显然，源语言句子 $\hat{x}$ 是不准确的，或者说是带有噪声的。将带有噪声的源语言句子和干净的目标语言句子，重组成伪平行语料 $\{(\hat{x}, y)\}$，该语料可以作为带有特殊噪声的人工数据集，用于提高神经机器翻译模型的鲁棒性[460]。

反向翻译方法还可以利用自然噪声数据集帮助构建人工噪声数据集，以模拟自然噪声。以法语 → 英语翻译为例，法语 ↔ 英语有大规模的新闻领域（如 Europarl）和口语领域（如 TED）平行语料，还有小规模的带有社交媒体噪声的平行语料（如 MTNT）。利用反向翻译，可以将 Europarl 中干净的法语句子间接转化为带有社交媒体噪声的法语句子。基本思想是将 TED 和 MTNT 的数据混合起来①训练一个从英语翻译到法语的翻译模型，然后将 Europarl 中的干净的英语句子翻译成带有噪声的法语句子。为了进一步增强和扩大法语句子中的噪声，还可以用 TED 和 MTNT 的混合数据训练一个从法语翻译到英语的翻译模型，将 Europarl 中干净的法语句子翻译成带噪声的英语句子，再用英语翻译到法语的翻译模型将带噪声的英语句子翻译回法语。用带噪声的法语句子和干净英语句子组成的伪平行语料训练神经机器翻译模型，可以明

---

① MTNT 的训练集太小，很多社交媒体文本也是口语，因此可以将 TED 和 MTNT 混合在一起训练反向神经机器翻译模型。

显提高模型在 MTNT 测试集上的效果 [468]。

17.6 未来方向

本节从对抗攻击、对抗训练、后门攻击与数据投毒、分布之外鲁棒性等方面探讨未来可能的研究方向。

17.6.1 对抗攻击

对抗攻击生成的对抗样本虽然能让模型的效果变差，但不是所有对抗样本都是合格的。对抗样本应该保持原始样本的语义，并且应该是流畅自然的。文献 [459] 发现两种黑盒攻击方法生成的对抗样本在语法和语义上都不满足对抗样本的要求。此外，不同研究工作评测对抗样本语义和流畅性的指标也不同，有的研究工作采用自动指标 [468]，有的采用人工指标 [464]。未来的对抗攻击方法应重视保持对抗样本的语义不变性和流畅性，并尽量用统一的指标评测。

17.6.2 对抗训练

虽然对抗训练能让模型有效地抵御一种对抗攻击方法，但是不一定能提高模型对其他类型的对抗攻击的鲁棒性。例如在单词级别对抗样本上训练的模型不一定对字符级别的对抗样本鲁棒。也就是说，许多对抗训练方法是不可迁移的，模型的鲁棒性缺乏泛化能力。此外，在不同类型的对抗样本的攻击下测试模型的效果的研究工作相对较少。未来的对抗训练方法应重视可泛化的鲁棒性。

17.6.3 后门攻击与数据投毒

大部分对抗攻击与对抗训练，其研究目标主要是提高模型在测试阶段的鲁棒性，但是难以察觉的恶意攻击可能在训练阶段就发生了。这类攻击包括后门攻击（Backdoor Attack / Backdoor Data Poinsoning）和数据投毒（Data Poisoning）。数据投毒是指操弄训练数据以在模型中注入不稳定性；后门攻击则是一种特殊的数据投毒方式，与一般数据投毒不同，它强调被攻击模型性能稳定，直到模型遇到埋入训练数据中的"触发器"而被操弄按一定方式产生预测结果。

攻击者在训练文本中加入难以察觉的噪声，这些噪声不一定会影响模型的训练效果。但是在测试阶段再次出现这些噪声时，模型的预测结果就可能会偏向攻击者指定的目标。神经机器翻译模型训练数据的规模在日益增大，很多训练数据来自互联网。然而，从互联网中采集的数据，其安全性是无法保证的，提高模型对隐藏在训练数据中的恶意攻击的鲁棒性将是神经机器翻译的重要研究方向之一。

17.6.4　分布之外鲁棒性

本章主要介绍的是应对噪声方面的神经机器翻译鲁棒性，但正如 17.1 节提到的，机器学习模型的鲁棒性不仅仅和噪声有关，噪声对应的偶然不确定性、模型认知不确定性、分布之外样例等都会引起鲁棒性问题。在自然语言处理及神经机器翻译中，分布之外鲁棒性同样是非常重要的研究方向[445, 471–473]。

17.7　阅读材料

神经机器翻译鲁棒性的研究工作大部分聚焦于对抗样本生成及对抗训练。基于对抗样本的鲁棒性经典方法，如 FGSM[447]、PGD[452] 等白盒攻击方法，被广泛借鉴或应用到自然语言处理中的白盒攻击中。文献 [233, 460, 474–477] 等都是利用一阶梯度攻击神经机器翻译模型的白盒研究工作。除了白盒攻击，自然语言处理中的黑盒攻击也丰富多样，字符级别的黑盒攻击方法主要依赖人定义的规则，而词级别的黑盒攻击可以使用强化学习模型[464]，句子级别的黑盒攻击方法可以使用自编码器[465]、文本复述[478] 等方法。

自然语言处理中的很多对抗攻击研究工作建立在离散空间上，攻击的方式一般是字符、单词级别的插入、删除和替换等，但也有相关研究工作开展连续空间的对抗样本生成及对抗训练。文献 [474] 在离散空间攻击的基础上，结合了连续空间上的扰动。该研究工作在真实样本和对抗样本的领域空间中采样，得到嵌入空间的对抗样本。虽然以该方法得到的对抗样本无法对应到一个真实的句子，但是用来做对抗训练不仅可以增强模型的鲁棒性，还可以改善模型在干净数据集上的效果。本章介绍的句子级别的黑盒攻击方法[465]，同样对分布在连续空间上的隐变量施加扰动，但不同于文献 [474]，该方法使用一个解码器将连续的隐变量解码映射到离散的文本上。

对抗样本应该和原始样本在语义上相近。文献 [459] 用人工评价的方式评价文本分类任务上提出的两种黑盒攻击方法，即文献 [465] 及 [479] 提出的方法，发现这两种对抗攻击方法均不能保证生成的对抗样本和原始样本在语义上近似。文献 [460] 比较了 3 种自动评价指标的评价结果和人工评价之间的联系，发现使用字符级别的 n-gram F_2 分数（chrF）得到的评价结果和人工评价是最接近的。他们使用 chrF 作为语义相似度的评价指标，测试了一种单词级别的白盒攻击方法和一种字符级别的黑盒攻击方法，发现字符级别的黑盒攻击方法生成的对抗样本和原始样本具有更好的语义相似度。

对抗训练是提高模型鲁棒性的有效方法，除此之外，它还能作为一种数据增强方法，提高模型在干净数据集上的效果 [233, 474]。但是，对抗训练后的模型并不一定对自然噪声鲁棒，甚至在一种对抗样本上训练的模型也不一定对其他类型的对抗样本鲁棒。字符级别的对抗样本中包含很多语法、拼写错误，但是语法、拼写错误只是自然噪声中的一部分，社交媒体文本中，还有很多口语化用词、互联网用词等其他类型的噪声，基于单一方法生成对抗样本的对抗训练难以让模型对所有不同类型噪声均鲁棒 [460]。

除了对抗训练，还有其他提高模型鲁棒性的方法。很多研究工作 [480-482] 发现生成模型（Gnerative model）比判别模型（Discriminative Model）具有更好的鲁棒性。生成模型和判别模型的主要区别在于，生成模型对联合概率 $P(\boldsymbol{x}, \boldsymbol{y})$ 建模，而判别模型对 $P(\boldsymbol{y}|\boldsymbol{x})$ 建模。文献 [481] 在神经机器翻译模型中引入隐变量，设计了一个生成式的神经机器翻译模型。该模型在面对带有噪声（如随机丢弃单词）的句子时，比判别式的神经机器翻译模型更加鲁棒。

自然语言处理对抗攻击和训练的研究工作，大部分聚焦在文本分类模型的鲁棒性上，虽然本章介绍的研究工作主要是机器翻译任务上的对抗攻击和训练，但是很多在其他任务上的对抗攻击和训练方法，如文献 [457, 461, 479, 483]，也能应用于神经机器翻译。而很多应用于机器翻译任务上的对抗攻击和训练方法也可以应用到其他自然语言处理任务中。但正如文献 [467] 指出的，不同于文本分类任务，自回归的神经机器翻译在源端和目标端的输入都存在噪声。未来机器翻译任务上的对抗攻击和训练方法应该多考虑机器翻译任务的这种特性。

17.8 短评：神经机器翻译是疯子吗？兼谈其"幻想"

对比统计机器翻译和神经机器翻译生成的病态（Pathological）译文，有人打了一个形象的比喻：统计机器翻译是"傻子"，神经机器翻译是"疯子"。① 说统计机器翻译是"傻子"，原因很多，诸如生成的译文难以进行必要的语序

---

① "傻子"与"疯子"的比喻，源自董振东先生，他是知网（HowNet）发明者、我国第一个商品化机器翻译系统原型"科译1号"设计者。董老先生说，基于规则的机器翻译像"傻子"，统计机器翻译像"疯子"。现在将"傻子"与"疯子"比喻统计机器翻译与神经机器翻译，也非常贴合。

调整、歧义消解，生成的译文不通顺、不符合语法等。"傻子"这一称呼也对应于统计机器翻译忠实于源文的特点：不会翻译就是不会翻译，会翻译就是会翻译。说神经机器翻译是"疯子"，主要有以下两点原因：

- 稳定性。也即本章探讨的鲁棒性，当输入文本出现轻微变化或扰动时，神经机器翻译生成的译文可能出现剧烈变化，产生"抽风"的现象。
- 幻想性。即生成的译文在语义上完全脱离源文，形成"自说自话"。有时还"说"得非常通顺，如果不懂源语言，会觉得翻译的译文"有模有样，很像那么回事儿"；有时则磕磕绊绊，结结巴巴，不断重复某个单词或短语。

在神经机器翻译领域，有些研究者认为，神经机器翻译的幻想是一种非常严重的错误，位居神经机器翻译病态表现（Pathology）的极端位置，会影响用户对神经机器翻译的信任 [484, 485]。正因如此，谷歌、微软等在线机器翻译服务提供商相关的研究团队对神经机器翻译幻想的原因及如何防止进行了深入的研究。

谷歌研究团队 [484]、Rico Sennrich 领导的爱丁堡大学团队 [486] 及苏黎世大学团队 [445] 研究发现，神经机器翻译的幻想主要表现在以下两个方面 [485]：

- 扰动幻想（Hallucination under Perturbation）：通过扰动输入的源语言句子使得生成的译文产生剧烈变化形成的幻想 [484]。
- 域外幻想（Out-of-Domain Hallucination）：输入域外文本，神经机器翻译生成语义上脱离输入文本的译文产生的幻想。

微软研究团队 [485] 进一步将域外幻想扩展到自然幻想（Natural Hallucination），即对给定的未施加任何扰动的源语言文本，神经机器翻译生成脱离输入文本语义的译文（流畅或不流畅）产生的幻想。按照此定义，显然域外幻想是一种自然幻想，17.1 节中提到的低资源语言、输入语言与机器翻译语言不匹配（跨语言分布之外样例）两种情况也会使神经机器翻译系统产生自然幻想。

根据生成译文的流畅程度，自然幻想可以进一步细分为 [485]：

- 脱节幻想（Detached Hallucination）：生成的译文非常流畅，但语义与源文完全脱节。
- 振荡幻想（Oscillatory Hallucination）：生成的译文语义与源文脱离，同时也不流畅，含有不断重复的文本片段。

文献 [485] 研究发现，扰动幻想产生的原因可能与深度学习模型的记忆有关，对神经机器翻译模型记住的样例施加扰动，相比于对未在训练集中出现的样本施加扰动，生成的译文更容易产生幻想。该研究进一步认为，自然幻想产生的原因与语料库中存在特定噪声模式相关，比如反复出现的不匹配的源语言–目标语言对。

语料库中特定模式的噪声可能与振荡幻想有关，但是脱节幻想，尤其是域外幻想、低资源幻想、输入语言不匹配产生的幻想，其原因有待进一步挖掘。只有将神经机器翻译幻想产生的原因分析透彻，才能有效避免幻想。显然，这方面的研究还不够深入广泛，未来有待进一步拓展。

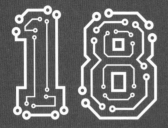

第 18 章

多语言
神经机器翻译

本章深入探讨多语言神经机器翻译，即基于单一模型实现多种不同语言的自动翻译。首先介绍多语言神经机器翻译的基本思想、形式化定义及其相比于双语机器翻译的优势；然后系统介绍多语言神经机器翻译实现的方法，包括部分共享方法（共享编码器、共享解码器、共享注意力网络及组合式共享等）和完全共享方法；接着阐述多语言神经机器翻译的研究前沿——大规模多语言神经机器翻译，介绍大规模平行语料挖掘方法、大规模模型设计思路（模型容量与模型并行能力）及大规模模型训练技术（适应到单加速器设备的方法：混合精度训练、优化器状态分片、梯度检查点技术）。此外，本章还介绍面向数据不均衡问题的平行数据采样方法、多语言神经机器翻译向双语神经机器翻译的迁移方法。鉴于多语言神经机器翻译对机器翻译未来研究的重要性，在未来方向一节，重点探讨多语言神经机器翻译未来发展需要解决的主要问题，包括数据不平衡、语言关系建模、跨语言共享和大模型 4 个方面。

18.1 基本思想与形式化定义

多语言神经机器翻译（Multilingual Neural Machine Translation）旨在使用单一神经机器翻译模型同时实现多个语言对的翻译。若根据模型源端和目标端支持的语言种类进行分类，多语言神经机器翻译可以分为一对多（One-to-Many）、多对一（Many-to-One）和多对多（Many-to-Many）3 种①：**一对多**指的是将一种源语言翻译成多种不同的目标语言；**多对一**则相反，是将多种不同源语言翻译成同一种目标语言；而**多对多**是指神经机器翻译引擎编码器和解码器均支持多种不同语言。如果将不同语向翻译看成不同的翻译任务，多语言神经机器翻译就是多任务学习在机器翻译中的具体应用和体现[487, 490]。

假设多语言神经机器翻译模型可以支持 l 个语言对②$(\mathbf{x}^{(1)}, \mathbf{y}^{(1)}), (\mathbf{x}^{(2)}, \mathbf{y}^{(2)}), \cdots, (\mathbf{x}^{(l)}, \mathbf{y}^{(l)})$ 之间的翻译，$\boldsymbol{\theta}$ 为模型的参数，记 $\boldsymbol{x}^{(i)}$ 为第 i 个语言对的输入源语言句子，$\boldsymbol{y}^{(i)}$ 为对应的输出译文。则模型输出 $\boldsymbol{y}^{(i)}$ 的概率可按式 (18-1a) ~ 式 (18-1d) 进行计算：

$$\boldsymbol{h} = \text{Encoder}([\text{lang}_{\text{src}}, \boldsymbol{x}^{(i)}]) \tag{18-1a}$$

$$\boldsymbol{z} = \text{Decoder}([\text{lang}_{\text{tgt}}, \boldsymbol{y}_{<j}^{(i)}], \boldsymbol{h}) \tag{18-1b}$$

$$P(y_j^{(i)}|\boldsymbol{y}_{<j}^{(i)}, \boldsymbol{x}^{(i)}; \boldsymbol{\theta}) = \text{softmax}(\boldsymbol{W}\boldsymbol{z}_j) \tag{18-1c}$$

$$P(\boldsymbol{y}^{(i)}|\boldsymbol{x}^{(i)}; \boldsymbol{\theta}) = \prod_{j=1}^{|\boldsymbol{y}^{(i)}|} P(y_j^{(i)}|\boldsymbol{y}_{<j}^{(i)}, \boldsymbol{x}^{(i)}; \boldsymbol{\theta}) \tag{18-1d}$$

式中，lang_{src}、lang_{tgt} 分别表示添加在源语言句子和目标语言句子前的语言指示符号，该语言指示符号可仅在源语言句子或目标语言句子前添加，也可同时在源语言和目标语言句子前添加；$\boldsymbol{h}$ 是源语言句子的编码表示；$\boldsymbol{W}$ 是 $d \times |\mathcal{V}|$ 矩阵（$|\mathcal{V}|$ 是词表的大小，d 为隐状态维度）；$\boldsymbol{z}$ 是解码器隐状态。

在多语言神经机器翻译模型的训练阶段，对于每个语言对 $(\mathbf{x}^{(i)}, \mathbf{y}^{(i)})$，最大化如下对数似然函数：

$$\mathcal{L}(\mathbf{x}^{(i)}, \mathbf{y}^{(i)}) = \sum_{(\boldsymbol{x}^{(i)}, \boldsymbol{y}^{(i)})} \log P(\boldsymbol{y}^{(i)}|\boldsymbol{x}^{(i)}; \boldsymbol{\theta}) \tag{18-2}$$

---

① 这里定义的一对多、多对一、多对多，是按照源语言、目标语言的种类进行划分的，与文献 [191, 487–489] 一致，与文献 [490] 从编码器、解码器数量角度定义略有不同，因为单一编码器可以编码多种不同源语言，单一解码器也可以解码多种不同目标语言。

② 这里区分语言对的翻译方向，即将 $\mathbf{x}^{(i)}$ 翻译成 $\mathbf{y}^{(i)}$ 的语言对 $(\mathbf{x}^{(i)}, \mathbf{y}^{(i)})$ 与进行反方向翻译的语言对 $(\mathbf{y}^{(i)}, \mathbf{x}^{(i)})$ 视为不同语言对。

所有语言对的多任务学习目标函数如下：

$$\mathcal{L}(\boldsymbol{\theta}) = \sum_{i=1}^{l} \mathcal{L}(\mathbf{x}^{(i)}, \mathbf{y}^{(i)}) \tag{18-3}$$

18.2 多语言机器翻译 vs. 双语机器翻译

传统单个语言对的机器翻译系统仅将一种源语言翻译成另一种目标语言，系统只涉及源语言和目标语言两种语言，因此，相对于多语言机器翻译，可以将只进行单个语言对翻译的机器翻译称为双语机器翻译（Bilingual Machine Translation）。本节将简要对比多语言机器翻译与双语机器翻译，并探讨多语言机器翻译相对于双语机器翻译的优势。

18.2.1 双语机器翻译面临的挑战

双语机器翻译只能将一种给定的源语言翻译为另一种给定的目标语言[27, 29, 31, 32]。虽然双语机器翻译系统在工业界获得了大规模应用和部署，但受制于单一语言对翻译，其面临如下重要挑战：

1. 双语机器翻译系统部署数量庞大

对 N 种不同语言，如果采用双语机器翻译方式进行部署，且需要满足其中任意两种语言都能相互翻译的要求，则需要构建 $N \times (N-1)$ 个双语机器翻译系统。显然，部署、维护及更新的成本将随语言数量 N 的增大而呈非线性的平方关系增长。此外，由于每个语言对对应的机器翻译模型均要占据一定的存储空间，因此，存储空间较小的智能终端设备将难以离线部署多个双语机器翻译系统。

2. 双语机器翻译语言间知识迁移能力较弱

通常情况下，不同语言对的双语机器翻译模型是以一种相互独立的方式进行各自训练的，也就是说，不同语言对的双语机器翻译模型即使部署在同一台设备上，即使翻译的语言来自同一语系，它们之间也是没有任何关系的，是相互独立的。因此，具有丰富资源（如平行数据）的语言对，受制于双语机器翻译语言对之间的相互独立，其知识很难迁移到低资源语言对上。第 15 章提到，世界上绝大部分语言都是资源稀缺语言，对于这些低资源语言，双语机器翻译显然不是最佳选择。即使可以用富资源语言对的双语机器翻译模型参数初始化低资源语言对模型以实现知识迁移，这种知识迁移也只是一种浅层且粗糙的迁移，不仅不能深度融合不同语言对，也不能享有多语言对深度融合时的"溢出效应"，如基于隐式桥接的零样本机器翻译（18.2.2 节将具体解释）。

18.2.2 多语言神经机器翻译的优势

相比于双语神经机器翻译，多语言神经机器翻译可以同时支持多个语言对之间的翻译，其优势总结如下。

1. 低资源语言机器翻译

多语言神经机器翻译的一个很重要的特征就是迁移学习，即富资源语言知识正向迁移（Positive Transfer）到低资源语言上，因此，相对于低资源语言对的双语机器翻译，多语言神经机器翻译中低资源语言译文质量通常会得到显著提升 [191, 491–494]。

2. 零样本和零资源机器翻译

这里对零样本机器翻译（Zero-Shot Machine Translation）和零资源机器翻译（Zero-Resource Machine Translation）进行区分 [489, 495, 496]。零样本机器翻译类似于其他零样本机器学习，是指在推理时模型可以翻译在训练中未见过的语言对（即训练数据中不存在该语言对的平行数据）。而零资源机器翻译指的是，源语言和目标语言间没有直接的平行数据，但通过枢纽语言（见 15.2.2 节）或无监督机器翻译，可以实现两种语言之间的机器翻译。从以上定义看，零样本机器翻译可以视为实现零资源机器翻译的一种手段 [496]，强调推理时语言对在训练阶段的未见特性；而零资源机器翻译则是一种更广泛的机器翻译类型，在训练阶段可能存在语言对的伪平行数据。文献 [489] 认为，多语言神经机器翻译的零样本机器翻译不同于基于枢纽语言实现的零资源机器翻译，前者在模型内部隐式桥接（Implicit Bridging）无平行数据的两种语言，而后者则是通过枢纽语言显式桥接（Explicit Bridging）无平行数据的两种语言，并认为多语言神经机器翻译的零样本机器翻译能力是因为模型学到了所有训练语言的一种"中间语言"形式而实现的。

3. 系统部署

相对于双语机器翻译需要部署 $N \times (N-1)$ 个不同系统，多语言神经机器翻译只需要部署一个单一模型，因此极大地简化和降低了机器翻译系统的部署流程和成本。与双语机器翻译系统类似，多语言机器翻译也可以通过增量方式进行训练，因而若有新的语言对或平行数据，多语言机器翻译仍然可以在新数据上进行更新。此外，由于只需要存储单一模型，因此有可能在存储能力较小的终端设备上部署多语言神经机器翻译（对于下文提到的大规模多语言神经机器翻译模型，可通过知识蒸馏方式进行压缩）。

18.3 多语言神经机器翻译模型

多语言神经机器翻译可以视为对双语神经机器翻译的多语种翻译拓展。如果神经机器翻译模型没有灾难性遗忘（见 16.5.2 节），那么在双语神经机器翻译中，不断添加新的语言对，并对模型进行新语言对训练，在理论上，双语神经机器翻译就会自动升级为多语言神经机器翻译。但实际情况是，一方面，神经网络的灾难性遗忘现象比较严重；另一方面，不同语言对在语言属性、平行句对数量等方面都存在较大的差异。因此，如果不对神经机器翻译模型架构、模型容量或训练方式进行修改，模型就很难同时保持对多个语言对的翻译能力。鉴于此，相比于双语神经机器翻译，多语言神经机器翻译需要在模型架构、训练数据采样、模型容量等方面进行适应性修改，才能满足单一模型同时支持多语言对的自动翻译。本节主要探讨模型架构（参数共享）方面的研究工作，数据采样、提升模型容量的超大规模多语言神经机器翻译将在后两节中介绍。

18.3.1 共享

只进行单个语言对翻译的双语神经机器翻译模型，通常采用编码器–解码器架构。编码器负责对给定的源语言句子编码，解码器则根据编码器的编码信息解码生成对应的目标语言句子。在这种情况下，编码器和解码器只能处理一种语言。如果想让模型能够同时进行多个语言对的翻译，如进行 N 种不同语言的互相翻译，一种直接的方法是在模型中加入多个编码器和解码器，每个编码器只负责编码一种源语言，每个解码器只负责解码生成一种目标语言，这样编码器和解码器数量均为 $O(N)$。而连接特定源语言编码器和特定目标语言解码器并充当信息通道的注意力网络，其数量规模仍然是 $O(N^2)$。这里之所以不是构建 $O(N^2)$ 个不同的双语神经机器翻译系统，是因为所有翻译同一种源语言的双语神经机器模型共享同一个编码器，所有解码生成同一种目标语言的双语神经机器翻译模型共享同一个解码器。

假设给定语言对 $\{(\boldsymbol{a}, \boldsymbol{b}), (\boldsymbol{a}, \boldsymbol{c}), (\boldsymbol{b}, \boldsymbol{d}), (\boldsymbol{b}, \boldsymbol{a}), (\boldsymbol{d}, \boldsymbol{c})\}$，如果是双语机器翻译，则每个语言对需单独构建一个机器翻译系统，如图 18-1(a) 所示，构建的多个机器翻译系统为

$$\{(\boldsymbol{a} \rightarrow \boldsymbol{b}), (\boldsymbol{a} \rightarrow \boldsymbol{c}), (\boldsymbol{b} \rightarrow \boldsymbol{d}), (\boldsymbol{b} \rightarrow \boldsymbol{a}), (\boldsymbol{d} \rightarrow \boldsymbol{c})\} \tag{18-4}$$

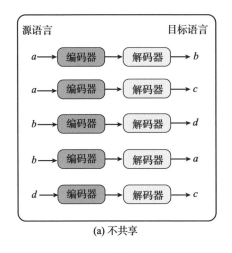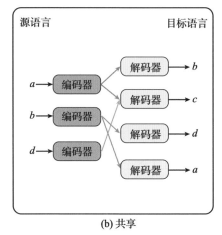

图 18-1　不共享与按语言共享编码器和解码器

如果采用上面提到的共享方法，同一种源语言共享同一个编码器，同一种目标语言共享同一个解码器，如图 18-1(b) 所示，则构建的机器翻译系统为

$$\{a, b, d\} \rightsquigarrow \{b, c, d, a\} \tag{18-5}$$

式中，$\rightsquigarrow$ 表示 $O(N^2)$ 个没有共享的注意力网络：

$$\{\text{attn}_{(a,b)}, \text{attn}_{(a,c)}, \text{attn}_{(b,d)}, \text{attn}_{(b,a)}, \text{attn}_{(d,c)}\} \tag{18-6}$$

上面提到，一对多翻译可以由一个编码器对应多个不同解码器的神经网络架构实现，多对一翻译则可以由多个编码器对应同一个解码器的神经网络架构实现。显然，这样的多语言神经机器翻译是在双语神经机器翻译系统层级上共享编码器或解码器实现的，即共享只发生在不同系统的同一语言上，也就是相同源语言的双语翻译系统共享同一个编码器，相同目标语言的双语翻译系统共享同一个解码器。而从数据角度看，也可以认为是同一语言的编码器或解码器共享了所有不同语言对平行数据中的源语言或目标语言端数据。

一个自然的问题是，是否可以将系统、数据层级的共享推向更深层，即语言间的共享：不同语言共享相同的编码器、解码器或注意力网络。从语言学角度看，语言间共享（Sharing across Language）是完全有可能的，这是因为：

首先，虽然世界上存在几千种语言，但是很多语言都来自同一语系（Language Family）。根据 Ethnologue 的统计数据，全世界 7000 多种语言分属约 140 个不同语系，比如汉藏语系（Sino-Tibetan）就有 400 多种语言，包括汉语、缅甸语、藏语和米佐语等。语系由一组从同一祖先语言演化来的后代语言组成，因为来自同一原始母语，同一语系下的不同语言在词汇、语法上存在大量相似之处，如在词汇上存在大量的同源词（Cognate）。同一语系内语言间的相似性，可以支持这些语言进行类似建模。

其次，即使两种语言来自完全不同的语系，它们之间仍然可能存在某些共同的语言特性。比如来自汉藏语系的汉语，与来自印欧语系（Indo-European）的英语，在语序上都是主谓宾顺序；虽然日语与汉语来自不同语系，但汉语和日语的发音都有擦音（擦音是辅音的一种发音方法），另外由于文化上的相似性，两种语言还存在很多同源词；汉语和俄语的发音都有双唇音（双唇音在语音学里指以双唇发音的辅音）。这些语言特性称为语言类型学特征（Linguistic Typology Feature），这种结构和功能上的语言类型学特征，显然也支持语言间共享建模。

语言间共享的极限情形是所有不同语言共享同一编码器、解码器及注意力网络，也就是所有语言共享同一个编码器–解码器神经机器翻译模型。这种极限共享不仅降低了多语种神经机器翻译所需的系统数量，同时也使得上文提到的语言间迁移学习、零样本机器翻译潜能最大化。

根据神经机器翻译常用的编码器–注意力–解码器主干网络，以及共享的程度，下文将多语言神经机器翻译方法大致分为两大类：部分共享方法和完全共享方法。部分共享方法指的是只共享编码器、解码器、注意力中的一个或者两个，完全共享方法则是在训练的所有语言对间，共享编码器、解码器和注意力组成的神经机器翻译主十网络。

18.3.2　部分共享方法

部分共享方法包括共享编码器、共享解码器、（部分）共享注意力网络及组合式共享。

1. 共享编码器

共享编码器是指所有语言对的源语言共享同一个编码器，也就是神经机器翻译的主干网络中只有一个编码器。共享编码器可以实现一对多神经机器翻译，但并不局限于一对多翻译。一对多翻译是将同一源语言翻译成不同目标语言，因此只需要一个编码器，这个编码器显然是在不同语言对间共享的，与不同源语言共享同一个编码器不同的是，这里所有语言对的源语言是一样的。

采用共享编码器的好处包括：

- 相比于双语神经机器翻译中的编码器，多语言神经机器翻译中的共享编码器，在训练过程中可以接触到更多的语言，以及更多的训练样本（来自不同源语言），因此可以得到更充分的训练，这对低资源的源语言表征学习显然是有好处的。

- 由于编码器的参数是在所有源语言间共享的，因此不同源语言的表征都被映射到同一语义空间中。在该语义空间，具有相似语义但来自不同源语言的序列，它们的向量表示也会聚在一起。因此，共享编码器可以天然学到跨语言词嵌入。
- 共享编码器有助于富资源的源语言和低资源的源语言之间的迁移学习[487]。

2. 共享解码器

类似于共享编码器，共享解码器是指多语言神经机器翻译主干模型中只有一个解码器，即所有语言对的目标语言共享同一个解码器。这里所有语言对的目标语言可以是一样的，也可以是不一样的。当目标语言一样时，共享解码器实现的是多对一翻译，即解码器被不同语言对的同一目标语言共享。

当不同目标语言共享同一个解码器时，一个重要问题是解码器如何知道当前应该生成哪种目标语言。解决该问题可以采用多种方法[497]：

（1）**添加语言标识符**。在源语言句子开始位置添加一个目标语言标识符[489]，或强制解码器在译文句首生成目标语言标识符[498]，具体可见 18.3.3 节。

（2）**添加语言向量**。类似于 BERT 中的段向量（Segment Embedding）或位置向量（Position Embedding），可以添加目标语言向量，并与词嵌入叠加输入模型[383]。

（3）**共享解码器部分参数**。解码器的部分参数在不同目标语言中共享，另外一些参数则由特定目标语言独有，比如仅共享 Transformer 解码器中的前馈神经网络子层、自注意力子层等[499]。

3. 共享注意力网络

共享注意力网络是指在不同语言间共享编码器和解码器之间的注意力网络[488,500]，如图 18-2 所示。类似于其他多语言神经机器翻译方法，共享注意力网络同样也是在多个不同语言对平行数据上联合训练的，不同语言借助共享的注意力网络实现跨语言迁移学习。

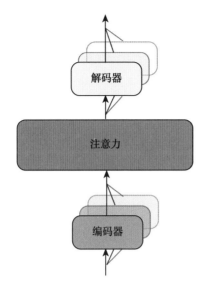

图 18-2 多语言神经机器翻译模型共享注意力网络示例

在式 (18-5) 中，虽然编码器、解码器数量是随语言数量线性增长的，但是由于源语言和目标语言间的注意力网络并没有跨语言共享，因此其数量仍然是 $O(N^2)$，即每个语言对都有一个独立的注意力网络，这是不利于多任务学习和跨语言迁移学习的 [488]。这里以文献 [488] 的研究工作为例，介绍如何在不同语言之间共享同一个注意力网络。

假设第 m 种源语言 i 时刻的隐状态为 $\boldsymbol{h}_i^m$，由于不同源语言的语义空间不一样，因此需要使用一个转换函数使 $\boldsymbol{h}_i^m$ 与共享的注意力网络兼容：

$$\tilde{\boldsymbol{h}}_m^i = \phi_{\text{attn}}^m(\boldsymbol{h}_i^m) \tag{18-7}$$

式中，ϕ_{attn}^m 表示第 m 种源语言的注意力转换函数。类似地，也可以将第 n 种目标语言 $t-1$ 时刻解码器隐状态 $\boldsymbol{z}_{t-1}^n$ 进行共享注意力兼容性转换：

$$\tilde{\boldsymbol{z}}_{t-1}^n = \psi_{\text{attn}}^n(\boldsymbol{z}_{t-1}^n, \boldsymbol{E}^n[\tilde{y}_{t-1}^n] \tag{18-8}$$

式中，ψ_{attn}^n 表示第 n 种目标语言的注意力转换函数；$\boldsymbol{E}^n$ 表示第 n 种目标语言的词嵌入矩阵；$\tilde{y}_{t-1}^n$ 表示前一时刻的解码器输出。

基于以上转换的编码器隐状态和解码器隐状态，可以根据注意力网络计算当前解码器状态与编码器状态的相关性：

$$e_{t,i}^{n,m} = f_{\text{score}}(\tilde{\boldsymbol{h}}_m^i, \tilde{\boldsymbol{z}}_{t-1}^n, \tilde{y}_{t-1}^n) \tag{18-9}$$

$e_{t,i}^{n,m}$ 可以根据式 (5-3) 计算注意力权重。

上面介绍的是计算传统的编码器和解码器之间的注意力网络，对于 Transformer 模型，计算方法类似。

4. 部分共享注意力网络

注意力网络的本质是让神经机器翻译模型学习源语言和目标语言之间的对应关系，从而生成更好的译文。由于不同语言的语序差异大，不同语言对源端和目标端对应的模式也千差万别；如果让所有语言对共享同一个注意力网络，则模型可能难以处理不同源语言和目标语言之间的复杂对应关系。

因此，除了所有语言对共享同一个注意力网络，还可以将不同语言按照某种分类标准组织，然后基于分类的类别共享注意力网络，即来自同一类别的语言对共享同一个注意力网络，来自不同类别的语言对不共享注意力网络。可以采取不同方式划分语言类别，如按照某类语言类型学特征划分、按照语系划分、按资源丰富程度划分等。

文献 [501] 按照源语言、目标语言划分，并提出 3 种不同的注意力网络共享策略：

（1）**源语言特定型**。同一种源语言的所有语言对共享同一个注意力网络，即每种源语言对应一个共享注意力网络；

（2）**目标语言特定型**。与源语言特定型类似，同一种目标语言的所有语言对共享同一个注意力网络；

（3）**语言对特定型**。为每个语言对单独建立注意力网络，即语言对的注意力网络完全不共享，但编码器、解码器仍然可以在不同源语言、目标语言间共享。

理论上，特定型的共享注意力网络让模型针对不同的任务使用不同的注意力网络，以学习不同模式的源语言和目标语言之间的对应关系，一定程度上避免了在所有语言对间共享同一注意力网络可能存在的弊端。

与源语言特定型、目标语言特定型共享策略相比，语言对特定型，即每个语言对使用独立的注意力网络（见式 (18-5)），不仅使多语言神经机器翻译模型丧失了零样本翻译能力（语言对训练时未见，则模型不会构建该语言对的注意力网络），而且使多语言神经机器翻译的参数仍然随语言种类数量呈平方关系增长。在训练时，每个语言对的注意力机制学习的样本数量更少。文献 [501] 的实验结果表明，源语言特定型和目标语言特定型注意力网络共享均优于语言对特定型的独立的注意力网络策略。

5. 组合式共享

上文介绍了共享编码器、共享解码器、完全共享注意力网络及部分共享注意力网络多语言神经机器翻译策略，这几种策略可根据实际情况进行组合使用。图 18-3 展示了几种可能的组合共享模式：

- 图 18-3(a) 展示的是共享编码器 + 共享解码器，编码器和解码器均共享，但注意力网络不共享，按照语言对构建，即语言对特定型注意力网络；
- 图 18-3(b) 展示的是共享编码器 + 目标语言特定型共享注意力网络，所有源语言共享一个编码器，每种目标语言单独构建解码器，注意力网络按照同一目标语言使用同一注意力网络方式共享；
- 图 18-3(c) 展示的是共享解码器 + 共享注意力网络，即所有目标语言共享同一个解码器，所有语言对共享同一个注意力网络，但编码器不共享；
- 图 18-3(d) 展示的是共享编码器 + 共享解码器 + 源语言特定型共享注意力网络，即所有源语言共享同一个编码器，所有目标语言共享同一个解码器，注意力网络按照源语言特定型策略进行部分共享。

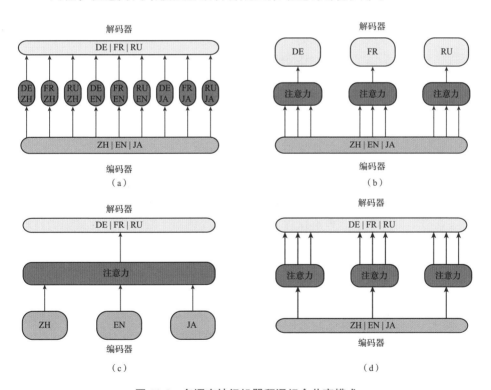

图 18-3　多语言神经机器翻译组合共享模式

18.3.3 完全共享方法

在多语言神经机器翻译中，完全共享指的是所有语言对共享同一个编码器、同一个解码器，同一个注意力网络 [489, 502]。当使用完全共享策略时，双语神经机器翻译模型架构不需要做任何修改就可以用于多语言神经机器翻译，无论是基于循环神经网络还是 Transformer 的神经机器翻译模型，都具有多语言翻译的能力 [503]。

在完全共享的条件下，当源语言有多种而目标语言只有一种时，将各个语言对的平行语料混合，基于混合语料训练模型后，就可以得到一个多对一的多语言神经机器翻译模型；当存在多种目标语言时，由于共用同一个解码器，模型需要具体的目标语言信息，才能生成特定目标语言的译文。这是因为，在翻译推理阶段的解码器，不像在训练阶段那样有参考译文指导，当涉及的目标语言数量大于一种时，解码器可能在应生成目标语言 a 的情况下生成其他目标语言 b 的单词，这种现象称为脱靶（Off-Target）。因此，需要在模型中添加目标语言信息，以指导模型生成正确目标语言的译文。添加语言标识符就是一种在不改变模型网络结构的情况下将语言信息注入模型的方法。

在模型中添加需要生成的目标语言的信息，一种简单有效的方法是在源语言句子的开头添加表示将该句子翻译为何种目标语言的标识符。例如，给定源语言句子：

多语言神经机器翻译是一个充满机遇和挑战的研究方向。

假设需要将该句子翻译成英语，可以将其修改为如下形式：

\<ToEN\> 多语言神经机器翻译是一个充满机遇和挑战的研究方向。

在源语言的句子开头不仅可以添加表示将该句子翻译为何种目标语言的标识符，还可以添加表示源语言句子所属语言的标识符、表示源语言句子所属语言及模型应该生成的目标语言组合而成的标识符等。这些信息首先被编码器编码，然后传给注意力网络，再传给解码器，指导译文生成。如果编码器由双向循环神经网络组成，还可以在源语言句子的末尾再添加一个同样的标识符，保证前向编译器和后向编码器均可以获得语言标识符信息。

假设一个多语言神经机器翻译系统，支持汉语 → 德语、汉语 → 法语、汉语 → 俄语、英语 → 德语、英语 → 法语、英语 → 俄语、日语 → 德语、日语 → 法语、日语 → 俄语，共 9 个语言对的机器翻译，以上 3 种语言标识符如表 18-1 所示。

表 18-1　三种语言标识符

源语言标识符	<FromZH>, <FromEN>, <FromJA>
目标语言标识符	<ToDE>, <ToFR>, <ToRU>
语言对标识符	<ZHDE>, <ZHFR>, <ZHRU>, <ENDE>, <ENFR>, <ENRU>, <JADE>, <JAFR>, <JARU>

如果注意力网络是部分共享的，则这些添加的语言标识符也可以在训练和推理阶段指示模型采用何种共享注意力网络，如文献 [501] 中的研究工作。

除了将语言标识符添加到源语言句子，也可以将其添加到目标语言句子。文献 [504] 对比了几种不同的在源端和目标端添加源语言和目标语言标识符的方法，发现添加何种语言标识符及添加位置（源端还是目标端）对多语言神经机器翻译的零样本翻译能力有很大影响，比如添加源语言标识符可能提高零样本翻译的脱靶概率，将目标语言标识符添加到源语言端要远优于添加到目标语言端。

18.4 训练数据采样方法

多语言神经机器翻译模型的训练集一般由所有语言对的训练集混合而成，不同语言对的训练数据规模不同，富资源语言和低资源语言的训练集规模可能会相差几个数量级。如果只是简单地混合它们训练模型，在训练过程中，模型参数的更新方向将会被富资源语言主导，从而导致训练得到的模型在低资源语言对上的翻译效果不理想。为缓解富资源和低资源语言的数据不平衡问题，需要对低资源语言进行过采样。

在多语言神经机器翻译的训练中，常用的采样方法是基于温度的采样方法 [191]。设 d_l 为第 l 个语言对的训练集大小，则第 l 个语言对占总训练集的比例 P_l 为

$$P_l = \frac{d_l}{\sum_k d_k} \tag{18-10}$$

假设采样温度为 T，则第 l 个语言对的训练样本被采样的概率 $\tilde{P}_l$ 为

$$\tilde{P}_l = \frac{P_l^{\frac{1}{T}}}{\sum_k P_k^{\frac{1}{T}}} \tag{18-11}$$

式中，T 是可以人为控制的超参数，可以通过它调整对低资源语言过采样的力度。当 $T = 1$ 时，每个语言对的训练样本被采样的概率就是该语言对的训练集占总训练集的比例，相当于没有对低资源语言进行过采样。当 $T > 1$ 时，低

资源语言被采样的概率大于其训练集占总训练集的比例，相当于对低资源语言进行了过采样。当 $T = +\infty$ 时，每个语言对的训练样本被采样的概率相等。

18.5 大规模多语言神经机器翻译

上文介绍多语言神经机器翻译，主要是从方法的角度介绍，有一系列实际的问题没深入讨论，如一个单一的多语言神经机器翻译模型到底可以翻译多少种语言，对语种或语言对的数量有没有限制，如果存在限制，又是什么因素限制了语种或语言对数量的增加。

要回答这些问题，就需要提到一个相关概念：模型容量（Model Capacity）。模型容量是机器学习领域的一个重要概念，文献 [52] 将**模型容量**非正式定义为一个机器学习模型适应各种函数的能力，模型容量越大，能够适应和学习的函数的数量也就越多。神经网络被广泛认为是从数据中学习输入–输出之间的映射函数，对于神经机器翻译来说，这个映射函数便是将源语言转化为目标语言的映射函数，而对多语言神经机器翻译而言，需要模型能够同时学到多个不同语言对的映射函数。当语种数量 N 增加时，语言对数量呈平方关系增加，多语言神经机器翻译则需要同时适应至少 $O(N^2)$ 个不同函数。这就意味着，当语种和语言对数量增加时，多语言神经机器翻译的容量也需要相应同步增加。

如果在增加语种和语言对数量时，多语言神经机器翻译的容量一直不变，那么会产生一种称为多语言诅咒（Curse of Multilinguality）的现象。**多语言诅咒**指的是语种数量和模型容量之间的失衡[505]：初始时，低资源语言的性能会随着语种数量增加而增长（正迁移）；但当语种数量增加到一个临界点后，继续增加，模型的总体性能则会下降。多语言诅咒现象不仅在多语言预训练模型中可观察到[505]，而且存在于多语言神经机器翻译中[191]。这是因为当语言对数量增加到一个临界点、超出了模型容量能够适应的极限时，多语言预训练模型或多语言神经机器翻译模型的适应能力和拟合能力就会下降。

存在多种方法调节模型容量，比如改变机器学习算法的假设空间（Hypothesis Space）[52]。对神经网络模型而言，增加模型容量的直接方法是增加层数或节点数：前者增加模型的深度（Depth）；后者增加模型的宽度（Width）。无论是增加深度还是宽度，模型参数数量都会增加。

在机器学习中，与模型容量相关的一组重要概念是过适应（Overfitting）和欠适应（Underfitting）[52]。**过适应**是指模型在训练集上的错误率要远小于在测试集上的；**欠适应**是指模型在训练集上不能获得足够低的错误率。低模型容量往往与欠适应相关，因为模型容量低导致模型难以适应训练数据；而高模型容量则通常与过适应相关，因为模型容量高得足以使模型记住训练数据而不能很好地泛化到测试数据上[52]。

从训练数据角度看，增加语种数量会相应增加平行语言对训练数据量，如果多语言神经机器翻译模型容量过低，则模型就会难以适应大规模的训练数据[95]；反之，如果多语言神经机器翻译模型容量过高，但是多语种平行语料训练数据量较小，则有可能发生过适应。

综合以上讨论，如果要增加语种数量，就要增加模型容量；增加模型容量，最直接的方法是增加模型参数数量；模型容量增加了，模型所需要的训练数据量也要相应增加，以避免过适应。因此，大规模多语言神经机器翻译中的"大规模"，至少包括以下 3 个方面。

（1）**大规模多语言**。语种数量达到上百种，甚至上千种；语言对数量达到几千种、几万种乃至上十万种。

（2）**大规模模型**。多语言神经机器翻译模型参数数量达到百亿、千亿、万亿，甚至更大规模。

（3）**大规模训练数据**。用于大规模多语言神经机器翻译模型训练的平行语料数据量达到数十亿、数百亿句对，甚至更大规模。

要实现以上的"大规模"，需要大规模多语言神经机器翻译在大规模平行语料数据获取、大模型设计及大模型训练等方面攻克相关技术挑战。

18.5.1 大规模平行语料数据获取

目前已公开的平行语料库，其规模通常难以满足大规模多语言神经机器翻译模型的训练需求。一种替代的方法是从互联网中自动爬取不同语言的文本语料并进行对齐（见 3.3 节中介绍的文档对齐和句对齐）。

其中，Common Crawl 是学术界和工业界爬取大规模文本语料的重要源头。**Common Crawl** 采用 Apache Nutch 爬虫爬取互联网网页，爬取了自 2008 年以来的互联网数据，并基本上按照一个月打包一个爬取快照的速度，将爬取的互联网数据按照一定的存储格式存放于亚马逊 S3 云上。截至 2021 年 8 月，Common Crawl 共爬取了 83 个快照，总数据量达 PB 级。快照之间的数据很少重叠，每个快照的大小从 20TB 到 30TB 不等，对应大概 30 亿个互联网网页[506]。由于 Common Crawl 爬取的是互联网上所有语言的网页，因此，其爬取的文本数据既可以用于抽取单语言数据，也可以用于抽取对齐的多语言平行数据。

Common Crawl 爬取的原始数据需要做一定的预处理，才可以提取出干净可用的文本数据。常用的预处理流程包括 [506] 如下几步。

（1）**去重**。将一个快照中的数据进行划片（Shard），比如 2019 年 2 月的 Common Crawl 快照大小为 24TB，如果一个划片大小为 5GB，则可以划分成 1600 个划片。划片之后，对每一划片中的段落计算哈希值，然后根据哈希值去除划片中重复的文本。显然，各个划片中的去重可以相互独立地并行运行。

（2）**识别语种**。采用专门的语言分类器识别文本对应的语言。

（3）**文本过滤**。互联网上的文本数据质量参差不齐，有些可能本身就是机器生成的，因此有必要过滤掉质量低的文本。这里可以采用语言模型计算困惑度，然后根据困惑度阈值过滤文本。

在提取出各种语言的文本后，需要从不同语言的单语语料中挖掘平行句对。挖掘平行句对的本质是从不同语言句子中寻找含有相同语义的句子，而不同语言的句子语义相似度可以采用 LASER[192] 计算。根据语义相似度挖掘平行句对可以分为全局挖掘（Global Mining）和局部挖掘（Local Mining）：**全局挖掘**是把每种语言的所有文档句子聚合在一起，然后逐一比对两种不同语言的句子寻找平行句对；**局部挖掘**是先进行文档对齐（见 3.3.1 节），再在对齐的文档中搜索平行句对。基于 Common Crawl 爬取平行语料的两个项目 CCMaxtrix[184] 和 CCAligned[194]，前者采用的是全局挖掘方法，后者采用的是局部挖掘方法。与全局挖掘相比，局部挖掘速度更快，更容易扩展 [95]。

大规模多语言神经机器翻译涉及的语言对数量大，如果对每个语言对都搜索挖掘平行句对，则会消耗大量的时间和计算资源。为了保证多语言神经机器翻译翻译语言对的能力，同时避免对每个语言对都挖掘平行句对，可以采用一种称为稀疏挖掘（Sparse Mining）的方法 [95]。**稀疏挖掘**只选择一部分语言对进行平行句对挖掘，比如将所有涉及的语言按照语系分组，只挖掘属于同一个组的语言之间的平行句对。按语系划分组的稀疏挖掘，可能导致某些数据小的组挖掘的平行句对非常少。为避免该问题，可以按照地理和文化临近性对不同语言分组 [95]。除了挖掘同一个组的语言之间的平行句对，还需要从每个组中选出若干种语言作为枢纽语言和其他组的语言进行桥接，即挖掘这些枢纽语言之间的平行句对，通常这些枢纽语言是每个组中语料最丰富的语言 [95]。

18.5.2　模型设计

对于大规模多语言神经机器翻译，只要模型容量足够大，就能在大规模平行语料上学习成千上万语言对之间的翻译映射函数。上文提到，扩大神经机器翻译模型容量，可以通过加深模型层数或增加模型隐藏层维度实现，但是这两种方法对模型的并行计算均不友好。当模型或训练数据量庞大时，模型训练的效率显得尤为重要。7.2.5 节曾提到，神经机器翻译模型从循环神经网络向 Transformer 发展的一个重要原因是，循环神经网络的自回归特性使其不能在序列各个位置上并行计算，只有前面位置计算完成后才能计算后一个状态，这种串行计算大大减缓了模型的训练和推理速度。因此，当模型规模变大时，在模型设计时应尽可能增加模型的并行计算能力。

混合专家（Mixture of Expert，MoE）[507] 正是一种可高度并行计算的神经网络，该神经网络是一种条件计算（Conditional Computation）型神经网络。**条件计算指的是任意输入样本只激活神经网络的部分参数** [508]，而不是所有参数。理论上，条件计算已被证明可以显著增加模型容量但不会按比例增加计算量 [507]。正是由于条件计算的优越特性，MoE 在大规模预训练模型、大规模多语言神经机器翻译中得到了广泛应用。

这里以基于 MoE 的 GShard[509] 为例，介绍如何构建大规模多语言神经机器翻译模型。GShard 是一种分布式稀疏模型，其模型结构如图 18-4 所示。

在图 18-4 中，最左边是标准的 Transformer 编码器，而中间是 GShard 的 Transformer 编码器。与原始的 Transformer 编码器的区别是，GShard 编码器包含多个前馈神经网络 $(\mathrm{FFN}_1, \cdots, \mathrm{FFN}_M)$，每个 FFN 被称为一个专家（Expert）。对输入序列的每个词例（token），GShard 会计算其进入每个专家的概率，并将其送入概率最大的专家。也就是说，每个词例只会选择并进入一个专家，进行后续计算和处理。这样做的好处是，增加专家数量，模型的容量和参数量会随之变大，但模型的计算量并不会按比例增加。随着参数量的增加，单个加速器设备（如显卡加速器）将无法容纳整个模型，因此需要将模型参数和计算分配到不同的加速器设备上。

图 18-4 最右边展示的就是分布在不同加速器设备上的 GShard。白色方框 $(\mathrm{FFN}_1, \cdots, \mathrm{FFN}_M)$ 被分配到了不同的设备上。每个词例会选择一个专家，然后被送到相应的设备上进行计算，此过程称为**多对多分发**（All-to-All Dispatch）。专家计算后的结果再被送回到原来的加速器设备上，此过程称为**多对多合并**（All-to-All Combine）。每台设备上的专家是相互独立的，其参数更新也独立进行，不会被同步。而其他参数，如多头注意力、蓝色方框中的前馈网络在不

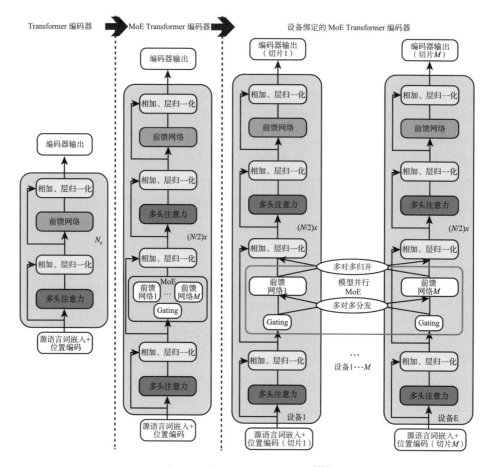

图 18-4　基于 MoE 的 GShard[509]

同设备上是共享的，这些参数会在模型更新时被同步更新。

除了 GShard 的条件计算模式，还可以采取以下两种分布式计算方法。

（1）**张量并行**。张量并行（Tensor Parallelism）是将一个大的张量（Tensor）切分成多个分块，然后将分块放到不同的加速器设备上进行并行计算，计算完成后将所有设备上的结果合并，得到原来大的张量计算的结果。大规模预训练模型 GPT-3[58] 和 Megatron[510] 采用了张量并行方法。

（2）**流水线并行**。流水线并行（Pipeline Parallelism）是将一个大模型切成不同的网络层，然后将拆分的网络层放到不同的加速器设备上。张量并行可看成将模型从水平方向上切分，而流水线并行则是从垂直方向上进行分块。在流水线并行模式中，每个加速器设备在流水线的不同阶段并行处理一小部分小批量中的数据。GPipe 方法 [511] 是一种流水线并行方法。

相比于以上两种方法，GShard 的最大优势在于其速度，随着参数量的增加，每个词例的计算量并不会明显增长。而增加矩阵运算的规模和模型的深度显然会增加模型的计算量。其次，GShard 中每台设备的输入数据是不一样的，而张量并行和流水线并行方法虽然将模型分配到不同设备上，但它们必须处理同一批数据。因此，GShard 能处理更大的小批量数据，其训练速度和训练的稳定性都更好。此外，GShard 是一个稀疏模型，相比于稠密模型更不易过拟合，有更强的泛化能力。

18.5.3　模型训练

前面介绍了如何扩展模型容量，并在扩展的模型中尽可能考虑大规模模型的并行计算。综合上文可以看到，扩展模型容量有两种常用方法 [95]。

（1）稠密扩展。稠密扩展（Dense Scaling）是指增加到模型中的参数在每次计算时都会被激活，也就是模型的计算量与模型容量成比例增加。增加神经网络的层数（深度）或神经网络每层的维数（宽度），都属于稠密扩展方法。

（2）稀疏扩展。稀疏扩展（Sparse Scaling）是指扩展的模型会根据输入样本激活部分参数，模型的计算量不会随模型容量成比例增加。前面提到的基于 MoE 的 GShard 就是一种典型的稀疏扩展方法，每个词例的计算只会激活部分专家。文献 [95] 提出的语言特定并行层的方法也是一种稀疏扩展方法，每种语言会根据语言特性分组，然后依据分组路由到与该分组相关的特定神经网络层，激活该特定层中的参数进行计算，其他参数则在所有语言间共享。相比于 GShard 的单词级别的条件计算，文献 [95] 提出的方法可以看成语言级别的条件计算。

与稀疏扩展相比，稠密扩展最大的缺点是模型容量在增加的同时，计算量也成比例增加，这显然会增加模型训练和推理的时间和空间成本。无论是稠密扩展还是稀疏扩展，都面临以下两个主要挑战 [95]：

（1）模型并行。对模型容量超过单个计算加速器存储限制的模型，需要将其计算和参数分散到不同的加速器设备上，上文提到的 MoE、张量并行、流水线并行，或者使模型更易并行，或者本身就是一种模型并行方法。

（2）单设备适应。即将一个大模型尽可能适应到单个加速器设备上，比如通过各种方法压缩模型、减少模型所需的内存等。

这里主要探讨单设备适应方面的方法，即如何尽可能降低大模型在单个加速器设备上所需的存储空间，使其能适应该加速器设备的存储限制。探讨的方法包括 3 种：混合精度训练、优化器状态切片和梯度检查点技术。随着大模型的参数规模和训练数据规模不断创造新纪录，单设备适应也逐渐成为研究的热点，相应的方法和技术也在不断发展中，因此下文探讨的 3 种方法只反映该领域的一小部分技术。

1. 混合精度训练

通常情况下，神经网络模型的参数采用 32 位浮点数存储和计算，需要 4 个字节存储。而混合精度训练的基本思想是同时使用 16 位精度和 32 位精度的浮点数运算，相比于 32 位的浮点数，16 位浮点数占用的存储空间更少，且可以通过专用的硬件加速运算，从而减少模型的训练时间[512]。

当前使用最广泛的浮点数运算标准是 IEEE 754。根据 IEEE 754 的规定，在单精度 32 位浮点数中，需要 1 位二进制位表示符号，8 位二进制位表示阶码，23 位二进制位表示尾数，故 32 位浮点数在正数范围内能表示的最大值和最小值分别如式 (18-12) 和式 (18-13) 所示：

$$\text{FP32}_{\text{max}} = 2^{127} \times (2 - 2^{-23}) \approx 3.4028234664 \times 10^{38} \tag{18-12}$$

$$\text{FP32}_{\text{min}} = 2^{-126} \times \left(2 - \frac{1}{2^0}\right) \approx 1.1754943508 \times 10^{-38} \tag{18-13}$$

而在半精度 16 位浮点数中，需要有 1 位二进制位表示符号，5 位二进制位表示阶码，10 位二进制位表示尾数，故 16 位浮点数在正数范围内能表示的最大值和最小值分别如式 (18-14) 和式 (18-15) 所示：

$$\text{FP16}_{\text{max}} = 2^{15} \times \left(1 + \frac{1023}{1024}\right) = 65504 \tag{18-14}$$

$$\text{FP16}_{\text{min}} = 2^{-14} \times \left(1 + \frac{0}{1024}\right) \approx 6.10 \times 10^{-5} \tag{18-15}$$

以上给出了单精度和半精度规格化表示的最大正数值和最小正数值，单精度 32 位浮点数非规格化最小正数可以达到 $2^{-149} \approx 1.4 \times 10^{-45}$，半精度 16 位浮点数非规格化最小正数可以达到 $2^{-24} \approx 5.96 \times 10^{-8}$。

对比单精度 32 位浮点数和半精度 16 位浮点数可以看出，虽然半精度所占存储空间减少一半，但是其表示范围和精度相对于单精度浮点数要小很多。为弥补半精度计算带来的精度损失，文献 [512] 提出了 3 种方法：必要时保留权重和权重更新值的单精度 32 位浮点数底本、放大损失，以及改善算术运算精度。

（1）保留权重和权重更新值的单精度 **32 位浮点数底本**。模型参数往往是根据式 (2-26) 进行更新的，如果用 16 位半精度浮点数计算式 (2-26)，则 $\eta \nabla \mathcal{L}$

结果可能变得非常小，落入半精度 16 位浮点数不能表示的范围 $[0, 2^{-24})$，舍入后变为 0，导致模型的参数得不到有效更新。为了避免该问题，需要另外保存一份 32 位单精度浮点数模型参数，在更新模型的参数时用 32 位浮点数计算，而在其他前向计算和反向计算中，采用 32 位浮点数的 16 位半精度版本，以减少存储空间。

（2）**放大损失**。在模型训练过程中，位于 $[0, \mathrm{FP16}_{\min})$ 范围的梯度值用 16 位浮点数表示后都会变成 0，这将导致用 16 位浮点数训练时，很大一部分梯度是无法使用的。为解决此问题，需要将梯度放大到 $[\mathrm{FP16}_{\min}, \mathrm{FP16}_{\max}]$，即半精度浮点数可表示的范围。由于模型的梯度是根据链式法则计算得到的，因此可以在反向计算过程开始前，将前向计算的损失放大 α 倍，这样在反向计算时，所有梯度也会被放大同样的倍数。这就意味着，只要将前向计算的损失放大一定的倍数，就可以将梯度放大到 16 位半精度浮点数可表示的范围内，从而防止训练过程中梯度信息的丢失。而在更新模型参数时，需要将式 (2-26) 中的 $\eta \nabla \mathcal{L}$ 的值除以相应的倍数，以抵消损失放大的影响。

（3）**改善算术运算精度**。文献 [512] 认为，大部分神经网络的算术运算可以归为 3 类：向量点积运算、规约计算及逐点计算。文献 [512] 对这三类运算给出了相应的建议或方法，比如建议 16 位浮点数进行向量点积运算后累加进 32 位浮点数，运算完成后再将结果变回 16 位浮点数。

2. 优化器状态分片

根据文献 [513]，大模型在训练时，消耗和占用的存储空间的元素主要包括两部分：

（1）**模型状态**。模型状态（Model State）包括优化器状态（Optimizer State）（如 Adam 算法 [514] 中的动量）、梯度、参数等，占用绝大部分存储空间。

（2）**残余状态**。残余状态（Residual State）是指除模型状态外的元素，如激活函数、临时缓冲等。

数据并行将模型状态参数保存到不同加速器设备上，显然存在大量的冗余；模型并行虽然将模型状态进行切分，但往往切分过细导致较高的通信代价。文献 [513] 提出，在数据并行中将模型状态进行切分，而不是在不同加速器设备上复制它们，从而减少数据并行中的模型状态冗余，同时采用动态通信规划方法，以保持通信和计算效率。

3. 梯度检查点技术

深度模型训练一般包括：前向计算、反向计算每个参数的梯度、根据梯度更新参数。在前向计算中的某些中间变量，在反向计算梯度的过程中也需要使用，因此这些中间变量在训练过程中会被保存。当模型的深度较小时，前向计算过程中保存的中间变量较少，并不会造成特别大的显存消耗；但当模型较深时，大量需要保存的中间变量就会占用很多显存。

梯度检查点（Gradient Checkpointing）技术正是一种用来解决中间变量占用过多显存的方法，其基本思想是通过丢弃一些中间变量达到节约显存的目的。由于在反向计算过程中，这些中间变量也需要参与计算，因而需要重新执行前向过程才能得到这些丢弃的中间变量的值。因此，梯度检查点技术是一种用时间换空间的方法，即通过消耗一些计算资源以降低模型在训练期间占用的显存 [515]。

一般而言，深度学习模型在训练期间不会丢弃任何中间变量，模型占用的显存往往随着模型深度的增加呈线性增长，设模型的深度为 n，此时模型的前向计算和反向计算过程各自都需要执行 $O(n)$ 次计算，模型占用的显存大小为 $O(n)$。如果模型在训练期间丢弃所有中间变量，模型占用的显存大小为 $O(1)$，模型的前向计算过程需要执行 $O(n)$ 次计算，而由于在反向计算过程中需要重新执行前向计算以恢复之前被丢弃的中间变量，故需要执行 $O(n^2)$ 次计算。为了在额外计算和显存消耗之间寻找一个平衡点，最常用的方案是保留前向计算过程中的 $\sqrt{n}$ 个中间变量（即丢弃 $n - \sqrt{n}$ 个中间变量），此时模型占用的显存大小为 $O(\sqrt{n})$，模型的前向计算过程需要执行 $O(n)$ 次计算，为了恢复丢弃的 $n - \sqrt{n}$ 个中间变量，模型的反向计算过程需要执行 $O(n \times (n - \sqrt{n}))$ 次计算。

18.6 多语言神经机器翻译向双语神经机器翻译迁移

本章大部分内容都在探讨如何将双语神经机器翻译升级为多语言神经机器翻译，但是在某些应用场景中，多语言神经机器翻译需要迁移回双语神经机器翻译，比如：

- 用海量数据训练了一个大规模的多语言神经机器翻译，但是实际应用时可能只需要某几个特定语向的机器翻译，而且实际的部署环境也可能存在空间限制，无法容纳大模型；
- 需要在某个语言对上微调预训练的多语言神经机器翻译，以获得该语向

　　更好的双语神经机器翻译模型。

　　将多语言神经机器翻译迁移回双语神经机器翻译，可以采用多种方法。一种可行的方法是，通过知识蒸馏（见 16.5.1 节），将多语言神经机器翻译大模型蒸馏压缩到单个语向的双语神经机器翻译小模型上；另外一种方法是，在感兴趣的一个或多个语言对上，微调预训练的多语言神经机器翻译模型。本节重点探讨第二种方法，并将微调的情景分为两类。

　　一类是在低资源或零样本语言对上微调。用少量的低资源或零样本语言对平行数据微调预训练的多语言神经机器翻译模型，如果微调优化模型所有的参数，则模型很容易在用于微调的小规模数据集中产生过拟合及灾难性遗忘现象 [65, 516]，导致模型的泛化能力变差。

　　另一类是在富资源语言对上微调。文献 [191] 发现，虽然多语言神经机器翻译有助于向低资源、零资源语言正迁移，但是富资源语言往往受到负迁移损害，尤其是在模型容量不变的情况下增加语种数量。因此，在富资源语言对上继续微调多语言神经机器翻译，显然有助于恢复富资源语言对的翻译性能。

　　为解决以上微调预训练多语言神经机器模型的需求，可以在多语言神经机器翻译模型中添加适配器 [65, 517]，3.1.3 节曾提到适配器是预训练模型进行迁移学习的一种有效方法，这里以文献 [65] 的研究工作为例，介绍预训练多语言神经机器翻译的适配器微调方法。

　　文献 [65] 在多语言神经机器翻译模型的每一层为每个语言对添加一个独立的适配器，如图 18-5 所示。

　　在图 18-5 中，适配器包含一个下投射（Down Projection）层、ReLU 层、上投射（Up Projection）层及层归一化和残差连接。假设第 i 层的输出为 $\boldsymbol{z}_i$，经过层归一化操作得到：

$$\tilde{z}_i = \text{LayerNorm}(\boldsymbol{z}_i) \tag{18-16}$$

然后将 d 维的 $\tilde{z}_i$ 经下投射得到压缩的 b 维向量：

$$\boldsymbol{h}_i = \text{ReLU}(\boldsymbol{W}_{bd}\tilde{z}_i) \tag{18-17}$$

最后经过上投射及残差连接得到 d 维向量：

$$\tilde{\boldsymbol{h}}_i = \boldsymbol{W}_{db}\boldsymbol{h}_i + \boldsymbol{z}_i \tag{18-18}$$

　　以上介绍了适配器的组成，那么如何在多语言神经机器翻译模型应用适配器呢？具体流程为：用多个语言对的大规模平行语料训练多语言神经机器

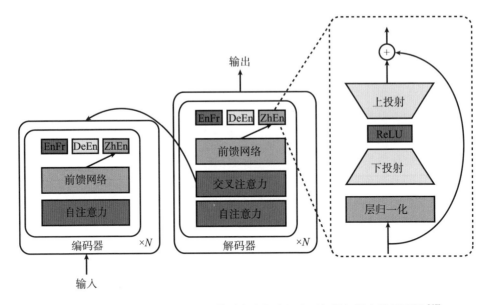

图 18-5 在多语言神经机器翻译模型中为每个语言对都添加独立的适配器[65]

翻译模型；在训练好的多语言神经机器翻译模型中添加适配器，并冻结多语言模型原来的参数，用特定语言对的平行语料微调添加的适配器。

适配器微调方法不仅可以解决上面提到的微调所有参数存在的过适应及灾难遗忘问题、富资源语言对翻译性能下降问题，还可以将单一模型适配到多个语种或领域上。此外，因为只需要更新轻量的适配器而不是模型所有参数，适配器微调方法可以显著减少微调模型所需的时间及计算资源。

上面介绍的文献 [65] 中的适配器是**双语适配器**（Bilingual Adapter），即每个语言对都需要一个单独的适配器，假设有 N 种语言，双语适配器的数量将是 $O(N^2)$。文献 [517] 在双语适配器基础上进一步提出单语适配器（Monolingual Adapter），即在编码器和解码器端为每个源语言／目标语言语种添加单独的适配器，适配器的数量从 $O(N^2)$ 降至 $O(N)$，不仅如此，单语适配器还可以帮助提升零样本语言对的翻译性能。

18.7 未来方向

多语言神经机器翻译的诸多优势（见 18.2.2 节）使其成为机器翻译的研究热点之一，然而当前的多语言神经机器翻译研究仍然存在诸多尚未解决的问题，还需要进一步研究。

18.7.1　如何处理数据不平衡问题

多语言神经机器翻译模型的训练集一般由多个语言对的平行语料混合而成。在混合训练集中，不同语言对的数据分布极不均衡，富资源语言对的数据量，往往比低资源语言对大几个数量级。训练数据的不均衡，显然会影响训练效果及语言间迁移学习效果。

为了缓解数据不平衡的问题，在实际训练时，通常需要对低资源语言的语料进行过采样，否则模型在训练期间只能见到很少的低资源语言的训练样本。基于温度的数据选择方法[191]，在多语言神经机器翻译中被广泛采用。然而该方法难以确定合适的温度值，温度取值对模型性能影响非常大。另外，该采样方法仅仅考虑了不同语言数据集的大小，忽视了其他更多与语言相关的因素[518]。文献 [519] 提出，先根据目标端的语料采样，然后根据采样得到的目标语言句子对源端的语料采样，其中两次采样的分布可以根据句子之间或语言之间的相似度确定。文献 [520] 和文献 [518] 将训练集和验证集的梯度点积作为奖励，并基于此提出了自适应的数据采样方法。然而，这些方法对模型翻译能力的提升有限，数据不平衡问题仍然是尚未解决的难题之一。

18.7.2　如何建模不同语言之间的关系

世界现存的语言多达上千种，不同语言差异显著，对多语言神经机器翻译构成了巨大的挑战。但有利的一面是，语言间虽然存在差异，但也存在某些共性，这些共性支撑着相似语言间的知识迁移。能够找到语言间的共性，并基于共性对不同语言进行分类，对构建实际的多语言神经机器翻译系统非常重要。然而，哪些共性对语言间知识迁移有正面影响，哪些有负面影响，目前仍然缺乏相关的理论指导。

另一方面，多语言神经机器翻译模型本身可以从数据中学习到部分的语言特征和共性。一般认为，18.3.3 节介绍的语言标识符，其对应的向量编码了标识符表示的语言的总体特征，因此，该向量被称为**语言向量**（Language Vector）。多项研究工作[363, 521]对语言向量表示语言的能力进行了研究，结果发现，经过训练的多语言神经机器翻译模型的确能够学习到一定的语言特征，这些自动学习到的语言特征甚至可以用来补充人类语言类型学特征数据库中没有的部分，如世界语言结构图集（The World Atlas of Language Structures，WALS）。不仅如此，文献 [493] 基于模型学习到的语言特征，将相似的语言归为同一组，然后按组训练多语言神经机器翻译模型。研究发现，该方法优于基于语系的分组方法。

尽管如此，当让模型翻译从未学习过的语言对时，模型会生成不是目标语言的其他语言单词 [502, 522, 523]，这表明模型学习到的语言特征还不足以指导模型的翻译。

综上所述，可以看到，多语言神经机器翻译具有一定的学习语言类型学特征的能力，但目前相关研究还不多，未来值得憧憬和期待，尤其是与语言类型学及对比语言学的深入结合方面。而用这些特征（如来自数据库 WALS 或模型学到的语言向量）指导多语言神经机器翻译，其效果仍然有待提高，因此，这方面也是一个非常重要的研究课题。

18.7.3 如何在不同语言间有效共享模型参数

跨语言共享模型参数或语义空间，是实现语言间知识迁移学习的基础。上文提到多语言神经机器翻译模型参数共享包括部分共享和完全共享。完全共享是让所有语言共享模型的全部参数，而部分共享则是让所有语言在共享模型一部分参数的同时保留另一部分独立（语言特定）的参数。和部分共享相比，完全共享让语言在模型中没有任何"隔阂"，追求最大化的语言间知识迁移。然而，不同语言其特征也不同，模型在训练过程中除了需要建模源语言句子和目标语言句子的语义信息，还需要学习不同语言的构词、词序、句法等方面的差异，因此完全共享可能并不一定是最优的选择。

部分共享可以在对各种语言的共性建模的同时对语言间的差异建模，理论上可以弥补完全共享的不足，但是模型含有大量的参数，哪些参数应该被哪几种语言共享仍然有待进一步的研究。文献 [499, 524] 研究了部分共享对模型整体翻译能力的影响，尽管实验结果表明部分共享可以提升模型整体的翻译效果，但增加了模型的参数规模，并会消耗更多的计算资源。文献 [493] 和文献 [525] 研究了根据语言间的相似度共享参数的方法，不过，语言之间的相似性度量至今还没有一个通用的标准。因此，如何设计一种既可以让各种语言最大程度共享模型参数，又可以让不同语言保留各自独立参数的方法或框架，是多语言神经机器翻译亟待解决的重要问题之一。

18.7.4 如何有效构建多语言神经机器翻译大模型

在单一的神经机器翻译模型中，要实现数百种甚至数千种不同语言的自动翻译，不可避免地要增大模型的容量，扩大模型的训练数据规模。这就涉及了大模型研究面临的通用挑战，包括但不限于以下研究问题：

• 如何有效增加模型容量但又不会增加太多计算量？

- 如何增加模型的并行计算能力？
- 如何将大模型或其中部分高效地适应到单个加速器设备上？
- 如何快速高效地训练大模型？
- 如何加快大模型的推理速度？
- 如何优化分布式大模型到不同加速器设备的路由方法？
- 如何避免数据质量（噪声、偏差、伦理等问题）对大模型的负面影响？

除了以上大模型通用问题，大规模多语言神经机器翻译还面临自身特有的问题和挑战，主要包括：

- 如何挖掘大规模的平行语料？相比于单语语料，平行语料更难获取。
- 如何有效组织大规模训练语料？包括面向数据不平衡的采样、不同语言间平行语料的组织和分类等。
- 如何在大模型内部实现跨语言知识迁移？
- 如何增强大模型的零样本翻译能力？
- 如何实现通用机器翻译？

18.8　阅读材料

多语言机器翻译并不是神经机器翻译特有的，在统计机器翻译框架下，主动学习就被用于多语言统计机器翻译[526]。多语言神经机器翻译研究最早起源于文献 [487] 中的研究工作，该项研究工作使用由一个编码器和多个解码器组成的神经机器翻译模型进行一对多的翻译，其中源端只有英语，所有的语言对共享同一个编码器，目标端有多种语言，每种语言使用独立的编码器。由于共享的编码器比双语神经机器翻译模型中的编码器经过了更多的数据训练，因此可以更充分地学习源语言语义表示。

文献 [502] 使用单个编码器和解码器实现多对多的翻译，由于不同语言之间可能会有相同的单词，为了区分不同语言的单词，该研究工作在每个单词的开头添加了特定的前缀，例如德语单词 Obama 在其开头添加前缀 @de@ 变成 @de@Obama，英语单词 Obama 在其开头添加前缀 @en@ 变成 @en@Obama。在有多种目标语言的情况下，需要在模型中添加目标语言信息指导模型的译文生成，因此，文献 [502] 在源语言句子开头添加了可以唯一标识目标语言的标识符。文献 [489] 也通过添加标识符的方法实现了单一模型多对多翻译。添加标识符的方法不需要对模型做任何的修改就可以实现多语言翻译，由于该方法简单且有效，在后来的多语言神经机器翻译研究中被广泛使用。

多语言神经机器翻译的发展离不开单个语言对的神经机器翻译模型的创

新。Transformer 架构[32] 被提出后，迅速成为多语言神经机器翻译的骨干模型。文献 [503] 比较了 Transformer 和 LSTM 的多语言翻译能力，基于 Transformer 的多语言神经机器翻译在实验中表现要优于基于 LSTM 的多语言神经机器翻译。

多语言神经机器翻译模型通常采用联合训练方式训练，即模型在训练过程中学习所有语言对的训练样本，这使得模型学习到的知识可以从富资源语言向低资源语言迁移，因此模型对低资源语言的翻译效果相比于双语神经机器翻译模型会有一定的提升。文献 [191] 通过大量的实验，验证了多语言神经机器翻译模型可以提升低资源语言翻译性能。文献 [491] 在语料极其匮乏的情况下用多语言神经机器翻译模型仍然取得了不错的翻译效果。此外，多语言神经机器翻译模型的零样本翻译能力，因为不需要真实的训练样本就可以生成译文，受到了研究者的广泛关注，但是零样本翻译效果往往不尽如人意。为了提升模型的零样本翻译能力，文献 [527] 在训练模型时添加了额外的损失函数，以指导编码器将相似语言的句子编码到语义空间中的相近位置；文献 [523] 提出了随机在线回译算法，缓解了模型在进行零样本翻译时会生成错误语言单词的问题；文献 [522] 采取了对解码器做预训练和回译的方法，以提升模型的零样本翻译能力。

单语语料比平行语料更容易获取，因此，多语言神经机器翻译也开始与基于多种单语数据训练的多语言预训练模型结合，以提升多语言翻译能力，如在训练过程中引入预训练模型的目标函数[528, 529]。

文献 [530] 对多语言神经机器翻译方法和模型进行了系统性的调研和介绍。

18.9　短评：多语言机器翻译之美

长久以来，机器翻译都要为每个语向构建一个单独的系统，一个语向涉及源语言和目标语言两个语种，如果有 n 个语种，就需要构建 $n \times (n-1)$ 个系统。根据 Ethnologue 统计，2021 年全世界仍在使用的语言数量多达 7139 种，如果要为世界上所有语言构建到其他语言的互译系统，那么机器翻译系统的总数将超过 5000 万，维护和部署成本是难以想象的。目前，大部分在线机器翻译引擎支持的语种通常只有几十到几百种。

为了应对机器翻译系统数量爆炸的问题，过去机器翻译憧憬的一种解决模式是构建一种中间语言（Interlingua，语言无关的一种抽象表示），将 n 种不同的源语言转换到中间语言，中间语言也可以转换到 n 种不同的目标语言，机器翻译系统可以由这 $2n$ 个转换模块进行组合构建。在前面章节短评中提到的 KBMT 系统，在某种意义上就可视为一种中间语言系统。中间语言系统的挑战在于定义中间语言表示是非常困难的。

2015 年，神经机器翻译开始通过在不同语言间共享部分或全部神经网络（编码器、解码器、注意力网络）的方式实现一对多、多对一、多对多的多语言神经机器翻译，即在同一个神经网络模型中将一种语言翻译成不同种目标语言、多种不同源语言翻译成同一种目标语言，以及多种不同源语言翻译成多种不同目标语言。2016 年至 2017 年出现了更多关于多语言神经机器翻译的研究工作，期间研究人员发现，多语言神经机器翻译系统不仅可以实现单一系统完成多种不同语言的机器翻译，还可以提升低资源语言机器翻译质量，并通过迁移学习获得零样本机器翻译能力。

2018 年，多语言神经机器翻译开始向大规模多语言神经机器翻译发展，之前在同一个模型中同时训练的语种数量通常少于 10 种。CMU 机器翻译团队在 2018 年试验了 58 种语言到英语的单一模型训练和翻译，2019 年 Google 实现了在同一个模型中同时训练 102 种语言到英语及英语到 102 种语言的双向翻译，将多语言神经机器翻译的规模提升到百种语言，训练平行句对数量达到 250 亿，结果发现，增加语种数量、训练数据大小及模型参数数量，在特定条件下，均能提升多语言神经机器翻译的跨语种迁移学习能力。

以上大规模多语言神经机器翻译工作都是以英语为中心开展的，训练数据通常是其他语言 ↔ 英语，没有使用非英语语言对的平行语料，也就是说，非英语语言之间的翻译只能通过零样本机器翻译实现。2020 年，Facebook AI 团队开展了非英语中心的真正的多对多的多语言神经机器翻译实验，在 100 种语言 2200 个语向的 75 亿平行句对数据上训练多语言神经机器翻译，并通过多种方式桥接不同语言（如以英语为中心桥接、语系桥接等）。

扩大语言数量规模之后，来自多语言神经机器翻译、多语言预训练模型的研究人员均发现"多语言诅咒"（详见 18.5 节）的现象，为了避免"多语言诅咒"，需要模型的规模也随之扩容，即 "massive multilinguality, massive model"，或者如 Google AI Blog[1]中所说的 M4：Massively Multilingual, Massive neural Machine translsation。

增加神经网络模型容量不只是简单加宽（如增加隐藏层表示维度）、加深模型（增加网络层数）。模型容量的增加会带来很多问题，如并行计算等，需要在技术研究和工程方面双管齐下。2021 年，Google 提出了 GShard 技术，基

---

[1] https://ai.googleblog.com/2019/10/exploring-massively-multilingual.html

于 MoE 架构将多语言神经机器翻译模型扩大至万亿参数规模，显著提升了多语言迁移学习能力。

以上简单回顾了多语言神经机器翻译截止到 2021 年的发展历程及面临的挑战和解决方案，多语言神经机器翻译的魅力体现在以下几个方面（但不限于此）：

（1）**单一模型多语言翻译能力**。M4 多语言机器翻译的发展使人们清晰地看到，单一机器翻译模型可以承载上百种语言上万语向的机器翻译，显著降低了机器翻译的部署和维护成本。

（2）**跨语言迁移学习能力**。跨语言迁移学习能力使多语言机器翻译不仅可以提升资源稀缺语言机器翻译质量（富资源语言迁移），而且可以实现零资源机器翻译（桥接语言迁移）。基于 M4 多语言神经机器翻译等技术，Google 在线机器翻译各语种 BLEU 值平均提升 5 点，其中 50 个低资源语言机器翻译模型的 BLEU 值提升 7 点，正如 2020 年 6 月 8 日发布的 Google AI Blog 所说，M4 等技术带来的机器翻译质量提升可与 4 年前用 GNMT 替换统计机器翻译带来的质量提升媲美。

（3）**通用机器翻译**。早在 2017 年，Google 的多语言神经机器翻译论文就发现，通过共享同一个神经网络，具有同一语义的不同语言句子在共享的语义空间中聚在一起，这表明多语言神经机器翻译可以学习到一种向量化的"中间语言"表示。而在其后，通过更大规模的多语言神经机器翻译（如 M4）研究，研究人员开始相信，多语言机器翻译是通向 Weaver 提到的"通用机器翻译"的一条让人激动的路径，当然这条路充满坎坷，借用 Google AI Blog 中的话来说：

> Indeed the path is rocky, and on the road to universal MT many promising solutions appear to be interdisciplinary.

（4）**语言类型学**。多语言神经机器翻译不仅可以学到不同语言内部的共性（通用性），也可以知晓不同语言的差异性，这是多语言神经机器翻译另一个充满魅力的地方。可以从多语言神经机器翻译模型中导出不同语言的向量表示，这些语言向量在语言空间分布里清晰地展现了不同语言的关系。基于这些语言向量之间的距离，类似于语言类型学（Linguistic Typology），可以构建出不同语言和语系的语言基因树。

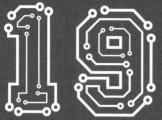

第 19 章

语音与视觉多模态
神经机器翻译

语音机器翻译与视觉多模态神经机器翻译具有共同的特征，即两者均需要建模和使用非文本模态信息，基于此，本章将两者放在一起介绍和探讨。同时鉴于两个领域研究和发展的相对独立性，本章采用平行对称的模式组织内容，语音神经机器翻译和视觉多模态神经机器翻译各自成一节，且均包括模型与方法、基准数据集、面临挑战及未来方向。在语音神经机器翻译中，重点介绍近几年迅猛发展的端到端语音翻译；在多模态神经机器翻译中，重点探讨视觉引导的多模态神经机器翻译。

19.1 文本模态之外的机器翻译

通常意义下的机器翻译，一般是指文本到文本的机器翻译。但现实世界的信息往往是以多种模态形式存在的，如视觉模态、语音模态、文本模态，因此，机器翻译不可避免地涉及多种模态。文本模态之外的机器翻译，即使用或建模了文本模态之外的其他模态，主要包括语音翻译和多模态机器翻译。

1. 语音翻译

语音翻译（Speech Translation）是指将一种语言的语音自动翻译为另一种语言的语音或文本①。典型的语音翻译通常包括 3 个主要的模块：自动语音识别（Automatic Speech Recognition，ASR）、机器翻译或口语自动翻译（Spoken Language Translation，SLT）②、语音合成（Text-to-Speech Synthesis，TTS）[531]。虽然三个模块对应的技术各自独立发展，但这并不意味着语音翻译仅仅是这三个模块堆叠级联。深度耦合、联合建模、端到端等语音翻译方法近年来得到了普遍关注和研究。语音翻译研究历史悠久，横跨多个机器翻译范式，包括基于规则的机器翻译、统计机器翻译及神经机器翻译。本章将重点介绍语音技术与神经机器翻译结合方面的最新进展——端到端语音翻译。

2. 多模态机器翻译

多模态机器翻译（Multimodal Machine Translation）是指使用或建模了不同模态信息的机器翻译[532-534]。不同的模态信息包括文本模态信息、视觉模态信息（包括图片或视频）、语音模态信息等，典型的多模态机器翻译将静态的图片作为上下文辅助翻译文本，如在给定图片的情况下将图片描述从一种语言翻译成另一种语言。多模态机器翻译是语言与视觉（Language and Vision）交叉的产物，语言与视觉交叉研究覆盖的领域非常广泛，包括图像描述生成（Image Captioning）、视觉对话（Visual Dialogue）、视觉问答（Visual QA）、视觉指称表达（Visual Referring Expression）和视觉语言导航（Vision-and-Language Navigation）等。虽然语言–视觉交叉研究具有悠久的历史，但作为跨语言–视觉研究的视觉多模态机器翻译则是最近 10 年发展起来的研究领域[532,535]。

语音翻译与多模态机器翻译虽然各自独立发展，但两者存在交叉重叠的

---

① 下文以语音到文本的翻译为基本模式讨论语音翻译。

② 在很多情况下，语音翻译与口语自动翻译可以交替使用，如具有悠久历史的国际口语自动翻译研讨会（International Workshop on Spoken Language Translation，IWSLT）实际是关于语音翻译的会议。该研讨会 2020 年改名为 "International Conference on Spoken Language Translation"，但简称 IWSLT 仍然不变。改名原因类似于 WMT 从 "Workshop" 改为 "Conference"，反映了机器翻译 / 语音翻译正吸引着越来越多的研究兴趣。

地方。语音翻译按照输入 / 输出是否为语音可以细分为文本到语音翻译（Text-to-Speech Translation）、语音到文本翻译（Speech-to-Text Translation）、语音到语音翻译（Speech-to-Speech Translation）。前两者涉及了不同的模态（语音和文本），因此均可视为多模态机器翻译，而后者的输入和输出均为语音模态，即使中间过程可能涉及多模态自然语言处理（自动语音识别）或多模态机器翻译任务，总体上仍可视为单一模态机器翻译[536]。

与语音及多模态机器翻译相关的还有图像翻译（Image Translation），即自动翻译图像中嵌入的文本。图像翻译按照嵌入图像的文本量可以进一步分为文本图像翻译和场景图像翻译，前者指对扫描的文本图像进行翻译，后者指翻译图像中嵌入的少量文字。与语音翻译类似，图像翻译通常也包括 3 个重要模块：光学字符识别（Optical Character Recognition，OCR）、机器翻译和数字图像处理（Digital Image Processing）。光学字符识别从给定图像中提取出文本，数字图像处理将翻译的目标语言文本回填到给定图像中。由于图像翻译与光学字符识别、数字图像处理相关，机器翻译部分主要解决的 OCR 识别噪声及语篇翻译问题，在第 17 章和第 14 章已分别介绍；翻译时借助文本所在图像的信息，或者把图像作为上下文使用，将在下文的视觉多模态机器翻译中介绍；而建立端到端或深度耦合的图像翻译模型[537]，很多方法可以借鉴下文即将介绍的端到端语音翻译技术。鉴于此，本章不对图像翻译进行介绍和讨论。

19.2　端到端语音翻译

语音翻译最早开始于 20 世纪 80 年代[538, 539]。1983 年，日本电气株式会社（NEC）在世界电信展（ITU Telecom World）上对语音翻译进行了概念验证（Proof of Concept）[538]。由于语音翻译具有丰富的应用场景，如会议同传、穿戴设备、人机交互和智能客服等，其研究迅速得到了广泛的支持，如第 16 章短评中提到的 Verbmobil 项目[540]、美国 DARPA 资助的 GALE 项目[541] 等，均与语音翻译密切相关。

在技术上看，语音翻译经历了几次重要的变革，从最初的松散级联语音翻译（Loosely Cascaded Speech Translation），发展到紧密级联语音翻译（Tightly Integrated Speech Translation），到现在的研究热点——端到端语音翻译（End-to-End Speech Translation）[539]。

下面对语音翻译进行形式化定义。给定源语言的语音输入 x_s，语音翻译的目标是找到最优的目标语言译文 $\hat{\boldsymbol{y}}$：

$$\hat{\boldsymbol{y}} = \underset{\boldsymbol{y} \in \mathcal{Y}}{\arg\max}\, P(\boldsymbol{y}|\boldsymbol{x}_{\mathrm{s}}) \tag{19-1a}$$

$$= \underset{\boldsymbol{y} \in \mathcal{Y}}{\arg\max} \sum_{\boldsymbol{x} \in \mathcal{X}} P(\boldsymbol{y}|\boldsymbol{x}, \boldsymbol{x}_{\mathrm{s}}) P(\boldsymbol{x}|\boldsymbol{x}_{\mathrm{s}}) \tag{19-1b}$$

$$\approx \underset{\boldsymbol{y} \in \mathcal{Y}}{\arg\max} \sum_{\boldsymbol{x} \in \mathcal{X}} P_{\mathrm{MT}}(\boldsymbol{y}|\boldsymbol{x}) P_{\mathrm{ASR}}(\boldsymbol{x}|\boldsymbol{x}_{\mathrm{s}}) \tag{19-1c}$$

$$\approx \underset{\boldsymbol{y} \in \mathcal{Y}}{\arg\max} \sum_{\boldsymbol{x} \in \mathcal{X}'} P_{\mathrm{MT}}(\boldsymbol{y}|\boldsymbol{x}) P_{\mathrm{ASR}}(\boldsymbol{x}|\boldsymbol{x}_{\mathrm{s}}) \tag{19-1d}$$

式中，$\boldsymbol{x}$ 是 $\boldsymbol{x}_{\mathrm{s}}$ 对应的源语言句子；$\mathcal{Y}$ 是所有可能的译文假设空间；$\mathcal{X}$ 是 $\boldsymbol{x}_{\mathrm{s}}$ 对应的所有可能的源语言句子假设空间；P_{MT} 和 P_{ASR} 表示机器翻译模型和语音识别模型估算的翻译和识别概率；$\mathcal{X}'$ 是根据不同级联方式缩减的假设空间，如下文提到的 1-best、n-best 和词网格等。

1. 松散级联语音翻译

级联语音翻译由一个语音识别模块和一个机器翻译模块串联形成，如图 19-1 中上图所示。在松散级联语音翻译中，源语言的语音信号经过语音识别模型后，得到 1-best 文本输出，该输出作为源语言文本输入级联机器翻译模型中，最终获得目标文本译文，也就是式 (19-1d) 中的 $\mathcal{X}'$ 只包含最优的语音识别结果。由于语音识别与机器翻译之间是松散级联的，松散级联语音翻译面临过早决策、错误传播（Error Propagation）（语音识别错误传播给机器翻译）、声学信息丢失、时延较大、输入输出不匹配（如语音识别的输出没有标点，而机器翻译的输入有标点）等问题[539]。

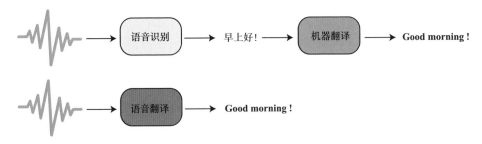

图 19-1 级联语音翻译与端到端语音翻译

2. 紧密级联语音翻译

紧密级联语音翻译是松散级联语音翻译的一种替代方案，可以减缓松散级联语音翻译中的过早决策和错误传播问题。与松散级联语音翻译只将语音识别的 1-best 结果输入机器翻译模型中不同的是，紧密级联语音翻译将语音识别的 n 个最优结果（n-best）输入机器翻译系统 [542]。除了 n-best，语音识别结果也可以词网格（Word Lattice）形式作为下游机器翻译模型的输入，以更好地避免错误传播的影响 [543]。在紧密级联语音翻译中，式 (19-1d) 中的 $\mathcal{X}'$ 对应的是 n-best 或词网格定义的假设空间。

除了将更多识别结果输入给下游机器翻译模型，紧密级联语音翻译也可以将语音输入的更多信息传给机器翻译，如韵律；还可以迫使机器翻译模型针对语音识别结果进行适应性调整，如使其对语音识别错误更加鲁棒（见第 17 章）。

3. 端到端语音翻译

不同于级联语音翻译，端到端语音翻译将源语言语音直接翻译成目标语言文本 [544]，如图 19-1 中下图所示，也就是只需要式 (19-1a)，而不需要后续的语音识别与机器翻译的分解，因此也称为直接语音翻译（Direct Speech Translation）。相比于级联语音翻译，端到端语音翻译具有如下优点 [539]：

- 在翻译过程中，可以更好地使用语音信息（如韵律），而且是直接使用语音信息，语音信息不再封存于语音识别模块中或通过间接方式传递给机器翻译模型；
- 翻译时延更小，译文生成不需要经过语音识别和机器翻译两个阶段；
- 不受错误传播影响，模型直接将源语言语音转换到目标语言文本，不存在单独的语音识别和机器翻译子模块，自然也不存在语音识别到机器翻译的错误传播问题。

由于省去了中间的语音转录，端到端语音翻译需要学习更加复杂的源语言语音–目标语言文本之间的映射关系。即使如此，自端到端语音翻译提出后，由于具备以上优点而广受青睐，发展迅速，在某些数据集上，已经接近甚至超过了级联语音翻译。根据 EACL 2021 上的语音翻译讲座报告 [545]，端到端语音翻译的发展历程可总结如下：

- 2016 年，端到端语音翻译首次提出 [544, 546]；
- 2018 年，国际口语自动翻译研讨会（IWSLT）首次引入端到端语音翻译评测任务，提交的最好的端到端语音翻译系统，在英德翻译上，BLEU[309] 值比级联系统低 8.7 点 [547]；
- 2019 年，同样是在 IWSLT 上，提交的端到端语音翻译系统，在英德翻译上，BLEU 值与级联系统的差距缩小到 1.6 点 [548]；
- 2019 年，Transformer 用于端到端语音翻译 [549]；

• 2020 年，在未切分的英德翻译测试数据集上，端到端语音翻译比级联语音翻译的 BLEU 值高 0.24 个点 [550]。

19.2.1　面临的挑战

在讨论具体模型和方法之前，先简要介绍端到端语音翻译面临的挑战。最主要的挑战来自两方面：训练数据匮乏和任务复杂度高。

1. 训练数据匮乏

构建语音翻译训练语料的成本是非常高昂的，所需要的费用既包括声学信号获取和标注费用，也包括构建目标语言译文的人工翻译费用。当然，可以在已标注的语音识别数据或机器翻译平行语料数据上进行二次标注，前者只需将转录文本翻译到目标语言，后者只需将源端文本转换成真实语音，虽然费用相比于从头构建要少，但是这种二次构建方法在领域、语种等方面会受制于已有的语音识别和机器翻译数据集。

由于语音翻译训练数据的标注成本高，相比于语音识别和机器翻译的公开数据集，目前公开可获取的语音翻译数据规模非常小，具体可见 19.2.3 节介绍。不仅如此，很多语言，尽管在机器翻译或语音识别中属于富资源语言，但是在端到端语音翻译上，目前还没有可用的训练数据集。

2. 任务复杂度高

端到端语音翻译将源语言的语音直接翻译成目标语言的文本，也就是说，在一个模型中，需要同时完成语音到文本的跨模态转换任务，以及源语言到目标语言的跨语言翻译任务。因此，相比于自动语音识别、机器翻译，端到端语音翻译的任务复杂度更高。不同于语音识别中语音与文本的语序是同步的，语音翻译面临源语言与目标语言的语序差异挑战；不同于机器翻译编码和解码均是在离散文本上进行的，端到端语音翻译需要从连续的语音流中解码生成离散的文本，语音流与文本流有显著的差别（具体可见 19.2.2 节），文本流适用的方法和模型在语音流上不一定适用。

19.2.2　模型与方法

对于端到端语音翻译，从 2016 年提出到 2021 年，期间的研究工作主要集中在两方面：一是将现有的神经机器翻译基本框架适应到端到端语音翻译上，这方面的研究工作将在下面小节中介绍；二是研究如何在可用训练语料数据稀缺的情况下，提升端到端语音翻译性能，这方面的研究工作大致包括基本模型、多任务学习、迁移学习、数据增强、应对跨模态与跨语言挑战等。

1. 基本模型

端到端语音翻译的基本模型延续了神经机器翻译的基本架构，即采用序列到序列的编码器–解码器架构 [27, 29]，包含一个语音编码器和一个文本解码器，语音编码器负责编码源语言语音信号，文本解码器负责解码生成目标语言译文。

早期的端到端语音翻译模型，语音编码器一般由卷积神经网络和多层循环神经网络组成，与之对应的解码器也使用多层循环神经网络。Transformer[32] 架构成为神经机器翻译主流架构后，端到端语音翻译也开始迁移到该神经网络架构上 [549]。大量的实验结果表明，基于 Transformer 实现的端到端语音翻译，其整体性能要优于基于循环神经网络的端到端语音翻译。

在介绍基于 Transformer 的端到端语音翻译模型之前，先对比语音输入和文本输入之间的不同点，这些不同点使得 Transformer 用于语音翻译时需要做出必要的适应性调整。语音流与文本流的不同之处主要包括 [551]：

（1）连续 **vs.** 离散。语音流是连续的，文本流是离散的。要采用序列到序列模型建模语音流，需要将语音流离散化。在自动语音识别中，语音流通常会经过一个前端的信号处理过程，处理后进行特征提取。特征提取将语音信号转成一组多维特征向量，其中梅尔倒谱系数（Mel-Frequency Cepstral Coefficients，MFCC）和梅尔滤波器组（Mel Filterbank，FBANK）特征是最常用的声学特征。

（2）更长的序列长度。上述离散化特征是在语音流时域基于滑动窗口计算得到的，滑动窗口的大小一般设为 20 ~ 30ms，滑动步长设为 10ms，也就是每 10ms 就会产生一个特征。因此，一个文本字符可能会对应多个声学特征，转化为声学特征后的语音序列长度将比对应的文本序列长得多。在通常情况下，语音序列长度是对应的文本序列长度的 8 ~ 10 倍 [545, 552]。

（3）二维 **vs.** 一维。时域中一系列的频域声学特征组成二维的声谱图（见图 19-2 最下面的输入特征），因此，不同于神经机器翻译输入编码器的是一维的单词序列，端到端语音翻译中输入编码器的是声学特征组成的二维声谱图。不仅如此，这些输入特征在时域和频域上均存在依存关系 [549]。

（4）更复杂的依存关系。一方面，由于一个字符对应多个声学特征，语音序列中必然存在大量的局部依存关系 [549]。另一方面，文本序列中的远距离依存关系，对应到语音序列中，其依存的距离更远，这是因为语音序列比对应的文本字符序列要长得多。也就是说，相比于文本序列，语音序列的短距离依存

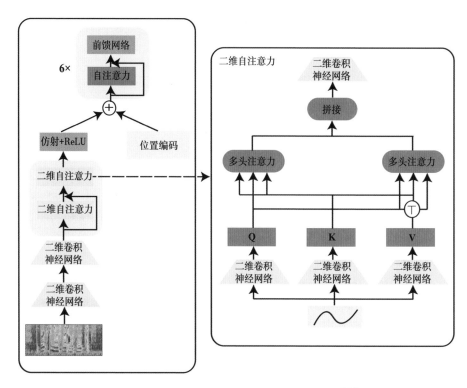

图 19-2　S-Transformer 端到端语音翻译结构 [549]

关系更多，远距离依存关系依存距离更远。

　　考虑到以上语音输入与文本输入的不同点，将 Transformer 应用于端到端语音翻译，自然要做出必要的适应性调整。这里以 S-Transformer[549] 为例，介绍 Transformer 需要做哪些调整。S-Transformer 具体架构如图 19-2 所示，具体调整如下。

　　首先，由于 Transformer 中的自注意力计算量正比于序列长度的平方，而语音序列要远远长于文本序列，直接将 Transformer 用于编码语音序列将会消耗加速器设备大量的显存。因此，S-Transformer 采用两个叠加的二维卷积神经网络（2D CNN）进行下采样，以压缩语音序列。除了压缩语音序列，这两个二维卷积神经网络还会捕捉语音序列中的局部依存关系。

　　然后，在两个二维卷积神经网络之上，再叠加两个二维自注意力网络 [553]，用于捕捉时域和频域上的远距离依存关系。

　　最后，为了使编码器更偏向于捕捉短距离依存关系，S-Transformer 在自注意力网络中加入了一个距离惩罚项。

开源工具 Espnet 和 FAIRSEQ 均包含了端到端语音翻译 S-Transformer 及 Conv-Transformer[554] 的源代码实现。

2. 多任务学习

端到端语音翻译与自动语音识别、机器翻译密切相关。端到端语音翻译将声学特征映射到文本模态的单词上，这与自动语音识别非常类似。不同的是，端到端语音翻译是将一种语言映射为另一种语言，即实现的是跨语言映射，这一点与机器翻译一样 [551]。此外，端到端语音翻译与自动语音识别、机器翻译还有一个不同之处，端到端语音翻译可用的训练语料极度匮乏，哪怕是常见语种、常见领域，其拥有的训练语料也远远少于自动语音识别、机器翻译（详见 19.2.1 节和 19.2.3 节）。

训练语料的匮乏严重制约了端到端语音翻译性能的提升。但是，端到端语音翻译与自动语音识别、机器翻译任务的相似性及后两者具备大规模训练语料的事实，使得三者之间的多任务学习及从后两者迁移学习到端到端语音翻译成为可能。从模型层面看，端到端语音翻译的编码器与自动语音识别编码器具有高度重合性，端到端语音翻译与神经机器翻译的解码器具有高度重合性，端到端语音翻译的跨语言注意力网络与后两者的编码器-解码器注意力网络具有重叠性。三个任务的模型关系如图 19-3 所示。

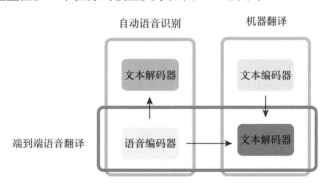

图 19-3　语音识别、机器翻译及语音翻译三者关系

根据以上三个任务之间的关系，可以进行多种类型的多任务学习。仿照级联语音翻译的分类方法，可以将这些多任务学习方法大致分为两类：松散耦合型多任务学习和紧密耦合型多任务学习。前者一般基于多任务学习框架，共享编码器或解码器，并采用多任务学习训练目标。在训练完多个任务模型之后，端到端语音翻译模型单独拿出来进行翻译推理，其他辅助的模型丢弃不用，具体包括以下两种思路。

（1）**自动语音识别 + 端到端语音翻译**。两个任务共享同一个语音编码器，但源语言解码器（自动语音识别）和目标语言解码器（端到端语音翻译）各自独立，如图 19-4 所示。文献 [555] 基于以上思路开展了端到端语音翻译 + 自动语音识别的多任务学习。

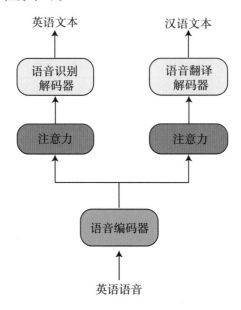

图 19-4　自动语音识别（左）+ 端到端语音翻译（右）多任务学习

（2）**自动语音识别 + 机器翻译 + 端到端语音翻译**。三个任务包含两个编码器——源语言语音编码器和源语言文本编码器，以及两个解码器——源语言文本解码器和目标语言文本解码器。端到端语音翻译与自动语音识别共享源语言语音编码器，与机器翻译共享目标语言文本解码器。文献 [556] 基于以上思路开展了三个任务的多任务学习。

后者深度耦合参与多任务学习的多个模型，不同模型中的编码器、解码器、注意力网络或上下文向量等紧密耦合在一起。在模型训练完成之后，在推理阶段，端到端语音翻译模型一般不能进行独立的解码生成译文，还需要其他任务模型提供信息，因此这类方法通常需要进行两个或多个任务的推理（分阶段或同时进行）。在分阶段推理中，第一个阶段是其他任务模型进行推理，第二阶段是端到端语音翻译模型基于其他任务推理的信息进行最后推理。虽然推理是分阶段的，但是整体训练仍然是端到端的，与级联模型不同。下面简要介绍几种紧密耦合型多任务学习方法：

• 文献 [557] 提出一种三角形多任务学习方法，端到端语音翻译与自动语

音识别共享语音编码器。两个解码器分开，但不完全独立，端到端语音
翻译的解码器不仅关注（Attend）到编码器状态，还关注到自动语音识
别的源语言解码器状态，形成注意力网络的三角形。

- 针对关注到自动语音识别源语言解码器状态可能存在的错误传播问题
（即源语言解码器状态可能存在错误），文献 [558] 将自动语音识别的解
码器的上下文向量集成到端到端语音翻译解码器的注意力网络中。

- 文献 [559] 提出了一种对偶型解码器的方法，自动语音识别与端到端语
音翻译共享同一个编码器，两个任务的解码器对偶，它们通过一个称为
"对偶注意力"的机制实现内部信息的交互。

3. 迁移学习

鉴于端到端语音翻译与自动语音识别及机器翻译任务的相似性，除了上
面讨论的多任务学习，迁移学习也是一种利用后两个任务帮助前一个任务的
自然思路。从自动语音识别、机器翻译迁移学习到端到端语音翻译，可以通过
预训练语音编码器或文本解码器实现：

（1）预训练语音编码器。利用自动语音识别中丰富的训练语料，采用与端
到端语音翻译同样的架构（主要是语音编码器端，比如都采用 S-Transformer
或 Conv-Transformer 架构），训练一个自动语音识别模型，然后用训练好的模
型中的编码器参数初始化端到端语音翻译编码器 [560, 561]，如图 19-5 所示。

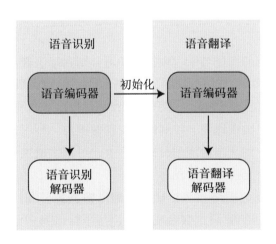

图 19-5　采用自动语音识别预训练编码器

（2）预训练文本解码器。类似地，也可以利用机器翻译丰富的训练语料，
采用与端到端语音翻译类似的模型架构（主要是解码器端，比如都采用 Trans-

former 解码器或基于 LSTM 的解码器），训练一个神经机器翻译模型，然后用训练好的目标语言解码器参数初始化端到端语音翻译解码器。

（3）预训练语音编码器及文本解码器。当然，也可以结合以上两种预训练方法，同时基于自动语音识别和机器翻译的资源预训练编码器和解码器，然后用预训练的编码器、解码器初始化端到端语音翻译模型。

当采用自动语音识别预训练模型时，可以将整个预训练模型参数用于初始化端到端语音翻译模型，不限于编码器，只要自动语音识别和端到端语音翻译的模型架构是一样的，也不要求自动语音识别预训练的语言必须是端到端语音翻译的源语言，可以是目标语言，甚至是源语言、目标语言之外的其他语言。文献 [560] 发现，采用不同于语音翻译系统源语言的语言预训练模型也会提升端到端语音翻译的性能，并且在大的自动语音识别语料上预训练不匹配的语言，再微调端到端语音翻译，要好于在小的自动语音识别语料上预训练匹配的语言。

而对于用机器翻译预训练文本解码器，已有研究发现 [562]，如果仅仅用机器翻译预训练的解码器直接初始化端到端语音翻译的解码器，那么微调端到端语音翻译模型就不会成功，这可能是因为预训练的文本解码器是与文本编码器一起训练的，预训练好的解码器与端到端语音翻译的语音编码器难以匹配。针对此问题，文献 [562] 建议在语音编码器上添加一个适配器层，使其与预训练的文本解码器"兼容"。

4. 数据增强

除了上面介绍的多任务学习和迁移学习，端到端语音翻译还可以采用数据增强方法缓解训练数据匮乏问题，类似于资源稀缺语言机器翻译（见 15.2.1 节）。文献 [563] 和文献 [564] 为端到端语音翻译提出了两种数据增强的方法。

（1）机器翻译数据增强／扩展语音识别数据集。利用机器翻译模型将语音识别训练数据中的文本翻译到目标语言上，可以生成供端到端语音翻译训练的伪数据，如图 19-6 最上方所示。

（2）语音合成数据增强／扩展机器翻译数据集。利用语音合成模型将机器翻译平行数据的源语言端合成语音，与平行语料中已有的目标语言组成源语言语音–目标语言文本平行语料，可供端到端语音翻译训练使用，如图 19-6 最下方所示。为保证合成语音的多样性，可以从说话人嵌入表示（Speaker Embedding）的连续空间中随机采样，以生成不同说话人的语音样本。

通过以上数据增强方式生成的伪数据，可以直接用于端到端语音翻译模

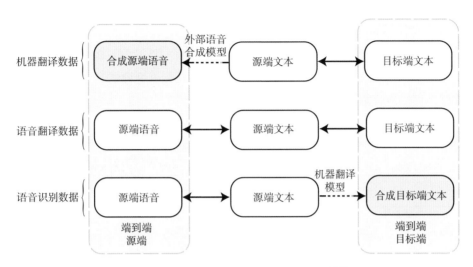

图 19-6　端到端语音翻译数据增强方法 [564]

型的训练。文献 [565] 发现，机器翻译数据增强要优于语音合成数据增强，语音合成数据增强与机器翻译数据增强叠加在一起的效果比不上单独用机器翻译数据增强。

5. 应对跨模态与跨语言挑战

19.2.1 节提到，语音翻译实际上是跨模态任务（从语音到文本）和跨语言任务（从源语言到目标语言）耦合在一起形成的新的更复杂的任务。因此，跨模态和跨语言的挑战也需要相应方法来应对。

（1）**应对跨模态挑战**。语音模态的信号长度要远大于文本的长度，而且很多声音信号帧是冗余的，因此可以对语音模态中冗余的帧进行处理，以缩短语音模态序列的长度，降低建模难度 [566]。一般而言，对语音识别无效的帧，对语音翻译也无效，因此可以将源语音输入语音识别系统，利用某种算法减少语音帧，训练语音识别系统，最后利用训练好的模型识别对语音翻译无效的输入帧。此外，音素级输入长度远远小于原始语音帧长度，基于此，可以训练一个音素级语音识别模型，利用此模型将语音帧的长度减小到音素级别，以此来提高端到端语音翻译的翻译质量 [552]。

（2）**应对跨语言挑战**。端到端语音翻译的编码器，除了要编码声学信息，还要包含额外的跨语言语义的信息。为应对该挑战，可以在模型结构上做出一些变化，以分离编码器端的声学表示和语义表示，并在不同的数据集上分开预训练，从而更好地预训练编码器 [567]，以提高端到端语音翻译的质量。

19.2.3 数据集

端到端语音翻译训练数据一般由三部分组成：源语言语音、源语言转录文本及目标语言文本。目前公开的数据集主要以英语为源语音，可分为双语数据集和多语言数据集，具体如表 19-1 所示。

表 19-1　端到端语音翻译数据集

双语数据集				
数据集名称	语言	领域／类型	时长/h	句子（单词）数
Fisher[568]	西班牙语 → 英语（Es→En）	电话交谈	160	138×10^3
STC[569]	英语 ↔ 日语（En↔Jp）	同声传译	22	387×10^3 单词
LIBRI-TRANS[570]	英语 → 法语（En→Fr）	有声读物	236	131×10^3
IWSLT 2018[547]	英语 → 德语（En→De）	TED 演讲	273	133×10^3
How2[571]	英语 → 葡萄牙语（En→Pt）	教学影片	300	3.8×10^6 单词
BSTC[572]	汉语 → 英语	同声传译	50	37×10^3
多语言数据集				
数据集名称	语言	领域／类型	时长/h	
MUST-C[573]	英语 →14 种语言	TED 演讲	237 ~ 504	
CoVoST[574]	英语 →15 种语言	Common Voice[575]、Tatoeba	929	
Europarl-ST[576]	9 个语种，72 个语向	欧洲议会辩论①	10 ~ 90	
Mass[577]	8 个语种，56 个语向	圣经朗读	20	
Multilingual TEDx[578]	8 种语言 →6 种语言	TED 演讲	11 ~ 69	

根据 EACL 2021 上的语音翻译讲座报告 [545]，这些数据集呈现如下特点和趋势：

- 大部分数据集为 2018–2021 年期间构建，说明语音翻译数据集在端到端语音翻译成为研究热点后越来越受重视；
- 数据集的规模在逐步扩大，超过 200 h 的数据集包括 MUST-C、CoVoST、LIBRI-TRANS、IWSLT 2018、How2 等；
- 数据集呈现多语言化、多语向及非英语化趋势，如 Europarl-ST、Mass、Multilingual TEDx 等；
- 不同语言采用统一的测试数据集，如 MUST-C、Multilingual TEDx 等。

19.2.4 未来方向

1. 实时端到端语音翻译

实时语音翻译（Simultaneous Speech Translation）是指在声音信号输入的同时，解码端就已经开始翻译生成目标语言单词，而传统的语音翻译是在语音信号全部获取之后才开始翻译的。实时语音翻译是实时机器翻译在语音翻译上的具体应用，与一般机器翻译不同的是，实时机器翻译要求模型兼顾翻译质量和时延。实时语音翻译在同声传译、会议实时翻译上有很好的应用,因此具有重要的研究意义。但同时,除了语音翻译面临的挑战,实时语音翻译还存在平衡翻译时延和质量等方面的诸多挑战,是端到端语音翻译未来有潜力的研究方向之一。

2. 多语言端到端语音翻译

第 18 章阐述了多语言神经机器翻译相对于双语神经机器翻译的诸多优点,以及未来的发展潜力,语音翻译同样可以向多语言方向发展。**多语言端到端语音翻译**(Multilingual End-to-End Speech Translation)是端到端语音翻译与多语言神经机器翻译的结合,即在语音翻译任务上利用多语言同时训练单一的端到端语音翻译模型 [579, 580]。与多语言神经机器翻译通常在大规模平行语料上进行训练不同,多语言端到端语音翻译的数据集相对来说非常小。即使如此,相关研究表明,多语言端到端语音翻译是有效的,可以利用多语言提高某些语言对上的端到端语音翻译的质量:在一对多的情况下,利用其他语言的数据进行训练,可以提高某些语言的翻译质量,但当语言数量超过某个阈值时,翻译的质量反而会下降;在多对多的情况下,利用其他语言对的数据也可以在一定程度上提升语音翻译的质量,并且当利用的其他语言对的数据和训练数据不在一个领域时,也能提升翻译的质量。

虽然多语言端到端语音翻译取得了初步的成效,但还有许多值得研究的地方。相对于多语言神经机器翻译,多语言端到端语音翻译的相关研究还处于起步阶段。

19.3 视觉引导的多模态神经机器翻译

类似于端到端语音机器翻译,**多模态机器翻译**(Multimodal Machine Translation)也是神经机器翻译与其他模态交叉形成的新型机器翻译任务,最早于 WMT 2016 的一个共享评测任务中被正式提出。在该共享评测任务中,多模态机器翻译被定义为:给定图像及与图像匹配的源语言描述文本,融合图像信息,将给定的源语言描述文本翻译成目标语言文本 [532]。

经过几年的发展,多模态机器翻译逐步扩展为多源多模态机器翻译(Multisource Multimodal Machine Translation)[581]、视频多模态机器翻译 [571] 和实时多模态机器翻译等。于是,多模态机器翻译的定义也从起初的狭义定义发展为广义定义,即涉及多种不同模态的机器翻译任务都可称为多模态机器翻译 [536]。按此定义,多模态机器翻译至少包括以下类型。

1. 图像引导的机器翻译

利用图像与文本之间的语义关联信息，增强源语言文本到目标语言文本的机器翻译 [536]，最初的多模态机器翻译便是如此 [532]。图像描述翻译显然是一种典型的图像引导的机器翻译，但图像引导的机器翻译并不限于图像描述翻译，只要图像与文本存在语义关联，图像引导的机器翻译就可以利用这些图像信息（如多幅图像对应一段源语言文本）进行对应文本的翻译。

2. 视频引导的机器翻译

类似于图像引导的机器翻译，视频引导的机器翻译是利用文本与视频之间的语义关联信息。但不同于前者，后者利用的是视频剪辑（Video Clip）而不是静态图像。根据文本与视频的关系，可以将视频引导的机器翻译进一步分为电影字幕翻译、视频描述翻译 [536] 等。

3. 口语机器翻译

口语机器翻译是指将源语言语音翻译成目标语言文本，因此又称为语音到文本机器翻译。上节内容对口语机器翻译进行了详细介绍。

4. 图像引导的语音翻译

在语音翻译中引入图像信息，包括图像引导的文本到语音翻译（如将图像描述翻译成目标语言语音）、图像引导的语音到文本翻译（如结合演示文稿将演讲者语音翻译成目标语言文本）、图像引导的语音到语音翻译（如结合演示文稿将演讲者语音翻译成目标语言语音）。

5. 视频引导的语音翻译

类似于图像引导的语音翻译，在语音翻译中利用视频剪辑信息。

多模态机器翻译自 2016 年被正式提出之后，迅速成为机器翻译的研究热点之一。从自然语言处理角度看，多模态机器翻译可视为多模态自然语言处理的一种跨语言任务；而从跨学科角度看，多模态机器翻译是语言与视觉、语音融合趋势在机器翻译中的具体体现。

本章聚焦于视觉（图像、视频）引导的多模态机器翻译，这也是近几年多模态机器翻译研究的重点。一方面，视觉引导的多模态机器翻译技术可以为其他类型的多模态机器翻译提供借鉴和参考，如语音到文本多模态机器翻译；另一方面，它还为某些多模态机器翻译提供基础性技术，如图像引导的语音翻译、视频引导的语音翻译。

19.3.1　面临的挑战

类似于 19.2.1 节，在介绍视觉引导的多模态神经机器翻译之前，先简要讨论该任务面临的主要挑战。

1. 视觉一文本模态语义对齐

提出视觉引导的多模态机器翻译任务的一个重要动机是，利用视觉模态的额外信息帮助机器翻译更好地进行消歧或补充必要信息，如静态图片中"运动员（player）"的性别视觉信息，可以帮助将无语法性别（语法性别见 16.2.3 节）的语言正确翻译到有语法性别的语言上，静态图片中关于"pen"的视觉信息可以帮助机器翻译模型对"The box is in the pen"中的"pen"（钢笔 vs. 围栏）进行歧义消解等。要利用好视觉模态信息，必须要处理好两个重要问题：视觉模态建模与表征，视觉–文本模态语义对齐。前者属于视觉研究领域，在多模态机器翻译中，一般借用视觉领域已有的模型和方法；后者需要将文本中的单词或短语与视觉介质（静态图像或视频剪辑）中对应的视觉对象（Visual Object）进行语义关联，通常采用注意力机制。基于现有的数据集和方法，视觉引导的多模态神经机器翻译在两种模态的语义对齐方面存在如下挑战。

（1）视觉信息冗余。多项基于 Multi30K（见 19.3.3 节）的多模态机器翻译研究工作 [533, 582, 583] 发现，现有训练数据集规模小、文本重复率高，导致常规方法训练的多模态神经机器翻译模型无法有效利用视觉信息改善译文质量，引入的视觉信息有时甚至导致翻译质量下降。进一步研究揭示，大部分训练数据中的视觉模态信息相对于文本而言是冗余的，也就是说，文本覆盖了大部分视觉模态中的信息，不需要视觉模态提供额外补充信息。因此，要更好地发挥视觉模态信息的辅助作用，需要构建一个更好的多模态机器翻译数据集。

（2）细粒度视觉–文本关联。如何将复杂视觉场景应用于多模态机器翻译，这是个棘手的问题。当多个同类实体同时在同一视觉介质中出现时，现有的多模态机器翻译模型难以有效地判别出源语言文本中的视觉词（Visual Word）实际指向哪一个实体。如在包含多个运动员的马拉松比赛场景特写中，多模态机器翻译模型的视觉建模可能仍然停留在全局场景层面的理解上（"一群马拉松运动员在奔跑"），而难以分辨出"右侧穿红色的马拉松运动员正在边跑边喝水"中的"运动员"具体指向哪一个视觉对象。这需要昂贵的细粒度视觉–文本关联数据标注，而目前大部分数据只有粗粒度的标注。

2. 评测方法

大部分多模态机器翻译评测仍然沿用文本机器翻译的评测方法和指标，如采用 BLEU、METEOR 等，无法有效突出视觉模态的重要性。视觉信息可以帮助去除翻译的中性词、视觉词等模糊信息，但文本态机器翻译评价指标不能直接体现多模态机器翻译利用这些视觉信息的能力。为此，文献 [584] 提出多模态词汇翻译（Multimodal Lexical Translation）评测方法，以评测多模态机器翻译利用视觉上下文信息消解歧义词的能力。虽然该方法可以在单词层面评价多模态机器翻译利用视觉信息的能力，但也存在诸多限制：

- 要计算该指标，需要构建相应的评测数据集；
- 基于严格单词匹配和统计计算翻译准确率，无法处理同义词、近义词等；
- 无法深入窥探多模态机器翻译到底是利用文本上下文消歧的，还是利用视觉上下文消歧的；
- 无法处理更大粒度的视觉–文本对应关系。

因此，多模态机器翻译的评测指标和方法仍然需要开展更多研究，以推进多模态机器翻译发展。

19.3.2 模型与方法

根据训练阶段是否存在源语言–目标语言平行语料，可以将多模态机器翻译分为无监督多模态机器翻译和有监督多模态机器翻译，如图 19-7 所示。下文将按照无监督与有监督分类介绍多模态神经机器翻译模型与方法。

1. 无监督多模态神经机器翻译

无监督多模态神经机器翻译（Unsupervised Multimodal Neural Machine Translation）[585, 586] 是无监督神经机器翻译与多模态神经机器翻译结合的产物。根据第 15 章的介绍，"无监督"的含义是系统在不使用任何平行语料作为训练数据的情形下实现跨语言翻译。无监督多模态神经机器翻译诞生于 2017 年 [585]，其诞生的原因包括以下几个方面。

- 只有极少数语言对有可供使用的平行语料训练机器翻译模型，大部分语言对之间并不存在任何平行语料（见 15.1 节），而满足多模态神经机器翻译训练要求的语言对就更少了；
- 相比于平行语料，单语语料更容易获取，而且随着互联网图片社交平台、短视频平台的兴起，带有多媒体内容的单语文档也越来越容易获取；
- 视觉信息提供了一种奠基不同语言的天然方式，不同母语的人可以通过

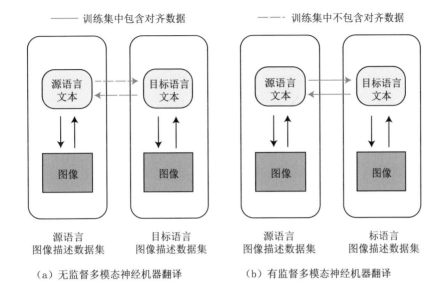

（a）无监督多模态神经机器翻译　　　（b）有监督多模态神经机器翻译

图 19-7　多模态神经机器翻译

指称到图片或视频中的信息进行交流。视觉信息显然可以充当不同语言的统一表征，自然也可以作为枢纽桥接不同语言。

基于视觉信息的枢纽作用，可以利用多种语言的单语文本–视觉模态配对数据集进行联合训练，并使训练的模型将异质的语言编码信息和统一的视觉编码信息映射到同一语义空间上，在该空间进行跨语言、跨模态语义对齐，使机器学习到不同语言、不同模态的统一表征。利用该统一表征，自然可以实现无监督机器翻译。

这里以文献 [585] 和文献 [587] 的研究工作为例，简要介绍无监督多模态机器翻译。

基于视觉枢纽，文献 [585] 提出了一种无监督多模态神经机器翻译模型，该模型由 3 个模块组成：源语言独享的编码器、目标语言独享的解码器，以及源语言或目标语言共享的视觉编码器。文献 [585] 利用源语言单语图像描述数据集、目标语言单语图像描述数据集训练无监督多模态神经机器翻译模型的不同模块。记源语言单语图像描述数据对为 $(\boldsymbol{x}, \boldsymbol{V}^x)$，目标语言单语图像描述数据对为 $(\boldsymbol{y}, \boldsymbol{V}^y)$，源语言编码器定义为 Enc_x，目标语言解码器定义为 Dec_y，视觉编码器定义为 Enc_V。

首先，该模型学习源语言描述表征与图像表征在语义空间的对齐关系：

$$\min_{\mathrm{Enc}_x, \mathrm{Enc}_V} \mathrm{Dist}(\mathrm{Enc}_x(\boldsymbol{x}), \mathrm{Enc}_V(\boldsymbol{V}^x)) \tag{19-2}$$

式中，Dist 表示 a 与 b 之间的语义距离，可选 L2-norm、余弦相似度等候选函数。

然后，模型学习根据图像编码表征解码生成目标语言：

$$\min_{\mathrm{Dec}_y, \mathrm{Enc}_V} \frac{1}{|\boldsymbol{y}|} \sum_{t=1}^{|\boldsymbol{y}|} -\log P(y_t | \mathrm{Dec}_y(\mathrm{Enc}_V(\boldsymbol{V}^y), \boldsymbol{y}_{<t})) \tag{19-3}$$

模型的总体训练目标是最小化式 (19-2) 和式 (19-3) 的插值组合。在训练过程中，源语言编码器不断逼近视觉编码器。训练完成后，源语言编码器可以用来近似视觉编码器。因此，在推理阶段，可以用源语言编码器替换视觉编码器，解码出目标语言译文，如下所示：

$$\hat{\boldsymbol{y}} = \arg\max \mathrm{Dec}_y(\mathrm{Enc}_x(\boldsymbol{x})) \tag{19-4}$$

2. 有监督多模态神经机器翻译

给定视觉介质 $\boldsymbol{V}$（图像或视频剪辑）、源语言输入 $\boldsymbol{x}$，有监督多模态神经机器翻译模型通常按以下方式解码生成目标语言 $\hat{\boldsymbol{y}}$：

$$\boldsymbol{V}^{\mathrm{ext}} = \mathrm{Detector}(\boldsymbol{V}) \tag{19-5a}$$

$$\hat{\boldsymbol{y}} = \arg\max \mathrm{SMMT}(\boldsymbol{V}^{\mathrm{ext}}, \boldsymbol{x}) \tag{19-5b}$$

式中，Detector 表示视觉特征提取器，既可以是全局视觉特征提取器，也可以是局部视觉实体检测器（如 ResNet-101、ResNet-50 等）；SMMT 为有监督多模态神经机器翻译模型，骨干架构通常按照编码器–解码器结构进行构造。源语言输入 $\boldsymbol{x}$ 和 $\boldsymbol{V}^{\mathrm{ext}}$ 可以联合编码，也可以各自独立编码后再进行特征融合。

一般而言，视觉信息在多模态神经机器翻译中有两种建模方式：隐式建模和显式建模。前者一般在训练阶段利用视觉信息，迫使模型学习视觉与文本模态之间的语义关联。通过语义关联，将视觉信息隐式地集成到机器翻译模型中，在推理阶段不再使用任何视觉信息，如图 19-8 所示。后者在训练和推理阶段均以显式方式利用视觉信息，如图 19-9 所示。

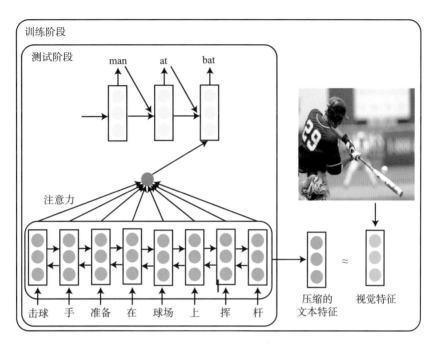

图 19-8　基于视觉信息隐式建模的多模态神经机器翻译

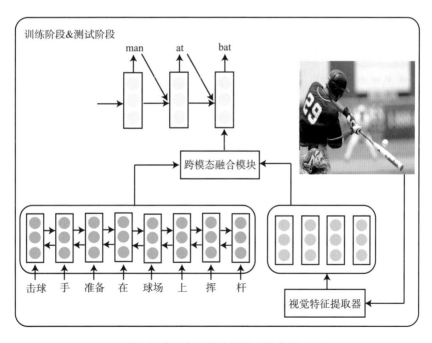

图 19-9　基于视觉信息显式建模的多模态神经机器翻译

在视觉–文本隐式建模研究中，文献 [588] 基于多任务学习提出，将图像模态信息隐式压缩到文本特征中。具体而言，在训练阶段，模型同时训练两个任务——机器翻译主任务和图像预测辅助任务，后者从给定的图像描述中预测图像视觉表征，两个任务共享同一个文本编码器。图像预测辅助任务迫使模型将图像编码特征与源语言句子编码特征对齐，而通过共享同一个编码器，模型可以将图像预测辅助任务中学习到的视觉信息迁移到文本特征上。因此，模型在测试阶段不需要图像也可完成翻译。

但是，当训练集中的文本不足以覆盖所有潜在的视觉组合时，训练好的模型在测试阶段只能利用训练集的分布偏差"伪造"视觉信息，无法复原仅存在于视觉介质而不存在于文本输入中的视觉信息。例如，文本描述"一个运动员正在击球"，可能对应多个候选配图，不同配图中的"运动员"可能是男性，也可能是女性。而在文本训练数据中，男性运动员出现的频率往往远远大于女性运动员。这导致基于隐式建模的多模态神经机器翻译，在测试阶段不加区分地将"运动员"翻译成"male player"，而不会利用观测图像中运动员的真实性别，这是隐式建模方法的弊端。

在视觉–文本显式建模中，无论是训练阶段还是测试阶段，多模态神经机器翻译模型都需要输入文本和视觉模态信息，以生成目标语言译文，显式建模的研究重点在于如何设计跨模态融合模块。下文简要介绍几项显式建模方面的研究工作。

针对多模态神经机器翻译模型通常没有充分利用不同模态的语义单元之间的细粒度语义对应关系，文献 [589] 提出，基于图的多模态神经机器翻译模型，借助开源的视觉定位解析模型，从图像和源语言文本的多源输入中分别提取出视觉实体–文本、文本–文本、视觉实体–视觉实体三类二元关系图，构建异质网络。该项工作首先构建统一的多模态图表示输入的句子和图像，捕捉多模态语义单元（词和视觉对象）之间的各种语义关系。然后，堆叠多个基于图的多模态融合层，迭代执行语义交互以学习节点表示。最后，这些表示为解码器提供基于注意力的上下文向量。

针对多模态神经机器翻译模型较少利用视觉信息的问题，文献 [590] 提出了一个对象级的视觉上下文建模框架（Object-Level Visual Context Modeling，OVC），以有效捕捉和探索多模态机器翻译中的视觉信息。对于检测到的视觉对象，OVC 通过掩蔽视觉模态中的无关对象，鼓励模型对期望的视觉对象进行配对。根据被掩蔽对象与源文本之间的相似度，估计对象的掩蔽损失，以鼓励掩蔽与源语言输入无关的对象。为了生成视觉一致的目标词，该项研究工作进一步提出基于视觉元素加权的 OVC 翻译损失。

预训练语言模型已被多次证明能显著提高许多下游自然语言处理任务的性能。早期研究往往专注于单一语种的预训练，近年来，预训练逐步向跨语言和跨模态发展。文献 [591] 结合跨语言、跨模态预训练，学习视觉奠基的跨语言表征。该项研究工作扩展了跨语言预训练模型[383]，在其基础上提出了掩蔽区域分类，并使用三向平行的视觉和语言语料库进行预训练。

此外，文献 [592] 提出了实时多模态神经机器翻译，研究了平行的参考图像是否可以帮助翻译模型缩小翻译时延。该项研究工作探讨了两个主要概念性目标：自适应策略，即在高翻译质量和低延迟之间找到一个良好的平衡点；视觉信息，即利用额外的视觉上下文信息支持翻译过程。

为实现以上两个目标，又提出了一种基于强化学习的多模态机器翻译方法，以在智能体和环境中深度融合视觉、文本信息，并探讨了不同类型的视觉信息整合策略如何影响实时翻译模型的质量及延迟。该项研究表明，视觉信息在保持低延迟的同时，仍能提高翻译质量。

19.3.3　数据集

根据视觉引导介质的不同，视觉引导的多模态机器翻译分为图像引导的多模态机器翻译、视频引导的多模态机器翻译。前者由图像提供静态的视觉上下文，后者由视频提供动态的视觉信息（如事件逻辑等）。相应地，用于视觉引导的多模态机器翻译训练的数据集也分为两类：图像引导的多模态机器翻译数据集、视频引导的多模态机器翻译数据集。已公开的数据集如表 19-2 所示。

近年来，虽然视觉引导的多模态机器翻译数据集越来越多，但数据集的构建依然存在挑战，主要体现在以下几个方面。

1. 视觉内容多样性不足

相关数据集的视觉内容大多来自日常生活场景，从风格、领域角度看，风格丰富、领域覆盖广的数据集尚且缺乏。以视频引导的多模态机器翻译数据集为例，VaTEX 是迄今为止视频内容多样性最为丰富的数据集，然而也仅仅涵盖 600 种常见的人类日常活动。此外，同一个数据集中的视觉内容差异性往往较小，图像或视频剪辑通常来自同一源头，尤其是视频剪辑，数据集构建时常常从同一个视频中切分出多个剪辑。

表 19-2　视觉引导的多模态神经机器翻译数据集①

图像引导的多模态机器翻译数据集					
数据集名称	语言	领域	平行图像–文本对数量		
			训练集	验证集	测试集
IAPR TC-12[593]	英语–德语	旅游照片	20K		
Multi30K[594]	英语–德语	Flickr30K[595]	31K		
WMT 2016[532]	英语–德语	Flickr30K	—	—	1K
WMT 2017[596]	英语–德语	Flickr30K	—	—	1K
	英语–法语		29K	1K	1K
Ambiguous COCO[596]	英语–德语	MS COCO[597]	—	—	461
	英语–法语		—	—	461
WMT 2018[581]	英语–德语	Flickr30K	—	—	1K
	英语–法语		—	—	1K
	英语–捷克语		29K	1K	1K
视频引导的多模态机器翻译数据集					
数据集名称	语言	领域	平行视频–文本对数量		
			训练集	验证集	测试集
AMARA[598]	20 种语言	线上网络课程（Coursera、Udacity 等）、YouTube 教育、科学视频	23.1K 视频剪辑、48K ~ 479K 对齐句对		
How2[571]	英语–葡萄牙语	YouTube	13K 视频剪辑、189K 段文本		
VaTEX[599]	英语–汉语	Kinetics-600[600]	130K	15K	30K

2. 文本多样性不足

由于多模态机器翻译数据集构造成本高昂，在有限预算下标注的视觉内容描述文本，往往在风格、词汇量规模、语言种类上均受到很大限制。而风格单一、词汇量较小，会造成数据集中的文本重复率高。在重复率高的数据集上，多模态机器翻译系统仅依赖文本就可以获得较高的翻译准确度，如 19.3.1 节所述。在这种情况下，视觉模态信息变成了机器翻译的冗余信息。

3. 任务挑战性有待进一步提高

现有的大多数多模态机器翻译数据集通常是对视觉内容的简单描述，不涉及复杂的逻辑推理，如抽象归纳、视觉推理和常识分析等。构建具有更高挑战性的数据集，有利于推动多模态机器翻译的进一步发展。

19.3.4 未来方向

1. 多语言与多模态机器翻译

很多语言的多模态机器翻译训练数据匮乏甚至没有，因此可以将多语言与多模态机器翻译相结合，实现语言间的知识迁移，即从具有较丰富的多模态机器翻译资源的语言迁移到多模态机器翻译资源稀缺的语言上。此外，多语言与多模态相结合，存在一个不同于多语言神经机器翻译的地方，就是视觉内容可以作为不同语言的中间枢纽。通过视觉中间枢纽，多语言多模态机器翻译将会进一步增强其跨语言知识迁移学习效率，并获得零样本多模态机器翻译能力。

2. 语音与多模态机器翻译

在线教育、在线会议和线上办公逐渐发展成为受欢迎的新型教育、会议和办公模式，这些线上活动通常涉及语音、视觉和文本等多种模态信息，因此，语音、文本和视觉 3 种模态混合的机器翻译，将会成为未来多模态机器翻译发展的重要方向之一。

19.4 阅读材料

19.4.1 端到端语音翻译额外阅读材料

文献 [601] 介绍了端到端语音翻译的开源项目 ESPnet-ST。ESPnet-ST 是端到端语音处理工具包 ESPnet 中的一个新项目，为语音翻译集成或重新实现了自动语音识别、机器翻译及文本到语音合成等功能。该项目将数据预处理、特征提取、训练和解码打包在一起，提供一体化解决方案。

文献 [560] 针对源语言是低资源语言的端到端语音翻译，提出了一个预训练方案。该研究工作将语音识别作为预训练任务，在资源丰富条件下训练一个语音识别模型，然后使用其编码器参数初始化端到端语音翻译的编码器参数，以此提升端到端语音翻译的质量。

文献 [563] 的研究工作表明，在自动语音识别数据集上使用机器翻译系统生成语音翻译弱监督数据，以及在机器翻译数据中使用语音合成系统生成语音翻译弱监督数据，均能提高端到端语音翻译质量。此外，该项研究工作还发现，只使用弱监督数据集进行训练，也可以得到一个不错的语音翻译模型。

之前的研究表明，对于低资源源语言，可以利用高资源语言预训练的自动语音识别编码器初始化其端到端语音编码器，以改进端到端语音翻译质量。然而，到底是什么因素致使语音翻译质量得到改进，仍然不甚清楚：是因为语言的相关性？还是预训练数据的大小？文献 [561] 致力于回答这些问题，通过对不同规模和不同语言数据集进行预训练实验，包括与语音翻译源语言相关和不相关的语言，该项研究发现，预训练的自动语音识别模型的单词错误率，能对端到端语音翻译最终性能做出最佳预测。

文献 [565] 采用元学习算法训练一个模态无关的多任务模型，在端到端语音翻译任务严重缺乏数据的情况下，将知识从源任务（自动语音识别 + 机器翻译）迁移到目标任务（端到端语音翻译），经过元学习更新的模型参数初始化目标任务参数。

文献 [602] 使用课程学习策略，根据学习难度对端到端语音翻译编码器先后进行两种不同的预训练，使编码器能够更好地学习到语音和语义知识。

从 2004 年开始，国际口语翻译会议（IWSLT）每年都会组织相关的口语翻译评测共享任务，每年的会议论文集和评测任务介绍为语音翻译提供了丰富的参考资料。

19.4.2　视觉引导的多模态神经机器翻译额外阅读材料

文献 [586] 提出了一种无监督多模态神经机器翻译方法，即不依赖任何平行语料库实现机器翻译。该项研究工作通过"沟通游戏"的方式，模仿人类学习语言的过程，使智能体共同理解环境表达的内容并进行互动。该项研究发现，基于所提方法的无监督机器翻译模型，在多语种环境下比在双语交流环境下能够学习得更快更好。

文献 [603] 提出了一种新的多模态机器翻译模型，该模型联合优化机器翻译和共享视觉–语言嵌入表示的学习，并提出一种注意力视觉奠基机制，将视觉语义和文本语义关联了起来。

文献 [604] 提出了以视觉为中枢的无监督视频引导的多模态机器翻译模型，核心思想是通过学习以母语叙述文本配对视频的嵌入来建立两种语言之间的共同视觉表达，目标是使用视觉奠基信息改进语言之间的无监督单词映射，为基于文本的无监督词翻译技术提供良好的初始尝试。实验结果表明，该方法比纯文本方法更具有鲁棒性，且适用于低资源语言机器翻译。

文献 [536] 对多模态神经机器翻译研究进行了综述，包括任务的定义、相关数据集、图像引导的多模态神经机器翻译、视频引导的多模态神经机器翻译及语音翻译。

WMT 在 2016–2018 年连续组织了 3 次多模态机器翻译共享任务，每次评测均吸引了多家单位参评，参评单位提交的参评系统介绍 [605-607]，显然为了解多模态神经机器翻译进展提供了重要的参考文献资料。

19.5 短评：预训练技术争议与符号奠基问题

预训练模型自 2018 年提出后，迅速在自然语言处理及其他许多领域获得广泛应用。图灵奖得主 Yann Lecun 在 AAAI 2020 年的大会特邀报告中暗示，预训练模型的学习基础——自监督学习（Self-Supervised Learning，详见 3.1.3 节）——有可能成为下一代人工智能的革命性技术。Google 研究人员提出的 BERT 是预训练模型的典型代表，由 BERT 和 "Technology" 合成的新词 "BERTology" 成为预训练技术的代名词。

当前预训练技术的研究范围主要包括三大方面。

（1）**预训练模型本身**。即设计新的模型架构、新的目标函数、新的训练方法等。在模型架构方面，预训练技术已经从基于 Transformer 的编码器、解码器及编码器–解码器神经网络架构向 Transformer 之外的架构发展，如基于卷积神经网络[141]、多层感知机（MLP）[142] 的预训练技术等。

（2）**预训练模型使用及迁移学习**。即研究预训练模型训练完之后如何使用的问题，既包括通用的迁移学习技术研究，即将预训练模型中的知识迁移到下游任务中，如特征提取、微调、适配器、提示技术等，也包括如何将预训练模型内嵌到各个下游任务中的研究工作。

（3）**预训练模型探查及理解**。即研究和探查（Probing）预训练模型到底学到了什么知识、具备什么能力，比如预训练模型是否编码了句法、语义信息，是否可以进行推理（常识推理、数值推理），是否可以作为知识库使用等。

预训练技术在各个自然语言处理榜单（如 GLUE、SuperGLUE 等）中击败了之前的 SOTA 技术，探查研究工作也揭示预训练模型能够编码语言信息和各种类型的知识。同时，预训练模型的性能随模型规模（参数数量从几亿到十亿、百亿、千亿，2021 年又发展到万亿级别）及训练数据量（Token 数量同样从几亿到十亿、百亿、千亿、万亿级别增长）的扩大而增长，目前仍未看到增长曲线变缓的趋势，这使得预训练技术在自然语言处理中越来越受欢迎。近几年，预训练技术研究在学术界和工业界呈现白热化竞争态势，越来越多的人认为预训练技术将成为自然语言处理新的研究范式。

这使人不禁联想到，深度学习在 2015 年以海啸之势影响和冲击自然语言处理的情景，当时引起了大量公开的争议和讨论。本书第 2 章的短评提到，预训练技术是自然语言处理在接受深度学习技术的同时以自身问题为导向积极发展出来的新型技术，这显然是一种从主动参与到引领技术革命的表现。如今，在预训练技术以排山倒海之势影响自然语言处理研究的重要关口，进行必要的讨论、反思和争议，似乎是有必要的。

1. 预训练模型：反思与争议

2019 年，DeepMind 研究人员提出一种定义和评价通用语言智能（General Linguistic Intelligence）的方法，将通用语言智能定义为一种重用之前获得的关于语言词汇、语法、语义和语用等方面知识以迅速适应到新任务的能力，并对 2018 年的两项代表性预训练技术——BERT 和 ELMo——进行了综合评价。这当然是对预训练技术能否获得通用语言智能的一种憧憬。研究人员在综合评估之后，既肯定了预训练技术取得的重要进展（泛化到新任务的能力），同时也指出了预训练模型存在的主要问题，如微调仍然需要大量标注实例（该问题已得到较好解决）、任务之间迁移的灾难性遗忘问题等。

2020 年，第 58 届 ACL 大会论文投稿历史性地首次引入主题轨道（Theme Track），并将当年的主题定为"审视过去，展望未来"（Taking Stock of Where We've Been and Where We're Going）。ACL 2020 程序委员会主席在会议博客中解释了引入这个主题投稿的原因：

> Our field is growing fast! This is an exciting time to do NLP research. But at this pace of growth it's only healthy as a community to take stock of where we've been and chart out where we should be going. So we made it a theme.
>
> For the first time in the history of the ACL conference, next year's edition will also have a special theme asking researchers to reflect on the progress of the field and what we as a community should be doing next.

显然，近几年 NLP 技术发展之快，大家有目共睹。正如程序委员会主席所说，现在是进行 NLP 研究的激动人心的时刻，但是在 NLP 技术的快速发展中，把准方向非常重要，偏航或错航，从长远角度看，都会延缓最终的目标实现。因此，自然语言处理作为一个完整的学术共同体，研究人员有必要稍微停下匆忙的脚步，反思这个领域已经取得的进展，以及未来该如何前进。

这次大会主题投稿 65 篇，录用 24 篇，录取率 36.9%，远高于当年 ACL 22.7% 的总体录取率，说明这次大会引起了广大自然语言处理研究人员的重视，投稿论文质量高。录用的多篇论文，对预训练技术进行了反思和讨论，其中获得广泛共鸣的一篇论文是 *Climbing towards NLU: On Meaning, Form, and Understanding in the Age of Data*[90]。论文第一作者是来自华盛顿大学语言系的 Emily M. Bender 教授，该论文的主要观点包括以下几个方面：

- 大量 BERTology 论文误用 "意义"（Meaning）和 "理解"（Understanding）；
- "意义" 是一种语言外在展现形式（Form）与语言之外元素之间的关系，具体说来，"意义" 是一个二元组 (e,i)，其中 e 为语言表述（形式），i 为交际意图（Communicative Intent），使用语言是为了实现 / 获得交际意图，而交际意图是存在于语言之外的元素。"理解" 即给定 e，寻找配对的 i；
- "意义" 不可能仅仅从语言形式中学习到，BERTology 训练语料都是语言形式，因此不可能学到真正的 "意义"，也谈不上真正的 "理解"；
- 不论是人，还是机器，要学会一门语言，必须要解决符号奠基问题（Symbol Grounding Problem，SGP）。

在论文的最后，论文作者对目前的研究范式进行了反思，指出自然语言处理研究模式可以分为两大类：自底向上的爬山模式和自顶向下的顶层设计模式。在自底向上模式下，科学共同体的努力是受寻找和识别具体研究挑战驱动的，当这些研究挑战得到不断解决且解决结果令人满意时，科学共同体就会形成一种获得持续进展的喜悦氛围。在自顶向下模式下，科学共同体关注的是长远终极目标，即为整个领域提供一个完整、统一的理论，这种模式会激发科学共同体为还没有完全解释本领域所有现象而焦虑，并质疑自底向上模式是否前进在正确的方向上。文献 [90] 论文作者认为：

- 目前 NLP 中存在的不断刷新榜单、创造新 SOTA 结果的研究模式是一种自底向上的爬山模式；
- NLP 经历了多次自底向上模式的迭代，每一代 NLP 研究人员都觉得在解决重要的问题，但是一旦范式出现严重缺陷，且自身无法解决，那么这些方法就被视为过时而被抛弃；
- 自底向上模式无法知晓自身是否前进在正确的方向上，只有自顶向下模式才能做出回答。

相比于主题论文 [90] 从意义和理解角度宏观探讨目前预训练技术的主要缺陷，Emily M. Bender 教授与 Google AI 伦理团队前负责人 Timnit Gebru 等人共同署名的论文 *On the Dangers of Stochastic Parrots: Can Language Models Be Too Big?*[608]（为便于区分，将前面的论文称为主题论文，这篇论文称为统计鹦鹉论文），则直接从伦理角度对目前大规模预训练模型技术进行批评，指出了大规模预训练模型存在的潜在风险和局限性：

- 训练一次超大规模预训练模型会耗费大量算力，通常是几百上千 GPU 同时运行数天、数周时间，不仅财务成本高昂，还会排放大量二氧化碳；

- 大规模预训练模型的数据规模通常在百亿、千亿单词以上，但是这些文本数据通常来自互联网，而互联网数据分布是不均匀的，大部分内容来自发达国家、年轻用户，且男性用户居多，因此训练数据不能代表真实世界；

- 大规模预训练模型通常采用一定时期的网络数据代表过去已经发生的事实，但是社会是在不断发展变化的；

- 网络数据中包含偏见和歧视，如种族歧视、性别歧视等，这些偏见和歧视会随模型训练而编码到预训练模型中；

- 继承了前述主题论文[90]的主要观点，目前的大规模预训练模型并没有奠基到交际意图、真实世界模型或心境模型上，只不过是一只学会了统计规律的"鹦鹉"。

统计鹦鹉论文[608]因此呼吁，需要重新定位研究目标，在追求更大模型的同时，更需要理解预训练模型如何完成任务、如何成为社会–技术系统（Socio-Technical System）①的一部分，并在部署大规模预训练模型之前，对其风险和局限性进行充分的评估并准备好替换方案。

统计鹦鹉论文[608]初稿在 2020 年底被提交给 Google 内部审查委员会审查，同时期 Google 正在努力推动万亿参数规模的预训练模型的部署和应用。显然，两者之间产生了冲突。Google 高层给 Timnit Gebru 提供了两个选项：要么撤回该论文（当时仍未正式发表，尚在提交同行评审阶段），要么将其中所有 Google AI 伦理团队研究人员的名字去掉[609]。Timnit Gebru 没有同意此要求，并因此"离开"②Google，该事件在互联网上不断发酵，引起更多争议和互相指控[610]。

上面探讨的关于预训练模型技术的争议，抛开后续由此发酵出来的骚扰和歧视争议③，纯粹从技术角度看，是非常有意义的。这些争议让人们能更清楚地看到新技术的两面：既看到预训练技术的强大（对目前 SOTA 技术形成全面碾压之势），也看到预训练技术带来的潜在伦理风险，以及目前预训练技术本身面临的技术挑战和科学问题。

---

① 社会–技术系统是由英国 Tavistock 研究所 Eric Trist 等人在研究英国煤矿后提出的新概念。该理论认为，组织是由社会系统和技术系统相互作用形成的。该理论注重研究组织内部人与技术之间的交互，以及组织基础设施与人类行为之间的交互。

② 双方在辞退和主动辞职之间存在争议。

③ 参见 Timnit Gebru 的维基介绍页面。

2. 符号奠基问题

下面就预训练模型面临的符号奠基问题进行重点讨论。为更清楚地描述两者之间的关系，从另外一个角度重新阐述预训练模型及其缺陷。大规模预训练模型可以看成一台巨型复杂机器。我们喂给这台机器海量的符号数据，并对某些符号或符号串进行遮盖、替换、添加噪声、改变顺序等操作，然后，让这台机器学习利用其他符号预测或还原被"操弄"（Manipulated）的原始符号。通过不断地学习，这台机器最终领悟了符号之间的统计关联，并将其以数值形式存放在机器内部的复杂连接中，这个过程称为训练。一旦训练调配完成，我们就可以给这台机器输入以符号形式组织的各种任务，并命令它以不同方式完成这些任务：

- 打开训练好的机器，把机器内部的零部件拿出来重新组装，放入另外一台机器完成符号任务，即特征提取模式；
- 在这台机器上面安装一个简易装置，在小规模数据上重新调配机器和简易装置，使其学会如何完成给定的符号任务，即微调模式；
- 在这台机器内部某些部件中安装适配器，然后在小规模数据上调配适配器，使其学会给定的符号任务，即适配器模式；
- 仅仅告诉这台机器给定符号任务的几个演示样例，让其快速学会完成给定的符号任务，即小样本学习模式；
- 以人工或自动方式给出提示语，让机器根据提示语完成给定的符号任务，即提示模式。

这台机器的制造者或使用者对其强大的能力大为赞赏，认为这台机器搞懂了符号的意义，理解了符号任务，因为它完成某些符号任务的准确率甚至超过了人类。批评者、继续完善机器者则认为这台机器还存在很多不足的地方，如耗电、污染环境，不仅学会了符号数据中好的东西，坏的东西（如歧视、偏见）也学会了。最重要的批评是，这台机器仅仅是在玩符号游戏，并不真正懂得符号代表的意义，即使完成了各种需要智能才能完成的符号任务，也只不过是利用了符号的统计规律，因为意义是存在于符号之外的，是符号到物理世界（Physical World）、社会世界（Social World）、心境世界（Mental World）的投射，建造这台机器的材料、过程及训练这台机器所用的数据，全部是符号，因此它不可能"懂得"符号之外的东西。

这正是认知科学领域著名的符号奠基问题，即符号如何投射到意义。符号本身是没有意义的，意义是人赋予符号的，符号的意义不可能由其他同样没有意义的符号来定义。认知科学家 Stevan Harnad 将符号定义符号的意义比作仅仅通过一部汉汉词典把汉语作为母语学会（婴儿在出生时陪伴他的只有一部汉汉词典，没有任何到外部世界的连接，或者这部词典到外部世界的连接。），词典中的单词都是用其他单词定义的，比如一个代表复杂概念的单词可以通过其他简单概念或原子概念通过一定方式组合进行定义。但是代表原子概念的单词如果没有奠基到真实世界，那么所有单词都不会投射到真实世界，而仅仅是符号。

有人会说：这台机器（预训练模型或其他自然语言处理模型）不是可以学到符号表述的语义吗？不是可以计算不同表述的语义相似度吗？但是，这里的语义并不是意义（符号到物理世界、社会世界、心境世界的投射，或者前述主题论文 [90] 定义的符号到交际意图的投射），而是符号的符号定义（或者符号定义的某种表现方式，如嵌入表示，即通过符号在海量符号数据中的出现规律学会的分布式定义）。

那么有没有可能通过汉汉词典将汉语作为第二语言（不同于之前所述的作为母语）学会呢？也就是说，一个已经具备母语语言能力的人能否仅仅通过一部汉汉词典学会汉语？这种情况是有可能的，因为已经建立了一种符号体系（母语）到外部世界的投射，如果能够通过汉汉词典里的符号形状、出现规律破译汉语符号系统，建立起汉语符号系统到母语符号系统的映射（类似无监督神经机器翻译），就可以通过母语进行桥接，实现汉语符号系统到外部世界的映射（即意义）。

既然讨论到词典和第二语言，那回头看看机器翻译，前述主题论文 [90] 作者认为：

> A perhaps surprising consequence of our argument would then be that accurate machine translation does not actually require a system to understand the meaning of the source or target language sentence.

即精确的机器翻译是不需要理解源语言或目标语言的意义的，对此观点我们不敢苟同。如果源语言和目标语言都是对同一个世界的符号投射，那么在给定足够多的双语语料或两种语言的单语语料的情况下，可以建造一台机器，学会这两种符号系统之间的映射关系，从而实现自动翻译。但是，实际上源语言和目标语言对应的世界可能并不一致，有重叠的地方，但也有不同的地方，体现在两种语言对应的文化差异、思想差异、真实物理世界差异等。因此，哪怕拥有两种语言任意多的符号数据，也不可能学会它们之间的投射。可能有人会说，差异部分的符号表述不是可以通过重叠世界对应的符号来定义吗？但是差异部分可能存在原子概念的符号，是无法通过其他符号定义的。而在真实情况中，很多时候并没有任意多的数据，甚至足够多的数据都不能保证。在这种情况下，如果能将符号投射到意义上，显然可以帮助打通不同语言系统符号之间的映射。

那么符号奠基问题是否是必须要解决的呢？在回答这个问题之前，先讨论人工智能的一个著名假设——物理符号系统假设（Physical Symbol System Hypothesis，PSSH），由图灵奖得主 Allen Newell 和 Herbert A. Simon 在其图灵奖论文中提出 [611]：

> A physical symbol system has the necessary and sufficient means for general intelligent action. （物理符号系统具备通用智能行为的必要和充分手段。）

物理符号系统，或称为形式系统（Formal System），将物理模式（"符号"）作为输入，将它们结合成结构（"表述"），并操作符号（使用"处理"）以生成新的表述。形式逻辑、代数运算、数值计算机都可以看成物理符号系统。国际象棋也可以看成物理符号系统，该系统的符号就是具体的棋子，处理就是合法的棋子移动，表述就是棋盘上所有棋子的位置。

对物理符号系统假设有很多种不同意见，Nils J. Nilsson 将批评意见划分为 4 大类 [612]：智能需要符号奠基（计算机只能操作无意义的符号，智能需要超越形式符号的操作，将感知和行为关联到环境以赋予其意义）、智能需要非符号（如信号）处理、计算不能提供智能的合适模型、智能行为很多时候是无意识的（比如是一种化学反应）。Nils J. Nilsson 对 4 类攻击意见进行了逐一反驳。在谈到符号奠基时，Nils J. Nilsson 认为，很多系统不需要奠基就可以有智能，比如专家系统、知识推理系统等，这些系统仅仅进行符号操作也能得到智能行为，并解释物理符号系统假设并不是完全排斥符号奠基，在需要奠基时就进行奠基。这里需要说明的是，某些智能行为的确不需要符号奠基，但是要实现真正的类人智能，符号奠基问题是不可避免的。

符号奠基问题就是前述主题论文 [90] 中提到的自然语言处理领域要解释的重要现象、要解决的重要问题。目前自底向上研究模式很少研究符号奠基问题，过去的进展也较为缓慢，自顶向下模式应该去思考、讨论符号奠基问题。有更多尝试解决符号奠基问题的努力，对实现计算语言学长远目标，显然是有益的。

那么：如何解决符号奠基问题？或者说，如何实现符号到意义的投射呢？

这是一个非常复杂的跨学科问题，哲学、认知科学、计算机科学等不同学科的研究人员在过去几十年都在为解决此问题不断苦苦思索和争论，各自发展了相应的术语，有些术语名字相同，但在不同学科的解释很不一样，比如认知科学中的"符号"与"表征"，与计算机科学中的"符号"与"表征"意义就不一样，这也为不同学科共同解决 SGP 问题制造了一定障碍。目前符号奠基问题的研究在哲学和认知科学中发展出了不同的学派和路径，如因果奠基（Causal Grounding）（认为符号的意义是外在的）、内在奠基（Internal Grounding）（认为符号的意义是内禀的）、符号学奠基（Semiotic Grounding）等，这些不同路径之间存在大量的争论，一些宣称已解决 SGP 问题，但立刻遭到其他路径的驳斥 [613–615]。总体而言，SGP 问题仍然是一个未解问题，更没有在自然语言处理实际模型、算法和应用层面得到解决。自然语言处理研究人员过去几十年更加关注语言符号的统计处理，避免陷于符号与意义的争论中，发展出了大量的统计模型，但对认知科学、哲学等其他学科发展出来的 SGP 模型、方法和路径不甚熟悉，未来希冀有更多自然语言处理研究人员开展跨学科研究，从自顶向下角度探寻学科未来的重大科学问题，与认知科学、语言学和哲学等学科开展深入合作，探索已发展的 SGP 路径模型是否可以在自然语言处理中得到实现和应用，或者发展出新的解决 SGP 问题的方法。

如果回到 Stevan Harnad 提出的对 SGP 的解决方案 [616]，会发现这是一种符号与神经的混合方案。Stevan Harnad 认为，人可以区分、操作、识别、描述物体、事件及事物状态，并能生成物体、事件及事物状态的描述，以及对描述进行回应。并认为人之所以能区分和识别物体，在于人建立了关于物体的图像表征（Iconic Representation）和类别表征（Categorical Representation），这两种表征都是非符号的，前者是对"形状"的忠实表征，后者则是提取了能够区分物体的重要特征的形状表征。但 Stevan Harnad 认为，仅仅有类别表征还不足以解释"意义"，必须在此基础上建立符号表征（Symbolic Representation）才能保证意义的系统性，才能保证生成及回应物体、事件及事物状态的描述。

由于很难定义"意义"，Stevan Harnad 的方案提出了一种可操作的奠基方法：作为最终奠基到意义的一步，可以先将符号奠基到图像上（符号表征 → 类别表征 → 图像表征）。建立符号到图像的多模态奠基已在人工智能多个不同领域开展了广泛研究。在这方面，多模态预训练模型也引起了研究人员的研究兴趣。显然，在多模态预训练模型中如何实现文本符号到图像的奠基，将是一个非常重要的研究问题，该问题的解决可能为预训练模型解决 SGP 问题迈出重要的一步。

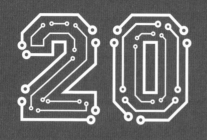

第 20 章

发展趋势与展望

> 语言之表达思想，并不限于一种方式；外物之反映于观念，更没有一种定型。
>
> ——王力（《中国语法理论》）

20.1 展望

作为机器翻译技术的一种新范式，神经机器翻译在如此短的时间内实现如此大规模的技术突破、性能提升及范式更替，纵观机器翻译发展历史，可以说是非常少见的。神经机器翻译的出现使得我们离机器翻译鼻祖 Warren Weaver 设想的"通用机器翻译"距离更近。对比基于规则的机器翻译、统计机器翻译两种机器翻译范式的发展，我们认为，神经机器翻译未来还有很大的发展空间。展望未来，神经机器翻译有很大的可能性在以下几个方面取得重大进展：

1. 基于超大模型的多语言神经机器翻译

多语言神经机器翻译的魅力在于：基于单一模型的多语向机器翻译、跨语言知识迁移和零样本机器翻译。这三个方面并不是很容易同时获得，比如跨语言知识迁移在低资源语种上通常是正迁移（Positive Transfer），而在富资源语种上则往往是负迁移（Negative Transfer）。如果要在同一个模型上尽可能提升正迁移的同时降低负迁移（即尽可能提升低资源语种翻译性能，同时降低对富资源语种翻译性能的损害），通常需要在数据采样上保持均衡，理想情况是同时提升跷跷板的两端，而不是压低一端（富资源语种）抬高另一端（低资源语种）。另外，在不改变模型容量的情况下，增加语种数量（即多任务学习数量），可能同时降低跷跷板的两端（富资源、低资源语种翻译性能均下降）。因此，扩大模型容量（加深、加宽或通过其他方法增加模型的规模），建立超大规模神经机器翻译模型（如参数数量达到万亿级别），是通向上百、上千语种单一模型机器翻译的必经之路，也是未来多语言神经机器翻译一个重要的发展和突破方向。该方向的突破不仅可以打破多语言诅咒（见 18.5 节），使机器翻译下沉到 Warren Weave 所设想的"地下室"，向"通用机器翻译"迈进，而且将在多语言表征学习方面为更多的多语言、跨语言任务提供基础表征框架，推动语言间潜在关联的发现。

2. 预训练技术与机器翻译结合

早期预训练技术与神经机器翻译的结合并不是非常成功 [617, 618]，一方面可能是因为这些方法仅仅预训练神经机器翻译的部分网络，比如仅仅预训练编码器或解码器；另一方面也可能是因为机器翻译本身的训练语料规模通常比较大，单一语种上进行部分网络的预训练很难实现正向迁移效果。后期面向神经机器翻译的预训练技术，主要在两大方面进行了改进：预训练编码器-解码器整体网络，以及在多个语言的单语语料数据上进行预训练，如 mBART 技术。多语言预训练技术使得预训练的正向迁移可以发生在后续的有监督及无监督神经机器翻译上。未来预训练与神经机器翻译的结合，将随预训练技术的发展更显著地提升机器翻译的译文质量。

3. 多模态机器翻译

真实应用场景的机器翻译并不限于文本模态的机器翻译，还包括图像到文本、语音到文本的跨模态机器翻译及图片、语音叠加文本的混合模态机器翻译。虽然多模态机器翻译面临模态差异、数据稀缺等多方面的挑战，但是大量的实际需求（如会议同传、拍照翻译）将刺激和推动多模态机器翻译技术不断发展和取得突破。

4. 语篇级机器翻译

在多个机器翻译基准评测上（如 WMT），人工评测结果显示，神经机器翻译在多个语向（如德语-英语、汉语-英语、英语-俄语、英语-捷克语等）上的性能已经达到甚至超过了人类水平。然而，这仅仅是句子级别的人工评测结果，只能用于评价句子级别的神经机器翻译水平。多项研究（主要是反驳机器翻译达到人类水平的研究工作）显示，在提供当前句子的上下文条件下进行人工评测，评测结果与不给上下文的评测结果大相径庭：神经机器翻译还远未达到人类同等水平。为什么语篇级别的语境会使评测人员迅速区分人工翻译和机器翻译译文并更倾向于人工翻译译文呢？主要原因在于机器翻译模型通常是面向单个句子，并在平行句对（而非平行文档对）语料上进行训练的，并没有利用句子所在语篇的上下文。句子级机器翻译无论是在技术还是译文质量上，近年来均取得了显著进展。然而，句子是离不开上下文语境的，因此，我们期待语篇级机器翻译在未来出现重要突破。

20.2　本书未覆盖内容

限于篇幅，有些内容在本书中并未提及，或者提及了但是没有具体或系统介绍，这里节选一些没有覆盖到但比较有意思的主题。

20.2.1 数据伦理与安全

神经机器翻译是由数据驱动的，因此，不可避免地涉及数据伦理与安全问题，这至少体现在以下 3 个方面：

- 机器翻译应该如何使用、管理和组织数据，以确保数据安全、合规使用？
- 如何在大规模数据上构建可信、安全的机器翻译系统，以确保机器翻译不受噪声数据、垃圾数据影响，并能抵御潜在攻击？
- 如何在技术层面保证合法、合理地使用机器翻译，以避免机器翻译被误用、错用（如用于非法的信息获取等）？

第一个方面主要与数据隐私及保护相关；第二个方面既与机器翻译鲁棒性（见第 17 章）相关，也与数据中的伦理、敏感信息处理相关，如偏见等；第三个方面，与目前的大规模预训练模型使用面临的伦理挑战类似，除了在人工智能治理方面出台相关的政策法规，在技术上如何给机器翻译装上安全锁，是机器翻译本身需要研究的问题。

1. 数据隐私及保护

机器翻译中的数据隐私主要包括两个方面：一是已经训练好的神经机器翻译可能存在数据泄露问题（即从模型中导出训练数据）；二是用于训练神经机器翻译模型的数据具有隐私特性，或者将一个在通用领域训练的机器翻译模型适应到一个特定领域时，特定领域的数据具有隐私性，导致神经机器翻译模型无法训练或进行领域适应。数据保护在机器翻译中是真实存在的问题，但目前似乎还没有引起足够的重视，解决方案可能来自机器翻译领域之外（如联邦学习等），或者需要进行跨学科合作。

2. 偏见

与预训练语言模型存在伦理问题类似，训练数据中存在的偏见也导致神经机器翻译模型输出译文中存在偏见，尤其是**性别偏见**（Gender Bias），通常发生在目标语言具有语法性别（见 16.2.3 节）特征的机器翻译中，如从其他语言到法语、捷克语等语言的机器翻译。性别偏见已在神经机器翻译研究中引起了很大的关注和重视，解决方法通常包括数据层面的去偏（Debiasing）和模型层面的去偏等。

3. 合规使用

机器翻译的合规使用主要体现在机器翻译引擎的入口（源语言输入）和出口（目标语言输出）上。目前使用机器翻译的场景大部分集中在云端在线翻译，虽然机器翻译引擎安装在服务器端，是可管理的，但是用户输入的内容是否涉及隐私信息、敏感信息，如果不进行检测，是不受管理的；类似地，输出的译文是否涉及隐私信息、敏感信息（这些信息可能来自源文，也可能是机器翻译模型被攻击生成的），同样需要进行合规管理。

20.2.2　偏差

神经机器翻译采用序列到序列方式建模，因此不可避免地具有序列到序列学习中普遍存在的偏差问题，主要是**标签偏差**（Label Bias）和**曝光偏差**（Exposure Bias）。前者主要由逐词生成导致，序列生成的目标是生成全局最优的序列，但是逐词生成每步决策（生成一个单词）都是在局部进行归一化的，显然与全局建模目标不一致。曝光偏差则是由训练数据和测试数据的不一致性导致的，训练时模型采用的是真实上下文（Ground-Truth Context），但测试时使用的是模型自己生成的上下文。曝光偏差在本书中曾多次讨论，如 11.2 节介绍了曝光偏差的缓解方法，17.4 节讨论了曝光偏差对模型鲁棒性的影响，但是标签偏差在本书中并没有进行讨论。这两种偏差都会给神经机器翻译带来问题，比如标签偏差可能使生成的译文偏短，曝光偏差可能使神经机器翻译产生幻想 [486] 等。

20.2.3　翻译风格

风格问题是自然语言生成的通用问题。作为一种跨语言自然语言生成任务，机器翻译同样面临风格迁移问题。但由于机器翻译研究重心通常在语义而非形式，翻译风格问题一直没有得到足够的研究。随着机器翻译译文质量的不断提升，作为机器翻译最高追求目标——"雅"的一部分，风格问题将会逐步得到重视。

20.2.4　翻译腔

翻译腔（Translationese）是指生成的目标语言译文过度忠实于源语言文本的表述形式，从而有别于真实的目标语言行文风格的一种现象。机器翻译生成的文本通常存在翻译腔问题，翻译腔对机器翻译的评测也存在影响，比如自动评测指标通常偏向于翻译腔文本。如何在机器翻译中利用翻译腔但规避其带来的影响（尤其是在评测方面），是机器翻译中一个有意思的研究课题。

20.2.5 音译

音译（Transliteration）指的是将源语言的命名实体（如人名、地名等）翻译到目标语言，按照目标语言的音韵结构组织但同时忠实于源语言的发音。自动音译是机器翻译很重要的一部分，很多命名实体往往都是集外词，解决机器翻译这类长尾问题需要音译技术支持。

20.2.6 对话翻译

对话翻译（Dialogue Translation）是一种语篇级机器翻译，涉及上下文、省略和指代等语篇现象，但与普通的语篇翻译不同，对话翻译的语篇是在两个说话人（Interlocutor）之间交替展开的，而不是单一说话人。此外，对话翻译还是对话技术和机器翻译技术的结合体，涉及对话意图理解等。

20.2.7 非参数与半参数机器翻译

非参数机器翻译（Non-Parametric Machine Translation）是基于非参数机器学习模型的机器翻译 [619, 620]。在介绍非参数模型（Non-Parametric Model）之前，我们先定义什么是参数模型（Parametric Model），因为两者是相对的。本书介绍的大部分模型均为参数模型，**参数模型**假设存在一组有限且确定数量的参数 $\boldsymbol{\theta}$，这些参数可以用来捕获和表示数据的所有信息：

$$P(x|\boldsymbol{\theta}, \mathcal{D}) = P(x|\boldsymbol{\theta}) \tag{20-1}$$

对参数模型而言，训练数据增多不会影响模型的参数量，即使训练数据是无限的，模型参数的数量也不会发生改变。

与此不同，**非参数模型**并不对模型结构进行预先设定，但这并非表示非参数模型不需要参数，而是指参数的规模和性质并不事先规定，可随数据量变化而改变，因此具有灵活性。常见的非参数方法有 K 近邻方法、基于检索的方法等。

介于参数机器翻译和非参数机器翻译之间，还有一类机器翻译称为**半参数机器翻译**（Semi-Parametric Machine Translation），即模型的一部分是参数的，另一部分是非参数的，如文献 [621] 提出的基于检索的神经机器翻译、14.4.3 节介绍的基于缓存器的神经机器翻译模型、16.4.2 节介绍的融合翻译记忆库的神经机器翻译模型 [414] 等。

参数模型和非参数模型具有各自的优点和缺点 [619, 620]，非参数模型的可解释性、适应性及表达能力，使其本身及半参数模型近年来在神经机器翻译、问答和语言模型等领域得到了越来越多的关注和研究。

20.3 短评：科幻中的机器翻译与未来机器翻译

在本书的结尾，让我们对机器翻译的未来进行展望和畅想。站在时间的"现在"节点向"未来"展望之前，先看看"过去"某个时间节点对机器翻译的"未来"是如何展望的。

首先，让我们看看在过去的科幻小说中，自动翻译是什么样子。1945 年，美国作家 Murray Leinster 在科幻小说 *First Contact*（《首次接触》，1996 年获得科幻界复古雨果奖）中，设想了一种帮助两个不同的宇宙文明学习各自语言的设备，称为"通用翻译器"（Universal Translator）。该小说被认为是最早提出"通用翻译器"设想的科幻小说。1978 年，英国作家 Douglas Adams 的广播科幻剧 *The Hitchhiker's Guide to the Galaxy*（《银河系漫游指南》）将通用翻译器取名为"巴别鱼"（Babel Fish），巴别鱼被塞入耳道，接收说话人的"精神频率"，并将解码的脑电波矩阵传到携带者的思想中。1999 年，科幻电视剧系列 *Farscape*，构想了一个翻译微生物（Translator Microbe），它侵占感染者的脑干，能将任何语言翻译到宿主的大脑中。中国科幻小说作家刘慈欣于 2006–2010 年创作的科幻系列小说《三体》中，描述了三体人将质子进行二维展开，并在其上蚀刻大规模电路使其成为强人工智能体，然后高维收缩成质子大小的"智子"，智子担负起三体文明与地球文明的语言沟通任务（当然还有其他任务，如监控、量子通信等）。

虽然科幻小说中的翻译器是"大胆"设想出来的，与现实距离遥远，但至少说明翻译器是文明交流不可或缺的重要工具。让我们再看看过去的机器翻译研究人员站在他们所处的时代对未来机器翻译是如何展望的。毫无疑问，最著名及最有影响力的机器翻译设想，来自机器翻译先驱 Warren Weaver 1949 年的翻译备忘录。正如本书第 1 章介绍的，在该备忘录中，Warren Weaver 对未来机器翻译发展提出了 4 个提议，涵盖意义与上下文、语言与逻辑、翻译与密码学、语言与不变性 4 个方面，鼓舞和指引了过去 70 多年的机器翻译研究，其设想一直延续到现在正在发展的多语言神经机器翻译（通用机器翻译）。另外一个重要的关于机器翻译未来的展望可能来自 1966 年的 ALPAC 报告，虽然该报告更多是以其对当时机器翻译的否定评价及其后续影响而知名，但也对机器翻译提出了多个建议，比如开展机器翻译评测研究、提升对计算语言学研究的支持等。

让我们从过去回到现在，审视目前主流的机器翻译范式——神经机器翻译的主要范式特征及问题，站在机器翻译思想巨人 Warren Weaver 的肩膀上，结合其部分提议，管中窥豹，大胆畅想一下机器翻译未来可能的发展方向，以抛砖引玉，引起更多讨论和畅想。

1. 语篇与广域语境

对应 Warren Weaver 的"意义与上下文"提议。目前神经机器翻译在句子级上下文建模方面已经做得非常好，但是在语篇翻译、涉及广域的上下文时，神经机器翻译与人类水平相距甚远，这不仅体现在对广域语境的编码上，也体现在涉及长距离依存关系的解码上。我们可以将 Warren Weaver 提出的单词遮掩具体到专门针对广域语境（Broad Context）的单词遮盖上，即遮盖的单词必须依靠其所在句子之外的广域语境才能推导出来，仅仅依靠所在句子内部上下文是无法推导出来的。

2. 翻译与常识推理

对应 Warren Weaver 的"语言与逻辑"提议。语言是交流的工具，常识是人们共享的认知，在交流过程中不可避免地涉及大量共识性的不需要再进行解释的常识，如 Yehoshua Bar-Hilel 提到的"The box is in the pen"，Google Translate 截至 2021 年 7 月 19 日的在线翻译仍将其译为"盒子在笔里"。又比如，"维修桌子的桌脚" vs. "维修桌子的锤子"，人很容易理解"桌脚"是被维修的，而"锤子"是用来维修的工具，如果不能辨别这些常识，译文就有可能出问题。Yehoshua Bar-Hilel 认为，解决单词与结构歧义不可避免地需要大量的世界知识，没有世界知识，全自动高质量机器翻译是不可行的[①]。

3. 世界模型与通用翻译

对应 Warren Weaver 的"语言与不变性"提议。在 Warren Weaver 思想实验中，"地下室"是不同语言对同一个世界的内在表征（因此是相通的，不存在障碍），"塔楼"是不同语言的外在表现形式（如词汇、结构等）。因此，要实现通用翻译（单一模型翻译任何语言），需要我们对"世界"进行建模，这里的世界不仅包含世界知识（常识），还包含非常识知识，以及语言本身的知识等，通用翻译可以建立在同一个世界模型基础上。目前，超大规模多语言神经机器翻译希望借助大模型在多种语言的大数据上学习不同语言对世界的共同表征，取得了较好进展，但仍然需要更多"啃硬骨头"的研究。

除了上面三点，未来机器翻译还可能在以下两方面取得进展，技术上呈现"科幻"色彩：

---

① 关于常识与机器翻译更详细的讨论可见 16.3.1 节。

- 语言与认知。巴别鱼、翻译微生物都是将翻译浸入人脑及思想中，这是对语言是人脑认知一部分认识的朴素体现。未来机器翻译将从语言认知研究中汲取营养，建立新型模型和算法，并借助语言认知数据进一步辅助机器翻译。
- 机器翻译与脑机接口。巴别鱼、翻译微生物都会接受和解码脑电波，未来机器翻译可能与脑机接口进行一定的结合。机器翻译可以作为浸入式或非浸入式脑机接口一部分，同一个机器翻译脑机接口可以实现对多种不同语言大脑的对接。

后记
POSTSCRIPT

　　本书写作之初，天津大学和华为诺亚方舟两个团队各自独立开展撰写工作，后因涉及同一主题，两个团队合并，共同撰写本书。本书由熊德意负责全书内容规划、统筹及校对，具体写作分工如下：熊德意执笔基础篇、进阶篇及所有章节短评，张檬执笔原理篇，李良友执笔实践篇。

　　写作本书的主要原因包含两个方面：一是力求系统介绍神经机器翻译技术，二是希望能展现并反思机器翻译从统计范式向神经网络范式变迁的过程，以及在该过程中产生的技术变革、创新与争议。本书三位作者经历了机器翻译两代技术的不同发展阶段。本书第一作者在攻读博士学位的初期，正好是统计机器翻译全面取代基于规则的机器翻译的阶段。他在博士期间及博士毕业后 5 年开展机器翻译研究的过程中，见证了统计机器翻译的鼎盛发展。自2013 年开始，又见证了统计机器翻译逐步进入瓶颈阶段、统计机器翻译与神经网络相结合、神经机器翻译萌芽、神经机器翻译快速发展、神经机器翻译全面取代统计机器翻译、神经机器翻译开辟更多新领域的整个过程。本书第二作者攻读博士学位期间，正好是统计机器翻译由盛转弱、神经机器翻译逐步兴起的时期。本书第三作者则是在神经机器翻译完全成为主流机器翻译技术时期完成了博士学位。三位作者虽然经历了机器翻译的不同发展阶段，但均对机器翻译技术的快速发展、迭代与创新具有强烈的感受，这些感受及对技术发展的单纯的原生兴趣为合力撰写本书提供了源源不断的动力。

　　在神经机器翻译发展初期，本书第一作者曾受到多个国内外出版社邀约撰写书稿介绍神经机器翻译，但当时神经机器翻译技术刚出现，发展非常迅速，如果在彼时撰述神经机器翻译，很多内容很快就会过时。不仅如此，当时对该技术的介绍也很可能受限于彼时的认识，达不到全面深入。而在神经机器翻译快速发展 6 年之后的 2020 年，本书第一作者认为时机已然成熟，原因有两点：一是大部分神经机器翻译技术已经出现并逐步成熟，二是神经机器翻译的广泛应用吸引了越来越多的人对该技术的浓厚兴趣。因此，本书作者认为现在是对该技术进行全面审视，并撰写相关书籍向更多人介绍的最好时刻。

本书第一作者在 2017 年全国机器翻译研讨会中曾组织了一个主题为"机器翻译研究范式变迁：我们该何去何从？"的专题讨论，其中讨论的议题包括：

- 从过去几次研究范式更替中，我们学到什么？哪些值得我们更深入思考？
- 面对当下范式更替（神经机器翻译颠覆统计机器翻译），我们该做什么？
- 您觉得神经机器翻译的平台期将在什么时候出现，平台期出现之前会有哪些重要发展？
- 您觉得神经机器翻译能解决机器翻译难题吗？（神经机器翻译是终极解决方案吗？）
- 神经机器翻译之后的新范式或颠覆技术将会是什么？
- 我们该如何准备未来新范式？

有些议题在当时来说是比较超前的，比如关于神经机器翻译的平台期问题，在当时进行讨论显然为时过早，放到现在讨论，也依然为时过早，因为神经机器翻译依然在高速发展中。相比于统计机器翻译，神经机器翻译不仅仅是性能上的显著超越，还为机器翻译开辟了更多的新疆域，如多语言、多模态机器翻译。这两片新疆域，犹如经典物理学天空漂浮的两朵乌云，可能预示着机器翻译技术未来的重大突破。本书作者希望本书可以激起更多人对机器翻译的研究兴趣，吸引更多机器翻译爱好者加入机器翻译的研究和应用，共同推进机器翻译技术向更高目标发展。

本书在写作过程中得到了作者多位同行、老师的指导。华为诺亚方舟实验室语音语义首席科学家刘群教授，是本书写作背后最强有力的支持者和指导者。本书起初的两个独立写作团队是在刘群老师的指导下才合并为一个统一的写作团队的。本书写作过程中，刘群老师也多次参与讨论与指导，对书中的短评提出了很多宝贵的建议，在此表示最诚挚的感谢！

特别感谢钱跃良老师对本书写作的关心和支持。本书第一作者熊德意在 20 年前（博士期间）有幸参与了钱老师主持的"中文信息处理与人机交互技术的评测方法"863 计划项目，深刻感受到语音识别、语音合成、机器翻译等人机交互技术的魅力。

特别感谢梅宏院士在百忙之中为本书作序。梅院士从计算机学科发展的角度，指出机器翻译、自然语言处理乃至人工智能的研究要"保持开放的思维，保持研究探索的多样性"，避免跟风式研究，避免方法思维上的"极化"，在寻求技术突破的同时，"不能忘记探究其后的科学问题"，为机器翻译未来的发展提出了非常重要的指导建议！

特别感谢北京语言大学李宇明教授、清华大学孙茂松教授、新加坡国立大学李海洲教授、创新工场首席科学家周明博士、字节跳动人工智能实验室总监李航博士以及华为诺亚方舟实验室语音语义首席科学家刘群教授为本书撰写推荐语。

大连理工大学黄德根教授、哈尔滨工业大学赵铁军教授、中译语通 CTO 程国艮在本书的写作中也提供了大力支持，在此一并表示感谢！

天津大学自然语言处理实验室多位同学参与了本书的素材采集与制图工作。刘妍、李上杰、贺杰、曾致远、金任任、王德鑫、黄武伟整理、收集和提供了进阶篇原始素材及相关文献，郭紫珊、黄宇菲、董威龙、杜江村参与了全书的制图工作，在此表示感谢！

感谢本书编辑宋亚东约稿及对全书的审校工作！

本书第一作者熊德意在此特别感谢家人的全力支持与理解。此书成稿之时，恰逢犬子琛琛诞生，没有妻子的理解、支持和无私付出，笔者无法沉浸于书稿的规划、统筹与写作。本书第一作者的第一本专著 *Linguistically Motivated Statistical Machine Translation: Models and Algorithms* 出版之时正逢小女诞生，两个孩子的到来为写书增添了无数童趣和快乐。每每改稿疲倦之时，看看犬子乌黑清澈、童真无邪的眼睛，听听牙牙学语的童声，顿感倦意立刻消退。本书献给犬子与小女！

熊德意

2021 年 12 月 5 日于北洋园

参考文献

REFERENCE

[1] WEAVER W. Translation[J]. Repr. in: Locke, W.N. and Booth, A.D. (eds.) Machine translation of languages: fourteen essays (Cambridge, Mass.: Technology Press of the Massachusetts Institute of Technology, 1955), 1949: 15-23.

[2] HUTCHINS W J. Machine translation: Past, present, future[M/OL]. USA: John Wiley & Sons, Inc., 1986. http://www.hutchinsweb.me.uk/PPF-2.pdf.

[3] BROWN P F, DELLA PIETRA S A, DELLA PIETRA V J, et al. The mathematics of statistical machine translation: Parameter estimation[J/OL]. Computational Linguistics, 1993, 19(2): 263-311. https://www.aclw eb.org/anthology/J93-2003.

[4] KNIGHT K. Decoding complexity in word-replacement translation models[J/OL]. Computational Linguistics, 1999, 25(4): 607-615. https://www.aclweb.org/anthology/J99-4005.

[5] LI Z, EISNER J, KHUDANPUR S. Variational decoding for statistical machine translation[C/OL]//Proceedings of the Joint Conference of the 47th Annual Meeting of the ACL and the 4th International Joint Conference on Natural Language Processing of the AFNLP. Suntec, Singapore: Association for Computational Linguistics, 2009: 593-601. https://www.aclweb.org/anthology/P09-1067.

[6] Jelinek F. Fast sequential decoding algorithm using a stack[J]. IBM Journal of Research and Development, 1969, 13(6): 675-685.

[7] AULI M, LOPEZ A, HOANG H, et al. A systematic analysis of translation model search spaces[C/OL]// Proceedings of the Fourth Workshop on Statistical Machine Translation. Athens, Greece: Association for Computational Linguistics, 2009: 224-232. https://www.aclweb.org/anthology/W09-0437.

[8] GERMANN U, JAHR M, KNIGHT K, et al. Fast decoding and optimal decoding for machine translation[C/OL]//Proceedings of the 39th Annual Meeting of the Association for Computational Linguistics. Toulouse, France: Association for Computational Linguistics, 2001: 228-235. https://www.aclweb.org/antho logy/P01-1030. DOI: 10.3115/1073012.1073042.

[9] BOTTOU L, BOUSQUET O. The tradeoffs of large scale learning[C]//NIPS' 07: Proceedings of the 20th International Conference on Neural Information Processing Systems. Red Hook, NY, USA: Curran Associates Inc., 2007: 161-168.

[10] ZENS R, NEY H, WATANABE T, et al. Reordering constraints for phrase-based statistical machine translation[C/OL]//COLING 2004: Proceedings of the 20th International Conference on Computational Linguistics. Geneva, Switzerland: COLING, 2004: 205-211. https://www.aclweb.org/anthology/C04-1030.

[11] LIANG P, BOUCHARD-CÔTÉ A, KLEIN D, et al. An end-to-end discriminative approach to machine translation[C/OL]//Proceedings of the 21st International Conference on Computational Linguistics and 44th Annual Meeting of the Association for Computational Linguistics. Sydney, Australia: Association for Computational Linguistics, 2006: 761-768. https://www.aclweb.org/anthology/P06-1096. DOI: 10.3115/1220175.1220271.

[12] WANG X, TU Z, XIONG D, et al. Translating phrases in neural machine translation[C/OL]//Proceedings of the 2017 Conference on Empirical Methods in Natural Language Processing. Copenhagen, Denmark: Association for Computational Linguistics, 2017: 1421-1431. https://www.aclweb.org/anthology/D17-1149. DOI: 10.18653/v1/D17-1149.

[13] LI J, XIONG D, TU Z, et al. Modeling source syntax for neural machine translation[C/OL]//Proceedings of the 55th Annual Meeting of the Association for Computational Linguistics (Volume 1: Long Papers). Vancouver, Canada: Association for Computational Linguistics, 2017: 688-697. https://aclanthology.org/P17-1064. DOI: 10.18653/v1/P17-1064.

[14] ORTIZ-MARTÍNEZ D. Online learning for statistical machine translation[J/OL]. Computational Linguistics, 2016, 42(1): 121-161. https://www.aclweb.org/anthology/J16-1004.

[15] BELINKOV Y, BISK Y. Synthetic and natural noise both break neural machine translation[C/OL]//6th International Conference on Learning Representations, ICLR 2018, Vancouver, BC, Canada, April 30 - May 3, 2018, Conference Track Proceedings. OpenReview.net, 2018. https://openreview.net/forum?id=BJ8vJebC-.

[16] KHAYRALLAH H, KOEHN P. On the impact of various types of noise on neural machine translation[C/OL]//Proceedings of the 2nd Workshop on Neural Machine Translation and Generation. Melbourne, Australia: Association for Computational Linguistics, 2018: 74-83. https://aclanthology.org/W18-2709. DOI: 10.18653/v1/W18-2709.

[17] OTT M, AULI M, GRANGIER D, et al. Analyzing uncertainty in neural machine translation[C]//DY J G, KRAUSE A. Proceedings of Machine Learning Research: volume 80 Proceedings of the 35th International Conference on Machine Learning, ICML 2018, Stockholmsmässan, Stockholm, Sweden, July 10-15, 2018. PMLR, 2018: 3953-3962.

[18] GOUTTE C, CARPUAT M, FOSTER G. The impact of sentence alignment errors on phrase-based machine translation performance[C/OL]//Proceedings of the 10th Conference of the Association for Machine Translation in the Americas: Research Papers. San Diego, California, USA: Association for Machine Translation in the Americas, 2012. https://aclanthology.org/2012.amta-papers.7.

[19] KOEHN P, KNOWLES R. Six challenges for neural machine translation[C/OL]//Proceedings of the First Workshop on Neural Machine Translation. Vancouver: Association for Computational Linguistics, 2017: 28-39. https://www.aclweb.org/anthology/W17-3204. DOI: 10.18653/v1/W17-3204.

[20] SENNRICH R, ZHANG B. Revisiting low-resource neural machine translation: A case study[C/OL]//Proceedings of the 57th Annual Meeting of the Association for Computational Linguistics. Florence, Italy: Association for Computational Linguistics, 2019: 211-221. https://www.aclweb.org/anthology/P19-1021. DOI: 10.18653/v1/P19-1021.

[21] WU D. Mt model space: statistical versus compositional versus example-based machine translation[J]. Machine Translation, 2007, 19(2005): 213-227.

[22] ALLEN R. Several studies on natural language and back-propagation[C]//Proceedings of IEEE First International Conference on Neural Networks. San Diego, 1987: 335-341.

[23] CASTAÑO M A, CASACUBERTA F. A connectionist approach to machine translation[C]//EUROSPEECH. Rhodes, Greece, 1997: 91-94.

[24] SCHWENK H, DECHELOTTE D, GAUVAIN J L. Continuous space language models for statistical machine translation[C/OL]//Proceedings of the COLING/ACL 2006 Main Conference Poster Sessions. Sydney, Australia: Association for Computational Linguistics, 2006: 723-730. https://www.aclweb.org/anthology/P06-2093.

[25] LI P, LIU Y, SUN M, et al. A neural reordering model for phrase-based translation[C/OL]//Proceedings of COLING 2014, the 25th International Conference on Computational Linguistics: Technical Papers. Dublin, Ireland: Dublin City University and Association for Computational Linguistics, 2014: 1897-1907. https://www.aclweb.org/anthology/C14-1179.

[26] KALCHBRENNER N, BLUNSOM P. Recurrent continuous translation models[C/OL]//Proceedings of the 2013 Conference on Empirical Methods in Natural Language Processing. Seattle, Washington, USA: Association for Computational Linguistics, 2013: 1700-1709. https://www.aclweb.org/anthology/D13-1176.

[27] SUTSKEVER I, VINYALS O, LE Q V. Sequence to sequence learning with neural networks[C]// GHAHRAMANI Z, WELLING M, CORTES C, et al. NIPS' 14: Proceedings of the 27th International Conference on Neural Information Processing Systems - Volume 2. Cambridge, MA, USA: MIT Press, 2014: 3104-3112.

[28] CHO K, VAN MERRIËNBOER B, GULCEHRE C, et al. Learning phrase representations using RNN encoder–decoder for statistical machine translation[C/OL]//Proceedings of the 2014 Conference on Empirical Methods in Natural Language Processing (EMNLP). Doha, Qatar: Association for Computational Linguistics, 2014: 1724-1734. https://www.aclweb.org/anthology/D14-1179. DOI: 10.3115/v1/D14-1179.

[29] BAHDANAU D, CHO K, BENGIO Y. Neural machine translation by jointly learning to align and translate[C/OL]//BENGIO Y, LECUN Y. 3rd International Conference on Learning Representations, ICLR 2015, San Diego, CA, USA, May 7-9, 2015, Conference Track Proceedings. 2015. http://arxiv.org/abs/1409.0473.

[30] WU Y, SCHUSTER M, CHEN Z, et al. Google's neural machine translation system: Bridging the gap between human and machine translation[J/OL]. CoRR, 2016, abs/1609.08144. http://arxiv.org/abs/1609.08144.

[31] GEHRING J, AULI M, GRANGIER D, et al. Convolutional Sequence to Sequence Learning[C/OL]// International Conference on Machine Learning. PMLR, 2017: 1243-1252. http://proceedings.mlr.press/v70/gehring17a.html.

[32] VASWANI A, SHAZEER N, PARMAR N, et al. Attention is all you need[C]//NIPS'17: Proceedings of the 31st International Conference on Neural Information Processing Systems. Red Hook, NY, USA: Curran Associates Inc., 2017: 6000-6010.

[33] TUROVSKY B. Ten years of google translate[EB/OL]. 2016. https://www.blog.google/products/translate/ten-years-of-google-translate/.

[34] VASIĻJEVS A, SKADIŅA I, SĀMĪTE I, et al. Competitiveness analysis of the European machine translation market[C/OL]//Proceedings of Machine Translation Summit XVII Volume 2: Translator, Project and User Tracks. Dublin, Ireland: European Association for Machine Translation, 2019: 1-7. https://www.aclweb.org/anthology/W19-6701.

[35] HUTCHINS W J. Early years in machine translation: Memoirs and biographies of pioneers (studies in the history of the language sciences)[M]. John Benjamins Publishing Company, 2000.

[36] HUTCHINS W. Machine translation: a concise history[J]. Journal of Translation Studies, 2003, 13(1-2(2010)): 29-70.

[37] BAR-HILLEL Y. The present status of automatic translation of languages[J]. Advances in Computers, 1960, 1: 91-163.

[38] PIERCE J R, CARROLL J B. Language and machines: Computers in translation and linguistics[M/OL]. Washington, DC: The National Academies Press, 1966. https://www.nap.edu/catalog/9547/language-and-machines-computers-in-translation-and-linguistics. DOI: 10.17226/9547.

[39] DORR B J. Machine translation divergences: A formal description and proposed solution[J/OL]. Computational Linguistics, 1994, 20(4): 597-633. https://www.aclweb.org/anthology/J94-4004.

[40] DORR B, JORDAN P, BENOIT J. A survey of current paradigms in machine translation[J/OL]. Advances in Computers, 1999, 49: 1-68. DOI: 10.1016/S0065-2458(08)60282-X.

[41] WAY A, GOUGH N. Comparing example-based and statistical machine translation[J/OL]. Natural Language

Engineering, 2005, 11(3): 295-309. DOI: 10.1017/S1351324905003888.

[42] KOEHN P. Statistical machine translation[M]. Cambridge University Press, 2010.

[43] WAY A. A critique of statistical machine translation[J]. Daelemans W, Hoste V (eds) Journal of translation and interpreting studies: special issue on evaluation of translation technology, Linguistica Antverpiensia., 2009: 17-24.

[44] BROWN P, COCKS J, PIETRA S D, et al. A statistical approach to french / english translation[C]//Second International Conference on Theoretical and Methodological Issues in Machine Translation of Natural Languages (TMI 1988). Pittsburgh, PA, 1988.

[45] BROWN P, COCKE J, DELLA PIETRA S, et al. A statistical approach to language translation[C/OL]// Coling Budapest 1988 Volume 1: International Conference on Computational Linguistics. 1988. https://www.aclweb.org/anthology/C88-1016.

[46] YOUNG S. Frederick jelinek 1932 -2010 : The pioneer of speech recognition technology[M/OL]//Speech and Language Processing Technical Committee Newsletter. 2010. https://web.archive.org/web/20110728025129/http://www.signalprocessingsociety.org/technical-committees/list/sl-tc/spl-nl/2010-11/jelinek/.

[47] JELINEK F. Some of my best friends are linguists[J]. Language Resources and Evaluation, 2005, 39(2005): 25-34.

[48] JELINEK F. Applying information theoretic methods: Evaluation of grammar quality[C]//Workshop on Evaluation of NLP Systems. Wayne, PA, 1988.

[49] DEVLIN J, ZBIB R, HUANG Z, et al. Fast and robust neural network joint models for statistical machine translation[C/OL]//Proceedings of the 52nd Annual Meeting of the Association for Computational Linguistics (Volume 1: Long Papers). Baltimore, Maryland: Association for Computational Linguistics, 2014: 1370-1380. https://www.aclweb.org/anthology/P14-1129. DOI: 10.3115/v1/P14-1129.

[50] EGER S, YOUSSEF P, GUREVYCH I. Is it time to swish? comparing deep learning activation functions across NLP tasks[C/OL]//Proceedings of the 2018 Conference on Empirical Methods in Natural Language Processing. Brussels, Belgium: Association for Computational Linguistics, 2018: 4415-4424. https://www.aclweb.org/anthology/D18-1472. DOI: 10.18653/v1/D18-1472.

[51] RAMACHANDRAN P, ZOPH B, LE Q V. Searching for activation functions[J]. ArXiv, 2018, abs/1710.05941.

[52] GOODFELLOW I, BENGIO Y, COURVILLE A. Deep learning[M/OL]. MIT Press, 2017. https://www.worldcat.org/title/deep-learning/oclc/985397543&referer=brief_results.

[53] XU H, LIU Q, VAN GENABITH J, et al. Lipschitz constrained parameter initialization for deep transformers[C/OL]//Proceedings of the 58th Annual Meeting of the Association for Computational Linguistics. Online: Association for Computational Linguistics, 2020: 397-402. https://aclanthology.org/2020.acl-main.38. DOI: 10.18653/v1/2020.acl-main.38.

[54] WILSON D R, MARTINEZ T R. The general inefficiency of batch training for gradient descent learning.[J/OL]. Neural Networks, 2003, 16(10): 1429-1451. http://dblp.uni-trier.de/db/journals/nn/nn16.html#WilsonM03.

[55] GOLDBERG Y. A primer on neural network models for natural language processing.[J/OL]. Joural of Artificial Intelligence Research, 2016, 57: 345-420. http://dblp.uni-trier.de/db/journals/jair/jair57.html#Goldberg16.

[56] HENDERSON J. The unstoppable rise of computational linguistics in deep learning[C/OL]//Proceedings of the 58th Annual Meeting of the Association for Computational Linguistics. Online: Association for Computational Linguistics, 2020: 6294-6306. https://aclanthology.org/2020.acl-main.561. DOI: 10.18653/v1/2020.acl-main.561.

[57] MANNING C D. Last words: Computational linguistics and deep learning[J/OL]. Computational Linguistics, 2015, 41(4): 701-707. https://aclanthology.org/J15-4006. DOI: doi:10.1162/COLI_a_00239.

[58] BROWN T, MANN B, RYDER N, et al. Language models are few-shot learners[C/OL]//LAROCHELLE H, RANZATO M, HADSELL R, et al. Advances in Neural Information Processing Systems: volume 33. Curran Associates, Inc., 2020: 1877-1901. https://proceedings.neurips.cc/paper/2020/file/1457c0d6bfcb4967418bfb

8ac142f64a-Paper.pdf.

[59] BENGIO Y, DUCHARME R, VINCENT P, et al. A neural probabilistic language model[J/OL]. J. Mach. Learn. Res., 2003, 3: 1137-1155. http://dl.acm.org/citation.cfm?id=944919.944966.

[60] MIKOLOV T, SUTSKEVER I, CHEN K, et al. Distributed representations of words and phrases and their compositionality[C]//NIPS'13: Proceedings of the 26th International Conference on Neural Information Processing Systems - Volume 2. Red Hook, NY, USA: Curran Associates Inc., 2013: 3111-3119.

[61] DEVLIN J, CHANG M W, LEE K, et al. BERT: Pre-training of deep bidirectional transformers for language understanding[C/OL]//Proceedings of the 2019 Conference of the North American Chapter of the Association for Computational Linguistics: Human Language Technologies, Volume 1 (Long and Short Papers). Minneapolis, Minnesota: Association for Computational Linguistics, 2019: 4171-4186. https://aclanthology.org/N19-1423. DOI: 10.18653/v1/N19-1423.

[62] LEWIS M, LIU Y, GOYAL N, et al. BART: Denoising sequence-to-sequence pre-training for natural language generation, translation, and comprehension[C/OL]//Proceedings of the 58th Annual Meeting of the Association for Computational Linguistics. Online: Association for Computational Linguistics, 2020: 7871-7880. https://www.aclweb.org/anthology/2020.acl-main.703. DOI: 10.18653/v1/2020.acl-main.703.

[63] PETERS M E, NEUMANN M, IYYER M, et al. Deep contextualized word representations[C/OL]//Proceedings of the 2018 Conference of the North American Chapter of the Association for Computational Linguistics: Human Language Technologies, Volume 1 (Long Papers). New Orleans, Louisiana: Association for Computational Linguistics, 2018: 2227-2237. https://aclanthology.org/N18-1202. DOI: 10.18653/v1/N18-1202.

[64] HOULSBY N, GIURGIU A, JASTRZEBSKI S, et al. Parameter-efficient transfer learning for nlp[C]//ICML. 2019.

[65] BAPNA A, FIRAT O. Simple, scalable adaptation for neural machine translation[C/OL]//Proceedings of the 2019 Conference on Empirical Methods in Natural Language Processing and the 9th International Joint Conference on Natural Language Processing (EMNLP-IJCNLP). Hong Kong, China: Association for Computational Linguistics, 2019: 1538-1548. https://aclanthology.org/D19-1165. DOI: 10.18653/v1/D19-1165.

[66] RADFORD A, WU J, CHILD R, et al. Language models are unsupervised multitask learners[J]. OpenAI blog, 2019, 1(8): 9.

[67] PETRONI F, ROCKTÄSCHEL T, RIEDEL S, et al. Language models as knowledge bases?[C/OL]//Proceedings of the 2019 Conference on Empirical Methods in Natural Language Processing and the 9th International Joint Conference on Natural Language Processing (EMNLP-IJCNLP). Hong Kong, China: Association for Computational Linguistics, 2019: 2463-2473. https://aclanthology.org/D19-1250. DOI: 10.18653/v1/D19-1250.

[68] RUDER S, PETERS M E, SWAYAMDIPTA S, et al. Transfer learning in natural language processing[C/OL]//Proceedings of the 2019 Conference of the North American Chapter of the Association for Computational Linguistics: Tutorials. Minneapolis, Minnesota: Association for Computational Linguistics, 2019: 15-18. https://aclanthology.org/N19-5004. DOI: 10.18653/v1/N19-5004.

[69] LEVY O, GOLDBERG Y. Neural word embedding as implicit matrix factorization[C/OL]//GHAHRAMANI Z, WELLING M, CORTES C, et al. Advances in Neural Information Processing Systems: volume 27. Curran Associates, Inc., 2014: 2177-2185. https://proceedings.neurips.cc/paper/2014/file/feab05aa91085b7a8012516bc3533958-Paper.pdf.

[70] BARONI M, DINU G, KRUSZEWSKI G. Don't count, predict! a systematic comparison of context-counting vs. context-predicting semantic vectors[C/OL]//Proceedings of the 52nd Annual Meeting of the Association for Computational Linguistics (Volume 1: Long Papers). Baltimore, Maryland: Association for Computational Linguistics, 2014: 238-247. https://aclanthology.org/P14-1023. DOI: 10.3115/v1/P14-1023.

[71] RIEDL M, BIEMANN C. There's no 'count or predict' but task-based selection for distributional models[C/OL]//GARDENT C, RETORé C. IWCS 2017 — 12th International Conference on Computational Semantics — Short papers. 2017. https://aclanthology.org/W17-6933.

[72] MIKOLOV T, CHEN K, CORRADO G, et al. Efficient estimation of word representations in vector space[C/OL]//BENGIO Y, LECUN Y. 1st International Conference on Learning Representations, ICLR 2013, Scottsdale, Arizona, USA, May 2-4, 2013, Workshop Track Proceedings. 2013. http://arxiv.org/abs/1301.3781.

[73] RONG X. word2vec parameter learning explained[EB/OL]. 2014. http://arxiv.org/abs/1411.2738.

[74] ETHAYARAJH K. How contextual are contextualized word representations? comparing the geometry of BERT, ELMo, and GPT-2 embeddings[C/OL]//Proceedings of the 2019 Conference on Empirical Methods in Natural Language Processing and the 9th International Joint Conference on Natural Language Processing (EMNLP-IJCNLP). Hong Kong, China: Association for Computational Linguistics, 2019: 55-65. https://www.aclweb.org/anthology/D19-1006. DOI: 10.18653/v1/D19-1006.

[75] POWERS D M W. Applications and explanations of Zipf's law[C/OL]//New Methods in Language Processing and Computational Natural Language Learning. 1998. https://aclanthology.org/W98-1218.

[76] JURAFSKY D, MARTIN J H. Speech and language processing : an introduction to natural language processing, computational linguistics, and speech recognition[M/OL]. Upper Saddle River, N.J.: Pearson Prentice Hall, 2009. http://www.amazon.com/Speech-Language-Processing-2nd-Edition/dp/0131873210/ref=pd_bxgy_b_img_y.

[77] DE BEAUGRANDE R, DRESSLER W U. Introduction to text linguistics[M]. Routledge, 1981.

[78] WIDDOWSON H. Explorations in applied linguistics[M]. Oxford University Press, 1979.

[79] HALLIDAY M A K, HASAN R. Cohesion in english[M]. London: Longman, 1976.

[80] MANNING C D, SCHÜTZE H. Foundations of statistical natural language processing[M/OL]. Cambridge, Mass.: MIT Press, 1999. http://www.amazon.com/Foundations-Statistical-Natural-Language-Processing/dp/0262133601/ref=pd_bxgy_b_img_y.

[81] EISENSTEIN J. Introduction to natural language processing[M/OL]. The MIT Press, 2019. https://www.amazon.com/Introduction-Language-Processing-Adaptive-Computation/dp/0262042843.

[82] KUHN T S. The structure of scientific revolutions[M]. Chicago: University of Chicago Press, 1970: xii, 210.

[83] LINCOLN Y, GUBA E. Naturalistic inquiry[M]. New York: Sage, 1985.

[84] Church，李伟译 Kenneth. 钟摆摆得太远 [J]. 中国计算机学会通讯, 2013, 9(12).

[85] CHURCH K W. A pendulum swung too far[J]. Linguistic Issues in Language Technology, 2011, 6(5).

[86] RAJPURKAR P, JIA R, LIANG P. Know what you don't know: Unanswerable questions for SQuAD[C/OL]//Proceedings of the 56th Annual Meeting of the Association for Computational Linguistics (Volume 2: Short Papers). Melbourne, Australia: Association for Computational Linguistics, 2018: 784-789. https://aclanthology.org/P18-2124. DOI: 10.18653/v1/P18-2124.

[87] RAJPURKA P. Squad 2.0 leaderboard[EB/OL]. 2021. https://rajpurkar.github.io/SQuAD-explorer/.

[88] BOWMAN S R, ANGELI G, POTTS C, et al. A large annotated corpus for learning natural language inference[C/OL]//Proceedings of the 2015 Conference on Empirical Methods in Natural Language Processing. Lisbon, Portugal: Association for Computational Linguistics, 2015: 632-642. https://aclanthology.org/D15-1075. DOI: 10.18653/v1/D15-1075.

[89] SOCHER R, PERELYGIN A, WU J, et al. Recursive deep models for semantic compositionality over a sentiment treebank[C/OL]//Proceedings of the 2013 Conference on Empirical Methods in Natural Language Processing. Seattle, Washington, USA: Association for Computational Linguistics, 2013: 1631-1642. https://aclanthology.org/D13-1170.

[90] BENDER E M, KOLLER A. Climbing towards NLU: On meaning, form, and understanding in the age of data[C/OL]//Proceedings of the 58th Annual Meeting of the Association for Computational Linguistics. Online: Association for Computational Linguistics, 2020: 5185-5198. https://aclanthology.org/2020.acl-main.463. DOI: 10.18653/v1/2020.acl-main.463.

[91] RUDER S. The 4 biggest open problems in nlp[EB/OL]. 2019. https://ruder.io/4-biggest-open-problems-in-n

lp/.

[92] TAMARI R, SHANI C, HOPE T, et al. Language (re)modelling: Towards embodied language understanding[C/OL]//Proceedings of the 58th Annual Meeting of the Association for Computational Linguistics. Online: Association for Computational Linguistics, 2020: 6268-6281. https://aclanthology.org/2020.acl-main.559. DOI: 10.18653/v1/2020.acl-main.559.

[93] Wikipedia contributors. Natural language processing[EB/OL]. 2022. https://en.wikipedia.org/w/index.php?title=Natural_language_processing&oldid=1068801306.

[94] DODDAPANENI S, RAMESH G, KUNCHUKUTTAN A, et al. A primer on pretrained multilingual language models[J/OL]. CoRR, 2021, abs/2107.00676. https://arxiv.org/abs/2107.00676.

[95] FAN A, BHOSALE S, SCHWENK H, et al. Beyond english-centric multilingual machine translation[J/OL]. CoRR, 2020, abs/2010.11125. https://arxiv.org/abs/2010.11125.

[96] BRITZ D, GOLDIE A, LUONG M T, et al. Massive exploration of neural machine translation architectures[C/OL]//Proceedings of the 2017 Conference on Empirical Methods in Natural Language Processing. Copenhagen, Denmark: Association for Computational Linguistics, 2017: 1442-1451. https://aclanthology.org/D17-1151. DOI: 10.18653/v1/D17-1151.

[97] WEISS G, GOLDBERG Y, YAHAV E. On the practical computational power of finite precision RNNs for language recognition[C/OL]//Proceedings of the 56th Annual Meeting of the Association for Computational Linguistics (Volume 2: Short Papers). Melbourne, Australia: Association for Computational Linguistics, 2018: 740-745. https://aclanthology.org/P18-2117. DOI: 10.18653/v1/P18-2117.

[98] VINYALS O, KAISER ? KOO T, et al. Grammar as a foreign language[C/OL]//Advances in Neural Information Processing Systems: volume 28. 2015: 2773-2781[2020-11-30]. https://papers.nips.cc/paper/2015/hash/277281aada22045c03945dcb2ca6f2ec-Abstract.html.

[99] RAFFEL C, SHAZEER N, ROBERTS A, et al. Exploring the limits of transfer learning with a unified text-to-text Transformer[J/OL]. Journal of Machine Learning Research, 2020, 21(140): 1-67[2020-11-30]. http://jmlr.org/papers/v21/20-074.html.

[100] ELMAN J L. Finding structure in time[J/OL]. Cognitive Science, 1990, 14(2): 179-211[2020-12-11]. http://www.sciencedirect.com/science/article/pii/036402139090002E. DOI: 10.1016/0364-0213(90)90002 E.

[101] FORCADA M L, ÑECO R P. Recursive hetero-associative memories for translation[C/OL]//MIRA J, MORENO-DíAZ R, CABESTANY J. Lecture Notes in Computer Science: Biological and Artificial Computation: From Neuroscience to Technology. Berlin, Heidelberg: Springer, 1997: 453-462. DOI: 10.1007/BFb0032504.

[102] SCHWENK H. Continuous space language models[J/OL]. Computer Speech & Language, 2007, 21(3): 492-518[2020-12-11]. http://www.sciencedirect.com/science/article/pii/S0885230806000325. DOI: 10.1016/j.csl.2006.09.003.

[103] CHO K, VAN MERRIËNBOER B, BAHDANAU D, et al. On the properties of neural machine translation: Encoder–decoder approaches[C/OL]//Proceedings of SSST-8, Eighth Workshop on Syntax, Semantics and Structure in Statistical Translation. Doha, Qatar: Association for Computational Linguistics, 2014: 103-111. https://aclanthology.org/W14-4012. DOI: 10.3115/v1/W14-4012.

[104] OKITA T, MALDONADO GUERRA A, GRAHAM Y, et al. Multi-word expression-sensitive word alignment[C/OL]//Proceedings of the 4th Workshop on Cross Lingual Information Access. Beijing, China: Coling 2010 Organizing Committee, 2010: 26-34. https://aclanthology.org/W10-4006.

[105] LEE J, SHIN J H, KIM J S. Interactive visualization and manipulation of attention-based neural machine translation[C/OL]//Proceedings of the 2017 Conference on Empirical Methods in Natural Language Processing: System Demonstrations. Copenhagen, Denmark: Association for Computational Linguistics, 2017: 121-126. https://aclanthology.org/D17-2021. DOI: 10.18653/v1/D17-2021.

[106] LUONG T, PHAM H, MANNING C D. Effective approaches to attention-based neural machine transla-

tion[C/OL]//Proceedings of the 2015 Conference on Empirical Methods in Natural Language Processing. Lisbon, Portugal: Association for Computational Linguistics, 2015: 1412-1421. https://aclanthology.org/D15-1166. DOI: 10.18653/v1/D15-1166.

[107] HARDMEIER C, NIVRE J, TIEDEMANN J. Document-wide decoding for phrase-based statistical machine translation[C/OL]//Proceedings of the 2012 Joint Conference on Empirical Methods in Natural Language Processing and Computational Natural Language Learning. Jeju Island, Korea: Association for Computational Linguistics, 2012: 1179-1190. https://aclanthology.org/D12-1108.

[108] TU Z, LU Z, LIU Y, et al. Modeling coverage for neural machine translation[C/OL]//Proceedings of the 54th Annual Meeting of the Association for Computational Linguistics (Volume 1: Long Papers). Berlin, Germany: Association for Computational Linguistics, 2016: 76-85. https://aclanthology.org/P16-1008. DOI: 10.18653/v1/P16-1008.

[109] LIU L, UTIYAMA M, FINCH A, et al. Neural machine translation with supervised attention[C/OL]//Proceedings of COLING 2016, the 26th International Conference on Computational Linguistics: Technical Papers. Osaka, Japan: The COLING 2016 Organizing Committee, 2016: 3093-3102. https://aclanthology.org/C16-1291.

[110] COHN T, HOANG C D V, VYMOLOVA E, et al. Incorporating structural alignment biases into an attentional neural translation model[C/OL]//Proceedings of the 2016 Conference of the North American Chapter of the Association for Computational Linguistics: Human Language Technologies. San Diego, California: Association for Computational Linguistics, 2016: 876-885. https://aclanthology.org/N16-1102. DOI: 10.18653/v1/N16-1102.

[111] FENG S, LIU S, YANG N, et al. Improving attention modeling with implicit distortion and fertility for machine translation[C/OL]//Proceedings of COLING 2016, the 26th International Conference on Computational Linguistics: Technical Papers. Osaka, Japan: The COLING 2016 Organizing Committee, 2016: 3082-3092. https://aclanthology.org/C16-1290.

[112] ZHANG J, WANG M, LIU Q, et al. Incorporating word reordering knowledge into attention-based neural machine translation[C/OL]//Proceedings of the 55th Annual Meeting of the Association for Computational Linguistics (Volume 1: Long Papers). Vancouver, Canada: Association for Computational Linguistics, 2017: 1524-1534. https://aclanthology.org/P17-1140. DOI: 10.18653/v1/P17-1140.

[113] LAROCHELLE H, HINTON G E. Learning to combine foveal glimpses with a third-order Boltzmann machine[C/OL]//Advances in Neural Information Processing Systems: volume 23. 2010: 1243-1251[2021-01-08]. https://papers.nips.cc/paper/2010/hash/677e09724f0e2df9b6c000b75b5da10d-Abstract.html.

[114] MNIH V, HEESS N, GRAVES A, et al. Recurrent models of visual attention[C/OL]//Advances in Neural Information Processing Systems: volume 27. 2014: 2204-2212[2021-01-09]. https://proceedings.neurips.cc/paper/2014/hash/09c6c3783b4a70054da74f2538ed47c6-Abstract.html.

[115] GALASSI A, LIPPI M, TORRONI P. Attention in natural language processing[J/OL]. IEEE Transactions on Neural Networks and Learning Systems, 2020: 1-18. DOI: 10.1109/TNNLS.2020.3019893.

[116] CHAN W, JAITLY N, LE Q, et al. Listen, attend and spell: A neural network for large vocabulary conversational speech recognition[C/OL]//2016 IEEE International Conference on Acoustics, Speech and Signal Processing (ICASSP). 2016: 4960-4964. DOI: 10.1109/ICASSP.2016.7472621.

[117] WANG F, TAX D M J. Survey on the attention based RNN model and its applications in computer vision[J/OL]. arXiv:1601.06823 [cs], 2016[2021-01-09]. http://arxiv.org/abs/1601.06823.

[118] LEE J B, ROSSI R A, KIM S, et al. Attention models in graphs: A survey[J/OL]. ACM Transactions on Knowledge Discovery from Data, 2019, 13(6): 62:1-62:25[2021-01-09]. https://doi.org/10.1145/3363574.

[119] CHAUDHARI S, MITHAL V, POLATKAN G, et al. An attentive survey of attention models[J/OL]. ACM Trans. Intell. Syst. Technol., 2021, 12(5). https://doi.org/10.1145/3465055.

[120] LINDSAY G W. Attention in psychology, neuroscience, and machine learning[J/OL]. Frontiers in Computa-

tional Neuroscience, 2020, 14. https://www.frontiersin.org/article/10.3389/fncom.2020.00029.

[121] MOHANKUMAR A K, NEMA P, NARASIMHAN S, et al. Towards transparent and explainable attention models[C/OL]//Proceedings of the 58th Annual Meeting of the Association for Computational Linguistics. Online: Association for Computational Linguistics, 2020: 4206-4216. https://aclanthology.org/2020.acl-main.387. DOI: 10.18653/v1/2020.acl-main.387.

[122] JAIN S, WALLACE B C. Attention is not Explanation[C/OL]//Proceedings of the 2019 Conference of the North American Chapter of the Association for Computational Linguistics: Human Language Technologies, Volume 1 (Long and Short Papers). Minneapolis, Minnesota: Association for Computational Linguistics, 2019: 3543-3556. https://aclanthology.org/N19-1357. DOI: 10.18653/v1/N19-1357.

[123] WIEGREFFE S, PINTER Y. Attention is not not explanation[C/OL]//Proceedings of the 2019 Conference on Empirical Methods in Natural Language Processing and the 9th International Joint Conference on Natural Language Processing (EMNLP-IJCNLP). Hong Kong, China: Association for Computational Linguistics, 2019: 11-20. https://aclanthology.org/D19-1002. DOI: 10.18653/v1/D19-1002.

[124] KELLER A S, DAVIDESCO I, TANNER K D. Attention matters: How orchestrating attention may relate to classroom learning[J/OL]. CBE—Life Sciences Education, 2020, 19(3): fe5. https://doi.org/10.1187/cbe.20-05-0106.

[125] BENGIO Y. Deep learning priors associated with conscious processing[M/OL]//Proc. of the EIGHTH INTERNATIONAL CONFERENCE ON LEARNING REPRESENTATIONS. 2020. https://iclr.cc/virtual_2020/speaker_7.html.

[126] GEHRING J, AULI M, GRANGIER D, et al. A convolutional encoder model for neural machine translation[C/OL]//Proceedings of the 55th Annual Meeting of the Association for Computational Linguistics (Volume 1: Long Papers). Vancouver, Canada: Association for Computational Linguistics, 2017: 123-135. https://aclanthology.org/P17-1012. DOI: 10.18653/v1/P17-1012.

[127] KALCHBRENNER N, ESPEHOLT L, SIMONYAN K, et al. Neural machine translation in linea time[C/OL]//arXiv:1610.10099 [cs]. 2017[2021-04-17]. http://arxiv.org/abs/1610.10099.

[128] KIM Y. Convolutional neural networks for sentence classification[C/OL]//Proceedings of the 2014 Conference on Empirical Methods in Natural Language Processing (EMNLP). Doha, Qatar: Association for Computational Linguistics, 2014: 1746-1751. https://aclanthology.org/D14-1181. DOI: 10.3115/v1/D14-1181.

[129] HE K, ZHANG X, REN S, et al. Deep residual learning for image recognition[C/OL]//2016 IEEE Conference on Computer Vision and Pattern Recognition (CVPR). Los Alamitos, CA, USA: IEEE Computer Society, 2016: 770-778. https://doi.ieeecomputersociety.org/10.1109/CVPR.2016.90.

[130] SZEGEDY C, VANHOUCKE V, IOFFE S, et al. Rethinking the inception architecture for computer vision[C/OL]//2016 IEEE Conference on Computer Vision and Pattern Recognition (CVPR). Los Alamitos, CA, USA: IEEE Computer Society, 2016: 2818-2826. https://doi.ieeecomputersociety.org/10.1109/CVPR.2016.308.

[131] SHAW P, USZKOREIT J, VASWANI A. Self-attention with relative position representations[C/OL]//Proceedings of the 2018 Conference of the North American Chapter of the Association for Computational Linguistics: Human Language Technologies, Volume 2 (Short Papers). New Orleans, Louisiana: Association for Computational Linguistics, 2018: 464-468. https://aclanthology.org/N18-2074. DOI: 10.18653/v1/N18-2074.

[132] ZHANG B, XIONG D, SU J. Accelerating neural transformer via an average attention network[C/OL]//Proceedings of the 56th Annual Meeting of the Association for Computational Linguistics (Volume 1: Long Papers). Melbourne, Australia: Association for Computational Linguistics, 2018: 1789-1798. https://aclanthology.org/P18-1166. DOI: 10.18653/v1/P18-1166.

[133] VOITA E, TALBOT D, MOISEEV F, et al. Analyzing multi-head self-attention: Specialized heads do the heavy lifting, the rest can be pruned[C/OL]//Proceedings of the 57th Annual Meeting of the Association for Computational Linguistics. Florence, Italy: Association for Computational Linguistics, 2019: 5797-5808. https://aclanthology.org/P19-1580. DOI: 10.18653/v1/P19-1580.

[134] TSAI Y H H, BAI S, YAMADA M, et al. Transformer dissection: An unified understanding for transformer's attention via the lens of kernel[C/OL]//Proceedings of the 2019 Conference on Empirical Methods in Natural Language Processing and the 9th International Joint Conference on Natural Language Processing (EMNLP-IJCNLP). Hong Kong, China: Association for Computational Linguistics, 2019: 4344-4353. https://aclantho logy.org/D19-1443. DOI: 10.18653/v1/D19-1443.

[135] KHAN S, NASEER M, HAYAT M, et al. Transformers in vision: A survey[J/OL]. arXiv:2101.01169 [cs], 2021[2021-07-07]. http://arxiv.org/abs/2101.01169.

[136] SO D, LE Q, LIANG C. The evolved Transformer[C/OL]//International Conference on Machine Learning. PMLR, 2019: 5877-5886[2021-07-07]. http://proceedings.mlr.press/v97/so19a.html.

[137] TAY Y, DEHGHANI M, BAHRI D, et al. Efficient Transformers: A survey[J/OL]. arXiv:2009.06732 [cs], 2020[2021-07-07]. http://arxiv.org/abs/2009.06732.

[138] WOLF T, DEBUT L, SANH V, et al. Transformers: State-of-the-art natural language processing[C/OL]// Proceedings of the 2020 Conference on Empirical Methods in Natural Language Processing: System Demonstrations. Online: Association for Computational Linguistics, 2020: 38-45. https://aclanthology.org/2020.em nlp-demos.6. DOI: 10.18653/v1/2020.emnlp-demos.6.

[139] JUNCZYS-DOWMUNT M, GRUNDKIEWICZ R, DWOJAK T, et al. Marian: Fast neural machine translation in C++[C/OL]//Proceedings of ACL 2018, System Demonstrations. Melbourne, Australia: Association for Computational Linguistics, 2018: 116-121. https://aclanthology.org/P18-4020. DOI: 10.18653/v1/P18-4020.

[140] LIN T, WANG Y, LIU X, et al. A Survey of Transformers[J/OL]. arXiv:2106.04554 [cs], 2021[2021-07-09]. http://arxiv.org/abs/2106.04554.

[141] TAY Y, DEHGHANI M, GUPTA J P, et al. Are pretrained convolutions better than pretrained transformers?[C/OL]//Proceedings of the 59th Annual Meeting of the Association for Computational Linguistics and the 11th International Joint Conference on Natural Language Processing (Volume 1: Long Papers). Online: Association for Computational Linguistics, 2021: 4349-4359. https://aclanthology.org/2021.acl-long.335. DOI: 10.18653/v1/2021.acl-long.335.

[142] LIU H, DAI Z, SO D, et al. Pay attention to MLPs[C/OL]//BEYGELZIMER A, DAUPHIN Y, LIANG P, et al. Advances in Neural Information Processing Systems. 2021. https://openreview.net/forum?id=KBnXrODoBW.

[143] SENNRICH R, HADDOW B, BIRCH A. Neural machine translation of rare words with subword units[C/OL]// Proceedings of the 54th Annual Meeting of the Association for Computational Linguistics (Volume 1: Long Papers). Berlin, Germany: Association for Computational Linguistics, 2016: 1715-1725. https://aclanthology .org/P16-1162. DOI: 10.18653/v1/P16-1162.

[144] SCHUSTER M, NAKAJIMA K. Japanese and korean voice search[C/OL]//2012 IEEE International Conference on Acoustics, Speech and Signal Processing (ICASSP). 2012: 5149-5152. DOI: 10.1109/ICASSP.2012.6289 079.

[145] KUDO T. Subword regularization: Improving neural network translation models with multiple subword candidates[C/OL]//Proceedings of the 56th Annual Meeting of the Association for Computational Linguistics (Volume 1: Long Papers). Melbourne, Australia: Association for Computational Linguistics, 2018: 66-75. https://aclanthology.org/P18-1007. DOI: 10.18653/v1/P18-1007.

[146] KUDO T, RICHARDSON J. SentencePiece: A simple and language independent subword tokenizer and detokenizer for neural text processing[C/OL]//Proceedings of the 2018 Conference on Empirical Methods in Natural Language Processing: System Demonstrations. Brussels, Belgium: Association for Computational Linguistics, 2018: 66-71. https://aclanthology.org/D18-2012. DOI: 10.18653/v1/D18-2012.

[147] BENGIO Y, LECUN Y, HINTON G. Deep learning for ai[J/OL]. Commun. ACM, 2021, 64(7): 58-65. https://doi.org/10.1145/3448250.

[148] WANG Q, LI B, XIAO T, et al. Learning deep transformer models for machine translation[C/OL]//Proceedings of the 57th Annual Meeting of the Association for Computational Linguistics. Florence, Italy: Association for

Computational Linguistics, 2019: 1810-1822. https://aclanthology.org/P19-1176. DOI: 10.18653/v1/P19-117 6.

[149] GHAZVININEJAD M, LEVY O, LIU Y, et al. Mask-predict: Parallel decoding of conditional masked language models[C/OL]//Proceedings of the 2019 Conference on Empirical Methods in Natural Language Processing and the 9th International Joint Conference on Natural Language Processing (EMNLP-IJCNLP). Hong Kong, China: Association for Computational Linguistics, 2019: 6112-6121. https://aclanthology.org/D19-1633. DOI: 10.18653/v1/D19-1633.

[150] KIM Y, RUSH A M. Sequence-level knowledge distillation[C/OL]//Proceedings of the 2016 Conference on Empirical Methods in Natural Language Processing. Austin, Texas: Association for Computational Linguistics, 2016: 1317-1327. https://aclanthology.org/D16-1139. DOI: 10.18653/v1/D16-1139.

[151] KASAI J, PAPPAS N, PENG H, et al. Deep encoder, shallow decoder: Reevaluating non-autoregressive machine translation[C/OL]//International Conference on Learning Representations. 2021. https://openreview .net/forum?id=KpfasTaLUpq.

[152] XU H, VAN GENABITH J, LIU Q, et al. Probing word translations in the transformer and trading decoder for encoder layers[C/OL]//Proceedings of the 2021 Conference of the North American Chapter of the Association for Computational Linguistics: Human Language Technologies. Online: Association for Computational Linguistics, 2021: 74-85. https://aclanthology.org/2021.naacl-main.7. DOI: 10.18653/v1/2021.naacl-main.7.

[153] CHEN M X, FIRAT O, BAPNA A, et al. The best of both worlds: Combining recent advances in neural machine translation[C/OL]//Proceedings of the 56th Annual Meeting of the Association for Computational Linguistics (Volume 1: Long Papers). Melbourne, Australia: Association for Computational Linguistics, 2018: 76-86. https://aclanthology.org/P18-1008. DOI: 10.18653/v1/P18-1008.

[154] LUONG M T, MANNING C. Stanford neural machine translation systems for spoken language domains[C/OL]// Proceedings of the 12th International Workshop on Spoken Language Translation: Evaluation Campaign. Da Nang, Vietnam, 2015: 76-79. https://aclanthology.org/2015.iwslt-evaluation.11.

[155] FREITAG M, AL-ONAIZAN Y. Fast domain adaptation for neural machine translation[J/OL]. arXiv:1612.06897 [cs], 2016[2021-04-30]. http://arxiv.org/abs/1612.06897.

[156] CHU C, DABRE R, KUROHASHI S. An empirical comparison of domain adaptation methods for neural machine translation[C/OL]//Proceedings of the 55th Annual Meeting of the Association for Computational Linguistics (Volume 2: Short Papers). Vancouver, Canada: Association for Computational Linguistics, 2017: 385-391. https://aclanthology.org/P17-2061. DOI: 10.18653/v1/P17-2061.

[157] SAJJAD H, DURRANI N, DALVI F, et al. Neural machine translation training in a multi-domain sce-nario[C/OL]//Proceedings of the 14th International Workshop on Spoken Language Translation (IWSLT). 2017[2021-04-30]. http://arxiv.org/abs/1708.08712.

[158] ZHANG B, TITOV I, SENNRICH R. Improving deep transformer with depth-scaled initialization and merged attention[C/OL]//Proceedings of the 2019 Conference on Empirical Methods in Natural Language Processing and the 9th International Joint Conference on Natural Language Processing (EMNLP-IJCNLP). Hong Kong, China: Association for Computational Linguistics, 2019: 898-909. https://aclanthology.org/D19-1083. DOI: 10.18653/v1/D19-1083.

[159] ZHANG B, XIONG D, SU J, et al. Simplifying neural machine translation with addition-subtraction twin-gated recurrent networks[C/OL]//Proceedings of the 2018 Conference on Empirical Methods in Natural Language Processing. Brussels, Belgium: Association for Computational Linguistics, 2018: 4273-4283. https://aclantho logy.org/D18-1459. DOI: 10.18653/v1/D18-1459.

[160] KIM Y J, JUNCZYS-DOWMUNT M, HASSAN H, et al. From research to production and back: Ludicrously fast neural machine translation[C/OL]//Proceedings of the 3rd Workshop on Neural Generation and Translation. Hong Kong: Association for Computational Linguistics, 2019: 280-288. https://aclanthology.org/D19-5632. DOI: 10.18653/v1/D19-5632.

[161] GU J, BRADBURY J, XIONG C, et al. Non-autoregressive neural machine translation[C/OL]//International

Conference on Learning Representations. 2018. https://openreview.net/forum?id=B1l8BtlCb.

[162] LEE J, MANSIMOV E, CHO K. Deterministic non-autoregressive neural sequence modeling by iterative refinement[C/OL]//Proceedings of the 2018 Conference on Empirical Methods in Natural Language Processing. Brussels, Belgium: Association for Computational Linguistics, 2018: 1173-1182. https://aclanthology.org/D 18-1149. DOI: 10.18653/v1/D18-1149.

[163] SAHARIA C, CHAN W, SAXENA S, et al. Non-autoregressive machine translation with latent alignments[C/OL]//Proceedings of the 2020 Conference on Empirical Methods in Natural Language Processing (EMNLP). Online: Association for Computational Linguistics, 2020: 1098-1108. https://aclanthology.org/2 020.emnlp-main.83. DOI: 10.18653/v1/2020.emnlp-main.83.

[164] STERN M, CHAN W, KIROS J, et al. Insertion transformer: Flexible sequence generation via insertion operations[C/OL]//International Conference on Machine Learning. PMLR, 2019: 5976-5985[2021-07-07]. http://proceedings.mlr.press/v97/stern19a.html.

[165] GU J, WANG C, ZHAO J. Levenshtein Transformer[C/OL]//Advances in Neural Information Processing Systems: volume 32. 2019[2021-07-07]. https://proceedings.neurips.cc/paper/2019/hash/675f9820626f5bc0a fb47b57890b466e-Abstract.html.

[166] WANG X, LU Z, TU Z, et al. Neural machine translation advised by statistical machine translation[C]//AAAI'17: Proceedings of the Thirty-First AAAI Conference on Artificial Intelligence. San Francisco, California, USA: AAAI Press, 2017: 3330-3336.

[167] CHU C, WANG R. A survey of domain adaptation for neural machine translation[C/OL]//Proceedings of the 27th International Conference on Computational Linguistics. Santa Fe, New Mexico, USA: Association for Computational Linguistics, 2018: 1304-1319. https://aclanthology.org/C18-1111.

[168] SAUNDERS D. Domain adaptation and multi-domain adaptation for neural machine translation: A survey[J/OL]. arXiv:2104.06951 [cs], 2021[2021-06-06]. http://arxiv.org/abs/2104.06951.

[169] PHAM M, CREGO J M, YVON F. Revisiting multi-domain machine translation[J/OL]. Transactions of the Association for Computational Linguistics, 2021, 9: 17-35. https://aclanthology.org/2021.tacl-1.2. DOI: 10.1162/tacl_a_00351.

[170] PARIKH A, TÄCKSTRÖM O, DAS D, et al. A decomposable attention model for natural language inference[C/OL]//Proceedings of the 2016 Conference on Empirical Methods in Natural Language Processing. Austin, Texas: Association for Computational Linguistics, 2016: 2249-2255. https://aclanthology.org/D16-1 244. DOI: 10.18653/v1/D16-1244.

[171] CHENG J, DONG L, LAPATA M. Long short-term memory-networks for machine reading[C/OL]//Proceedings of the 2016 Conference on Empirical Methods in Natural Language Processing. Austin, Texas: Association for Computational Linguistics, 2016: 551-561. https://aclanthology.org/D16-1053. DOI: 10.18653/v1/D16-1053.

[172] LIN Z, FENG M, DOS SANTOS C N, et al. A structured self-attentive sentence embedding[C/OL]//5th International Conference on Learning Representations, ICLR 2017, Toulon, France, April 24-26, 2017, Conference Track Proceedings. OpenReview.net, 2017. https://openreview.net/forum?id=BJC_jUqxe.

[173] ZHANG B, XIONG D, SU J, et al. Learning better discourse representation for implicit discourse relation recognition via attention networks[J/OL]. Neurocomputing, 2018, 275: 1241-1249. https://www.sciencedirec t.com/science/article/pii/S0925231217315941. DOI: https://doi.org/10.1016/j.neucom.2017.09.074.

[174] XIONG D, DUH K, HARDMEIER C, et al. Proceedings of the 1st workshop on semantics-driven statistical machine translation (S2MT 2015)[C/OL]. Beijing, China: Association for Computational Linguistics, 2015. https://aclanthology.org/W15-3500. DOI: 10.18653/v1/W15-35.

[175] FEDERMANN C, LEWIS W D. The Microsoft Speech Language Translation (MSLT) Corpus for Chinese and Japanese: Conversational test data for machine translation and speech recognition[C]//Proceedings of the 16th Machine Translation Summit (MT Summit XVI). Nagoya, Japan, 2017.

[176] SOSONI V, KERMANIDIS K L, STASIMIOTI M, et al. Translation crowdsourcing: Creating a multilingual

corpus of online educational content[C/OL]//Proceedings of the Eleventh International Conference on Language Resources and Evaluation (LREC 2018). Miyazaki, Japan: European Language Resources Association (ELRA), 2018. https://aclanthology.org/L18-1075.

[177] LING W, MARUJO L, DYER C, et al. Crowdsourcing high-quality parallel data extraction from Twitter[C/OL]// Proceedings of the Ninth Workshop on Statistical Machine Translation. Baltimore, Maryland, USA: Association for Computational Linguistics, 2014: 426-436. https://aclanthology.org/W14-3356. DOI: 10.3115/v1/W14-3356.

[178] KOEHN P. Europarl: A parallel corpus for statistical machine translation[C/OL]//Proceedings of Machine Translation Summit X: Papers. Phuket, Thailand, 2005: 79-86. https://aclanthology.org/2005.mtsummit-papers.11.

[179] ZIEMSKI M, JUNCZYS-DOWMUNT M, POULIQUEN B. The United Nations parallel corpus v1.0[C/OL]// Proceedings of the Tenth International Conference on Language Resources and Evaluation (LREC'16). Portorož, Slovenia: European Language Resources Association (ELRA), 2016: 3530-3534. https://aclanthology.org/L16-1561.

[180] BAÑÓN M, CHEN P, HADDOW B, et al. ParaCrawl: Web-scale acquisition of parallel corpora[C/OL]// Proceedings of the 58th Annual Meeting of the Association for Computational Linguistics. Online: Association for Computational Linguistics, 2020: 4555-4567. https://aclanthology.org/2020.acl-main.417. DOI: 10.18653/v1/2020.acl-main.417.

[181] LISON P, TIEDEMANN J. OpenSubtitles2016: Extracting large parallel corpora from movie and TV subtitles[C/OL]//Proceedings of the Tenth International Conference on Language Resources and Evaluation (LREC'16). Portorož, Slovenia: European Language Resources Association (ELRA), 2016: 923-929. https://aclanthology.org/L16-1147.

[182] LISON P, TIEDEMANN J, KOUYLEKOV M. OpenSubtitles2018: Statistical rescoring of sentence alignments in large, noisy parallel corpora[C/OL]//Proceedings of the Eleventh International Conference on Language Resources and Evaluation (LREC 2018). Miyazaki, Japan: European Language Resources Association (ELRA), 2018. https://aclanthology.org/L18-1275.

[183] WOK K, MARASEK K. Building subject-aligned comparable corpora and mining it for truly parallel sentence pairs[J/OL]. Procedia Technology, 2014, 18: 126-132. https://www.sciencedirect.com/science/article/pii/S2212017314005453. DOI: https://doi.org/10.1016/j.protcy.2014.11.024.

[184] SCHWENK H, WENZEK G, EDUNOV S, et al. CCMatrix: Mining billions of high-quality parallel sentences on the web[C/OL]//Proceedings of the 59th Annual Meeting of the Association for Computational Linguistics and the 11th International Joint Conference on Natural Language Processing (Volume 1: Long Papers). Online: Association for Computational Linguistics, 2021: 6490-6500. https://aclanthology.org/2021.acl-long.507. DOI: 10.18653/v1/2021.acl-long.507.

[185] TIEDEMANN J. Parallel data, tools and interfaces in opus[C]//CHAIR N C C, CHOUKRI K, DECLERCK T, et al. Proceedings of the Eight International Conference on Language Resources and Evaluation (LREC'12). Istanbul, Turkey: European Language Resources Association (ELRA), 2012.

[186] QI P, ZHANG Y, ZHANG Y, et al. Stanza: A python natural language processing toolkit for many human languages[C/OL]//Proceedings of the 58th Annual Meeting of the Association for Computational Linguistics: System Demonstrations. Online: Association for Computational Linguistics, 2020: 101-108. https://aclanthology.org/2020.acl-demos.14. DOI: 10.18653/v1/2020.acl-demos.14.

[187] KOEHN P, HOANG H, BIRCH A, et al. Moses: Open source toolkit for statistical machine translation[C/OL]// Proceedings of the 45th Annual Meeting of the Association for Computational Linguistics Companion Volume Proceedings of the Demo and Poster Sessions. Prague, Czech Republic: Association for Computational Linguistics, 2007: 177-180. https://aclanthology.org/P07-2045.

[188] ESPLÀ-GOMIS M. Bitextor: a free/open-source software to harvest translation memories from multilingual websites[C/OL]//Beyond Translation Memories: New Tools for Translators Workshop. Ottawa, Canada, 2009.

https://aclanthology.org/2009.mtsummit-btm.6.

[189] ESPLÀ M, FORCADA M, RAMÍREZ-SÁNCHEZ G, et al. ParaCrawl: Web-scale parallel corpora for the languages of the EU[C/OL]//Proceedings of Machine Translation Summit XVII: Translator, Project and User Tracks. Dublin, Ireland: European Association for Machine Translation, 2019: 118-119. https://aclanthology .org/W19-6721.

[190] USZKOREIT J, PONTE J, POPAT A, et al. Large scale parallel document mining for machine transla-tion[C/OL]//Proceedings of the 23rd International Conference on Computational Linguistics (COLING 2010). Beijing, China: Coling 2010 Organizing Committee, 2010: 1101-1109. https://aclanthology.org/C10-1124.

[191] ARIVAZHAGAN N, BAPNA A, FIRAT O, et al. Massively multilingual neural machine translation in the wild: Findings and challenges[J/OL]. CoRR, 2019, abs/1907.05019. http://arxiv.org/abs/1907.05019.

[192] ARTETXE M, SCHWENK H. Massively multilingual sentence embeddings for zero-shot cross-lingual transfer and beyond[J/OL]. Transactions of the Association for Computational Linguistics, 2019, 7: 597-610. https: //aclanthology.org/Q19-1038. DOI: 10.1162/tacl_a_00288.

[193] JOHNSON J, DOUZE M, JÉGOU H. Billion-scale similarity search with gpus[J/OL]. IEEE Transactions on Big Data, 2021, 7(3): 535-547. https://doi.org/10.1109/TBDATA.2019.2921572.

[194] EL-KISHKY A, CHAUDHARY V, GUZMÁN F, et al. CCAligned: A massive collection of cross-lingual web-document pairs[C/OL]//Proceedings of the 2020 Conference on Empirical Methods in Natural Language Processing (EMNLP). Online: Association for Computational Linguistics, 2020: 5960-5969. https://aclantho logy.org/2020.emnlp-main.480. DOI: 10.18653/v1/2020.emnlp-main.480.

[195] KOEHN P, KHAYRALLAH H, HEAFIELD K, et al. Findings of the wmt 2018 shared task on parallel corpus filtering[C/OL]//Proceedings of the Third Conference on Machine Translation, Volume 2: Shared Task Papers. Belgium, Brussels: Association for Computational Linguistics, 2018: 739-752. http://www.aclweb.org/antho logy/W18-6454.

[196] KOEHN P, GUZMÁN F, CHAUDHARY V, et al. Findings of the WMT 2019 shared task on parallel corpus filtering for low-resource conditions[C/OL]//Proceedings of the Fourth Conference on Machine Translation (Volume 3: Shared Task Papers, Day 2). Florence, Italy: Association for Computational Linguistics, 2019: 54-72. https://aclanthology.org/W19-5404. DOI: 10.18653/v1/W19-5404.

[197] KOEHN P, CHAUDHARY V, EL-KISHKY A, et al. Findings of the WMT 2020 shared task on parallel corpus filtering and alignment[C/OL]//Proceedings of the Fifth Conference on Machine Translation. Online: Association for Computational Linguistics, 2020: 726-742. https://aclanthology.org/2020.wmt-1.78.

[198] ELNOKRASHY M, HENDY A, ABDELGHAFFAR M, et al. Score combination for improved parallel corpus filtering for low resource conditions[C/OL]//Proceedings of the Fifth Conference on Machine Translation. Online: Association for Computational Linguistics, 2020: 947-951. https://www.aclweb.org/anthology/2020. wmt-1.106.

[199] KEJRIWAL A, KOEHN P. An exploratory approach to the parallel corpus filtering shared task WMT20[C/OL]// Proceedings of the Fifth Conference on Machine Translation. Online: Association for Computational Linguis-tics, 2020: 959-965. https://www.aclweb.org/anthology/2020.wmt-1.108.

[200] KOERNER F, KOEHN P. Dual conditional cross entropy scores and laser similarity scores for the WMT20 parallel corpus filtering shared task[C/OL]//Proceedings of the Fifth Conference on Machine Translation. Online: Association for Computational Linguistics, 2020: 966-971. https://www.aclweb.org/anthology/2020. wmt-1.109.

[201] JUNCZYS-DOWMUNT M. Dual conditional cross-entropy filtering of noisy parallel corpora[C/OL]// Proceedings of the Third Conference on Machine Translation: Shared Task Papers. Belgium, Brussels: Association for Computational Linguistics, 2018: 888-895. https://aclanthology.org/W18-6478. DOI: 10.18653/v1/W18-6478.

[202] LU J, GE X, SHI Y, et al. Alibaba submission to the WMT20 parallel corpus filtering task[C/OL]//Proceedings

of the Fifth Conference on Machine Translation. Online: Association for Computational Linguistics, 2020: 979-984. https://www.aclweb.org/anthology/2020.wmt-1.111.

[203] LO C K, JOANIS E. Improving parallel data identification using iteratively refined sentence alignments and bilingual mappings of pre-trained language models[C/OL]//Proceedings of the Fifth Conference on Machine Translation. Online: Association for Computational Linguistics, 2020: 972-978. https://www.aclweb.org/anthology/2020.wmt-1.110.

[204] ESPLÀ-GOMIS M, SÁNCHEZ-CARTAGENA V M, ZARAGOZA-BERNABEU J, et al. Bicleaner at WMT 2020: Universitat d'alacant-prompsit's submission to the parallel corpus filtering shared task[C/OL]// Proceedings of the Fifth Conference on Machine Translation. Online: Association for Computational Linguistics, 2020: 952-958. https://aclanthology.org/2020.wmt-1.107.

[205] AÇARÇIÇEK H, ÇOLAKOĞLU T, AKTAN HATIPOĞLU P E, et al. Filtering noisy parallel corpus using transformers with proxy task learning[C/OL]//Proceedings of the Fifth Conference on Machine Translation. Online: Association for Computational Linguistics, 2020: 940-946. https://aclanthology.org/2020.wmt-1.105.

[206] XU R, ZHI Z, CAO J, et al. Volctrans parallel corpus filtering system for wmt 2020[C/OL]//Proceedings of the Fifth Conference on Machine Translation. Online: Association for Computational Linguistics, 2020: 985-990. https://www.aclweb.org/anthology/2020.wmt-1.112.

[207] PROVILKOV I, EMELIANENKO D, VOITA E. BPE-dropout: Simple and effective subword regularization[C/OL]//Proceedings of the 58th Annual Meeting of the Association for Computational Linguistics. Online: Association for Computational Linguistics, 2020: 1882-1892. https://aclanthology.org/2020.acl-main.170. DOI: 10.18653/v1/2020.acl-main.170.

[208] THU Y K, PA W P, UTIYAMA M, et al. Introducing the Asian language treebank (ALT)[C/OL]//Proceedings of the Tenth International Conference on Language Resources and Evaluation (LREC'16). Portorož, Slovenia: European Language Resources Association (ELRA), 2016: 1574-1578. https://aclanthology.org/L16-1249.

[209] NOMOTO H, OKANO K, MOELJADI D, et al. Tufs asian language parallel corpus (TALPCo)[C]//Proceedings of the Twenty-Fourth Annual Meeting of the Association for Natural Language Processing. 2018: 436-439.

[210] CHRISTIANSON C, DUNCAN J, ONYSHKEVYCH B. Overview of the DARPA LORELEI program[J]. Machine Translation, 2018, 32: 3 9.

[211] TRACEY J, STRASSEL S, BIES A, et al. Corpus building for low resource languages in the DARPA LORELEI program[C/OL]//Proceedings of the 2nd Workshop on Technologies for MT of Low Resource Languages. Dublin, Ireland: European Association for Machine Translation, 2019: 48-55. https://aclanthology.org/W19-6808.

[212] REHM G, BERGER M, ELSHOLZ E, et al. European language grid: An overview[C/OL]//Proceedings of the 12th Language Resources and Evaluation Conference. Marseille, France: European Language Resources Association, 2020: 3366-3380. https://aclanthology.org/2020.lrec-1.413.

[213] SMITH L N. Cyclical learning rates for training neural networks[C/OL]//2017 IEEE Winter Conference on Applications of Computer Vision (WACV). 2017: 464-472. DOI: 10.1109/WACV.2017.58.

[214] RUDER S. An overview of gradient descent optimization algorithms[J]. ArXiv, 2016, abs/1609.04747.

[215] QIAN N. On the momentum term in gradient descent learning algorithms[J/OL]. Neural Networks, 1999, 12 (1): 145-151. https://www.sciencedirect.com/science/article/pii/S0893608098001166. DOI: https://doi.org/10.1016/S0893-6080(98)00116-6.

[216] DUCHI J, HAZAN E, SINGER Y. Adaptive subgradient methods for online learning and stochastic optimization[J/OL]. Journal of Machine Learning Research, 2011, 12(61): 2121-2159. http://jmlr.org/papers/v12/duchi11a.html.

[217] ZEILER M D. Adadelta: An adaptive learning rate method[J]. ArXiv, 2012, abs/1212.5701.

[218] KINGMA D P, BA J. Adam: A method for stochastic optimization[C]//Proceedings of the 3rd International Conference for Learning Representations. San Diego, 2015.

[219] SRIVASTAVA N, HINTON G, KRIZHEVSKY A, et al. Dropout: A simple way to prevent neural networks from overfitting[J/OL]. Journal of Machine Learning Research, 2014, 15(56): 1929-1958. http://jmlr.org/papers/v15/srivastava14a.html.

[220] NGUYEN T, RAGHU M, KORNBLITH S. Do wide and deep networks learn the same things? uncovering how neural network representations vary with width and depth[C/OL]//International Conference on Learning Representations. 2021. https://openreview.net/forum?id=KJNcAkY8tY4.

[221] TU Z, LIU Y, SHANG L, et al. Neural machine translation with reconstruction[C]//AAAI'17: Proceedings of the Thirty-First AAAI Conference on Artificial Intelligence. San Francisco, California, USA: AAAI Press, 2017: 3097-3103.

[222] SHEN S, CHENG Y, HE Z, et al. Minimum risk training for neural machine translation[C/OL]//Proceedings of the 54th Annual Meeting of the Association for Computational Linguistics (Volume 1: Long Papers). Berlin, Germany: Association for Computational Linguistics, 2016: 1683-1692. https://aclanthology.org/P16-1159. DOI: 10.18653/v1/P16-1159.

[223] WU L, XIA Y, TIAN F, et al. Adversarial neural machine translation[C/OL]//ZHU J, TAKEUCHI I. Proceedings of Machine Learning Research: volume 95   Proceedings of The 10th Asian Conference on Machine Learning. PMLR, 2018: 534-549. https://proceedings.mlr.press/v95/wu18a.html.

[224] YANG Z, CHEN W, WANG F, et al. Improving neural machine translation with conditional sequence generative adversarial nets[C/OL]//Proceedings of the 2018 Conference of the North American Chapter of the Association for Computational Linguistics: Human Language Technologies, Volume 1 (Long Papers). New Orleans, Louisiana: Association for Computational Linguistics, 2018: 1346-1355. https://aclanthology.org/N18-1122. DOI: 10.18653/v1/N18-1122.

[225] ZHANG Z, LIU S, LI M, et al. Bidirectional generative adversarial networks for neural machine translation[C/OL]//Proceedings of the 22nd Conference on Computational Natural Language Learning. Brussels, Belgium: Association for Computational Linguistics, 2018: 190-199. https://aclanthology.org/K18-1019. DOI: 10.18653/v1/K18-1019.

[226] SZEGEDY C, VANHOUCKE V, IOFFE S, et al. Rethinking the inception architecture for computer vision[J/OL]. CoRR, 2015, abs/1512.00567. http://arxiv.org/abs/1512.00567.

[227] BENGIO Y, LOURADOUR J, COLLOBERT R, et al. Curriculum learning[C/OL]//ICML '09: Proceedings of the 26th Annual International Conference on Machine Learning. New York, NY, USA: Association for Computing Machinery, 2009: 41-48. https://doi.org/10.1145/1553374.1553380.

[228] PLATANIOS E A, STRETCU O, NEUBIG G, et al. Competence-based curriculum learning for neural machine translation[C/OL]//Proceedings of the 2019 Conference of the North American Chapter of the Association for Computational Linguistics: Human Language Technologies, Volume 1 (Long and Short Papers). Minneapolis, Minnesota: Association for Computational Linguistics, 2019: 1162-1172. https://aclanthology.org/N19-1119. DOI: 10.18653/v1/N19-1119.

[229] LIU X, LAI H, WONG D F, et al. Norm-based curriculum learning for neural machine translation[C/OL]//Proceedings of the 58th Annual Meeting of the Association for Computational Linguistics. Online: Association for Computational Linguistics, 2020: 427-436. https://aclanthology.org/2020.acl-main.41. DOI: 10.18653/v1/2020.acl-main.41.

[230] ZHANG S, XIONG D. Sentence weighting for neural machine translation domain adaptation[C/OL]//Proceedings of the 27th International Conference on Computational Linguistics. Santa Fe, New Mexico, USA: Association for Computational Linguistics, 2018: 3181-3190. https://aclanthology.org/C18-1269.

[231] WANG W, WATANABE T, HUGHES M, et al. Denoising neural machine translation training with trusted data and online data selection[C/OL]//Proceedings of the Third Conference on Machine Translation: Research Papers. Brussels, Belgium: Association for Computational Linguistics, 2018: 133-143. https://aclanthology.org/W18-6314. DOI: 10.18653/v1/W18-6314.

[232] CHENG Y, TU Z, MENG F, et al. Towards robust neural machine translation[C/OL]//Proceedings of the 56th

Annual Meeting of the Association for Computational Linguistics (Volume 1: Long Papers). Melbourne, Australia: Association for Computational Linguistics, 2018: 1756-1766. https://aclanthology.org/P18-1163. DOI: 10.18653/v1/P18-1163.

[233] CHENG Y, JIANG L, MACHEREY W. Robust neural machine translation with doubly adversarial inputs[C/OL]//Proceedings of the 57th Annual Meeting of the Association for Computational Linguistics. Florence, Italy: Association for Computational Linguistics, 2019: 4324-4333. https://aclanthology.org/P19-1425. DOI: 10.18653/v1/P19-1425.

[234] GANGI M A D, ENYEDI R, BRUSADIN A, et al. Robust neural machine translation for clean and noisy speech transcripts[Z]. 2019.

[235] XUE H, FENG Y, GU S, et al. Robust neural machine translation with ASR errors[C/OL]//Proceedings of the First Workshop on Automatic Simultaneous Translation. Seattle, Washington: Association for Computational Linguistics, 2020: 15-23. https://aclanthology.org/2020.autosimtrans-1.3. DOI: 10.18653/v1/2020.autosimtrans-1.3.

[236] WARDEN P. The machine learning reproducibility crisis[EB/OL]. 2018. https://petewarden.com/2018/03/19/the-machine-learning-reproducibility-crisis.

[237] VILLA J, ZIMMERMAN Y. Reproducibility in ML: why it matters and how to achieve it[EB/OL]. 2018. https://www.determined.ai/blog/reproducibility-in-ml.

[238] SENNRICH R, HADDOW B, BIRCH A. Edinburgh neural machine translation systems for WMT 16[C/OL]//Proceedings of the First Conference on Machine Translation: Volume 2, Shared Task Papers. Berlin, Germany: Association for Computational Linguistics, 2016: 371-376. https://aclanthology.org/W16-2323. DOI: 10.18653/v1/W16-2323.

[239] BENGIO S, VINYALS O, JAITLY N, et al. Scheduled sampling for sequence prediction with recurrent neural networks[C]//NIPS. 2015.

[240] ZHANG W, FENG Y, MENG F, et al. Bridging the gap between training and inference for neural machine translation[C/OL]//Proceedings of the 57th Annual Meeting of the Association for Computational Linguistics. Florence, Italy: Association for Computational Linguistics, 2019: 4334-4343. https://aclanthology.org/P19-1426. DOI: 10.18653/v1/P19-1426.

[241] SPECIA L, SCARTON C, PAETZOLD G H. Quality estimation for machine translation[M/OL]. Morgan & Claypool, 2018: 162. DOI: 10.2200/S00854ED1V01Y201805HLT039.

[242] MARIANA V, COX T, MELBY A. The multidimensional quality metric (MQM) framework: A new framework for translation quality assessment[J]. The Journal of Specialised Translation, 2015: 137-161.

[243] VIJAYAKUMAR A K, COGSWELL M, SELVARAJU R R, et al. Diverse beam search for improved description of complex scenes[C]//Proceedings of the Thirty-Second AAAI Conference on Artificial Intelligence. New Orleans, Louisiana, USA, 2018: 7371-7379.

[244] CHO K. Noisy parallel approximate decoding for conditional recurrent language model[J]. ArXiv, 2016, abs/1605.03835.

[245] HE X, HAFFARI G, NOROUZI M. Sequence to sequence mixture model for diverse machine translation[C/OL]//Proceedings of the 22nd Conference on Computational Natural Language Learning. Brussels, Belgium: Association for Computational Linguistics, 2018: 583-592. https://aclanthology.org/K18-1056. DOI: 10.18653/v1/K18-1056.

[246] SHEN T, OTT M, AULI M, et al. Mixture models for diverse machine translation: Tricks of the trade[C/OL]//CHAUDHURI K, SALAKHUTDINOV R. Proceedings of Machine Learning Research: volume 97 Proceedings of the 36th International Conference on Machine Learning. PMLR, 2019: 5719-5728. https://proceedings.mlr.press/v97/shen19c.html.

[247] WANG C, ZHANG J, CHEN H. Semi-autoregressive neural machine translation[C/OL]//Proceedings of the 2018 Conference on Empirical Methods in Natural Language Processing. Brussels, Belgium: Association for

Computational Linguistics, 2018: 479-488. https://aclanthology.org/D18-1044. DOI: 10.18653/v1/D18-1044.

[248] SHU R, LEE J, NAKAYAMA H, et al. Latent-variable non-autoregressive neural machine translation with deterministic inference using a delta posterior[J/OL]. Proceedings of the AAAI Conference on Artificial Intelligence, 2020, 34(05): 8846-8853. https://ojs.aaai.org/index.php/AAAI/article/view/6413. DOI: 10.1609/aaai.v34i05.6413.

[249] QIAN L, ZHOU H, BAO Y, et al. Glancing transformer for non-autoregressive neural machine translation[C/OL]//Proceedings of the 59th Annual Meeting of the Association for Computational Linguistics and the 11th International Joint Conference on Natural Language Processing (Volume 1: Long Papers). Online: Association for Computational Linguistics, 2021: 1993-2003. https://aclanthology.org/2021.acl-long.155. DOI: 10.18653/v1/2021.acl-long.155.

[250] DODDINGTON G. Automatic evaluation of machine translation quality using n-gram co-occurrence statistics[C]//HLT '02: Proceedings of the Second International Conference on Human Language Technology Research. San Francisco, CA, USA: Morgan Kaufmann Publishers Inc., 2002: 138-145.

[251] POPOVIĆ M. chrF: character n-gram F-score for automatic MT evaluation[C/OL]//Proceedings of the Tenth Workshop on Statistical Machine Translation. Lisbon, Portugal: Association for Computational Linguistics, 2015: 392-395. https://aclanthology.org/W15-3049. DOI: 10.18653/v1/W15-3049.

[252] POPOVIĆ M. chrF++: words helping character n-grams[C/OL]//Proceedings of the Second Conference on Machine Translation. Copenhagen, Denmark: Association for Computational Linguistics, 2017: 612-618. https://aclanthology.org/W17-4770. DOI: 10.18653/v1/W17-4770.

[253] PANJA J, NASKAR S K. ITER: Improving translation edit rate through optimizable edit costs[C/OL]//Proceedings of the Third Conference on Machine Translation: Shared Task Papers. Belgium, Brussels: Association for Computational Linguistics, 2018: 746-750. https://aclanthology.org/W18-6455. DOI: 10.18653/v1/W18-6455.

[254] WANG W, PETER J T, ROSENDAHL H, et al. CharacTer: Translation edit rate on character level[C/OL]//Proceedings of the First Conference on Machine Translation: Volume 2, Shared Task Papers. Berlin, Germany: Association for Computational Linguistics, 2016: 505-510. https://aclanthology.org/W16-2342. DOI: 10.18653/v1/W16-2342.

[255] STANOJEVIĆ M, SIMA'AN K. BEER: BEtter evaluation as ranking[C/OL]//Proceedings of the Ninth Workshop on Statistical Machine Translation. Baltimore, Maryland, USA: Association for Computational Linguistics, 2014: 414-419. https://aclanthology.org/W14-3354. DOI: 10.3115/v1/W14-3354.

[256] MA Q, GRAHAM Y, WANG S, et al. Blend: a novel combined MT metric based on direct assessment — CASICT-DCU submission to WMT17 metrics task[C/OL]//Proceedings of the Second Conference on Machine Translation. Copenhagen, Denmark: Association for Computational Linguistics, 2017: 598-603. https://aclanthology.org/W17-4768. DOI: 10.18653/v1/W17-4768.

[257] SHIMANAKA H, KAJIWARA T, KOMACHI M. RUSE: Regressor using sentence embeddings for automatic machine translation evaluation[C/OL]//Proceedings of the Third Conference on Machine Translation: Shared Task Papers. Belgium, Brussels: Association for Computational Linguistics, 2018: 751-758. https://aclanthology.org/W18-6456. DOI: 10.18653/v1/W18-6456.

[258] ZHANG T, KISHORE V, WU F, et al. BERTScore: Evaluating text generation with BERT[C/OL]//International Conference on Learning Representations. 2020. https://openreview.net/forum?id=SkeHuCVFDr.

[259] REI R, STEWART C, FARINHA A C, et al. COMET: A neural framework for MT evaluation[C/OL]//Proceedings of the 2020 Conference on Empirical Methods in Natural Language Processing (EMNLP). Online: Association for Computational Linguistics, 2020: 2685-2702. https://aclanthology.org/2020.emnlp-main.213. DOI: 10.18653/v1/2020.emnlp-main.213.

[260] LO C K. YiSi - a unified semantic MT quality evaluation and estimation metric for languages with different levels of available resources[C/OL]//Proceedings of the Fourth Conference on Machine Translation (Volume 2: Shared Task Papers, Day 1). Florence, Italy: Association for Computational Linguistics, 2019: 507-513.

https://aclanthology.org/W19-5358. DOI: 10.18653/v1/W19-5358.

[261] KIM H, LEE J H, NA S H. Predictor-estimator using multilevel task learning with stack propagation for neural quality estimation[C/OL]//Proceedings of the Second Conference on Machine Translation. Copenhagen, Denmark: Association for Computational Linguistics, 2017: 562-568. https://aclanthology.org/W17-4763. DOI: 10.18653/v1/W17-4763.

[262] 徐波, 史晓东, 刘群, 等. 2005 统计机器翻译研讨班研究报告 [J/OL]. 中文信息学报, 2006, 20(5): 3-11. http://jcip.cipsc.org.cn/CN/Y2006/V20/I5/3.

[263] KOEHN P, MONZ C. Manual and automatic evaluation of machine translation between European languages[C/OL]//Proceedings on the Workshop on Statistical Machine Translation. New York City: Association for Computational Linguistics, 2006: 102-121. https://aclanthology.org/W06-3114.

[264] CALLISON-BURCH C, FORDYCE C, KOEHN P, et al. (meta-) evaluation of machine translation[C/OL]// Proceedings of the Second Workshop on Statistical Machine Translation. Prague, Czech Republic: Association for Computational Linguistics, 2007: 136-158. https://aclanthology.org/W07-0718.

[265] CALLISON-BURCH C, FORDYCE C, KOEHN P, et al. Further meta-evaluation of machine translation[C/OL]// Proceedings of the Third Workshop on Statistical Machine Translation. Columbus, Ohio: Association for Computational Linguistics, 2008: 70-106. https://aclanthology.org/W08-0309.

[266] CALLISON-BURCH C, KOEHN P, MONZ C, et al. Findings of the 2009 Workshop on Statistical Machine Translation[C/OL]//Proceedings of the Fourth Workshop on Statistical Machine Translation. Athens, Greece: Association for Computational Linguistics, 2009: 1-28. https://aclanthology.org/W09-0401.

[267] CALLISON-BURCH C, KOEHN P, MONZ C, et al. Findings of the 2010 joint workshop on statistical machine translation and metrics for machine translation[C/OL]//Proceedings of the Joint Fifth Workshop on Statistical Machine Translation and MetricsMATR. Uppsala, Sweden: Association for Computational Linguistics, 2010: 17-53. https://aclanthology.org/W10-1703.

[268] CALLISON-BURCH C, KOEHN P, MONZ C, et al. Findings of the 2011 workshop on statistical machine translation[C/OL]//Proceedings of the Sixth Workshop on Statistical Machine Translation. Edinburgh, Scotland: Association for Computational Linguistics, 2011: 22-64. https://aclanthology.org/W11-2103.

[269] CALLISON-BURCH C, KOEHN P, MONZ C, et al. Findings of the 2012 workshop on statistical machine translation[C/OL]//Proceedings of the Seventh Workshop on Statistical Machine Translation. Montréal, Canada: Association for Computational Linguistics, 2012: 10-51. https://aclanthology.org/W12-3102.

[270] BOJAR O, BUCK C, CALLISON-BURCH C, et al. Findings of the 2013 Workshop on Statistical Machine Translation[C/OL]//Proceedings of the Eighth Workshop on Statistical Machine Translation. Sofia, Bulgaria: Association for Computational Linguistics, 2013: 1-44. https://aclanthology.org/W13-2201.

[271] BOJAR O, BUCK C, FEDERMANN C, et al. Findings of the 2014 workshop on statistical machine translation[C/OL]//Proceedings of the Ninth Workshop on Statistical Machine Translation. Baltimore, Maryland, USA: Association for Computational Linguistics, 2014: 12-58. https://aclanthology.org/W14-3302. DOI: 10.3115/v1/W14-3302.

[272] BOJAR O, CHATTERJEE R, FEDERMANN C, et al. Findings of the 2015 workshop on statistical machine translation[C/OL]//Proceedings of the Tenth Workshop on Statistical Machine Translation. Lisbon, Portugal: Association for Computational Linguistics, 2015: 1-46. https://aclanthology.org/W15-3001. DOI: 10.18653/v1/W15-3001.

[273] BOJAR O, CHATTERJEE R, FEDERMANN C, et al. Findings of the 2016 conference on machine translation[C/OL]//Proceedings of the First Conference on Machine Translation: Volume 2, Shared Task Papers. Berlin, Germany: Association for Computational Linguistics, 2016: 131-198. https://aclanthology.org/W16-2301. DOI: 10.18653/v1/W16-2301.

[274] BOJAR O, FEDERMANN C, FISHEL M, et al. Findings of the 2018 conference on machine translation (WMT18)[C/OL]//Proceedings of the Third Conference on Machine Translation: Shared Task Papers. Belgium,

Brussels: Association for Computational Linguistics, 2018: 272-303. https://aclanthology.org/W18-6401. DOI: 10.18653/v1/W18-6401.

[275] BOJAR O, CHATTERJEE R, FEDERMANN C, et al. Findings of the 2017 conference on machine translation (WMT17)[C/OL]//Proceedings of the Second Conference on Machine Translation. Copenhagen, Denmark: Association for Computational Linguistics, 2017: 169-214. https://aclanthology.org/W17-4717. DOI: 10.186 53/v1/W17-4717.

[276] BARRAULT L, BOJAR O, COSTA-JUSSÀ M R, et al. Findings of the 2019 conference on machine translation (WMT19)[C/OL]//Proceedings of the Fourth Conference on Machine Translation (Volume 2: Shared Task Papers, Day 1). Florence, Italy: Association for Computational Linguistics, 2019: 1-61. https://aclanthology.o rg/W19-5301. DOI: 10.18653/v1/W19-5301.

[277] BARRAULT L, BIESIALSKA M, BOJAR O, et al. Findings of the 2020 conference on machine translation (WMT20)[C/OL]//Proceedings of the Fifth Conference on Machine Translation. Online: Association for Computational Linguistics, 2020: 1-55. https://aclanthology.org/2020.wmt-1.1.

[278] AKHBARDEH F, ARKHANGORODSKY A, BIESIALSKA M, et al. Findings of the 2021 conference on machine translation (WMT21)[C/OL]//Proceedings of the Sixth Conference on Machine Translation. Online: Association for Computational Linguistics, 2021: 1-88. https://aclanthology.org/2021.wmt-1.1.

[279] MARIE B, FUJITA A, RUBINO R. Scientific credibility of machine translation research: A meta-evaluation of 769 papers[C/OL]//Proceedings of the 59th Annual Meeting of the Association for Computational Linguistics and the 11th International Joint Conference on Natural Language Processing (Volume 1: Long Papers). Online: Association for Computational Linguistics, 2021: 7297-7306. https://aclanthology.org/2021.acl-long.566. DOI: 10.18653/v1/2021.acl-long.566.

[280] CALLISON-BURCH C, OSBORNE M, KOEHN P. Re-evaluating the role of Bleu in machine translation research[C/OL]//11th Conference of the European Chapter of the Association for Computational Linguistics. Trento, Italy: Association for Computational Linguistics, 2006: 249-256. https://aclanthology.org/E06-1032.

[281] REITER E. A Structured Review of the Validity of BLEU[J/OL]. Computational Linguistics, 2018, 44(3): 393-401. https://doi.org/10.1162/coli_a_00322. DOI: 10.1162/coli_a_00322.

[282] MATHUR N, BALDWIN T, COHN T. Tangled up in BLEU: Reevaluating the evaluation of automatic machine translation evaluation metrics[C/OL]//Proceedings of the 58th Annual Meeting of the Association for Computational Linguistics. Online: Association for Computational Linguistics, 2020: 4984-4997. https: //aclanthology.org/2020.acl-main.448. DOI: 10.18653/v1/2020.acl-main.448.

[283] ZHANG* T, KISHORE* V, WU* F, et al. Bertscore: Evaluating text generation with bert[C/OL]//International Conference on Learning Representations. 2020. https://openreview.net/forum?id=SkeHuCVFDr.

[284] YUAN W, NEUBIG G, LIU P. BARTScore: Evaluating generated text as text generation[C/OL]// BEYGELZIMER A, DAUPHIN Y, LIANG P, et al. Advances in Neural Information Processing Systems. 2021. https://openreview.net/forum?id=5Ya8PbvpZ9.

[285] WU Z, LIU Z, LIN J, et al. Lite transformer with long-short range attention[C/OL]//International Conference on Learning Representations. 2020. https://openreview.net/forum?id=ByeMPlHKPH.

[286] KATHAROPOULOS A, VYAS A, PAPPAS N, et al. Transformers are RNNs: Fast autoregressive transformers with linear attention[C/OL]//III H D, SINGH A. Proceedings of Machine Learning Research: volume 119 Proceedings of the 37th International Conference on Machine Learning. PMLR, 2020: 5156-5165. https: //proceedings.mlr.press/v119/katharopoulos20a.html.

[287] CHILD R, GRAY S, RADFORD A, et al. Generating long sequences with sparse transformers[J/OL]. CoRR, 2019, abs/1904.10509. http://arxiv.org/abs/1904.10509.

[288] BELTAGY I, PETERS M E, COHAN A. Longformer: The long-document transformer[J/OL]. CoRR, 2020, abs/2004.05150. https://arxiv.org/abs/2004.05150.

[289] KITAEV N, KAISER L, LEVSKAYA A. Reformer: The efficient transformer[C/OL]//International Conference

on Learning Representations. 2020. https://openreview.net/forum?id=rkgNKkHtvB.

[290] SO D, LE Q, LIANG C. The evolved transformer[C/OL]//CHAUDHURI K, SALAKHUTDINOV R. Proceedings of Machine Learning Research: volume 97 Proceedings of the 36th International Conference on Machine Learning. PMLR, 2019: 5877-5886. https://proceedings.mlr.press/v97/so19a.html.

[291] WANG H, WU Z, LIU Z, et al. HAT: Hardware-aware transformers for efficient natural language processing[C/OL]//Proceedings of the 58th Annual Meeting of the Association for Computational Linguistics. Online: Association for Computational Linguistics, 2020: 7675-7688. https://aclanthology.org/2020.acl-main.686. DOI: 10.18653/v1/2020.acl-main.686.

[292] ADAMS D. The hitchhiker's guide to the galaxy[M]. 徐百柯. 四川: 四川科学技术出版社, 2005: 191.

[293] OCH F J, NEY H. The alignment template approach to statistical machine translation[J/OL]. Computational Linguistics, 2004, 30(4): 417-449. https://aclanthology.org/J04-4002. DOI: 10.1162/0891201042544884.

[294] OCH F J, NEY H. Discriminative training and maximum entropy models for statistical machine translation[C/OL]//Proceedings of the 40th Annual Meeting of the Association for Computational Linguistics. Philadelphia, Pennsylvania, USA: Association for Computational Linguistics, 2002: 295-302. https://aclanthology.org/P02-1038. DOI: 10.3115/1073083.1073133.

[295] KOEHN P, OCH F J, MARCU D. Statistical phrase-based translation[C/OL]//Proceedings of the 2003 Human Language Technology Conference of the North American Chapter of the Association for Computational Linguistics. 2003: 127-133. https://aclanthology.org/N03-1017.

[296] OCH F J. Minimum error rate training in statistical machine translation[C/OL]//Proceedings of the 41st Annual Meeting of the Association for Computational Linguistics. Sapporo, Japan: Association for Computational Linguistics, 2003: 160-167. https://aclanthology.org/P03-1021. DOI: 10.3115/1075096.1075117.

[297] WU F, FAN A, BAEVSKI A, et al. Pay less attention with lightweight and dynamic convolutions[C/OL]// International Conference on Learning Representations. 2019. https://openreview.net/forum?id=SkVhlh09tX.

[298] HOKAMP C, LIU Q. Lexically constrained decoding for sequence generation using grid beam search[C/OL]// Proceedings of the 55th Annual Meeting of the Association for Computational Linguistics (Volume 1: Long Papers). Vancouver, Canada: Association for Computational Linguistics, 2017: 1535-1546. https://aclanthology.org/P17-1141. DOI: 10.18653/v1/P17-1141.

[299] OTT M, EDUNOV S, BAEVSKI A, et al. FAIRSEQ: A fast, extensible toolkit for sequence modeling[C/OL]// Proceedings of the 2019 Conference of the North American Chapter of the Association for Computational Linguistics (Demonstrations). Minneapolis, Minnesota: Association for Computational Linguistics, 2019: 48-53. https://aclanthology.org/N19-4009. DOI: 10.18653/v1/N19-4009.

[300] KLEIN G, KIM Y, DENG Y, et al. OpenNMT: Open-source toolkit for neural machine translation[C/OL]// Proceedings of ACL 2017, System Demonstrations. Vancouver, Canada: Association for Computational Linguistics, 2017: 67-72. https://aclanthology.org/P17-4012.

[301] VASWANI A, BENGIO S, BREVDO E, et al. Tensor2tensor for neural machine translation[J/OL]. CoRR, 2018, abs/1803.07416. http://arxiv.org/abs/1803.07416.

[302] HIEBER F, DOMHAN T, DENKOWSKI M, et al. Sockeye: A toolkit for neural machine translation[J]. arXiv preprint arXiv:1712.05690, 2017.

[303] HIEBER F, DOMHAN T, DENKOWSKI M, et al. Sockeye 2: A toolkit for neural machine translation[C/OL]// Proceedings of the 22nd Annual Conference of the European Association for Machine Translation. Lisboa, Portugal: European Association for Machine Translation, 2020: 457-458. https://www.aclweb.org/anthology/2020.eamt-1.50.

[304] TAN Z, ZHANG J, HUANG X, et al. THUMT: An open-source toolkit for neural machine translation[C/OL]// Proceedings of the 14th Conference of the Association for Machine Translation in the Americas (Volume 1: Research Track). Virtual: Association for Machine Translation in the Americas, 2020: 116-122. https://aclanthology.org/2020.amta-research.11.

[305] AL-ONAIZAN Y, CURÍN J, JAHR M E, et al. Statistical machine translation final report[R/OL]. JHU Workshop, 1999. https://aclanthology.org/www.mt-archive.info/JHU-1999-AlOnaizan.pdf.

[306] M.A.K. 韩礼德. 篇章、语篇、信息——系统功能语言学视角 [J]. 北京大学学报 (哲学社会科学版), 2011, 48(1): 137-146.

[307] HALLIDAY M A K, HASAN R. Cohesion in english: number 9[M]. Routledge, 2014.

[308] LONG W, WEBBER B, XIONG D. TED-CDB: A large-scale Chinese discourse relation dataset on TED talks[C/OL]//Proceedings of the 2020 Conference on Empirical Methods in Natural Language Processing (EMNLP). Online: Association for Computational Linguistics, 2020: 2793-2803. https://aclanthology.org/2020.emnlp-main.223. DOI: 10.18653/v1/2020.emnlp-main.223.

[309] PAPINENI K, ROUKOS S, WARD T, et al. BLEU: a method for automatic evaluation of machine translation[C/OL]//Proceedings of the 40th Annual Meeting of the Association for Computational Linguistics. Philadelphia, Pennsylvania, USA: Association for Computational Linguistics, 2002: 311-318. https://aclanthology.org/P02-1040. DOI: 10.3115/1073083.1073135.

[310] CAI X, XIONG D. A test suite for evaluating discourse phenomena in document-level neural machine translation[C/OL]//Proceedings of the Second International Workshop of Discourse Processing. Suzhou, China: Association for Computational Linguistics, 2020: 13-17. https://aclanthology.org/2020.iwdp-1.3.

[311] TIEDEMANN J, SCHERRER Y. Neural machine translation with extended context[C/OL]//Proceedings of the Third Workshop on Discourse in Machine Translation. Copenhagen, Denmark: Association for Computational Linguistics, 2017: 82-92. https://aclanthology.org/W17-4811. DOI: 10.18653/v1/W17-4811.

[312] MA S, ZHANG D, ZHOU M. A simple and effective unified encoder for document-level machine translation[C/OL]//Proceedings of the 58th Annual Meeting of the Association for Computational Linguistics. Online: Association for Computational Linguistics, 2020: 3505-3511. https://aclanthology.org/2020.acl-main.321. DOI: 10.18653/v1/2020.acl-main.321.

[313] ZHANG J, LUAN H, SUN M, et al. Improving the transformer translation model with document-level context[C/OL]//Proceedings of the 2018 Conference on Empirical Methods in Natural Language Processing. Brussels, Belgium: Association for Computational Linguistics, 2018: 533-542. https://aclanthology.org/D18-1049. DOI: 10.18653/v1/D18-1049.

[314] ZHANG P, CHEN B, GE N, et al. Long-short term masking transformer: A simple but effective baseline for document-level neural machine translation[C/OL]//Proceedings of the 2020 Conference on Empirical Methods in Natural Language Processing (EMNLP). Online: Association for Computational Linguistics, 2020: 1081-1087. https://aclanthology.org/2020.emnlp-main.81. DOI: 10.18653/v1/2020.emnlp-main.81.

[315] ZHENG Z, YUE X, HUANG S, et al. Towards making the most of context in neural machine translation[C]//Proceedings of the Twenty-Ninth International Joint Conference on Artificial Intelligence, IJCAI-20. 2020: 3983-3989.

[316] XU H, XIONG D, VAN GENABITH J, et al. Efficient context-aware neural machine translation with layer-wise weighting and input-aware gating[C]//Proceedings of the Twenty-Ninth International Joint Conference on Artificial Intelligence, IJCAI-20. 2020: 3933-3940.

[317] TIEDEMANN J. Context adaptation in statistical machine translation using models with exponentially decaying cache[C/OL]//Proceedings of the 2010 Workshop on Domain Adaptation for Natural Language Processing. Uppsala, Sweden: Association for Computational Linguistics, 2010: 8-15. https://aclanthology.org/W10-2602.

[318] WESTON J, CHOPRA S, BORDES A. Memory networks[J]. arXiv, 2015.

[319] KUANG S, XIONG D, LUO W, et al. Modeling coherence for neural machine translation with dynamic and topic caches[C/OL]//Proceedings of the 27th International Conference on Computational Linguistics. Santa Fe, New Mexico, USA: Association for Computational Linguistics, 2018: 596-606. https://aclanthology.org/C18-1050.

[320] KNOWCEANS.ORG. Latent dirichlet allocation software[EB/OL]. 2005. http://www.arbylon.net/projects/.

[321] 徐 凡周国栋. 篇章分析技术综述 [J/OL]. 中文信息学报, 2013, 27(3): 20. http://jcip.cipsc.org.cn/CN/abstr

act/article_1712.shtml.

[322] MANN W C, THOMPSON S A. Rhetorical structure theory: Toward a functional theory of text organization[J]. Text, 1988, 8(3): 243-281.

[323] CHEN J, LI X, ZHANG J, et al. Modeling discourse structure for document-level neural machine translation[C/OL]//Proceedings of the First Workshop on Automatic Simultaneous Translation. Seattle, Washington: Association for Computational Linguistics, 2020: 30-36. https://aclanthology.org/2020.autosimtrans-1.5. DOI: 10.18653/v1/2020.autosimtrans-1.5.

[324] MICULICICH L, RAM D, PAPPAS N, et al. Document-level neural machine translation with hierarchical attention networks[C/OL]//Proceedings of the 2018 Conference on Empirical Methods in Natural Language Processing. Brussels, Belgium: Association for Computational Linguistics, 2018: 2947-2954. https://aclanthology.org/D18-1325. DOI: 10.18653/v1/D18-1325.

[325] XU M, LI L, WONG D F, et al. Document graph for neural machine translation[C/OL]//Proceedings of the 2021 Conference on Empirical Methods in Natural Language Processing. Online and Punta Cana, Dominican Republic: Association for Computational Linguistics, 2021: 8435-8448. https://aclanthology.org/2021.emnlp-main.663.

[326] WONG B T, KIT C. Extending machine translation evaluation metrics with lexical cohesion to document level[C]//Proceedings of the 2012 Joint Conference on Empirical Methods in Natural Language Processing and Computational Natural Language Learning. 2012: 1060-1068.

[327] MILLER G A. Wordnet: An electronic lexical database[M]. MIT press, 1998.

[328] FOLTZ P W, KINTSCH W, LANDAUER T K. The measurement of textual coherence with latent semantic analysis[J]. Discourse processes, 1998, 25(2-3): 285-307.

[329] JAUREGI UNANUE I, ESMAILI N, HAFFARI G, et al. Leveraging discourse rewards for document-level neural machine translation[C/OL]//Proceedings of the 28th International Conference on Computational Linguistics. Barcelona, Spain (Online): International Committee on Computational Linguistics, 2020: 4467-4482. https://aclanthology.org/2020.coling-main.395. DOI: 10.18653/v1/2020.coling-main.395.

[330] ZHANG P, ZHANG X, CHEN W, et al. Learning contextualized sentence representations for document-level neural machine translation[C]//ECAI. 2020.

[331] KIROS R, ZHU Y, SALAKHUTDINOV R R, et al. Skip-thought vectors[C/OL]//CORTES C, LAWRENCE N, LEE D, et al. Advances in Neural Information Processing Systems: volume 28. Curran Associates, Inc., 2015. https://proceedings.neurips.cc/paper/2015/file/f442d33fa06832082290ad8544a8da27-Paper.pdf.

[332] SENNRICH R. How grammatical is character-level neural machine translation? assessing MT quality with contrastive translation pairs[C/OL]//Proceedings of the 15th Conference of the European Chapter of the Association for Computational Linguistics: Volume 2, Short Papers. Valencia, Spain: Association for Computational Linguistics, 2017: 376-382. https://aclanthology.org/E17-2060.

[333] BAWDEN R, SENNRICH R, BIRCH A, et al. Evaluating discourse phenomena in neural machine translation[C/OL]//Proceedings of the 2018 Conference of the North American Chapter of the Association for Computational Linguistics: Human Language Technologies, Volume 1 (Long Papers). New Orleans, Louisiana: Association for Computational Linguistics, 2018: 1304-1313. https://aclanthology.org/N18-1118. DOI: 10.18653/v1/N18-1118.

[334] LONG W, CAI X, REID J, et al. Shallow discourse annotation for Chinese TED talks[C/OL]//Proceedings of the 12th Language Resources and Evaluation Conference. Marseille, France: European Language Resources Association, 2020: 1025-1032. https://aclanthology.org/2020.lrec-1.129.

[335] HARDMEIER C, FEDERICO M. Modelling pronominal anaphora in statistical machine translation[C]//IWSLT (International Workshop on Spoken Language Translation); Paris, France; December 2nd and 3rd, 2010. 2010: 283-289.

[336] XIONG H, HE Z, WU H, et al. Modeling coherence for discourse neural machine translation[C]//Proceedings

of the AAAI Conference on Artificial Intelligence: volume 33. 2019: 7338-7345.

[337] MEYER T, POPESCU-BELIS A, HAJLAOUI N, et al. Machine translation of labeled discourse connectives[C/OL]//Proceedings of the 10th Conference of the Association for Machine Translation in the Americas: Research Papers. San Diego, California, USA: Association for Machine Translation in the Americas, 2012. https://aclanthology.org/2012.amta-papers.20.

[338] GUZMÁN F, JOTY S, MÀRQUEZ L, et al. Using discourse structure improves machine translation evaluation[C/OL]//Proceedings of the 52nd Annual Meeting of the Association for Computational Linguistics (Volume 1: Long Papers). Baltimore, Maryland: Association for Computational Linguistics, 2014: 687-698. https://aclanthology.org/P14-1065. DOI: 10.3115/v1/P14-1065.

[339] TAI K C. The tree-to-tree correction problem[J]. Journal of the ACM (JACM), 1979, 26(3): 422-433.

[340] GONG Z, ZHANG M, ZHOU G. Cache-based document-level statistical machine translation[C/OL]//Proceedings of the 2011 Conference on Empirical Methods in Natural Language Processing. Edinburgh, Scotland, UK.: Association for Computational Linguistics, 2011: 909-919. https://aclanthology.org/D11-1084.

[341] XIAO T, ZHU J, YAO S, et al. Document-level consistency verification in machine translation[C/OL]//Proceedings of Machine Translation Summit XIII: Papers. Xiamen, China, 2011. https://aclanthology.org/2011.mtsummit-papers.13.

[342] TURE F, OARD D W, RESNIK P. Encouraging consistent translation choices[C/OL]//Proceedings of the 2012 Conference of the North American Chapter of the Association for Computational Linguistics: Human Language Technologies. Montréal, Canada: Association for Computational Linguistics, 2012: 417-426. https://aclanthology.org/N12-1046.

[343] MARCU D, CARLSON L, WATANABE M. The automatic translation of discourse structures[C/OL]//1st Meeting of the North American Chapter of the Association for Computational Linguistics. 2000. https://aclanthology.org/A00-2002.

[344] TU M, ZHOU Y, ZONG C. A novel translation framework based on Rhetorical Structure Theory[C/OL]//Proceedings of the 51st Annual Meeting of the Association for Computational Linguistics (Volume 2: Short Papers). Sofia, Bulgaria: Association for Computational Linguistics, 2013: 370-374. https://aclanthology.org/P13-2066.

[345] MEYER T. Disambiguating temporal-contrastive connectives for machine translation[C/OL]//Proceedings of the ACL 2011 Student Session. Portland, OR, USA: Association for Computational Linguistics, 2011: 46-51. https://aclanthology.org/P11-3009.

[346] KOPPEL M, ORDAN N. Translationese and its dialects[C/OL]//Proceedings of the 49th Annual Meeting of the Association for Computational Linguistics: Human Language Technologies. Portland, Oregon, USA: Association for Computational Linguistics, 2011: 1318-1326. https://aclanthology.org/P11-1132.

[347] XIONG D, BEN G, ZHANG M, et al. Modeling lexical cohesion for document-level machine translation[C/OL]//IJCAI. 2013: 2183-2189. http://www.aaai.org/ocs/index.php/IJCAI/IJCAI13/paper/view/6210.

[348] XIONG D, DING Y, ZHANG M, et al. Lexical chain based cohesion models for document-level statistical machine translation[C/OL]//Proceedings of the 2013 Conference on Empirical Methods in Natural Language Processing. Seattle, Washington, USA: Association for Computational Linguistics, 2013: 1563-1573. https://aclanthology.org/D13-1163.

[349] BARZILAY R, LEE L. Catching the drift: Probabilistic content models, with applications to generation and summarization[C/OL]//Proceedings of the Human Language Technology Conference of the North American Chapter of the Association for Computational Linguistics: HLT-NAACL 2004. Boston, Massachusetts, USA: Association for Computational Linguistics, 2004: 113-120. https://aclanthology.org/N04-1015.

[350] XIONG D, ZHANG M. A topic-based coherence model for statistical machine translation[C]//AAAI'13: Proceedings of the Twenty-Seventh AAAI Conference on Artificial Intelligence. Bellevue, Washington: AAAI Press, 2013: 977-983.

[351] XIONG D, ZHANG M, WANG X. Topic-based coherence modeling for statistical machine translation[J/OL]. IEEE/ACM Transactions on Audio, Speech, and Language Processing, 2015, 23(3): 483-493. DOI: 10.1109/TASLP.2015.2395254.

[352] DE BEAUGRANDE R, DRESSLER W U. Introduction to text linguistics / robert-alain de beaugrande, wolfgang ulrich dressler[M]. Longman London ; New York, 1981: xv, 270 p. :.

[353] MARUF S, SALEH F, HAFFARI G. A survey on document-level neural machine translation: Methods and evaluation[J/OL]. ACM Comput. Surv., 2021, 54(2). https://doi.org/10.1145/3441691.

[354] WONG K, MARUF S, HAFFARI G. Contextual neural machine translation improves translation of cataphoric pronouns[C/OL]//Proceedings of the 58th Annual Meeting of the Association for Computational Linguistics. Online: Association for Computational Linguistics, 2020: 5971-5978. https://aclanthology.org/2020.acl-main.530. DOI: 10.18653/v1/2020.acl-main.530.

[355] VOITA E, SERDYUKOV P, SENNRICH R, et al. Context-aware neural machine translation learns anaphora resolution[C/OL]//Proceedings of the 56th Annual Meeting of the Association for Computational Linguistics (Volume 1: Long Papers). Melbourne, Australia: Association for Computational Linguistics, 2018: 1264-1274. https://aclanthology.org/P18-1117. DOI: 10.18653/v1/P18-1117.

[356] LI B, LIU H, WANG Z, et al. Does multi-encoder help? a case study on context-aware neural machine translation[C/OL]//Proceedings of the 58th Annual Meeting of the Association for Computational Linguistics. Online: Association for Computational Linguistics, 2020: 3512-3518. https://aclanthology.org/2020.acl-main.322. DOI: 10.18653/v1/2020.acl-main.322.

[357] HASSAN H, AUE A, CHEN C, et al. Achieving human parity on automatic chinese to english news translation[J]. ArXiv, 2018, abs/1803.05567.

[358] LÄUBLI S, SENNRICH R, VOLK M. Has machine translation achieved human parity? a case for document-level evaluation[C/OL]//Proceedings of the 2018 Conference on Empirical Methods in Natural Language Processing. Brussels, Belgium: Association for Computational Linguistics, 2018: 4791-4796. https://aclanthology.org/D18-1512. DOI: 10.18653/v1/D18-1512.

[359] TORAL A, CASTILHO S, HU K, et al. Attaining the unattainable? reassessing claims of human parity in neural machine translation[C/OL]//Proceedings of the Third Conference on Machine Translation. Research Papers. Brussels, Belgium: Association for Computational Linguistics, 2018: 113-123. https://aclanthology.org/W18-6312. DOI: 10.18653/v1/W18-6312.

[360] TORAL A. Reassessing claims of human parity and super-human performance in machine translation at WMT 2019[C/OL]//Proceedings of the 22nd Annual Conference of the European Association for Machine Translation. Lisboa, Portugal: European Association for Machine Translation, 2020: 185-194. https://aclanthology.org/2020.eamt-1.20.

[361] JOSHI P, SANTY S, BUDHIRAJA A, et al. The state and fate of linguistic diversity and inclusion in the NLP world[C/OL]//Proceedings of the 58th Annual Meeting of the Association for Computational Linguistics. Online: Association for Computational Linguistics, 2020: 6282-6293. https://aclanthology.org/2020.acl-main.560. DOI: 10.18653/v1/2020.acl-main.560.

[362] SIDDHANT A, JOHNSON M, TSAI H, et al. Evaluating the cross-lingual effectiveness of massively multilingual neural machine translation[J/OL]. Proceedings of the AAAI Conference on Artificial Intelligence, 2020, 34(05): 8854-8861. https://ojs.aaai.org/index.php/AAAI/article/view/6414. DOI: 10.1609/aaai.v34i05.6414.

[363] MALAVIYA C, NEUBIG G, LITTELL P. Learning language representations for typology prediction[C/OL]//Proceedings of the 2017 Conference on Empirical Methods in Natural Language Processing. Copenhagen, Denmark: Association for Computational Linguistics, 2017: 2529-2535. https://aclanthology.org/D17-1268. DOI: 10.18653/v1/D17-1268.

[364] FENG S, GANGAL V, WEI J, et al. A survey of data augmentation approaches for NLP[C/OL]//Findings of the Association for Computational Linguistics: ACL-IJCNLP 2021. Online: Association for Computational Linguistics, 2021: 968-988. https://aclanthology.org/2021.findings-acl.84. DOI: 10.18653/v1/2021.findings-a

cl.84.

[365] FADAEE M, BISAZZA A, MONZ C. Data augmentation for low-resource neural machine translation[C/OL]// Proceedings of the 55th Annual Meeting of the Association for Computational Linguistics (Volume 2: Short Papers). Vancouver, Canada: Association for Computational Linguistics, 2017: 567-573. https://aclanthology .org/P17-2090. DOI: 10.18653/v1/P17-2090.

[366] PAUL M, YAMAMOTO H, SUMITA E, et al. On the importance of pivot language selection for statistical machine translation[C/OL]//Proceedings of Human Language Technologies: The 2009 Annual Conference of the North American Chapter of the Association for Computational Linguistics, Companion Volume: Short Papers. Boulder, Colorado: Association for Computational Linguistics, 2009: 221-224. https://aclanthology.o rg/N09-2056.

[367] BERTOLDI N, BARBAIANI M, FEDERICO M, et al. Phrase-based statistical machine translation with pivot languages[C]//Proceedings of International Workshop on Spoken Language Translation, IWSLT-08. Hawaii, USA, 2008: 143-149.

[368] ZHENG H, CHENG Y, LIU Y. Maximum expected likelihood estimation for zero-resource neural machine translation[C/OL]//Proceedings of the Twenty-Sixth International Joint Conference on Artificial Intelligence, IJCAI-17. 2017: 4251-4257. https://doi.org/10.24963/ijcai.2017/594.

[369] CHEN Y, LIU Y, CHENG Y, et al. a teacher-student framework for zero-resource neural machine translation[C/OL]//proceedings of the 55th annual meeting of the association for computational linguistics (volume 1: long papers). vancouver, canada: association for computational linguistics, 2017: 1925-1935. https://www.aclweb.org/anthology/p17-1176. DOI: 10.18653/v1/p17-1176.

[370] CHENG Y, YANG Q, LIU Y, et al. Joint training for pivot-based neural machine translation[C/OL]//Proceedings of the Twenty-Sixth International Joint Conference on Artificial Intelligence, IJCAI-17. 2017: 3974-3980. https://doi.org/10.24963/ijcai.2017/555.

[371] REN S, CHEN W, LIU S, et al. triangular architecture for rare language translation[C/OL]//proceedings of the 56th annual meeting of the association for computational linguistics (volume 1: long papers). melbourne, australia: association for computational linguistics, 2018: 56-65. https://www.aclweb.org/anthology/p18-1006. DOI: 10.18653/v1/p18-1006.

[372] SENNRICH R, HADDOW B, BIRCH A. improving neural machine translation models with monolingual data[C/OL]//proceedings of the 54th annual meeting of the association for computational linguistics (volume 1: long papers). berlin, germany: association for computational linguistics, 2016: 86-96. https://www.aclweb .org/anthology/p16-1009. DOI: 10.18653/v1/p16-1009.

[373] EDUNOV S, OTT M, AULI M, et al. Understanding back-translation at scale[C/OL]//Proceedings of the 2018 Conference on Empirical Methods in Natural Language Processing. Brussels, Belgium: Association for Computational Linguistics, 2018: 489-500. https://aclanthology.org/D18-1045. DOI: 10.18653/v1/D18-1045.

[374] GÜLÇEHRE Ç, FIRAT O, XU K, et al. On using monolingual corpora in neural machine translation[J/OL]. CoRR, 2015, abs/1503.03535. http://arxiv.org/abs/1503.03535.

[375] LAMPLE G, CONNEAU A, DENOYER L, et al. Unsupervised machine translation using monolingual corpora only[C/OL]//International Conference on Learning Representations. 2018. https://openreview.net/forum?id= rkYTTf-AZ.

[376] ARTETXE M, LABAKA G, AGIRRE E. Unsupervised statistical machine translation[C/OL]//Proceedings of the 2018 Conference on Empirical Methods in Natural Language Processing. Brussels, Belgium: Association for Computational Linguistics, 2018: 3632-3642. https://aclanthology.org/D18-1399. DOI: 10.18653/v1/D1 8-1399.

[377] YANG Z, CHEN W, WANG F, et al. unsupervised neural machine translation with weight sharing[C/OL]// proceedings of the 56th annual meeting of the association for computational linguistics (volume 1: long papers). melbourne, australia: association for computational linguistics, 2018: 46-55. https://www.aclweb.org/antholo gy/p18-1005. DOI: 10.18653/v1/p18-1005.

[378] RAVI S, KNIGHT K. Deciphering foreign language[C/OL]//Proceedings of the 49th Annual Meeting of the Association for Computational Linguistics: Human Language Technologies. Portland, Oregon, USA: Association for Computational Linguistics, 2011: 12-21. https://aclanthology.org/P11-1002.

[379] ARTETXE M, LABAKA G, AGIRRE E. learning bilingual word embeddings with (almost) no bilingual data[C/OL]//proceedings of the 55th annual meeting of the association for computational linguistics (volume 1: long papers). vancouver, canada: association for computational linguistics, 2017: 451-462. https://www.aclweb.org/anthology/p17-1042. DOI: 10.18653/v1/p17-1042.

[380] LAMPLE G, CONNEAU A, RANZATO M, et al. Word translation without parallel data[C/OL]//International Conference on Learning Representations. 2018. https://openreview.net/forum?id=H196sainb.

[381] GOODFELLOW I, POUGET-ABADIE J, MIRZA M, et al. Generative adversarial nets[C/OL]// GHAHRAMANI Z, WELLING M, CORTES C, et al. Advances in Neural Information Processing Systems: volume 27. Curran Associates, Inc., 2014. https://proceedings.neurips.cc/paper/2014/file/5ca3e9b122f61f8f06494c97b1afccf3-Paper.pdf.

[382] ARTETXE M, LABAKA G, AGIRRE E, et al. Unsupervised neural machine translation[C/OL]//International Conference on Learning Representations. 2018. https://openreview.net/forum?id=Sy2ogebAW.

[383] CONNEAU A, LAMPLE G. Cross-lingual language model pretraining[C/OL]//WALLACH H, LAROCHELLE H, BEYGELZIMER A, et al. Advances in Neural Information Processing Systems: volume 32. Curran Associates, Inc., 2019. https://proceedings.neurips.cc/paper/2019/file/c04c19c2c2474dbf5f7ac4372c5b9af1-Paper.pdf.

[384] SONG K, TAN X, QIN T, et al. MASS: masked sequence to sequence pre-training for language generation[C/OL]//CHAUDHURI K, SALAKHUTDINOV R. Proceedings of Machine Learning Research: volume 97 Proceedings of the 36th International Conference on Machine Learning, ICML 2019, 9-15 June 2019, Long Beach, California, USA. PMLR, 2019: 5926-5936. http://proceedings.mlr.press/v97/song19d.html.

[385] XUE L, CONSTANT N, ROBERTS A, et al. mT5: A massively multilingual pre-trained text-to-text transformer[C/OL]//Proceedings of the 2021 Conference of the North American Chapter of the Association for Computational Linguistics: Human Language Technologies. Online: Association for Computational Linguistics, 2021: 483-498. https://aclanthology.org/2021.naacl-main.41. DOI: 10.18653/v1/2021.naacl-main.41.

[386] LU Y, KEUNG P, LADHAK F, et al. A neural interlingua for multilingual machine translation[C/OL]// Proceedings of the Third Conference on Machine Translation: Research Papers. Brussels, Belgium: Association for Computational Linguistics, 2018: 84-92. https://aclanthology.org/W18-6309. DOI: 10.18653/v1/W18-6309.

[387] JOHNSON M, SCHUSTER M, LE Q V, et al. Google's multilingual neural machine translation system: Enabling zero-shot translation[J/OL]. CoRR, 2016, abs/1611.04558. http://arxiv.org/abs/1611.04558.

[388] HA T L, NIEHUES J, WAIBEL A H. Effective strategies in zero-shot neural machine translation[C]// Proceedings of the 14th International Workshop on Spoken Language Translation. Tokyo, Japan, 2017: 105-112.

[389] ZHANG J, ZONG C. Exploiting source-side monolingual data in neural machine translation[C/OL]// Proceedings of the 2016 Conference on Empirical Methods in Natural Language Processing. Austin, Texas: Association for Computational Linguistics, 2016: 1535-1545. https://aclanthology.org/D16-1160. DOI: 10.18653/v1/D16-1160.

[390] CURREY A, MICELI BARONE A V, HEAFIELD K. Copied monolingual data improves low-resource neural machine translation[C/OL]//Proceedings of the Second Conference on Machine Translation. Copenhagen, Denmark: Association for Computational Linguistics, 2017: 148-156. https://aclanthology.org/W17-4715. DOI: 10.18653/v1/W17-4715.

[391] SKOROKHODOV I, RYKACHEVSKIY A, EMELYANENKO D, et al. Semi-supervised neural machine translation with language models[C/OL]//Proceedings of the AMTA 2018 Workshop on Technologies for MT of Low Resource Languages (LoResMT 2018). Boston, MA: Association for Machine Translation in the

Americas, 2018: 37-44. https://aclanthology.org/W18-2205.

[392] MARCHISIO K, DUH K, KOEHN P. When does unsupervised machine translation work?[C/OL]//Proceedings of the Fifth Conference on Machine Translation. Online: Association for Computational Linguistics, 2020: 571-583. https://aclanthology.org/2020.wmt-1.68.

[393] KIM Y, GRAÇA M, NEY H. When and why is unsupervised neural machine translation useless?[C/OL]// Proceedings of the 22nd Annual Conference of the European Association for Machine Translation. Lisboa, Portugal: European Association for Machine Translation, 2020: 35-44. https://aclanthology.org/2020.eamt-1.5.

[394] HINTON G, VINYALS O, DEAN J. Distilling the knowledge in a neural network[C/OL]//NIPS Deep Learning and Representation Learning Workshop. 2015. http://arxiv.org/abs/1503.02531.

[395] NIRENBURG S, RASKIN V, TUCKER A. On knowledge-based machine translation[C/OL]//Coling 1986 Volume 1: The 11th International Conference on Computational Linguistics. 1986. https://aclanthology.org/C86-1148.

[396] V.HAHN W. Knowledge representation in machine translation[M]//DAM H V, ENGBERG J, GERZYMISCH-ARBOGAST H. Knowledge Systems and Translation. 2003: 61-82.

[397] HOBBS J R. World knowledge and word meaning[C/OL]//Theoretical Issues in Natural Language Processing 3. 1987. https://aclanthology.org/T87-1006.

[398] KEGL J. The boundary between word knowledge and world knowledge[C/OL]//Theoretical Issues in Natural Language Processing 3. 1987. https://aclanthology.org/T87-1007.

[399] SHI X, PADHI I, KNIGHT K. Does string-based neural MT learn source syntax?[C/OL]//Proceedings of the 2016 Conference on Empirical Methods in Natural Language Processing. Austin, Texas: Association for Computational Linguistics, 2016: 1526-1534. https://aclanthology.org/D16-1159. DOI: 10.18653/v1/D16-1159.

[400] TAI K S, SOCHER R, MANNING C D. Improved semantic representations from tree-structured long short-term memory networks[C/OL]//Proceedings of the 53rd Annual Meeting of the Association for Computational Linguistics and the 7th International Joint Conference on Natural Language Processing (Volume 1: Long Papers). Beijing, China: Association for Computational Linguistics, 2015: 1556-1566. https://aclanthology.org/P15-1150. DOI: 10.3115/v1/P15-1150.

[401] NEUBIG G, GOLDBERG Y, DYER C. On-the-fly operation batching in dynamic computation graphs[C]// Proceedings of the 31st Conference on Neural Information Processing Systems (NIPS 2017). Long Beach, California, USA: Curran Associates Inc., 2017: 3974-3984.

[402] LIU D, GILDEA D. Semantic role features for machine translation[C/OL]//Proceedings of the 23rd International Conference on Computational Linguistics (Coling 2010). Beijing, China: Coling 2010 Organizing Committee, 2010: 716-724. https://aclanthology.org/C10-1081.

[403] XIONG D, ZHANG M, LI H. Modeling the translation of predicate-argument structure for SMT[C/OL]// Proceedings of the 50th Annual Meeting of the Association for Computational Linguistics (Volume 1: Long Papers). Jeju Island, Korea: Association for Computational Linguistics, 2012: 902-911. https://aclanthology.org/P12-1095.

[404] BAZRAFSHAN M, GILDEA D. Semantic roles for string to tree machine translation[C/OL]//Proceedings of the 51st Annual Meeting of the Association for Computational Linguistics (Volume 2: Short Papers). Sofia, Bulgaria: Association for Computational Linguistics, 2013: 419-423. https://aclanthology.org/P13-2074.

[405] MARCHEGGIANI D, BASTINGS J, TITOV I. Exploiting semantics in neural machine translation with graph convolutional networks[C/OL]//Proceedings of the 2018 Conference of the North American Chapter of the Association for Computational Linguistics: Human Language Technologies, Volume 2 (Short Papers). New Orleans, Louisiana: Association for Computational Linguistics, 2018: 486-492. https://www.aclweb.org/anthology/N18-2078. DOI: 10.18653/v1/N18-2078.

[406] GUILLOU L. Improving pronoun translation for statistical machine translation[C/OL]//Proceedings of

the Student Research Workshop at the 13th Conference of the European Chapter of the Association for Computational Linguistics. Avignon, France: Association for Computational Linguistics, 2012: 1-10. https://aclanthology.org/E12-3001.

[407] STOJANOVSKI D, FRASER A. Coreference and coherence in neural machine translation: A study using oracle experiments[C/OL]//Proceedings of the Third Conference on Machine Translation: Research Papers. Brussels, Belgium: Association for Computational Linguistics, 2018: 49-60. https://aclanthology.org/W18-6306. DOI: 10.18653/v1/W18-6306.

[408] STORKS S, GAO Q, CHAI J Y. Recent advances in natural language inference: A survey of benchmarks, resources, and approaches[J/OL]. CoRR, 2019, abs/1904.01172. http://arxiv.org/abs/1904.01172.

[409] WATT S. The naive psychology manifesto: KMI-TR-12[R]. Knowledge Media Institute, The Open University, 1995.

[410] BAR-HILLEL Y. The present status of automatic translation of languages[J]. Advances in Computers, 1960, 1: 91-163.

[411] HE J, WANG T, XIONG D, et al. The box is in the pen: Evaluating commonsense reasoning in neural machine translation[C/OL]//Findings of the Association for Computational Linguistics: EMNLP 2020. Online: Association for Computational Linguistics, 2020: 3662-3672. https://aclanthology.org/2020.findings-emnlp.3 27. DOI: 10.18653/v1/2020.findings-emnlp.327.

[412] ZHAO Y, ZHANG J, ZHOU Y, et al. Knowledge graphs enhanced neural machine translation[C/OL]// BESSIERE C. Proceedings of the Twenty-Ninth International Joint Conference on Artificial Intelligence, IJCAI-20. International Joint Conferences on Artificial Intelligence Organization, 2020: 4039-4045. https://doi.org/10.24963/ijcai.2020/559.

[413] WANG T, KUANG S, XIONG D, et al. Merging external bilingual pairs into neural machine translation[J/OL]. CoRR, 2019, abs/1912.00567. http://arxiv.org/abs/1912.00567.

[414] CAO Q, XIONG D. Encoding gated translation memory into neural machine translation[C/OL]//Proceedings of the 2018 Conference on Empirical Methods in Natural Language Processing. Brussels, Belgium: Association for Computational Linguistics, 2018: 3042-3047. https://www.aclweb.org/anthology/D18-1340. DOI: 10.186 53/v1/D18-1340.

[415] DOMINGOS P. Knowledge acquisition form examples vis multiple models[C]//ICML '97: Proceedings of the Fourteenth International Conference on Machine Learning. San Francisco, CA, USA: Morgan Kaufmann Publishers Inc., 1997: 98-106.

[416] BUCILU C, CARUANA R, NICULESCU-MIZIL A. Model compression[C/OL]//KDD '06: Proceedings of the 12th ACM SIGKDD International Conference on Knowledge Discovery and Data Mining. New York, NY, USA: Association for Computing Machinery, 2006: 535-541. https://doi.org/10.1145/1150402.1150464.

[417] JAWAHAR G, SAGOT B, SEDDAH D. What does BERT learn about the structure of language?[C/OL]// Proceedings of the 57th Annual Meeting of the Association for Computational Linguistics. Florence, Italy: Association for Computational Linguistics, 2019: 3651-3657. https://aclanthology.org/P19-1356. DOI: 10.1 8653/v1/P19-1356.

[418] TENNEY I, DAS D, PAVLICK E. BERT rediscovers the classical NLP pipeline[C/OL]//Proceedings of the 57th Annual Meeting of the Association for Computational Linguistics. Florence, Italy: Association for Computational Linguistics, 2019: 4593-4601. https://aclanthology.org/P19-1452. DOI: 10.18653/v1/P19-145 2.

[419] TALMOR A, HERZIG J, LOURIE N, et al. CommonsenseQA: A question answering challenge targeting commonsense knowledge[C/OL]//Proceedings of the 2019 Conference of the North American Chapter of the Association for Computational Linguistics: Human Language Technologies, Volume 1 (Long and Short Papers). Minneapolis, Minnesota: Association for Computational Linguistics, 2019: 4149-4158. https: //aclanthology.org/N19-1421. DOI: 10.18653/v1/N19-1421.

[420] ZHU J, XIA Y, WU L, et al. Incorporating bert into neural machine translation[C/OL]//International Conference on Learning Representations. 2020. https://openreview.net/forum?id=Hyl7ygStwB.

[421] LAMPLE G, CONNEAU A. Cross-lingual language model pretraining[C]//Proceedings of the 33rd Conference on Neural Information Processing Systems (NeurIPS 2019). Vancouver, Canada, 2019.

[422] WANG A, SINGH A, MICHAEL J, et al. GLUE: A multi-task benchmark and analysis platform for natural language understanding[C/OL]//Proceedings of the 2018 EMNLP Workshop BlackboxNLP: Analyzing and Interpreting Neural Networks for NLP. Brussels, Belgium: Association for Computational Linguistics, 2018: 353-355. https://aclanthology.org/W18-5446. DOI: 10.18653/v1/W18-5446.

[423] WANG A, PRUKSACHATKUN Y, NANGIA N, et al. SuperGLUE: A stickier benchmark for general-purpose language understanding systems[C]//Proceedings of the 33rd Conference on Neural Information Processing Systems (NeurIPS 2019). Vancouver, Canada, 2019.

[424] CLINCHANT S, JUNG K W, NIKOULINA V. On the use of BERT for neural machine translation[C/OL]// Proceedings of the 3rd Workshop on Neural Generation and Translation. Hong Kong: Association for Computational Linguistics, 2019: 108-117. https://aclanthology.org/D19-5611. DOI: 10.18653/v1/D19-5611.

[425] SONG L, GILDEA D, ZHANG Y, et al. Semantic neural machine translation using AMR[J/OL]. Transactions of the Association for Computational Linguistics, 2019, 7: 19-31. https://www.aclweb.org/anthology/Q19-1002. DOI: 10.1162/tacl_a_00252.

[426] CHEN H, HUANG S, CHIANG D, et al. Improved neural machine translation with a syntax-aware encoder and decoder[C/OL]//Proceedings of the 55th Annual Meeting of the Association for Computational Linguistics (Volume 1: Long Papers). Vancouver, Canada: Association for Computational Linguistics, 2017: 1936-1945. https://www.aclweb.org/anthology/P17-1177. DOI: 10.18653/v1/P17-1177.

[427] BASTINGS J, TITOV I, AZIZ W, et al. Graph convolutional encoders for syntax-aware neural machine translation[C/OL]//Proceedings of the 2017 Conference on Empirical Methods in Natural Language Processing. Copenhagen, Denmark: Association for Computational Linguistics, 2017: 1957-1967. https://www.aclweb.org/anthology/D17-1209. DOI: 10.18653/v1/D17-1209.

[428] NIEHUES J. Continuous learning in neural machine translation using bilingual dictionaries[C/OL]//Proceedings of the 16th Conference of the European Chapter of the Association for Computational Linguistics: Main Volume. Online: Association for Computational Linguistics, 2021: 830-840. https://aclanthology.org/2021.eacl-main.70.

[429] MOUSSALLEM D, ARCAN M, NGOMO A N, et al. Augmenting neural machine translation with knowledge graphs[J/OL]. CoRR, 2019, abs/1902.08816. http://arxiv.org/abs/1902.08816.

[430] MOUSSALLEM D, NGONGA NGOMO A C, BUITELAAR P, et al. Utilizing knowledge graphs for neural machine translation augmentation[C/OL]//K-CAP '19: Proceedings of the 10th International Conference on Knowledge Capture. New York, NY, USA: Association for Computing Machinery, 2019: 139-146. https://doi.org/10.1145/3360901.3364423.

[431] TAN X, REN Y, HE D, et al. Multilingual neural machine translation with knowledge distillation[J/OL]. CoRR, 2019, abs/1902.10461. http://arxiv.org/abs/1902.10461.

[432] HAHN S, CHOI H. Self-knowledge distillation in natural language processing[C/OL]//Proceedings of the International Conference on Recent Advances in Natural Language Processing (RANLP 2019). Varna, Bulgaria: INCOMA Ltd., 2019: 423-430. https://www.aclweb.org/anthology/R19-1050. DOI: 10.26615/978-954-452-056-4_050.

[433] WENG R, YU H, HUANG S, et al. Acquiring knowledge from pre-trained model to neural machine translation[J/OL]. CoRR, 2019, abs/1912.01774. http://arxiv.org/abs/1912.01774.

[434] NIRENBURG S. Knowledge-based machine translation[J]. Machine Translation, 1989, 4: 5-24.

[435] NIRENBURG S. New developments in knowledge-based machine translation[M]//ALATIS J E. Georgetown University Round Table on Languages and Linguistics 1989: Language teaching, testing, and technology:

lessons from the past with a view toward the future. Georgetown: Georgetown University Press, 1989: 344-359.

[436] FREDERKING R, NIRENBURG S, FARWELL D, et al. Integrating translations from multiple sources within the PANGLOSS mark III machine translation system[C/OL]//Proceedings of the First Conference of the Association for Machine Translation in the Americas. Columbia, Maryland, USA, 1994. https://aclanthology.org/1994.amta-1.10.

[437] WAHLSTER W. Mobile speech-to-speech translation of spontaneous dialogs: An overview of the final verbmobil system[M]//WAHLSTER W. Verbmobil: Foundations of Speech-to-Speech Translation. Berlin, Heidelberg: Artificial Intelligence. Springer, 2000: 3-21.

[438] KNIGHT K. Building a large ontology for machine translation[C/OL]//Human Language Technology: Proceedings of a Workshop Held at Plainsboro, New Jersey, March 21-24, 1993. 1993. https://aclanthology.org/H93-1036.

[439] KNIGHT K, LUK S K. Building a large-scale knowledge base for machine translation[C]//AAAI '94: Proceedings of the Twelfth National Conference on Artificial Intelligence (Vol. 1). USA: American Association for Artificial Intelligence, 1994: 773-778.

[440] HOVY E. Combining and standardizing largescale, practical ontologies for machine translation and other uses[C]//In The First International Conference on Language Resources and Evaluation (LREC. 1998: 535-542.

[441] BATEMAN J A. Upper modeling: organizing knowledge for natural language processing[C/OL]//Proceedings of the Fifth International Workshop on Natural Language Generation. Linden Hall Conference Center, Dawson, Pennsylvania: Association for Computational Linguistics, 1990. https://aclanthology.org/W90-0108.

[442] XU H, MANNOR S. Robustness and generalization[J]. Machine Learning, 2011, 86: 391-423.

[443] GAL Y. Uncertainty in deep learning[D]. Department of Engineering, University of Cambridge, 2016.

[444] ALEMI A A, FISCHER I S, DILLON J V. Uncertainty in the variational information bottleneck[C]//UAI 2018 Workshop: Uncertainty in Deep Learning. Monterey, California, USA, 2018.

[445] MÜLLER M, RIOS A, SENNRICH R. Domain robustness in neural machine translation[C/OL]//Proceedings of the 14th Conference of the Association for Machine Translation in the Americas (Volume 1: Research Track). Virtual: Association for Machine Translation in the Americas, 2020: 151-164. https://aclanthology.org/2020.amta-research.14.

[446] SZEGEDY C, ZAREMBA W, SUTSKEVER I, et al. Intriguing properties of neural networks[C/OL]//BENGIO Y, LECUN Y. The 2nd International Conference on Learning Representations, ICLR 2014, Banff, AB, Canada, April 14-16, 2014, Conference Track Proceedings. 2014. http://arxiv.org/abs/1312.6199.

[447] GOODFELLOW I J, SHLENS J, SZEGEDY C. Explaining and harnessing adversarial examples[C/OL]//International Conference on Learning Representations. 2015. https://arxiv.org/abs/1412.6572.

[448] PAPERNOT N, MCDANIEL P, WU X, et al. Distillation as a defense to adversarial perturbations against deep neural networks[C]//2016 IEEE Symposium on Security and Privacy (SP). 2016: 582-597.

[449] CHAKRABORTY A, ALAM M, DEY V, et al. Adversarial attacks and defences: A survey[J/OL]. CoRR, 2018, abs/1810.00069. http://arxiv.org/abs/1810.00069.

[450] BAI T, LUO J, ZHAO J, et al. Recent advances in adversarial training for adversarial robustness[C]//The 30th International Joint Conference on Artificial Intelligence (IJCAI-21). 2021.

[451] MADRY A, MAKELOV A, SCHMIDT L, et al. Towards deep learning models resistant to adversarial attacks[C/OL]//International Conference on Learning Representations. 2018. https://openreview.net/forum?id=rJzIBfZAb.

[452] TSIPRAS D, SANTURKAR S, ENGSTROM L, et al. Robustness may be at odds with accuracy[C/OL]//International Conference on Learning Representations. 2019. https://openreview.net/forum?id=SyxAb30cY7.

[453] MIYATO T, DAI A M, GOODFELLOW I. Adversarial training methods for semi-supervised text classification[C/OL]//International Conference on Learning Representations. 2017. https://openreview.net/pdf?id=r1

X3g2_xl.

[454] MORRIS J, LIFLAND E, YOO J Y, et al. TextAttack: A framework for adversarial attacks, data augmentation, and adversarial training in NLP[C/OL]//Proceedings of the 2020 Conference on Empirical Methods in Natural Language Processing: System Demonstrations. Online: Association for Computational Linguistics, 2020: 119-126. https://aclanthology.org/2020.emnlp-demos.16. DOI: 10.18653/v1/2020.emnlp-demos.16.

[455] GAO J, LANCHANTIN J, SOFFA M L, et al. Black-box generation of adversarial text sequences to evade deep learning classifiers[C/OL]//2018 IEEE Security and Privacy Workshops (SPW). 2018: 50-56. DOI: 10.1109/SPW.2018.00016.

[456] EBRAHIMI J, RAO A, LOWD D, et al. HotFlip: White-box adversarial examples for text classification[C/OL]// Proceedings of the 56th Annual Meeting of the Association for Computational Linguistics (Volume 2: Short Papers). Melbourne, Australia: Association for Computational Linguistics, 2018: 31-36. https://aclanthology .org/P18-2006. DOI: 10.18653/v1/P18-2006.

[457] LI L, MA R, GUO Q, et al. BERT-ATTACK: Adversarial attack against BERT using BERT[C/OL]//Proceedings of the 2020 Conference on Empirical Methods in Natural Language Processing (EMNLP). Online: Association for Computational Linguistics, 2020: 6193-6202. https://aclanthology.org/2020.emnlp-main.500. DOI: 10.1 8653/v1/2020.emnlp-main.500.

[458] JIN D, JIN Z, ZHOU J T, et al. Is BERT really robust? A strong baseline for natural language attack on text classification and entailment[C/OL]//The Thirty-Fourth AAAI Conference on Artificial Intelligence, AAAI 2020, The Thirty-Second Innovative Applications of Artificial Intelligence Conference, IAAI 2020, The Tenth AAAI Symposium on Educational Advances in Artificial Intelligence, EAAI 2020, New York, NY, USA, February 7-12, 2020. AAAI Press, 2020: 8018-8025. https://aaai.org/ojs/index.php/AAAI/article/view/6311.

[459] MORRIS J, LIFLAND E, LANCHANTIN J, et al. Reevaluating adversarial examples in natural lan-guage[C/OL]//Findings of the Association for Computational Linguistics: EMNLP 2020. Online: Association for Computational Linguistics, 2020: 3829-3839. https://aclanthology.org/2020.findings-emnlp.341. DOI: 10.18653/v1/2020.findings-emnlp.341.

[460] MICHEL P, LI X, NEUBIG G, et al. On evaluation of adversarial perturbations for sequence-to-sequence models[C/OL]//Proceedings of the 2019 Conference of the North American Chapter of the Association for Computational Linguistics: Human Language Technologies, Volume 1 (Long and Short Papers). Minneapolis, Minnesota: Association for Computational Linguistics, 2019: 3103-3114. https://aclanthology.org/N19-1314. DOI: 10.18653/v1/N19-1314.

[461] LIANG B, LI H, SU M, et al. Deep text classification can be fooled[C]//IJCAI'18: Proceedings of the 27th International Joint Conference on Artificial Intelligence. Stockholm, Sweden: AAAI Press, 2018: 4208-4215.

[462] GUO J, ZHANG Z, ZHANG L, et al. Towards variable-length textual adversarial attacks[J]. ArXiv, 2021, abs/2104.08139.

[463] KARPUKHIN V, LEVY O, EISENSTEIN J, et al. Training on synthetic noise improves robustness to natural noise in machine translation[C/OL]//Proceedings of the 5th Workshop on Noisy User-generated Text (W-NUT 2019). Hong Kong, China: Association for Computational Linguistics, 2019: 42-47. https://aclanthology.org /D19-5506. DOI: 10.18653/v1/D19-5506.

[464] ZOU W, HUANG S, XIE J, et al. A reinforced generation of adversarial examples for neural machine translation[C/OL]//Proceedings of the 58th Annual Meeting of the Association for Computational Linguistics. Online: Association for Computational Linguistics, 2020: 3486-3497. https://aclanthology.org/2020.acl-mai n.319. DOI: 10.18653/v1/2020.acl-main.319.

[465] ZHAO Z, DUA D, SINGH S. Generating natural adversarial examples[C/OL]//International Conference on Learning Representations. 2018. https://openreview.net/forum?id=H1BLjgZCb.

[466] LI X, MICHEL P, ANASTASOPOULOS A, et al. Findings of the first shared task on machine translation robustness[C/OL]//Proceedings of the Fourth Conference on Machine Translation (Volume 2: Shared Task Papers, Day 1). Florence, Italy: Association for Computational Linguistics, 2019: 91-102. https://aclantholo

gy.org/W19-5303. DOI: 10.18653/v1/W19-5303.

[467] ZENG Z, XIONG D. An empirical study on adversarial attack on NMT: Languages and positions matter[C/OL]//Proceedings of the 59th Annual Meeting of the Association for Computational Linguistics and the 11th International Joint Conference on Natural Language Processing (Volume 2: Short Papers). Online: Association for Computational Linguistics, 2021: 454-460. https://aclanthology.org/2021.acl-short.58. DOI: 10.18653/v1/2021.acl-short.58.

[468] MICHEL P, NEUBIG G. MTNT: A testbed for machine translation of noisy text[C/OL]//Proceedings of the 2018 Conference on Empirical Methods in Natural Language Processing. Brussels, Belgium: Association for Computational Linguistics, 2018: 543-553. https://aclanthology.org/D18-1050. DOI: 10.18653/v1/D18-1050.

[469] NAPOLES C, SAKAGUCHI K, TETREAULT J. JFLEG: A fluency corpus and benchmark for grammatical error correction[C/OL]//Proceedings of the 15th Conference of the European Chapter of the Association for Computational Linguistics: Volume 2, Short Papers. Valencia, Spain: Association for Computational Linguistics, 2017: 229-234. https://aclanthology.org/E17-2037.

[470] ANASTASOPOULOS A, LUI A, NGUYEN T Q, et al. Neural machine translation of text from non-native speakers[C/OL]//Proceedings of the 2019 Conference of the North American Chapter of the Association for Computational Linguistics: Human Language Technologies, Volume 1 (Long and Short Papers). Minneapolis, Minnesota: Association for Computational Linguistics, 2019: 3070-3080. https://aclanthology.org/N19-1311. DOI: 10.18653/v1/N19-1311.

[471] HENDRYCKS D, LIU X, WALLACE E, et al. Pretrained transformers improve out-of-distribution robustness[C/OL]//Proceedings of the 58th Annual Meeting of the Association for Computational Linguistics. Online: Association for Computational Linguistics, 2020: 2744-2751. https://aclanthology.org/2020.acl-main.244. DOI: 10.18653/v1/2020.acl-main.244.

[472] ANDREASSEN A, BAHRI Y, NEYSHABUR B, et al. The evolution of out-of-distribution robustness throughout fine-tuning[J/OL]. CoRR, 2021, abs/2106.15831. https://arxiv.org/abs/2106.15831.

[473] KATYAL K D, WANG I, HAGER G D. Out-of-distribution robustness with deep recursive filters[J/OL]. CoRR, 2021, abs/2104.02799. https://arxiv.org/abs/2104.02799.

[474] CHENG Y, JIANG L, MACHEREY W, et al. AdvAug: Robust adversarial augmentation for neural machine translation[C/OL]//Proceedings of the 58th Annual Meeting of the Association for Computational Linguistics. Online: Association for Computational Linguistics, 2020: 5961-5970. https://aclanthology.org/2020.acl-main.529. DOI: 10.18653/v1/2020.acl-main.529.

[475] CHENG M, YI J, CHEN P Y, et al. Seq2sick: Evaluating the robustness of sequence-to-sequence models with adversarial examples[C/OL]//Proceedings of the AAAI Conference on Artificial Intelligence: volume 34. 2020: 3601-3608. https://ojs.aaai.org/index.php/AAAI/article/view/5767. DOI: 10.1609/aaai.v34i04.5767.

[476] EBRAHIMI J, LOWD D, DOU D. On adversarial examples for character-level neural machine translation[C/OL]//Proceedings of the 27th International Conference on Computational Linguistics. Santa Fe, New Mexico, USA: Association for Computational Linguistics, 2018: 653-663. https://aclanthology.org/C18-1055.

[477] WALLACE E, STERN M, SONG D. Imitation attacks and defenses for black-box machine translation systems[C/OL]//Proceedings of the 2020 Conference on Empirical Methods in Natural Language Processing (EMNLP). Online: Association for Computational Linguistics, 2020: 5531-5546. https://aclanthology.org/2020.emnlp-main.446. DOI: 10.18653/v1/2020.emnlp-main.446.

[478] IYYER M, WIETING J, GIMPEL K, et al. Adversarial example generation with syntactically controlled paraphrase networks[C/OL]//Proceedings of the 2018 Conference of the North American Chapter of the Association for Computational Linguistics: Human Language Technologies, Volume 1 (Long Papers). New Orleans, Louisiana: Association for Computational Linguistics, 2018: 1875-1885. https://aclanthology.org/N18-1170. DOI: 10.18653/v1/N18-1170.

[479] JIN D, JIN Z, ZHOU J T, et al. Is bert really robust? a strong baseline for natural language attack on text classification and entailment[C/OL]//Proceedings of the AAAI Conference on Artificial Intelligence: volume 34.

2020: 8018-8025. https://ojs.aaai.org/index.php/AAAI/article/view/6311. DOI: 10.1609/aaai.v34i05.6311.

[480] LI Y, SHARMA Y. Are generative classifiers more robust to adversarial attacks?[C]//ICML. 2019.

[481] SHAH H, BARBER D. Generative neural machine translation[C/OL]//BENGIO S, WALLACH H, LAROCHELLE H, et al. Advances in Neural Information Processing Systems: volume 31. Curran Associates, Inc., 2018. https://proceedings.neurips.cc/paper/2018/file/e4bb4c5173c2ce17fd8fcd40041c068f-Paper.pdf.

[482] ZHENG Z, ZHOU H, HUANG S, et al. Mirror-generative neural machine translation[C/OL]//International Conference on Learning Representations. 2020. https://openreview.net/forum?id=HkxQRTNYPH.

[483] LI J, JI S, DU T, et al. Textbugger: Generating adversarial text against real-world applications[C]//NDSS. 2019.

[484] LEE K, FIRAT O, AGARWAL A, et al. Hallucinations in neural machine translation[C]//Proceedings of the Interpretability and Robustness in Audio, Speech, and Language Workshop of the Conference on Neural Information Processing Systems (NeurIPS 2018), Montreal, Canada. 2018.

[485] RAUNAK V, MENEZES A, JUNCZYS-DOWMUNT M. The curious case of hallucinations in neural machine translation[C/OL]//Proceedings of the 2021 Conference of the North American Chapter of the Association for Computational Linguistics: Human Language Technologies. Online: Association for Computational Linguistics, 2021: 1172-1183. https://aclanthology.org/2021.naacl-main.92. DOI: 10.18653/v1/2021.naacl-main.92.

[486] WANG C, SENNRICH R. On exposure bias, hallucination and domain shift in neural machine translation[C/OL]//Proceedings of the 58th Annual Meeting of the Association for Computational Linguistics. Online: Association for Computational Linguistics, 2020: 3544-3552. https://aclanthology.org/2020.acl-main.326. DOI: 10.18653/v1/2020.acl-main.326.

[487] DONG D, WU H, HE W, et al. Multi-task learning for multiple language translation[C/OL]//Proceedings of the 53rd Annual Meeting of the Association for Computational Linguistics and the 7th International Joint Conference on Natural Language Processing (Volume 1: Long Papers). Beijing, China: Association for Computational Linguistics, 2015: 1723-1732. https://aclanthology.org/P15-1166. DOI: 10.3115/v1/P15-1166.

[488] FIRAT O, CHO K, BENGIO Y. Multi-way, multilingual neural machine translation with a shared attention mechanism[C/OL]//Proceedings of the 2016 Conference of the North American Chapter of the Association for Computational Linguistics: Human Language Technologies. San Diego, California: Association for Computational Linguistics, 2016: 866-875. https://aclanthology.org/N16-1101. DOI: 10.18653/v1/N16-1101.

[489] JOHNSON M, SCHUSTER M, LE Q V, et al. Google's multilingual neural machine translation system: Enabling zero-shot translation[J/OL]. Transactions of the Association for Computational Linguistics, 2017, 5: 339-351. https://aclanthology.org/Q17-1024. DOI: 10.1162/tacl_a_00065.

[490] LUONG M, LE Q V, SUTSKEVER I, et al. Multi-task sequence to sequence learning[C/OL]//BENGIO Y, LECUN Y. 4th International Conference on Learning Representations, ICLR 2016, San Juan, Puerto Rico, May 2-4, 2016, Conference Track Proceedings. 2016. http://arxiv.org/abs/1511.06114.

[491] GU J, HASSAN H, DEVLIN J, et al. Universal neural machine translation for extremely low resource languages[C/OL]//Proceedings of the 2018 Conference of the North American Chapter of the Association for Computational Linguistics: Human Language Technologies, Volume 1 (Long Papers). New Orleans, Louisiana: Association for Computational Linguistics, 2018: 344-354. https://aclanthology.org/N18-1032. DOI: 10.18653/v1/N18-1032.

[492] NEUBIG G, HU J. Rapid adaptation of neural machine translation to new languages[C/OL]//Proceedings of the 2018 Conference on Empirical Methods in Natural Language Processing. Brussels, Belgium: Association for Computational Linguistics, 2018: 875-880. https://www.aclweb.org/anthology/D18-1103. DOI: 10.18653/v1/D18-1103.

[493] TAN X, CHEN J, HE D, et al. Multilingual neural machine translation with language clustering[C/OL]//Proceedings of the 2019 Conference on Empirical Methods in Natural Language Processing and the 9th International Joint Conference on Natural Language Processing (EMNLP-IJCNLP). Hong Kong, China:

Association for Computational Linguistics, 2019: 963-973. https://aclanthology.org/D19-1089. DOI: 10.186 53/v1/D19-1089.

[494] TANG Y, TRAN C, LI X, et al. Multilingual translation with extensible multilingual pretraining and finetuning[Z]. 2020.

[495] FIRAT O, SANKARAN B, AL-ONAIZAN Y, et al. Zero-resource translation with multi-lingual neural machine translation[C/OL]//Proceedings of the 2016 Conference on Empirical Methods in Natural Language Processing. Austin, Texas: Association for Computational Linguistics, 2016: 268-277. https://aclanthology.org/D16-1026. DOI: 10.18653/v1/D16-1026.

[496] CURREY A, HEAFIELD K. Zero-resource neural machine translation with monolingual pivot data[C/OL]// Proceedings of the 3rd Workshop on Neural Generation and Translation. Hong Kong: Association for Computational Linguistics, 2019: 99-107. https://aclanthology.org/D19-5610. DOI: 10.18653/v1/D19-5610.

[497] HOKAMP C, GLOVER J, GHOLIPOUR GHALANDARI D. Evaluating the supervised and zero-shot performance of multi-lingual translation models[C/OL]//Proceedings of the Fourth Conference on Machine Translation (Volume 2: Shared Task Papers, Day 1). Florence, Italy: Association for Computational Linguistics, 2019: 209-217. https://aclanthology.org/W19-5319. DOI: 10.18653/v1/W19-5319.

[498] WANG Y, ZHANG J, ZHAI F, et al. Three strategies to improve one-to-many multilingual translation[C/OL]// Proceedings of the 2018 Conference on Empirical Methods in Natural Language Processing. Brussels, Belgium: Association for Computational Linguistics, 2018: 2955-2960. https://aclanthology.org/D18-1326. DOI: 10.18653/v1/D18-1326.

[499] SACHAN D, NEUBIG G. Parameter sharing methods for multilingual self-attentional translation models[C/OL]//Proceedings of the Third Conference on Machine Translation: Research Papers. Brussels, Belgium: Association for Computational Linguistics, 2018: 261-271. https://aclanthology.org/W18-6327. DOI: 10.18653/v1/W18-6327.

[500] VÁZQUEZ R, RAGANATO A, TIEDEMANN J, et al. Multilingual NMT with a language-independent attention bridge[C/OL]//Proceedings of the 4th Workshop on Representation Learning for NLP (RepL4NLP-2019). Florence, Italy: Association for Computational Linguistics, 2019: 33-39. https://aclanthology.org/W19 -4305. DOI: 10.18653/v1/W19-4305.

[501] BLACKWOOD G, BALLESTEROS M, WARD T. Multilingual neural machine translation with task-specific attention[C/OL]//Proceedings of the 27th International Conference on Computational Linguistics. Santa Fe, New Mexico, USA: Association for Computational Linguistics, 2018: 3112-3122. https://www.aclweb.org/ant hology/C18-1263.

[502] HA T, NIEHUES J, WAIBEL A H. Toward multilingual neural machine translation with universal encoder and decoder[J/OL]. CoRR, 2016, abs/1611.04798. http://arxiv.org/abs/1611.04798.

[503] LAKEW S M, CETTOLO M, FEDERICO M. A comparison of transformer and recurrent neural networks on multilingual neural machine translation[C/OL]//Proceedings of the 27th International Conference on Computational Linguistics. Santa Fe, New Mexico, USA: Association for Computational Linguistics, 2018: 641-652. https://www.aclweb.org/anthology/C18-1054.

[504] WU L, CHENG S, WANG M, et al. Language tags matter for zero-shot neural machine translation[C/OL]// Findings of the Association for Computational Linguistics: ACL-IJCNLP 2021. Online: Association for Computational Linguistics, 2021: 3001-3007. https://aclanthology.org/2021.findings-acl.264. DOI: 10.18653 /v1/2021.findings-acl.264.

[505] CONNEAU A, KHANDELWAL K, GOYAL N, et al. Unsupervised cross-lingual representation learning at scale[C/OL]//Proceedings of the 58th Annual Meeting of the Association for Computational Linguistics. Online: Association for Computational Linguistics, 2020: 8440-8451. https://aclanthology.org/2020.acl-main.747. DOI: 10.18653/v1/2020.acl-main.747.

[506] WENZEK G, LACHAUX M A, CONNEAU A, et al. CCNet: Extracting high quality monolingual datasets from web crawl data[C/OL]//Proceedings of the 12th Language Resources and Evaluation Conference. Marseille,

France: European Language Resources Association, 2020: 4003-4012. https://aclanthology.org/2020.lrec-1.4 94.

[507] SHAZEER N M, MIRHOSEINI A, MAZIARZ K, et al. Outrageously large neural networks: The sparsely-gated mixture-of-experts layer[C]//Proceedings of the 5th International Conference on Learning Representations (ICLR 2017). 2017.

[508] BENGIO Y, LÉONARD N, COURVILLE A C. Estimating or propagating gradients through stochastic neurons for conditional computation[J]. ArXiv, 2013, abs/1308.3432.

[509] LEPIKHIN D, LEE H, XU Y, et al. Gshard: Scaling giant models with conditional computation and automatic sharding[C]//Proceedings of the 9th International Conference on Learning Representations (ICLR 2021). 2021.

[510] SHOEYBI M, PATWARY M, PURI R, et al. Megatron-lm: Training multi-billion parameter language models using model parallelism[J/OL]. CoRR, 2019, abs/1909.08053. http://arxiv.org/abs/1909.08053.

[511] HUANG Y, CHENG Y, CHEN D, et al. Gpipe: Efficient training of giant neural networks using pipeline parallelism[J/OL]. CoRR, 2018, abs/1811.06965. http://arxiv.org/abs/1811.06965.

[512] MICIKEVICIUS P, NARANG S, ALBEN J, et al. Mixed precision training[C/OL]//6th International Conference on Learning Representations, ICLR 2018, Vancouver, BC, Canada, April 30 - May 3, 2018, Conference Track Proceedings. OpenReview.net, 2018. https://openreview.net/forum?id=r1gs9JgRZ.

[513] RAJBHANDARI S, RASLEY J, RUWASE O, et al. ZeRO: Memory optimizations toward training trillion parameter models[C/OL]//CUICCHI C, QUALTERS I, KRAMER W T. Proceedings of the International Conference for High Performance Computing, Networking, Storage and Analysis, SC 2020, Virtual Event / Atlanta, Georgia, USA, November 9-19, 2020. IEEE/ACM, 2020: 20. https://doi.org/10.1109/SC41405.2020 .00024.

[514] KINGMA D P, BA J. Adam: A method for stochastic optimization[C/OL]//BENGIO Y, LECUN Y. 3rd International Conference on Learning Representations, ICLR 2015, San Diego, CA, USA, May 7-9, 2015, Conference Track Proceedings. 2015. http://arxiv.org/abs/1412.6980.

[515] CHEN T, XU B, ZHANG C, et al. Training deep nets with sublinear memory cost[J/OL]. CoRR, 2016, abs/1604.06174. http://arxiv.org/abs/1604.06174.

[516] MICELI BARONE A V, HADDOW B, GERMANN U, et al. Regularization techniques for fine-tuning in neural machine translation[C/OL]//Proceedings of the 2017 Conference on Empirical Methods in Natural Language Processing. Copenhagen, Denmark: Association for Computational Linguistics, 2017: 1489-1494. https://aclanthology.org/D17-1156. DOI: 10.18653/v1/D17-1156.

[517] PHILIP J, BERARD A, GALLÉ M, et al. Monolingual adapters for zero-shot neural machine translation[C/OL]// Proceedings of the 2020 Conference on Empirical Methods in Natural Language Processing (EMNLP). Online: Association for Computational Linguistics, 2020: 4465-4470. https://aclanthology.org/2020.emnlp-main.361. DOI: 10.18653/v1/2020.emnlp-main.361.

[518] WANG X, TSVETKOV Y, NEUBIG G. Balancing training for multilingual neural machine translation[C/OL]// Proceedings of the 58th Annual Meeting of the Association for Computational Linguistics. Online: Association for Computational Linguistics, 2020: 8526-8537. https://aclanthology.org/2020.acl-main.754. DOI: 10.18653 /v1/2020.acl-main.754.

[519] WANG X, NEUBIG G. Target conditioned sampling: Optimizing data selection for multilingual neural machine translation[C/OL]//Proceedings of the 57th Annual Meeting of the Association for Computational Linguistics. Florence, Italy: Association for Computational Linguistics, 2019: 5823-5828. https://aclanthology.org/P19-1 583. DOI: 10.18653/v1/P19-1583.

[520] WANG X, PHAM H, MICHEL P, et al. Optimizing data usage via differentiable rewards[C/OL]//Proceedings of Machine Learning Research: volume 119 Proceedings of the 37th International Conference on Machine Learning, ICML 2020, 13-18 July 2020, Virtual Event. PMLR, 2020: 9983-9995. http://proceedings.mlr.pres s/v119/wang20p.html.

[521] ONCEVAY A, HADDOW B, BIRCH A. Bridging linguistic typology and multilingual machine translation with multi-view language representations[C/OL]//Proceedings of the 2020 Conference on Empirical Methods in Natural Language Processing (EMNLP). Online: Association for Computational Linguistics, 2020: 2391-2406. https://aclanthology.org/2020.emnlp-main.187. DOI: 10.18653/v1/2020.emnlp-main.187.

[522] GU J, WANG Y, CHO K, et al. Improved zero-shot neural machine translation via ignoring spurious correlations[C/OL]//Proceedings of the 57th Annual Meeting of the Association for Computational Linguistics. Florence, Italy: Association for Computational Linguistics, 2019: 1258-1268. https://aclanthology.org/P19-1121. DOI: 10.18653/v1/P19-1121.

[523] ZHANG B, WILLIAMS P, TITOV I, et al. Improving massively multilingual neural machine translation and zero-shot translation[C/OL]//Proceedings of the 58th Annual Meeting of the Association for Computational Linguistics. Online: Association for Computational Linguistics, 2020: 1628-1639. https://aclanthology.org/2020.acl-main.148. DOI: 10.18653/v1/2020.acl-main.148.

[524] ZHANG B, BAPNA A, SENNRICH R, et al. Share or not? learning to schedule language-specific capacity for multilingual translation[C/OL]//9th International Conference on Learning Representations, ICLR 2021, Virtual Event, Austria, May 3-7, 2021. OpenReview.net, 2021. https://openreview.net/forum?id=Wj4ODo0uyCF.

[525] KHUSAINOVA A, KHAN A, RIVERA A R, et al. Hierarchical transformer for multilingual machine translation[J/OL]. CoRR, 2021, abs/2103.03589. https://arxiv.org/abs/2103.03589.

[526] HAFFARI G, SARKAR A. Active learning for multilingual statistical machine translation[C/OL]//Proceedings of the Joint Conference of the 47th Annual Meeting of the ACL and the 4th International Joint Conference on Natural Language Processing of the AFNLP. Suntec, Singapore: Association for Computational Linguistics, 2009: 181-189. https://aclanthology.org/P09-1021.

[527] ARIVAZHAGAN N, BAPNA A, FIRAT O, et al. The missing ingredient in zero-shot neural machine translation[J/OL]. CoRR, 2019, abs/1903.07091. http://arxiv.org/abs/1903.07091.

[528] WANG Y, ZHAI C, HASSAN H. Multi-task learning for multilingual neural machine translation[C/OL]//Proceedings of the 2020 Conference on Empirical Methods in Natural Language Processing (EMNLP). Online: Association for Computational Linguistics, 2020: 1022-1034. https://aclanthology.org/2020.emnlp-main.75. DOI: 10.18653/v1/2020.emnlp-main.75.

[529] SIDDHANT A, BAPNA A, CAO Y, et al. Leveraging monolingual data with self-supervision for multilingual neural machine translation[C/OL]//Proceedings of the 58th Annual Meeting of the Association for Computational Linguistics. Online: Association for Computational Linguistics, 2020: 2827-2835. https://aclanthology.org/2020.acl-main.252. DOI: 10.18653/v1/2020.acl-main.252.

[530] DABRE R, CHU C, KUNCHUKUTTAN A. A survey of multilingual neural machine translation[J/OL]. ACM Comput. Surv., 2020, 53(5). https://doi.org/10.1145/3406095.

[531] WAIBEL A, FUGEN C. Spoken language translation[J/OL]. IEEE Signal Processing Magazine, 2008, 25(3): 70-79. DOI: 10.1109/MSP.2008.918415.

[532] SPECIA L, FRANK S, SIMA'AN K, et al. A shared task on multimodal machine translation and crosslingual image description[C/OL]//Proceedings of the First Conference on Machine Translation: Volume 2, Shared Task Papers. Berlin, Germany: Association for Computational Linguistics, 2016: 543-553. https://aclanthology.org/W16-2346. DOI: 10.18653/v1/W16-2346.

[533] IVE J, MADHYASTHA P, SPECIA L. Distilling translations with visual awareness[C/OL]//Proceedings of the 57th Annual Meeting of the Association for Computational Linguistics. Florence, Italy: Association for Computational Linguistics, 2019: 6525-6538. https://aclanthology.org/P19-1653. DOI: 10.18653/v1/P19-1653.

[534] MOGADALA A, KALIMUTHU M, KLAKOW D. Trends in integration of vision and language research: A survey of tasks, datasets, and methods[J]. Journal of Artificial Intelligence Research, 2021, 71 (2021): 183 - 1317.

[535] CALIXTO I, DE CAMPOS T E, SPECIA L. Images as context in statistical machine translation[C]//Second Annual Meeting of the EPSRC Network on Vision & Language. 2012.

[536] SULUBACAK U, CAGLAYAN O, GRÖNROOS S, et al. Multimodal machine translation through visuals and speech[J]. Machine Translation, 2020, 34: 97-147.

[537] MANSIMOV E, STERN M, CHEN M, et al. Towards end-to-end in-image neural machine translation[C/OL]// Proceedings of the First International Workshop on Natural Language Processing Beyond Text. Online: Association for Computational Linguistics, 2020: 70-74. https://aclanthology.org/2020.nlpbt-1.8. DOI: 10.1 8653/v1/2020.nlpbt-1.8.

[538] ARORA K K, ARORA S, ROY M K. Speech to speech translation: a communication boon[J]. CSI Transactions on ICT, 2013, 1: 207-213.

[539] SPERBER M, PAULIK M. Speech translation and the end-to-end promise: Taking stock of where we are[C/OL]//Proceedings of the 58th Annual Meeting of the Association for Computational Linguistics. Online: Association for Computational Linguistics, 2020: 7409-7421. https://aclanthology.org/2020.acl-main.661. DOI: 10.18653/v1/2020.acl-main.661.

[540] WAHLSTER W. Verbmobil: Foundations of speech-to-speech translation[M/OL]. Berlin: Springer, 2000. DOI: 10.1007/978-3-662-04230-4.

[541] COHEN J. The gale project: A description and an update[C]//2007 IEEE Workshop on Automatic Speech Recognition & Understanding (ASRU). 2007: 237-237.

[542] WOSZCZYNA M, COCCARO N, EISELE A, et al. Recent advances in JANUS: a speech translation system[C/OL]//Third European Conference on Speech Communication and Technology, EUROSPEECH 1993, Berlin, Germany, September 22-25, 1993. ISCA, 1993. http://www.isca-speech.org/archive/eurospeech_199 3/e93_1295.html.

[543] ZHANG P, GE N, CHEN B, et al. Lattice transformer for speech translation[C/OL]//Proceedings of the 57th Annual Meeting of the Association for Computational Linguistics. Florence, Italy: Association for Computational Linguistics, 2019: 6475-6484. https://aclanthology.org/P19-1649. DOI: 10.18653/v1/P19-164 9.

[544] BERARD A, PIETQUIN O, SERVAN C, et al. Listen and translate: A proof of concept for end-to-end speech-to-text translation[C]//NIPS Workshop on End-to-end Learning for Speech and Audio Processing. 2016.

[545] NIEHUES J, SALESKY E, TURCHI M, et al. Tutorial proposal: End-to-end speech translation[C/OL]// Proceedings of the 16th Conference of the European Chapter of the Association for Computational Linguistics: Tutorial Abstracts. online: Association for Computational Linguistics, 2021: 10-13. https://aclanthology.org/2 021.eacl-tutorials.3.

[546] DUONG L, ANASTASOPOULOS A, CHIANG D, et al. An attentional model for speech translation without transcription[C/OL]//Proceedings of the 2016 Conference of the North American Chapter of the Association for Computational Linguistics: Human Language Technologies. San Diego, California: Association for Computational Linguistics, 2016: 949-959. https://aclanthology.org/N16-1109. DOI: 10.18653/v1/N16-1109.

[547] JAN N, CATTONI R, SEBASTIAN S, et al. The IWSLT 2018 evaluation campaign[C]//Proceedings of the 15th International Workshop on Spoken Language Translation Bruges, Belgium, October 29-30. 2018.

[548] NIEHUES J, CATTONI R, STÜKER S, et al. The IWSLT 2019 evaluation campaign[C]//Proceedings of the 16th International Workshop on Spoken Language Translation, Hong Kong, China, November 02-03. 2019.

[549] GANGI M A D, NEGRI M, TURCHI M. Adapting transformer to end-to-end spoken language translation[C/OL]//Proc. Interspeech 2019. 2019: 1133-1137. DOI: 10.21437/Interspeech.2019-3045.

[550] ANSARI E, AXELROD A, BACH N, et al. FINDINGS OF THE IWSLT 2020 EVALUATION CAMPAIGN[C/OL]//Proceedings of the 17th International Conference on Spoken Language Translation. Online: Association for Computational Linguistics, 2020: 1-34. https://aclanthology.org/2020.iwslt-1.1. DOI: 10.18653/v1/2020.iwslt-1.1.

[551] DI GANGI M A, NEGRI M, CATTONI R, et al. Enhancing transformer for end-to-end speech-to-text translation[C/OL]//Proceedings of Machine Translation Summit XVII: Research Track. Dublin, Ireland: European Association for Machine Translation, 2019: 21-31. https://aclanthology.org/W19-6603.

[552] SALESKY E, BLACK A W. Phone features improve speech translation[C/OL]//Proceedings of the 58th Annual Meeting of the Association for Computational Linguistics. Online: Association for Computational Linguistics, 2020: 2388-2397. https://aclanthology.org/2020.acl-main.217. DOI: 10.18653/v1/2020.acl-main.217.

[553] DONG L, XU S, XU B. Speech-transformer: A no-recurrence sequence-to-sequence model for speech recognition[C]//2018 IEEE International Conference on Acoustics, Speech and Signal Processing (ICASSP). 2018: 5884-5888.

[554] HUANG W, HU W, YEUNG Y T, et al. Conv-transformer transducer: Low latency, low frame rate, streamable end-to-end speech recognition[C/OL]//MENG H, XU B, ZHENG T F. Interspeech 2020, 21st Annual Conference of the International Speech Communication Association, Virtual Event, Shanghai, China, 25-29 October 2020. ISCA, 2020: 5001-5005. https://doi.org/10.21437/Interspeech.2020-2361.

[555] WEISS R J, CHOROWSKI J, JAITLY N, et al. Sequence-to-sequence models can directly translate foreign speech[C]//INTERSPEECH. 2017.

[556] BERARD A, BESACIER L, KOCABIYIKOGLU A C, et al. End-to-end automatic speech translation of audiobooks[C]//2018 IEEE International Conference on Acoustics, Speech and Signal Processing (ICASSP). 2018: 6224-6228.

[557] ANASTASOPOULOS A, CHIANG D. Tied multitask learning for neural speech translation[C/OL]//Proceedings of the 2018 Conference of the North American Chapter of the Association for Computational Linguistics: Human Language Technologies, Volume 1 (Long Papers). New Orleans, Louisiana: Association for Computational Linguistics, 2018: 82-91. https://aclanthology.org/N18-1008. DOI: 10.18653/v1/N18-1008.

[558] SPERBER M, NEUBIG G, NIEHUES J, et al. Attention-passing models for robust and data-efficient end-to-end speech translation[J/OL]. Transactions of the Association for Computational Linguistics, 2019, 7: 313-325. https://aclanthology.org/Q19-1020. DOI: 10.1162/tacl_a_00270.

[559] LE H, PINO J, WANG C, et al. Dual-decoder transformer for joint automatic speech recognition and multilingual speech translation[C/OL]//Proceedings of the 28th International Conference on Computational Linguistics. Barcelona, Spain (Online): International Committee on Computational Linguistics, 2020: 3520-3533. https://aclanthology.org/2020.coling-main.314. DOI: 10.18653/v1/2020.coling-main.314.

[560] BANSAL S, KAMPER H, LIVESCU K, et al. Pre-training on high-resource speech recognition improves low-resource speech-to-text translation[C/OL]//Proceedings of the 2019 Conference of the North American Chapter of the Association for Computational Linguistics: Human Language Technologies, Volume 1 (Long and Short Papers). Minneapolis, Minnesota: Association for Computational Linguistics, 2019: 58-68. https://aclanthology.org/N19-1006. DOI: 10.18653/v1/N19-1006.

[561] STOIAN M C, BANSAL S, GOLDWATER S. Analyzing ASR pretraining for low-resource speech-to-text translation[C/OL]//ICASSP 2020 - 2020 IEEE International Conference on Acoustics, Speech and Signal Processing (ICASSP). 2020: 7909-7913. DOI: 10.1109/ICASSP40776.2020.9053847.

[562] BAHAR P, BIESCHKE T, NEY H. A comparative study on end-to-end speech to text translation[C]//2019 IEEE Automatic Speech Recognition and Understanding Workshop (ASRU). IEEE, 2019: 792-799.

[563] JIA Y, JOHNSON M, MACHEREY W, et al. Leveraging weakly supervised data to improve end-to-end speech-to-text translation[C/OL]//ICASSP 2019 - 2019 IEEE International Conference on Acoustics, Speech and Signal Processing (ICASSP). 2019: 7180-7184. DOI: 10.1109/ICASSP.2019.8683343.

[564] PINO J M, PUZON L, GU J, et al. Harnessing indirect training data for end-to-end automatic speech translation: Tricks of the trade[C]//Proceedings of the 16th International Workshop on Spoken Language Translation, Hong Kong, China, November 02-03. 2019.

[565] INDURTHI S, HAN H, LAKUMARAPU N K, et al. End-to-end speech-to-text translation with modality

agnostic meta-learning[C/OL]//ICASSP 2020 - 2020 IEEE International Conference on Acoustics, Speech and Signal Processing (ICASSP). 2020: 7904-7908. DOI: 10.1109/ICASSP40776.2020.9054759.

[566] ZHANG B, TITOV I, HADDOW B, et al. Adaptive feature selection for end-to-end speech transla-tion[C/OL]//Findings of the Association for Computational Linguistics: EMNLP 2020. Online: Association for Computational Linguistics, 2020: 2533-2544. https://aclanthology.org/2020.findings-emnlp.230. DOI: 10.18653/v1/2020.findings-emnlp.230.

[567] DONG Q, WANG M, ZHOU H, et al. Listen, understand and translate: Triple supervision decouples end-to-end speech-to-text translation[C]//Proceedings of the Thirty-Fifth AAAI Conference on Artificial Intelligence (AAAI-21). 2021: 12749-12759.

[568] POST R, KUMAR G, LOPEZ A, et al. Improved speech-to-text translation with the fisher and callhome spanish–english speech translation corpus[C]//Proceedings of the 10th International Workshop on Spoken Language Translation (IWSLT 2013), Heidelberg, Germany. 2013.

[569] SHIMIZU H, NEUBIG G, SAKTI S, et al. Collection of a simultaneous translation corpus for comparative analysis[C/OL]//Proceedings of the Ninth International Conference on Language Resources and Evaluation (LREC'14). Reykjavik, Iceland: European Language Resources Association (ELRA), 2014: 670-673. http://www.lrec-conf.org/proceedings/lrec2014/pdf/162_Paper.pdf.

[570] KOCABIYIKOGLU A C, BESACIER L, KRAIF O. Augmenting librispeech with French translations: A multimodal corpus for direct speech translation evaluation[C/OL]//Proceedings of the Eleventh International Conference on Language Resources and Evaluation (LREC 2018). Miyazaki, Japan: European Language Resources Association (ELRA), 2018. https://aclanthology.org/L18-1001.

[571] SANABRIA R, CAGLAYAN O, PALASKAR S, et al. How2: A large-scale dataset for multimodal language understanding[C]//Proceedings of the Workshop on Visually Grounded Interaction and Language (NeurIPS 2018), Montréal, Canada. 2018.

[572] ZHANG R, WANG X, ZHANG C, et al. BSTC: A large-scale Chinese-English speech translation dataset[C/OL]//Proceedings of the Second Workshop on Automatic Simultaneous Translation. Online: Association for Computational Linguistics, 2021: 28-35. https://aclanthology.org/2021.autosimtrans-1.5. DOI: 10.18653/v1/2021.autosimtrans-1.5.

[573] DI GANGI M A, CATTONI R, BENTIVOGLI L, et al. MuST-C: a Multilingual Speech Translation Corpus[C/OL]//Proceedings of the 2019 Conference of the North American Chapter of the Association for Computational Linguistics: Human Language Technologies, Volume 1 (Long and Short Papers). Minneapolis, Minnesota: Association for Computational Linguistics, 2019: 2012-2017. https://aclanthology.org/N19-1202. DOI: 10.18653/v1/N19-1202.

[574] WANG C, PINO J, WU A, et al. CoVoST: A diverse multilingual speech-to-text translation corpus[C/OL]//Proceedings of the 12th Language Resources and Evaluation Conference. Marseille, France: European Language Resources Association, 2020: 4197-4203. https://aclanthology.org/2020.lrec-1.517.

[575] ARDILA R, BRANSON M, DAVIS K, et al. Common voice: A massively-multilingual speech corpus[C/OL]//Proceedings of the 12th Language Resources and Evaluation Conference. Marseille, France: European Language Resources Association, 2020: 4218-4222. https://aclanthology.org/2020.lrec-1.520.

[576] IRANZO-SÁNCHEZ J, SILVESTRE-CERDÀ J A, JORGE J, et al. Europarl-st: A multilingual corpus for speech translation of parliamentary debates[C]//ICASSP 2020 - 2020 IEEE International Conference on Acoustics, Speech and Signal Processing (ICASSP). 2020: 8229-8233.

[577] ZANON BOITO M, HAVARD W, GARNERIN M, et al. MaSS: A large and clean multilingual corpus of sentence-aligned spoken utterances extracted from the Bible[C/OL]//Proceedings of the 12th Language Resources and Evaluation Conference. Marseille, France: European Language Resources Association, 2020: 6486-6493. https://aclanthology.org/2020.lrec-1.799.

[578] SALESKY E, WIESNER M, BREMERMAN J, et al. The multilingual TEDx corpus for speech recognition and translation[J]. ArXiv, 2021, abs/2102.01757.

[579] GANGI M A D, NEGRI M, TURCHI M. One-to-many multilingual end-to-end speech translation[C/OL]//
IEEE Automatic Speech Recognition and Understanding Workshop, ASRU 2019, Singapore, December 14-18,
2019. IEEE, 2019: 585-592. https://doi.org/10.1109/ASRU46091.2019.9004003.

[580] INAGUMA H, DUH K, KAWAHARA T, et al. Multilingual end-to-end speech translation[C]//2019 IEEE
Automatic Speech Recognition and Understanding Workshop (ASRU). IEEE, 2019: 570-577.

[581] BARRAULT L, BOUGARES F, SPECIA L, et al. Findings of the third shared task on multimodal machine
translation[C/OL]//Proceedings of the Third Conference on Machine Translation: Shared Task Papers. Belgium,
Brussels: Association for Computational Linguistics, 2018: 304-323. https://aclanthology.org/W18-6402.
DOI: 10.18653/v1/W18-6402.

[582] LALA C, MADHYASTHA P S, SCARTON C, et al. Sheffield submissions for WMT18 multimodal translation
shared task[C/OL]//Proceedings of the Third Conference on Machine Translation: Shared Task Papers. Belgium,
Brussels: Association for Computational Linguistics, 2018: 624-631. https://aclanthology.org/W18-6442.
DOI: 10.18653/v1/W18-6442.

[583] WANG D, XIONG D. Efficient object-level visual context modeling for multimodal machine translation:
Masking irrelevant objects helps grounding[C/OL]//Thirty-Fifth AAAI Conference on Artificial Intelligence,
AAAI 2021, Thirty-Third Conference on Innovative Applications of Artificial Intelligence, IAAI 2021, The
Eleventh Symposium on Educational Advances in Artificial Intelligence, EAAI 2021, Virtual Event, February
2-9, 2021. AAAI Press, 2021: 2720-2728. https://ojs.aaai.org/index.php/AAAI/article/view/16376.

[584] LALA C, SPECIA L. Multimodal lexical translation[C/OL]//Proceedings of the Eleventh International Confer-
ence on Language Resources and Evaluation (LREC 2018). Miyazaki, Japan: European Language Resources
Association (ELRA), 2018. https://aclanthology.org/L18-1602.

[585] NAKAYAMA H, NISHIDA N. Zero-resource machine translation by multimodal encoder–decoder network
with multimedia pivot[J]. Machine Translation, 2017, 31: 49-64.

[586] LEE J, CHO K, WESTON J, et al. Emergent translation in multi-agent communication[C/OL]//International
Conference on Learning Representations. 2018. https://openreview.net/forum?id=H1vEXaxA-.

[587] HUANG P Y, HU J, CHANG X, et al. Unsupervised multimodal neural machine translation with pseudo visual
pivoting[C/OL]//Proceedings of the 58th Annual Meeting of the Association for Computational Linguistics.
Online: Association for Computational Linguistics, 2020: 8226-8237. https://aclanthology.org/2020.acl-mai
n.731. DOI: 10.18653/v1/2020.acl-main.731.

[588] ELLIOTT D, KÁDÁR Á. Imagination improves multimodal translation[C/OL]//Proceedings of the Eighth
International Joint Conference on Natural Language Processing (Volume 1: Long Papers). Taipei, Taiwan: Asian
Federation of Natural Language Processing, 2017: 130-141. https://www.aclweb.org/anthology/I17-1014.

[589] YIN Y, MENG F, SU J, et al. A novel graph-based multi-modal fusion encoder for neural machine transla-
tion[C/OL]//Proceedings of the 58th Annual Meeting of the Association for Computational Linguistics. Online:
Association for Computational Linguistics, 2020: 3025-3035. https://aclanthology.org/2020.acl-main.273.
DOI: 10.18653/v1/2020.acl-main.273.

[590] WANG D, XIONG D. Efficient object-level visual context modeling for multimodal machine translation:
Masking irrelevant objects helps grounding[C]//Proceedings of The Thirty-Fifth AAAI Conference on Artificial
Intelligence (AAAI-21). 2021: 2720-2728.

[591] CAGLAYAN O, KUYU M, AMAC M S, et al. Cross-lingual visual pre-training for multimodal machine
translation[C/OL]//Proceedings of the 16th Conference of the European Chapter of the Association for Com-
putational Linguistics: Main Volume. Online: Association for Computational Linguistics, 2021: 1317-1324.
https://aclanthology.org/2021.eacl-main.112.

[592] IVE J, LI A M, MIAO Y, et al. Exploiting multimodal reinforcement learning for simultaneous machine
translation[C/OL]//Proceedings of the 16th Conference of the European Chapter of the Association for Com-
putational Linguistics: Main Volume. Online: Association for Computational Linguistics, 2021: 3222-3233.
https://aclanthology.org/2021.eacl-main.281.

[593] GRUBINGER M, CLOUGH P D, MÜLLER H, et al. The IAPR TC-12 benchmark: A new evaluation resource for visual information systems[C]//Proceedings of the International Workshop OntoImage'2006 Language Resources for Content-Based Image Retrieval, held in conjunction with LREC'06. Genoa, Italy, 2006: 13 - 23.

[594] ELLIOTT D, FRANK S, SIMA'AN K, et al. Multi30K: Multilingual English-German image descriptions[C/OL]//Proceedings of the 5th Workshop on Vision and Language. Berlin, Germany: Association for Computational Linguistics, 2016: 70-74. https://aclanthology.org/W16-3210. DOI: 10.18653/v1/W16-3210.

[595] YOUNG P, LAI A, HODOSH M, et al. From image descriptions to visual denotations: New similarity metrics for semantic inference over event descriptions[J/OL]. Transactions of the Association for Computational Linguistics, 2014, 2: 67-78. https://aclanthology.org/Q14-1006. DOI: 10.1162/tacl_a_00166.

[596] ELLIOTT D, FRANK S, BARRAULT L, et al. Findings of the second shared task on multimodal machine translation and multilingual image description[C/OL]//Proceedings of the Second Conference on Machine Translation. Copenhagen, Denmark: Association for Computational Linguistics, 2017: 215-233. https://aclanthology.org/W17-4718. DOI: 10.18653/v1/W17-4718.

[597] LIN T Y, MAIRE M, BELONGIE S, et al. Microsoft COCO: Common objects in context[C]//FLEET D, PAJDLA T, SCHIELE B, et al. Computer Vision – ECCV 2014. Cham: Springer International Publishing, 2014: 740-755.

[598] CHEN D, DOLAN W. Collecting highly parallel data for paraphrase evaluation[C/OL]//Proceedings of the 49th Annual Meeting of the Association for Computational Linguistics: Human Language Technologies. Portland, Oregon, USA: Association for Computational Linguistics, 2011: 190-200. https://aclanthology.org/P11-1020.

[599] WANG X, WU J, CHEN J, et al. VaTeX: A large-scale, high-quality multilingual dataset for video-and-language research[C/OL]//2019 IEEE/CVF International Conference on Computer Vision (ICCV). 2019: 4580-4590. DOI: 10.1109/ICCV.2019.00468.

[600] KAY W, CARREIRA J, SIMONYAN K, et al. The kinetics human action video dataset[J]. ArXiv, 2017, abs/1705.06950.

[601] INAGUMA H, KIYONO S, DUH K, et al. ESPnet-ST: All-in-one speech translation toolkit[C/OL]//Proceedings of the 58th Annual Meeting of the Association for Computational Linguistics: System Demonstrations. Online: Association for Computational Linguistics, 2020: 302-311. https://aclanthology.org/2020.acl-demos.34. DOI: 10.18653/v1/2020.acl-demos.34.

[602] WANG C, WU Y, LIU S, et al. Curriculum pre-training for end-to-end speech translation[C/OL]//Proceedings of the 58th Annual Meeting of the Association for Computational Linguistics. Online: Association for Computational Linguistics, 2020: 3728-3738. https://aclanthology.org/2020.acl-main.344. DOI: 10.18653/v1/2020.acl-main.344.

[603] ZHOU M, CHENG R, LEE Y J, et al. A visual attention grounding neural model for multimodal machine translation[C/OL]//Proceedings of the 2018 Conference on Empirical Methods in Natural Language Processing. Brussels, Belgium: Association for Computational Linguistics, 2018: 3643-3653. https://aclanthology.org/D18-1400. DOI: 10.18653/v1/D18-1400.

[604] SIGURDSSON G A, ALAYRAC J B, NEMATZADEH A, et al. Visual grounding in video for unsupervised word translation[C]//2020 IEEE/CVF Conference on Computer Vision and Pattern Recognition (CVPR). 2020: 10847-10856.

[605] BOJAR O, BUCK C, CHATTERJEE R, et al. Proceedings of the first conference on machine translation: Volume 2, shared task papers[C/OL]. Berlin, Germany: Association for Computational Linguistics, 2016. https://aclanthology.org/W16-2300. DOI: 10.18653/v1/W16-2300.

[606] BOJAR O, BUCK C, CHATTERJEE R, et al. Proceedings of the second conference on machine translation[C/OL]. Copenhagen, Denmark: Association for Computational Linguistics, 2017. https://aclanthology.org/W17-4700. DOI: 10.18653/v1/W17-47.

[607] BOJAR O, CHATTERJEE R, FEDERMANN C, et al. Proceedings of the third conference on machine

translation: Shared task papers[C/OL]. Belgium, Brussels: Association for Computational Linguistics, 2018. https://aclanthology.org/W18-6400.

[608] BENDER E M, GEBRU T, MCMILLAN-MAJOR A, et al. On the dangers of stochastic parrots: Can language models be too big?[C/OL]//FAccT '21: Proceedings of the 2021 ACM Conference on Fairness, Accountability, and Transparency. New York, NY, USA: Association for Computing Machinery, 2021: 610-623. https://doi.org/10.1145/3442188.3445922.

[609] HARWELL D, TIKU N. Google's star ai ethics researcher, one of a few black women in the field, says she was fired for a critical email[M/OL]//The Washington Post. 2020. https://www.washingtonpost.com/technology/2020/12/03/timnit-gebru-google-fired/.

[610] SIMONITE T. What really happened when Google ousted Timnit Gebru[M/OL]//BACKCHANNEL, Wired. 2021. https://www.wired.com/story/google-timnit-gebru-ai-what-really-happened/.

[611] NEWELL A, SIMON H A. Computer science as empirical inquiry: Symbols and search[J/OL]. Commun. ACM, 1976, 19(3): 113-126. https://doi.org/10.1145/360018.360022.

[612] NILSSON N J. The physical symbol system hypothesis: Status and prospects[M]. Berlin, Heidelberg: Springer-Verlag, 2007: 9-17.

[613] BRINGSJORD S. The symbol grounding problem ···remains unsolved[J/OL]. Journal of Experimental & Theoretical Artificial Intelligence, 2015, 27(1): 63-72. https://doi.org/10.1080/0952813X.2014.940139.

[614] STEELS L. The symbol grounding problem has been solved, so what's next?[M/OL]. Oxford Scholarship Online, 2008. DOI: 10.1093/acprof:oso/9780199217274.003.0012.

[615] TADDEO M, FLORIDI L. Solving the symbol grounding problem: a critical review of fifteen years of research[J]. Journal of Experimental & Theoretical Artificial Intelligence, 2005, 17: 419 - 445.

[616] HARNAD S. The symbol grounding problem[J/OL]. Physica D: Nonlinear Phenomena, 1990, 42(1): 335-346. https://www.sciencedirect.com/science/article/pii/0167278990900876. DOI: https://doi.org/10.1016/0167-2789(90)90087-6.

[617] YANG J, WANG M, ZHOU H, et al. Towards making the most of bert in neural machine translation[C]//The Thirty-Fourth AAAI Conference on Artificial Intelligence (AAAI-20). 2020: 9378-9385.

[618] WANG M, LI L. Pre-training methods for neural machine translation[C/OL]//Proceedings of the 59th Annual Meeting of the Association for Computational Linguistics and the 11th International Joint Conference on Natural Language Processing: Tutorial Abstracts. Online: Association for Computational Linguistics, 2021: 21-25. https://aclanthology.org/2021.acl-tutorials.4. DOI: 10.18653/v1/2021.acl-tutorials.4.

[619] BAPNA A, FIRAT O. Non-parametric adaptation for neural machine translation[C/OL]//Proceedings of the 2019 Conference of the North American Chapter of the Association for Computational Linguistics: Human Language Technologies, Volume 1 (Long and Short Papers). Minneapolis, Minnesota: Association for Computational Linguistics, 2019: 1921-1931. https://aclanthology.org/N19-1191. DOI: 10.18653/v1/N19-1191.

[620] KHANDELWAL U, FAN A, JURAFSKY D, et al. Nearest neighbor machine translation[C/OL]//ICLR. 2021. https://openreview.net/forum?id=7wCBOfJ8hJM.

[621] GU J, WANG Y, CHO K, et al. Search engine guided neural machine translation[C]//AAAI. 2018.

索引 INDEX

A

暗知识（Dark Knowledge），316

B

BLEU（BiLingual Evaluation Understudy），222
白盒攻击（White-Box Attack），348
半参数机器翻译（Semi-Parametric Machine Translation），432
半监督领域适应（Semi-supervised Domain Adaptation），170
贝叶斯优化（Bayesian Optimization），211
本体论（Ontology），100
编码器-解码器（Encoder-Decoder），106
编码器（Encoder），106
变量联编（Variable Binding），71
标签偏差（Label Bias），431
标注平滑（Label Smoothing），148
标注资源（Labeled Resource），297
表示（Representation），18
并行化（Parallelization），140

C

Common Crawl，377
参数（Parameter），20
参数服务器（Parameter Server），205
参数共享（Parameter Sharing），64
参数模型（Parametric Model），432
残差连接（Residual Connection），128
残余状态（Residual State），383
测试集（Test Set），59
层（Layer），46
层归一化（Layer Normalization），144, 268
插值法（Interpolation），78

查询（Query），124
长度归一化（Length Normalization），140, 215
长短时记忆网络（Long Short-Term Memory, LSTM），69
常识（Common Sense），324
常识推理（Commonsense Reasoning），325
常识知识（Commonsense Knowledge），325
超参数（Hyperparameter），20, 59, 210
超参数自动优化方法（Automatic Hyperparameter Optimization，HPO），210
池化层（Pooling Layer），47
池化子层（Pooling Sublayer），62
重复（Reiteration），273
重排序（Reordering），13
重评估（Rescoring），117
重置门（Reset Gate），70
抽象意义表示（Abstract Meaning Representation），97
稠密层（Dense Layer），48
稠密扩展（Dense Scaling），381
稠密特征（Dense Feature），20
词袋（Bag-of-Words），85
词对齐（Word Alignment），92
词法分析（Lexical Analysis），93
词汇化树邻接文法（Lexicalized Tree Adjoining Grammar，LTAG），318
词汇链（Lexical Chain），273
词汇衔接（Lexical Cohesion），98, 273
词级蒸馏（Word-Level Knowledge Distillation），241
词件（WordPiece），158
词例（Word Token），84

词嵌入（Word Embedding），20
词网格（Word Lattice），397
词型（Word Type），80, 84
词义消歧（Word Sense Disambiguation，WSD），3
刺激的贫乏（Poverty of the Stimulus），71
错误传播（Error Propagation），396

D

搭配（Collocation），273
打乱顺序（Shuffling），58
代词脱落（Pro-drop），322
代词脱落语言（Pro-drop Language），322
代价函数（Cost Function），49
单体稠密模型（Monolithic Dense Model），73
单语适配器（Monolingual Adapter），386
单语言词嵌入（Monolingual Word Embedding），88
倒数衰减（Inverse-Time Decay），197
低维实数向量（Low-Dimensional Real-Valued Vector），19
低资源语言（Low-Resource Language），297
定期采样（Scheduled Sampling），218
动量项（Momentum Term），198
独热表示（One-Hot Representation），19
独热向量（One-Hot Vector），50, 108
独特发现（Singleton Discovery），117
端到端语音翻译（End-to-End Speech Translation），395
短语结构树（Phrase-Structure Tree），94
堆栈剪枝（Stack Pruning），15
堆栈解码（Stack Decoding），15
对比对（Contrastive Pair），325
对比译文对（Contrastive Translation Pair），288
对称量化（Symmetric Quantization），239
对话翻译（Dialogue Translation），432
对抗攻击（Adversarial Attack），346
对抗鲁棒性（Adversarial Robustness），346
对抗训练（Adversarial Training），346
对抗样本（Adversarial Example），346
对齐（Alignment），90
对数似然（Log-Likelihood），215
多标签分类（Multilabel Classification），50
多步注意力（Multi-Step Attention），136
多层感知机（Multi-layer Perceptron，MLP），61
多词表达（Multiword Expression），123
多对多（Many-to-Many），364

多对一（Many-to-One），364
多类分类（Multiclass Classification），50
多模态词汇翻译（Multimodal Lexical Translation），410
多模态机器翻译（Multimodal Machine Translation），394, 407
多头注意力（Multi-Head Attention），146, 154
多维度质量评估（Multidimensional Quality Metric，MQM），223
多向对齐（Multi-Way Alignment），91
多语言词嵌入（Multilingual Word Embedding），90
多语言端到端语音翻译（Multilingual End-to-End Speech Translation），407
多语言神经机器翻译（Multilingual Neural Machine Translation），364
多语言诅咒（Curse of Multilinguality），391
多语言诅咒（Curse of Multlinguality），376

E

二元分类（Binary Classification），50

F

发展语言学（Developmental Linguistics），102
翻译（Translation），2
翻译单元（Translation Unit），186
翻译假设（Translation Hypothesis），15
翻译腔（Translationese），431
翻译选项（Translation Option），17
反向翻译（Back-Translation），299, 304
反向转录语法（Inversion Transduction Grammar，ITG），26
泛化能力（Generalization），59
范式变迁（Paradigm Shift），100
范数裁剪（Clipping-by-Norm），202
方法论（Methodology），100
防御蒸馏（Defensive Distillation），346
仿射层（Affine Layer），48
非参数机器翻译（Non-Parametric Machine Translation），432
非参数模型（Non-Parametric Model），432
非代词脱落语言（Non-pro-drop Language），322
非对称量化（Asymmetric Quantization），239
非线性（Nonlinearty），45
非语言学知识（Non-/Extra-Linguistic Knowledge），317

非自回归神经机器翻译（Non-Autoregressive Neural Machine Translation，NAT），163

分布表示（Distributional Representation），82

分布函数（Distribution Function），124

分布假设（Distributional Hypothesis），3

分布假设（Distributional Hypothsis），82

分布式表示（Distributed Representation），19, 82

分布式数据并行（Distributed Data Parallel，DDP），207

分布语义学（Distributional Semantics），82

分布之外样例（Out-of-Distribution Samples），343

分词（Word Segmentation），93

分类（Classification），49

分桶（Bucketing），193

符号表征（Symbolic Representation），426

符号奠基问题（Symbol Grounding Problem，SGP），421

复现性（Reproducibility），211

复现性检查表（Reproducibility Checklist），211

复现性危机（Reproducibility Crisis），211

覆盖集（Coverage Set），125

覆盖向量（Coverage Vector），125

负对数似然损失（Negative Log-Likelihood Loss，NLL），332

负迁移（Negative Transfer），428

负载均衡器（Load Balancer），235

G

概率上下文无关文法（Probablistic Context-Free Grammar, PCFG），95

概念验证（Proof of Concept），395

概念知识（Conceptual Knowledge），317

感受野（Receptive Field），139

感知机（Perceptron），43

高可伸缩性（High Scalability），234

高斯分布（Gaussian Distribution），200

格搜索（Grid Search），20

更新门（Update Gate），70

共现（Co-occurrence），177

共享任务（Shared Task），228

估计错误（Estimation Error），18

古德-图灵平滑（Good-Turing Smoothing），78

固定长度向量（Fixed-Length Vector），120

光学字符识别（Optical Character Recognition，OCR），395

广义注意力（Generalized Attention），124

广域上下文（Wide/Broad Context），274

广域语境（Broad Context），434

归一化（Normalization），79, 136

归一化层（Normalization Layer），48

过参数化模型（Overparameterized Model），242

过度纠正（Over-Correction），219

过拟合（Overfitting），59, 201

过适应（Overfitting），376

过译（Over-Translation），125, 216

H

罕见词（Rare Word），94, 187, 300

黑盒攻击（Black-Box Attack），348

候选词表（Lexical Shortlist），237

后归一（Post-norm），161

后门攻击（Backdoor Attack ／ Backdoor Data Poinsoning），358

后指（Cataphoric），273

环状全规约（Ring AllReduce），205

回归（Regression），49

回馈连接（Feedback Connection），61

回退法（Backoff），78

J

基本构件（Building Block），61, 153

基本语篇单元（Elementary Discourse Unit，EDU），281

基于短语的统计机器翻译（Phrase-Based Statistical Machine Translation），8

基于句法的统计机器翻译（Syntax-Based Statistical Machine Translation），9

基于实例的机器翻译（Example-Based Machine Translation），26

基于语料库的机器翻译（Corpus-Based Machine Translation），7

基于转换的机器翻译（Transfer-Based Machiine Translation），7

基准测试集（Benchmark Testset），228

机器翻译（Machine Translation），2

激活函数（Activation Function），45

集成（Ensemble），170

集成学习（Ensemble Learning），201

集外词（Out-of-Vocabulary，OOV），94, 157

计算图（Computational Graph），56

假设扩展（Hypothesis Expansion），15

价值论（Axiology），100

兼容函数（Compatibility Function），122
检查点（Checkpoint），217
检查点平均（Checkpoint Averaging），217
键（Key），124
键值对（Key-Value Pair），124
交叉熵（Cross-Entropy），50
交叉验证（Cross-Validation），60
交叉注意力（Cross-Attention），129, 144
交际意图，421
教师强制（Teacher Forcing），68
解码（Decoding），12
解码器（Decoder），12, 106
近似错误（Approximate Error），18
近似搜索（Approximate Search），17
进化优化（Evolution Optimization），211
精确搜索（Exact Search），17
精选结果（Cherry Picking），212
静态词嵌入（Static Word Embedding），80, 85
局部表示（Local Representation），83
局部挖掘（Loca Mining），378
局部注意力（Local Attention），124
句对齐（Sentence Alignment），91
句法分析（Syntactic Analysis/Parsing），94
句法分析器（Parser），94
句法分析树（Parse Tree），94
句级插值（Sequence-Level Interpolation），242
句级蒸馏（Sequence-Level Knowledge
　　Distillation），241
句子级机器翻译（Sentence-Level Machine
　　Translation），272
卷积层（Convolution Layer），47
卷积神经网络（Convolutional Neural Network，
　　CNN），62
卷积网络（Convolutional Network），62
卷积子层（Convolution Sublayer），62
均方误差（Mean Square Error，MSE），51
均匀分布（Uniform Distribution），200

K

KL-散度（Kullback–Leibler Divergence），50
开发集（Development Set），59
开放机器翻译评测（Open Machine Translation
　　Evaluation），226
可比语料（Comparable Corpus），181, 188
客户端／服务器架构（Client-Server Model），234
空洞卷积（Dilated Convolution），139
空洞率（Dilation Rate），139

空假设（Empty Hypothesis），15
口语自动翻译（Spoken Language Translation，
　　SLT），394
跨句子依存关系（Cross-Sentence Dependency），
　　274
跨语言词嵌入（Cross-Lingual Word Embedding）
　　，89
快速梯度符号方法（Fast Gradient Sign Method，
　　FGSM），348
困惑度（Perplexity），185

L

垃圾进，垃圾出（Garbage in, Garbage out），189
类别表征（Categorical Representation），426
类别交叉熵损失（Categorical Cross-Entropy
　　Loss），50
理性主义（Rationalism），71
历史（History），77
联合 BPE（Joint BPE），160
连接词（Conjunction），273
连接主义（Connectionism），71
链式法则（Chain Rule），56
量化（Quantization），239
量化推理（Quantized Inference），140
零样本机器翻译（Zero-Shot Machine Translation）
　　，366
零样本学习（Zero-Shot Learning），81
零指代（Zero Anaphora），322
零资源机器翻译（Zero-Resource Machine
　　Translation），366
领域（Domain），169
领域适应（Domain Adaptation），170
流利度（Fluency），220, 229
流水线并行（Pipeline Parallelism），380
漏译（Under-Translation），125, 216
轮（Epoch），55
轮询调度（Round-Robin Scheduling），235
逻辑表达式（Logical Form），97

M

马尔可夫过程（Markov Process），77
每秒查询率（Queries Per Second，QPS），235
每秒事务数（Transactions Per Second，TPS），
　　235
门控线性单元（Gated Linear Unit，GLU），135
门控循环单元（Gated Recurrent Unit，GRU），69
命名实体（Named Entity），326

模型并行（Model Parallelism），203

模型错误（Model Error），17，214

模型容量（Model Capacity），60，201，376

模型压缩（Model Compression），240

模型状态（Model State），383

目标函数（Objective Function），49

目标领域（Target Domain），170

目标语言（Target Language），2

N

n-gram 语言模型（N-gram Language Model），76

难以察觉的扰动（Indistinguishable Perturbation），347

内部知识（Internal Knowledge），316

内部注意力（Intra-Attention），173

内化语言（Internalized Language，I-language），72

内在奠基（Internal Grounding），426

能量分数（Energy Score），122

扭曲（Distortion），126

O

欧洲语言网格（European Language Grid），190

偶然不确定性（Aleatoric Uncertainty），343

P

爬取（Crawling），179

判别模型（Discriminative Model），360

偏差（Bias），59

篇章（Text），272

篇章级机器翻译（Text-Level Machine Translation），272

平滑（Smoothing），78

平均绝对误差（Mean Absolute Error，MAE），51

平均注意力网络（Average Attention Network，AAN），151

平行句对（Parallel Sentence Pair），91

平行语料（Parallel Corpus），177

平行语料库（Parallel Corpus），91

平行语料库过滤（Parallel Corpus Filtering），188

平移不变性（Translation Invariance），64

平移同变性（Translation Equivariance），64

普遍语法（Universal Grammar），71

朴素物理学（Naive Physics / Folk Physics），324

朴素心理学（Naive Psychology），324

曝光偏差（Exposure Bias），23，68，218，355，431

Q

前归一（Pre-norm），161

前馈神经网络（Feedforward Neural Network），61

前指（Anaphoric），273

潜在语义索引（Latent Semantic Index），83

浅层语义分析（Shallow Semantic Parsing），97

嵌入层（Embedding Layer），80

欠拟合（Underfitting），241

乔姆斯基范式（Chomsky Normal Form，CNF），95

桥接语言（Bridge Language），299

情景知识（Situation Knowledge），317

去偏（Debiasing），430

去噪自编码器（Denoising Autoencoder），309

全局挖掘（Global Mining），378

全局注意力（Global Attention），124

全连接层（Fully Connected Layer），48

全自动高质量机器翻译（Fully Automatic High-Quality Machine Translation，FAHQT），325

权值衰减（Weight Decay），60

权重（Weight），42

权重绑定（Weight Tying），243

权重初始化（Weight Initialization），137

权重剪枝（Weight Pruning），243

R

扰动幻想（Hallucination under Perturbation），361

人工翻译（Human Translation），2

人工神经网络（Artificial Neural Networks），42

人工噪声（Man-Made Noise ／ Artificial Noise），356

人类同等水平（Human Parity），292

认识论（Epistemology），100

认知不确定性（Epistemic Uncertainty），343

认知注意（Cognitive Attention），129

容易摘到的果实（Low Hanging Fruit），101

软对齐（Soft Alignment），122

S

上采样（Oversampling），171

上下文编码器（Context Encoder），279

上下文无关文法（Context-Free Grammar，CFG），95

上下文向量（Context Vector），121

社会-技术系统（Socio-technical System），422

深层语义分析（Deep Semantic Parsing），97

神经机器翻译（Neural Machine Translation），10

神经架构搜索（Neural Architecture Search），246

神经网络（Neural Network），42

神经网络架构（Neural Architecture），61

神经语言模型（Neural Language Model），76

神经元（Neuron），42

神经元剪枝（Neuron Pruning），243

生成模型（Gnerative Model），360

省略（Ellipsis），273

实时语音翻译（Simultaneous Speech Translation），406

世界知识（World Knowledg），317

事实知识（Factual Knowledge），317

似然度（Likelihood），51

视觉词（Visual Word），409

视觉对话（Visual Dialogue），394

视觉对象（Visual Object），409

视觉问答（Visual QA），394

视觉语言导航（Vision-and-Language Navigation），394

视觉指称表达（Visual Referring Expression），394

视觉注意力（Visual Attention），129

视频引导的机器翻译（Video-guided Machine Translation），408

视频引导的语音翻译（Video-guided Speech Translation），408

适配器（Adapter），81, 171

适应性学习速率算法（Adaptive Learning Rate Algorithm），55

枢纽语言（Pivot Language），4, 299

输出门（Output Gate），69

输入门（Input Gate），69

数据并行（Data Parallelism），203

数据分布（Data Distribution），169

数据驱动的机器翻译（Data-Driven Machine Translation），7

数据投毒（Data Poisoning），358

数据稀疏性（Data Sparseness），77

数据增强（Data Augmentation），298, 300

数字图像处理（Digital Image Processing），395

树编辑距离（Tree Edit Distance），289

树库（Treebank），94

双向编码器（Bidirectional Encoder），128

双语词嵌入（Bilingual Word Embedding），90

双语机器翻译（Bilingual Machine Translation），365

双语适配器（Bilingual Adapter），386

双语知识（Bilingual Knowledge），317

松散级联语音翻译（Loosely Cascaded Speech Translation），395

搜索错误（Search Error），17, 214

搜索空间（Search Space），13

算子（Operator），56

随机调度（Random Scheduling），236

随机失活（Dropout），201

随机搜索（Random Search），211

随机梯度下降法（Stochastic Gradient Descent, SGD），54

随时间反向传播（Backpropagation Through Time，BPTT），66

损失（Loss），49

损失函数（Loss Function），49

T

TER（Translation Edit Rate），223

贪心搜索（Greedy Search），214

探测器子层（Detector Sublayer），62

特征工程（Feature Engineering），72

特征提取（Feature Extraction），81

梯度爆炸（Exploding Gradient），68, 202

梯度裁剪（Gradient Clipping），202

梯度检查点（Gradient Checkpointing），384

梯度失效（Stale Gradient），204

梯度下降法（Gradient Descent），53

梯度消失（Vanishing Gradient），68, 202

梯度消失或梯度爆炸（Vanishing/Exploding Gradient），68

梯度优化（Gradient-based Optimization），211

提前过拟合（Early Overfitting），197

提示（Prompting），81

替换（Substitution），273

填充（Padding），192

条件计算（Conditional Computation），379

条件上下文（Conditional Context），77

条件掩码语言模型（Conditional Masked Language Model，CMLM），164

跳接（Skip Connection），68

通用翻译器（Universal Translator），433

通用近似定理（Universal Approximation Theorem），61

通用语言（Universal Language），3

同步更新（Synchronous Update），204

同步树（Synchronous Tree），13

同源词（Cognate Word），92

同源词（Cognate），369

统计机器翻译（Statistical Machine Translation, SMT），8

统计显著性检验（Statistical Significance Test），231

投影梯度下降方法（Projected Gradient Descent, PGD），348

图卷积神经网络（Graph Convolutional Network, GCN），321

图像表征（Iconic Representation），426

图像翻译（Image Translation），395

图像描述生成（Image Captioning），394

图像引导的机器翻译（Image-guided Machine Translation），408

图像引导的语音翻译（Image-guided Speech Translation），408

推导（Derivation），13

脱靶（Off-Target），374

脱节幻想（Detached Hallucination），361

W

外部知识（External Knowledge），317

外化语言（Externalized Language，E-langauge），72

网格搜索（Grid Search），210

微调（Fine-Tuning），81

维数灾难（Curse of Dimensionality），78

未标注资源（Unlabeled Resource），297

未见词（Unknown Word），22

文本到语音翻译（Text-to-Speech Translation），395

文档对齐（Document Alignment），91

文档级机器翻译（Document-Level Machine Translation），272

无参数（Parameter-Free），147

无参数位置编码（Parameter-Free Positional Encoding），154

无监督多模态神经机器翻译（Unsupervised Multimodal Neural Machine Translation），410

无监督机器翻译（Unsupervised Machine Translation），305

无监督领域适应（Unsupervised Domain Adaptation），170

物理符号系统假设（Physical Symbol System Hypothesis，PSSH），425

X

Xavier 初始化（Xavier Initialization），200

稀疏表示（Sparse Representation），83

稀疏交互（Sparse Interaction），63

稀疏扩展（Dense Scaling），381

稀疏特征（Sparse Feature），20

稀疏挖掘（Sparse Mining），378

系统性（Systematicity），71

系统组构性（Systematic Compositionality），71

下采样方法（Downsampling），63

衔接装置（Cohesion Device），98

显式桥接（Explicit Bridging），366

显式语篇关系识别（Explicit DRR），98

线性量化（Linear Quantization），239

线性衰减（Linear Decay），196

相对排序（Relative Ranking），221，229

小批量（Mini-Batch），24

小批量训练（Mini-Batch Training），24

小样本学习（Few-Shot Learning），81

形式系统（Formal System），425

修辞结构理论（Rhetorical Structure Theory，RST），281

虚假歧义（Spurious Ambiguity），18

序列标记（Sequence Labeling），93

悬崖（Cliff），57

学习速率（Learning Rate），55，195

学习速率衰减（Learning Rate Decay），196

循环层（Recurrent Layer），47

循环连续翻译（Recurrent Continuous Translation），29

循环神经网络（Recurrent Neural Network，RNN），64

循序计算（Sequential Computation），140

Y

掩码语言模型（Masked Language Model，MLM），3，163

验证集（Validation Set），59

一对多（One-to-Many），364

一元语言模型（Unigram Language Model，ULM），158

依存树（Dependency Tree），94

遗忘门（Forget Gate），69

义项表示（Sense Representation），84

异步更新（Asynchronous Update），204

意义连续性（Continuity of Senses），98

意义连续性（Continuity of Sense），273

因果奠基（Causal Grounding），426

音译（Transliteration），432

隐藏层（Hidden Layer），46

隐式桥接（Implicit Bridging），366

隐式语篇关系识别（Implicit DRR），98

用户生成内容（User-Generated Content，UGC），178

优化错误（Optimization Error），18

优化器状态（Optimizer State），383

有监督领域适应（Supervised Domain Adaptation），170

余弦衰减（Cosine Decay），197

语法纠错（Grammar Error Correction），357

语法衔接（Grammatical Cohesion），98，273

语法性别（Grammatical Gender），322

语境化词嵌入（Contextualized Word Embedding），80

语境中学习（In-Context Learning），81

语料（Corpus），316

语篇（Discourse），272

语篇分析（Discourse Analysis/Parsing），98

语篇分析（Discourse Parsing），281

语篇关系识别（Discourse Relation Recognition），98

语篇级机器翻译（Discourse-Level Machine Translation），272

语系（Language Family），368

语言间共享（Sharing across Language），368

语言类型学（Linguistic Typology），102，392

语言类型学特征（Linguistic Typology Feature），369

语言模型（Language Model），76

语言向量（Language Vector），387

语言学知识（Linguistic Knowledge），317

语言哲学（Philosophy of Language），102

语言装置（Linguistic Device），98

语义分析（Semantic Parsing），97

语义角色（Semantic Role），97，320

语音到文本翻译（Speech-to-Text Translation），395

语音到语音翻译（Speech-to-Speech Translation），395

语音翻译（Speech Translation），394

语音合成（Text-to-Speech Synthesis，TTS），394

域内（In-Domain），345

域外（Out-of-Domain），345

域外幻想（Out-of-Domain Hallucination），361

域外数据（Out-of-Domain Data），326

预热（Warmup），197

预训练语言模型（Pretrained Language Model），80

源领域（Source Domain），170

源语言（Source Language），2

远程过程调用（Remote Procedure Call，RPC），207

Z

Zipf 规则（Zipf's Law），94

灾难性干扰（Catastrophic Interference），170

灾难性遗忘（Catastrophic Forgetting），170，335

在线随机梯度下降算法（Online SGD），55

在线学习（Online Learning），23

早停法（Early Stopping），59

噪声通道模型（NoisyChannel Model），8

增量学习（Incremental Learning），23

张量并行（Tensor Parallelism），380

遮盖（Masking），193

真实上下文（Ground-Truth Context），431

真实译文（Ground-Truth Translation），23

振荡（Oscillation），198

振荡幻想（Oscillatory Hallucination），361

整批训练（Full Batch Training），23

正迁移（Positive Transfer），428

正则化（Regularization），59

正则项（Regularization Term），60

知识（Knowledge），316

知识图谱（Knowledge Graph），326

知识蒸馏（Knowledge Distillation），332

值（Value），124

值裁剪（Clipping-by-Value），202

直方图剪枝（Histogram Pruning），15

直接翻译（Direct Translation），7

直接评分（Direct Assessment），221，229

直接语音翻译（Direct Speech Translation），397

指称（Reference），273，322

指称对象（Referent），322

指称语（Referring Expression），322

指数衰减（Exponential Decay），196

质量评估（Quality Estimation），222

中间语言（Interlingua），3

中间语言机器翻译（Interlingua Machine Translation），7

忠实度（Adequacy），220，229

众包（Crowdsourcing），179

重复独立发现（Multiple Independent Discovery），
    118

重复发现（Multiple Discovery），117

重复发现（Multiple Discovery），117

逐元素（Element-Wise），198

主编码器（Primary Encoder），279

柱宽度（Beam Width，Beam Size），115

柱搜索（Beam Search），15, 115, 214

注意力机制（Attention Mechanism），121

注意力权重（Attention Weight），122

装饰器（Decorator），259

字节对编码（Byte Pair Encoding，BPE），158

自编码器（Autoencoder），309

自动评测指标（Automatic Evaluation Metric），
    222

自动语音识别（Automatic Speech Recognition，
    ASR），178, 394

自回归（Autoregressive），163, 218

自监督学习（Self-Supervised Learning），80

自连接（Self-Connection），68

自然幻想（Natural Hallucination），361

自然噪声（Naturally Occurring Noise ／ Natural
    Noise），356

自注意力（Self-Attention），129, 143, 153

子词（Subword），94, 157

组构性（Compositionality），161

组合范畴语法（Combinatory Categorial
    Grammar），97, 318

最大池化（Max Pooling），63

最小时差（Minimal Time Lag），113